Umwelt und Technik im Gleichklang

Springer
*Berlin
Heidelberg
New York
Hongkong
London
Mailand
Paris
Tokio*

G. STEIN (HRSG.)

Umwelt und Technik im Gleichklang

Technikfolgenforschung und Systemanalyse
in Deutschland

 Springer

Dr. Gotthard Stein
Forschungszentrum Jülich
Leo-Brandt-Strasse

52428 Jülich

ISBN 3-540-43872-6   Springer-Verlag Berlin Heidelberg New York

Die Deutsche Bibliothek – CIP-Einheitsaufnahme
Umwelt und Technik im Gleichklang : Technikfolgenforschung und Systemanalyse in Deutschland / Gotthard Stein (Hrsg.). - Berlin ; Heidelberg ; New York ; Hongkong ; London ; Mailand ; Paris ; Tokio : Springer, 2003
ISBN 3-540-43872-6

Dieses Werk ist urheberrechtlich geschützt. Die dadurch begründeten Rechte, insbesondere die der Übersetzung, des Nachdrucks, des Vortrags, der Entnahme von Abbildungen und Tabellen, der Funksendung, der Mikroverfilmung oder der Vervielfältigung auf anderen Wegen und der Speicherung in Datenverarbeitungsanlagen, bleiben, auch bei nur auszugsweiser Verwertung, vorbehalten. Eine Vervielfältigung dieses Werkes oder von Teilen dieses Werkes ist auch im Einzelfall nur in den Grenzen der gesetzlichen Bestimmungen des Urheberrechtsgesetzes der Bundesrepublik Deutschland vom 9. September 1965 in der jeweils geltenden Fassung zulässig. Sie ist grundsätzlich vergütungspflichtig. Zuwiderhandlungen unterliegen den Strafbestimmungen des Urheberrechtsgesetzes.

Springer-Verlag Berlin Heidelberg New York
ein Unternehmen der BertelsmannSpringer Science+Business Media GmbH

http://www.springer.de

© Springer-Verlag Berlin Heidelberg 2003

Die Wiedergabe von Gebrauchsnamen, Warenbezeichnungen usw. in diesem Werk berechtigt auch ohne besondere Kennzeichnung nicht zu der Annahme, daß solche Namen im Sinne der Warenzeichen- und Markenschutzgesetzgebung als frei zu betrachten wären und daher von jedermann benutzt werden dürften.

Umschlaggestaltung: E. Kirchner, Heidelberg

SPIN: 10849244   30/3130/ag – 5 4 3 2 1 0

Vorwort

Seit Anfang der 80er Jahre existiert im Rahmen der Helmholtz–Gemeinschaft (HGF) der Ausschuss „Systemanalyse und Technikfolgenabschätzung". Seine Aktivitäten beschränken sich aber nicht nur auf die HGF, sondern er hat als Mitglieder auch andere deutsche Institutionen, die auf dem Feld der Systemanalyse und der Technikfolgen forschen.

Die Neustrukturierung der HGF gibt der Systemanalyse und Technikfolgenabschätzung neue Bedeutung und Impulse als wichtige interdisziplinäre Querschnittsaktivität. Im derzeitigen frühen Stadium der „neuen" HGF ist der Bereich „Nachhaltiges Wirtschaften" ein vorläufiger Heimathafen für die vielfältigen Aktivitäten der Systemanalyse und Technikfolgenabschätzung. Diese Einordnung kann allerdings nur als Einstieg verstanden werden, weil sie in keiner Weise der multidimensionalen Struktur der Forschung zur Systemanalyse und der Technikfolgen gerecht wird. Der vorliegende Sammelband kann und soll auch nicht Systemanalyse und Technikfolgenabschätzung aus einem Guss darstellen, sondern bewusst die Vielfältigkeit und Komplexität und damit Querschnittsfunktion und Politikberatung als wesentliche Aufgabenstellung verdeutlichen.

Während sich Technikfolgenabschätzung in der Vergangenheit auf den Komplex Risikoforschung konzentrierte, werden in der letzten Zeit verstärkt auch die Innovationspotenziale von Technologien bzw. Technologiefeldern in den Blick genommen. Dies hat zu der Einführung des neuen Begriffs der Innovations- und Technikanalyse (BMBF) geführt, der einen integrativen Ansatz betont. Somit werden Chancen und Risiken von Technik ausgewogener betrachtet. Ein wichtiger Meilenstein für Systemanalyse und Technikfolgenabschätzung bedeutet das Konzept „Nachhaltige Entwicklung". Es öffnet mit seinen ökologischen, ökonomischen und politisch-institutionellen Analysedimensionen neue umfassende und interdisziplinäre Forschungsperspektiven.

Die in diesem Buch behandelten Themen berücksichtigen diese Entwicklungen. Sie reichen von Beiträgen zur Konzeption interdisziplinärer Technikfolgenforschung über nachhaltige Entwicklung, Mobilität, Stoffstromanalyse bis zur Risikobewertung und -kommunikation. Weiterhin gibt es Ausarbeitungen zur Technikfolgenabschätzung in unterschiedlichen Technikfeldern.

Die Arbeiten geben einen Einblick in Breite und Vielfältigkeit der Analysen, ihrer Methoden und Modelle. Sie sollen auch einen Eindruck aus der

Werkstatt der HGF–Institute und anderer deutscher Institutionen geben und damit Potenzial, Ausrichtung und Schwerpunkte der deutschen Forschung in diesem wichtigen Feld illustrieren.

Trotz dieser Vielfältigkeit und Unterschiede der Arbeiten und Institutionen dienen alle Untersuchungen einem Ziel, Technikanwendung menschen- und naturgerecht zu gestalten oder, wie es der Titel des Buches sagt, „Umwelt und Technik in den Gleichklang" zu bringen.

Jülich,
April 2002

Gotthard Stein,
Vorsitzender des HGF–Ausschusses
Systemanalyse und Technikfolgenabschätzung

Inhaltsverzeichnis

Teil I Generelle Arbeiten zur Technikfolgenabschätzung und Systemanalyse

Technikfolgenabschätzung als wissenschaftlicher Beitrag zu gesellschaftlichen Lernprozessen über Technik
Armin Grunwald 3

Innovations- und Technikanalyse für die Wirtschaft
Waldemar Baron und Axel Zweck 19

Diskursive Technikfolgenabschätzung
Ortwin Renn und Hans Kastenholz 33

Teil II Konzeptionen zur Nachhaltigkeit

Großflächige Ökobilanzen – Anwendungen der umweltbezogenen Input-Output-Analyse
Uwe Klann und Volkhard Schulz 49

Nachhaltige Entwicklung und Energieversorgung
Regina Eich und Jürgen-Friedrich Hake 61

Nachhaltige Mobilität in einem integrativen Konzept nachhaltiger Entwicklung
Hermann Keimel und Claudia Ortmann 107

Systemlösungen aus der Fernerkundung für eine nachhaltige Entwicklung
Robert Backhaus, Gerald Braun und Stefan Weiers 121

Teil III Risikobewertung und -kommunikation

Normative Implikationen und intergenerationelle Lernprozesse langfristigen Umwelthandelns
Stephan Lingner und Michael Decker 147

Zwischen „roter" Hoffnung und „grüner" Ablehnung. Die öffentliche Wahrnehmung der Gentechnik in Deutschland
Jürgen Hampel, Andreas Klinke und Ortwin Renn 163

Digitale Güter in der Buch- und Musikbranche – ein lohnendes Feld für die Technikfolgenabschätzung
Ulrich Riehm 181

Teil IV Technikfolgenabschätzung in unterschiedlichen Technikfeldern

Nanotechnologie aus der Perspektive der Innovations- und Technikanalyse
Norbert Malanowski 201

Materialwissenschaft ist Goldes wert! Empfehlungen für die Forschungs- und Technologiepolitik
Christian J. Langenbach 217

Ausbaustrategien für Regenerative Energien am Beispiel Deutschlands
Joachim Nitsch 235

Teil V Mobilität

Mögliche Beiträge von Verkehrstelematik–Techniken und –Diensten zur Erreichung einer „nachhaltigen Entwicklung"
Günter Halbritter und Torsten Fleischer 263

Die Bedeutung alternativer Antriebe und Kraftstoffe: Sechs Thesen
Martin Pehnt 281

Verkehrspolitische Lärmminderungskonzepte im Forschungsvorhaben „Leiser Flugverkehr"
Volker Warlitzer 309

Luftverkehrskataster der zweiten Generation – Ermittlung der räumlichen und zeitlichen Verteilung der Schadstoffemissionen
Brigitte Brunner 327

Teil VI Stoffströme

Auswirkung von Bodenbedeckungsszenarien auf den Wasserhaushalt im Elbeeinzugsgebiet
Ralf Kunkel und Frank Wendland 341

Analyse des Aluminiumstoffstroms – Potenziale zur Reduktion des Ressourcenbedarfs und der Umweltinanspruchnahme
Wilhelm Kuckshinrichs, Petra Zapp und Witold-Roger Poganietz 353

Der nukleare Stoffstrom und seine internationale Kontrolle
Wolfgang Fischer, Bernd Richter, Gotthard Stein und Irmgard Niemeyer 369

Analyse des Einsatzes von Abfällen als Sekundärbrennstoffe in Zementwerken – Derzeitige Situation, Potentiale und Stoffströme
Matthias Achternbosch, Klaus-Rainer Bräutigam und Ulf Richers 387

Autorenverzeichnis 405

Teil I

Generelle Arbeiten zur Technikfolgenabschätzung und Systemanalyse

Technikfolgenabschätzung als wissenschaftlicher Beitrag zu gesellschaftlichen Lernprozessen über Technik

Armin Grunwald

1 Technikfolgen und die Rolle der Wissenschaft

Die wachsende Abhängigkeit moderner Gesellschaften vom technischen Innovationspotential einerseits und die Betroffenheit von den indirekten und mittelbaren Technik- und Technisierungsfolgen andererseits stellen eine erhebliche Herausforderung für Technik-, Forschungs- und Wissenschaftspolitik dar. Der Beratungsbedarf von gesellschaftlichen Entscheidungsträgern über Technik in Wirtschaft und Politik, aber auch das Interesse in Öffentlichkeit und Medien steigt seit Jahrzehnten an. Zur gesellschaftlichen Meinungsbildung und zur Verbesserung der Entscheidungsgrundlagen sind antizipative Aussagen über die Bedarfssituation, über Wirtschaftlichkeit, über zukünftige Marktkonstellationen oder mögliche gesellschaftliche Konflikte sowie allgemein über Chancen und Risiken von neuen Technologien erforderlich. Technikfolgenabschätzung (technology assessment, TA) stellt ein wissenschaftliches Instrument dar, diese Zukunftsbezüge zu erforschen, sie explizit zu machen und sie in die gesellschaftlichen Meinungsbildungs- und Entscheidungsprozesse einzubringen (als Überblick vgl. Bröchler et al. 1999). Technikfolgen- und Umweltprobleme wie das Ozonloch oder der anthropogen verursachte Klimawandel sind ohne die Wissenschaft weder beobachtbar noch sind Maßnahmen ihrer Bewältigung zu entwickeln. Die Politik hängt sowohl bei Definitionen der Probleme als auch bei der Gestaltung von Lösungsstrategien konstitutiv von wissenschaftlichem Wissen ab. Nur mit Hilfe der Wissenschaft können Umweltveränderungen und andere Technikfolgen gemessen werden, lassen sich Nachhaltigkeitsdefizite bestimmen und können Ursachen identifiziert und mögliche Lösungen formuliert werden. Die Wissenschaft beteiligt sich in diesem Zusammenhang nicht nur an der Diagnose, sondern sie nimmt – freiwillig oder von der Gesellschaft zugeschrieben – auch die Rolle des Mahners wahr. Die Warnung vor nicht–intendierten Folgen und Prognosen künftiger Gefahren und Risiken wird zum legitimen Bestandteil ihrer Tätigkeit. Sie wird als „Vorsorgeforschung" zur Frühwarninstanz für die Gesellschaft, inklusive der dabei auftretenden spezifischen Probleme (Bechmann 1994, Grunwald 2001a).

Indem die Wissenschaft diese neue Rolle übernommen hat, sieht sie sich mit einem Problem konfrontiert, welche das traditionelle Selbstverständnis der Wissenschaft, wertfrei zu sein und objektives Wissen bereitzustellen, in Frage stellt. Mit der Integration in den politischen Problemdefinitions-, Meinungsbildungs-, Entscheidungs- und Regulierungsprozess verliert die Wissenschaft explizit die lange ihr Selbstverständnis prägende *Wertfreiheit*. Wissen, obwohl von Wissenschaftlern produziert, mit wissenschaftlichen Methoden erzeugt, stellt sich als kontextgebunden, als unsystematisch gewonnen, als abhängig von normativen Vorentscheidungen, als revisionsbedürftig und als selektiv heraus (Funtowicz u. Ravetz 1993). Nicht mehr die „Objektivität des Wissens" und Wertfreiheit sind für ihre Legitimation allein ausschlaggebend, sondern auch ihre *praktisch–gesellschaftliche Relevanz*.

Diese allgemeinen Beobachtungen seien im folgenden anhand aktueller Entwicklungen und methodischer Probleme der Technikfolgenabschätzung erläutert und präzisiert. Dabei wird Technikfolgenabschätzung als eine Kombination von problemorientierter Forschung (Teil 2) und konditional–normativer Bewertung (Teil 3) aufgefasst. Beide Teile gleichermaßen geben Anhaltspunkte dafür, auf welche Weise durch Technikfolgenabschätzung gesellschaftliche Lernvorgänge im Umgang mit Technik und Technikfolgen angestoßen und gefördert werden können (Teil 4). Abschließend wird die institutionelle Situation der TA in der Helmholtz–Gemeinschaft thematisiert.

2 Technikfolgenabschätzung als problemorientierte Forschung

Aufgrund einer weitreichenden Ausdifferenzierung der TA (Petermann 1999) ergibt sich gegenwärtig ein facettenreiches und hochdifferenziertes Bild von TA in industrialisierten Gesellschaften, das es schwierig macht, noch über „die" TA zu reden. Aus einer übergeordneten Sichtweise heraus sollte es aber möglich sein, das Gemeinsame in den verschiedenen Ansätzen zu sehen und das Unterschiedliche in Relation zu den jeweils kontextuellen Erwartungen, Problemen und Hintergründen zu suchen (Paschen 1999). Eine solche übergeordnete Perspektive erlaubt keinerlei besserwisserische Aussage über die Eignung von Konzeptionen und kann schon gar nicht einer Evaluation dienen.[1] Sie kann jedoch neue Perspektiven eröffnen und den Blick für das Gemeinsame in aller Verschiedenheit schärfen – und damit paradoxerweise simultan erlauben, die Verschiedenheiten klarer zu formulieren und in Relation zu den jeweils beanspruchten Zielsetzungen und Leistungen zu setzen.

In diesem Sinne sei im folgenden eben doch über „die" TA geredet, indem der Fokus auf ihre Rolle in der Unterstützung gesellschaftlicher Meinungsbildungs- und Entscheidungsprozesse gelegt wird. Es geht um die Behebung von Wissensdefiziten über Technikfolgen, über Technikgenese (Dierkes 1997), über Rahmen- und Implementationsbedingungen von Technik, um Kommunikationsverhältnisse und um gesellschaftliche Chancen- und

---

[1] Als Beispiel, wie dies misslingen kann, vgl. den Versuch, die betriebswirtschaftliche Managementperspektive als übergeordnete Perspektive für eine Evaluierung der TA insgesamt heranzuziehen (Weber et al. 1999).

Risikobewertung (Wiedemann et al. 2000). Integrierendes und differenzierendes Moment gleichzeitig, so die These, ist dabei *die Funktion von TA in gesellschaftlichen Lernprozessen über Technik*. Hierbei geht es nämlich nicht einfach um die Bereitstellung von soziotechnischem Verfügungswissen, sondern auch um Reflexion und Weiterentwicklung der für Technikentwicklung relevanten gesellschaftlichen Rahmenbedingungen. Dies reicht bis hin zu allgemeinen Verständigungen über die Kriterien für Wünschbarkeit oder Akzeptabilität von Technik und ihren Folgen. Auf diese Weise wird die Doppelgleisigkeit von TA als wissenschaftliche Forschung einerseits und gesellschaftlicher Diskurs andererseits (Mittelstraß 2000) deutlich: beide Elemente sind komplementär zueinander und jeweils für sich unverzichtbar.

Für die Erfüllung der gesellschaftlichen Aufgaben der TA, sei es in der Politikberatung, in der Wirtschaft, in der Unterstützung der Meinungsbildung in der Öffentlichkeit oder in der argumentativen Unterstützung von Entscheidungsprozessen, ist die Behebung von Wissensdefiziten und die Bereitstellung geeigneter Wissensbestände eine *conditio sine qua non*. TA hat es wesentlich mit Wissens- und Forschungsproblemen zu tun und kann nicht in gesellschaftliche Mediation aufgelöst werden, so wichtig diese auch im Einzelfall sein mag. Wissenschaftliche Forschung zu den gegenseitigen Abhängigkeiten und Beeinflussungen von Technik und Gesellschaft ist unentbehrlich im Rahmen der TA. An Forschung zu gesellschaftlichen Aspekten von technischen Innovationen, Technisierung und Technisierungsfolgen im Rahmen einer TA richten sich Erwartungen,

- Mechanismen technikinduzierter Einwirkungen auf Umwelt und Gesellschaft aufzudecken. Dies ist die Technikfolgenproblematik *im engeren Sinne*: Chancen und Risiken in ökologischer, sozialer, ökonomischer und politischer Dimension sollen untersucht werden.
- Rückwirkungen dieser Effekte auf menschliche – individuelle und soziale – Handlungsweisen zu erforschen. Hier geht es um Anpassungsstrategien an technische Entwicklungen und Vermeidungsstrategien hinsichtlich negativer Folgen, um Veränderungen in den normativen Rahmenbedingungen der Gesellschaft wie z.B. in Bezug auf technikrelevante Regulierungen, aber auch um öffentliche und politische Kommunikation über Technik, z.B. Risikokommunikation.
- die Mechanismen der Technikentwicklung und ihrer Beeinflussung in den verschiedenen relevanten gesellschaftlichen Bereichen zu erforschen und zu reflektieren sowie ihre Einflussfaktoren transparent aufzudecken, insbesondere in Bezug auf die Abhängigkeit der technischen Entwicklung von politischen und gesellschaftlichen Rahmenbedingungen und Bedarfskonstellationen (Technikgeneseforschung).
- auf der Basis der genannten Wissensbestände *Handlungswissen* zur Bewältigung der Herausforderungen bereitzustellen: integrierte Strategien für die technologische Entwicklung oder den Umgang damit, Optionen für technikpolitische Entscheidungen, Szenarien der weiteren Entwicklung

bestimmter Parameter oder Empfehlungen für konkrete Schritte zu entwickeln.

In Bezug auf eine spezifische Technologie oder ein spezifisches technisches System geht es darum, Trendaussagen, Prognosen oder Szenarien zu erarbeiten, welche über die Bedarfsentwicklung, technische Problemlösepotentiale und Chancen, erwartbare Risikosituationen und mögliche gesellschaftliche Konflikte informieren. Auf dieser Basis sollen mögliche gesellschaftliche Maßnahmen und Instrumente zum Umgang mit Technikentscheidungen und Technik entworfen und im Hinblick auf ihre Eignung beurteilt werden, etwa auf den Feldern des Internethandels, der Förderung von technischen Innovationen im Verkehrsbereich, in Bezug auf eine nachhaltige Energieversorgung oder für ein effizientes Stoffstrommanagement.

Diese Zielsetzungen für Forschung im Rahmen von TA bedürfen einer *interdisziplinären* Herangehensweise. Politikwissenschaftliche, betriebs- und volkswirtschaftliche, umweltbezogene, soziale, kulturelle, technische, sozialpsychologische und ethische Aspekte müssen integriert und ggfs. um das außerwissenschaftliche „lokale Wissen" der Teilnehmer an der Technikgestaltung ergänzt werden. Die Aufgaben dieser *problemorientierten Technikforschung* werden *nicht* primär wissenschaftsintern formuliert, sondern beziehen sich auf gesellschaftliche Erwartungen – seien dies konkret fokussierte Beratungsbedarfe ministerieller Referate oder ganz allgemeine Orientierungen in den gesellschaftlichen „grand challenges". Die Forderung nach problemorientierter Wissensintegration für TA folgt nicht allein aus der Komplexität gesellschaftlicher Technisierung, ihrer Folgen und Realisierungsbedingungen, sondern aus der Notwendigkeit, zu *kohärentem politischen Handeln* (z.B. in der Klimafrage, der Frage der zukünftigen Energieversorgung oder in Bezug auf die Regulierung des Internet) zu kommen. Integration von Wissensbeständen aus verschiedenen Bereichen ist kein Selbstzweck, sondern die Integration von Wissen soll Hinweise auf kohärente Problemlösestrategien geben.

Aus diesen Herausforderungen ergeben sich einerseits neue Forschungsfelder für die Zwecke gesellschaftlicher Beratung, andererseits aber auch neue Möglichkeiten für Profilbildungen und Entwicklungen im Wissenschaftssystem (Bechmann u. Frederichs 1996, Funtowicz u. Ravetz 1993). TA als problemorientierte Forschung ist nicht nur eine „Einbahnstraße", in der disziplinäres Wissen für Problemlösestrategien systemanalytisch gebündelt und an das politische System transferiert wird, sondern selbst auch Motivator und Motor wissenschaftlicher Fortschritte, indem z.B. neue Forschungsfelder erschlossen werden, Modelle in andere Bereiche transferiert werden oder neue Begrifflichkeiten operationalisiert werden müssen (die Nachhaltigkeitsdiskussion ist gerade in dieser Hinsicht ein exzellentes Beispiel). Aber es besteht hier keine Symmetrie: Primärzweck (und damit auch Rechtfertigung z.B. für öffentliche Finanzierung) ist der Beitrag zur gesellschaftlichen Problembewältigung, während die Beiträge zur disziplinären Weiterentwicklung eher in den Bereich „erwünschte Nebenfolgen" fallen, auch wenn sie im Einzelfall von großer Bedeutung sein mögen.[2]

TA als problemorientierte Forschung ist mit den Bedingungen des Wissens unter *Unvollständigkeit* und *Ungewissheit* konfrontiert (Funtowicz u. Ravetz 1993, Funtowicz et al. 1999). Die in früheren Zeiten von TA intendierte „Vollständigkeit" der Erfassung von Technikfolgen durch TA ist genauso uneinlösbar wie das Ziel der Bereitstellung garantiert sicheren Wissens. Ein Vollständigkeitsanspruch ist aus wissenschaftstheoretischen, wissensökonomischen und pragmatischen Gründen nicht realisierbar (Grunwald 2000, S. 201ff.). Die Ungewissheit des Wissens über Technikfolgen ist unhintergehbar aufgrund der Komplexität gesellschaftlicher Wechselbeziehungen und der Abhängigkeit von Annahmen über *zukünftige* Entwicklungen mit ihren eigenen Unwägbarkeiten. Stattdessen geht es darum, *robuste* Strategien für ein technikgestaltendes und technikpolitisches Handeln zu entwickeln und die inhärenten Ungewissheiten des Wissens transparent aufzudecken (dies führt auf die Notwendigkeit permanenten Lernens, Teil 4).

Eine besondere Schwierigkeit von TA als problemorientierte Forschung liegt darin, dass aufgrund der Integrativität dieser Forschung und der Verpflichtung auf den Umgang mit Ungewissheit keine Evidenz besteht, wie die Grenzen von TA–Projekten gezogen werden sollen. Wo liegen die Systemgrenzen der von TA–Projekten untersuchten Gegenstandsbereiche und Folgendimensionen, wenn die klassischen disziplinimmanenten Kriterien dafür nicht mehr zur Verfügung stehen? Da der holistische Anspruch nicht einlösbar ist, müssen neue und andere Grenzen gezogen werden, und diese bedürfen einer eigenen Rechtfertigung. Diese Rechtfertigung bemisst sich, so die These, vor allem an *Relevanzgesichtspunkten*. Relevanzbeurteilungen sind an verschiedenen Stellen von TA–Projekten zu treffen. Es ist zu beurteilen, welche möglichen Untersuchungsaspekte, welche Wechselwirkungen oder welche Teile des Gegenstandsbereiches für die gesuchte Analyse oder Problemlösung relevant sind und welche nicht. Bereits bei der Zusammenstellung des interdisziplinären Teams sind Entscheidungen zu treffen, welche Disziplinen und Teildisziplinen mutmaßlich relevante Beiträge leisten können und welche den Aufwand einer Beteiligung nicht lohnen. Auch der Zeitpunkt oder der Zeitraum einer problemorientierten Technikanalyse ist wesentlich, hängt davon doch oft die Resonanz im gesellschaftlich–politischen Bereich ab (Gloede 1994). Falsche Weichenstellungen auf dieser Relevanzebene können durch noch so gute spätere Arbeit kaum mehr ausgeglichen werden. TA als problemorientierte Forschung muss die implizit oder explizit getroffenen Relevanzentscheidungen transparent aufdecken und einer kritischen Prüfung un-

---

[2] Ein Beispiel bilden soziologische Theoriebildungen in der Erklärung der Technikentwicklung, z.B. in evolutionstheoretischer Hinsicht, welche häufig den erklärten Zweck, zur Techniksteuerung beizutragen, nicht einlösen konnten, die gleichwohl aber die disziplinäre Diskussion erkennbar befruchteten (dazu Grunwald 2000, Kap. 2.3).

terziehen. Denn Relevanzentscheidungen im Kontext der TA sind nicht genuin wissenschaftliche Entscheidungen, sondern beziehen ihre Rechtfertigung aus dem gesellschaftlich definierten Problem. Damit sind sie politisch, ggfs. auch ethisch relevant und können nicht vom Wissenschaftssystem allein entschieden werden. Transparenz und Nachvollziehbarkeit sind erforderlich, um den anzuschließenden gesellschaftlichen Diskurs nicht expertokratisch oder ideologisch zu belasten, sondern zu erlauben, die gesellschaftliche Diskussion stärker über belastbare Argumentionen zu führen (Decker u. Grunwald 2001).

3 Technikfolgenabschätzung als konditional–normative Bewertung

Die Notwendigkeit normativer Beurteilungen von technischen Optionen, Technikfolgen oder Innovationspotentialen auf ihre gesellschaftliche Wünschbarkeit oder Akzeptabilität hin wurde bereits zu Beginn der Diskussion über Technikfolgenabschätzung (TA) thematisiert (z.B. Paschen 1975). Unter der verbreiteten Annahme: „Die Ergebnisse von TA–Analysen sind in hohem Maße von den subjektiven Einschätzungen der TA–Analytiker und ihrer Auftraggeber abhängig ..." (Paschen u. Petermann 1992, S. 29) besteht die Herausforderung darin, Verfahren für den Umgang mit dieser Pluralität zu entwickeln, z.B. in Bezug auf Verfahren zum Umgang mit konfligierenden Bewertungen unter Unsicherheit (Wiedemann et al. 2000). Dass Technikgestaltung normativer Orientierungen bedarf und dass zu einer wissenschaftlichen Beratung über Technik die Analyse normativer Fragen hinzugehört, ist heute in Absetzung von früheren „positivistischen" TA–Konzeptionen kaum noch umstritten (Paschen 1999). Kontrovers sind jedoch Möglichkeit sowie Art und Weise des Beitrags der Wissenschaften zu dieser Beratung (s.u.).

Wesentliches Ergebnis der Diskussionen in den letzten Jahren ist, dass Normativität nicht nur als „end-of-pipe"–Bewertung von technischen oder technikpolitischen Optionen unter den Aspekten ihrer Wünschbarkeit oder Akzeptabilität in der TA eine Rolle spielt, sondern dass bereits in die Konstitution von Fragestellungen und TA–Projekten normative Vorentscheidungen eingehen (vgl. die obige Diskussion der Relevanzentscheidungen). Die Trennung in eine deskriptive (wertneutrale) Phase des „Erkennens" von Technikfolgen und eine darauf folgende Phase der Bewertung (VDI 1991) ist eine Fiktion: das, was erkannt werden kann, hängt ab von vorgängigen bewertenden Entscheidungen.[3] Hierzu gehören wesentlich die genaue Definition des zu untersuchenden Problems, die Wahl von Schlüsselbegriffen, Klassifikationen des

---

[3]Die Aufteilung von TA in eine wertneutrale Folgenforschung und eine nachträgliche Bewertung dieser Folgen gelingt nicht, weil deskriptive und normative Anteile von Anfang an ineinander verwoben sind. Dies ist eines der Kennzeichen problemorientierter Forschung, vgl. Funtowicz u. Ravetz 1993, Bechmann 2001).

Forschungsfeldes, die Definition der Grenzen des betrachteten Systems, Relevanzüberlegungen hinsichtlich der Berücksichtigung von Wechselwirkungen und die Wahl zentraler Modellierungskonzepte. Diese vor–empirischen Entscheidungen, die wesentlich das Design eines TA–Projektes determinieren, haben normative Anteile und sind nicht wertneutral (Grunwald 2000, S. 209ff.). Die explizite Berücksichtigung von Normativität darf sich daher nicht auf die (späte) Phase der Bewertung von Optionen beschränken, sondern muss sich gerade auf die frühe Phase der Konzeption beziehen. Hier wird darüber entschieden, was durch TA–Forschung überhaupt erkannt werden kann.

Eine Aussage dazu, welchen Beitrag Wissenschaft und Forschung zu dem Bewertungsproblem leisten können, bedarf der Nachfrage, was Bewertungen sind und wie sie zustande kommen. Bewertungen sind *Zuschreibungen*: bestimmten Objekten wird ein ökonomischer, kultureller, lebensweltlicher etc. Wert zugeschrieben. Die Resultate von Bewertungen sind *konditionale Sätze*: Wenn bestimmte Kriterien zugrundegelegt werden und wenn ein bestimmter Wissensstand angenommen wird, dann sind bestimmte Bewertungsresultate die Folge. Hieraus ergeben sich sofort die zentralen Aspekte und Schwierigkeiten des Bewertens:

- Bewerten ist zunächst *subjektiv* und standpunktabhängig; in Fragen kollektiv relevanter und bindender Entscheidungen stellt sich das Problem der *Verallgemeinerbarkeit* von Bewertungen bzw. das Problem der allgemeinen Akzeptanz der Bewertungsresultate.
- Bewertungen erfolgen relativ zu *normativen Kriterien*. Die pluralistische Heterogenität moderner Gesellschaften erschwert Bewertungen mit Verallgemeinerungsanspruch. Auch haben Veränderungen der normativen gesellschaftlichen Struktur (z.B. Wertewandel) Auswirkungen auf Bewertungen.
- Bewertungen erfolgen relativ zum *Stand des Wissens* und damit unter Ungewissheit, Unvollständigkeit und Vorläufigkeit dieses Wissens. Die Wissensproblematik (Teil 2) hat direkte Auswirkungen auf die Bewertungsfrage.

Diagnosen und Bewertungen des gegenwärtigen Zustandes oder beobachteter Entwicklungen dürfen sich nicht nur an singulären und sektoralen Kriterien orientieren, sondern müssen *alle relevanten* Bewertungskriterien in den verschiedenen Dimensionen berücksichtigen. So geht z.B. jeder Gesetzgebung eine integrative Bewertung (z.B. in sozialer, ökonomischer und rechtlicher Hinsicht) voraus. Konflikte auf verschiedenen Ebenen (z.B. zwischen ökonomischen und ethischen Ansätzen oder zwischen ökonomischen und ökologischen Überlegungen) oder divergierende Annahmen über Gewinner und Verlierer einer Technikeinführung führen zu Problemen einer integrativen Bewertung. Hier besteht ein Aggregations- und Integrationsproblem von erheblicher Komplexität, dessen Lösung in modernen Gesellschaften nur (wissenschaftsgestützt) durch entsprechende Bewertungs*verfahren* möglich erscheint.

Hierbei ist selbstverständlich zu beachten, dass Wissenschaft weder beauftragt noch legitimiert ist, substantielle Technikbewertungen von gesellschaftlicher Tragweite aus eigener Kraft vorzunehmen. Wissenschaftliche Resultate haben vielmehr, wissenschaftstheoretisch betrachtet, stets die Struktur von *Wenn/Dann–Aussagen* (Grunwald 2001b). Wissenschaftlich analysierte Normativität in der TA kann nicht normative Postulate als gültig einsetzen, gar als gesellschaftlich verbindlich erklären, um von dort aus zu deduzieren, ob Entwicklung und Einsatz einer Technik akzeptabel, wünschenswert oder gar verpflichtend seien. Wissenschaft kann sich nur *konditional* auf diese normativen Ausgangspunkte beziehen. Sie kann Wenn/Dann–Aussagen der folgenden Struktur anbieten: „wenn man bestimmte normative Ausgangspunkte verwendet, hat dies folgende Konsequenzen oder Implikationen:...". Über die Berechtigung oder Inkraftsetzung des „Wenn–Satzes" selbst kann nicht wissenschaftlich entschieden werden; dies ist Sache der Gesellschaft in ihren dafür legitimierten Verfahren und Institutionen.

Wissenschaftliche Beratung zur gesellschaftlichen Technikgestaltung ist nicht nur auf dem Feld empirischer Forschung, sondern im genannten Sinne auch im konzeptionell–normativen Bereich möglich. Resultate sind dann *konditionale* Aussagen oder Bewertungen, während im gesellschaftlichen und politischen Bereich *kategorische* Bewertungen auf der Basis von *Positionen* erstellt werden, welche dann Verhandlungsgegenstand in Aushandlungsprozessen sind. In diesem Sinne erstrecken sich die Leistungen der Wissenschaft in der Bewertungsfrage von Technik auf mehrere Ebenen:

– begriffliche und analytische Arbeit zur Explikation normativer Leitbilder und ihrer Operationalisierung, sowie die methodische Analyse ihrer Relation zu den normativen Grundlagen der Gesellschaft in Recht, Moral und Kultur (für das Leitbild der Nachhaltigkeit vgl. Kopfmüller et al. 2001);
– Analyse und Reflexion von Konsistenz- und Kohärenzproblemen in den normativen Anteilen der gesellschaftlichen Entscheidungsgrundlagen und Entwicklung weiterführender Vorschläge (Ethik, vgl. Grunwald 2001b);
– Erforschung gesellschaftlicher Bewertungsvorgänge zur Technik: wie laufen diese faktisch ab, welche Kommunikationsmechanismen und Handlungsstrategien werden verwendet, wie wird mit der Notwendigkeit multi–kriterieller integrativer Bewertungen umgegangen?
– Entwicklung und Bereitstellung von integrativen und mehrdimensionalen Bewertungsverfahren für Technik, etwa unter Nachhaltigkeitsaspekten oder unter Bedingungen der Unsicherheit (z.B. Wiedemann et al. 2000).

Auf diese Weise kann Wissenschaft dazu beitragen, die Entwicklung der normativen Anteile der Bewertungsgrundlagen nicht dem Zufall zu überlassen – z.B. kontingenten Akteurskonstellationen –, sondern durch systematische Aufarbeitungen und durch Konsistenz- und Kohärenzbeurteilungen die Nachvollziehbarkeit und Transparenz von gesellschaftlich relevanten Bewertungen zu sichern. Dies stellt eine entscheidende Vorbedingung der Legitimität darauf basierender Entscheidungen und der Rationalität öffentlicher Diskurse dar.

4 Gesellschaftliches Lernen hinsichtlich Technik

Der Begriff des Lernens meint, dass das Noch–Nicht–Gewusste zum Wissen wird. Dabei spielt offenbar ein gewisser Fortschrittsgedanke eine Rolle: bloße Veränderungen sind noch keine Lernvorgänge. Lernmöglichkeiten und Lernnotwendigkeiten entstehen in gesellschaftlicher Technikgestaltung auf (1) *kognitiver*, (2) *normativer* und (3) *gesellschaftstheoretischer* Ebene, auf denen auf je verschiedene Weise die Rolle von TA in gesellschaftlichen Lernprozessen deutlich wird:

(ad1) Aus der Erkenntnis der Unvollständigkeit und Unsicherheit des in die Entscheidungsgrundlage integrierten Wissens folgt die Notwendigkeit, in Entscheidungsprozessen die Elemente der Entscheidungsbasis *permanent gemäß dem jeweils neuesten Kenntnisstand nachzuführen und für die Adaption der einmal getroffenen Entscheidung an diese neuen Erkenntnisse zu sorgen*. Diese Erfordernis ständigen Lernens nicht hinreichend berücksichtigt zu haben, dürfte eine der Hauptursache für viele Investitionsruinen oder zu spät abgebrochene bzw. modifizierte Entwicklungen sein. Prognoselasten sind nur durch die Flexibilität von Entscheidungen und Planungen zu reduzieren (Paschen u. Petermann 1992, Grunwald 2000). Dies bringt erhebliche Anforderungen an ein umfassendes „Monitoring" relevanter Entwicklungen mit sich. TA ist in dieser Weise ein Medium des Lernens in Form einer die Technikentwicklung und die Entwicklung der entsprechenden gesellschaftlichen Rahmenbedingungen begleitenden problemorientierten Forschung.

(ad2) Die normativen Anteile der Entscheidungsgrundlagen (rechtliche Bestimmungen, ethische Grundsätze, nichtkodifizierte Verhaltensstandards, Moralen etc.) sind – anders als etwa in älteren Ansätzen sozialverträglicher Technikgestaltung angenommen – nicht einfach fixierte Randbedingungen für die Technikentwicklung, sondern sind einerseits einer historischen und gesellschaftlichen Weiterentwicklung unterworfen. Andererseits werden sie durch neue Technik herausgefordert, wenn nämlich mit der Enkulturation einer Innovation das bisherige normative Gerüst der Gesellschaft überfordert würde (Grunwald 2000, S. 236ff.). In diesen Fällen kann TA nicht mehr „quasi–deskriptiv" die bisherigen regulativen Mechanismen der Gesellschaft als Maßstäbe für Beurteilungen heranziehen, sondern muss explizit die Reflexion dieser regulativen Grundlagen betreiben. Dies kann dann die Beteiligung der Ethik, des Technik- oder Umweltrechtes bzw. partizipativer Mechanismen erfordern, mit dem Ziel, „konditional–normative" Bewertungen als systematische Ausgangspunkte gesellschaftlichen Lernens bereitzustellen (Teil 3). Lernfähigkeit muss nicht nur in die Wissensproduktion, sondern auch in die Bewertungen eingebaut werden. Dies umfasst insbesondere ein Lernen in Bezug auf Relevanzeinschätzungen und gesellschaftliche Prioritätensetzungen.

(ad3) Jede technische Innovation stellt die betroffenen Teile der Gesellschaft vor Lernnotwendigkeiten, wenn es nämlich um die *Enkulturation* der Technik geht: ihre Einbettung in Handlungszusammenhänge und Gewohnheiten. Dies berührt auch die allgemeine Einstellung gegenüber technischen Innovationen wie etwa das Maß an Risikobereitschaft oder Riskoaversion. Hierbei mögliche Veränderungen oder Lernprozesse sind ebenfalls Gegenstand der TA, etwa in Form der Untersuchung und Kritik der gesellschaftlichen Risikowahrnehmung. Auch eher technikphilosophische Fragen, wie Technik und Technikkritik gesellschaftlich thematisiert werden, und geschichtsphilosophische Prämissen wie Fortschrittsoptimismus oder Zukunftsangst hinsichtlich technischer Entwicklungen sind hierbei von Interesse. Aufgabe von TA ist hierbei, gesellschaftliche Diskussionen dadurch zu bereichern und eventuelle Lernprozesse dadurch anzustoßen, dass die unterschwellig transportierten Inhalte transparent und dadurch der argumentativen Auseinandersetzung zugänglich gemacht werden: Ermöglichung von Lernen durch die Explizierung des Impliziten (Gutmann u. Hanekamp 1999).

Auf all diesen Ebenen kann TA die Bedingungen für eine Erweiterung des Optionenraumes in technikrelevanten gesellschaftlichen Entscheidungen durch Lernen bereitstellen oder verbessern. Dies erfolgt sowohl durch problemorientierte Forschung (Teil 2) als auch durch konditional–normative Reflexion (Teil 3). Auf diese Weise stellt sich heraus, dass TA weit jenseits von ihrer ursprünglichen Funktion als direkter Entscheidungsvorbereitung weitere Aufgaben erwachsen: gesellschaftliche Lernvorgänge im Hinblick auf Technik, Technisierung und Technikfolgen auf wissenschaftlicher Basis zu unterstützen und dadurch zu eher informellen, dann aber *informierten* Meinungsbildungsprozessen im Vorfeld der Entscheidungen beizutragen.

In der Diskussion über TA und gesellschaftliche Lernprozesse über Technik ist entscheidend, dass nicht von Technik *allein* angenommen wird, dass sie sich weiterentwickelt. Auch die gesellschaftlichen Möglichkeiten, mit Technik umzugehen, sich Technik anzueignen und sie gesellschaftlich zu integrieren, werden weiterentwickelt. Werden die Lerneffekte im Bereich der „sozialen Innovationen" übersehen, liegen entweder utopische oder apokalyptische Visionen nahe, wie sie in der jüngsten Debatte um eine mögliche zukünftige Übermacht der Maschinen über die Menschen (Bill–Joy–Diskussion) aufgetreten sind. Selbstverständlich kommt man zu Schreckensvisionen, wenn man die technischen Möglichkeiten auf Dekaden hin extrapoliert und diese dann mit den gesellschaftlichen Möglichkeiten ihrer Bewältigung *von heute* vergleicht. Es handelt sich aber eindeutig um Fehlschlüsse, weil die Möglichkeiten des gesellschaftlichen Lernens über den Umgang mit Technik dabei vollständig ignoriert werden. Indem TA auf diese Möglichkeiten des Lernens hinweist und diese unterstützt, können einseitige, naive, „irrationale" oder auch handlungsblockierende positive oder negative Utopien der genannten Art vermieden oder wenigstens als wenig rational begründet kritisiert werden.

TA als wissenschaftsgestützter Lernprozess zur Unterstützung von gesellschaftlichen Meinungsbildungen über Technik kann nicht bloß in singulären Untersuchungen bestehen. Vielmehr ist TA selbst als reflexive und begleitende problemorientierte Forschung anzulegen, welche die genannten Funktionen der begleitenden Analyse der normativen Rahmenbedingungen genauso wie die Evaluierung des bisher Erreichten und die sich daraus ergebenden Modifikationsnotwendigkeiten oder -möglichkeiten betrachtet. Die Rede von TA als Prozess (Paschen u. Petermann 1992, van Eijndhoven 1997) bezieht sich auf diesen Sachverhalt (in diesem Sinne auch Ropohl 1996, S. 263). Ein stufenweise inkrementeller Prozess des gesellschaftlichen Lernens über Technik und mit Technik lässt sich in seinen Ergebnissen nicht prognostizieren, weil er über Zieländerungen und neu hinzukommendes Wissen unvorhersehbar beeinflusst wird. Die Integration von Lernfähigkeit in den gesellschaftlichen Umgang mit Technik ist die *Chiffre der Offenheit der Zukunft*, sozusagen die positive Seite dessen, was oft als Handeln unter Unsicherheit apostrophiert wird.

5 Technikfolgenabschätzung in der Helmholtz-Gemeinschaft

Die Etablierung der TA in der deutschen Forschungslandschaft und in der Politikberatung seit den siebziger Jahren ist im wesentlichen aus den HGF–Zentren (den früheren Großforschungszentren) heraus erfolgt. Außeruniversitäre Forschungseinrichtungen für vergleichbare Aufgaben wurden entweder erst erheblich später gegründet (die TA–Akademie Baden-Württemberg 1990, die Europäische Akademie Bad Neuenahr-Ahrweiler 1996) oder haben sich erst spät mit Fragen der TA befasst (wie etwa das Wissenschaftszentrum Berlin). Die Universitäten haben sich in der Regel erst in den neunziger Jahren Fragestellungen der TA geöffnet. Dass die heutigen HGF–Zentren die Keimzellen der TA in Deutschland bildeten, erscheint nicht überraschend. Folgende Gründe lassen sich anführen (Grunwald u. Lingner 1999):

– Der Auftrag der Helmholtz-Gemeinschaft bzw. der Großforschungseinrichtungen war von Anfang an mit einem gesellschaftlichen Interesse und der Verpflichtung zur Politikberatung und -unterstützung verbunden, insbesondere durch den Bezug auf *Vorsorgeforschung* zur Bereitstellung von entsprechendem Verfügungs- *und* Orientierungswissen;
– Bei den HGF–Zentren liegt Kernkompetenz in vielen Bereichen gesellschaftlich hochrelevanter Schlüsseltechnologien vor (Umwelttechnik, Energietechnik, Verkehrs- und Weltraumtechnik und – bis zum Ausscheiden der GMD – Informations- und Kommunikationstechnik), auf die durch HGF–interne TA–Einrichtungen zurückgegriffen werden konnte und kann;
– Die vorhandene *Systemerfahrung* (z.B. durch den Betrieb und die Entwicklung von Großanlagen wie Kraftwerken oder Raumfahrzeugen) hatte

Vertrautheit mit systemanalytischem und systemtechnischem Denken mit sich gebracht, welches für TA „umgenutzt" werden konnte;
- Durch den direkten Bezug auf gesellschaftliche Erwartungen und Anforderungen hinsichtlich Wissenschaft und Technik wurde an den Großforschungszentren – wenigstens in Grundzügen – bereits früh das praktiziert, was heute als „problemorientierte Forschung" bezeichnet wird (vgl. Teil 2). Dies implizierte insbesondere Erfahrung mit interdisziplinärer Arbeit und kooperativ–vernetztem Vorgehen.

Auf diese Weise konnte sich TA als „Querschnittsaufgabe des Wissenschaftssystems" in einigen HGF–Zentren entfalten und zu einer beträchtlichen Außenwirkung führen (und z.b. maßgeblich die Institutionalisierung der TA am Deutschen Bundestag durch das Büro für Technikfolgenabschätzung beeinflussen). Dies wurde vom Wissenschaftsrat in seinem jüngsten Gutachten zur HGF (Wissenschaftsrat 2001) als eine Erfolgsgeschichte bestätigt und war für den Wissenschaftsrat Anlass, die TA als eine HGF–typische Aktivität einzuordnen und ihren weiteren Ausbau in den Helmholtz–Zentren zu empfehlen (Wissenschaftsrat 2001, S. 5).

Vor dem Hintergrund der aktuellen Diskussion um die Umstellung der HGF auf programmorientierte Förderung stellen sich allerdings offene Fragen in Bezug auf die Zukunft von TA und Systemanalyse in der HGF. Die neue Einteilung der HGF in die Forschungsbereiche Gesundheit, Verkehr und Weltraum, Energie, Struktur der Materie, Schlüsseltechnologien sowie Erde und Umwelt berücksichtigt auf dieser obersten Ebene Querschnittsaktivitäten wie TA und Systemanalyse nicht explizit. In den Erwartungen, die sich an die programmorientierte Förderung richten, lässt sich zwar eine Fülle von Hinweisen finden, dass eine stärkere Zusammenführung von Wissen, eine größere Realisierung von Interdisziplinarität, die Stärkung der Komponenten der Politikberatung und der Erarbeitung von gesellschaftlichen Handlungsstrategien sowie die Ausrichtung der Programme an gesellschaftlichen „grand challenges" gewünscht werden – sämtlich Anforderungen, die nach einer Stärkung von TA und einer Integration in alle Kernbereiche einer programmorientierten HGF verlangen.

Es erscheint allerdings bislang noch nicht geklärt, in welcher Weise diese Erwartungen organisatorisch und institutionell umgesetzt werden. Und hier liegen, wie so oft, die Schwierigkeiten im Detail, z.B. in solchen Fragen, wie die Gutachterkommissionen zusammengesetzt werden, die über die Programme befinden sollen. Eine typische „Falle" für TA liegt nämlich in wissenschaftlichen Evaluierungsprozessen oft darin, dass disziplinär oder sektoral zusammengesetzte Gutachtergremien im Zweifelsfalle eher geneigt sind, die ihnen vertrauten Aktivitäten z.B. der konkreten Technologieentwicklung oder der Grundlagenforschung zu befördern als eine ihnen eher „fremde" Angelegenheit wie die Untersuchung der Einbettung einer Technologie in gesellschaftliche Entwicklungsszenarien oder in integrative Nachhaltigkeitskonzepte. In diesem „Negativszenario" würden zwar vielleicht alle die Notwendigkeit von TA beteuern, daraus würde jedoch nichts folgen.

Dieses Beispiel soll nur aufzeigen, dass eine gute Zukunft von TA in der programmorientierten HGF auch dann kein Selbstläufer sein muss, wenn die Absichtserklärungen und die politische Konstellation dies als plausibel erscheinen lassen. Es heißt nicht, dass Besorgnis angebracht wäre. Aber es heißt, dass der Prozess der institutionellen Festigung der programmorientierten Förderung einer sorgfältigen Beobachtung und der engagierten Mitgestaltung seitens der TA–relevanten Einrichtungen bedarf.

Auf der anderen Seite lassen sich auf der Basis der genannten Erwartungen an die programmorientierten Förderung, des weiter anwachsenden Beratungsbedarfs politischer und wirtschaftlicher Entscheidungsträger hinsichtlich Technik, Technisierung und Technikfolgen sowie der Empfehlungen des Wissenschaftsrates auch „Positivszenarien" ausmalen. Diese könnten folgende Elemente enthalten:

– Technikfolgenabschätzung findet als konstitutives Element – nicht als Marginalie – Eingang in sämtliche Forschungsbereiche der Helmholtz–Gemeinschaft (Gesundheit, Verkehr und Weltraum, Energie, Struktur der Materie, Schlüsseltechnologien sowie Erde und Umwelt);
– Technikfolgenabschätzung könnte auf diese Weise eine alte Forderung realisieren, nämlich nicht erst marktreife technische Produkte oder Systeme zu untersuchen, sondern F&E *von Anfang an* zu begleiten – Voraussetzung für viele der genannten durch TA ermöglichten Lernprozesse (Teil 4);
– Die Evaluierung der Programme setzt nicht nur innerwissenschaftliche Kriterien an, sondern ebenfalls – wie dies in den ersten Entwürfen auch vorgesehen ist – Kriterien der gesellschaftlichen Relevanz, des Beitrags zu Problemlösungen, der Bereitstellung von politischen Handlungsoptionen und -empfehlungen etc. und berücksichtigt dies in der Zusammensetzung der Evaluationsgremien;
– Es gelingt eine problemorientierte Bündelung der Ressourcen und Kompetenzen der HGF, um die „grand challenges" der Umwelt- oder Technikforschung in bislang unerreichter Vollständigkeit zu bearbeiten – und z.B. in der Frage regionaler Klimaänderungen die gesamte Kette vom Verstehen des Klimasystems, der Beobachtung von Klimaänderungen, Technologieentwicklung und -folgenabschätzung, Wissensmanagement bis hin zur sozio–ökonomischen Forschung zum Klima inklusive der vielen Wechselwirkungen zu betrachten und entsprechend integriertes Handlungswissen bereitzustellen.

Von der Art und Weise, wie Technikfolgenabschätzung in Zukunft in der HGF verankert wird, wird wesentlich abhängen, auf welche Weise und in welchem Umfang Gesellschaft und Politik die Möglichkeiten des Lernens in Bezug auf den gesellschaftlichen Umgang mit Technik, Technikfolgen und Technisierung nutzen, die durch Technikfolgenabschätzung ermöglicht werden. Die aktuelle Planung, die Kompetenzen der HGF in Systemanalyse und Technikfolgenabschätzung in einem Programm mit dem Arbeitstitel „Nachhaltigkeit und Technik" zu bündeln und dann dieses Programm auch für Fragestellungen aus anderen Forschungsbereichen zu öffnen, eröffnet gute Chancen für eine positive Entwicklung.

Literaturverzeichnis

1. Bechmann, G. (1994): Frühwarnung – die Achillesferse der TA? In: Grunwald, A., Sax, H. (Hrsg.): Technikbeurteilung in der Raumfahrt. Anforderungen, Methoden, Wirkungen. Berlin, S. 88–100
2. Bechmann, G., Frederichs, G. (1996): Problemorientierte Forschung: Zwischen Politik und Wissenschaft. In: Bechmann, G. (Hrsg.): Praxisfelder der Technikfolgenforschung. Konzepte, Methoden, Optionen. Campus, Frankfurt, S. 11–37
3. Bechmann, G. (2001): Paradigmenwechsel in der Wissenschaft? – Anmerkungen zur problemorientierten Forschung. In: Grunwald, A. (Hrsg.): Jahrbuch des Instituts für Technikfolgenabschätzung und Systemanalyse 1999/2000, S. 93–108
4. Bröchler, S., Simonis, G., Sundermann, K. (Hrsg.) (1999): Handbuch Technikfolgenabschätzung. Edition Sigma, Berlin
5. Decker, M., Grunwald, A. (2001): Rational Technology Assessment as Interdisciplinary Research. In: Decker, M. (Hrsg.): Implementation and Limits of Interdisciplinarity in European Technology Assessment. Springer, Heidelberg 2001 (im Druck)
6. Dierkes, M. (Hrsg.) (1997): Technikgenese. Befunde aus einem Forschungsprogramm. Edition Sigma, Berlin
7. Funtowitz, S., O'Connor M., Ravetz, J. (1999): Challenges in the utilisation of science for sustainability. In: Catizzone, M. (Hrsg.): From Ecosystem Research to Sustainable Development. European Commission, Ecosystems Report No. 26, Brussels
8. Funtowitz, S., Ravetz, J. (1993): The Emergence of Post–Normal Science. In: von Schomberg, R. (Hrsg.): Science, Politics and Morality. Kluwer Academic Publisher, London
9. Gloede, F. (1994): Der TA–Prozess zur Gentechnik in der Bundesrepublik Deutschland – zu früh, zu spät oder überflüssig? In: Weyer, J. (Hrsg.): Theorien und Praktiken der Technikfolgenabschätzung. Profil Verlag, Wien, S. 105–128
10. Grunwald, A. (2000): Technik für die Gesellschaft von morgen. Möglichkeiten und Grenzen gesellschaftlicher Technikgestaltung. Campus, Frankfurt
11. Grunwald, A. (2001a): Zwischen Präventionsnotwendigkeiten und Alarmismus: Problemwahrnehmungen in der Nachhaltigkeitsdiskussion. In: Ministerium für Umwelt und Verkehr Baden Württemberg (Hrsg.): Kommunikation über Umweltrisiken zwischen Verharmlosung und Dramatisierung. Hirzel Verlag, Stuttgart Leipzig, S. 87–101
12. Grunwald, A. (2001b): Methodical Reconstruction of the Ethical Advices. In: Bechmann, G., Hronszky, I. (Hrsg.): Expertise and its Interfaces. Edition Sigma, Berlin (im Druck)
13. Grunwald, A., Lingner, S. (1999): Systemanalyse und Technikfolgenbeurteilung. In: Grunwald, A. (Hrsg.): Rationale Technikfolgenbeurteilung. Konzeption

und methodische Grundlagen. Springer, Berlin Heidelberg New York, S. 132–156
14. Gutmann, M., Hanekamp, G. (1999): Wissenschaftstheorie und Technikfolgenbeurteilung. In: Grunwald,. A. (Hrsg.): Rationale Technikfolgenbeurteilung. Konzeption und methodische Grundlagen. Springer, Berlin Heidelberg New York, S. 55–92
15. Kopfmüller, J., Brandl, V., Jörissen, J., Paetau, M., Banse, G., Coenen, R., Grunwald, A. (2001): Nachhaltige Entwicklung integrativ betrachtet. Konstitutive Elemente, Regeln Indikatoren. Edition Sigma, Berlin
16. Mittelstraß, J. (2000): Möglichkeiten und Grenzen der Technikfolgenabschätzung In: Gethmann-Siefert, A., Gethmann, C.F. (Hrsg.): Philosophie und Technik. Fink, München, S. 25–42
17. Paschen, H. (1975): Technology Assessment als partizipatorischer und argumentativer Prozess. In: Haas, H. (Hrsg.): Technikfolgen–Abschätzung (Technology Assessment, TA: Bewertung technischer Entwicklungen). München, Wien, S. 45–54
18. Paschen, H. (1999): Technikfolgenabschätzung in Deutschland – Aufgaben und Herausforderungen. In: Petermann, T., Coenen, R. (Hrsg.) (1999): Technikfolgenabschätzung in Deutschland. Bilanz und Perspektiven. Campus, Frankfurt, S. 47–62
19. Paschen, H., Petermann, T. (1992): Technikfolgenabschätzung ein strategisches Rahmenkonzept für die Analyse und Bewertung von Technikfolgen. In: Petermann, T. (Hrsg.): Technikfolgen–Abschätzung als Technikforschung und Politikberatung. Campus, Frankfurt, S. 19–42
20. Petermann, T. (1999): Technikfolgen–Abschätzung – Konstituierung und Ausdifferenzierung eines Leitbilds. In: Bröchler, S., Simonis, G., Sundermann, K. (Hrsg.): Handbuch Technikfolgenabschätzung. Band 1. Berlin, S. 17–52
21. Ropohl, G. (1996): Ethik und Technikbewertung. Suhrkamp, Frankfurt
22. van Eijndhoven, J. (1997): Technology Assessment: Product or Process? Technological Forecasting and Social Change, 54, S. 269–286
23. VDI, Verein Deutscher Ingenieure (Hrsg.) (1991): Richtlinie 3780 Technikbewertung, Begriffe und Grundlagen. Düsseldorf
24. Weber, J., Hoffmann, D., Kehrmann, T., Schäffer, U. (1999): Technology Assessment – eine Managementperspektive
25. Wiedemann, P., Karger, C., Brüggemann, A., Fugger, W. (2000): Innovation, Unsicherheit und Öffentlichkeitsbeteiligung. TA–Datenbank–Nachrichten, Nr. 3, Jahrgang 9, S. 51–57
26. Wissenschaftsrat (2001): Gutachten zur Systemevaluation der Helmholtz–Gemeinschaft. Köln

Innovations- und Technikanalyse für die Wirtschaft

Waldemar Baron und Axel Zweck

1 Zur begrifflichen Neuausrichtung von ITA

In einer kürzlich erschienen ökonomischen Betrachtung zur Technikfolgenabschätzung in Deutschland kommen Weber et al. zu dem Schluss, dass sich die deutsche TA–Community durch mangelnde Zielklarheit und unzureichende Transparenz auszeichnet (Weber et al. 1999). Zugleich werden Koordinations- und Interaktionsdefizite sowie die weitgehende Abwesenheit von Marktmechanismen beklagt. Einher gehend mit dem Versuch, diese nicht unumstritten gebliebene kritische Charakterisierung der Situation durch neue Impulse in Bewegung zu setzen, brachte das Bundesministerium für Bildung und Forschung (BMBF) die neue Bezeichnung Innovations- und Technikanalyse – kurz ITA – hervor. Der Begriff ITA ersetzt also den in Richtung Technikverhinderung negativ besetzten Begriff der Technikfolgenabschätzung – kurz TA – und gibt wesentlich neue Impulse.

Die der Innovations- und Technikanalyse zugrunde liegende Philosophie ist es, positive und negative Sekundär- und Tertiäreffekte von Bildungs- und Forschungsinnovationen frühzeitig zu ermitteln und gegebenenfalls alternative Handlungsoptionen aufzuzeigen. Das BMBF erwartet von ITA, dass sie auf noch nicht genutzte Potenziale für die Wirtschaft aufmerksam macht sowie innovative Lösungen im Umgang mit möglichen Risiken vorschlägt. Ziel ist die Gestaltung einer technologischen Entwicklung orientiert an den aktuellen und zu erwartenden künftigen Anforderungen unserer Gesellschaft. Sie bezieht technisch–wissenschaftliche, ethische, soziale, rechtliche, ökonomische, ökologische und politische Aspekte in ihre interdisziplinären Analysen mit ein.

Damit wird die zentrale Stellung von ITA im Prozess der gesellschaftlichen Integration von Innovationen deutlich. In einer auf die fördernden Kräfte von Innovationen setzenden Gesellschaft sind gerade im Vorfeld von Innovationen Unwägbarkeiten und Unsicherheiten unausweichlich. Andererseits bestimmt das Maß an Realisierungsgeschwindigkeit von Innovationen wesentlich die internationale Wettbewerbssituation einer Nation. Durch ITA soll sichergestellt werden, dass alle für eine vorsorgende Politik notwendigen Erkenntnisse frühzeitig aufgegriffen und geeignete Maßnahmen zur Minimierung der Risiken erarbeitet werden. In ITA ist zum frühestmöglichen Zeitpunkt eine politikgestaltende Abwägung von Vorsorge- und Innovationsaspekten bis hin zu grundsätzlichen Fragen gesellschaftlicher Leitvisionen möglich. Aufgabe des ITA ist deshalb auch, die Akzeptanz für unterschiedliche Anwendungen neuer Technologien abzuschätzen und geeignete Strategien zu ihrer Sicherung zu entwickeln. Das bedeutet auch, Ideen und Maßnahmen im Spannungsfeld von Strategie und Planung hervorzubringen.

Somit wird ITA nicht allein zur Aufgabe der Politik sondern auch der Wirtschaft und spielt in betrieblichen Innovationsprozessen eine wesentliche Rolle. Zukunftsfähige ITA in diesem Sinne bietet Ansätze, um Chancen der Technik zu nutzen und Risiken gesellschaftlich und wirtschaftlich tragfähig zu gestalten. ITA–Analysen für oder auch aus den Unternehmen lassen Beiträge, Orientierungswissen und Hilfen erwarten, um wegweisende Potenziale für die deutsche Wirtschaft zu identifizieren, die Innovationsdynamik zu beschleunigen, geeignete Rahmenbedingungen technologischer Entwicklungen zu klären und die Öffentlichkeit auf akzeptable technologische Entwicklungen vorzubereiten, die zukunftsfähig sind.

2 Notwendigkeit gesellschaftlicher Vermittlungsleistung

Moderne Gesellschaften bilden Teilsysteme aus, die primär Eigenlogiken gehorchen und eine entsprechende Eigendynamik entfalten. Diese Eigenlogiken nehmen zumindest in der Frühphase ihrer Ausdifferenzierung auf Resonanzen, die ihr Handeln mit anderen gesellschaftlichen Teilsystemen, d.h. in ihrer gesellschaftlichen Umwelt erzeugt, geringe Rücksicht. Sie besitzen dafür lediglich ein eingeschränktes Sensorium. Gesellschaft differenziert sich in autonome Teilsysteme aus (Luhmann 1984). Teilsysteme beziehen ihre Wirkungskraft daraus, Folgen ihres Handelns außerhalb ihres zentralen Fokus teilweise auszublenden.

Ausdifferenzierung ist per se kein Problem, im Gegenteil, sie ist charakteristisches Merkmal für die kraftvolle Dynamik westlicher Industriegesellschaften. Heutige Industriegesellschaften westlicher Prägung haben ein mannigfaltiges Instrumentarium an Vermittlungs- und Moderationsformen entwickelt, um ein Verständigen und Abstimmen zwischen Teilsystemen, ihren immanenten Logiken sowie deren organisierten Interessen sicherzustellen (Münch 1984). Erst derartige Vermittlungsleistungen verknüpfen gesellschaftliche Teilsysteme integrierend, so dass sie trotz Differenzierung als Ganzes handlungs- und gestaltungsfähig bleiben.

In westlichen Demokratien hat sich dieses vermittelnde Instrumentarium sukzessive über die letzten 100 Jahre entwickelt. Lange Zeit wurde davon ausgegangen, dass letztendlich nur der Staat ausreichende Autorität und Steuerungskapazität besitzt, aufkeimende gesellschaftliche Probleme vermittelnd zu lösen. Seit den 60er Jahren ist diese Vorstellung unter Druck geraten. Sie weicht mehr und mehr der Einsicht, dass politisches System und Staat selbst nur ein gesellschaftliches Teilsystem unter vielen darstellen. Andere Teilsysteme können durch sie weder linear noch unmittelbar gesteuert werden.

Damit stellt sich um so nachdrücklicher die Frage nach Vermittlungsmöglichkeiten und Ausgleichsmechanismen zwischen Teilsystemen, die ja vorrangig ihre divergierenden, oft sich widersprechenden Systemlogiken und Interessen verfolgen. Nach Abschluss der Frühphase ihrer Ausdifferenzierung bringen gesellschaftliche Teilsysteme Wechselwirkungen, sogenannte Interpenetrationen (Münch 1982) hervor, die diese erforderliche Vermittlungsleistung vollbringen.

Im Bereich Technik und Gesellschaft zielt diese Vermittlung darauf ab, wissenschaftlich–technische Entwicklungen durch geeignete Maßnahmen mit anderen gesellschaftlichen Ansprüchen gestaltend zu verbinden. In der Praxis des Innovationsgeschehens wird also dem Gemeinwohl nachdrücklich Geltung verschafft, und dies ohne Innovationen planerisch zu kanalisieren. An diesem Punkt greift ITA an, ebenso wie vormals TA. ITA wie TA sind in dieser Perspektive ein aus gesellschaftlichen Aushandlungsprozessen hervorgegangenes Instrument (Zweck 1993). Sie dienen dazu, den im Laufe des gesellschaftlichen Differenzierungsprozesses entstandenen Graben vor allem zwischen dem technisch–wissenschaftlichen und anderen Teilsystemen, wie dem politischen oder ökonomischen, zu überbrücken. Auftretende Spannungen und Widersprüche (wie aufgetreten bei Kernenergie oder Gentechnik) werden aufgegriffen und ITA vermag – so zumindest im Idealfall – zum gestaltenden Ausgleich beizutragen.

Die potenziellen Funktionen von ehemals TA und folgerichtig nunmehr auch ITA sind allerdings umstritten und reichen in ihrem Anspruch von Politik- und Unternehmensberatung über Bereitstellung von Orientierungs-, Handlungs- und Entscheidungswissen bis zu Konfliktlösung und Techniksteuerung. Für Deutschland stand die Funktion der Politikberatung bislang im Vordergrund, anders als z.B. in Dänemark oder den Niederlanden.

Wird ITA zukünftig stärker an Partizipationsanforderungen orientiert, so reicht ihre Funktion über Politikberatung weit hinaus und umfasst das bereits skizzierte gesellschaftliche Konfliktlösungs- und Vermittlungspotenzial, für das auch demokratietheoretische Ableitungen vorliegen (Baron 1997). Entscheidungsrelevante, partizipative Elemente der ITA können in der Lage sein, in stärkerem Maße Interessenartikulation und Öffentlichkeit zu ermöglichen, wenn Partizipationsangebote zur prozeduralen Mitgestaltung an technologiepolitischen Problemstellungen eröffnet werden.

Partizipation, Öffentlichkeit und Diskurs galten bereits – wenngleich in der Praxis eher sporadisch umgesetzt – als wesentliche Elemente einer Idealkonstruktion von TA und dürften auch in einer strategisch neu ausgerichteten ITA ihren Stellenwert finden, wenn der gesellschaftliche Vermittlungsaspekt nicht außer Acht gelassen werden soll. Technikdiskurse bieten bei einer Integration wissenschaftlich–technischer und gesellschaftlicher Aspekte und Akteure vielfältige Möglichkeiten (Baron 1995), ITA partizipativ zu gestalten, Polarisierungen der Standpunkte zurückzunehmen, Interessen auszugleichen und im gesellschaftlichen Aushandlungsprozess konsensfähige Entscheidungen vorzubereiten.

Als mögliches Instrument in diesem Kontext sei das Mediationsverfahren genannt, eingesetzt z.b. beim Streit um den Ausbau des Frankfurter Flughafens. Das Mediationsverfahren bietet unter bestimmten Voraussetzungen als Verfahrensinnovation Chancen, wirtschaftliche Interessen mit Umweltverbänden, Bürgerinitiativen etc. an einen Tisch zu bringen und Konflikte in Selbstverantwortung der Beteiligten konsensual zu lösen. Aus dieser Perspektive dürfte das Mediationsverfahren als ambitioniertes Instrument einer diskursorientierten ITA gelten. Sollte sich das Modell des Mediationsverfahrens auf breiter Basis als erfolgreich erweisen, könnte auf diese Weise ein Prozess der Demokratisierung in konfliktträchtigen politischen Handlungsfeldern eingeleitet werden. Dieser Prozess wäre im Idealfall begleitet durch eine Entlastung staatlicher Instanzen, insbesondere der Gerichte, und durch einen höheren Grad an Zustimmung bei den beteiligten Akteuren aufgrund von Verhandlungslösungen, die zum Teil selbst gesteuert werden können.

3 Problemlösungspotenzial von ITA für die deutsche Wirtschaft

Offensichtlich ist die beschriebene gesellschaftliche Differenzierung nicht auf die Ambivalenz technisch–wissenschaftlich versus politisch–administrativ beschränkt. Dies spiegelt lediglich jene Facette wieder, die im Rahmen bisheriger TA–Diskussionen eine dominante Rolle gespielt hat. In der Wirtschaft werden Gewinne erzeugt, dies mag man je nach ideologischer Perspektive als legitim betrachten oder nicht. Trotz dieser Priorität ist auch die Wirtschaft kein isoliertes Teilsystem und sie darf es auch nie werden. Sowohl internationale Konzerne wie auch klein- und mittelständische Unternehmen haben gerade seit dem verstärkten Aufkommen erst der ökologischen und dann der erweiterten Forderungen zugunsten einer nachhaltigen Entwicklung erleben müssen, was es bedeutet, mit dem Gemeinwohl in Konflikt zu kommen. Gerade hier aber vermag ITA beizutragen, komplexe Probleme und Herausforderungen (wie sie sich zum Beispiel durch die Forderung nach Nachhaltigkeit stellen) zu strukturieren. Sie ermöglicht, Entwicklungen einzuschätzen und Alternativen aufzuzeigen. Selbst in Fällen, in denen im Rahmen industrieller Produktfolgenforschung der Fokus auf einem Produkt oder einer Produktlinie liegt, bietet ITA ein Instrumentarium an, eigene Vorhaben nicht an engen, sondern offeneren, am Gemeinwohl orientierten Kalkülen zu betrachten (VDI–Richtlinie 3780).

Wird gefordert, Unternehmen sollen sich nicht ausschließlich an betriebswirtschaftlichem Kalkül, sondern im Sinne einer Gesamtverantwortung am gesellschaftlichen Bedarf messen, ist ITA für Unternehmen ein, wenn nicht *das* Mittel der Wahl. Wird darüber hinaus ITA in Unternehmen nicht ausschließlich als unternehmensinterner Prozess verstanden, um so besser. Wenn die Wirtschaft auf das vielfältige Methoden- und Erfahrungspotential der ITA–Institutionen zurückgreift, kann dies wiederum die Gemeinwohlorientierung verstärken. Zugleich folgt aus dieser Zusammenarbeit eine Auseinandersetzung der ITA–Akteure mit der der Wirtschaft eigenen Systemlogik. Dies trägt im Sinne erweiterter Perspektive und wechselseitiger Durchdringung von Teilsystemen wiederum zur Entwicklung von ITA–Szene und Gesellschaft bei.

Ein weiterer Gesichtspunkt ist die Gefahr des Verlustes an Neutralität, der sich ITA selbstredend verpflichtet fühlt. Ein auf den ersten Blick schlagendes Argument: Wer sich durch Aufträge bindet, wird vom Auftraggeber abhängig und droht zumindest teilweise dessen Perspektive zu übernehmen. Umgekehrt gilt ebenso, dass zu einer gesamtgesellschaftlichen Perspektive von ITA auch die Sicht der Wirtschaft gehört. Wirtschaft wird hier einmal nicht von außen als industrieller Popanz betrachtet, sondern aus Sicht der ihr eigenen Systemlogik. Erst durch Einbeziehen auch dieser Perspektive vermag ITA ihrem ganzheitlichen Anspruch gerecht zu werden und ihrer vermittelnden Aufgabe zwischen wirtschaftsgetragener Eigenlogik und übrigen gesellschaftlichen Ansprüchen gerecht zu werden.

Deutlich wird aus diesem Blickwinkel, dass potenzielle Konflikte von TA und Industrie weder ultimativ noch naturgesetzlich sind. Es geht dabei nicht, wie gelegentlich behauptet, um die Gewissensfrage, ob sich TA künftig mit „technischen Produkten oder Rahmenbedingungen für die Gestaltung technischer Produkte" (Grunwald 2000) befasst. Eine konstruktiv gesehene wie auch mit Selbstbewusstsein praktizierte wechselseitige Einflussnahme von ITA und Wirtschaft wird nicht ohne Konflikte verlaufen, sie wird aber dazu beitragen, TA aus ihrer teilweise selbstverschuldeten Unmündigkeit herauszuführen. Es bestehen Chancen für neue Impulse und einen Diskurs auch innerhalb der TA–Szene mit dem potenziellen Ergebnis eines Imagegewinnes für ITA (gegenüber ehemals TA) mit einer tiefer und weiter reichenden Gestaltung von Technik und ihren Rahmenbedingungen (Zweck 2001).

Es liegt nahe, zwischen ITA–Forschung, die sich an Fachdisziplinen orientiert und ITA–Verfahren, die auf Vermittlungsleistungen zielen, analytisch zu unterscheiden. ITA–Forschungsergebnisse können in ITA–Verfahren einfließen, wie sich am Beispiel des Mediationsverfahrens leicht nachweisen lässt. Umgekehrt können ITA–Verfahren wiederum Ansätze und Grundlagen bieten, die im Rahmen von ITA–Forschung vertieft werden. Idealtypisch lassen sich zumindest vier ITA–Verfahren unterscheiden (vgl. Simonis 2000):

– strategische ITA zur Steigerung der Rationalität staatlicher und auch unternehmerischer Entscheidungen,
– konstruktive ITA zur wirtschafts-, umwelt- und sozialverträglichen Gestaltung technischer Systeme,
– partizipative ITA zur gesellschaftlichen Konsensbildung und demokratischen Mitgestaltung von Technisierungsprozessen,

– deliberative ITA zum Generieren verallgemeinerungsfähiger technikbezogener Handlungsnormen.

Ein Rekurs auf die Selbständigkeit von ITA darf nicht als Legitimation für deren Isolation von gesellschaftlich relevanten Teilsystemen wie der Wirtschaft verstanden werden. ITA hat eine Vermittlungsaufgabe: je offener sie sich und ihre Ergebnisse in alle Bereiche unserer Gesellschaft einbringt, um so höher ist ihre vermittelnde Schlagkraft und das freigesetzte kritische Diskurspotenzial. ITA ist ein Managementinstrument, das auf ausgereifte Methoden zurückgreifen und für die Wirtschaft nützlich sein kann.

Wenn die Ergebnisse aus ITA ihre Adressaten erreichen sollen, so wird es für die Produzenten der Ergebnisse unumgänglich sein, sich frühzeitig im Prozess der Untersuchung mit den Adressaten intensiv auseinanderzusetzen. Die Folgenlosigkeit der Folgenforschung war ein vielfach identifiziertes Defizit traditioneller TA. Für ITA und ihre Betreiber wird es daher künftig noch wichtiger sein, frühzeitig auf ihr Klientel zuzugehen und Problemstellungen und Prozesse zum Teil gemeinsam in Angriff zu nehmen. Sollen die Ergebnisse der ITA gegenüber einer breiten Öffentlichkeit ihre Glaubwürdigkeit nicht verlieren, so werden bei übergeordneten Fragestellungen zum Teil auch kritische Stimmen wie Verbraucher- und Umweltverbände einzubeziehen sein (Baron 1995).

In ähnliche Richtung geht eine Initiative des Verbandes der Chemischen Industrie, die bereits auf das Jahr 1992 zurückdatiert und die Position der Chemischen Industrie zur TA charakterisiert. In diesem Positionspapier wird darauf verwiesen, dass Ansprüche und Wertmaßstäbe in einer demokratischen und pluralistischen Gesellschaft sich in einem steten dynamischen Wandel befinden, der idealerweise durch offene Diskussionen bewirkt wird. Angeregt wird eine „Konzertierte Technologieaktion" zu Fragen der Technologien und Technikentwicklungen mit Beteiligung der Politik, der Unternehmen, Gewerkschaften, Verbraucherbände etc.

Kurzfristiges Ziel soll es sein, zu Fragen der Technologien und Technikentwicklungen Stellung zu nehmen. Ein langfristiges Ziel bestünde in einem Konsens über wünschenswerte weitere technische Entwicklungen in „Eigenverantwortung der Beteiligten" (VCI, S. 7f.). Die Frage der möglichen Organisation und Umsetzung dieses Dialoges wird in dem Positionspapier allerdings nicht thematisiert.

Für die Wirtschaft eröffnen sich durch ITA über Prozesse der Konsensfindung hinaus konkret Aussichten auf die Entwicklung strategischer Innovations- und Entscheidungsinstrumente mit u.a. folgendem Potenzial:

– Die Gefahr von Fehlinvestitionen wird reduziert.
– Zukünftige Rahmenbedingungen für Produkte, Produktion und Märkte werden abgeschätzt.
– Wechselwirkungen von Produkten mit ihrem Umfeld werden frühzeitig erkannt.
– Erst mittelbar erkennbare Effekte von Innovationen werden identifiziert.

- Konkrete Folgen von Produkteinführungen werden abgeschätzt.
- Günstige Alternativen werden aufgezeigt.
- Wirtschaftsrelevante Trends werden erkannt.
- Gesellschaftlicher Bedarf wird besser und früher erkannt.
- Ressourcen- und energiesparender Einsatz von Techniken wird aufgezeigt.
- Technik- und Produktakzeptanz wird gesteigert.
- Für betriebliches Innovationsmanagement werden Organisationsformen gestaltet.
- Produktbezogenes Wissen wird entlang der Kette von Forschung, Entwicklung, Produktion und Anwendung erarbeitet.

Die Nutzung dieses Potenzials in der betrieblichen Praxis ist mit ein Anliegen, dem sich ein Arbeitskreis des Bundesminsteriums für Bildung und Forschung mit Unternehmen seit geraumer Zeit stellt.

4 Neue ITA–Dienstleistungen für die betriebliche Praxis

Ausgegangen wird von der Erwartung, dass ITA ein Dienstleistungspotenzial für die deutsche Wirtschaft bietet, das bislang noch kaum genutzt worden ist. Forschungs- und Projektergebnisse der traditionellen TA in Deutschland tangieren häufig Fragestellungen, die für die betriebliche Praxis zumindest von Interesse sind und zum Teil mit eigenem Forschungsaufwand in den Unternehmen untersucht werden. Bislang ist es der TA jedoch kaum gelungen, Adressaten in der Wirtschaft mit eigenen Produkten und Dienstleistungen zu erreichen.

Dies ist zum einen darauf zurückzuführen, dass Wissenschaftler der TA nicht ausreichend auf Unternehmen zugehen und als potenzielle Klientel identifizieren. Partner aus der Wirtschaft in Projekten der TA sind eher die Ausnahme. Zum anderen ist in der Wirtschaft eine gewisse Abwehrhaltung gegenüber der traditionellen TA und ihren Ergebnissen zu beobachten, die Risiken überbewerten könnten. Zum Teil wird TA auch als exklusives Instrument der Politikberatung betrachtet, dessen Dienstleistungen ausschließlich der Politik bzw. dem Parlament zugute kommen und für die Wirtschaft ohne wesentliche Relevanz sind.

Das innovationsorientierte, strategische ITA–Konzept des BMBF zielt auf eine Überwindung dieser wechselseitigen Vorbehalte. Dazu gilt es u.a., das Dienstleistungspotenzial der ITA in den Unternehmen stärker bekannt zu machen und den Beweis zu führen, dass ITA–Produkte und –Dienstleistungen für die betriebliche Praxis hilfreich eingesetzt werden. ITA–Produkte werden in vielen Fällen in Form von Studien vorgelegt. Diese sind häufig umfangreich angelegt und weder leicht zugänglich noch vorrangig auf Anforderungen der Entscheider in Unternehmen zugeschnitten. Andererseits bieten diese ITA–Studien vielfach eine Fülle von Orientierungswissen auch für Unternehmen unter der Voraussetzung, dass geeignete Zugriffs- und Selektionshilfen gegeben werden und zur Verfügung stehen.

Wissen wird dann gut angenommen, wenn es auf die Anforderungen seiner Zielgruppen gut zugeschnitten ist und Anknüpfungspunkte für die Umsetzung in die Praxis liefert. Gefragt sind letztlich innovative, adressaten- und prozessorientierte Organisationsformen der Vermittlung von Erkenntnissen, Ergebnissen und Erfahrungen aus Projekten und Verfahren zur ITA (Baron 1995, S. 253). Auf dem Gebiet ITA hat Wissenstransfer und -management über einen kleinen Kreis von Eingeweihten bislang kaum professionell stattgefunden, insbesondere was die betriebliche Seite angeht.

Einen Ansatz, um den Transfer des ITA–Wissens in die Unternehmen zu erleichtern, bietet der im Auftrag des BMBF neu aufgelegte „Informationsdienst für Innovations- und Technikanalyse". Dieser Dienst des VDI–Technologiezentrums Düsseldorf ist als Internetplattform www.idta.de angelegt und bietet Informationen und Hintergrundwissen für die Unternehmen. IDTA ermöglicht es Unternehmen,

- von benutzerfreundlich aufbereiteten Informationen im ITA–Bereich zu profitieren,
- fachliches Expertenwissen auf hohem methodischem Niveau zum Technik- und Produktumfeld bei ITA–Anbietern gezielt abzufragen,
- Kontakte zu potenziellen Kooperationspartnern zu knüpfen.

Neben Projekten werden relevante Konferenzen und Tagungen zeitlich geordnet sowie Institutionen mit ITA–Bezug vorgestellt. Im Mittelpunkt steht jedoch Orientierungswissen für interessierte Unternehmen. Dazu werden in kurzer, übersichtlicher Form Informationen über Forschungsprojekte auf dem Gebiet ITA dargestellt. Die Projekte lassen sich recherchieren nach Themengebieten, Branchen und Technikfeldern oder durch eine Stichwortsuche im Volltext der Projektbeschreibungen.

Ein wesentliches Element zur Verbesserung der Kommunikation zwischen ITA–Anbietern und Adressaten in den Unternehmen bietet die sogenannte Kooperationsbörse. In der Kooperationsbörse können Unternehmen anonym nach einem passenden ITA–Kompetenzträger suchen. Ebenso können sich ITA–Akteure mit ihrem Leistungsspektrum darstellen, um Aufträge aus der Wirtschaft zu akquirieren.

Die Internetplattform IDTA ist darauf angelegt, Unternehmen einen möglichst vollständigen Überblick über relevante Informationen der ITA zu ermöglichen. Schneller Zugriff und Benutzerfreundlichkeit stehen im Vordergrund. Damit geht die Plattform über Angebote der traditionellen TA–Einrichtungen hinaus, welche selektiv vorrangig über das eigene Leistungsspektrum, eigene Angebote, themen- oder landesspezifisch informieren.

5 Verankerung von ITA im betrieblichen Innovationsmanagement

Für einen offenen gesellschaftspolitischen Dialog sprechen sich auch spätestens seit Anfang der 90er Jahre einzelne Unternehmen der chemischen Industrie aus. „Bei der Bewertung von Chancen und Risiken neuer Technologien stehen deshalb Wissenschaft, Wirtschaft, Gesellschaft und Gesetzgeber vor der Aufgabe, zu einem Konsens über wünschenswerte weitere technische Entwicklungen zu gelangen. Nur auf dieser Basis können die Chancen des technischen Fortschrittes weiterhin genutzt und verbleibende Risiken akzeptiert werden" (Büchel 1992, S. 238).

Die Bereitschaft, sich mit Technik- und Produktfolgen im Kontext von ITA zu befassen und einen Teil der externen Effekte zu internalisieren, scheint insbesondere bei denjenigen Industriebranchen ausgeprägt zu sein, die im öffentlichen Bewusstsein ein hohes Maß an Risiko bergen. Diese Branchen sind in hohem Maße abhängig von öffentlichen Meinungen und dem Grad an gesellschaftlicher Tragfähigkeit.

Die chemische Industrie ist in hohem Maße abhängig von dem Vertrauen einer breiten Öffentlichkeit, will sie nicht ihre Absatzmärkte gefährden. Dies gilt nicht nur für den Vertrieb, sondern auch für die Produktion und die weiterverarbeitende Industrie mit ihren Gefährdungspotentialen und Risiken. Anfang der 90er Jahre wird der Begriff der (I)TA von der chemischen Industrie aufgegriffen und damit der Anspruch erhoben, über Produktfolgenabschätzung, d.h. im einzelnen über die Analyse von Innovations- und Technikbedingungen, Stoffkreisläufen, Ökobilanzen, Produktlinienanalysen und über die Optimierung einzelner Produktionsverfahren in Eigenverantwortung auch hohen ökologischen Ansprüchen gerecht zu werden.

Die Kategorie Produktfolgenabschätzung – kurz PA – hat auf der Ebene des Unternehmens neben dem Begriff der Technikbewertung auch über die chemische Industrie hinaus Verbreitung gefunden. PA hat einen erheblich pragmatischeren Anspruch und lässt sich als ein Innovationsprozess (Schade 1992, S. 77) charakterisieren, welcher

- der Entscheidungsvorbereitung im Unternehmen dient,
- auf die Gestaltung der Produkte des Unternehmens bezogen ist,
- Prozesse zur Produktherstellung analytisch in den Blick nimmt,
- technische, wirtschaftliche und marktbezogene Daten berücksichtigt,
- im Ergebnis Informationen über die ökologischen und gesellschaftlichen Wirkungen von Produkten liefert.

PA, die sich idealtypischerweise auf die Zieldimensionen Früherkennung, Aufklärung und Partizipation bezieht, hat als zentrale Aufgabe (Minx u. Meyer 1998), im Rahmen eines Innovationsmanagements frühzeitig auf Umfeldveränderungen hinzuweisen, angemessen zu reagieren und somit auf die Wettbewerbsstärke der Unternehmung fördernd zu wirken. Für den Erfolg innovationsorientierter PA und weiterentwickelter ITA–Ansätze im betrieblichen Innovationsprozess sind zumindest zwei Voraussetzungen zu nennen, die unabdingbar sind:

– die Integration von ITA–Aktivitäten in unternehmerische Planungs- und Entscheidungsprozesse zum einen und
– die Transparenz, Vermittelbarkeit und Nachvollziehbarkeit des Untersuchungsdesigns und der methodischen Arbeitsschritte zum anderen.

Eine weitere Anforderung an ITA im Unternehmen lässt sich aus der zeitlichen Perspektive ableiten, d.h. aus der Phase der Technikentwicklung, in der ITA stattfindet. Bereits in der VDI–Richtlinie 3780, die in den Unternehmen sehr bekannt geworden ist und zur begrifflichen Klarheit beigetragen hat, wird zwischen innovativer und reaktiver Technikbewertung unterschieden. Reaktive Technikbewertung setzt erst am Ende einer Technikentwicklung ein, „wenn Forschung und Entwicklung nur noch schwer in andere Richtungen gelenkt werden können oder gar die Markteinführung einer Technik schon begonnen hat" (VDI 1991, S. 14).

Innovative Technikbewertung und somit auch ITA setzen dagegen sehr viel früher an, „wenn technische Lösungen für gegebene Probleme gesucht und erste Lösungskonzepte entwickelt werden oder wenn Forschung und Entwicklung noch wesentlich verändert werden können" (ebenda). Eine weitere Bedingung für aussichtsreiche und an Gestaltung orientierte ITA besteht darin, dass solche Prozesse auch dort stattfinden, wo an technischen Entwicklungen gearbeitet wird, d.h. in den Forschungs- und Entwicklungslabors der Industrie, den Planungsabteilungen und Konstruktionsbüros der Unternehmen. Dies setzt entsprechende Lernprozesse bei den Akteuren voraus, die sich z.B. aus einem systematischen Dialog zwischen Vertretern unterschiedlicher unternehmensinterner und externer Wissenskulturen über mögliche und wünschbare Zukünfte (Minx u. Meyer 1999) ergeben können.

ITA im Sinne einer sogenannten innovationsorientierten Technikfolgenabschätzung, welche durch Kooperation von Wissenschaftlern, Unternehmen und gesellschaftlichen Gruppen geprägt ist, wird zurzeit u.a. auf Landesebene in Nordrhein-Westfalen konzeptionell entfaltet und diskutiert. Das Konzept setzt inhaltlich auf unmittelbare Gestaltung des Innovationsgeschehens und organisatorisch auf die Realisierung von Netzwerken. Auf diese Weise soll das traditionelle, politikberatende Konzept der Technikfolgenabschätzung um eine unternehmensnahe, innovations- und öffentlichkeitsgerichtete Variante erweitert werden. Für eine künftig zunehmende Integration von ITA in Unternehmensprozesse (Steinmüller et al. 1999) sprechen zumindest drei Tendenzen:

– die wachsende Bedeutung des betrieblichen Umfeldes für die Produktion der Zukunft im Unternehmen,
– die zunehmende Kunden-, Service- und Dienstleistungsorientierung der Unternehmen,

– die stärker werdende kommunikative Öffnung der Unternehmen in Richtung Gesellschaft und Öffentlichkeit.

Empirische Untersuchungen zum Einsatz von (I)TA im Unternehmen sind bislang rar, das Feld ist noch wenig untersucht. Recht eindeutig zeigt sich allerdings im Rückblick, dass die Tendenz der Unternehmen, sich mit TA zu befassen, bis Anfang der 90er Jahre rasant gestiegen ist. Zu diesem Zeitpunkt haben sich etwa 50% der Unternehmen mit TA befasst, wie eine Erhebung ergab (Diery 1996, S. 307). Dieser Anteil dürfte mittlerweile erheblich gestiegen sein, womit keine Aussagen über die Intensität der Auseinandersetzung verbunden sind. Eine systematische Institutionalisierung von ITA in der Wirtschaft ist allerdings nicht in Sicht (Mai 2001) und kurzfristig wohl auch nicht zu erwarten.

Ein wesentlicher Zusammenhang zwischen Größe des Unternehmens und Interesse an TA konnte bislang empirisch nicht festgestellt werden. Allerdings wurden in erster Linie Unternehmen mit mehr als 1.000 Mitarbeitern befragt. In Unternehmen ist, so das Ergebnis einer Hypothesenprüfung (Fleischmann u. Paul 1987, Diery 1996, S. 143), um so eher mit TA zu rechnen,

– je stärker die Innovationstätigkeit in dem Unternehmen ist,
– je stärker die Firmenphilosophie zur Durchführung von TA anregt,
– je stärker die Güter einer Branche dauerhafter öffentlicher Kritik ausgesetzt sind.

Umgekehrt konnten Abhängigkeiten zwischen der Häufigkeit des Einsatzes von TA im Unternehmen und

– der Langfristigkeit des Planungshorizontes,
– der Größe der Planungs- und F&E-Abteilungen,
– der dem Unternehmen bekannten Anzahl fremder Beispiele von TA

bislang nicht bestätigt werden. Inwieweit sich diese Ergebnisse, die für herkömmliche TA–Ansätze Anfang der 90er Jahre gelten, auf den neuen ITA–Ansatz und dessen Problemlösungspotenzial übertragen lassen, ist zurzeit noch nicht geklärt. Es zeichnet sich ab, dass das Potenzial von ITA stärker auf Innovationsprozesse im Unternehmen zugeschnitten und ITA besser geeignet ist, Fragestellungen der betrieblichen Innovation angemessen zu bearbeiten. Als Beispiele für erfolgversprechende Anwendungsfelder von ITA im betrieblichen Innovationsprozess lassen sich die Gentechnik (Simonis u. Droz 1999; Ropohl 1999), die Kreislaufwirtschaft einschließlich recyclinggerechtem Konstruieren (Müller 1997) oder auch neue Werkstoffe (Harig u. Langenbach 1999) identifizieren.

Ein weiterer Zugang, ITA stärker in unternehmerisches Handeln zu integrieren, wäre über eine entsprechend erweiterte Ingenieurausbildung zu erreichen (Baron 1998), wie es – im europäischen Vergleich gesehen – in Dänemark schon vor geraumer Zeit realisiert worden ist. Durch ITA im Sinne einer Lehre zur Technikbewertung sollen angehende Ingenieure „befähigt werden, die

Frage nach einer human-, sozial-, umwelt-, und zukunftsverträglichen Gestaltung spezieller Techniken, Verfahren und Produkte in ihrem eigenen Fachgebiet konkret zu beantworten, zumindest jedoch kompetent zu diskutieren" (Appel et al. 1998, S. 115).

Dabei dürften auch andere Konzeptionen im Kontext von ITA zu vermitteln sein, wie z.b. Umweltverträglichkeitsprüfung, Ökobilanz und Produktlinienanalyse, welche z.t. bereits in stärkerem Maße Eingang in unternehmerisches Handeln gefunden haben. Es liegt nahe, spezifische Anwendungsfelder für ITA und angrenzende Konzepte, bereits erfolgreich durchgeführte Fallbeispiele, Möglichkeiten und Grenzen innerbetrieblicher Umsetzung zu thematisieren und professionelle Verfahren und Methoden zur Problemlösung zu vermitteln.

Literaturverzeichnis

1. Appel, E., Berger, P., Canavas, C., von Gleich, A., Kreth, H.(1998): Wo stehen wir – Wo wollen wir hin? Versuch einer Kursbestimmung. In: VDI–Report 28. Technikbewertung in der Lehre. Erfahrungen und Standortbestimmung. Düsseldorf, S. 113–118
2. Baron, W.(1995): Technikfolgenabschätzung – Ansätze zur Institutionalisierung und Chancen der Partizipation. Dissertation. Opladen
3. Baron, W. (1997): Grundfragen und Herausforderungen an eine partizipative Technikfolgenabschätzung. In: von Westphalen, R. (Hrsg.): Technikfolgenabschätzung als politische Aufgabe. München, S. 137–158
4. Baron, W. (1998): Institutionalisierung der Technikfolgenabschätzung in Politik, Wissenschaft und Gesellschaft – eine vergleichende Analyse in Europa. In: Pins, M. (Hrsg.): Möglichkeiten, Risiken und Grenzen der Technik auf dem Weg in die Zukunft. Bonn, S. 86–130
5. Büchel, K.H. (1992): Zukunftsindustrie Chemie. Sicherung des Chemiestandortes Deutschland als Herausforderung für eine zukunftsorientierte Industriepolitik. In: Fricke, W. (Hrsg.): Jahrbuch Arbeit und Technik 1992. Bonn, S. 233–241
6. Diery, H. (1996): Technologiefolgen–Abschätzung als strategische Aufgabe einer prospektiven Arbeits- und Organisationsgestaltung. Frankfurt
7. Grunwald, A. (2000): TA – Politikberatung oder Unternehmensberatung? Anmerkungen zu einer aktuellen Diskussion. TA–Datenbank–Nachrichten, Nr. 3, Jahrgang 9
8. Harig, H., Langenbach, C.J. (Hrsg.) (1999): Neue Materialien für innovative Produkte. Berlin
9. Luhmann, N. (1984): Soziale Systeme. Grundriß einer allgemeinen Theorie. Frankfurt
10. Mai, M. (2001): Technikbewertung in Politik und Wirtschaft. Beitrag zum Problem ihrer Institutionalisierung. Baden-Baden
11. Minx, E., Meyer, H. (1998): Produktfolgenabschätzung im Rahmen des Innovationsmanagements. Voraussetzung, Vorgehensweise und Erfahrungen. Daimler-Benz AG, Berlin

12. Minx, E., Meyer, H. (1999): Umsetzung von TA in die Wirtschaft. In: Bröchler, S. et al. (Hrsg.): Handbuch Technikfolgenabschätzung. Berlin, S. 351–362
13. Müller, W. (1997): Kreislaufwirtschaftsgesetz und recyclinggerechtes Konstruieren. In: Raban von Westphalen (Hrsg.): Technikfolgenabschätzung als politische Aufgabe. München, S. 448–464
14. Münch, R. (1982): Theorie des Handelns. Zur Rekonstruktion der Beiträge von Talcott Parsons, Emile Durkeheim und Max Weber. Frankfurt
15. Münch, R. (1984): Die Struktur der Moderne. Grundmuster und differentielle Gestaltung des institutionellen Aufbaus moderner Gesellschaften. Frankfurt
16. Ropohl, G. (1999): Innovative Technikbewertung. In: Bröchler, S. et al. (Hrsg.): Handbuch Technikfolgenabschätzung. Berlin 1999, S. 83–94
17. Schade, D. (1992): Technikfolgenforschung und Produktfolgenforschung. In: VDI–Technologiezentrum (Hrsg.): Aspekte und Perspektiven der Technikfolgenforschung. Beiträge und Empfehlungen des Sachverständigenkreises Technikfolgenforschung und eines interdisziplinären Expertenteams an den Bundesminister für Forschung und Technologie. Düsseldorf, S. 75–79
18. Simonis, G., Droz, R. (1999): Die neue Biotechnologie als Gegenstand der Technikfolgenabschätzung und Technikbewertung. In: Bröchler, S. et al. (Hrsg.): Handbuch Technikfolgenabschätzung. Berlin, S. 909–934
19. Simonis, G. (2000): Die TA–Landschaft in Deutschland – Potentiale reflexiver Techniksteuerung. In: Simonis, G. (Hrsg.): Politik und Technik – vier Studien zum Wandel von Staatlichkeit. Polis, Nr. 49, S. 111–151
20. Steinmüller, K., Tacke, K., Tschiedel, R. (1999): Innovationsorientierte Technikfolgenabschätzung. In: Bröchler, S. et al. (Hrsg.): Handbuch Technikfolgenabschätzung. Berlin, S. 129–146
21. VCI, Verband der Chemischen Industrie (1992): Technikfolgenabschätzung – die Position der Chemischen Industrie. Positionspapier. Frankfurt
22. VDI, Verein Deutscher Ingenieure (1991): VDI–Richtlinie 3780. Technikbewertung – Begriffe und Grundlagen. Düsseldorf
23. Weber, J., Schäffer, U., Hoffmann, D., Kehrmann, T. (1999): Technology Assessment. Eine Managementperspektive. Bestandsaufnahme – Analyse – Handlungsempfehlungen. Wiesbaden
24. Zweck, A. (1993): Die Entwicklung der Technikfolgenabschätzung zum gesellschaftlichen Vermittlungsinstrument. Opladen
25. Zweck, A. (2001): TA – Politikberatung oder Unternehmensberatung? Anmerkungen zu einer aktuellen Diskussion. ITA–Datenbank–Nachrichten, Nr. 1, Jahrgang 10

Diskursive Technikfolgenabschätzung

Ortwin Renn und Hans Kastenholz

1 Einleitung[1]

Die moderne Gesellschaft wird von Techniken und ihren vielfältigen ökologischen, wirtschaftlichen, sozialen und kulturellen Auswirkungen geprägt. Eine verantwortliche Gestaltung der Zukunft muss die möglichen Folgen des Handelns im voraus bedenken sowie der Komplexität und Vernetztheit dieser Wirkungen Rechnung tragen. In der öffentlichen Diskussion über Technologien und deren Weiterentwicklung ist dies häufig nur bedingt möglich, weil umfassende Informationen fehlen. Zudem zeugen die mit den in der Öffentlichkeit diskutierten Technikrisiken verbundenen Zukunftsängsten und Unsicherheiten der Beteiligten und Betroffenen davon, dass viele Menschen große Schwierigkeiten haben, sich ein sachgerechtes Bild von vorhanden Chancen und möglichen Risiken konkurrierender Techniken zu verschaffen (Schade 1997, 93ff).

Zentral für die weitere Entwicklung des technischen und sozialen Wandels sind vor diesem Hintergrund folgende Fragen: Wie viel Technik und welche Art von Technik will die Gesellschaft einsetzen und welche Vor- und Nachteile handeln sich die Menschen damit ein? Wo befreit die Technik von Zwängen des Alltags und wo spannt sie die Menschen in ein neues Korsett von Abhängigkeiten und Lebensrisiken ein? Wie sollte eine Technik aussehen, die wirtschaftlich vorteilhaft, risikoarm und ökologisch verträglich ist? Gibt es so etwas überhaupt?

Auf all diese Fragen versucht die Technikfolgenabschätzung eine Antwort zu geben (Renn 1999). Technikfolgenabschätzung oder kurz TA genannt dient dem Ziel, durch wissenschaftliche Analysen die Konsequenzen, die mit dem Einsatz von Technik für die Gesellschaft verbunden sind, zu identifizieren und zu bewerten. Es geht um eine systematische Identifizierung und Bewertung von technischen, umweltbezogenen, ökonomischen, sozialen, kulturellen und psychischen Wirkungen, die mit der Entwicklung, Produktion, Nutzung und Verwertung von Techniken einhergehen (vgl. Petermann 1999, Bullinger 1994).

Die Idee der TA besteht darin, im voraus die Konsequenzen technischer Handlungen antizipieren zu können und dadurch den dornenreichen Weg von

---

[1]Der Beitrag beruht in großen Teilen auf dem Aufsatz „Diskursive Verfahren der Technikfolgenabschätzung" von Renn (1999), veröffentlicht in: Petermann, T., Coenen, R. (Hrsg.): Technikfolgenabschätzung in Deutschland. Campus, Frankfurt, S. 115–130.

Versuch und Irrtum zumindest weniger schmerzhaft zu gestalten, wenn nicht sogar vollständig zu vermeiden. Ist eine solche Erwartung realistisch? Wenn auch der Anspruch auf Antizipation und Vermeidung von Irrtümern unmittelbar mit dem Auftrag der TA verbunden ist, so lässt sich dieser Anspruch nur zum Teil einlösen. Das liegt vor allem an zwei Problemen: Ambivalenz und Unsicherheit. In der Regel wird das Problem der Unsicherheit mit der Frage der Erforschung der Technikfolgen (Prognose), das der Ambivalenz mit der Bewertung verbunden. Bei genauerem Hinsehen wird aber deutlich, dass beide Problembereiche sowohl auf die Prognose als auch auf die Bewertung einwirken. Sie erschweren eine exakte Prognose der Technikfolgen und verhindern eine nachvollziehbare Bewertung der Technikfolgen über alle Parteien und Interessengruppen hinweg.

Die zentrale These lautet: Technikfolgen*forschung* bleibt auch bei der Anwendung der best möglichen Methodik ein unvollständiges Instrument der Zukunftsvorsorge, da Ambivalenz und Ungewissheit als unauflösliche Merkmale der Zukunft bestehen bleiben. Technikfolgen*bewertung* lässt sich ebenso wenig nach intersubjektiv gültigen und verbindlichen Kriterien und Vorgehensweisen durchführen, weil auch hier Ambivalenz und Ungewissheit über normative Orientierungen einer eindeutigen Selektions- und Bewertungsregel den Riegel vorschieben. Aus diesem Grunde sollte Technikfolgenabschätzung diskursiv erfolgen, d.h. die Akteure, die bei der Gestaltung der Technikfolgen als „Macher" oder als „Betroffene" mitwirken und damit auch die Folgen selbst mit hervorrufen, müssen integrale Bestandteile des TA–Prozesses sein. Mit der systematischen Einbeziehung der Akteure wird nicht nur die Gültigkeit von Folgenprognosen erhöht, man kann auch bei der Abwägung von Risiken und Chancen Defizitausgleichsstrategien interaktiv entwickeln und in den Bewertungsprozess einbeziehen. Auf diese Weise wird Technikfolgenabschätzung selbst ein Element einer sozial wünschenswerten Technikgestaltung.

Die folgenden Ausführungen sind zunächst dem beiden Problembereichen: Ambivalenz und Unsicherheit gewidmet. Im Anschluss daran werden die aus Sicht der Autoren wenig sinnvollen Versuche beschrieben, im Rahmen von TA–Verfahren Sicherheit und Eindeutigkeit zu gewinnen. Im dritten Teil wird dann die diskursive TA erläutert und die verschiedenen Möglichkeiten ihrer Umsetzung dargelegt. Zum Schluss wird dann noch einmal auf die Frage nach der Aufgabe der TA unter diskursiven Vorzeichen nachgegangen.

2 Ambivalenz und Unsicherheit

Die Hoffnung auf Vermeidung von negativen Technikfolgen ist trügerisch, weil es keine Technik gibt, nicht einmal geben kann, bei der nur positive Auswirkungen zu erwarten wären. Dies klingt trivial. Ist es nicht offensichtlich, dass jede Technik ihre guten und schlechten Seiten hat? Die Anerkennung der Ambivalenz besagt aber mehr, als dass sich die Menschheit mit Technik weder das Paradies noch die Hölle erkaufen kann. Es ist eine Absage an alle kategorischen Imperative und Handlungsvorschriften, die darauf abzielen, Techniken in moralisch gerechtfertigte und moralisch ungerechtfertigte aufzuteilen. Es gibt keine Technik mit lauter positiven oder lauter negativen Technikfolgen, gleichgültig welche Technik man im einzelnen betrachtet. Bei jeder neuen technischen Entscheidung ist die Gesellschaft angehalten, immer wieder von neuem die positiven und negativen Folgepotentiale gegeneinander abzuwägen. Auch die Solarenergie hat ihre Umweltrisiken, wie auch die Kernenergie ihre unbestreitbaren Vorteile aufweist. Ambivalenz ist das Wesensmerkmal jeder Technik. Folgt man dieser Gedankenkette weiter, dann bedeutet institutioneller Umgang mit Ambivalenz, dass Techniken weder ungefragt entwickelt und eingesetzt werden dürfen, noch dass man jede Technik verbannen müsse, bei der negative Auswirkungen möglich sind.

Gefragt ist also eine Kultur der Abwägung. Zur Abwägung gehören immer zwei Elemente: Wissen und Bewertung. Wissen sammelt man durch die systematische, methodisch gesicherte Erfassung der zu erwartenden Folgen eines Technikeinsatzes (Technikfolgen*forschung*). Bewertung erfolgt durch eine umfassende Beurteilung von Handlungsoptionen aufgrund der Wünschbarkeit der mit jeder Option verbundenen Folgen, einschließlich der Folgen des Nichtstun, der sogenannten Nulloption (Technikfolgen*bewertung*). Eine Entscheidung über Technikeinsatz kann nicht allein aus den Ergebnissen der Folgenforschung abgeleitet werden, sondern ist auf eine verantwortliche Abwägung der zu erwartenden Vor- und Nachteile auf der Basis nachvollziehbarer und politisch legitimierter Kriterien angewiesen (Dierkes 1991). Für das erste Element, die Technikfolgenforschung, braucht man ein wissenschaftliches Instrumentarium, das es erlaubt, so vollständig, exakt und objektiv wie möglich Prognosen über die zu erwartenden Auswirkungen zu erstellen. Für das zweite Element benötigt man Kriterien, nach denen man diese Folgen intersubjektiv verbindlich beurteilen kann. Solche Kriterien sind nicht aus der Wissenschaft abzuleiten: sie müssen in einem politischen Prozess durch die Gesellschaft identifiziert und entwickelt werden.

Beide Aufgaben wären weniger problematisch, gäbe es nicht das zweite Problem aller Prognostik: die unvermeidbare Ungewissheit über Inhalt und Richtung der zukünftigen Entwicklung. Wenn die TA–Experten in der Tat im voraus wüssten, welche Folgen sich mit bestimmten Technologien einstellen, fiele es allen leichter, eine Abwägung zu treffen und auch einen Konsens über Kriterien zur Beurteilung von Folgen zu erzielen. Doch die Wirklichkeit ist komplizierter. Technikeinsatz ist immer mit unterschiedlichen Zukunftsmöglichkeiten verbunden, deren jeweilige Realisierungschance sich überwiegend einer gezielten Kontrolle entzieht. Die Frage ist, inwieweit sich die Gesellschaft auf die Gestaltung von riskanten Zukunftsentwürfen einlassen und sich von den nicht auszuschließenden Möglichkeiten negativer Zukunftsfolgen abschrecken lassen will. Wie viel Möglichkeit eines Nutzens ist wie viel Möglichkeiten eines Schadens wert?

Die erste und einfachste Lösung bestünde darin, erst gar keine Risiken zu übernehmen. Auf Risiken ganz zu verzichten, würde bedeuten, auf Technikeinsatz zu verzichten. Auf Technik zu verzichten, würde wiederum bedeuten, den naturgegebenen Gefahren schutzlos ausgesetzt zu sein. Diese Aussicht mag manche Nostalgiker in Verzückung bringen, aber der Preis wäre eine Duldung von Leiderfahrungen, von denen jeder wüsste, dass sie im Prinzip vermeidbar sind. Pauschal auf Technik und damit auf Risiken zu verzichten, ist wohl kaum der gesuchte Ausweg aus dem Abwägungsdilemma unter Ungewissheit. Stattdessen ist es notwendig, die erwartbaren positiven und negativen Konsequenzen des Technikeinsatzes miteinander zu vergleichen und gegeneinander abzuwägen – trotz der prinzipiellen Unfähigkeit, die wahren Ausmaße der Folgen jemals in voller Breite und Tiefe abschätzen zu können. Technikfolgenabschätzung kann dabei helfen, die Dimensionen und die Tragweite menschlichen Handelns wie Unterlassens zu verdeutlichen. Sie kann aber weder die Ambivalenz der Technik auflösen noch die zwingende Ungewissheit über die Zukunft außer Kraft setzen. Sie kann bestenfalls dazu beitragen, Modifikationen des technischen Handelns vorzuschlagen, die bessere Entscheidungen nach Maßgabe des verfügbaren Wissens und unter Reflexion des erwünschten Zweckes wahrscheinlicher machen.

3 Unsicherheit und Ambivalenz bei der Folgenforschung und -bewertung

Der erste Schritt jeder Technikfolgenabschätzung besteht in einer möglichst genauen und unparteiischen Analyse der Folgepotentiale, die mit der Verwirklichung einer technischen Systemlösung (inklusive der organisatorischen und sozialen Begleiterscheinungen) zu erwarten sind. Mehr als Potentiale kann keine Folgenforschung aufzeigen, denn es liegt ja an den Akteuren und an den jeweiligen Randbedingungen, welche Möglichkeiten sich letztendlich in der Realität durchsetzen werden. Aber selbst wenn sich TA auf die Analyse von Potentialen im Sinne der Begrenzung von Zukunftsmöglichkeiten beschränkt, wird sie nur unzulänglich mit dem Problem der Ungewissheit fertig. Diese Ungewissheit drückt sich in den folgenden Problemen von Prognosen aus:

– Nicht überschaubare Komplexität bei den vermuteten Ursache–Wirkungsketten;
– die Existenz genuin stochastischer Prozesse in Natur, Wirtschaft und Sozialwesen;
– Nicht–Linearitäten (chaotische Systeme) bei physischen Wirkungszusammenhängen, vor allem im Bereich der Ökologie;
– die Existenz von Überraschungen (nicht vorhersehbare singuläre Ereignisse);

– die prinzipielle Unfähigkeit des Prognostikers, den Wandel des wissenschaftlichen und technischen Wissens vorherzusehen; – die Schwierigkeit, ja Unmöglichkeit, über längere Zeiträume Wertewandel und Zeitgeistveränderungen in einer Gesellschaft zu prognostizieren.

Die methodisch ausgerichtete TA macht in der Tat zunehmend Fortschritte bei der systematischen Erforschung von Folgepotentialen. Allerdings kann sie viele der hier nur angerissenen Probleme der Ungewissheit nur ansatzweise in den Griff bekommen. Neben der genuinen Unsicherheiten, die mit komplexen Ursache–Wirkungsketten verbunden sind, tritt noch der Effekt des Voluntaristischen. Akteure haben es zum Teil in der Hand, wie sie ihre Zukunft gestalten wollen. Eine Prognose der Zukunft muss also immer die Intentionen der handelnden Menschen und die mit den Versuchen der Umsetzung von Intentionen verbundenen Folgewirkungen (Kontingenzen) einbeziehen. Dies kann aber nur sinnvoll gelingen, wenn man die Akteure in die Erforschung der Folgen einbezieht. Dabei reicht es nicht aus, sie mit Hilfe der Sozialforschung zu befragen, denn Antizipation von Folgen setzt offenkundig die Simulation von Wissenserwerb und Erfahrungserweiterung der Akteure voraus. Insofern fallen im Idealfall Prognostik und Gestaltung zusammen. Im Rahmen des Potentials an möglichen Folgen wird sich auf Dauer das durchsetzen, was Akteure in gemeinsamer Gestaltungsarbeit als realistisch,. wünschenswert und machbar wahrnehmen und umsetzen. Dass sie dabei auf Grenzen stoßen und dass nicht intendierte Folgen manches von dem konterkarieren, was intentional erstrebt wurde, ändert nichts an der grundlegenden Einsicht, dass Zukunft nicht geschieht, sondern weitgehend gemacht wird. Je mehr der TA- Forscher oder die TA–Forscherin an diesem Gestaltungsprozess teilhaben kann oder sogar die Arena für diesen Prozess mit bereitstellt, desto eher sind verlässliche Prognosen über Folgen zu erstellen, wobei zusätzlich die Kontextbedingungen mit verarbeitet werden müssen.

Wie sieht es nun mit der Technikbewertung aus? Die Ergebnisse der Technikfolgenforschung bilden die faktische Grundlage und kognitive Unterfütterung für die *Technikbewertung*. Eine solche Bewertung ist notwendig, um anstehende Entscheidungen zu überdenken, negativ erkannte Folgen zu mindern und mögliche Modifikationen der untersuchten Technik vorzunehmen. Die Einbindung faktischen Wissens in Entscheidungen wie auch die umfassende Bewertung von Handlungsoptionen (technische und organisatorische) können beide im Prozess der Technikbewertung nach rationalen und nachvollziehbaren Kriterien gestaltet werden, so wie es in den einschlägigen Arbeiten zur Entscheidungslogik dargelegt wird (Akademie der Wissenschaften zu Berlin 1992, S. 345ff).

Das Prinzip der Entscheidungslogik ist einfach: Kennt man die möglichen Folgen und die Wahrscheinlichkeiten ihres Eintreffens (oder besser gesagt: glaubt man sie zu kennen), dann beurteilt man die Wünschbarkeit der jeweiligen Folgen auf der Basis der eigenen Wertorientierungen. Man wählt diejenige Variante aus der Vielzahl der Entscheidungsoptionen aus, von der man erwartet, dass sie das höchste Maß an Wünschbarkeit für den jeweiligen Entscheider verspricht. Die Entscheidung erfolgt auf der Basis von Erwartungswerten, wohl wissend, dass diese erwarteten Folgen aller Voraussicht nach so nicht eintreffen werden.

So intuitiv einsichtig das Verfahren der Entscheidungslogik ist, eindeutige Ergebnisse sind auch bei rigoroser Anwendung nicht zu erwarten. Das liegt zum ersten daran, dass die Menschen in unterschiedlichem Maße unsicher sind über die Wünschbarkeit von einzelnen Folgen, zum zweiten daran, dass diese Folgen auch andere betreffen, die wiederum ihre eigenen Wertorientierungen besitzen und deshalb zu anderen Entscheidungen kommen, und schließlich daran, dass sich Menschen in unterschiedlichem Maße risikoaversiv (von risikofreudig bis risikoscheu) verhalten (Erdmann u. Wiedemann 1995).

Ähnlich wie sich bei der Folgenforschung Ambivalenz und Ungewissheit zeigen, so gewinnt man auch bei der Analyse der Bewertungslogik die Einsicht, dass selbst bei identischen Wertorientierungen, also einem Konsens über Wünschbarkeiten, die Lösung nicht eindeutig bestimmbar ist. Das Denken in Risiken zwingt den TA Analytiker, eine legitime Vielfalt von Bewertungsstrategien zu akzeptieren. Es gibt keinen hinreichenden, intersubjektiv zwingenden Grund, sich für eine risikoaversive oder eine risikoneutrale Entscheidungslogik zu entscheiden. Beides ist möglich und mit guten Gründen zu belegen. Diese Ambivalenz beruht also auf normativen Festlegungen, wie ein Individuum oder eine Gruppe mit einem Risiko umgehen will und welche Präferenzen (risikofreudig–aversiv oder –neutral) vorherrschen.

Diese Ambivalenz, die sich aus der Entscheidungslogik ergibt, gewinnt natürlich noch dadurch an Schärfe, dass die Annahme identischer Wertorientierungen und Interessen in einer pluralistischen Gesellschaft völlig realitätsfremd ist. Natürlich werden einzelne Gruppen die jeweiligen Folgen unterschiedlich bewerten, je nach dem wie stark sie betroffen sind und welche Folgen sie hoch bzw. gering schätzen. Umweltschützer werden besonderes Gewicht auf die Umwelt und Unternehmer auf die Wettbewerbsfähigkeit legen. Wenn auch beides miteinander zusammenhängt, so kann niemand ex cathedra behaupten, der eine habe mehr Recht auf seine Werteprioritäten im Vergleich zu denen anderer Menschen oder Gruppen.

4 Versuche zur Bewältigung von Unsicherheit und Ambivalenz

Technikfolgen*forschung* bleibt auch bei der Anwendung der best möglichen Methodik ein unvollständiges Instrument der Zukunftsvorsorge, denn Ambivalenz und Ungewissheit bleiben als unauflösliche Merkmale der Zukunft bestehen. Technikfolgen*bewertung* lässt sich ebenso wenig nach intersubjektiv gültigen und verbindlichen Kriterien und Vorgehensweisen durchführen, weil auch hier Ambivalenz und Ungewissheit über normative Orientierungen einer eindeutigen Selektionsregel den Riegel vorschieben. Welche Lösungen bieten sich an, um mit diesen Problemen sinnvoll umzugehen?

Die erste Möglichkeit ist der Ersatz des prognostischen Wissens durch *Intuition*. Viele Politiker nehmen für sich in Anspruch, die „richtige Nase" zu haben und intuitiv die beste Lösung zu wählen, ohne dass sie auf prognostisches Wissen zurückgreifen müssen. Die Inanspruchnahme von externem Sachverstand dient dann allenfalls zur nachträglichen Legitimation für die Kommunikation mit Außenstehenden. Im Supermarkt der Wissenschaft findet sich auch stets ein „wissenschaftlich fundiertes" Gutachten, das die eigene Intuition abdeckt.

In der Tat sind Intuition und langjährige Erfahrung wichtige Elemente einer guten Urteilskraft. Beide können hilfreiche Instrumente im Umgang mit Ambivalenz und Ungewissheit sein. Sie können jedoch systematisches Wissen nicht ersetzen (Fischhoff et al. 1981).

Die zweite Lösung ist die Verneinung oder Verdrängung von Ambivalenz und Ungewissheit und deren Ersatz durch institutionelle Regelungen, die Gewissheit und Eindeutigkeit vortäuschen. Für diese Lösung gibt es eine ältere und eine neuere Variante. Die ältere Variante wird als *Technokratie oder Expertokratie* bezeichnet. In der Chronik der TA-Konzepte ist diese Variante auch als „Expertengeleitete TA" bezeichnet worden. Der Entscheidungstheoretiker Ralph Keeney hat dafür auch den freundlicheren Namen des „benevolent dictators" gewählt (Keeney 1988). Eine Gesellschaft überlässt die schwierigen Fragen der Abwägung einem Gremium von Experten, deren Aufgabe es ist, zum Wohle der Gesellschaft die richtigen Akzente zu setzen. Der Haupteinwand gegen dieses Modell ist nicht einmal das Risiko, das die Experten ihre eigenen Wertorientierungen verabsolutieren (hier werden die Experten oft schlechter gemacht als sie sind), der wesentliche Einwand betrifft vielmehr die Auswirkungen eines solchen Vorgehens auf die allgemeine Öffentlichkeit. In alter paternalistischer Manier wird nämlich davon ausgegangen, dass einige Experten besser als die betroffenen Bürger wüssten, was gut und was schlecht für sie sei (zur Kritik dieses Modells siehe Shrader-Frechette 1991, Fiorino 1989). Diese Entmündigung ist in sich schon problematisch, sie unterstützt aber zusätzlich den fatalen Hang zur Verdrängung der verbleibenden Ungewissheiten. Die Experten richten sich häufig nach abstrakten Modellen, die im allgemeinen Fall meist zutreffend, im speziellen Fall jedoch meist zu pauschal sind. Die Bürger vertrauen darauf, dass die Experten Ungewissheit und Ambivalenz aus ihrem Leben weitestgehend entfernen werden. Um so erstaunter sind sie dann, wenn sich die Zukunft gänzlich anders ereignet, als es die Experten vorhergesagt haben oder wenn sich negative Ereignisse einstellen, von denen sie geglaubt hatten, die Experten hätten sie mittels ihres Wissens um mögliche Folgen ausgeschlossen. Die Experten fühlen sich missverstanden und zu Unrecht als Sündenböcke verunglimpft, die Bürger fühlen sich getäuscht und vermuten finstere Motive oder zynische Interessengebundenheit bei den Experten.

Dass die Expertenherrschaft nicht den passenden Schlüssel zum konstruktiven Umgang mit Unsicherheit und Ambivalenz bietet, ist inzwischen schon Allgemeingut geworden. Weniger deutlich ist aber die Wahrnehmung des Problems bei der zweiten Form der Verdrängung von Ungewissheit und Ambivalenz. Dies ist das Modell des *Dezisionismus* im Form des *Korporatismus*, der sich in Deutschland wie in vielen anderen Ländern als Form der Entscheidungsfindung weitgehend durchgesetzt hat (v. Alemann u. Heintze 1979, o´Riordan u. Wynne 1993, S. 205ff). In der TA Community werden dafür Begriffe wie klientenorientierte, pluralismusgeleitete oder dezisionistische TA verwandt. Die Idee des Korporatismus ist einleuchtend: die harten Fakten kommen von ausgewählten Wissenschaftlern, deren Aufgabe es ist, die demokratisch legitimierten Politiker so zu beraten, dass sie bei der Festlegung des Wünschbaren die Wissensbasis der Folgenforschung beachten. Was kann an diesem Modell problematisch sein? Offenkundig überwindet es die Einseitigkeit der politischen Intuition durch die systematische Einbindung des Fachverstandes, gleichzeitig verhindert sie die undemokratische Machtanmaßung der Experten in der Technokratie durch eine Rückbindung der Entscheidung an politisch legitimierte Gremien.

Das Problem liegt auch hier ähnlich wie bei der Technokratie in den Auswirkungen auf die öffentliche Wahrnehmung. Anstelle der Experten kommt ein Team aus Politik und Wissenschaft zu Erkenntnissen über den rechten Umgang mit Technikfolgen. Die Kooperation zwischen Politik und Wissenschaft ist dabei nicht ohne Gefahr (Roqueplo 1995). Politiker wünschen wie alle Bürger eine Reduktion der Ungewissheit und nehmen gerne die Ratschläge auf, die ihnen ein Höchstmaß an Sicherheit bieten. Der Experte auf der anderen Seite ist der Versuchung ausgesetzt, permanent über seine Wissensgrenzen hinaus Ratschläge zu erteilen, will er sich als Berater der Politik würdig erweisen und auch bei anderer Gelegenheit eingeladen werden (Rip 1985). Gleichzeitig werden bei der Auswahl der Experten vor allem die Personen bevorzugt, die in vielen Wertfragen mit den beratenen Politikern übereinstimmen. Auch parlamentarische Enquete–Kommissionen folgen einer Logik der Selbstreferenz (Viereke 1995). Jede Fraktion lädt die ihr genehmen Experten als Sachverständige ein, die dann je nach politischem Kräfteverhältnis Mehrheits- und Minderheitsvoten für die eigene Klientel erarbeiten.

Es soll nicht der Eindruck hinterlassen werden, als seien alle diese Kommissionen und Beratungsgremien Zeitverschwendung oder könnten die an sie gestellten Aufgaben nicht erfüllen. Auch die „Bei–Räte–Republik" hat ihren Reiz und sicherlich eine Berechtigung, wenn es um eine bessere Einbindung des Wissens in die Politik geht. Das Modell des Korporatismus bietet aber keine Lösung für das Problem einer angemessenen Abwägung unter den Bedingungen der Ambivalenz und Unsicherheit (Jasanoff 1986, S. 79ff) Es verstärkt vielmehr den Eindruck, dass Politik und Wissenschaft die Welt so lenken könnten, als ob man die alte und trügerische Hoffnung der TA auf eine Sicherheit vermittelnde Zukunft zu neuem Leben erwecken könnte. Immer dann, wenn sich Zukunft anders darstellt als vorhergesehen, wird das erlebte Leid der Betroffenen den Entscheidungsträgern als Schuld angelastet (Renn 1995). Dies mag in diesem oder jenem Fall auch richtig sein, aber es gilt keineswegs pauschal. Schlimmer noch: Die Illusion der Eindeutigkeit und Sicherheit von Prognosen lässt bei den Betroffenen nur einen Schluss zu: Die da oben sind entweder dumm oder machtgierige Zyniker, die das Leid von anderen billigend in Kauf nehmen, um den eigenen Interessen zu dienen.

Die heute so allseits beklagte Politikverdrossenheit, der Überdruss an den „besserwissenden" Experten und die grundlegende Vermutung, die eigenen Interessen würden in der Politik dem Streben nach Wahrheit und Moral ungeniert übergeordnet, sind drohende Alarmzeichen, die anschaulich vor Augen führen, wie schwer sich Wissenschaft, Politik und Öffentlichkeit mit einem adäquaten Umgang mit Unsicherheit und Ambivalenz tun. Die korporatistische Lösung verschärft diese Diskrepanz zwischen öffentlicher Wahrnehmung von Politik und Experten und den tatsächlichen, meist ehrenwerten Intentionen der beteiligten Experten und Politiker. Für eine wissenschaftlich gültige und normativ tragfähige TA, sind alle expertengeleitete TA–Verfahren problematisch.

5 Die Bedeutung von diskursiven Prozessen beim Umgang mit Technikfolgen

Technikfolgenabschätzung ist auf einen diskursiven Prozess der Wissenserfassung und der Wissensbewertung angewiesen (vg. Baron 1995, Evers und Nowotny 1987, S. 244ff). Um adäquat mit den Problemen der Unsicherheit und Ambivalenz umzugehen, ist ein diskursiver oder partizipativer Ansatz gerechtfertigt (Grunwald 2000, Hennen 1999, S. 566ff).

Die Tatsache, dass über einen Gegenstand intensiv geredet wird, macht noch keinen Diskurs aus. Diskurse sind – und darin ist Jürgen Habermas zuzustimmen – symbolische oder reale Orte der Kommunikation, in denen Sprechakte im gegenseitigen Austausch von Argumenten nach festgelegten Regeln der Gültigkeit auf ihre Geltungsansprüche hin ohne Ansehen der Person und ihres Status untersucht werden (Habermas 1971). Dabei beziehen sich die im Diskurs vorgebrachten Geltungsansprüche nicht nur auf kognitive Aussagen, sondern umfassen expressive (Affekte und Versprechungen) ebenso wie normative Äußerungen. Letztendlich soll der Diskurs in der Vielfalt der Sprachakte die Vielfalt der erlebten Welt und ihre Begrenzungen widerspiegeln (Böhler 1995).

Diskurse sind keine Allheilmittel für alle Probleme unserer Zeit (Saretzki 1999, S. 649ff). Ebenso wenig können Diskurse die Probleme von Unsicherheit und Ambivalenz der Folgenforschung und -bewertung aus der Welt schaffen (Giegel 1992). Die Tatsache, dass sich Konfliktparteien um einen runden Tisch versammeln und miteinander sprechen, hat für sich allein genommen kaum dazu beigetragen, einen Sachverhalt zu klären, zu neuen Einsichten zu gelangen oder einen Konflikt zu lösen. Vielmehr ist es wesentlich, dass in einem solchen diskursiven Verfahren die Sachfragen auf der Basis nachvollziehbarer Methodik geklärt, die Bewertungsfragen erörtert und die Handlungsfolgerungen konsistent abgeleitet werden (Renn u. Webler 1998).

Diskurs und Konsensorientierung werden in der Öffentlichkeit oft missverstanden. „Wieder eine neue Quasselbude", meinen die einen, „ein weiterer Beleg für die Führungsschwäche der Politik", meinen die anderen (Weinrich 1972). Beide Vorwürfe sind zwar gemessen an der Praxis vieler Diskurse berechtigt, verfehlen aber die innere Logik und die immanente Leistungsfähigkeit diskursiver Verfahren. Diskurs bedeutet nicht: Einigung auf den kleinsten, meist trivialen Nenner. Es geht vielmehr um einen Gestaltungsprozess, bei dem die Argumente in aller Klarheit und, wenn notwendig, auch in aller Schärfe ausgetauscht und die unterschiedlichen Werte und Interessen dargelegt werden. Häufig enden diese Diskurse nicht mit einem Konsens, sondern mit einem Konsens über den Dissens. In diesem Falle wissen alle Teilnehmer, warum die eine Seite für eine Maßnahme und die andere dagegen ist. Die jeweiligen Argumente sind dann aber im Gespräch überprüft und auf Schwächen und Stärken ausgelotet worden. Die verbleibenden Unterschiede beruhen nicht mehr auf Scheinkonflikten oder auf Fehlurteilen, sondern auf klar definierbare Differenzen in der Bewertung von Entscheidungsfolgen (Schiemank 1992). Das Ergebnis eines Diskurses ist mehr Klarheit, nicht unbedingt Einigkeit.

6 Klassifikation von Diskursen

In der Literatur finden sich viele verschiedene Klassifikationssysteme für Diskurse (Bacow u. Wheeler 1984, Zilleßen u. Strubelt 1993, Burns u. Überhorst 1988). Man kann sich beispielsweise über Sachverhalte, über Bewertungen, über Handlungsforderungen oder über ästhetische Urteile streiten. Für die praktische Arbeit in der Technikfolgenabschätzung erscheint mir eine Klassifikation in drei Diskurskategorien hilfreich (Wachlin u. Renn 1999):

Der *epistemiologische Diskurs* umfasst Kommunikationsprozesse, bei denen Experten für Wissen (nicht unbedingt Wissenschaftler) um die Klärung eines Sachverhaltes ringen. Ziel eines solches Diskurses ist eine möglichst wirklichkeitsgetreue Abbildung und Erklärung eines Phänomens. Je vielschichtiger, disziplinenübergreifender und unsicherer dieses Phänomen ist, desto eher ist ein kommunikativer Austausch unter den Experten notwendig, um zu einer einheitlichen Beschreibung und Erklärung des Phänomens zu kommen. Häufig können dieses Diskurse nur die Bandbreite des noch methodisch rechtfertigbaren Wissens aufzeigen, also den Rahmen abstecken, in denen Dissens noch unter methodischen oder empirischen Gesichtspunkten begründet werden können.

Der *Reflexionsdiskurs* umfasst Kommunikationsprozesse, bei denen es um die Interpretation von Sachverhalten, zur Klärung von Präferenzen und Werte sowie zur normativen Beurteilung von Problemlagen und Vorschlägen geht. Reflexionsdiskurse eignen sich vor allem als Stimmungsbarometer für technische Entwicklungen, als Hilfsmittel zur Entscheidungsvorbereitung und als Instrument zur antizipativen Konfliktvermeidung. Sie vermitteln einen Eindruck von Stimmungen, Wünschen und Unbehagen, ohne aber konkrete Entscheidungsoptionen im einzelnen zu bewerten.

Der *Gestaltungsdiskurs* umfasst Kommunikationsprozesse, die auf die Bewertung von Handlungsoptionen und/oder die Lösung konkreter Probleme abzielen. Verfahren der Mediation oder direkten Bürgerbeteiligung sind ebenso in diese Kategorie einzuordnen wie Zukunftswerkstätten zur Gestaltung der eigenen Lebenswelt oder politische bzw. wirtschaftliche Beratungsgremien, die konkrete Politikoptionen vorschlagen oder evaluieren sollen.

Alle drei Diskursformen bilden das Gerüst für die Politikberatung im engeren Sinne. Denn die Ergebnisse der Diskurse müssen in legitime Formen der Beschlussfindung eingebunden werden. Zwar können die Akteure auf der Basis von Selbstverpflichtungen und eigenen Versprechungen konsensfähige Lösungen umsetzen und damit die offizielle Politik entlasten, vielfach besteht aber darüber hinaus der Bedarf an der Setzung oder Modifizierung von rechtlichen oder institutionellen Rahmenbedingungen. Dazu sind politische Maßnahmen notwendig, die um so eher greifen werden, wie sie auf diskursive Formen der Zusammenarbeit mit ausgewählten Vertretern aus den drei Diskursebenen beruhen.

Selbst wenn es gelingt, alle diese Diskurse ergebnisorientiert und effizient zu führen, so werden sie dennoch keine akzeptablen Lösungen hervorbringen, wenn die Probleme von Ambivalenz und Unsicherheit nicht selbst zum Thema gemacht werden. Technikanwendern wie Technikbetroffenen muss deutlich werden, dass mit jeder Technikanwendung Risiken verbunden und Schäden auch bei bester Absicht und größter Vorsorge nicht auszuschließen sind. Dies darf keine Entschuldigung für fehlerhaftes Verhalten der für Sicherheit zuständigen Institutionen sein. Aber es muss allen Beteiligten klar sein, worauf man sich bei neuen Techniken einlässt und welche Potentiale damit einhergehen – im guten wie im schlechten. Garantien sind nicht zu geben, allenfalls kann man über Kompensationen im Sinne von Haftungsrecht und Versicherungswesen nachdenken. Erst die Bewusstmachung der verbleibenden Risiken eröffnet neue Strategien, kreativ und vorsorgend mit Ambivalenz und Ungewissheit umzugehen.

7 Schlussbetrachtung

Technikfolgenabschätzung umfasst die wissenschaftliche Abschätzung möglicher Folgepotentiale sowie die nach den Präferenzen der Betroffenen ausgerichtete Bewertung dieser Folgen, wobei beide Aufgaben, die Folgenforschung und -bewertung aufgrund der unvermeidbaren Ambivalenz und Ungewissheit unscharf in den Ergebnissen bleiben werden. Prognosen über die technische Zukunft sind Teil von Technikfolgenabschätzungen und zugleich unverzichtbare Bestandteile für gegenwärtige Entscheidungen, sie dürfen aber nicht die Sicherheit vortäuschen, die TA–Experten könnten alle gefährlichen Ereignisse und Entwicklungen vorhersagen und damit auch durch präventives Handeln ausschließen.

Was ergibt sich aus dieser Problemsicht für die Durchführung von Technikfolgenabschätzungen? Erstens, Technikfolgenabschätzung muss sich immer an der Ambivalenz und Folgenunsicherheit der Technik orientieren. Dabei muss sie zweitens zwischen der wissenschaftlichen Identifizierung der möglichen Folgen und ihrer Bewertung funktional trennen, dabei jedoch beide Schritte diskursiv miteinander verzahnen. Schließlich sollte sie ein schrittweises, rückkopplungsreiches und reflexives Vorgehen bei der Abwägung von positiven und negativen Folgen durch Experten, Anwender und betroffene Bürger vorsehen. Eine so verstandene Technikfolgenabschätzung setzt eine enge Anbindung der Folgenforschung an die Folgenbewertung voraus, ohne jedoch die funktionale und methodische Differenzierung zwischen diesen beiden Aufgaben (Erkenntnis und Beurteilung) aufzugeben. Eine solche Verkoppelung ist notwendig, um im Schritt der Bewertung die Probleme der Ambivalenz und der Ungewissheit bei der Folgenforschung und Folgenbewertung angemessen zu berücksichtigen (Lynn 1986). Umgekehrt müssen auch schon bei der Identifikation und Messung der Folgepotentiale die letztendlichen Bewertungskriterien als Leitlinien der Selektion zugrunde gelegt werden. So wichtig es ist, die Methoden der Erkenntnisgewinnung und der Folgenbewertung nicht zu vermischen, so wichtig ist aber auch, die enge Verzahnung zwischen diesen beiden Bereichen anzuerkennen, weil Technikfolgenforschung ansonsten in einer unsicheren Welt nicht mehr leistungsfähig und wirklichkeitsnahe wäre. Diese Notwendigkeit der Verzahnung spricht ebenfalls für eine diskursive Form der Technikfolgenabschätzung

Ob es gelingen wird, den Problemen der Unsicherheit und Ambivalenz in diskursiven Verfahren zu begegnen, ohne sie auflösen zu können, hat nicht nur Einfluss auf die Zukunft der Technikfolgenabschätzung als Mittel der Zukunftsvorsorge, sondern wird auch maßgeblich die Möglichkeiten bestimmen, ob und in wie weit moderne Gesellschaften in Zeiten schneller technischen Wandels in eigener Verantwortung und mit Blick auf die als wesentlich erkannten Werte des Menschsein handlungsfähig bleiben können.

Literaturverzeichnis

1. Bacow, L.S., Wheeler, M. (1984): Environmental Dispute Resolution. Plenum, New York
2. Baron, W. (Hrsg.) (1995): Technikfolgenabschätzung – Ansätze zur Institutionalisierung und Chancen der Partizipation. Westdeutscher Verlag, Opladen
3. Böhler, D. (1995): Ethik für die Zukunft erfordert Institutionalisierung von Diskurs und Verantwortung. In: Jaenicke, M., Bolle, H.-J., Carius, A. (Hrsg.): Umwelt Global. Springer, Berlin, S. 239–248

4. Bullinger, H.-J. (1994): Was ist Technikfolgenabschätzung? In: Bullinger, H.-J. (Hrsg.): Technikfolgenabschätzung. Teubner, Stuttgart, S. 3–31
5. Burns, T.R., Überhorst, R. (1988): Creative Democracy: Systematic Conflict Resolution and Policymaking in a World of High Science and Technology. Praeger, New York
6. Dierkes, M. (1991): Was und wozu betreibt man Technikfolgenabschätzung? In: Bullinger, H.-J. (Hrsg.): Handbuch des Informationsmanagement im Unternehmen: Technik, Organisation, Recht, Perspektiven. Band II. Beck, München, S. 1495–1522
7. Erdmann, G., Wiedemann, R. (1995): Risikobewertung in der Ökonomik. In: Berg, M., Erdmann, G., Leist, A., Renn, O., Schaber, P., Scheringer, M., Seiler, H. und Wiedemann, R. (Hrsg.): Risikobewertung im Energiebereich. VDF Hochschulverlag, Zürich, S. 135–190
8. Evers, A., Nowotny, H. (1987): Über den Umgang mit Unsicherheit. Die Entdeckung der Gestaltbarkeit von Gesellschaft. Suhrkamp, Frankfurt
9. Fiorino, D.J. (1989): Technical and Democratic Values in Risk Analysis, Risk Analysis, S. 293–299
10. Fischhoff, B., Lichtenstein, S., Slovic, P., Derby, S.L., Keeney, R.L. (1981): Acceptable Risk. Cambridge University Press, Cambridge
11. Giegel, H.-J. (1992): Kommunikation und Konsens in modernen Gesellschaften. In: Giegel, H.-J. (Hrsg.): Kommunikation und Konsens in modernen Gesellschaften. Suhrkamp, Frankfurt, S. 7–17
12. Grunwald, A. (2000): Partizipative Technikfolgenabschätzung – wohin?. TA–Datenbank–Nachrichten, Nr. 3, Jahrgang 9, S. 3–11
13. Habermas, J. (1971): Vorbereitende Bemerkungen zu einer Theorie der kommunikativen Kompetenz. In: Habermas, J., Luhmann, N. (Hrsg.): Theorie der Gesellschaft oder Sozialtechnologie. Was leistet die Systemforschung? Suhrkamp, Frankfurt, S. 101–141
14. Hennen, L. (1999): Partizipation und Technikfolgenabschätzung. In: Bröchler, S., Simonis, G., Sundermann, K. (Hrsg.): Handbuch Technikfolgenforschung. Edition Sigma, Berlin, S. 564–571
15. Jasanoff, S. (1986): Risk Management and Political Culture. Russell Sage Foundation, New York
16. Keeney, R.L. (1988): Structuring Objectives for Problems of Public Interest. Operations Research, 36, S. 396–405
17. Lynn, F.M. (1986): The Interplay of Science and Values in Assessing and Regulating Environmental Risks. Science, Technology, and Human Values, 11, Issue 2, 55, S. 40–50
18. O'Riordan, T., Wynne, B. (1993): Die Regulierung von Umweltrisiken im internationalen Vergleich. In: Krohn, W., Krücken, G. (Hrsg.): Riskante Technologien: Reflexion und Regulation. Suhrkamp, Frankfurt, S. 186–216
19. Petermann, T. (1999): Technikfolgenabschätzung. – Konstituierung und Ausdifferenzierung eines Leitbilds. In: Bröchler, S., Simonis, G., Sundermann, K. (Hrsg.): Handbuch Technikfolgenabschätzung. Sigma, Berlin, S. 17–49
20. Renn, O. (1995): Style of Using Scientific Expertise: A Comparative Framework. Science and Public Policy, 22, 3, S. 147–156
21. Renn, O. (1999): Diskursive Verfahren der Technikfolgenabschätzung. In: Petermann, T., Coenen, R. (Hrsg.): Technikfolgenabschätzung in Deutschland. Bilanz und Perspektiven. Campus, Frankfurt, S. 1115–130

22. Renn, O., Webler, T. (1996): Der kooperative Diskurs: Grundkonzeption und Fallbeispiel. Analyse und Kritik. Zeitschrift für Sozialwissenschaften, 2, Jahrgang 18, S. 175– 20
23. Rip, A. (1985): Experts in Public Arenas. In: Otway, H., Peltu, M. (Hrsg.): Regulating Industrial Risk. Butterworth, London, S. 94–110
24. Roqueplo, P. (1995): Scientific Expertise Among Political Powers, Administrators and Public Opinion. Science and Public Policy, 22, 3, S. 175–182
25. Saretzki, T. (1999): TA als diskursiver Prozeß. In: Bröchler, S., Simonis, G., Sundermann, K. (Hrsg.) Handbuch Technikfolgenforschung. Edition Sigma, Berlin, S. 641–653
26. Schade, D. (1997): Fünf Jahre Akademie für Technikfolgenabschätzung in Baden-Württemberg. GAIA 6, 2, S. 93–94.
27. Schimank, U. (1992): Spezifische Interessenkonsense trotz generellem Orientierungsdissens. In: Giegel, H.-J. (Hrsg.): Kommunikation und Konsens in modernen Gesellschaften. Suhrkamp, Frankfurt, S. 236–275
28. Shrader-Frechette, S. (1991): Risk and Rationality. Philosophical Foundations for Populist Reforms. University of California Press, Berkley
29. Vierecke, A. (Hrsg.) (1995): Die Beratung der Technologie- und Umweltpolitik durch Enquete–Kommissionen beim Deutschen Bundestag. tuduv Verlagsgesellschaft, München
30. von Alemann, U., Heintze, J. (1979): Neo–Korporatismus. Zur neuen Diskussion eines alten Begriffes. Zeitschrift für Parlamentsfragen, 10, S. 469–482
31. Wachlin, K.D., Renn, O. (1999): Diskurse an der Akademie für Technikfolgenabschätzung in Baden-Württemberg. Verständigung, Abwägung, Gestaltung, Vermittlung. In: Bröchler, S., Simonis, G., Sundermann, K. (Hrsg.): Handbuch Technikfolgenforschung. Edition Sigma, Berlin, S. 713–722
32. Weinrich, H. (1972): System, Diskurs, Didaktik und die Diktatur des Sitzfleisches. Merkur, 8, S. 801–812
33. Zilleßen, H. (1993): Die Modernisierung der Demokratie im Zeichen der Umweltpolitik. In: Zilleßen, H., Dienel, P.C., Strubelt, W. (Hrsg.): Die Modernisierung der Demokratie. Westdeutscher Verlag, Opladen, S. 17–39

Teil II

Konzeptionen zur Nachhaltigkeit

Großflächige Ökobilanzen – Anwendungen der umweltbezogenen Input-Output-Analyse

Uwe Klann und Volkhard Schulz

1 Überblick zur umweltbezogenen Input–Output–Analyse – Daten, Methoden, Einordnung[1]

Inzwischen ist es üblich, eine Bewertung alternativer Produkte oder Technologien durch die Betrachtung der Vorleistungskette von der Rohstoffentnahme bis zur Fertigware bzw. zur letztendlichen Nutzung zu fundieren. Derartige auf Prozesskettenanalysen aufbauende Ökobilanzen liefern die erforderlichen detaillierten Informationen für sehr genau vorstrukturierte und spezifizierte Entscheidungsprobleme. Die Methodik ist jedoch aufgrund der naturgemäß erforderlichen sehr detaillierten Eingangsdaten wenig geeignet, einen Überblick über größere Bereiche (z.B. über sämtliche Güterkäufe der privaten Haushalte) oder gar die gesamte Volkswirtschaft zu geben. Hierfür geeignet sind Methoden der Input–Output–Analyse.

Als grundlegende Daten dienen Input–Output–Tabellen und die konzeptionell hierauf abgestimmte Material- und Energieflussrechnungen, die als Teil der Volkswirtschaftlichen Gesamtrechnungen bzw. der Umweltökonomischen Gesamtrechnungen vom Statistischen Bundesamt veröffentlicht werden (z.B. Statistisches Bundesamt 1997, Statistisches Bundesamt 2000). Gesamtrechnungen sind stets als geschlossene Bilanzsystem konzipiert, in dem sämtliche Ströme und die dazugehörigen Bestandsänderungen konsistent und vollständig erfasst werden können. Hierzu gibt es internationale Vereinbarungen (z.B. UN et al. 1993), in denen auch die Schnittstellen zwischen den Staaten definiert sind. In den Input–Output–Tabellen ist eine solche Aufteilung – u.a. nach Produktionsbereichen und Haushalten – abgebildet. Die vollständige Verbuchung der Ströme impliziert dann, dass für alle Produktionsbereiche sämtliche Inputs nach Herkunft und sämtliche Outputs nach Nutzern abgebildet sind, was einer Spezifikation sämtlicher Produktionsprozesse entspricht. In Verbindung mit entsprechend gegliederten Daten zu Entnahmen aus und Abgaben an die Natur hat man alle Daten, die man auch für Ökobilanzen benötigt, und kann mit verwandten Verfahren – hier: Input–Output–Analysen – für ganz Deutschland flächendeckend bzw. für großflächige Teilbereiche entsprechende Werte errechnen.[2]

---

[1] Der Artikel beruht auf Arbeiten im laufenden Verbundprojekt der Hermann von Helmholtz-Gemeinschaft Deutscher Forschungszentren „Global zukunftsfähige Entwicklung – Perspektiven für Deutschland".

[2] In Bezug auf den Umweltzustand können die ökonomischen Aktivitäten als driving forces und die Entnahmen von Stoffen aus der Biosphäre und die Abgaben

Allerdings ist großflächig aufgrund der Datenbasis auch mit großmaßstäblich verbunden. Obwohl das Statistische Bundesamt eine Vielzahl von Quellen verwendet – z.b. allein für den Energiebereich mehr als 20 verschiedene Statistiken (Statistisches Bundesamt 2000, S. 56f.) –, um nach einer Konsistenzprüfung das gesamte Bilanzsystem zu schätzen, kann in einer starken Detaillierung keine ausreichende Genauigkeit der Einzeldaten erzielt werden. In den Ausweisungen werden deshalb 58 Gütergruppen und Produktionsbereiche unterschieden und die Umweltdaten beschränken sich auf quantitativ bedeutsame Größen. Aufgrund dieser vollständigen aber großmaßstäblichen Erfassung ist die Input–Output–Analyse besonders gut geeignet, relative Größenordnungen und auffällige Muster zu identifizieren. Auch die entsprechenden zeitlichen Entwicklungen können gut analysiert werden, da die meisten Daten zur Umweltökonomischen Gesamtrechnung seit Anfang der achtziger Jahre in einer vergleichbaren Systematik erhoben werden, was eine in üblichen Ökobilanzen (Prozesskettenanalysen) normalerweise nicht vorhandene zeitliche Konsistenz sichert.

Aufgrund der verschiedenen Charakteristika ist es naheliegend, Input–Output–Analysen komplementär zu Prozesskettenanalysen einzusetzen: Zum einen kann man Werte für in Prozesskettenanalysen nicht beachteten Vorleistungen – insbesondere Dienstleistungen – abschätzen (s. z.B. Engelenburg et al. 1994, Marheineke et al. 1999). Zum anderen kann man großmaßstäbliche Ökobilanzen verwenden, um Bereiche für Detailanalysen zu identifizieren oder die Ergebnisse von Prozesskettenanalysen in einen größeren Zusammenhang einzubetten. Diese Verbindung verschiedener Aggregationsniveaus wird im laufenden HGF–Verbundprojekt „Global zukunftsfähige Entwicklung – Perspektiven für Deutschland" genutzt, um z.B. detaillierte technische Analysen in vielen verschiedenen Bereichen konsistent zusammenzufassen (s. Klann u. Nitsch 1999). In diesem Projekt errechnete Ergebnisse werden im folgenden vorgestellt.

Hierbei gilt das Augenmerk den in den letzten Jahren intensiv diskutierten CO_2–Emissionen. Entsprechend der Eignung der Input–Output–Analyse werden großflächige Bereiche gewählt: Die im genannten HGF–Projekt zentralen „Aktivitätsfelder" und deren Teilkomponenten, die „Bedarfsfelder". Zuerst werden diese Bereiche in Abschnitt 2 erläutert, um die folgenden Ergebnisse zu den Bedarfsfeldern (Abschnitt 3) und zur zeitlichen Entwicklung in Aktivitätsfeldern (Abschnitt 4) verständlich zu machen. Ein Ausblick schließt den Beitrag ab.

---

von Stoffen an die Biosphäre als pressure–Indikatoren eingeordnet werden. Im Datensatz (und der Input–Output–Analyse) steht damit der Zusammenhang zwischen driving forces und pressures im Vordergrund (Statistisches Bundesamt 1995, S. 8).

2 Beschreibung von Bedarfs- und Aktivitätsfeldern

Die gesellschaftlichen bzw. volkswirtschaftlichen Aktivitäten werden im HGF–Projekt „Global zukunftsfähige Entwicklung – Perspektiven für Deutschland" auf folgende „Aktivitätsfelder" unterteilt (zu Details s. Klann u. Nitsch 1999):

- Bauen und Wohnen,
- Mobilität,
- Ernährung und Landwirtschaft,
- Information und Kommunikation,
- Freizeit und Tourismus,
- Textilien und Bekleidung,
- Gesundheit sowie
- sonstige gesellschaftliche Aktivitäten, die überwiegend aus staatlichen Aktivitäten bestehen.

Diese Untergliederung hat zum Ziel, dass Nachhaltigkeitsdefizite und daraus ableitbare Nachhaltigkeitsstrategien innerhalb sinnvoll eingrenzbarer und konkretisierbarer Untersuchungsräume analysiert werden können.

Die zugrundeliegende Vorstellung über Inhalt und Abgrenzung eines Aktivitätsfeldes kann anhand des Beispiels „Mobilität" im Hinblick auf die Erfassung und Zuordnung von Luftschadstoffemissionen erläutert werden. Der Anspruch besteht darin, möglichst alle mit Mobilität zusammenhängende Aktivitäten innerhalb der Volkswirtschaft sowie deren Schadstoffemissionen zu erfassen. Folgende Beiträge sind demnach inklusive sämtlicher Vorleistungen enthalten:

1. Verkehrsbewegungen; dabei werden im wesentlichen der Verbrauch und die Bereitstellung von Kraftstoffen und die dadurch verursachten Luftschadstoffemissionen erfasst;
2. Produktion von Verkehrsmitteln; hier werden insbesondere die im Straßenfahrzeugbau und bei der Produktion der Vorprodukte (Abbau von Erzen, Eisen- und Stahlindustrie) emittierten Luftschadstoffe erfasst;
3. Weiter Güterkäufe und Nutzung dieser Güter durch private Haushalte zur Befriedigung der Mobilitätsbedürfnisse, wiederum unter Berücksichtigung aller Vorprodukte. Hier sind dann beispielsweise auch alle mit dem Bau von Garagen verbundenen Luftschadstoffemissionen erfasst, also etwa aus der entsprechenden Zementherstellung.
4. Verkehrsinfrastruktur und staatlichen Dienstleistungen für den Verkehr.

In dem so strukturierten Aktivitätsfeld „Mobilität" können alle Aspekte der Mobilität dargestellt und diskutiert werden. Die Aktivitäten und Güterkäufe der privaten Haushalte und die staatlichen Dienstleistungen werden als Bedarfsfelder bezeichnet (vgl. z.B. Bund, Misereor 1997, S.102 ff.). Bedarfsfelder sind also jeweils Teile der entsprechenden Aktivitätsfelder.

Durch äquivalente Überlegungen gelangt man für sämtliche Aktivitätsfelder zu entsprechenden Zuordnungen. Überlappungen werden bewusst zugelassen: Beispielsweise ist der Transport von Baumaterial inklusive aller Vorleistungen sowohl Bestandteil von „Mobilität" als auch von „Bauen und Wohnen". Ein anderer derartiger Bereich sind Freizeitfahrten, die einen wesentlichen Einfluss auf das Aktivitätsfeld „Mobilität" haben und gleichzeitig zentraler Bestandteil des Aktivitätsfeldes „Freizeit und Tourismus" sind. Durch die Überlappungen können wichtige gesellschaftliche bzw. volkswirtschaftliche Bereiche aus verschiedenen Blickwinkeln betrachtet werden. Nach einer Abgrenzung dieser Aktivitätsfelder in den Input–Output–Tabellen werden mittels teilweise eigens entwickelter Methoden Bilanzsysteme errechnet, aus denen die Stellung der einzelnen Aktivitätsfelder in Deutschland sowie die innere Struktur der Aktivitätsfelder entnommen werden kann (zur Einordnung und zu Methoden s. Klann u. Schulz, 2001).

Ein Vorteil dieses Ansatzes liegt darin, dass aufgrund der flächendeckenden Erfassung und der umfassenden Abgrenzung auch solche Effekte sichtbar werden, die bei den üblicherweise gewählten relativ engen Systemgrenzen (z.B. Einschränkung der Mobilität auf den Kraftstoffverbrauch) außerhalb des Blickfeldes liegen. Die Aktivitätsfelder sind dabei so strukturiert, dass sowohl eine technologische Perspektive als auch eine Konsumentenperspektive eingenommen werden kann. Die technologische Perspektive ist vor allem in den nach obigen Punkten 1 und 2 abgegrenzten Bereichen oder allgemeiner in der Matrix der In- und Outputs aller Produktionsbereiche zu erkennen, während die Bedarfsfelder die Konsumentenperspektive wiedergeben. Denn ein einzelnes Bedarfsfelder enthält sämtliche, teils in komplementären, teils in substitutionaler Beziehung stehenden Güterkäufe der Haushalte für einen bestimmten Zweck. So enthält das Bedarfsfeld Mobilität sämtliche Güter, die die Haushalte im Zusammenhang mit ihren Autofahrten benutzen – Kraftstoffe, Autos, Garagen usw. -, sowie auch Ausgaben für Verkehrsdienstleistungen (Busse, Bahnen, Flugverkehr). Damit verbindet man nicht nur die Güterkäufe mit den dahinterliegenden Zielen der Haushalte, sondern man kann auch die verschiedene Möglichkeiten der Zielerreichung erfassen. In Verbindung mit der technologischen Perspektive erlaubt diese Sichtweise, die relative Bedeutung von Verhaltensänderungen der Konsumenten und von technologischen Entwicklungen einzuschätzen und deren Interdependenz offen zu legen. Dies ist nicht nur in Bestandsaufnahmen möglich, sondern auch in Szenarien, die in diesem Artikel aber nicht behandelt werden. Mithin erlaubt der Aktivitätsfeldansatz eine analytische Integration von Suffizienz- (Verhaltensänderungen betreffend) und Effizienzstrategien (technologische Änderungen betreffend).

3 Anwendungsbeispiel: Luftschadstoffemissionen in Bedarfsfeldern mit spezieller Fokussierung auf die CO_2-Emissionen

Die Bedarfsfelder – als Teil der Aktivitätsfelder – umfassen jeweils die Güterkäufe durch die privaten Haushalte, die Nutzung dieser Güter und staatliche Dienstleistungen für die entsprechenden Verwendungszwecke sowie sämtliche Vorproduktketten. Die in Tab. 1 aufgeführten Emissionen für die Bedarfsfelder zeigen mithin, welche letztendlichen Verwendungszwecke für die einzelnen Schadstoffe und welche Luftschadstoffe für einzelne Bedarfsfelder besonders bedeutend sind. Von relativ geringer Bedeutung sind die Bedarfsfelder Information & Kommunikation, Textilien & Bekleidung sowie Gesundheit. Das Bedarfsfeld sonstige gesellschaftliche Aktivitäten zeigt für einzelne Positionen größere Beiträge, was insbesondere für Methan daher rührt, dass hier Emissionen aus Mülldeponien enthalten sind. Generell von großer Bedeutung sind Bauen & Wohnen, Mobilität und Ernährung & Landwirtschaft sowie Freizeit & Tourismus. Im letztgenannten Bedarfsfeld sind vor allem der Freizeit- und Urlaubsverkehr sowie die Übernachtungen inklusive Verzehr auf Reisen die wesentlichen Emissionsursachen, also insbesondere die Überlappungsbereiche mit Mobilität und Ernährung & Landwirtschaft. Dies zeigt sich auch an den hohen Anteilen für NO_x, CO und NMVOC, für die das Bedarfsfeld Mobilität von größter Bedeutung ist, sowie den im Vergleich zu „Mobilität" höheren, stark durch Ernährung & Landwirtschaft bestimmten Methan- und Staubemissionen. Im Bedarfsfeld Bauen & Wohnen sind für NO_x, CO und NMVOC keine derart ausgeprägt hohen Anteile erkennbar; vergleichsweise bedeutend sind jedoch die CO_2-, SO_2- und Staubemissionen. Wodurch in den einzelnen Bedarfsfeldern die verschiedenen Emissionen ausgelöst werden, kann näher beschrieben werden. Beispielhaft zeigt Abb. 1 eine Aufteilung der in Tab. 1 durch den Rahmen hervorgehobenen Werte für CO_2-Emissionen.

In Abb. 1 sind (mit Ausnahme der teilweise als Restgröße aufzufassenden sonstigen gesellschaftlichen Aktivitäten) für alle Bedarfsfelder die auf fossile Energieträger, Strom und sonstige Güter (sonstige Waren und Dienstleistungen) entfallende Anteile der CO_2-Emissionen aufgetragen. Ausschlaggebend für diese Dreiteilung sind die unmittelbaren Käufe der privaten Haushalte. Die Anteile enthalten jeweils die gesamte Vorleistungskette. Die für Strom ausgewiesenen Anteile beziehen sich also auf den am Zählerstand der Haushalte ablesbaren Stromverbrauch und enthalten die hierfür emittierten CO_2-Mengen bei der Stromerzeugung. Der jeweilige Stromverbrauch für die Güterproduktion wird in Abb. 1 den sonstigen Gütern zugerechnet.

Abb. 1 zeigt, dass der Stromverbrauch in den privaten Haushalten maximal ca. 25 % – meist deutlich weniger – zu den CO_2-Emissionen in den einzelnen Bedarfsfeldern beiträgt und der Verbrauch fossiler Energieträger nur für Bauen & Wohnen (für Raumwärme), Mobilität (Kraftstoffe) und Freizeit

Tabelle 1. Kumulierte Luftschadstoffemissionen nach Bedarfsfeldern (Emissionen in Deutschland 1993 = 100) (Anmerkungen: Aufgrund von Überlappungen sind die Anteile nicht additiv, aufgrund des Bezugsrahmens auf die privaten Haushalte aber auch nicht vollständig. Quelle: Statistisches Bundesamt 1998, Eigene Berechnung.)

Luftschadstoffe	Emissionen in Deutschland	B&W	Mob	E&L	F&T	I&K	T&B	Ges.	s.g. A.
CO_2	929 Mt	25,8	20,1	18,5	16,7	3,9	5,5	8,1	10,4
CH_4	4915 kt	16,0	10,7	56,2	17,9	2,8	3,8	9,2	33,2
SO_2	3201 kt	24,7	13,6	23,0	13,4	5,0	7,2	10,0	12,4
NO_x	2828 kt	14,0	38,8	21,0	28,8	3,5	5,0	6,4	8,6
CO	8407 kt	17,4	58,1	10,2	39,0	2,0	2,8	3,5	4,4
NMVOC	2049 kt	13,1	45,8	14,0	32,1	2,8	3,6	5,3	7,0
Staub	864 kt	20,8	11,5	36,9	14,2	4,1	5,7	7,8	10,7

Abkürzungen: B&W: Bauen und Wohnen; Mob: Mobilität; E&L: Ernährung und Landwirtschaft; I&K: Information und Kommunikation; F&T: Freizeit und Tourismus; T&B: Textilien und Bekleidung; Ges: Gesundheit; s.g.A.: sonstige gesellschaftliche Aktivitäten; NMVOC: flüchtige Kohlenwasserstoffe außer Methan. Fett gerahmt: Details s. Abb. 1.

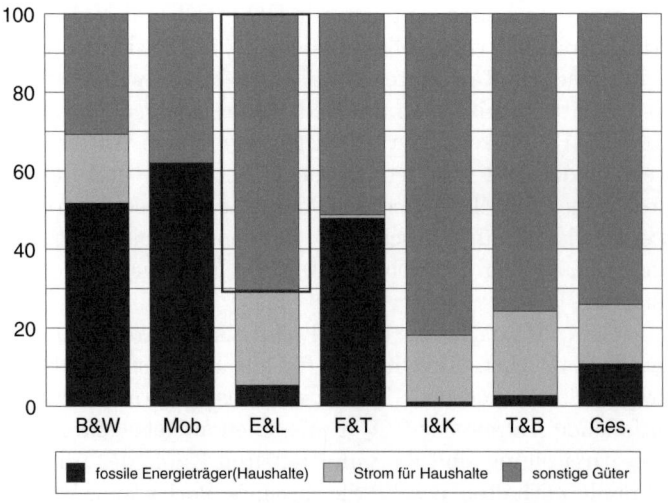

Abb. 1. Anteile (in%) des Energieverbrauchs privater Haushalte und der Verwendung sonstiger Güter an den CO_2–Emissionen der Bedarfsfelder (Abkürzungen: s. Tabelle 1. Fett gerahmt: Details s. Abb. 2. Quelle: Eigene Berechnung)

& Tourismus (hauptsächlich Kraftstoffe) von großer Bedeutung ist. Für die anderen Bedarfsfelder überwiegen die im Zuge der Produktion der sonstigen Güter entstehenden Emissionen. Welche Gütergruppen hier im einzelnen eine besondere Rolle spielen, kann wiederum näher betrachtet werden. So zeigt Abb. 2 eine Aufteilung für den in Abb. 1 eingerahmten Anteil der sonstigen Güter in Ernährung & Landwirtschaft.

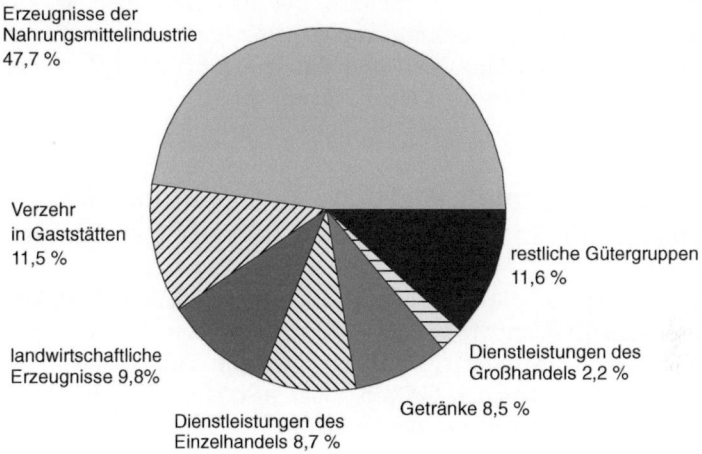

Abb. 2. Anteil einzelner Gütergruppen an den „sonstigen Gütern" zuzurechnenden CO_2–Emissionen im Bedarfsfeld Ernährung & Landwirtschaft („E&L, sonstige Güter" in Abb. 1 = 100) (Quelle: Eigene Berechnung)

In Abb. 2 sind unter den nichtenergetischen Gütergruppen die sechs mit den größten Anteilen einzeln aufgeführt. Mit Abstand der größte Beitrag (47,7%) ist den von Haushalten gekauften Erzeugnissen der Nahrungsmittelindustrie zuzurechnen. Noch vor unverarbeiteten Lebensmitteln wie Frischobst und -gemüse (unter landwirtschaftliche Erzeugnisse) und Getränken rangiert der Verzehr in Gaststätten, der allerdings auch die Emissionen enthält, die durch den Energieverbrauch in Gaststätten verursacht werden. Dieser Beitrag ist demnach nicht unmittelbar mit den übrigen Güteranteilen zu vergleichen. Die Einzelhandelsdienstleistungen auf der letzten Handelsstufe fallen mit beachtlichen 8,7% ins Gewicht. Offensichtlich kann mit den größten fünf Gütergruppen (bis einschließlich Getränke) bereits ein Großteil der Emissionen erfasst werden. Auffällig ist, dass hier weder Haushaltswaren noch -geräte auftauchen. Für sämtliche Haushaltsgeräte, die für Ernährungszwecke benötigt werden (Kühlschränke, Herde, Geschirrspüler usw.) erhält man den geringen Wert von ca. 1,6 Prozentpunkten, der in den 11,6% für restliche Gütergruppen in Abb. 2 enthalten ist. Die CO_2–Emissionen im Bedarfsfeld „Ernährung & Landwirtschaft" würden sich demnach selbst dann nur unmerklich verringern, wenn die Haushalte in ihrer Kaufentscheidung der CO_2–Intensität dieser Geräteproduktion eine hohe Priorität einräumen würden.

In diesem Abschnitt wurde angedeutet, wie ausgehend von Übersichtszahlen (wie in Tab. 1) je nach Interesse eine weitere Vertiefung erfolgen kann. Durch derartige Vertiefungen kann die Relevanz einzelner Teilbereiche, wie etwa spezieller Gütergruppen, eingeschätzt werden, was zu einer fundierten Auswahl für weitere Detailanalysen beiträgt. Die in Abb. 2 einzeln aufgeführten Gütergruppen geben dabei einen Hinweis auf den erreichbaren Detaillierungsgrad und damit auf Schnittstellen zwischen Prozesskettenanalyse und Input–Output–Analyse.

4 Anwendungsbeispiel: Zeitliche Entwicklung der CO_2-Emissionen in ausgewählten Aktivitätsfeldern

Die Betrachtung wird in diesem Abschnitt von den Bedarfsfeldern, also vom Konsumentenverhalten, auf die gesamten Aktivitätsfelder ausgeweitet. Damit sind sämtliche einer bestimmten Funktion dienende Tätigkeiten in der Gesellschaft erfasst. Die folgenden Größen geben also einen Überblick über die relative und absolute Bedeutung der verschiedenen Funktionen. Zusätzliche Aufteilungen innerhalb der Aktivitätsfelder zeigen, welche Bedeutung verschiedenen Inputkategorien für die einzelnen Aktivitätsfelder zukommt. Dies wurde für CO_2 in Abschn. 3 ausführlich dargestellt und wird hier nochmals in einer relativ groben Unterteilung aufgegriffen. Mit dem Fokus auf die zeitliche Entwicklung wird der zweite wichtige Einsatzbereich umweltbezogener Input–Output–Analysen vorgestellt.

Die Übersicht über die Entwicklung der CO_2-Emissionen beschränkt sich auf die Aktivitätsfelder „Bauen und Wohnen" (Abb. 3), „Mobilität" (Abb. 4) und „Ernährung und Landwirtschaft" (Abb. 5). Diese drei Aktivitätsfelder weisen die höchsten CO_2-Emissionen aller betrachteten Aktivitätsfelder auf. Da sich Aktivitätsfelder überlappen, dürfen die CO_2-Werte der Aktivitätsfelder für eine Gesamtbetrachtung nicht einfach addiert werden. Ohne diese Überlappungen erfolgte in diesen drei Aktivitätsfeldern etwa 80% der gesamten CO_2-Erzeugung im Inland (1993), was die Bedeutung dieser drei Aktivitätsfelder für CO_2-Emissionen, aber auch für andere vorwiegend energiebedingte Luftschadstoffe sowie für den Energieverbrauch unterstreicht.

Die gestrichelten Linienteile in den Abbildungen stellen den Sprung durch die Erweiterung um die Neuen Bundesländer und die damit verbundene eingeschränkte Vergleichbarkeit vor und nach der Wiedervereinigung dar. Deutlich ist zu erkennen, dass die Emissionen für die Aktivitätsfelder „Bauen und Wohnen" und „Ernährung und Landwirtschaft" eine kontinuierlich fallende Tendenz aufweisen. Allerdings wurde dieser Trend durch die Wiedervereinigung unterbrochen, setzte sich danach aber offenbar von einem höheren Niveau aus weiter fort. Für das Aktivitätsfeld „Mobilität" ergibt sich hingegen ein stetiger Anstieg der Emissionen.

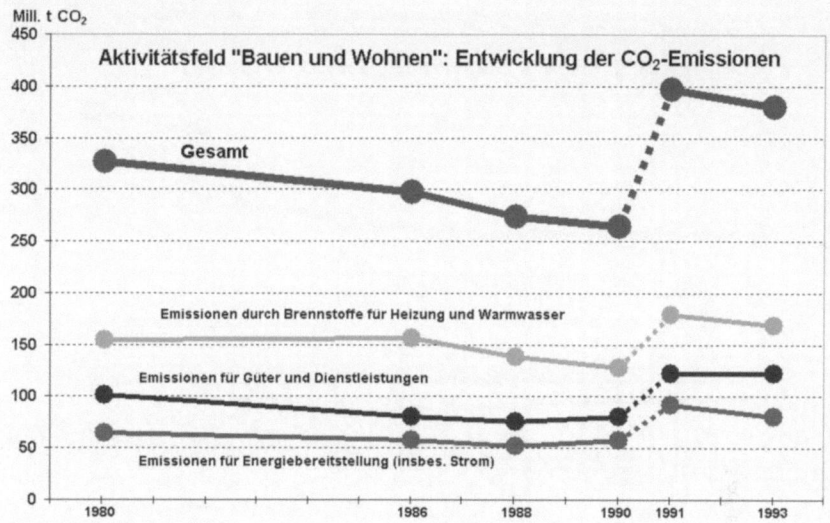

Abb. 3. Zeitliche Entwicklung der CO_2–Emissionen im Aktivitätsfeld „Bauen und Wohnen" (nur Emissionen im Inland) (Quelle: Eigene Berechnung)

Zu diesen Abbildungen ist von besonderem Interesse, dass nicht nur die Gesamtbilanz für die einzelnen Jahre erstellt wurde, sondern dass diese Gesamtbilanz auf einer Vielzahl von Einzelgrößen basiert, die prinzipiell auch in ihrer zeitlichen Entwicklung darstellbar sind und somit die Voraussetzungen für Detailanalysen liefern, wie sie in Abschnitt 3 beispielhaft erläutert wurden. In den Grafiken sind hierfür als erster Schritt die Aufgliederungen auf die CO_2–Emissionen für die direkt verwendeten Energieträger (Strom, Brenn- und Kraftstoffe und den hierfür erforderlichen kumulierten Vorleistungen) einerseits und die kumulierten CO_2–Emissionen für die Verwendung von Gütern und Dienstleistungen andererseits eingetragen. Die jeweiligen Beiträge besitzen in den drei Aktivitätsfeldern erwartungsgemäß deutlich unterschiedliche Anteile.

Im Aktivitätsfeld „Bauen und Wohnen" wird der Abwärtstrend der CO_2–Emissionen seit 1986 vor allem durch die Brennstoffe für Raumwärme und Warmwasserbereitung verursacht. Die Emissionen für die anderen beiden dargestellten Teilbereiche (Güter und Dienstleistungen sowie Energiebereitstellung) zeigen seit 1986 deutlich geringere Minderungsraten auf, teilweise sind sogar Steigerungen der betreffenden CO_2–Emissionen zu vermerken. Für das Aktivitätsfeld „Mobilität" sind die Steigerungen der CO_2–Emissionen im betrachteten Zeitrahmen den Kraftstoffemissionen zuzurechnen, die Emissionen für Güter, Dienstleistungen und Energiebereitstellung weisen hingegen eine leicht fallende Tendenz auf. Für „Ernährung und Landwirtschaft" ergibt sich für die beiden eingetragenen Teilbereiche eine durchgängig sinkende Tendenz der CO_2– Emissionen, wobei die Emissionen für Güter und Dienstleistungen

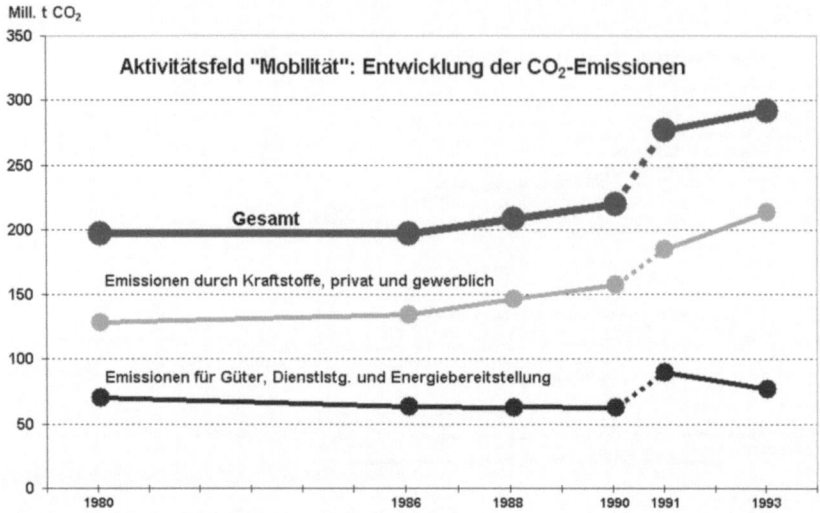

Abb. 4. Zeitliche Entwicklung der CO_2–Emissionen im Aktivitätsfeld „Mobilität" (nur Emissionen im Inland) (Quelle: Eigene Berechnung)

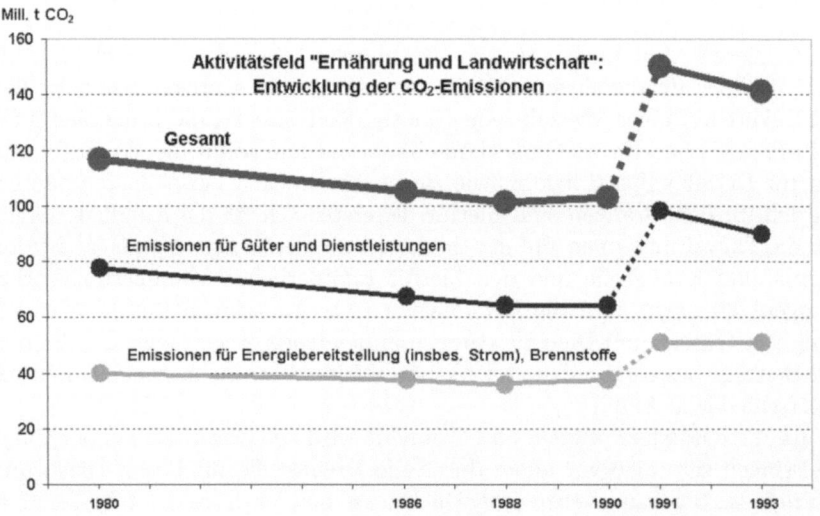

Abb. 5. Zeitliche Entwicklung der CO_2–Emissionen im Aktivitätsfeld „Ernährung und Landwirtschaft" (nur Emissionen im Inland) (Quelle: Eigene Berechnung)

offensichtlich stärker abfallen als die Emissionen für die Energiebereitstellung. Derartige zeitliche Entwicklungen für großflächige Ökobilanzen und deren Ursachenanalysen werden im HGF–Projekt „Global zukunftsfähige Entwicklung – Perspektiven für Deutschland" für die quantitative Entwicklung von Nachhaltigkeitsstrategien und -szenarien verwendet.

5 Ausblick

Die dargestellten Ergebnisse zeigen, dass die umweltbezogene Input–Output–Analyse als ein wichtiges Instrument für die Berechnung von großflächigen Ökobilanzen und deren zeitlichen Entwicklungen einzuschätzen ist. Natürlich sind die Datensätze und die Analysemethoden je nach Untersuchungsziel und Indikatoren anzupassen. Als zielführendes Vorgehen erweist sich dabei ein Beginn mit relativ einfachen Methoden nahe am Standarddatensatz mit seinen 58 Produktionsbereichen und eine Anpassung auf Basis einer Ergebnisanalyse. Allerdings ist auch dann noch damit zu rechnen, dass in einzelnen Bereichen eine datentechnische Genauigkeit wünschenswert ist, die allein durch Input-Output–Tabellen des Statistischen Bundesamtes nicht erzielt werden kann. In derartigen Fällen sind Verbindungen mit Prozesskettenanalysen anzustreben.

Aber auch die andere Richtung der Integration – die von Input–Output–Tabellen in Prozesskettenanalysen – ist wichtig. Denn typischerweise wird in Prozesskettenanalysen der überwiegende Teil der Dienstleistungen außer acht gelassen. Schätzungen der Transaktionskosten – der Kosten außer reinen Produktions-, Transport- und Lagerkosten – geben einen Anhaltspunkt für deren Größenordnung: Es handelt sich im Durchschnitt um mindestens 50% der Einkaufspreise (Richter u. Furubotn 1996, S. 58ff.). Eine zukünftige Erhöhungen dieses Anteils ist zu erwarten. Dass es sich hierbei auch nicht um aus Umweltsicht geringfügige Tätigkeiten handelt, ist z.B. aus den 40,3% der deutschen Verkehrsleistungen im Personenluftverkehr mit dem Verkehrszweck „Geschäft" ersichtlich (Bundesministerium für Verkehr, Bau- und Wohnungswesen 2000, S. 223).

Insbesondere für Analysen, in denen technologische Entwicklungen als Beitrag zur Nachhaltigkeit explizit betrachtet werden, ist die mit diesen Integrationen geschaffene Verbindung von ökologischen und ökonomischen Aspekten besonders geeignet. In diesem Kontext sind in Zukunft in besonderem Maße Ansätze zur Integration der sozialen Dimension in Input–Output–Analysen zu entwickeln.

Literaturverzeichnis

1. BUND, Misereor (Hrsg.) (1997): Zukunftsfähiges Deutschland. Ein Beitrag zu einer global nachhaltigen Entwicklung, 4. Auflage. Birkhäuser, Basel
2. Bundesministerium für Verkehr, Bau- und Wohnungswesen (Hrsg.) (2000): Verkehr in Zahlen 2000. Deutscher Verkehrs–Verlag, Hamburg

3. Engelenburg, B. C. W. van et al. (1994): Calculating the energy requirement of household purchases, Energy Policy 22, S. 648–656
4. Klann, U., Nitsch, J. (1999): Der Aktivitätsfelderansatz – Ein Ansatz für die Untersuchung eines integrativen Konzepts nachhaltiger Entwicklung. STB–Bericht 23, DLR, Stuttgart
5. Klann, U., Schulz, V. (2001): Die Aktivitätsfeldanalyse auf Basis von Input-Output-Tabellen. In: Grunwald, A. et al. (Hrsg.): Forschungswerkstatt Nachhaltigkeit. Wege zur Diagnose und Therapie von Nachhaltigkeitsdefiziten. Reihe: Global zukunftsfähige Entwicklung - Perspektiven für Deutschland Band 2. Edition Sigma, Berlin.
6. Marheineke, T., Friedrich, R., Krewitt, W. (1999): Application of a Hybrid–Approach to the Life Cycle Inventory Analysis of a Freight Transport Task. In: SAE 1998 Transactions – Journal of Passenger Cars. Society of Automotive Engineers (SAE), Warrendale PA
7. Richter, R., Furubotn, E. (1996): Neue Institutionenökonomik. Mohr, Tübingen
8. Statistisches Bundesamt (1995): Umweltökonomische Gesamtrechnung, Fachserie 19, Reihe 5: Material- und Energieflußrechnung 1995, Metzler-Poeschel, Stuttgart
9. Statistisches Bundesamt (1997): Volkswirtschaftliche Gesamtrechnung, Fachserie 18, Reihe 2: Input-Output-Tabellen 1993, Metzler-Poeschel, Stuttgart
10. Statistisches Bundesamt (1998): Umweltökonomische Gesamtrechnung, Fachserie 19, Reihe 5: Material- und Energieflußrechnung 1997, Metzler-Poeschel, Stuttgart
11. Statistisches Bundesamt (2000): Umweltökonomische Gesamtrechnung, Fachserie 19, Reihe 5: Material- und Energieflußrechnung 1999, Metzler-Poeschel, Stuttgart
12. UN et al. (Hrsg.) (1993): System of National Accounts 1993. Brüssel u.a.

Nachhaltige Entwicklung und Energieversorgung

Regina Eich und Jürgen-Friedrich Hake

1 Einleitung

In der Debatte um eine in die Zukunft gerichtete gesellschaftliche Entwicklung spielt der Begriff „Nachhaltige Entwicklung" eine zentrale Rolle. Er bezeichnet ein Konzept, dessen zentrales Element in der Verbindung von wirtschaftlichem Fortschritt mit dem Erhalt der natürlichen Umwelt und sozialer Gerechtigkeit besteht. Ausgangspunkt für diese Debatte ist die Feststellung, dass die bisherige Entwicklung zwar für viele Menschen Wohlstand gebracht hat, dass aber ein weit größerer Teil der Menschheit immer noch in Armut und in unterentwickelten Verhältnissen lebt. Eng verbunden mit dieser Zustandsbeschreibung ist die Ansicht, dass sowohl die Art des gegenwärtigen Wirtschaftens als auch heutige Verhaltens- und Konsummuster nicht als Modell für eine zukünftige Entwicklung geeignet sind, sondern vielmehr zu schwerwiegenden Störungen in ökologischen, ökonomischen sowie sozialen Teilsystemen unserer Gesellschaft führen. Das Konzept der nachhaltigen Entwicklung verknüpft also die Frage der Bewahrung der natürlichen Lebensgrundlagen für nachfolgende Generationen mit dem Anspruch der derzeit lebenden Menschen auf wirtschaftlichen Wohlstand und soziale Entwicklung.

Die ausreichende Verfügbarkeit von nutzbarer Energie stellt in diesem Zusammenhang eine existentielle Grundvoraussetzung dar. Neben der Frage nach einer dauerhaften Verfügbarkeit von Trinkwasser und Nahrungsmitteln gehört die Energiefrage zu den – im Kontext einer stetig anwachsenden Weltbevölkerung – vorrangig zu lösenden Problemen.

Mit der Gewinnung, Wandlung sowie Nutzung von Energie sind aber auch nicht zu vernachlässigende und zu unterschätzende Risiken sowie Folgewirkungen verbunden. Hervorzuheben sind dabei der überwiegend aus der Verbrennung fossiler Energieträger resultierende anthropogene Treibhauseffekt sowie als Folge der Unfälle von Three Mile Island und Tschernobyl die umstrittene Nutzung der Kernenergie. Es stehen somit gleich zwei wesentliche Säulen der bisherigen Energieversorgung auf dem Prüfstand. Inwieweit und wann die Nutzung erneuerbarer Energiequellen oder gar Resultate aus der Fusionsforschung hier signifikante Entlastung bringen können, ist trotz immenser Anstrengungen nach wie vor eine offene Frage.

Die Bereitstellung von nutzbarer Energie für zukünftig acht bis zwölf Milliarden Menschen, von denen ein großer Teil in Ballungsgebieten mit jeweils mehreren Millionen Bewohnern leben wird, besitzt darüber hinaus eine nicht vernachlässigbare geopolitische Dimension. Die ungleiche geographische Verteilung der weltweiten Energiereserven sowie die davon stark abweichende Nachfrage erfordern ein flexibles, aber auch robustes System an internationalen Handels- und Lieferbeziehungen. Die aus der Klimarahmenkonvention der Vereinten Nationen und dem Kioto–Prozess resultierenden Verpflichtungen hinsichtlich eines aktiven Klimaschutzes können ebenfalls nur in enger internationaler Kooperation eingelöst werden. In dem Maße, wie dieses Netz an globalen Politiken konkreter und verbindlicher wird, nehmen – zumindest auf den ersten Blick – Gestaltungsräume für nationalstaatliche Politik ab. Der Prozess der nachhaltigen Entwicklung wird in diesem Spannungsfeld verlaufen, es aber gleichzeitig auch mitgestalten.

2 Nachhaltige Entwicklung

2.1 Ursprung und Hintergrund des Begriffs

Im Jahr 1972 wurde von der UN–Vollversammlung ein „Action Plan for the Human Environment" verabschiedet. Er beinhaltete Maßnahmen und Übereinkommen zu folgenden Gebieten:

– weltweite Erfassung von Umweltdaten,
– Umweltforschung,
– Austausch von Informationen,
– schonender Umgang mit Ressourcen,
– Schutz der globalen Umwelt,
– Aufbau weltweiter Umweltadministrationen sowie
– Bildung, Ausbildung und gezielte Information der Öffentlichkeit.

Ein erster Schritt bestand darin, ein eigenständiges Umweltsekretariat unter der Bezeichnung „UNEP" – mit Sitz in der kenianischen Hauptstadt Nairobi – einzurichten. Im Anschluss an die erste internationale Konferenz der Vereinten Nationen mit dem Schwerpunktthema „Menschliche Umwelt" 1972 in Stockholm entwarfen das UNEP–Büro sowie andere Fachkommissionen erste Konzepte für einen alternativen, auf Umwelt- und Sozialverträglichkeit ausgerichteten Entwicklungspfad. In diesem Kontext wurde von Maurice Strong, dem ersten Exekutiv–Direktor des UNEP, für diese neu erarbeitete Entwicklungsstrategie der Begriff des „Ecodevelopment" geprägt.

Die wichtigsten Elemente dieses Ansatzes waren:

– Befriedigung der Grundbedürfnisse aller auf der Erde lebenden Menschen auf der Basis ihrer eigenen Ressourcenvorkommen,
– Entwicklung eines „satisfactory social ecosystem" – das Beschäftigung, soziale Sicherheit und den Respekt vor verschiedenartigen Kulturen umfasst,
– vorausschauende Solidarität mit zukünftigen Generationen,
– Maßnahmen zur Ressourcen- und Umweltschonung,

– Beteiligung der Bevölkerung an der Ausarbeitung dieser Programme und Maßnahmen sowie
– Erstellung begleitender und unterstützender Hilfsprogramme durch die verantwortlichen Organisationen.

Ziel des unter der Regie von UNEP erstellten Programms war es, einen Mittelweg zwischen den sich Anfang bis Mitte der 70er Jahre abzeichnenden Konflikten zwischen den öko- sowie den technozentrischen Positionen in der Frage der Wertigkeit des Umweltschutzkonzeptes aufzuzeigen. Das Konzept des Ecodevelopments, das zu Beginn hauptsächlich als Entwicklungsansatz zur Unterstützung der Bestrebungen für die überwiegend ländlichen Regionen in Afrika, Asien und Süd- bzw. Lateinamerika gedacht war, eröffnete aufgrund seiner theoretischen Grundannahmen die Möglichkeit, über die ursprünglichen Adressaten der Dritten Welt hinaus eine neue Definition von Entwicklung, Wachstum und Wohlstand zu etablieren.

Der Ausdruck Ecodevelopment wurde zu Beginn der 80er Jahre durch den Begriff „Nachhaltige Entwicklung" („Sustainable Development") ersetzt. Zum ersten Mal wurde dieser Begriff von der International Union for the Conservation of Nature (IUCN) im Jahr 1980 verwendet.[1] Deren Aussagen lassen sich im wesentlichen dahin gehend zusammenfassen, dass ohne funktionsfähige Ökosysteme eine weitere ökonomische Entwicklung auf längere Sicht ihre Grundlagen und letztlich auch ihren Sinn verlieren würde.

In der Geschichte der Entstehung und Entwicklung des Leitbilds Nachhaltige Entwicklung stellt der 1987 vorgelegte Bericht „Our Common Future" der Kommission der Vereinten Nationen für Umwelt und Entwicklung – trotz der bereits zuvor geleisteten Arbeiten der UNEP – einen Meilenstein dar. Die Arbeiten der Kommission sind im allgemeinen unter dem Begriff „Brundtland–Kommission" bekannt. Ihren Namen verdankt die Kommission ihrer Vorsitzenden, der damaligen norwegischen Ministerpräsidentin Gro Harlem Brundtland (bis Ende 1996). Ausgehend von der Problematik endlicher Ressourcen auf der einen Seite sowie demgegenüber ungleich verteilten Wohlstand und Ressourcenverbrauch formulierten die Mitglieder der Brundtland–Kommission folgende Definition von Sustainable Development: „Sustainable development is development that meets the needs of the present without compromising the ability of future generations to meet their own needs."[2] Nachhaltige Entwicklung stellt somit eine treuhänderische Nutzung und zugleich auch Bewahrung der den Menschen zur Verfügung stehenden Lebensgrundlagen für die nachfolgenden Generationen in den Mittelpunkt. Die Kommission verwies in ihrem Bericht unter anderem auch auf die notwendige Begrenzung von anthropogenen Stoffeinträgen in bestehende ökologische Kreisläufe. Bezogen auf den Treibhauseffekt wurde bereits hier eine Beschränkung des energiebedingten Ausstoßes von Klimagasen vor dem Hintergrund des Weltklimawandels gefordert.

---

[1] Redclift (1987)
[2] World Commission on Environment and Development (1987), S. 43

Der Brundtland–Bericht war der „Initiator" für die internationale Umweltkonferenz (United Nations Conference on Environment and Development) im Jahr 1992 in Rio de Janeiro. Ziel dieser Konferenz war es, eine weltweite – neu strukturierte – Kooperation in der Umwelt- und Entwicklungspolitik einzuleiten. Dabei stand die Instrumentalisierung des bis dato nur schriftlich fixierten Konzepts „Sustainable Development" im Vordergrund der Beratungen der zuständigen Politiker. Im Rahmen dieser Rio–Konferenz wurde neben den Konventionen zum Klimaschutz sowie zur biologischen Artenvielfalt auch eine Walderklärung und die Agenda 21 – ein Aktionsplan zur Nachhaltigen Entwicklung – verabschiedet. In der folgenden Zeit entwickelte sich der Begriff „Sustainable Development" zu dem zentralen Leitbild der weiteren Umweltdiskussion. Es wurde aber auch sehr bald erkennbar, dass das Leitbild der Nachhaltigen Entwicklung Problem- und Themenbereiche umfasst, die weit über Umweltfragen hinausgehen. Dies signalisieren auch die Ergebnisse der seit 1992 veranstalteten Weltkonferenzen der auf der Konferenz in Rio de Janeiro eingerichteten „Commission on Sustainable Development" (CSD). Die CSD wurde – ohne zeitliche Beschränkungen – als Kommission des Wirtschafts- und Sozialrats der UN (ECOSOC) eingesetzt. Sie ist in ihrer Funktion ein zwischenstaatliches Forum, dass beratend zu Fragen der Nachhaltigen Entwicklung im allgemeinen sowie zur Erarbeitung und Durchsetzung eines Leitbilds der Nachhaltigen Entwicklung Stellung nimmt. Das Mandat der CSD umfasst die folgenden drei Bereiche:

- Überprüfung der erzielten Fortschritte in der Umsetzung von Verpflichtungen und Empfehlungen der Rio–Konferenz – und hierbei vor allem der Agenda 21 – auf internationaler, regionaler und nationalstaatlicher Ebene,
- Ausarbeitung von Empfehlungen zur zukünftigen Ausgestaltung des Folgeprozesses der Konferenz von Rio de Janeiro und des Leitbildes der Nachhaltigen Entwicklung sowie
- Initiierung und Begleitung eines Dialogs zwischen den Nationalstaaten, den international tätigen Organisationen sowie den gesellschaftlich relevanten Gruppen („Multistakeholder–Prozess").

2.2 Dimensionen der nachhaltigen Entwicklung

Während am Anfang der Debatte um nachhaltige Entwicklung ökologische Gesichtspunkte im Vordergrund standen, führte der Bericht der Brundtland–Kommission zu einer mehrdimensionalen Ausrichtung des Leitbildes „Sustainable Development". Dabei lassen sich zwei Ansätze unterscheiden. Dem dreidimensionalen Modell – auch Drei–Säulen–Modell genannt – liegt die Annahme zugrunde, dass das Konzept der Nachhaltigen Entwicklung auf den drei Dimensionen Wirtschaft, Gesellschaft und Umwelt beruht. Demgegenüber spricht man beim Vier–Säulen–Modell – wie auch die Agenda 21 –

von einer sozialen, ökologischen, ökonomischen und einer (politisch–) institutionellen Dimension.³

Aktuell finden beide Modelle Anwendung. Der wesentliche Unterschied besteht in der Gewichtung der institutionellen Aspekte. Die Befürworter des Drei–Säulen–Modells verstehen die politisch–institutionelle Ebene sozusagen als „frame–work", das zur Umsetzung des Leitbildes Nachhaltige Entwicklung benötigt wird. Die Vertreter des vierdimensionalen Ansatzes sind in jüngster Zeit dazu übergegangen, diesen Bereich nicht mehr als bloße Rahmenbedingungen anzusehen, sondern ihr den Status einer eigenständigen Dimension zuzuweisen.

Es herrscht sowohl in der wissenschaftlichen Fachwelt als auch in der politischen Anwendung bisher keine Einigkeit darüber, welcher Ansatz zur Implementation einer nationalen Nachhaltigkeitsstrategie verfolgt werden soll. So hat die Bundesrepublik Deutschland als Unterzeichnerstaat der Agenda 21 den vierdimensionalen Ansatz mitgetragen. Zugleich stützt sich der Abschlußbericht der Enquete–Kommission „Schutz des Menschen und der Umwelt" auf einen dreidimensionalen Nachhaltigkeitsbegriff. Da einerseits die Bedeutung institutioneller Aspekte unbestritten ist, andererseits aber noch offen ist, ob es gerechtfertigt ist, ihnen eine eigenständige Rolle zuzugestehen, wird nachfolgend der Begriff „Gesellschaft" als Dimension für das Konzept der Nachhaltigen Entwicklung verwendet. Er umfasst sowohl soziale als auch politisch–institutionelle Aspekte.

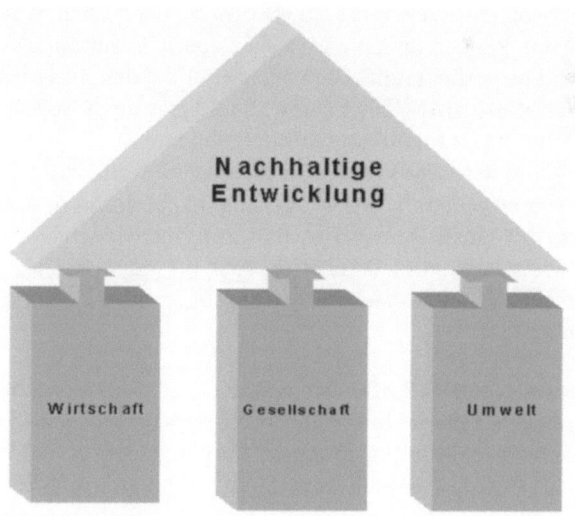

Abb. 1. Drei–Säulen–Konzept einer Nachhaltigen Entwicklung

---

³Bundesministerium für Umwelt, Naturschutz und Reaktortechnik (1992)

Die Dimension Wirtschaft: Wirtschaftliche Entwicklung in allen Regionen der Welt stellt einen unverzichtbaren Bestandteil Nachhaltiger Entwicklung dar. Der Begriff „Wirtschaft" bezeichnet hier die Gesamtheit aller Einrichtungen und Tätigkeiten zur Befriedigung der Bedürfnisse der Menschen an Gütern und Dienstleistungen. Die Wirtschaftsordnung beschreibt den Rahmen für das Zusammenwirken der Mitglieder einer Gesellschaft sowie der an den ökonomischen Prozessen beteiligten Institutionen. Eine Wirtschaftsordnung legt mittelbar auch die Prinzipien fest, nach denen die Nutzung nur begrenzt zur Verfügung stehender Ressourcen erfolgen soll. So kann es z.B. ein wichtiges Prinzip sein, den erforderlichen Ressourceneinsatz zu minimieren, um ein Produkt herstellen oder eine Dienstleistung erbringen zu können. Nach Ansicht der Brundtland–Kommission spielt in diesem Zusammenhang der technische Fortschritt eine zentrale Rolle.

Technischer Fortschritt und wirtschaftliches Wachstum werden nicht nur als Mittel zur Bekämpfung von Armut in den Entwicklungsländern verstanden, sondern zugleich werden sie auch als notwendige Mittel der Industrieländer bezeichnet, um den Aspekt der intergenerationellen Gerechtigkeit voranzutreiben. Mit dem Zusammenbruch des überwiegenden Teils der kommunistisch regierten Planwirtschaften ist hinsichtlich einer einheitlichen globalen Wirschaftordnung eine Vorentscheidung zu Gunsten eines wettbewerbsorientierten Systems gefallen. Allerdings regt sich gegenüber einzelnen Formen wirtschaftlicher Entwicklung Widerstand. Insbesondere im Zusammenhang mit der Globalisierung von wirtschaftlichen Prozessen werden nicht selten massive Vorbehalte gegen ein zu starkes Streben nach Wachstum in der industrialisierten Welt geäußert, weil sich damit – zumindest nach Auffassung der Kritiker – die ungünstige Situation in den Entwicklungsländern weiter verschlechtern wird.[4] Die Studie „Globalization, Growth and Poverty" der Weltbank kommt zu ganz anderen Ergebnissen.[5]

In Deutschland wird der Wunsch nach einer weiteren wirtschaftlichen Entwicklung in aller Regel mit der Forderung nach sicheren Arbeitsplätzen – in Verbindung mit einem hohen Beschäftigungsniveau – verknüpft. Darüber hinaus wird wirtschaftliches Wachstum sehr oft nur dann als zukunftsfähig erachtet, wenn damit nicht weitere Zerstörungen oder Belastungen der Umwelt einhergehen.

Die Dimension Gesellschaft: Am Anfang der Diskussion über das Leitbild einer Nachhaltigen Entwicklung wurde die gesellschaftliche Dimension zumeist ausgeblendet. Erst in der jüngeren Vergangenheit erfolgte eine Öffnung hin zu einer an sozialen Aspekten ausgerichteten zukunftsfähigen Entwicklung.

Bei der sozialen Dimension Nachhaltiger Entwicklung lassen sich zwei Stränge voneinander unterscheiden: Der erste folgt – entsprechend den ur-

---

[4] Siehe hierzu auch Renn u. Kastenholz (1995), S. 86, 102 sowie Mohr (1995).
[5] Dollar u. Collier (2002)

sprünglichen Wurzeln des Leitbilds der Nachhaltigen Entwicklung – der entwicklungspolitischen Diskussion. Sein Hauptanliegen besteht darin, intragenerationelle Verteilungsgerechtigkeit zwischen den ökonomisch unterschiedlich weit entwickelten Staaten dieser Welt zu erreichen. Vorrangiges Bestreben ist es, den ärmeren Staaten bessere Entwicklungschancen zu eröffnen. Dahinter steht die These (bzw. zuweilen auch die Befürchtung), dass wirtschaftliche und soziale Not einen – aus übergeordneter Sicht – verantwortungsloseren Umgang mit den natürlichen Ressourcen induzieren könnte. In diesem Zusammenhang werden als zwei (problemverschärfende) Faktoren das weiter andauernde Wachstum der Weltbevölkerung sowie die drohende Option umfangreicher Wanderungsbewegungen genannt. In beiden Fällen spielt „capacity building" eine zentrale Rolle. Ziel ist es, durch eine verbesserte Aus- und Weiterbildung von möglichst allen gesellschaftlichen Schichten in den Entwicklungsländern die Voraussetzungen für nachhaltige Entwicklung vor Ort zu verbessern. Der Finanzierungsbedarf hierfür ist allerdings beträchtlich. Die bisher existierenden Instrumente und Institutionen sind nicht ausreichend.

Der zweite „Strang" der Dimension Gesellschaft setzt sich mit den sozialen Problemen innerhalb einer industrialisierten Volkswirtschaft auseinander. Der Schwerpunkt liegt dabei auf den Voraussetzungen für den mittlerweile als notwendig erachteten – häufig an ökologischen Zielen ausgerichteten – gesellschaftlichen Strukturwandel. Viele dieser Veränderungen sind in hohem Maße durch wirtschaftliche Prozesse induziert. Spannungen entstehen insbesondere dann, wenn die Geschwindigkeit technisch–wirtschaftlicher Veränderungen in der Gesellschaft sehr viel größer ist als für ihre Mitglieder akzeptabel ist.

Soziale Beziehungen sowie soziales Handeln stellen ein wichtiges Element des menschlichen Zusammenlebens und der menschlichen Koexistenz dar. Diese beruhen auf gemeinschaftlichen Wertorientierungen, Normen, Traditionen, Kulturen und Lebensweisen. Sie sollen den Rahmen für ein friedliches Zusammenleben innerhalb der Gesellschaft sowie zwischen den verschiedenen Gesellschaften herstellen und zugleich den Zusammenhalt der jeweiligen Gesellschaften stärken. Die Frage nach Gerechtigkeit und die Möglichkeit von weltweit gleichen Entwicklungschancen für die Menschen werden als grundlegend für ein friedliches Zusammenleben angesehen.

Die gesellschaftlichen Dimension spiegelt sich darüber hinaus in Grundwerten wie Freiheit, Gleichheit, Gerechtigkeit und Solidarität wider. Es liegt die Annahme zugrunde, dass sie ebenfalls sowohl für Gesellschaften mit unterschiedlichen Wertorientierungen, Normen, Traditionen und Kulturen als auch für den globalen Bezugsrahmen von Sustainable Development Gültigkeit besitzen.[6]

Die vier genannten Grundwerte lassen sich aus unterschiedlichen Perspektiven untersuchen. Dabei erscheint aus ethischer Perspektive das normative

---

[6]Dabei ist es allerdings unzweifelhaft, dass diese Charakteristika in ihren verschiedenartigen Kontexten auch unterschiedlich konkretisiert und interpretiert werden müssen.

Prinzip der Gerechtigkeit (auch unter der Einbeziehung des Konzepts der Verteilungsgerechtigkeit) von besonderem Interesse. Das Konzept der Nachhaltigen Entwicklung postuliert nach Definition der Brundtland–Kommission sowohl die intergenerationelle als auch die intragenerationelle Gerechtigkeit: Die Gerechtigkeit innerhalb einzelner Gesellschaften (z.B. jung und alt, reich und arm, männlich und weiblich) und die Gerechtigkeit zwischen den verschiedenen Weltregionen (zusammengefasst unter dem Begriff der Nord–Süd–Gerechtigkeit). Dabei steht der Gedanke einer Grundsicherung im Vordergrund. Diese ist im Sinne einer Abdeckung von Grundbedürfnissen oder eines gesicherten Existenzminimums, dass zugleich auch ein gleichwertiges Maß an Chancengleichheit und Handlungskapazitäten sowohl auf nationalstaatlicher Ebene als auch im weltpolitischen Kontext beinhaltet, zu verstehen.

Die Dimension Umwelt: Ökologische Ziele sollen dem Schutz von Natur und Umwelt dienen. Ihr Sinn besteht im Erhalt der vielfältigen Funktionen von Natur und Umwelt. Die Aktivitäten der Menschen in den vergangenen Jahrhunderten und vor allem in den Jahrzehnten seit der Industrialisierung haben dazu geführt, dass das System Erde die Grenzen seiner Belastungsfähigkeit augenscheinlich erreicht hat.

Vor dem Hintergrund dieser Entwicklungen forderte der Rat der Sachverständigen für Umweltfragen (SRU) in Deutschland in seinem Umweltgutachten aus dem Jahr 1994 die „Rückbesinnung der menschlichen Kulturwelt mitsamt der Dynamik der sie bestimmenden Wirtschaft in das sie tragende Netzwerk einer sich ebenfalls dynamisch auslegenden Natur".[7] Die Sachverständigen für Umweltfragen plädierten demnach für eine stärkere Akzentuierung der Gesamtvernetzung von Mensch und Umwelt – denn diese ist für das zukünftige Überleben der Menschheit unabdingbare Voraussetzung. Zu einer ähnlichen Einschätzung kam die Bundesregierung unter Helmut Kohl, indem sie den Zustand des Ökosystems Erde 1997 wie folgt beschrieb: „....menschliches Leben und Wirtschaften ist an einen Punkt angelangt, an dem es Gefahr läuft, sich seiner natürlichen Grundlagen zu berauben".[8]

Des weiteren gilt das normative Postulat, nach dem den kommenden – also nachwachsenden – Generationen vergleichbare Optionen zur Bedürfnisbefriedigung zugestanden werden müssen wie sie den heute die Erde bevölkernden Menschen zur Verfügung stehen. Daraus lässt sich die Prämisse herleiten, dass die Erde (sowie die Umwelt) in einen Zustand gebracht bzw. der Zustand erhalten bleiben muss, der eine Bedürfnisabsicherung und -befriedigung der Menschen auf Dauer ermöglicht.[9]

---

[7] SRU (1994), Tz. 36
[8] BMU (1994), S. 9
[9] Allerdings gibt es zuweilen durchaus unterschiedliche Auffassungen darüber, wie das den künftigen Generationen zu hinterlassende ökologische Erbe strukturiert sein muß. Zwangsläufig ergibt sich hierbei eine große Divergenz in den Vorstellungen zwischen denen der Industrieländer und den Einschätzungen der Entwicklungsländer.

Generell ist festzuhalten, dass die Belastbarkeit bzw. die Tragfähigkeit der Umwelt – also des Lebensraumes der Menschen – als die wesentliche ökologische Komponente zur Operationalisierung des Leitbilds einer Nachhaltigen Entwicklung angesehen wird. Denn diese beiden „Werte" stellen ein geeignetes Instrumentarium zur Erfassung des Regulationsvermögens des gesamten Ökosystems innerhalb eines überschaubaren Zeitrahmens dar.

Unter Belastbarkeit und Tragfähigkeit eines Ökosystems ist zu verstehen, dass dieses Ökosystem einen bestimmten Grad an (anthropogenen) Belastungen toleriert, „ohne dass seine systemimmanenten oder vom Menschen geschaffenen Strukturen und Funktionen verändert werden".[10]

Im Hinblick auf den Umweltschutz sind in den vergangenen Jahren und Jahrzehnten eine Vielzahl von internationalen Abkommen und Verträgen geschlossen worden. Derzeit existieren etwa 1000 internationale Verträge, davon befassen sich rund 500 Übereinkommen primär mit umweltpolitischen Fragen und Zielsetzungen.

Als herausragende Beispiele für internationale Abkommen oder Verträge sind in diesem Zusammenhang folgende Vereinbarungen zu nennen: das Übereinkommen über den internationalen Handel mit gefährdeten Arten freilebender Tiere (Washingtoner Artenschutzübereinkommen) aus dem März des Jahres 1973, das Wiener Übereinkommen zum Schutz der Ozonschicht aus dem Jahr 1985, das Umweltschutzprotokoll zum Antarktis–Vertrag von Oktober 1991, das Rahmenübereinkommen der Vereinten Nationen über Klimaänderungen von Mai 1992, das Übereinkommen über die biologische Vielfalt ebenfalls aus Mai 1992 sowie das Übereinkommen zur Bekämpfung der Wüstenbildung in den von Dürre schwer betroffenen Ländern – insbesondere in Afrika (Juni 1994).

In Anbetracht der Vielzahl der Vereinbarungen und ihrer thematischen Breite kann man – zumindest auf den ersten Blick – nur von einem Erfolg engagierter Umweltpolitik sprechen. Bei genauerer Betrachtung muss man allerdings feststellen, dass es große Probleme bei der erforderlichen Überwachung der Umwelt gibt. Inventare über längere Zeiträume und flächendeckende Kataster liegen nur in Ausnahmefällen vor oder befinden sich vielfach noch im Aufbau.

2.3 Indikatoren einer Nachhaltigen Entwicklung

Die zumeist sehr abstrakt formulierten normativen Ziel- und Wertvorstellungen müssen in konkrete „Handlungsanweisungen" umgesetzt werden. Dafür sind Indikatoren erforderlich, mit denen man eine Entwicklung möglichst umfassend charakterisieren kann. Die Aufgabe von Indikatoren ist es in erster Linie, Aussagen über den aktuellen Systemzustand zu liefern. Anhand von Indikatoren soll ablesbar sein, ob der zu beobachtende Systemzustand als befriedigend oder unbefriedigend empfunden wird und dementsprechend

---
[10]SRU (1994), Tz. 36

Veränderungen vorgenommen werden müssen. Außerdem sollten Indikatoren soweit wie möglich quantifizierbar sein. Bei der Beobachtung von Kenngrößen sind Zeitreihen zur vergleichenden Darstellung von Veränderungen sinnvoll. In aller Regel beinhalten die im Zusammenhang mit Nachhaltiger Entwicklung ablaufenden Prozesse jeweils mit unterschiedlicher Gewichtung gesellschaftliche, ökonomische und ökologische Aspekte. Einzelne, isoliert betrachtete Indikatoren erweisen sich hier als wenig geeignet. Es ist vielmehr darauf zu achten, dass Indikatorensysteme entwickelt werden, die in der Lage sind, sowohl den aktuellen Zustand des insgesamt betrachteten Systems widerzuspiegeln als auch aktuelle und zukünftige Entwicklungen (sog. ‚Trends') erkennen zu lassen. Es reicht nicht aus, sich bei der Auswahl von Indikatoren lediglich auf das Kriterium der Datenverfügbarkeit zu verlassen. Wenn der Datenbestand die einzige Determinante für die Bildung eines Indikatorensystems darstellt, besteht die Gefahr einer mangelhaften Leitbildorientierung. Die Entscheidung für ein konkretes Indikatorensystem reflektiert immer auch Ziel- und Wertvorstellungen einer Gesellschaft. Seit Erscheinen des Brundtland–Berichts haben zahlreiche staatliche, aber auch supranationale Akteure eine nur schwer überschaubare Vielfalt von Indikatorensystemen erarbeitet. Sehr oft beziehen sich diese Indikatorensysteme nur auf einen Teilaspekt von Nachhaltiger Entwicklung, z.B. den Themenkomplex einer am Leitbild der Nachhaltigen Entwicklung ausgerichteten Energieversorgung. Hier besteht die Gefahr, dass die Autoren mit großem Engagement an einem Detail arbeiten, dem aber bei näherer Betrachtung der Überbau fehlt.

Auf internationaler Ebene haben vier Indikatorensysteme besondere Beachtung verdient:

Indikatoren der CSD: Das Indikatorensystem der Commission on Sustainable Development (CSD) der Vereinten Nationen orientiert sich an den insgesamt 40 Kapiteln der Agenda 21. Ausgehend von den vier Dimensionen der Nachhaltigen Entwicklung werden im CSD–Schema die ökonomische, ökologische, soziale und institutionelle Dimension durch einen Satz von Indikatoren abgebildet. Dabei geht die CSD von einem Set mit 138 Indikatoren aus – wovon 23 der ökonomischen, 38 der ökologischen uns 15 der institutionellen Dimension zugerechnet werden können.[11] Gegenwärtig wird das von der CSD erarbeitete Indikatorenset in 20 ausgewählten Staaten in einer Art Erprobungsphase angewandt und auf seine Praxistauglichkeit getestet. Zu den an diesem „Testlauf" beteiligten Staaten zählt auch Deutschland.

Indikatoren der OECD: Die Organisation for Economic Co–Operation and Development (OECD) entwickelte im Jahr 1993 zunächst ein Umweltindikatorenset. Darauf aufbauend verabschiedete sie fünf Jahre später eine Indikatorenliste, in die neben den bereits im Vorfeld erarbeiteten Umweltindikatoren auch 50 sozio–ökonomische Indikatoren aufgenommen wurden. Diese beziehen sich hauptsächlich auf die Bereiche Wirtschaft, Bevölkerung,

---

[11] Bundesministerium für Umwelt, Naturschutz und Reaktorsicherheit (2000)

Arbeitslosigkeit, Konsumausgaben (der staatlichen und privaten Haushalte), Energie, Verkehr und Landwirtschaft.

Die OECD versteht das von ihr ausgearbeitete Konzept als ein übersichtliches Rahmenwerk. Ansatzpunkt bei der Entwicklung war das Ziel, Vernetzungen und Schnittstellen zwischen den einzelnen Indikatoren sowie darauf aufbauend zwischen den Indikatoren und den verschiedenen Politikfeldern konstruieren zu können. Sie spricht in diesem Zusammenhang oftmals von einem „Set of Core–Indicators". In der nachfolgenden Darstellung sollen diese sowohl für den Umweltbereich als auch für die sozio–ökonomische Dimension kurz skizziert werden (Abb. 2).

ökologische Indikatoren	sozio-ökonomische Indikatoren
Climate Change	**GDP and Population**
CO_2 emission intensities	gross domestic product
greenhouse gase concentrations	population growth and density
Ozone Layer Depletion	**Consumption**
ozone depleting substances	private consumption
stratospheric ozone	government consumption
Air Quality	**Energy**
air emission intensities	energy intensities
urban air quality	energy mix
Waste	energy prices
river quality	**Transport**
waste water treatment	road traffic and vehicles intensities
Water Resources	road infrastructure densities
intensity of use of water resources	road fuel prices and taxes
public water supply and price	**Agriculture**
Forest Resources	intensity of use of nitrogen and phosphate fertilisers
intensity of use of forest resources	livestock densities
forest and wood landed	intensity of use of pestcides
Fish Resources	**Expenditure**
fish catches and consumption: national	pollution abatement and control expenditure
fish catches and consumption: global and regional	official development assistance
Biodiversity	
threatened species	
protected areas	

Abb. 2. „Core–Indicators" der OECD

Die OECD versteht die von ihr erstellte Indikatorenliste als Beitrag zur Beurteilung der weltweiten Entwicklung im Umweltbereich. Allerdings räumt die OECD ein, dass eine bloße Abschätzung des Erfolgs einer Politik der Nachhaltigkeit im Umweltbereich sich nicht nur anhand der Überprüfung eines einzelnen Indikators bzw. einen Indikatorensatz ablesen lässt. Daher versteht sie einen Indikator als ein generell quantitatives Instrument, das nur in Kooperation mit anderen Instrumenten – qualitativer und wissenschaftlicher Art – zur Evaluierung herangezogen werden kann. Des weiteren betont die OECD, dass ein Indikatorensatz nicht im „luftleeren" Raum existieren kann. Zu seiner Einschätzung bedarf es der Berücksichtigung und Einbeziehung des jeweiligen ökologischen, geographischen, sozialen und ökonomischen Kontexts sowie der politischen und verfassungsrechtlichen Rahmendbedingungen.

Die OECD hofft, dass anhand der von ihr erarbeiteten Indikatorenliste es möglich ist, die international erarbeiteten Vereinbarungen – insbesondere im Umweltsektor – in konkrete Vorgaben und Handlungsempfehlungen zu übertragen. Zudem glaubt sie, mit dem Indikatorensatz ihren Mitgliedstaaten eine Leitlinie zur Erarbeitung nationalstaatlicher Ziele in diesem Themenfeld zu ermöglichen. Des weiteren will die OECD den Dialog ihrer Mitgliedsländer in diesem Politikbereich intensivieren. Sie erwartet zugleich auch eine Sensibilisierung der einzelnen nationalstaatlichen Regierungen sowie in der Folge auch von deren Bevölkerung für den Bereich der Nachhaltigen Entwicklung.

Die OECD räumt allerdings ein, dass eine Bewertung der anhand ihrer Indikatorenliste erzielten Ergebnisse nur vor dem Hintergrund der jeweiligen nationalstaatlichen Beschaffenheiten möglich ist. Dazu zählen Determinanten die der Umfang von Bruttosozial- und Bruttoinlandsprodukt, das Flächenausmaß oder aber die Bevölkerungsanzahl. In diesem Kontext befürwortet sie eine internationale Standardisierung der jeweiligen Indikatorensätze.[12]

Indikatoren der Weltbank: Der von der Weltbank erarbeitete Indikatorensatz firmiert unter der Bezeichnung „World Development Indicators". Es stellt das derzeit umfangreichste Set an Indikatoren dar. Sein Vorteil ist darin zu sehen, dass von der Weltbank bereits seit 40 Jahren Daten für etwa 150 Staaten erhoben werden. Die Weltbank arbeitet dabei mit insgesamt 600 Indikatoren, die sich den folgenden sechs Kategorien zuordnen lassen: „World View" (Wirtschaftsumfang/Wirtschaftsstruktur), „People" (Daten zu Bevölkerung, Arbeitsmarkt, Einkommen und Vermögen, Armut, Gesundheit, Bildung), „Environment", „Economy" (BIP, Produktionsstrukturen, Importe, Exporte, Zahlungsbilanz, Verschuldung, Nachfrage, Angebot, Investitionen, Geld, Preise), „States and Markets" (Steuerpolitik, Infrastruktur, Wissenschaft, Technologie, Staat als Unternehmen, Aktienmärkte) sowie „Global Links" (Umfang und Struktur des Handels mit Gütern und Dienstleistungen, Finanzströme, Reisströme, Anzahl der ausländischen Arbeitnehmer).[13]

Indikatoren des World Resources Institute: Das World Resources Institute hat es sich zum Ziel gesetzt, im Rahmen seines kontinuierlichen Berichtswesen „World Resources" die globalen Entwicklungstrends zu beobachten und zu beurteilen. Dabei werden neben ökologischen Indikatoren auch rund 20 ökonomische und 80 soziale Indikatoren zur Bewertung hinzugezogen. Die ökonomischen Kenngrößen beschäftigen sich z.B. mit dem Umfang und der Struktur des BIP, der Verschuldung, In- und Auslandsinvestitionen, Energie sowie Preis und Warenindices. Der Schwerpunkt der sozialen Messgrößen liegt in den Bereichen Bevölkerung, Gesundheit, Stadtentwicklung, Landwirtschaft und Ernährung.

---

[12]Dies scheint bei der OECD noch vergleichsweise einfach zu realisieren zu sein; es stellt sich jedoch die Frage, wie eine solche Standarisierung im Hinblick auf die Erstellung eines weltweit anwendbaren Indikatorensystems erfolgen soll.

[13]World Bank (2000)

Nationalstaatliche Ansätze: Neben diesen supranationalen Anstrengungen entwickeln einzelne Nationalstaaten als Reaktion auf die in Rio de Janeiro gefassten Beschlüsse jeweils eigene Indikatorensysteme. So legte im Jahr 1996 der von Bill Clinton ins Leben gerufene US President's Council on Sustainable Development einen ersten Satz von rund 50 Indikatoren vor[14], die auf ökologische, soziale und ökonomische Belange Bezug nahmen.[15] Darüber hinaus haben auch viele europäische Staaten mittlerweile Nachhaltigkeitsstrategien mit dazugehörigen Indikatorensystemen verabschiedet. Hierzu gehören u.a. Schweden, Großbritannien und die Niederlande.

2.4 Nachhaltige Entwicklung auf der Europäische Ebene

Auf der Ebene der Europäischen Union hat der Europäische Rat in einer Erklärung zur Notwendigkeit der Anwendung und Umsetzung von Umweltschutzkriterien und Umweltschutzzielen bereits zwei Jahre vor der Zusammenkunft in Rio de Janeiro – nämlich im Juni 1990 auf seiner Tagung in Dublin – darauf verwiesen, dass die EU und ihre Mitgliedstaaten eine besondere Verantwortung im Bereich des Umweltschutzes übernehmen wollen. Dort heißt es, dass die Europäische Gemeinschaft ihre Stellung als moralische, wirtschaftliche und politische Autorität dergestalt nutzen muss, um internationale Anstrengungen und Lösungen weltweiter Fragen zur Förderung einer dauerhaften umweltgerechten Entwicklung und des schonenden Umgangs mit den gemeinsamen natürlichen Besitzständen voranzutreiben.

Aufbauend auf dieser Erklärung hat die EU–Kommission in ihrem Weißbuch mit dem Titel „Wachstum, Wettbewerbsfähigkeit, Beschäftigung – Herausforderungen der Gegenwart und Wege ins 21. Jahrhundert" festgestellt, dass infolge einer ungenügenden Nutzung der Arbeitsressourcen sowie durch eine systematische und übermäßige ineffiziente Nutzung der natürlichen Ressourcen sich die Lebensqualität der Menschheit verschlechtert.[16] Daraus abgeleitet hat die Kommission die Notwendigkeit zu einem Strukturwandel – zunächst einmal fokussiert auf ihren eigenen Einflussraum bzw. -bereich. Sie fordert in diesem Kontext die Neuausrichtung hin zu einem umweltverträglichen Entwicklungsmodell. Ziel ist die Erreichung einer „veränderten" Lebensqualität innerhalb Europas.

Des weiteren hat die Europäische Union im Nachgang zur UNCED–Konferenz von Rio de Janeiro ein Umweltaktionsprogramm verabschiedet hat.[17] Es hat die Operationalisierung einer dauerhaften und umweltgerech-

---

[14] SDI Group (U.S. Interagency Working Group on Sustainable Development Indicators) (1996)
[15] Als Indikatoren für die soziale Dimension wurden z.B. die Schulabschlussqualität, die Internet–Zugangsrate, die Einkommensverteilung oder die Armutsrate genannt; als ökonomische Messgrößen dienten u.a. die BSP, die Arbeitslosenquote, die Ersparnis pro Kopf, die Produktivität pro Kopf oder aber die Energieeffizienz.
[16] EU–Kommission (1993)
[17] Europäische Kommission (1992)

ten Entwicklung zum Inhalt. Außerdem definiert es konkret ökologische sowie umweltpolitische Zielperspektiven der EU. Es dient insbesondere dazu, einen Orientierungsrahmen nicht nur für die Mitgliedsländer der Union, sondern für alle europäischen Staaten – und hier insbesondere für die EU–Beitrittskandidaten in Mittel- und Osteuropa – zu liefern.

2.5 Nachhaltige Entwicklung in Deutschland

Die zuvor erläuterte Entwicklung auf globaler Ebene bildet den Rahmen für die Debatte über das Leitbild Nachhaltige Entwicklung in Deutschland. Grundsätzlich erfuhr das Leitbild auch in der Bundesrepublik Deutschland vielfältige Zustimmung – und hier insbesondere in der Debatte um die Fortführung der zukünftigen inneren Entwicklung des Landes. Als besondere herausragende „Wegmarken" sind dabei zu nennen:

- der Bericht der Enquete-Kommission des 12. Deutschen Bundestages (1990 bis 1994) mit dem Titel „Schutz des Menschen und der Umwelt – Bewertungskriterien und Perspektiven für umweltverträgliche Stoffkreisläufe in der Industriegesellschaft",
- die Umweltgutachten von 1994, 1996 sowie 2000 des Rates der Sachverständigen für Umweltfragen,
- die Studie „Zukunftsfähiges Deutschland" des Wuppertal Instituts für Klima, Umwelt und Energie (1996) sowie
- die Enquete–Kommission „Nachhaltige Energieversorgung unter den Bedingungen der Globalisierung und der Liberalisierung" des gegenwärtigen 14. Deutschen Bundestages (1998 bis 2002).

Die ersten Schritte zu Institutionalisierung der Idee bzw. des Leitbilds der Nachhaltigen Entwicklung setzten in Deutschland Mitte der 90er Jahre des vergangenen Jahrhunderts ein. Unter dem Titel „Schritte zu einer nachhaltigen, umweltgerechten Entwicklung" wurde im Jahr 1996 auf der Ebene des Bundes ein Diskussionsforum unter dem Vorsitz des Bundesumweltministeriums (BMU) eingesetzt. Untergliedert war dieses Forum in sechs Arbeitskreise. In diese berief das BMU jeweils zwischen 30 und 40 Vertreter der verschiedensten gesellschaftlichen Gruppen. Folgende Themengebiete wurden von dem Forum und den Arbeitskreisen behandelt:

- Klimaschutz,
- Schutz des Naturhaushalts,
- Ressourcenschonung,
- Schutz der menschlichen Gesundheit,
- umweltschonende Mobilität sowie
- Umweltethik.

Wie viele andere Staaten – insgesamt rund 180 – hat die Bundesrepublik Deutschland sich im Zuge der Unterzeichnung der Rio–Deklaration dazu verpflichtet, eine nationale Nachhaltigkeitsstrategie zu verabschieden. Dies soll im Rahmen der Implementation des Agenda 21 – Prozesses in Deutschland erfolgen. Die Unterzeichnerstaaten verpflichteten sich im Frühsommer des Jahres 1992 in Rio de Janeiro dazu, die entsprechend erarbeiteten nationalen Nachhaltigkeitsstrategien spätestens auf der Folgekonferenz 2002 im südafrikanischen Johannesburg vorzulegen.[18]

Gremien zur Nachhaltigen Entwicklung in Deutschland: Bereits im Rahmen der Verhandlungen über die Bildung einer Koalition zwischen der SPD sowie Bündnis 90/Die Grünen wurde die Ausarbeitung und Verabschiedung einer nationalen Strategie der nachhaltigen Entwicklung in die im Herbst 1998 unterzeichnete Koalitionsvereinbarung aufgenommen. Zur Erarbeitung einer bundesdeutschen Nachhaltigkeitsstrategie verabschiedete das Bundeskabinett im Sommer des Jahres 2000 eine Vorlage, nach der zu Beginn des folgenden Jahres die Bundesregierung einen Rat für Nachhaltige Entwicklung eingesetzt werden sollte. Die Aufgabe des Rates sollte es sein, an der Erarbeitung und Ausarbeitung einer Nachhaltigkeitsstrategie für die Bundesrepublik Deutschland mitzuarbeiten. Zu diesen Zweck wurde hochrangige Vertreter der verschiedensten gesellschaftlichen Gruppen in der Bundesrepublik Deutschland – wie etwa Repräsentanten der beiden christlichen Kirchen, der Verbraucherverbände, der Kommunen sowie der Wirtschaft und der Wissenschaft – von dem Bundeskanzler in dieses Gremium berufen. Der Rat für Nachhaltige Entwicklung nahm seine Arbeit am 4. April des Jahres 2000 formell auf.

Als Ergänzung bzw. vielmehr als weiteres Gremium einigte sich die rot–grüne Bundesregierung darüber hinaus auf die Einsetzung eines Staatssekretärsausschusses für Nachhaltige Entwicklung. In diesem Ausschuss, der in Anlehnung an die Einberufung sog. „Green Ministers" in Großbritannien als „Green Cabinet" bezeichnet wird, kommen die Staatssekretäre aus zehn der insgesamt 14 deutschen Bundesministerium zusammen. Den Vorsitz im Ausschuss führt der Staatssekretär des Bundeskanzleramts. Nicht ausdrücklich beteiligt an den Beratungen des Staatssekretärsausschusses sind das Bundesinnenministerium, das Justizministerium, das Verteidigungsministerium sowie das Bundesministerium für Familie, Senioren, Frauen und Jugend. Bei Bedarf ist es den Vertretern dieser Ministerien jedoch jederzeit möglich, an den Sitzungen und Beratungen des Staatssekretärsausschusses teilzunehmen. Die Aufgabe des Staatssekretärsausschusses ist es ebenfalls, eine nationale Nachhaltigkeitsstrategie im Auftrag der Bundesregierung zu erarbeiten. Des weiteren obliegt es ihm, konkrete Projekte zur Umsetzung der Nachhaltigkeitsstrategie festzulegen. Zudem wurde dem Staatssekretärsausschuss das Recht zugestanden, sowohl dem Rat für Nachhaltige Entwicklung als auch den einzelnen Gremien des Bundesrates Arbeitsaufträge im Rahmen der Er-

---

[18] Diese Folgekonferenz in Johannesburg, die für das Jahr 2002 angesetzt worden ist, wird oftmals auch als „Rio+10"–Konferenz bezeichnet.

arbeitung einer bundesdeutschen Nachhaltigkeitsstrategie zu übertragen. Außerdem obliegt ihm die Aufgabe, das Bundeskabinett – als das zuständige Entscheidungsorgan – über die ausgearbeiteten Ergebnisse zu unterrichten.

Das „Green Cabinet" ist also die entscheidende – und in weiten Teilen sogar rechtsetzende – Instanz bei der Implementation des Konzepts der Nachhaltigen Entwicklung in der Bundesrepublik Deutschland. Ihm zur Seite steht in einer weitgehend beratenden Funktionen der als Expertengremium eingesetzte Rat für Nachhaltige Entwicklung. Er soll Beiträge zur nationalen Strategie für eine Nachhaltige Entwicklung erarbeiten, konkrete Projekte zur Umsetzung vorschlagen sowie die Moderation des gesellschaftlichen Dialogs in der Bundesrepublik Deutschland übernehmen. Allerdings sind die vom Rat für Nachhaltige Entwicklung erarbeiteten Vorschläge in keinerlei Weise bindend für die politischen Gremien.

Gegenwärtig ist der Stand, dass sowohl das „Green Cabinet" als auch der Rat für Nachhaltige Entwicklung ihre Arbeit aufgenommen haben. Konkrete Arbeitsergebnisse sollen im Frühjahr 2002 der Öffentlichkeit präsentiert werden. Zur Zeit befindet sich der Rat für Nachhaltige Entwicklung in einer intensiven Beratungsphase. Zu diesen Beratungen wurden verschiedene Veranstaltungen und Anhörungen mit Experten aus Wissenschaft, Forschung, Politik und Gesellschaft veranstaltet. Die Arbeiten des Rates für Nachhaltige Entwicklung konzentrieren sich dabei auf die drei folgenden Themenkomplexe:

– Landwirtschaft, Umwelt, Ernährung und Gesundheit,
– Mobilität sowie
– Klimaschutz und Energie.

Nachhaltige Entwicklung und Grundwerte: In Deutschland wird die Debatte um das Konzept einer Nachhaltigen Entwicklung unter Einbeziehung der politischen Wertvorstellungen geführt. Das bedeutet, dass die Diskussionen unter Berücksichtigung der für Deutschland konstitutiven Werte Freiheit, Gerechtigkeit und Gleichheit reflektiert wird. Es liegt die Annahme zugrunde, dass das Konzept der Nachhaltigen Entwicklung – das ökonomische, sozial–gesellschaftliche und ökologische Aspekte in gleichwertiger Weise miteinander verknüpfen will – nicht allein auf der Basis der stofflich–physischen Komponenten des Umwelt- und Ressourcenschutzes aufbauen darf. Außerdem herrscht Kosens in der Einschätzung, dass die bloße Rückkopplung des Sustainable Development–Konzepts auf die Grundwerte von Solidarität und Gerechtigkeit – wie dies im Brundtland–Report geschieht, den Anforderungen nicht in vollem Umfang entspricht. Neben den Grundrechten auf Solidarität und Gerechtigkeit scheint auch die Integration des Freiheitsgedankens ein wichtiges Element darzustellen.

Eine nationalstaatliche Strategie zur Nachhaltigen Entwicklung, die auf den Grundwerten der Gleichheit, Gerechtigkeit und Freiheit fußt, berücksichtigt sowohl die Frage der inhaltlichen Konkretisierung der Nachhaltigkeitsziele als auch die Aspekte der prozeduralen Entwicklung. Insbesondere unter der Berücksichtigung des Aspekts des Freiheitspostulats basiert das Konzept der Nachhaltigen Entwicklung auf den Elementen der Eigeninitiative sowie des eigenverantwortlichen Handeln des Einzelnen sowie gesellschaftlicher Gruppen.

In diesem Kontext darf Nachhaltige Entwicklung nicht als eine starre Konzeption, die auf nationalstaatlicher oder auch internationaler Ebene Ziele und Maßnahmen vorgibt, interpretiert werden. Vielmehr sollte Sustainable Development als ein regulatives Element verstanden werden. Nach diesem Verständnis gibt das Konzept keine Maßnahmen und Ziele vor. Nachhaltigkeit impliziert einen andauernden Such- und Lernprozess – an dem alle gesellschaftlichen Gruppen beteiligt werden müssen.

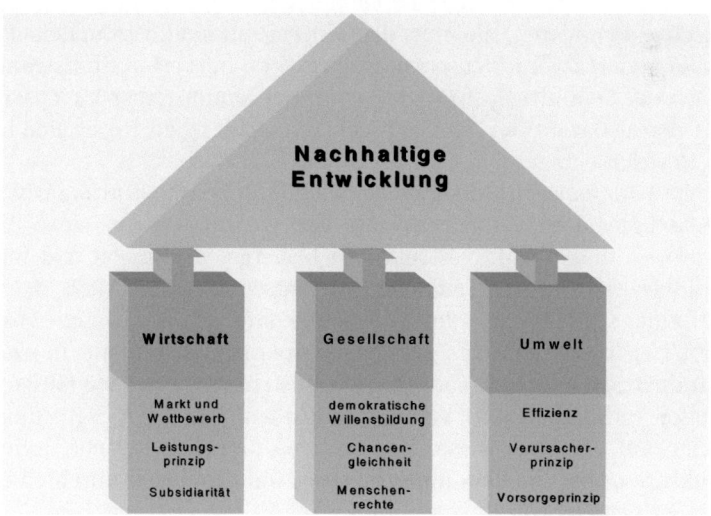

Abb. 3. Nachhaltigkeit und politische Wertvorstellungen

Insbesondere im Rahmen der allgemein anerkannten und akzeptierten Prinzipien der ökologischen sowie der sozialen Marktwirtschaft lässt sich das Konzept der Nachhaltigen Entwicklung entsprechend verorten. Die Förderung des privaten Eigentums, das Prinzip des freien und gleichen Wettbewerbs, die Bildung marktgerechter Preise, die Aufrechterhaltung eines subsidiären (und leistungsgerechten) Systems der sozialen Sicherung sowie das Vorhandensein ausgewogener ökologischer Rahmenbedingungen müssen dabei weiterhin zur Anwendung kommen.

3 Nachhaltige Entwicklung und Energieversorgung

Nachhaltige Entwicklung zielt u.a. darauf ab, den Verbrauch an natürlichen Ressourcen wie Rohstoffe, Energieträger sowie Fläche und Wasser zu verringern. Daraus soll eine Verringerung von Abfällen, Abwässern, Abgasen und sonstigen Einträgen in die Umwelt resultieren. Um diese Reduktionen bei gleichzeitig fortschreitender wirtschaftlicher Entwicklung erreichen zu können, sind Verbesserungen im Bereich der Energie- und Ressourcenproduktivität unbedingt erforderlich. Es ist (inzwischen) aber zweifelhaft, ob sie allein ausreichen würden und ob nicht andere Konsummuster und vielleicht auch veränderte Lebensgewohnheiten diesen Prozess zwangsläufig begleiten und verstärken müssten.

Die ausreichende Versorgung mit nutzbarer Energie bildet einerseits die Grundlage für menschenwürdiges Leben und eine leistungsfähige Gesellschaft. Andererseits dominieren die mit der Energienutzung verbundenen Stoffströme alle anderen vom Menschen auf der Erde initiierten Stoffströme. Die Frage nach der zukünftigen Energieversorgung nimmt daher im Zusammenhang mit dem Konzept der Nachhaltigen Entwicklung zu Recht eine herausragende Position ein.

Konzepte für eine Nachhaltige Entwicklung und eine alternative, aber ressourcenschonendere Versorgung mit Energie müssen auf einer Analyse von Angebots- und Nachfragestrukturen basieren. Siedlungs- und industrielle Produktionsstrukturen induzieren in entscheidendem Maße den Energiebedarf einer Gesellschaft oder Volkswirtschaft, den die Energiewirtschaft befriedigt, indem sie dafür eine geeignete Infrastruktur aufbaut. In einer modernen Industriegesellschaft sind diese Infrastrukturen auf vielfältige Weise miteinander verbunden, d.h. Veränderungen auf der einen Seite führen zu Reaktionen auf der Gegenseite. Ein weiteres Merkmal besteht darin, dass Infrastrukturen über die Zeit hin gewachsen sind und sich durch eine lange Lebensdauer auszeichnen.

3.1 Das Themenfeld Energie im Brundtland–Report

Die Brundtland–Kommission hat sich im siebten Kapitel ihres Abschlußberichts „Our Common Future" sehr eingehend mit dem Thema Energie beschäftigt. Die einführenden Formulierungen des Energie–Kapitels lauten wie folgt: „Energy is necessary for daily survival. Future development crucially depends on its long–term availability in increasing quantities form sources that are dependable, safe, and environmentally sound. At present, no single source or mix of sources is at hand to meet this future need."[19]

Die Brundtland–Kommission betont, dass sie die Bereitstellung von Energie als einen wesentlichen Faktor der Versorgung des Menschen betrachtet. Nur durch die Bereitstellung und Nutzung von Primärenergie sind

---

[19] World Commission on Environment and Development (1987), S. 168

Bedürfnisse wie Heizen und Kochen oder auch die industrielle Fabrikation, die mechanische Fertigung und die Überwindung von Distanzen durch den Transport von Waren, Gütern und Menschen möglich.

Die Klammer um das Kapitel Energie im Brundtland–Bericht bildet die Frage, wie in der Zukunft eine weltweit dauerhafte und zuverlässige Energieversorgung gewährleistet werden kann. Hier kommt die Kommission zu folgenden Feststellungen: Die gegenwärtige Energieversorgung beruht zu einem Großteil auf der Nutzung der Primärenergiequellen fossiler Brennstoffe wie Erdöl, Kohle und Erdgas. Die Wandlung dieser Primärquellen in nutzbare Energie erfolgt in aller Regel durch einen Umwandlungsprozess. Die im Zuge dieses Umwandlungsprozesses oder der Nutzbarmachung eingesetzten Techniken vermindern den Wirkungsgrad der Primärenergieträger in unterschiedlichem Ausmaß.

Hieraus leitet die Brundtland–Kommission die folgenden Forderungen an eine Nachhaltige Entwicklung im Energiesektor ab:

– ausreichende Zunahme der Energieversorgung, um die menschlichen Bedürfnisse nach Energie weltweit zu befriedigen,
– Einleitung von Maßnahmen zur Verbesserung der rationellen Energieverwendung,
– Verminderung der gesundheitlichen Risiken unter der Berücksichtigung des Aspekts der Sicherheitsrisiken der Nutzung der verschiedenen Energiequellen für die Gesundheit der Menschen sowie
– Ergreifung von Maßnahmen zum Schutz der Biosphäre und Verhinderung der Zunahme der örtlichen Umweltverschmutzungen.

Subsumieren lassen sich die Erwartungen, die von der Brundtland–Kommission erarbeitet worden sind, in den folgenden Schlagworten:

– Absenkung des Energieverbrauchsniveaus pro Kopf,
– Ausweitung der Investitionen zur Entwicklung von Technologien und Mechanismen, die eine Minimierung des Energieverbrauchs zur Folge haben und
– Reduzierung der Energiebereitstellung durch nicht–erneuerbaren Ressourcen.

Um diese Bestrebungen auch in der Praxis umsetzen zu können, hält die WCED (World Commission on Environment and Development)–Kommission grundlegende politische und institutionelle Anpassungen im Energiesektor für unausweichlich. Zugleich betont sie, dass ihrer Ansicht nach die Erreichung des Ziels der spezifischen Verringerung des Energieverbrauchs nur durch eine optimale Nutzung der gegenwärtig zur Verfügung stehenden Energieressourcen realisiert werden kann. Unter einer optimalen Nutzung versteht die Brundtland–Kommission den Verbrauch der kostengünstigsten umweltfreundliche Energiequelle.[20] Dabei sieht die Kommission um Gro Harlem

---

[20] World Commission on Environment and Development (1987), S. 196

Brundtland die nationalstaatlichen Regierungen in die Verantwortung genommen. Ihrer Einschätzung nach kann es nur im Rahmen der Verabschiedung einer nationalen Nachhaltigkeitsstrategie für den Energiesektor gelingen, die Weichen für eine Nachhaltige Energiepolitik zu stellen. Dabei plädiert die Kommission dafür, die Erreichung der von ihr vorgeschlagenen Ziele nicht durch Verbote und Beschränkungen, sondern durch eine Politik der Anreize zu erreichen.

Besonders in die Pflicht genommen werden dabei die Industrieländer. Gegenwärtig verbraucht ein Viertel der Weltbevölkerung (und dies vornehmlich in den Industrieländern) rund 75 Prozent der weltweit zur Verfügung stehenden Primärenergie. Die Brundtland–Kommission plädiert dafür, die bisher zu Verfügung stehenden Energiereserven effektiver und effizienter zu nutzen. Zugleich ist es aber auch ein Anliegen der WCED, Pläne und Programme zur dauerhaften Gewinnung und Nutzung erneuerbarer Energieträger zu entwickeln. Daher erachtet die Brundtland–Kommission die Steuerung des Energiepreises als ein wichtiges Element zur Förderung der Nutzung erneuerbarer Ressourcen.

Wie bereits in den Überlegungen des Abschlußberichts der Brundtland–Kommissionen zu erkennen ist, verdient der Bereich der Energieversorgung unter dem Aspekt der im vorherigen Abschnitt dargelegten allgemeinen Ziele des Sustainable Development–Konzepts besondere Beachtung. Als Beispiel für die Notwendigkeit der Anwendung des Nachhaltigkeitsgedankens auf den Bereich der Energieversorgung soll darauf verwiesen werden, dass rund 60 Prozent der weltweiten Emissionen an Treibhausgasen auf Prozesse und Abläufe zurückzuführen sind, die im Rahmen der Energiegewinnung und Energiebereitstellung geleistet werden. Des weiteren lässt der andauernde Abbau und die Nutzung nicht erneuerbarer Ressourcen zur Energiegewinnung und -versorgung mittlerweile in einem verstärkten Maße die Versorgungssicherheit der nachfolgenden Generationen als äußerst ungewiss erscheinen.

Zugleich ist eine zuverlässigen Energieversorgung die wichtigste Grundlage – sozusagen der „Nährboden" – für wirtschaftliches Wachstum und sozialen Wohlstand.

Aus diesen beiden zuvor skizzierten Aspekten lässt sich die Notwendigkeit einer Orientierung des Energieversorgungsbereichs am Leitbild der Nachhaltigen Entwicklung ableiten.

3.2 Gegenwärtiger Stand der Diskussion zur Nachhaltigen Entwicklung im Energiesektor

Der Sektor der Energieversorgung sieht sich an der Schwelle zum 21. Jahrhundert mit neuen Herausforderungen konfrontiert. Hierzu zählen beispielsweise:

– die Sicherung der natürlichen Lebensgrundlagen der Menschheit vor dem Hintergrund des sich abzeichnenden Klimawandels (und seiner Auswirkungen),

- der an den ökologischen Notwendigkeiten ausgerichtete Strukturwandel der Industriegesellschaften im Sinne der Sustainable Development-Konzeption,
- die weltweite Etablierung humaner Lebensbedingungen für die stetig wachsende Weltbevölkerung und
- die Eindämmung von Entwicklungen, die sich aus der Liberalisierung der Energiemärkte sowie aus dem Wettbewerb in der Folge der Globalisierung der Ökonomie für die Wettbewerbs- und Innovationsfähigkeit, den Umweltschutz und den Beschäftigungssektor ergeben.

Übertragen auf den Sektor der Energiewirtschaft sowie der Energieversorgung bedeutet das Leitbild einer Nachhaltigen Entwicklung:

- einen Ausbau der Energieversorgung, um die menschliche Bedürfnisse weltweit und langfristig befriedigen zu können;
- die Verbesserung der Energieeffizienz sowie der rationellen Energieverwendung, so dass ein unnötiger Verbrauch („Verschwendung") von Energieressourcen vermieden werden kann;
- Vermeidung bestehender Risiken bei der Nutzung der verschiedenartigen Energiequellen und
- Schutz der Biosphäre sowie mögliche Vermeidung von den lokalen Formen der Umweltbelastung.

Diese vier skizzierten Leitsätze entsprechen weitgehend den gegenwärtig von den nationalen Regierungen sowie den internationalen Organisationen formulierten umweltpolitischen Zielgrößen. In dieser zunächst eher allgemein gehaltenen Form lassen sie zudem den politisch Handelnden und Verantwortlichen einen Spielraum für die konkrete – und zuweilen auch umfassende – Ausgestaltung nationalstaatlicher Politik mit dem Ziel einer nachhaltig zukunftsfähigen Energieversorgung.

Aufgrund dieser Ausgangssituation besteht ein weitgehender Konsens über die Erreichung des Ziels einer Politik der nachhaltigen Energieversorgung. Jedoch herrscht keinerlei Einigkeit über den Weg der eigentlichen Umsetzung. Allgemein akzeptiert ist jedoch die These, dass es die Aufgabe der Politik sein muss, die Rahmenbedingungen für eine

- sichere,
- effiziente und
- umweltfreundliche Energieversorgung

zu gewährleisten.

Diese soeben skizzierten Anforderungen an eine nachhaltige Energieversorgung lassen sich zu dem Drei–Säulen–Modell der Nachhaltigen Entwicklung in Bezug setzen. Demzufolge spiegelt die Komponente einer sicheren Energieversorgung die gesellschaftliche Dimension wider. Die Forderung nach einer effizienten Energieversorgung lässt sich unter den wirtschaftlichen Prämissen an eine Nachhaltige Entwicklung in Beziehung setzen

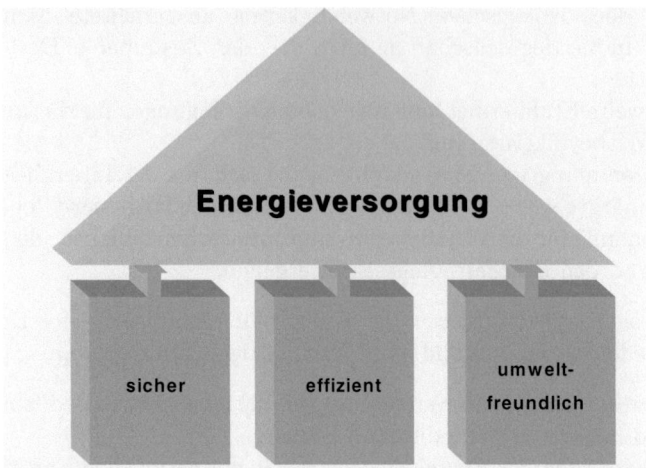

Abb. 4. Drei–Säulen–Konzept der Energieversorgung

und der Aspekt der Umweltfreundlichkeit findet seinen Gegenpart im Drei–Dimensionen–Ansatz in der ökologischen Komponente.

Die Enquete–Kommission „Nachhaltige Energieversorgung unter den Bedingungen der Globalisierung und der Liberalisierung" des 14. Deutschen Bundestages hat für den Energiesektor ein Zieldreieck definiert, in dem die drei Nachhaltigkeitsziele der Dimensionen Ökonomie, Ökologie und Gesellschaft erläutert werden. Im folgenden soll die Zieldefinition der Enquete–Kommission für die drei genannten Bereiche der Nachhaltigkeit eingehender skizziert werden.

3.3 Dimensionen einer Nachhaltigen Entwicklung im Energiebereich

Die im Vorfeld eingeführten drei Dimensionen der Nachhaltigen Entwicklung sollen im folgenden auf den Bereich der Energiegewinnung und Energieversorgung übertragen und angewandt werden.

Die wirtschaftliche Dimension: Unter der Einbeziehung der spezifischen energiepolitischen Erwägungen gilt es unter der Bezugnahme auf das Prinzip der ökonomischen Effizienz festzustellen, dass sich daraus eine effiziente Ressourcennutzung knapper Güter (einschließlich der Ressource ‚Umwelt' sowie sozialer Ressourcen) der einzelnen Wirtschaftssubjekte herleitet.

Die freie – also nicht in irgendeiner Form reglementierte – Nutzung von Umweltgütern führt zu Umweltschäden. Diese werden zur Zeit nicht den tatsächlichem Verursacher zugerechnet, sondern Dritten (in der Regel der Allgemeinheit – und somit auch zukünftigen Generationen) angelastet. Daher ist die weitestgehende Internalisierung der externen Umweltkosten „eine notwendige Bedingung, um die Nutzung knapper Umweltressourcen in das Marktgeschehen zu integrieren und sie den gleichen Bewirtschaftungsregeln zu unterwerfen wie die Nutzung anderer knapper Ressourcen".[21]

Die gesellschaftliche Dimension: Unter der besonderen Berücksichtigung der energiewirtschaftlichen Aspekte ist die Sicherung einer Grundversorgung mit Energiedienstleistungen ein wichtiges Element in der Nachhaltigkeitsdebatte. Dies gilt zum einem im Bezug auf die Grundsicherung – oder aber die Grundversorgung – mit Energie wie auch auf das Recht auf Chancengleichheit zur Nutzung der weltweiten Energieressourcen. Bezogen auf den nationalstaatlichen Kontext sind die herausragenden Faktoren die Konzeption des Sozialstaats und der Daseinsvorsorge, das Konzept der Eigenverantwortung und der sozialen Sicherung sowie das Leistungs- und das Solidaritätsprinzip.

Es gilt festzustellen, dass in vielen Staaten dieser Erde die Unterversorgung der Bevölkerung mit Energie als eine spezifische Ausprägungsform von Armut (auch als „fuel poverty" bezeichnet) weit verbreitet ist. Demzufolge muss es das Ziel von nachhaltigkeitsorientierten Strategien für den Energiebereich sein, dass derartige Gerechtigkeitslücken zukünftig mittels geeigneter Strategien bereits im Keim erstickt werden können. Ein vorrangiges Ziel ist in diesem Kontext die Verabschiedung und intensive Nutzung von Komplementär- und Kompensationsmaßnahmen in weltweiten Kontext.

Die ökologische Dimension: Bei dem Abbau von Kohle, Erdöl und Erdgas, beim Transport und bei der Verteilung von Erdgas sowie bei der Energieumwandlung in Kraftwerken und Raffinieren und der Nutzung der fossilen Energieträger Kohle, Erdöl und Erdgas in den Endenergiesektoren (Haushalt, Industrie, Verkehr, Gewerbe, Handel und Dienstleistungen sowie öffentliche Einrichtungen) werden Emissionen freigesetzt. Dies sind in aller erster Linie Emissionen von Kohlendioxid sowie der Ausstoß von Methan, Stickoxiden, Kohlenmonoxid und weiteren flüchtigen Verbindungen. Insgesamt trägt die Gewinnung, der Transport, die Umwandlung und die Nutzung von fossilen Brennstoffen weltweit mit etwa 50 Prozent zum zusätzlichen Treibhauseffekt bei.[22]

Es besteht demnach ein Zusammenhang zwischen dem vermehrten Einsatz fossiler Energieträger im Zuge der Energieumwandlung und -gewinnung sowie des erhöhten Emissionsausstoßes und der zunehmenden Umweltbelastungen.

Bereits die Enquete–Kommission des 11. Deutschen Bundestages (1986 bis 1990), die unter dem Titel „Schutz des Erde" Vorschläge zu einer nachhaltigen Energieversorgung erarbeitete, errechnete bei einer dauerhaft fort-

---

[21] Enquete–Kommission „Nachhaltige Energieversorgung unter den Bedingungen der Globalisierung und der Liberalisierung des Deutschen Bundestages" (2001), S. 24

[22] Enquete–Kommission „Vorsorge zum Schutz der Erdatmosphäre" des Deutschen Bundestages (1991), S. 47

schreitenden Zunahme des Energieeinsatzes um lediglich zwei Prozent im Jahresdurchschnitt einen Anstieg der Emissionen, die direkt dem Energiesektor zugeordnet werden können, um 40 Prozent bis zum Jahr 2005. Eine Verdoppelung des gegenwärtigen Emissionsniveaus ist bis zum Jahr 2050 erwartet worden.

Aus diesem Grund erscheint es angebracht, insbesondere den Energiesektor, der weltweit als Hauptemittent des zusätzlichen Treibhauseffektes angesehen wird, in dem Konzept der Nachhaltigen Entwicklung besondere Aufmerksamkeit zukommen zu lassen. Denn durch die Förderung der Gewinnung und der Nutzung regenerativer Energien, einer Anpassung der Energieversorgungsstruktur an die Produktions- und Siedlungsgewohnheiten der Menschen sowie die Verbindung der Themenschwerpunkte Energie und Mobilität ließen sich nachhaltige Effekte in der Klimapolitik erzielen.

3.4 Indikatoren und Leitlinien für eine Nachhaltige Entwicklung im Energiebereich

Wie bereits erläutert, umfasst die Indikatorenaufstellung zumeist viele Aspekte des gesamten Systems. Daher erscheint es sinnvoll, sich aufgrund der Themenstellung vorrangig mit Indikatorensystemen auseinander zu setzen, die ihren Schwerpunkt auf energiepolitische Fragestellungen setzen.

Global: Zu Beginn dieses Beitrags wurden verschiedene Nachhaltigkeitsansätze globalen Ausmaßes vorgestellt. Diesen skizzierten Konzeptionen ist gemein, dass sie ihren Schwerpunkt nicht auf den energiepolitischen Aspekt ausgerichtet haben. Dieser wird in der Regel nur äußerst knapp am Rand erwähnt und diskutiert. Vielmehr versuchen sie, das komplette Themenspektrum abzudecken.

Daher wird im folgenden eingehender das von der gegenwärtig tätigen Enquete–Kommission des 14. Deutschen Bundestages zum Thema „Nachhaltige Energieversorgung" erarbeitete Konzept – das seinen Fokus auf energiepolitische Zielsetzungen gerichtet hat – beispielhaft dargestellt und untersucht.

Deutschland: Für die Bundesrepublik Deutschland hat bereits die Enquete–Kommission „Vorsorge zum Schutz der Erdatmosphäre" des 11. Deutschen Bundestages in ihrem Bericht „Schutz der Erde" darauf hingewiesen, dass ein rationeller Umgang mit Energie unablässlich ist zur Reduktion der Umweltbelastungen.

Gegenwärtig erarbeitet die Enquete–Kommission „Nachhaltige Energieversorgung unter den Bedingungen der Globalisierung und der Liberalisierung" des 14. Deutschen Bundestages einen Katalog von Leitlinien und Handlungsanweisungen für eine Nachhaltige Entwicklung der Energiewirtschaft. Die von ihr ausgearbeiteten Regeln sind im folgenden aufgelistet:

1. Das Prinzip der Gleichrangigkeit der im einzelnen zu verfolgenden und im hohen Maße interdependenten ökologischen, sozialen und ökonomischen Zielen ist von grundlegender Bedeutung. Konflikte sind im gesellschaftlichen Diskurs demokratisch auszutragen.
2. Für eine wachsende Weltbevölkerung sind die Voraussetzungen zu schaffen, dass der wachsende Bedarf an Energiedienstleistungen zur Sicherung humaner Lebensbedingungen und zur Deckung ihrer Bedürfnisse wirtschaftlich gedeckt werden kann.
3. Für alle Mitglieder der Gesellschaft gilt es, die Chancengleichheit beim Zugang zu Energiedienstleistungen zu ermöglichen.
4. Die Belastungen von Umwelt und Natur sind so zu begrenzen, dass die verschiedenen Funktionen dieser natürlichen Lebensgrundlagen auf Dauer erhalten bleiben.
5. Die Bereitstellung von Energiedienstleistungen ist durch eine weitgehend von physischen Unterbrechungen freie Versorgung zu gewährleisten.
6. Die Inanspruchnahme nicht–erneuerbarer Energieträger und Rohstoffe soll in dem Umfang erfolgen, in dem (im langfristigen zeitlichen Mittel) ein physisch und funktionell gleichwertiger wirtschaftlich nutzbarer Ersatz verfügbar gemacht wird, in Form neu erschlossener Vorräte, erneuerbarer Ressourcen oder einer höheren Produktivität der Ressourcen.
7. Die Nutzung der erneuerbaren Energieträger darf auf Dauer nicht größer sein als ihre Regenerationsrate.
8. Die Gefahren und Risiken der Bereitstellung von Energiedienstleistungen für die menschliche Gesundheit müssen in einem gesellschaftlichen Abwägungsprozess an ihrem Nutzen gemessen werden. Dabei kommt der Definition volkswirtschaftlicher Kosten eine zentrale Bedeutung zu.
9. Die Bereitstellung von Energiedienstleistungen soll zu möglichst geringen volkswirtschaftlichen Kosten – eingeschlossen der externen Kosten – erfolgen. Volkswirtschaftliche Kosten (private plus externe Kosten) sind ein geeignetes Maß für den Verbrauch knapper Ressourcen und damit ein zentraler Indikator für die relative Nachhaltigkeit von Techniken und System zur Bereitstellung von Energiedienstleistungen.
10. Forschung und Entwicklung im Energiebereich bilden die Basis für Innovationen. Dabei kommen die Ausweitung der wirtschaftlich verfügbaren Energiebasis, der Erhöhung der Effizienz im Bereich der Energiedienstleistung und der Energietechnik sowie der Vermeidung und Verminderung energiebedingter Umweltbelastungen und Risiken eine besondere Bedeutung zu.[23]

Des weiteren hat die gegenwärtig tätige Enquete–Kommission einen eigenen Indikatorensatz für den Energiebereich entworfen. Dieser Katalog stützt

---

[23] Enquete–Kommission „Nachhaltige Entwicklung unter den Bedingungen der Globalisierung und der Liberalisierung" (2001), S. 39–40 (Die Darstellung erfolgte in gekürzter und zusammengefasster Form.)

sich auf die Analyse bereits existierender Umweltindikatorensysteme.[24] Als Ausgangspunkt für die Entwicklung eines Indikatoren–Indices für Deutschland orientierten sich die Mitglieder der Enquete–Kommission an den „Vorgaben" des bereits dargestellten Indikatorensystems der OECD, der Commission on Sustainable Development der Vereinten Nationen sowie an den nationalstaatlichen Ansätzen der niederländischen, norwegischen, schwedischen, britischen und kanadischen Regierung.

Basierend auf der Analyse dieser Indikatorensysteme wurde ein eigenständiger Indikatorensatz (der im Anhang dargestellt wird) entwickelt, der die ökologische, soziale und die wirtschaftliche Dimension der Nachhaltigkeit umfasst. Die Indikatoren zur Erfassung der ökologischen Dimension sollen in der Hauptsache den Problemdruck darstellen, der in der Verbindung von Energie und Klima zu sehen ist. Hierzu gehören anthropogene Klimaänderungen, der Ausstoß von Schadstoffemissionen, die Versauerung von Böden und Gewässern, der Boden- und Landschaftsverbrauch, die Abfall- und Müllbeseitigung, die Gewässerbelastungen und die Biodiversität. Im Bereich der wirtschaftlichen Indikatorenentwicklung ist angestrebt, durch die Messung/Ermittlung von Kostengrößen für das Energiesystem die unterschiedlichen Kostenaspekte anzuzeigen. Zugleich ist es das Ziel, anhand der Einschätzung von Produktions- und Konsummustern die Ressourcennutzung sowie die damit einher gehende Effizienz besser analysieren zu können.

Zum Großteil können die Indikatoren auf der aggregierten Ebene von Volkswirtschaften angewandt werden. Die Enquete–Kommission hat einen Indikatorensatz ausgewählt, mit deren Hilfe der relative Betrag von einzelnen technischen und ökonomischen Optionen (etwa bei der Energiebereitstellung) zu einer nachhaltigen Entwicklung vergleichbar gemacht werden soll. Zugleich sollen für das gesamte Energiesystem sowie für seine Einbindung in den sozialen und wirtschaftlichen Bereich im Rahmen eines Soll-/Ist–Vergleichs und über generelle Entwicklungstrends Aussagen zur Nachhaltigkeitsentwicklung gemacht werden können.

Dabei wird zwischen Schlüssel- und Hilfsindikatoren unterschieden. Die Schlüsselindikatoren bezeichnen in diesem Kontext diejenigen Kennwerte, die auf die jeweiligen herausragenden Trends und Problemstellungen abzielen. Demgegenüber sollen die Hilfs- oder Zusatzindikatoren weitergehende Aspekte beleuchten. Diese sind zwar nicht von so herausragender Bedeutung wie die Schlüsselindikatoren, können aber den Analyse- und Untersuchungsaspekt durchaus erweitern.

Die Enquete–Kommission ist sich durchaus bewusst, dass der von ihr erarbeitete Indikatorensatz – vor allem im Zuge einer tatsächlichen Anwendung – offen für Veränderungen sein muss. Dies gilt vor allem für den Bereich der

---

[24]In die Analyse mit einbezogen wurden neben dem OECD–Indikatorensatz, den Überlegungen der OECD sowie Eurostat auch die Indikatorenkonzepte aus den Niederlanden, Kanada, Norwegen, Schweden und Großbritannien.

sozialen Indikatoren. Denn hier ist ein offenkundiger Mangel an richtungssicheren Indikatoren erkennbar.

4 Die gegenwärtige Situation der Energieversorgung

4.1 Globale Aspekte

Für die Energiewirtschaft sowie die Energiepolitik haben sich in den vergangenen Jahren die Rahmenbedingungen stark verändert: Zum einen rücken als Ergebnis der Liberalisierung der Strom- und Gasmärkte die ökonomischen Aspekte vermehrt in den Vordergrund. Zudem ist davon auszugehen, dass die in Kioto von den Unterzeichnerstaaten anvisierten Klimaschutzbeschlüsse nur dann die beabsichtigte Wirkung erzielen werden, wenn diese von den politisch Verantwortlichen im Energiebereich anhand entsprechender Vorgaben und Signale für die notwendigen strategischen Entscheidungen der Energiewirtschaft umgesetzt werden.

Es ist wahrscheinlich, dass die internationale Dimension der Energiepolitik immer stärkere Beachtung finden wird. Als Ursachen hierfür sind beispielsweise die international verabschiedeten Konventionen zum Klimaschutz ebenso zu nennen wie die weiterhin vorhandene und eventuell zunehmende Abhängigkeit (vor allem aufgrund der politischen Situation in den Regionen mit Primärenergieförderstätten[25]) des europäischen Energiemarktes von außereuropäischen Energielieferanten und die fortschreitende Liberalisierung der europäischen Energiemärkte.

Zudem wird die Energiepolitik sich nicht vor den Herausforderungen der weltwirtschaftlichen Entwicklung in den nächsten 20 Jahren verschließen können. Hierzu zählen u.a. die Annahmen, dass die Weltbevölkerung bis zum Jahr 2020 auf rund 7,7 Milliarden Menschen angewachsen sein wird und der Zuwachs des Weltsozialprodukts bei im Durchschnitt 3 Prozent pro Jahr liegen wird. Des weiteren gilt, dass die Wirtschaft in den Entwicklungsländern einen mehr als doppelt so starken Zuwachs zu verzeichnen hat wie in den Industrieländern. Aufgrund eines sehr viel stärkeren Bevölkerungszuwachses im gleichen Zeitraum ist in den Entwicklungsländern allerdings von einem realen Abfall des Pro-Kopf-Einkommens in diesen Regionen der Welt auszugehen.

Vor dem Hintergrund dieser soeben dargestellten weltwirtschaftlichen Entwicklung muss das Weltenergieangebot sowie die Weltenergienachfrage betrachtet werden. Das Bundesministerium für Wirtschaft und Technologie (BMWI) geht davon aus, dass für den bereits angesprochenen Zeitraum bis 2020 keine grundsätzlichen Engpässe bei der Verfügbarkeit der weltweiten

---

[25]Denn die konventionellen Ölvorkommen und Erdgasreserven sind zumeist in Staaten zu finden, deren politischen und wirtschaftliches System durch Instabilität gekennzeichnet ist. Daher bedeutet die Abhängigkeit von diesen Ländern ein Versorgungsrisiko.

Energiereserven zu erwarten ist. Als Begründung hierfür werden künftige Fortschritte bei der Ausschöpfung der bereits entdeckten Ressourcen sowie bei der Suche nach neuen Vorkommen genannt als auch die Erwartung nach einer Reduktion der Bereitstellungskosten von nicht–konventionellen Energiereserven.[26]

Übertragen auf die einzelnen fossilen Primärenergieträger bedeutet dies, dass bis zum Referenzjahr 2020 das weitaus größte Energiepotential in Form von Kohle verfügbar sein wird. So sollen auf die Kohle (sowohl Stein- als auch Braunkohle) mehr als 50 Prozent der Reserven sowie rund 90 Prozent der vermuteten noch abbaubaren Ressourcen entfallen. Demgegenüber wird die Verfügbarkeit von Erdgas und Erdöl als langfristig knapp bemessen eingestuft – wobei die Erdgasressourcen bei einer gleichbleibenden Abbaurate über einen längeren Zeitraum verfügbar sind.

Unter dem Gesichtspunkt der Nachhaltigkeit sollte sich das Augenmerk kurz- und mittelfristig auf die Nutzung erneuerbarer Ressourcen richten. Denn hier scheint sich ein gewaltiges Potential an nutzbaren Energien zu eröffnen. Allerdings geht das BMWI davon aus, dass bis zum Jahr 2020 lediglich wenige Potentiale im Bereich der erneuerbaren Energien insoweit erschlossen sein dürften, dass sie von volkswirtschaftlicher Relevanz sind.

Nach den Ende des vergangenen Jahrhunderts gerechneten Szenarien zur Bestimmung der Weltenergienachfrage wird allgemein bis zum Jahr 2020 mit einer steigenden Weltenergienachfrage gerechnet.[27] Dabei wird teilweise eine Steigerung der Energienachfrage um bis zu 60 Prozent erwartet – wobei der größte Verbrauchzuwachs in den Entwicklungsländern (und hier insbesondere im asiatisch–pazifischen Raum[28]) prognostiziert worden ist. Um diese Nachfrage gemäß den Kriterien des Leitbilds der Nachhaltigen Entwicklung befriedigen zu können, ist ein immenser Finanzbedarf erforderlich. Insbesondere gilt dies für die Schwellen- und Entwicklungsländer, denn diese werden in umfangreichem Ausmaß für den Anstieg verantwortlich sein. Bis zum gegenwärtigen Zeitpunkt ist die Finanzierung des angesprochenen Finanzbedarfs jedoch noch völlig ungeklärt. Es ist geplant, im Vorfeld des Gipfels in Johannesburg im Jahr 2002 diese Frage zu erörtern. Augenblicklich wird über die verschiedenen Optionen zur Lösung des skizzierten Problems diskutiert.

In diesem Kontext sei noch darauf verwiesen, dass bei der Zusammenarbeit mit den Entwicklungs- und Schwellenländern im Bereich des Auf- und Ausbaus einer funktionierende Energieversorgung in aller Regel einer Förderung von regenerativen Energien Vorrang gewährt wird. Diese stellt jedoch die teuerste Form der Energieproduktion dar – im Vergleich zu etablierten konventionellen Energiegewinnungsformen. Daher scheint es angebracht, die Frage aufzuwerfen, ob es im Rahmen der angesprochenen Unterstützung

---

[26]Bundesministerium für Wirtschaft und Technologie (1999), S. 14
[27]Nähere Informationen finden sich in den Studien der EIA, der IEA sowie von IIASA/WEC.
[28]Hier werden China sowie Indien hat Hauptnachfrager genannt.

für die Entwicklungs- und Schwellenländer nicht unter langfristigen Aspekten sinnvoller ist, einen Teil der z. Zt. gewährten Hilfen zur Gewinnung von Energie aus erneuerbaren Ressourcen in die Entwicklung von Infrastrukturkonzepten und -maßnahmen zu investieren. Hierbei bietet sich in gewissem Umfang die Einbindung der Energiegewinnung auf konventioneller Basis an. Denn in diesem Fall ist eine stärkere Koppelung der Sektoren Energie und Infrastruktur gewährleistet.

In diesem Zusammenhang sollte darauf verwiesen werden, dass die regionale Verteilung der weltweiten Energiereserven – insbesondere bei den Öl- und Erdgasvorkommen – sich nicht im Einklang befindet mit der regionalen Verteilung der Nachfrage sowie des Verbrauchs an Energie. Darum ist es nicht ausschließen, dass neben der Gefahr von zunehmenden Abhängigkeiten gegenüber einzelnen Primärenergieförderern und -lieferanten auch ein Anstieg der Weltmarktpreise für die fossilen Energieträger möglich erscheint.

Bei der mittelfristigen Entwicklung der Energiepreise ist für den Rohölmarkt kein markanter Preisanstieg zu erwarten. Allerdings ist damit zu rechnen, dass aufgrund kurzfristiger Schwankungen der Ölfördermengen Preisanstiege nicht auszuschließen sind. Diese erwarteten Preisrisiken resultieren teilweise aus die steigende Abhängigkeit der weltweiten Ölversorgung von politisch und ökonomisch zur Zeit relativ instabilen Regionen im Nahen und Mittleren Osten sowie in Afrika und Südamerika. Für die Entwicklung des Erdgaspreises prognostiziert das Bundeswirtschaftsministerium die fortdauernde Gültigkeit des Anlegbarkeitsprinzips an Heizöl und Steinkohle. Auch für den Steinkohlenmarkt scheint eine Festigung der Weltmarktpreise auf dem derzeitigen Niveau wahrscheinlich. Dafür spricht die erwartete wirtschaftliche Erholung in Japan und Südostasien.[29] Die Bundesregierung geht davon aus, dass sich die Preise in Deutschland für Heizöl, Benzin, Diesel und Erdgas analog zu den Geschehnissen auf dem Weltmarkt entwickeln bzw. anpassen werden. Im Bezug auf die Höhe der Strompreise wird – sowohl kurzfristig als auch über einen längeren Zeitraum betrachtet – ein massiver Preisrückgang aufgrund der fortschreitenden Strommarktliberalisierung erwartet. Bis dato hat sich die Liberalisierung auf dem Strommarkt nur für die Industriekunden in Form einer Senkung der Strompreise bemerkbar gemacht.

4.2 Die gegenwärtige Energieversorgung in Deutschland

Im Jahr 2000 wurden zur Deckung des Primärenergiebedarf in der Bundesrepublik Deutschland gut 5 451 PJ Rohöl, etwa 1 905 PJ Steinkohle, rund 1 524 PJ Braunkohle sowie 2 989 PJ an Erdgas und gut 1 846 PJ Kernenergie verbraucht. Hinzu kommen noch Wasser- und Windkraft im Umfang von 88 PJ und sonstige Energieträger mit einem Volumen von 263 PJ.[30]

---

[29] Bundesministerium für Wirtschaft und Technologie (1999), S. 17
[30] Schiffer (2001), S. 107–108

Im folgenden wird der jeweilige Primärenergieverbrauch der Jahre 1990 und 2000 einander gegenübergestellt. Im Rahmen der Analyse wurde bewusst ein breiter Untersuchungszeitraum ausgewählt, um eine tendenzielle Entwicklung darstellen zu können. Es ist deutlich erkennbar, dass der Primärenergieverbrauch in der Bundesrepublik Deutschland im Vergleich der Jahre 1990 mit dem Jahr 2000 um 846 PJ abgenommen hat. Das entspricht einer Reduzierung um 5,6 Prozent.

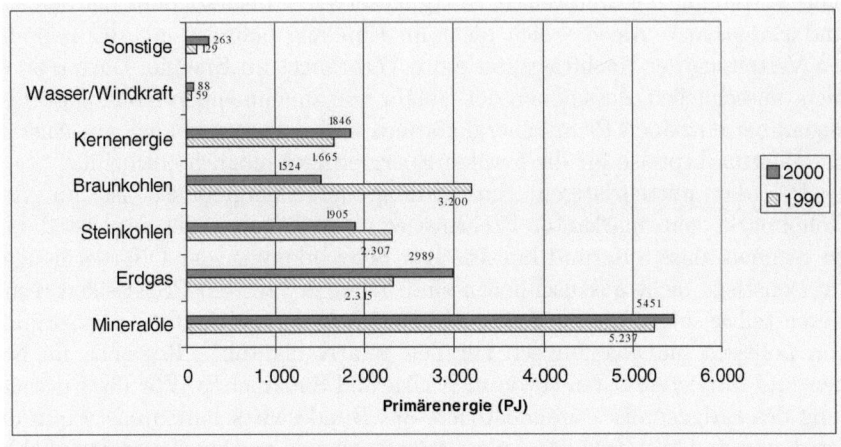

Abb. 5. Verbrauch an Primärenergie differenziert nach Energieträgern in der Bundesrepublik Deutschland für die Jahre 1990 und 2000

Der deutsche Energiemarkt hat in den vergangenen Jahren konstant bei einem Energieverbrauch von 14 200 PJ pro Jahr eingependelt. Damit ist der bundesdeutsche Energiemarkt mit einem Umsatz von rund 270 Mrd. DM (oder 138 Mrd. Euro) einer der größten Verbrauchermärkte im Energiebereich in Europa.

Insgesamt lässt sich feststellen, dass der Energieverbrauch in Deutschland in den letzten zehn Jahren sich leicht rückläufig entwickelt hat. Trotz eines stetigen und leichten Anstiegs des Wirtschaftswachstums in der Zeit nach dem Vollzug der Deutschen Einheit hat sich der Energieverbrauch auf einem gleichbleibenden bzw. sogar absinkenden Niveau gehalten.

Die auf dem Energiesektor im Jahr 1998 erzielte Wertschöpfung betrug rund 43 Mrd. Euro (dies entspricht etwa einen Ertrag von 85 Mrd. DM) – was einem Anteil des Bruttoinlandsprodukt von 2,2 Prozent entspricht.[31]

Den größten Anteil am Primärenergieverbrauch hat der Sektor der Stromerzeugung. Etwa ein Drittel des gesamten Primärenergievolumens wird zur Stromerzeugung genutzt. Demgegenüber dominiert auf der Seite der End-

---

[31] Bundesministerium für Wirtschaft und Technologie (2001), S. 17

verbraucher der Verkehrssektor. Als weitere Hauptnachfrager folgen dann die privaten Haushalte sowie die Industrie und der Handels- und Dienstleistungssektor.

Durch die Nutzung der fossilen Brennstoffe Erdöl und Erdgas wird in Deutschland gegenwärtig der Primärenergieverbrauch zu rund 60 Prozent abgedeckt. Sowohl Erdöl als auch Erdgas wird in aller erster Linie zur Bedarfsdeckung im Wärmebereich sowie zur Aufrechterhaltung der Mobilität verwendet. Der Markt der Wärmeherstellung und der Markt zur Befriedigung der Mobilitätszwecke decken damit jeweils rund ein Drittel des Endenergieverbrauchs ab.

Insgesamt ist die Energieversorgung Deutschlands – nach Einschätzung des Bundeswirtschaftsministeriums – als durchaus effizient einzustufen. Nach Angaben des Bundesministeriums für Wirtschaft ist das Verhältnis von Primärenergieverbrauch zu dem Bruttoinlandsprodukt – also die Energieintensität – in der Bundesrepublik Deutschland seit längerer Zeit rückläufig. Dies lässt sich an einer durchschnittlichen Absenkungsrate von 1,9 Prozent für den Zeitraum von 1991 bis 2000 belegen.[32] Die erwarteten Reduktionsquoten für den Zeitraum 1995 bis 2010 bzw. 2010 bis 2020 liegen bei durchschnittlich 2,1 Prozent pro Jahr bzw. im Jahresschnitt 1,7 Prozent.

Mit diesen Reduzierungsquoten liegt Deutschland im internationalen Vergleich in der Spitzengruppe. Innerhalb der Europäischen Union rechnet die EU–Kommission mit einer Rückführung der Energieintensität von durchschnittlich 1,6 Prozent für den Zeitraum von 1995 bis 2010 bzw. mit einer etwas geringeren Reduzierung von 1,4 Prozent für den Beobachtungszeitraum 2010 bis 2020. International wird eine deutlich erkennbare Entkoppelung des Energieverbrauchsanstieges auf der einen Seite sowie des Wirtschaftswachstums auf der anderen Seite erwartet.

Im Jahr 2000 betrug die Nettoimportquote im Energiebereich rund in Deutschland 60 Prozent.[33] Die Bundesrepublik Deutschland ist in einem sehr starken Ausmaß abhängig von der Einfuhr von Energieträgern. Allerdings ist bei den verschiedenen fossilen Energieträgern die Importabhängigkeit unterschiedlich stark ausgeprägt: Während Rohöl zu fast 100 Prozent, Erdgas zu rund 80 Prozent und Steinkohle zu mehr als 40 Prozent nach Deutschland eingeführt werden muß, stammt die zur Energiegewinnung eingesetzte Braunkohle sowie die erneuerbaren Ressourcen fast ausschließlich aus inländischer Produktion. Demgegenüber kommt die gesamte Europäische Union (mit Deutschland) auf eine Importquote von lediglich 50 Prozent. In den kommenden Jahren und Jahrzehnten ist sowohl für die EU als auch für Deutschland mit einen Zunahme der Importe – und damit auch implizit mit einer Zunahme der Importabhängigkeit – zu rechnen. Dabei spielt die Nutzung fossiler Energieträger (wie Gas, Kohle und Erdöl) nach wie vor eine domi-

---

[32] Bundesministerium für Wirtschaft und Technologie (2001), S. 15
[33] Angabe des BMWi im Energiebericht, der im November 2001 vorgestellt und veröffentlicht wurde.

nierende Rolle. Es wird erwartet, dass der Anteil des Verbrauchs der fossilen Brennstoffe zumindest in nächster Zukunft konstant bleiben wird. Zugleich wird ein Rückgang innereuropäische Energieproduktion prognostiziert.[34] Dies hätte insbesondere für den Rohstoff Erdgas eine weitere Zunahme der Importabhängigkeit (von Russland und den übrigen GUS–Staaten) zur Folge.

Im Beobachtungs- und Analysezeitraum von 1990 bis zum Jahr 2000 verringerte sich die CO_2– Emissionen in Deutschland um circa 15 Prozent. Diese im europaweiten Vergleich einmalige Reduzierung lässt sich in erster Linie mit den tiefgreifenden Strukturveränderungen im Industrie- und Produktionsbereich in Ostdeutschland in der Folge der Wiedervereinigung begründen. Ein weitere Ursache liegt auch in der beständigen Rückführung der Energieintensität der gesamten deutschen Volkswirtschaft.

Deutschland nimmt in der Europäischen Union den Spitzenrang bei der Minimierung der CO_2–Emissionen ein. In der EU musste demgegenüber seit 1990 – unter Ausklammerung der Reduzierungen in Deutschland – sogar ein Zuwachs der Kohlendioxid–Emissionen von vier Prozent verzeichnet werden.

Damit liegt die Europäische Union im weltweiten Trend. Denn nach den gegenwärtig vorliegenden Prognosen wird bis zum Jahr 2020 allgemein von einem nicht zu unterschätzenden Anstieg der Kohlendioxid–Emissionen ausgegangen. Allerdings wird hierbei eine Parallelität zum Energieverbrauch erkennbar: In den Industrieländern sinkt der weltweite Anteil an CO_2–Emissionen, während er in den Entwicklungsländern drastisch anwachsen wird.

Zwei Faktoren werden als grundsätzlich wichtig für die Wettbewerbsfähigkeit der Deutschen Stromproduzenten – aufgrund des steigenden Wettbewerbsdrucks in der Europäischen Union – angesehen. Dies ist zum einen die Kosteneffizienz bei der Stromerzeugung sowie die auf dem europäischen Markt vorherrschenden Wettbewerbsbedingungen.

Die bundesdeutschen Energiemärkte sind zum gegenwärtigen Zeitpunkt in vollem Umfang liberalisiert. In der jüngeren Vergangenheit wurden auch die leitungsgebundenen Märkte für Strom und Erdgas liberalisiert. Sowohl im Bereich der Strommarkt- als auch der Gasmarktliberalisierung nimmt die Bundesrepublik Deutschland gemeinsam mit den nordeuropäischen Unionsstaaten sowie Großbritannien in der Europäischen Union eine Vorreiterrolle ein. Allerdings sind mit dieser Vorreiterrolle EU-weit noch sehr ungleiche Marktbedingungen für die einzelnen Anbieter verbunden.

Zum gegenwärtigen Zeitpunkt sind bereits die Nachhaltigkeitsziele im Energiesektor in der Bundesrepublik Deutschland in vielen Fällen erfüllt bzw. kommen diesen schon nahe. Allerdings ist es nicht ratsam, den augenblicklichen Zustand auch für die Zukunft als Status festzuschreiben. Es ist erforder-

---

[34]Zu berücksichtigen ist in diesem Kontext der Verzicht auf die Nutzung von Kernenergie in den nächsten Jahrzehnten in einigen Mitgliedsstaaten der Europäischen Union – so. z.B. in Deutschland.

lich, auch zukünftig die weitere Ausrichtung der Energiepolitik im Hinblick auf eine Nachhaltige Energieversorgung in Deutschland voranzutreiben. Die aktuelle Debatte lässt vor diesem Hintergrund zwei Positionen erkennen. Diese unterscheiden sich in der Radikalität bzw. im Ausmaß ihres Strebens nach Veränderungen: Auf der einen Seite stehen dabei die Befürworter einer moderaten Anpassung des Sektors der Energiegewinnung und Energieversorgung, während ihnen Verfechter eines raschen und umfassenden Ausstiegs aus der Kernenergie gegenüberstehen. Diese letztgenannten Gruppe plädiert für einen Umbruch auf dem Energiesektor in der Folge der Implementation des Leitbilds der Nachhaltigen Entwicklung. Sie votieren für die Option des Kernenergieausstiegs bei einem gleichzeitig massiven Ausbau der Nutzung von erneuerbaren Ressourcen. Ihre Fortsetzung findet dieser Diskurs in der Frage um eine zentral oder dezentral ausgerichtete Energieversorgung.

4.3 Weiterreichende Ansätze zu strukturellen Veränderungen im Energiesektor

Technischer Fortschritt hat in Verbindung mit wirtschaftlicher Entwicklung dazu geführt, dass in den Industrieländern die Energie- und Ressourcenproduktivität kontinuierlich weiter verbessert werden konnte. Da gleichzeitig aber befürchtet wird, dass diese Verbesserungen durch die Zuwächse in den Entwicklungs- und Schwellenländern global betrachtet nivelliert oder gar in ihr Gegenteil verkehrt werden, stellt sich die Frage nach weiteren, radikaleren Schritten. In diesem Zusammenhang wird insbesondere von den Industrieländern eine starke Kurskorrektur erwartet. Beispiele hierfür sind u.a. die von Lovins und von Weizsäcker postulierte „Vervierfachung der Energieproduktivität"[35] sowie von Jochem identifizierte Rationalisierungspotentiale, die uns „von 5,5 kW auf 2 kW pro Kopf in die nachhaltige Industriegesellschaft"[36] führen sollen. Die Autoren begründen derart weitreichende Forderungen mit katastrophalen Naturereignissen wie dem anthropogenen Treibhauseffekt, die ihrer Ansicht nach als Folge des bisherigen Wirtschaftens mit hoher Wahrscheinlichkeit eintreten werden, wenn die Weltgemeinschaft nicht noch Maßnahmen zur Abwehr dieser Gefahren ergreift. Sehr häufig wird dabei suggeriert, dass der zeitliche Spielraum für eine Reaktion nicht sehr groß ist und daher Eile geboten ist. Tatsächlich ist es allerdings so, dass die bisherigen Erkenntnisse solche Schlüsse gar nicht zulassen. Die Berichte des Intergovernmental Panel on Climate Change (IPCC)[37] lassen zwar am anthropogenen Einfluss auf das Erdklima keinen Zweifel. Sie belegen aber auch, wie unsicher viele unserer Kenntnisse noch sind und wo aus Sicht der Fachleute noch weitergehender Klärungsbedarf besteht.

---

[35] von Weizsäcker et al. (1997), S. 31
[36] Jochem u. Bradke (2001)
[37] Die Berichte des IPCC sind unter http://www.ipcc.ch abrufbar.

Während dieser Phase der Klärung kann man zum einen sogenannte „no regret"-Maßnahmen realisieren, d.h. Maßnahmen zur Modernisierung ergreifen, die aus anderen Beweggründen erwogen werden und gleichzeitig zum Klimaschutz durch verminderte Klimagasemissionen beitragen.

Eine zusätzliche Möglichkeit besteht darin, die den Energiebedarf bestimmenden Siedlungs- und Produktionsstrukturen näher zu analysieren und damit vielleicht ebenfalls Potentiale für eine weitergehende Ressourcenschonung zu identifizieren. Hierzu gibt es eine Vielzahl von Überlegungen, die im Sinne einer Strategie für Nachhaltige Entwicklung unbedingt mit zu berücksichtigen sind.

Siedlungsstrukturen: Allgemein sind – ohne Anspruch auf Vollständigkeit – folgende wesentliche Trends zu erkennen:

- bei weiter wachsender Weltbevölkerung wird der Anteil an Menschen, die in großen Ballungsgebieten leben werden, auch in Zukunft stark zunehmen wird. Die Versorgung dieser Menschen wird große Anforderungen an die wirtschaftliche und technische Infrastruktur einer Region stellen;
- in den Industrieländern setzt sich die Trennung zwischen Wohnen und Arbeiten fort;
- die fortschreitende Entwicklung und Ausweitung des Mobilitätssektors sowohl in den Industrie- als auch in den Entwicklungsländern sowie
- die Adaption der Siedlungs- und Mobilitätsstrukturen der Industrieländer in den Entwicklungs- und Schwellennationen.

Die gewachsenen und in aller Regel überschaubaren Siedlungsstrukturen, wie sie in Deutschland in der Mehrzahl vorzufinden sind, besitzen einen kollektiven Wert und einen volkswirtschaftlichen Nutzen. Sie zeichnen sich aus durch gewachsene Strukturen, Kleinräumigkeit, in den allermeisten Fällen geringe Entfernungsstrecken sowie eine gute und leichte Erreichbarkeit. Als Kennzeichen für ein ausreichendes Maß an Lebensqualität lassen sich das Maß an regionaler Sicherheit im sozialen Bereich sowie die Versorgungssicherheit einer Region – vor allem auch unter energetischen Aspekten – anführen.

Im Bereich der Flächenstruktur hat die von Bund für Umwelt und Naturschutz Deutschland (BUND) sowie MISEREOR in ihre Studie „Zukunftsfähiges Deutschland – Ein Beitrag zu einer global nachhaltigen Entwicklung" aus dem Jahr 1996 erste Impulse gesetzt. Als kurzfristig zu erreichende Ziele sind für den Bereich des Flächen- und Siedlungswesens folgende Ziele skizziert worden, die bis zum Jahr 2010 realisiert werden sollen:

- Stabilisierung der Siedlungs- und Verkehrsfläche,
- flächendeckende Umstellung der Landwirtschaft auf ökologischen Landbau,
- Regionalisierung der Nährstoffkreisläufe der Landwirtschaft,
- flächendeckende Umstellung auf den naturnahen Waldbau sowie
- in verstärktem Umfang die Nutzung einheimischer Hölzer.[38]

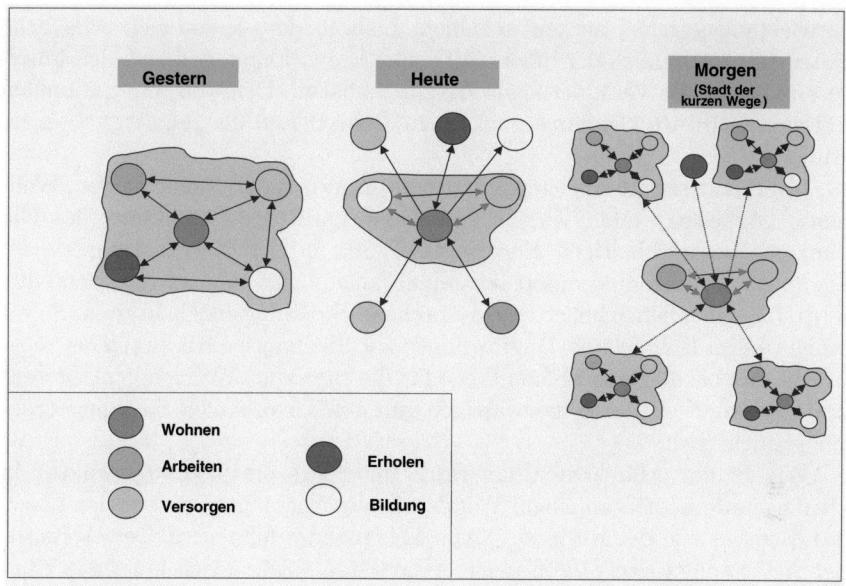

Abb. 6. Zeitliche Entwicklung von Raum- und Siedlungsstrukturen (zitiert nach Bundesministerium für Verkehr, Bau- und Wohnungswesen (1996), S. 37)

Die zukünftigen Aufgaben der Stadtentwicklung und Stadterneuerung sind vor allem darin zu sehen, dass der umfangreiche Bestand an Siedlungsbrachflächen der urbanen Nutzung zugeführt wird.

Gegenwärtig ist der Stand, dass trotz des anhaltenden Trends zur Verstädterung das Modell einer kompakten Stadt sowie einer als dezentral zu charakterisierenden Konzentration das herausragende Element der Siedlungsentwicklung sowohl im städtischen als auch im ländlichen Bereich darstellt. Dazu gehören die dichte Mischung, die Polyzentralität sowie die Qualität der städtebaulichen Räume als wichtigste Kennzeichen. Diese genannten Kriterien stellen die Voraussetzungen dar, um den ökologischen, ökonomischen, sozialen und auch gesellschaftlichen Anforderungen an eine nachhaltige Stadtentwicklung zu genügen.

Die soeben erwähnten Kriterien stellen Ansatzpunkte dar, um den Trend zur Zersiedlung zu stoppen, eine Reduzierung des gegenwärtig übermäßigen Ressourcenverbrauchs zu erreichen und dem zunehmenden Mobilitätsbedürfnisse der Bevölkerung entgegenwirken zu können.

Besondere Maßnahmen gilt es für die Einwohner in den ländlichen Regionen zu treffen. Denn hier gilt es, Strategien zu entwickeln, damit der stetige Trend der Abwanderung in die Städte unterbunden werden kann.

Generell gilt die Einschätzung, das gegenwärtig gute Chancen zur Realisierung einer Trendwende im Bereich der ressourcenschonenden Siedlungs-

---

[38] BUND u. MISEREOR (1996), S. 80

entwicklung gegeben zu sein scheinen. Insbesondere lassen sich erhebliche Potenziale im Bereich der innerstädtischen Entwicklung sowie bei den innergesellschaftlichen Veränderungen darauf schließen. Denn im internationalen Vergleich wird die Siedlungsstruktur in Deutschland als „günstig"[39] eingestuft.

Insbesondere eine eingehende Betrachtungsweise der Themenfelder „Wohnen", „Arbeiten" und „Verkehr" erscheint unter der Einbindung des Gedankens der nachhaltigen Energieversorgung in den Themenkomplex der Siedlungs- und Produktionsstrukturen als angebracht und sinnvoll. Denn diese drei Themenfelder beherbergen durchaus Handlungsmöglichkeiten. So erscheint es im Rahmen der Überlegungen zur Siedlungspolitik durchaus angebracht, die bis eingeschlagenen Wege für die Bereiche „Wohnen", „Arbeiten" und „Verkehr" mit den gegenwärtigen gültigen Theorien der Siedlungsstruktur abzugleichen.

Wie in der Abb. 6 deutlich wird, unterliegt die Siedlungsstruktur in Deutschland momentan einem Wandel. In der Vergangenheit war das Leben des Menschen in der Regel auf einen Lebensraum fokussiert. Der Wohnort, der Arbeitsplatz sowie die übrigen Aktivitäten spielten sich innerhalb eines überschaubaren regionalen Umfelds statt. Gegenwärtig ist es alltäglich, dass das Leben des Menschen sich in der Bundesrepublik Deutschland in unterschiedlichen Regionen abspielt. Zumeist finden Wohnen, das Versorgen sowie die Bildung innerhalb eines begrenzten regionalen Gebiets statt. Jedoch werden die Tätigkeiten Arbeiten, Erholen und Versorgen im „Wohnumfeld" des Individuums wahrgenommen. In vielen Fällen ist der Wohnort eines Menschen in aller erster Linie als Schlafstätte zu erfassen.

Diese soeben beschriebene Entwicklung lässt sich zunächst durch ein verstärktes Maß an Mobilität begründen. Den Menschen ist es heutzutage möglich, ohne einen großen Mehraufwand an Kosten weite Strecken zurückzulegen.

Produktionsstrukturen: In den Industrieländern zeichnet sich der Trend ab, dass eine Abnahme der Energieintensität im Bereich der Produktion zu verzeichnen ist. Für diese Entwicklung sind augenscheinlich zwei Effekte verantwortlich: zum einen der stetig wachsende Fortschritt, der eine immer energieärmere Produktion ermöglicht sowie die Verlagerung von Produktionsstätten in Schwellen- und Entwicklungsländer. Der letztgenannte Effekt hat seine Ursache in zumeist geringeren Kosten der Produktion, der Fertigung sowie des Personals.

Dies hat eine Veränderung der Produktionsstandorte in den Industrieländern zur Folge: Die Schwerindustrie wandert ab und an ihrer Stelle siedeln sich Unternehmen der Dienstleistungsbranche an. Diese Unternehmen des tertiären Sektors zeichnen sich durch ein verstärktes Maß an Flexibilität aus.

---

[39]Siehe Bundesministerium für Verkehr, Bau- und Wohnungswesen u. Bundesministerium für wirtschaftliche Zusammenarbeit und Entwicklung (2001), S. 16

Sie sind nicht dermaßen ortsgebunden an Rohstoffreserven und Zulieferwege für Rohstoffe und Energie.

Das bedeutet, dass die energie- und kostenintensiveren Produktionsstandorte zu einem Großteil von der Bundesrepublik Deutschland weg ins Ausland verlagert worden sind. Als Resultat lässt sich in diesem Themengebiet – analog zu dem Entwicklungen im Siedlungswesen – ebenfalls von einer wachsenden Flexibilisierung der Strukturen sprechen.

5 Fazit

Die gegenwärtig diskutierten Nachhaltigkeitskonzepte sind bis dato nicht in vollem Umfang ausdiskutiert. Auffällig ist, dass die diskutierten Ansätze in den allermeisten Fällen nicht mehrdimensional ausgerichtet sind. In der Regel wird nur eine der drei im Rahmen des Nachhaltigkeitsdiskurses erarbeiteten Säulen hervorgehoben. Zu erklären ist diese Entwicklung in erster Linie mit der komplexen Struktur des Leitbilds der Nachhaltigen Entwicklung. Insbesondere für den Sektor der Energiegewinnung und Energieversorgung lässt sich diese These bestätigen. Hier erfolgt eine Fokussierung auf den Bereich der wirtschaftlichen Dimension der Nachhaltigkeit.

Generell lässt sich sagen, dass die Nachhaltigkeitsdebatte auf dem Energiesektor in der Bundesrepublik Deutschland durch zwei parallel zueinander ablaufende Entwicklungen gekennzeichnet ist. Zum einen wird die Debatte als Top–Down–Prozess von der Regierung, weiteren staatlichen Einrichtungen sowie internationalen und supranationalen Organisationen (wie etwa der OECD oder auch der Europäischen Union) eingeführt. Auf der anderen lassen sich jedoch auch gesellschaftliche Initiativen im Rahmen eines Bottom–Up–Prozesses beobachten. Hieraus resultieren auf dem Gebiet der Umsetzung des Nachhaltigkeitsgrundsatzes Konflikte. Allerdings ist anzumerken, dass sich diese beiden Richtungen der Diskussionen um eine Implementation des Leitbilds der Nachhaltigen Entwicklung auf unterschiedlichen Entwicklungslinien bewegen. Während die staatlichen Institutionen und Einrichtungen einen Schwerpunkt auf die sozio–ökonomische Ausrichtung des Nachhaltigkeitskonzepts im Energiebereich legen, votieren die am Bottom–Up–Prozess beteiligten Gruppen in aller Regel für eine verstärkte umweltpolitische Ausrichtung der Nachhaltigkeitspolitik im Energiebereich.

Demnach ist zum gegenwärtigen Zeitpunkt ein gesellschaftlicher Konsens über des Nachhaltigkeitsleitbildes in Deutschland nur bedingt vorhanden. Insbesondere der Konflikt zwischen der Forderung nach einer Mehrdimensionalität der Ausrichtung sowohl auf den ökonomischen als auch den ökologischen und sozialen Bereich als der Betonung des Primats der Ökologie birgt ein nicht zu unterschätzendes Konfliktpotential. Diese Gegensätze sind zum momentanen Zeitpunkt auch Gegenstand der Debatte in der Enquete–Kommission des 14. Deutschen Bundestages, die sich mit Themenkomplex der Nachhaltigen Energieversorgung beschäftigt.

Zudem sei darauf verwiesen, dass im Zuge der Debatte um die Integration des Leitbilds der Nachhaltigen Entwicklung in den Bereich der Energiegewinnung und -versorgung das Problem der Risikoabschätzung lediglich in einem ungenügenden Umfang berücksichtigt wird. Hier gilt es zu betonen, dass insbesondere im Zusammenhang mit der Diskussion um die Themenfelder der Gefahrenabwehr sowie der Versorgungssicherheit verschiedene Aspekte nicht ausreichend beleuchtet worden sind. Generell scheint in der bundesdeutschen Debatte den Themenfeld der Gefahrenabwehr durch die Reduzierung potenziell zerstörerischer Energiegewinnungsmethoden (v.a. im Bereich der Kernenergie) der Aspekt der Versorgungssicherheit in den Hintergrund getreten zu sein. Es besteht jedoch die Gefahr, dass hierdurch ohne Zwang und ersichtlichen Grund die Zerstörung der gegenwärtig existierenden und funktionierenden „life–support–systems" in Kauf genommen wird.

Des weiteren erscheint es angebracht, darauf zu verweisen, dass im Moment der Prozess des „capacity–building" im Zuge der bundesdeutschen Nachhaltigkeitsdiskussion noch nicht vollständig abgeschlossen zu sein scheint. Es hat vielmehr den Anschein, als dass sich die Gesellschaft gegenwärtig noch in einer Such- und Lernphase bezüglich der Akzeptanz und Umsetzbarkeit des Konzepts der Nachhaltigen Entwicklung befindet. Insofern erscheint es angebracht, neben dem Prozess einer Konkretisierung des Leitbildes Nachhaltige Entwicklung – wie es zur Zeit in der Bundesrepublik Deutschland in verschiedenen Politikbereichen und Ebenen vollzogen wird, in verstärktem Umfang die Verantwortung der Bevölkerung in diesem Kontext zu betonen und neben der Verankerung im politischen System auch die Verankerung des Leitbilds der Nachhaltigen Entwicklung in der Gesellschaft vehement voranzutreiben.

Zugleich kommt der Politik sowie in erster Linie den politischen Verantwortlichen in Bund und Ländern die Aufgabe zu, neben einer Anpassung der gegenwärtigen Politikfelder und -optionen durch die Forcierung der Bemühungen auf den Forschungs- und Entwicklungssektor neue Handlungsfelder und Handlungsmöglichkeiten zu erschließen. Dabei erscheint es wichtig, im Rahmen der Erschließung und Erarbeitung von Alternativoptionen unvoreingenommen die unterschiedlichen Chancen und Risiken neuer Alternativoptionen im Energiegewinnungsbereich sowie auf dem Energieumwandlungssektor zu diskutieren und zu gewichten. Ansonsten droht die Gefahr einer zu deutlichen einseitigen Manifestierung im Hinblick auf einzelne ideologische Vorgaben und Ausrichtung.

Daraus lässt sich die Forderung ableiten, dass die Debatten und Diskurse um die Einbettung des Nachhaltigkeitsgrundsatzes auf den Energiesektor „ergebnisoffen" ausgestaltet werden sollte. Das hat zur Folge, dass alle neuen Entwicklungen und Erkenntnissen auf die Möglichkeit einer erfolgreichen Integration in die bereits vorhandenen und durchgeführten Politikansätze geprüft, erörtert und gegebenenfalls berücksichtigt werden sollten.

In dem Zusammenhang der Debatte um die Integration des Leitbilds der Nachhaltigen Entwicklung im Energiebereich drängt sich die Frage auf, ob bereits heute generell von einer Präferenz für die Nutzung erneuerbarer Energien bei der zukünftigen Energieversorgung gesprochen werden kann. Im Augenblick scheint es, als wäre diese Frage bereits entschieden. Dabei wird übersehen, dass dermaßen weit in die Zukunft reichende Ausstiegsszenarien für die „konventionelle" Energieversorgung überhaupt noch nicht vorliegen.

Auch die Ergebnisse der Enquete–Kommission „Nachhaltige Energieversorgung unter den Bedingungen der Globalisierung und der Liberalisierung" des 14. Deutschen Bundestages werden bei dem Such- und Lernprozess zur Integration des Leitbilds der Nachhaltigen Entwicklung nur den Charakter von Zwischenergebnissen haben und vielleicht mehr neue Fragen aufwerfen als bereits bestehende Fragen endgültig zu beantworten.

Literaturverzeichnis

1. Acker-Widmaier, G. (1999): Intertemporale Gerechtigkeit und nachhaltiges Wirtschaften. Marburg
2. BUND, MISEREOR (Hrsg.) (1996): Zukunftsfähiges Deutschland. Ein Beitrag zu einer global nachhaltigen Entwicklung. Basel, Boston, Berlin
3. Bundesamt für Bauwesen und Raumordnung (Hrsg.) (1999): Nachhaltige Raum- und Siedlungsentwicklung – die regionale Perspektive. Heft 7. Berlin
4. Bundesamt für Bauwesen und Raumordnung (Hrsg.) (2000): Das Europäische Entwicklungskonzept und die Raumordnung in Deutschland. Heft 3–4. Berlin
5. Bundesministerium für Umwelt, Naturschutz und Reaktortechnik (Hrsg.) (1992): Agenda 21 – Konferenz der Vereinten Nationen für Umwelt und Entwicklung. Deutsche Übersetzung. Bonn
6. Bundesministerium für Umwelt, Naturschutz und Reaktorsicherheit (Hrsg.) (1997): Auf dem Weg zur nachhaltigen Entwicklung in Deutschland. Bericht der Bundesregierung anlässlich der UN–Sondergeneralversammlung über Umwelt und Entwicklung im Juni 1997 in New York. Bonn
7. Bundesministerium für Umwelt, Naturschutz und Reaktorsicherheit (2000): Erprobung der CSD–Nachhaltigkeitsindikatoren in Deutschland. Bericht der Bundesregierung, April 2000. Berlin
8. Bundesministerium für Wirtschaft und Technologie (Hrsg.) (2001): Nachhaltige Energiepolitik für eine zukunftsfähige Energieversorgung. Energiebericht, Oktober 2001. Berlin
9. Bundesministerium für Verkehr, Bau- und Wohnungswesen u. Bundesministerium für wirtschaftliche Zusammenarbeit und Entwicklung (2001): Auf dem Weg zu einer nachhaltigen Siedlungsentwicklung. Nationalbericht der Bundesregierung zur 25. Sondersitzung der Generalversammlung der Vereinten Nationen („Istanbul+5"). Berlin
10. Dollar, D., Collier, P. (2002): Globalization, Growth and Poverty: Building an inclusive world economy. A World Bank Policy Research Report. Washington, D.C.

11. Europäische Kommission (1992): Für eine dauerhafte und umweltgerechte Entwicklung. Ein Programm der Europäischen Gemeinschaft für Umweltpolitik und Maßnahmen im Hinblick auf eine dauerhafte und umweltgerechte Entwicklung. Weißbuch, KOM(92), 23, Bd. 2
12. Europäische Kommission (1993): Wachstum, Wettbewerbsfähigkeit, Beschäftigung – Herausforderungen der Gegenwart und Wege ins 21. Jahrhundert. Weißbuch, KOM(93), 700
13. Eurostat (1999): Towards Environmental Pressure Indicators for the EU. Ispra/Italy
14. Enquete–Kommission „Vorsorge zum Schutz der Erdatmosphäre" des Deutschen Bundestages (Hrsg.): Schutz der Erde. Eine Bestandsaufnahme mit Vorschlägen zu einer neuen Energiepolitik. Teilband I. Bonn, Karlsruhe 1991
15. Enquete–Kommission „Vorsorge zum Schutz der Erdatmosphäre" des Deutschen Bundestages (Hrsg.) (1991): Schutz der Erde. Eine Bestandsaufnahme mit Vorschlägen zu einer neuen Energiepolitik. Teilband II. Bonn, Karlsruhe
16. Enquete–Kommission „Schutz des Menschen und der Umwelt" des Deutschen Bundestages (Hrsg.) (1997): Konzept Nachhaltigkeit – Fundamente für die Gesellschaft von morgen. Bonn
17. Enquete–Kommission „Nachhaltige Energieversorgung unter den Bedingungen der Globalisierung und der Liberalisierung" des Deutschen Bundestages (Hrsg.) (2001): Nachhaltige Energieversorgung auf den liberalisierten und globalisierten Märkten: Bestandsaufnahme und Ansatzpunkte. Erster Bericht. Berlin
18. Enquete–Kommission „Nachhaltige Energieversorgung unter den Bedingungen der Globalisierung und Liberalisierung" des Deutschen Bundestages (2001): En route to sustainable energy use. Ninth Conference of the Commission on Sustainable Development, 16.–27. April 2001, New York
19. Enzensberger, N., Wietschel, M., Rentz, O. (2001): Konkretisierung des Leitbilds einer nachhaltigen Entwicklung für den Energiesektor. ZfE – Zeitschrift für Energiewirtschaft. 25. S. 125–137
20. Forschungsverbund Sonnenenergie (Hrsg.) (1999): Nachhaltigkeit und Energie. Themen 98/99. Köln
21. Forschungszentrum Karlsruhe, Deutsches Luft- und Raumfahrtzentrum, Forschungszentrum Jülich, Gesellschaft für Mathematik und Datenverarbeitung, Umweltforschungszentrum Leipzig (2001): HGF–Strategiefondsvorhaben „Global zukunftsfähige Entwicklung – Perspektiven für Deutschland". Zwischenbericht 2000. Karlsruhe
22. Geiger, B., Lindhorst, H. (2001): Energiewirtschaftliche Daten. Energieverbrauch in der Bundesrepublik Deutschland. BWK – Das Energie–Fachmagazin. Heft 1–2. S. 40–44
23. Görlach, B. (2000): Evaluierung der Umweltintegration in der Europäischen Union im Rahmen der Studie „Von Helsinki nach Göteborg". Erarbeitet im Auftrag des österreichischen Bundesministeriums für Land- und Fortwirtschaft, Umwelt und Wasserwirtschaft. Wien
24. Hake, J.-F., Kraft, A., Kugeler, K., Pfaffenberger, W., Wagner, H.-J. (Hrsg.) (1999): Liberalisierung des Energiemarktes. Vortragsmanuskripte des 5. Ferienkurses „Energieforschung" 27. September – 1. Oktober 1999, Rolduc und Jülich
25. Hake, J.-F., Vögele, S., Kugeler, K., Pfaffenberger, W., Wagner, H.-J. (Hrsg.) (2000): Zukunft unserer Energieversorgung. Vorlesungsmanuskripte des 6. Ferienkurses „Energieforschung" 18.–22. September 2000, Rolduc und Jülich

26. Hanekamp, G., Steger, U. (Hrsg.) (2001): Nachhaltige Entwicklung und Innovation im Energiebereich. Graue Reihe Nr. 28. Bad Neuenahr-Ahrweiler
27. Hillebrand, B. et al. (2000): Nachhaltige Entwicklung in Deutschland – Ausgewählte Probleme und Lösungsansätze. Untersuchung des Rheinisch-Westfälischen Instituts für Wirtschaftsforschung. Heft 36. Essen
28. IFOK, Institut für Organisationskommunikation (Hrsg.) (1997): Bausteine für ein zukunftsfähiges Deutschland. Wiesbaden
29. Jochem, E., Bradke, H. (2001): Rationelle Energieverwendung: Von 5,5 kW auf 2,0 kW pro Kopf – die nachhaltige Industriegesellschaft. Vortrag im BMWi, 19. Juni 2001, Berlin
30. Jörissen, J., Kopfmüller, J., Brandl, V., Paetau, M. (1999): Ein integratives Konzept nachhaltiger Entwicklung. Karlsruhe
31. Kopfmüller, J., Brandl, V., Jörissen, J., Paetau, M., Banse, G., Coenen, R., Grunwald, A. (2001): Nachhaltige Entwicklung integrativ betrachtet. Konstitutive Elemente, Regeln, Indikatoren. Berlin
32. Maichel, G., Klemmer, P., Voß, A., Grill, K.-D. (2000): Leitlinien einer nachhaltigen Energiepolitik. Konrad-Adenauer-Stiftung, Sankt Augustin
33. Mohr, H. (1995): Qualitatives Wachstum. Stuttgart
34. Monstadt, J. (1997): Energiepolitik im Wandel zur Nachhaltigkeit? Berliner Beiträge zu Umwelt und Entwicklung, TU Berlin
35. OECD (Hrsg.) (1993a): Environment Monographs No.79. Indicators for the Integration of Environmental Concerns into Energy Policies. Paris
36. OECD (Hrsg.) (1993b): Environment No. 83. OECD Core Set of Indicators for Environmental Performance Reviews. Paris
37. OECD (Hrsg.) (1997): Sustainable Development: OECD Policy Approaches for the 21st Century. Paris
38. OECD (Hrsg.) (1998): Towards Sustainable Development: Environmental Indicators. Paris
39. OECD (Hrsg.) (2000): Frameworks to Measure Sustainable Development. Paris
40. OECD (Hrsg.) (2001): Sustainable Development: Critical Issues. Paris
41. RNE, Rat für Nachhaltige Entwicklung (2001): Ziele zur Nachhaltigen Entwicklung in Deutschland – Schwerpunktthemen. Dialogpapier des Nachhaltigkeitsrates. Berlin
42. SDI Group (U.S. Interagency Working Group on Sustainable Development Indicators) (1996): Sustainable Development in the United States: An Experimental Set of Indicators. Washington, D.C.
43. Redclift, M. (1987): Sustainable Development. Exploring the Contradictions. London
44. Renn, O., Kastenholz, H. (1996): Ein regionales Konzept nachhaltiger Entwicklung. GAIA, Vol. 5. Nr. 2. S. 86–102
45. Rennings, K., Hohmeyer, O. (Hrsg.) (1997): Nachhaltigkeit. ZEW- Wirtschaftsanalysen. Band 8. Baden-Baden
46. Rennings, K. et al. (1997): Nachhaltigkeit, Ordnungspolitik und freiwillige Selbstverpflichtung. Heidelberg
47. SRU (1994): Umweltgutachten 1994. Für eine dauerhaft–umweltgerechte Entwicklung. Stuttgart, Mainz
48. Schiffer, H.-W. (2001): Deutscher Energiemarkt 2000. Primärenergie – Treibhausgas–Emissionen – Mineralöl – Braunkohle – Steinkohle – Erdgas –

Elektrizität – Energiepreise – Importrechnung. Energiewirtschaftliche Tagesfragen. Zeitschrift für Energiewirtschaft, Recht, Technik und Umwelt, Heft 3, S. 106–120

49. Umweltbundesamt (1997): Nachhaltiges Deutschland. Wege zu einer dauerhaft-umweltgerechten Entwicklung. Berlin
50. Voss, G. (1997): Das Leitbild der nachhaltigen Entwicklung – Darstellung und Kritik. Deutscher Instituts-Verlag, Köln
51. Voß, A. (1999): Nachhaltige Entwicklung ohne Kernenergie? DatF Wintertagung, 26.-27. Januar 1999, Bonn
52. Voß, A. (1999): Die Hauptsätze der Thermodynamik und ihre Bedeutung für die Nachhaltigkeit. Vortag auf dem 2. Internationalen Energiesymposium „Neue Welten", 22.–24. September 1999, Ossiach
53. von Weizsäcker, E.U., Lovins, A.B., Lovins, L.H. (1997): Faktor Vier – Doppelter Wohlstand – Halbierter Naturverbrauch. München
54. World Bank (2000): World Development Indicators. Washington, D.C.
55. World Commission on Environment and Development (1987): Our Common Future. Oxford, New York
56. World Energy Council (Hrsg.) (2001): Living in One World. Sustainability from an Energy Perspective. London
57. Worldwatch Institute (Hrsg.) (2001): State of the World 2001. A Worldwatch Institute Report on Progress Toward a Sustainable Society. London, New York

Anhang

Indikatorensatz der Enquete–Kommission „Nachhaltige Energieversorgung unter den Bedingungen der Globalisierung und der Liberalisierung" des 14. Deutschen Bundestages für den Energiesektor

	Schlüsselindikatoren	Zusatzindikatoren

Ökologische Indikatoren	Jahresemissionen für direkte Treibhausgase
	Jahresemissionen für indirekte Treibhausgase
	Jahresemissionen für Luftschadstoffe
	Überschreitung des critical loads für die Versauerung
	Verkehrs- und Siedlungsfläche
	Flächeninanspruchnahme durch das Energiesystem
	  a. die andere Nutzung ausschließt
	  b. die andere Nutzung einschränkt
	Bestand an unzerschnittenen verkehrsarmen Räumen
	Jahresmenge von nicht–toxischen und nicht radioaktiven Abfällen
	Jahresmenge von toxisch nicht–radioaktiven Abfällen in der Energieerzeugung
	Jahresmenge von toxisch nicht–radioaktiven Abfällen aus der
	  a. Herstellung von Anlagen und Geräten des Energiesystems
	  b. Entsorgung von Anlagen und Geräten des Energiesystems
	kumulierte Menge radioaktiver Abfälle mit hoher Wärmeentwicklung aus der Energieerzeugung und Aufbereitung
	Kernbrennstoff–Inventar der Erzeugungs- und Aufbereitungsanlagen
	kumulierte Menge von radioaktiven Abfällen mit vernachlässigbarer Wärmeentwicklung aus dem Anlagebetrieb
		Fläche bestimmter Ökosysteme
		geschützte Flächen
		Index wichtiger Arten
		jährliche Erosion durch Biomasseanbau zur energetischen Nutzung
		jährliche Erosion durch Wasserkraftnutzung
		jährliche Devastierung durch Bergbau und Stauseen
		Einstufung der Unterläufe von Kraftwerken mit Kühlwassernutzung sowie von Bergbauanlagen nach Gewässergüteklassen
		Einstufung der Gewässer im Bereich von Wasserkraftwerken nach Gewässerstrukturgüteklassen
		Einstufung der Gewässer

Fortsetzung

	Schlüsselindikatoren	Zusatzindikatoren
Soziale Indikatoren	Arbeitsplatzeffekte einer Veränderung des Energiesystems direkte Beschäftigte in der Energieversorgung Aufwendungen der privaten Haushalte für Energie	

	Schlüsselindikatoren	Zusatzindikatoren
Wirtschaftliche Indikatoren	jährlicher Primärenergieverbrauch Anteil am gesamten Primärenergieverbrauch erneuerbarer Energieträger Anteil am gesamten Primärenergieverbrauch fossiler Energieträger Anteil am gesamten Primärenergieverbrauch nuklearer Energieträger jährlicher Materialeinsatz für das Energiesystem an biotische Stoffe jährlicher Materialeinsatz für das Energiesystem an mineralische Stoffe jährlicher Materialeinsatz für das Energiesystem an metallischen Stoffen jährlicher Einsatz für das Energiesystem an anderen abiotischen Stoffen spezifischer Materialeinsatz je Energieeinheit für verschiedene Energiebereitstellungsketten Primärenergieverbrauch je Einheit BIP Endenergieverbrauch des Verkehrs je Verkehrsleistung Endenergieverbrauch der privaten Haushalte je Wohnfläche spezifischer Einsatz fossiler oder erneuerbarer Brennstoffe für die Stromerzeugung in Wärmekraftwerken spezifischer Energieeinsatz je Produkteinheit statistische Reichweite für Kohle statistische Reichweite für Erdöl	jährliche Verkehrsleistung des Personenverkehrs für PKW jährliche Verkehrsleistung des Personenverkehrs für Busse jährliche Verkehrsleistung des Personenverkehrs für Bahnen jährliche Verkehrsleistung des Personenverkehrs für Schiffe jährliche Verkehrsleistung des Personenverkehrs für Flugzeug jährliche Verkehrsleistung des Personenverkehrs (nicht–motorisiert) jährliche Verkehrsleistung des Güterverkehrs für LKW jährliche Verkehrsleistung des Güterverkehrs für Bahnen jährliche Verkehrsleistung des Güterverkehrs für Schiffe jährliche Verkehrsleistung des Güterverkehrs für Flugzeuge Wohnflächenausstattung der Bevölkerung

Fortsetzung

	Schlüsselindikatoren	Zusatzindikatoren
Wirtschaftliche Indikatoren	statistische Reichweite für Erdgas statistische Reichweite für Kernbrennstoffe Nutzungsquote von Biomasse absolute Kosten des Energiesystems spezifische Kosten des Energiesystems jährliche externe Kosten des Energiesystems (absolut) jährliche externe Kosten des Energiesystems (spezifisch) jährliche soziale Kosten des Energiesystems (absolut) jährliche soziale Kosten des Energiesystems (spezifisch) Aufwendungen der Wirtschaft für Energie Nettoimporte an Energieträgern in physischen Größen Nettoimporte an Energieträgern in Preisen technische Stromsicherheit	
	Schlüsselindikatoren	**Zusatzindikatoren**
Innovationsindikatoren	F+E–Mittel für Energieerzeugung und Energieanwendung bei fossiler Erzeugung F+E–Mittel für Energieerzeugung und Energieanwendung bei nuklearer Erzeugung F+E–Mittel für Energieerzeugung und Energieanwendung bei erneuerbarer Erzeugung F+E–Mittel für Energieerzeugung und Energieanwendung bei rationeller Energieanwendung jährliches Transfervolumen von energierelevanten Projekten der technischen Zusammenarbeit mit Entwicklungsländern	

Nachhaltige Mobilität in einem integrativen Konzept nachhaltiger Entwicklung

Hermann Keimel und Claudia Ortmann

1 Hintergrund und Zielsetzung

Die Suche nach Kriterien, Leitlinien und Umsetzungsstrategien für einen langfristig und global aufrecht erhaltbaren Entwicklungspfad der Menschheit ist in den letzten Jahren zu einem beherrschenden Thema in den Wissenschaften, in den nationalen und internationalen umwelt-, technik- oder entwicklungspolitischen Diskussionen sowie in der Öffentlichkeit geworden. Der Begriff des „Sustainable Development" steht dabei im Mittelpunkt.

Als generelles Leitbild erfreut es sich mittlerweile auf der Ebene politischer Programmatik weltweit breiter Zustimmung aller gesellschaftlicher Akteursgruppen. Anlässlich der UN–Konferenz für Umwelt und Entwicklung (UNCED) 1992 in Rio de Janeiro verpflichtete sich die internationale Staatengemeinschaft in großer Übereinstimmung, das Leitbild einer nachhaltigen Entwicklung auf der nationalen Ebene sowie in enger Kooperation mit anderen Ländern in konkrete Politik umzusetzen.

Bei der Konkretisierung dieses in zahlreichen nationalen und internationalen Dokumenten verankerten Leitbilds gehen jedoch die Vorstellungen der am Diskurs Beteiligten nach wie vor auseinander.

Vor diesem Hintergrund führt die Hermann von Helmholtz–Gemeinschaft Deutscher Forschungszentren (HGF) ein breit angelegtes Verbundvorhaben unter dem Titel „Global zukunftsfähige Entwicklung – Perspektiven für Deutschland" durch.

Generelle Zielsetzung dieses Vorhabens ist es, Orientierungs- und Handlungswissen für die Umsetzung einer zukunftsfähigen Entwicklung in Deutschland zu erarbeiten und damit einen wissenschaftlichen Beitrag zur Debatte zu leisten (vergl. zu Folgendem Jörissen, J. et al. 1999). Es sollen zum einen verschiedene Handlungsoptionen zur Förderung einer nachhaltigen Entwicklung auf nationaler Ebene und für verschiedene Aktivitätsfelder (Bauen und Wohnen, Ernährung und Landwirtschaft, Mobilität und Verkehr) entwickelt und analysiert werden. Zum anderen sollen Grundlagen und Kriterien für eine am Nachhaltigkeitsleitbild orientierte künftige Prioritätensetzung für die Forschungs- und Technologiepolitik im allgemeinen und die der HGF im besonderen erarbeitet werden.

Da alle gesellschaftlichen Aktivitäten berücksichtigt werden sollen (flächendeckender Ansatz), muss der Ansatz auf einer dementsprechenden Grundlage aufbauen, die auch einen Überblick über eventuell fehlende Bestandteile oder vorhandene Überlappungen ermöglicht. Die Grundlage muss gleichzeitig als Ausgangspunkt für eine Untergliederung des HGF–Projekts in einzelne Teilbereiche (Aktivitätsfelder) fungieren, die parallel und relativ unabhängig voneinander bearbeitet werden können, gleichzeitig aber auch möglichst homogen und funktionell zusammengehörig sind. Die einzelnen Bereiche dürfen allerdings nicht isoliert nebeneinander stehen; sie müssen vielmehr wieder zu einer Gesamtdarstellung integriert werden. Dafür benötigt man ein Verfahren, das eine weitgehend konsistente Aggregation zulässt und einen für alle Teilbereiche geltenden Rahmendatensatz liefert (vgl. zum Folgenden Klann, U., Nitsch, J. 2000). Als Gebietsstand für das HGF–Projekt wurde die Bundesrepublik Deutschland gewählt. Die internationale wirtschaftliche und politische Einbindung Deutschlands und die supranationale Dimension vor allem vieler ökologischer Problembereiche sollen gleichwohl berücksichtigt werden. Aufgrund dieser globalen Dimension ist ein Ansatz wünschenswert, der auf andere Staaten ausgedehnt werden kann.

2 Leitlinien für eine nachhaltige Mobilitätsentwicklung

Die Entwicklungstrends der vergangenen Jahrzehnte insbesondere hinsichtlich Raum- und Entwicklungsplanung, Produktionslogistik, Transportpreisen, Globalisierung oder Liberalisierung haben zu einer wachsenden Entflechtung der gesellschaftlichen Aktivitäten Arbeiten, Wohnen, Einkaufen und Freizeit und zu einer deutlichen Steigerung der Reise- und Transportintensitäten geführt. Auf der anderen Seite hat sich das Bewusstsein für die Notwendigkeit einer nachhaltigen Ausgestaltung unserer Wirtschafts- und Handlungsweise verschärft.

In diesem Zusammenhang sind auch Nachhaltigkeitsforderungen an den Mobilitätssektor gestellt worden (siehe z.B. (Ernst Basler + Partner AG 1998, Hans-Böckler-Stiftung 2000, BMVBW 2000a, OECD 1997)), die sich in folgenden Leitlinien zusammenfassen lassen:

– Gewährleistung dauerhaft vergleichbarer Chancen für alle Menschen, Regionen oder Generationen hinsichtlich des Zugangs zu einer Grundversorgung mit Verkehrsdienstleistungen;
– Ressourcenschonung (bzgl. Energie, Rohstoffe, Fläche);
– Vermeidung von Überlastungen der Regenerations- und Anpassungsfähigkeiten der Ökosysteme und von Gesundheitsgefahren (durch Emissionen von Luftschadstoffen, Schwermetallen usw.);
– Schaffung der Voraussetzungen dafür, dass als erhaltenswert eingestuften Stadt- und Landschaftsbilder erhalten und Zerschneidungseffekten vermieden werden können;
– Minimierung der Risiken im Zusammenhang mit Mobilität (entstehend aus der Verkehrsmittelnutzung – d.h. Unfälle –, den Infrastrukturen oder der Herstellung von Verkehrsmittel);

- Beteiligung der gesellschaftlichen Gruppen an Entscheidungsprozessen über die Gestaltung der Transportsysteme;
- Verkehrs- und Transportsysteme müssen in einem umfassenden Sinn wirtschaftlich sein: d.h. sie sind möglichst kostengünstig zu erstellen, sie müssen für alle erschwinglich sein und sie müssen die externen ökologischen und sozialen Kosten – soweit diese ermittelbar sind – reflektieren.

Wie diese Handlungsleitlinien in dem Projekt konkret umgesetzt werden, wird in den folgenden Abschnitten verdeutlicht.

Zunächst wird eine Abgrenzung des Aktivitätsfeldes vorgenommen, die möglichst alle im Bereich Mobilität und Verkehr anfallenden Tätigkeiten erfassen soll. Die Konkretisierung der Indikatoren für eine nachhaltige Ausgestaltung des Aktivitätsfelds Mobilität und Verkehr sowie die Darstellung der Top–down– und Bottom–up–Analyse des Aktivitätsfeldes sind Voraussetzung sowohl für eine Bestandsanalyse der Entwicklungstendenzen und Nachhaltigkeitsdefizite im Bereich Mobilität als auch für die Festlegung zukünftiger Entwicklungspfade in Form von Szenarien und deren Bewertung. Dabei bedient sich die Top–Down–Analyse des Instruments der Input–Output–Analyse. Diese aggregierte Form der Betrachtungsweise wird ergänzt durch Detailanalysen mit verschiedenen Instrumenten, beispielsweise Ökobilanzen und Potenzialanalysen. Die Vorgehensweise zur quantitativen Festlegung der Szenarien wird an Beispielen erläutert. Anschließend werden die unterschiedlichen Entwicklungspfade mit alternativen Entwicklungen der Verkehrsnachfrage gemäß der Szenariofestlegung zu zwei Szenarioentwürfen kombiniert und am Beispiel der Entwicklung der Kohlendioxid–Entwicklung dargestellt.

3 Entwicklungstendenzen und Nachhaltigkeitsdefizite unseres heutigen Verkehrssystems

Eine erste Anwendung erfahren die Analyseinstrumente und der Indikatorensatz durch eine Überprüfung des Status Quo des Aktivitätsfeldes, also einer Analyse der Entwicklungstendenzen und Nachhaltigkeitsdefizite unseres heutigen Mobilitätsbedürfnisse und ihrer Befriedigung.

Eine Reihe divergierender Trends charakterisier die Entwicklungen der Nachhaltigkeit im Verkehrssektor.[1] Auf der *Nachfrageseite* ist eine deutliche Expansion zu beobachten, die sich in zunehmendem Fahrzeugbestand, deutlich steigenden Personen- und Güterverkehrsleistungen und einem Modal Split mit Verschiebungen zugunsten des motorisierten Individualverkehrs, des Straßengüterverkehrs und der Luftfahrt manifestiert. Insbesondere der Geschäfts- und Urlaubsverkehr nimmt im Bereich des Personenverkehrs an Bedeutung zu. 80% der Personenverkehrsleistung wird durch den motorisierten Individualverkehr bereitgestellt. Zudem werden diese Verkehrsleistungen mit zunehmend größeren, stärker motorisierten Fahrzeugen durchgeführt.

---

[1] Für eine ausführliche Darstellung vgl. (Pehnt 2001)

Dadurch werden die vergangenen Erfolge in der Reduktion des spezifischen Kraftstoffverbrauchs und die Einführung sparsamerer Fahrzeugkonzepte nahezu kompensiert. Im Güterverkehr steigt die Relevanz der LKW–affinen Gütergruppen „Steine und Erden" sowie „Fahrzeuge, Maschinen, Halb- und Fertigwaren". Die Bedeutung dieser beiden Gütergruppen sowie die Marktverluste des Transports von Gütern der Grundstoffindustrie, die besonders bahn- und binnenschiffaffin sind, sind ein Grund für die enorme Zunahme des Straßengüterverkehrs.

Diese Entwicklung korrespondiert auf *ökologischer* Seite mit einem deutlich wachsenden energetischen Ressourcenverbrauch und zunehmenden Treibhausgasemissionen. Inklusive des indirekten („grauen") Energieverbrauchs durch Herstellung und Wartung von Fahrzeugen und Infrastruktur etc. liegt der Primärenergieverbrauch des Aktivitätsfeldes bei 34 % des gesamten deutschen Verbrauchs mit verschwindend geringen Anteilen erneuerbarer Energieträger. Die Zunahme der absoluten, aber auch relativen Beiträge des Aktivitätsfeldes stehen in deutlichem Widerspruch zu Umwelthandlungszielen und weisen diesen Bereich als ein vordringliches Handlungsfeld für Nachhaltigkeitsmaßnahmen aus.

Deutliche Fortschritte gibt es hingegen in der ökologischen Dimension durch Einführung schadstoffarmer Fahrzeuge bei anderen Umweltwirkungen, die in den vergangenen Jahren um 35% (Versauerung, Eutrophierung) bis 75% (NMHC–Emissionen) abgenommen haben. Dies manifestiert sich auch in verbesserter Luftqualität, beispielsweise einer deutlichen Abnahme der Tage mit Überschreitung der Ozongrenzwerte. Diese deutliche Abnahme wird aber teilweise durch einen nicht in gleichem Maße rückgängigen Sockel aus indirekten („grauen") Emissionen gemindert. Während in diesen Umweltwirkungen die Handlungs- und Qualitätsziele zu erreichen sein werden, verschiebt sich die Umweltproblematik auf andere, beispielsweise kanzerogene Substanzen, bei denen zwar Reduktionstrends abzusehen sind, aber die Einhaltung der Handlungsziele noch nicht definitiv abgesichert werden kann.

Das Aktivitätsfeld Mobilität führt zu einem bedeutenden Verbrauch an Grundstoffen. Beispielsweise werden ca. ein Viertel der in Deutschland verfügbaren Stahl- und Nichteisen- Mengen (Produktion und Import) für die Herstellung von Fahrzeugen verbraucht. Ein rückläufiger nicht–energetischer Ressourcenverbrauch durch sinkende Beseitigungsquoten kann den Zuwachs an Materialverbrauch begrenzen.

Trotz steigender Verkehrssicherheit weist die absolute Höhe der Verkehrstoten fast ausschließlich aus dem Straßenverkehr den Bereich Sicherheit als dringliches Handlungsfeld aus. Im Bereich der Lärmbelästigungen durch den (vor allem Straßen-) Verkehr ist eine gewisse Stagnation auf hohem Belästigungsniveau zu erkennen, die durch die gegenläufigen Tendenzen leichter Verbesserungen in der Emissionscharakteristik und deutlich steigender Verkehrsleistungen zu charakterisieren ist. Mehr als die Hälfte der Bevölkerung fühlt sich durch Straßenverkehrslärm beeinträchtigt.

Wesentlicher Handlungsbedarf ist auch beim steigenden Flächenverbrauch und der zunehmenden Flächenzerschneidung durch Verkehrstrassen und -infrastruktur zu sehen. Die Siedlungs- und Verkehrsfläche hat in den vergangenen 50 Jahren einwohnerspezifisch von ca. 350 auf knapp 500 m2/Einwohner zugenommen (davon 40% Verkehrsflächen). Hinzu kommen Gebäudeflächen für die Produktion der im Aktivitätsfeld verbrauchten Güter. Dabei nimmt die Straßennetzlänge kontinuierlich zu, während das Streckennetz der Bundesbahn seit 1991 um 9% abgenommen hat. Der Trend steigenden Flächenverbrauchs durch den Straßenbau und die Verschiebungen zuungunsten des flächenspezifisch günstigeren Schienenverkehrs sind aus Nachhaltigkeitssicht eine äußerst ungünstige Tendenz und laufen allen Umweltqualitätszielen zuwider (z.B. kein weiterer direkter Flächenverbrauch außerhalb städtischer Gebiete).

Nicht nur der absolute Flächenverbrauch, sondern auch die Flächenzerschneidung erweist sich durch den irreversiblen Verlust von Lebensraum für Tier- und Pflanzenarten und den Verlust von Regenerationsflächen für Luftqualität und Trinkwasserversorgung als kritisch. In Deutschland nimmt die Zahl der unzerschnittenen, verkehrsarmen Räume drastisch stark ab, im Zeitraum von 1977 bis 1998 um 18%.

Die Entwicklung im *ökonomischen Bereich* ist schwerer zu bewerten. Eine arbeitsteilige Ökonomie ist auf ein hohes Maß an Verkehr angewiesen. Zugleich und deshalb dient ein Großteil der Güterproduktion der Bereitstellung von Mobilität. Ersteres spiegelt sich beispielsweise in den steigenden Güterverkehrsleistungen wider. In diesem Zusammenhang ist Mobilität ein vorgeordnetes System – in strengem Sinn darf dann auch nicht mehr von einem Aktivitätsfeld gesprochen werden, da dieses bedürfnisorientiert kategorisiert ist, somit die Transportdienstleistungen den jeweiligen konsumierten Gütern zuzuordnen wären. Die ökonomischen Aktivitäten verschiedener Akteure, beispielsweise die staatlichen Verkehrsausgaben, spiegeln dann die Vorstellungen dieser über die konkrete Ausgestaltung der Realisierung von Mobilität wider. Die staatlichen Investitionsstrategien greifen die kritische Bewertung des Straßenverkehrs derzeit nur ansatzweise auf, indem die Investitionen für Straße und Schiene angeglichen werden. Jedoch ist eine eindeutige, ökologisch motivierte Prioritätensetzung zugunsten der Schiene nicht erfolgt.

Die enorme ökonomische Bedeutung, die durch Mobilität generiert wird, kann z.B. an der Zahl der Arbeitsplätze (8 Millionen im Aktivitätsfeld) oder dem hohen Anteil an der Bruttowertschöpfung (25% der deutschen Bruttowertschöpfung gehen auf das Aktivitätsfeld zurück) gemessen werden. Dies verweist auf die Sorgfalt, mit der Vermeidungs-/Verminderungsstrategien hinsichtlich ihrer ökonomischen Nachhaltigkeit geprüft werden müssen. Zugleich werden Problemfelder aus dem ökologischen und sozialen Bereich in Form von externen Umwelt-, Verkehrssicherheits-, Stau- und vergleichbaren Kosten in die ökonomische Dimension „importiert".

In der *sozialen Dimension* stehen Fragen der Gleichbehandlung, des angemessenen Zugangs, der Partizipation an der Verkehrsplanung sowie der Bewegungsfreiheit im öffentlichen Raum im Vordergrund. Hier wiederholen sich gesamtgesellschaftliche Benachteiligungsmuster, die z.b. an der ungleichen geschlechts-, raum- oder alterspezifischen Verfügbarkeit des motorisierten Individualverkehrs (beispielsweise verfügen 38% aller Frauen und 71% der Frauen mit einem Alter zwischen 60 und 80 Jahren nicht über einen Pkw, wohingegen nur 17% der Männer (27% der Männer zwischen 60 und 80 Jahren) keinen Pkw–Zugang haben) und an der sozial asymmetrischen Verteilung der Umweltbelastungen (z.b. bis zu 60 mal höhere Schadstoffbelastungen entlang von städtischen, oft von sozial benachteiligten Gruppen bewohnten Hauptverkehrsstrassen im Vergleich zu ländlichen Gebieten) abzulesen sind. Der Trend der Suburbanisierung mit einer überproportionalen Zunahme vor allem in hochverdichteten Kreisen außerhalb der Kernstädte verweist auf eine verstärkte Abhängigkeit von individueller Mobilität. Ein umso größeres Gewicht bekommen Aspekte der raumabhängigen Erreichbarkeit, der Bewegungsfreiheit im öffentlichen Raum (z.B. Sicherheit vor Kriminalität) und der oftmals noch mangelnden Partizipation gerade der benachteiligten Bevölkerungsgruppen an der Verkehrsplanung. Zugleich wird an dem ständig steigenden Stellenwert der Verkehrsausgaben im Budget der privaten Haushalte (von 6,4% (1950, alte Länder) auf 15,2% (1998)) die steigende Bedeutung des Aktivitätsfeld ersichtlich.

4 Mobilitätsszenarien

4.1 Verkehrsentwicklung

Zur Überprüfung unterschiedlicher zukünftiger Entwicklungen im Aktivitätsfeld über den Status Quo und die beschriebenen Nachhaltigkeitsdefizite hinaus ist die Festlegung von Szenarien erforderlich. Die Ausarbeitung von Szenarien und Strategien nachhaltiger Entwicklung in den einzelnen Aktivitätsfeldern und die Markierung der jeweiligen politischen Entscheidungsbedarfe und der Entscheidungsspielräume ist zentraler Bestandteil des HGF–Projekts „Global zukunftsfähige Entwicklung – Perspektiven für Deutschland" (Kap. 8). Damit wird der Rahmen künftiger Entwicklungsmöglichkeiten aufgespannt, die jeweiligen Nachhaltigkeitslücken aufgezeigt und daraus Strategien zur Überwindung dieser Lücken abgeleitet.

Tab. 1 zeigt schlagwortartig in den Bereichen Politik, Technik und Verkehr, wie sich die einzelnen Szenarien vorbehaltlich der endgültigen Szenario–Festlegung in ihrer Grundausrichtung unterscheiden.

Tabelle 1. Szenarien im Gesamtprojekt

	Globalisierungsszenario	Modernisierungsszenario	Welt im Wandel–Szenario
Politik:	Primat der Ökonomie; Vernachlässigung ökologischer, sozialer und entwicklungspolitischer Zielvorgaben	Primat der Ökonomie unter Einbeziehung dringlicher ökologischer Notwendigkeiten	Ausrichtung der Ökonomie an soziale, ökologische und entwicklungspolitische Notwendigkeiten
Technik:	Wettbewerbszentriert	Effizienzorientiert	Naturorientiert
Verkehr:	Verkehrs- und Transportintensität von Wirtschaft und Gesellschaft steigt.	Verkehrs- und Transportintensität von Wirtschaft und Gesellschaft ist leicht sinkend.	Verkehrs- und Transportintensität von Wirtschaft und Gesellschaft sinkt.

Im Bereich der Verkehrsnachfrage werden den einzelnen Szenarien adäquate Verkehrsleistungen zugeordnet. Die Festlegung erfolgt dabei verkehrsmittel- und fahrzeugspezifisch (Tab. 2).[2]

In einem ersten Schritt wurden für das Modernisierungs- und Globalisierungsszenario verschiedene mögliche Entwicklungspfade der Verkehrsnachfrage unterstellt. Als Grundlage für die Entwicklung im *Modernisierungsszenario* wurden die Prognose der Prognos AG (Prognos 2000) übernommen und der inzwischen erfolgten Revision der Verkehrsleistungen im Eisenbahnpersonenverkehr und im Luftverkehr (BMVBW 2000b) angepasst.

Beim Luftverkehr ist zu erwarten, dass sich die Wachstumsdynamik weiter fortsetzen wird, da die Reiselust der Bevölkerung ungebrochen anhält und Flugreisen aufgrund der relativ günstigen Preise weiter an Attraktivität gewinnen werden. Auch wenn die Bahn im innerdeutschen Verkehr Marktanteile vom Luftverkehr zurückgewinnen kann, werden die Zuwachsraten insgesamt nur ganz leicht oberhalb des Durchschnitts der gesamten Verkehrsnachfrage liegen. Dagegen wird der Marktanteil des öffentlichen Personennahverkehrs (ÖPNV) auch weiterhin rückläufig sein. Dies gilt in erster Linie für den Busverkehr, der sowohl im Segment Gelegenheitsverkehr aufgrund der stärker werdenden Konkurrenz der Eisenbahn als auch im Linienverkehr nur unterproportionale Wachstumsraten erreicht. Trotz der steigenden Preise für Kraftstoffe wird der Anteil des motorisierten Individualverkehrs (MIV) an der gesamten Verkehrsleistung nur geringfügig zurückgehen.

---

[2] Zur Herleitung der einzelnen Parameter vgl. (Pehnt 2001) und (Keimel et al. 2001).

Tabelle 2. Eingabedaten für das Globalisierungs- und das Modernisierungsszenario (BMVBW 2000b, Prognos 2000, eigene Berechnungen)

Verkehrsleistungen	1999	2020 Globalisierung	2020 Modernisierung
Personenverkehr[a] [Mrd. Pkm]	955,6	1 284,8	1 159
Pkw, Kombi	740,8	1.018,3	905,2
Otto [%]	82,0	76,8	64
Diesel [%]	18,0	21,9	25
BZ–H2 [%]	0	0,2	10
Andere [%]	>0	1,1	1,0
Motorisierte Zweiräder	17,1	20,6	16,8
Freizeitfahrzeuge	8	11,0	11,0
Kraftomnibusse	68,2	66,7	72
ÖSPV–Schiene	8	9,3	10
Eisenbahn	73,6	78	82
Luftfahrt	39,9	70,8	62
Güterverkehr[b] [Mrd. tkm]	476,5	757	670
Lastkraftfahrzeuge	341,7	596	492
Eisenbahn	71,4	86	95
Binnenschiff	62,7	74	82
Luftfahrt	0,7	1	1
Spez. Verbrauch*			
Personenverkehr [MJ/Pkm]			
Pkw	2,06	1,42	0,99
Otto	2,1	1,46	1,02
Diesel	1,92	1,34	0,94
BZ–H2	–	0,9	0,75
Mot. Zweiräder	1,09	1,09	1,08
Freizeitfahrzeuge	2,28	1,99	1,46
Kraftomnibusse	0,6	0,56	0,46
ÖSPV–Schiene	0,85	0,82	0,67
Eisenbahn	0,69	0,56	0,5
Luftfahrt	8,94	7,64	4,78
Güterverkehr [MJ/tkm]			
Lkfz	2,28	1,64	1,19
Eisenbahn	0,27	0,2	0,18
Binnenschiff	0,36	0,312	0,29
Luftfahrt	8,94	7,64	4,78

[a] Ohne Fußgänger- und Fahrradverkehr
[b] Ohne Rohrfernleitungen und Seeschifffahrt

Ausschlaggebend hierfür sind in erster Linie die auch weiterhin steigende Pkw–Verfügbarkeit, die nach wie vor relativ niedrigen variablen Kosten der Pkw–Nutzung sowie eine unterstellte weitgehende Konstanz des Verhaltens der Bevölkerung (Prognos 2000).

Die modale Verteilung des Güterverkehrs zeigt, dass der Marktanteil des Straßengüterverkehrs bis zum Jahre 2020 auf 73,5% der gesamten Güterverkehrsleistungen ansteigt. Getragen wird diese Entwicklung durch mehrere Einflussfaktoren. Die Verkehrsmarktliberalisierung bewirkt, dass die überdurchschnittliche Wettbewerbsfähigkeit trotz politischer Maßnahmen zur Reduktion des Straßengüterverkehrs erhalten bleibt. Darüber hinaus werden durch intelligente Logistik- und Telematiksysteme die schon heute bestehenden Kapazitätsengpässe auf den Straßen abgemildert. Insbesondere die Förderung des kombinierten Verkehrs wird für die Verkehrsträger Binnenschiff und Eisenbahn Wachstumsimpulse auslösen, allerdings sind diese Verkehrsträger durch das unterproportionale Wachstum der Grundstoffindustrie besonders betroffen, so dass die Expansion nur unterdurchschnittlich ausfällt (Prognos 2000) (vgl. Abb. 1 und Abb. 2).

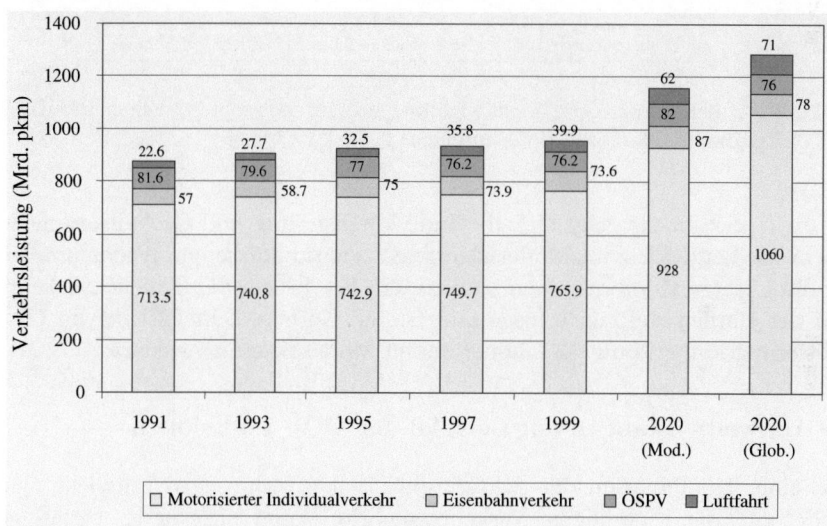

Abb. 1. Szenarien der Verkehrsentwicklung im Personenverkehr (Quellen: BMVBW 2000b, Prognos 2000, eigene Berechnungen)

Im *Globalisierungsszenario* wird von einer stärkeren *Individualisierung des Personenverkehrs* ausgegangen, was sich in einem im Vergleich zum Modernisierungsszenario stärkeren Wachstum des MIV und des Luftverkehrs bei geringerem Wachstum des Eisenbahnpersonenverkehrs und des ÖSPV auswirkt.

Insgesamt ist die Personenverkehrsleistung im Globalisierungsszenario um rund 10% höher als im Modernisierungsszenario.[3]

---

[3] Es sei darauf hingewiesen, dass es sich bei den Szenarien um erste Entwürfe handelt, die im weiteren Verlauf der Untersuchungen noch modifiziert werden

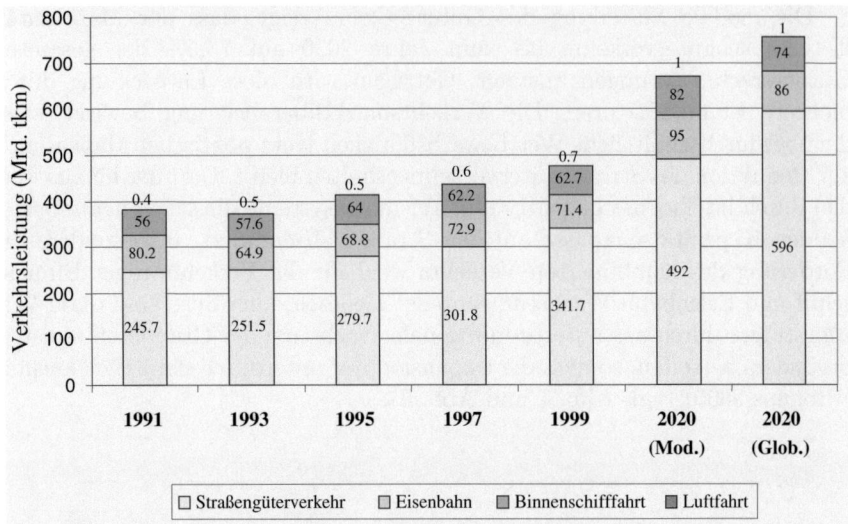

Abb. 2. Szenarien der Verkehrsentwicklung im Güterverkehr (Quellen: BMVBW 2000b, Prognos 2000, eigene Berechnungen)

Im *Güterverkehr* zeigt sich die Individualisierung und Globalisierung in einem im Vergleich zum Modernisierungsszenario stärkerem Wachstum des Straßengüterverkehrs bei einem geringerem Wachstum des Schienenverkehrs und der Binnenschifffahrt. Insgesamt ist die Güterverkehrsleistung im Globalisierungsszenario um 13% höher als im Modernisierungsszenario.

4.2 Umweltwirkungen am Beispiel der CO_2–Emissionen

Aus einer Kombination der szenariospezifischen technischen Entwicklungspfade mit dem jeweiligen Verkehrsszenario lassen sich erste vorläufige Szenarien ableiten. Im folgenden werden erste Szenarioergebnisse des Globalisierungs- und Modernisierungsszenarios vorgestellt. Sie werden im weiteren Verlauf des Projektes detailliert und um das Welt–im– Wandel–Szenario ergänzt, für eine Reihe unterschiedlicher Indikatoren berechnet und interpretiert und sollen hier nur zu einer vorläufigen Illustration der zukünftig zu erwartenden Entwicklungen dienen. Die Ergebnisse werden am *Beispiel* der Entwicklung der Kohlendioxid–Emissionen dargestellt. In selber Form liegen Ergebnisse für andere Umweltwirkungen vor. Eine umfassende Interpretation der verschiedenen Entwicklungen ist nächster Schritt innerhalb des Projektablaufs.

können. Insbesondere bedarf die Herleitung der einzelnen Größen noch der Begründung auf der Grundlage der jeweiligen Szenariophilosophie.

Im *Globalisierungsszenario* steigen die gesamten Kohlendioxid–Emissionen aus dem Verbrauch von Kraftstoffen und Strom, einschließlich derer zur Kraftstoffherstellung deutlich an (Abb. 3).

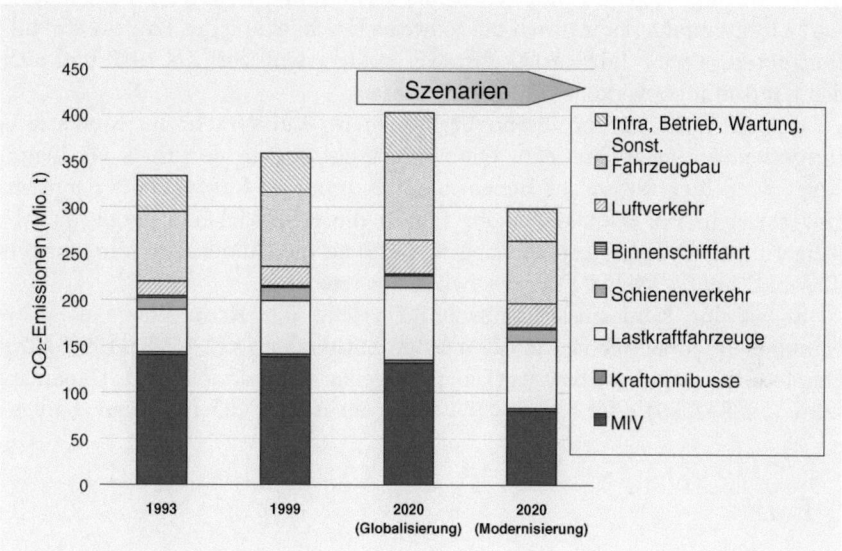

Abb. 3. Kohlendioxid–Emissionen des Aktivitätsfeldes (Quellen: BMVBW 2000b, Prognos 2000, eigene Berechnungen)

Eine Aufteilung der Emissionen nach Verkehrsmitteln zeigt, dass der motorisierte Individualverkehr mit einem Anteil von fast 50% der direkten Emissionen der größte Emittent im Verkehrsbereich ist, gefolgt vom Verkehr mit Lastkraftfahrzeugen, der einen Anteil von nahezu 30% erreicht. Ein nennenswerter Anteil wird vom Luftverkehr mit rund 14% verursacht.

Zuwächse erreichen der Verkehr mit Lastkraftfahrzeugen (+53%) und die Luftfahrt (+96%) und in geringerem Maße der Kraftomnibusverkehr und die Binnenschifffahrt, wohingegen der motorisierte Individualverkehr (-4%) und der Eisenbahnverkehr (-10%) im Jahre 2020 weniger emittieren als 1997.

Ursachen dafür sind die Energieeffizienzsteigerungen im motorisierten Individualverkehr, die dessen steigende Verkehrsleistungen überkompensieren. Im Straßengüterverkehr sind die technischen Minderungspotentiale geringer. Zusammen mit seiner enormen Verkehrszunahme führt dies zu steigenden Kohlendioxid–Emissionen. Obwohl sich der spezifische Verbrauch im Luftverkehr um über 17% verringert, steigen auch hier wegen der Bedeutungszunahme des Luftverkehrs die Kohlendioxid–Emissionen.

Im *Modernierungsszenario* sinken die gesamten Kohlendioxid–Emissionen gegenüber 1993 um 11% ab (Abb. 3). Auch in diesem Szenario hat der motorisierte Individualverkehr den größten Anteil, gefolgt vom Verkehr mit Lastkraftfahrzeugen. Ein nennenswerter Anteil wird vom Luftverkehr mit verursacht. Binnenschifffahrt, Schienen- und Kraftomnibusverkehr sind zusammen nur für 10% des Energieverbrauchs verantwortlich.

Zuwächse erreichen der Verkehr mit Lastkraftfahrzeugen und die Luftfahrt und in geringerem Maße die Binnenschifffahrt, wohingegen der motorisierte Individualverkehr durch die teilweise Erschließung des Kraftstoffreduktionspotenzials im Jahre 2020 gut 43% weniger emittiert als 1993 und auch der Kraftomnibusverkehr rund 9% verliert.

Obwohl sich der spezifische Verbrauch im Luftverkehr im Modernisierungsszenario gegenüber dem Globalisierungsszenario nochmals verringert, steigt auch hier wegen der Bedeutungszunahme des Luftverkehrs der Energieverbrauch. Im Schienenverkehr führen die zusätzlichen Energieeffizienzsteigerungen zu Energieeinsparungen, während die Binnenschifffahrt auch in diesem Szenario leichte Energiezuwächse verzeichnet.

Selbst im Modernisierungsszenario reicht die Reduktion der CO_2-Emissionen jedoch nicht, um die meisten nationalen (z.B. -40% (1990–2020) Enquete-Kommission) bzw. verkehrsbezogenen Einsparziele (z.B. Dänemark -25% (1988–2030) oder sogar - 80% (1990–2030) (OECD 1997)) zu erfüllen.

5 Fazit

Trotz technischer Effizienzsteigerungen lassen sich die Nachhaltigkeitskriterien im Bereich des Energieverbrauchs, was die Abhängigkeit von nicht erneuerbaren Energieträgern betrifft, und im Bereich der CO_2–Emissionen nicht erfüllen – wenn auch Fortschritte nicht zu verkennen sind. Im Bereich der Emissionen lösen technische Innovationen nicht alle Probleme, aber ohne sie sind Emissionen nicht im erforderlichen Maße vermeidbar. Verursacher dieser Entwicklungen sind für die bislang bilanzierten Szenarien, bei dem vorläufigen Stand der festgelegten Verkehrsleistungen, der Straßengüterverkehr und der Luftverkehr. Der MIV wird auch in Zukunft für den größten Anteil der CO_2–Emissionen verantwortlich sein. Die übrigen Emissionen entwickeln sich zum Teil schon im Globalisierungs–Szenario – erst recht im Modernisierungs–Szenario – in die richtige Richtung. So vermindern sich die NOx–Emissionen im Globalisierungsszenario von 1 045 kt 1999 auf 567,1 kt im Jahr 2020, im Modernisierungsszenario auf 499, 2 kt.

Literaturverzeichnis

1. Bundesministerium für Verkehr, Bau- und Wohnungswesen (BMVBWa) (2000): Verkehrsbericht 2000. Integrierte Verkehrspolitik: Unser Konzept für eine mobile Zukunft. http://www.bmvbw.de
2. Bundesministerium für Verkehr, Bau- und Wohnungswesen (BMVBWb) (2000): Verkehr in Zahlen. 29. Jahrgang. Deutscher Verkehrs-Verlag, Hamburg

3. Ernst Basler+Partner AG (1998): Nachhaltigkeit. Kriterien im Verkehr. Berichte des Nationalen Forschungsprogramms NFP 41 „Verkehr und Umwelt". Eidg. Drucksachen- und Materialienzentrale (EDMZ), Bern
4. Hans-Böckler-Stiftung (Hrsg.) (2000): Wege in eine nachhaltige Zukunft. Ergebnisse aus dem Verbundprojekt Arbeit und Ökologie. Bund-Verlag, Frankfurt/Main
5. Jörissen J. et al. (1999): HGF–Projekt: „Untersuchung zu einem integrativen Konzept nachhaltiger Entwicklung: Bestandsaufnahme, Problemanalyse, Weiterentwicklung". Abschlußbericht Band 3: Ein integratives Konzept nachhaltiger Entwicklung. Forschungszentrum Karlsruhe. Institut für Technikfolgenabschätzung (ITAS), Karlsruhe
6. Keimel, H., Klann, U., Ortmann, C., Pehnt, M. (2001): Mobilität und Verkehr. In: Grunwald, A., Coenen, R., Nitsch, J., Sydow, A., Wiedemann, P. (Hrsg.) (2001): Forschungswerkstatt Nachhaltigkeit. Wege zur Diagnose und Therapie von Nachhaltigkeitsdefiziten. Global zukunftsfähige Entwicklung - Perspektiven für Deutschland, Band 2. Edition sigma, Berlin
7. Klann, U., Nitsch, J. (2000): Der Aktivitätsfelderansatz – Ein methodisches Untersuchungsgerüst zur Formulierung von Nachhaltigkeitsstrategien. In: TA–Datenbank–Nachrichten Nr. 2, Jahrgang 9, S. 58–65
8. OECD, Organisation for Economic Co–operation and Development (1997): Towards Sustainable Transportation. Conference organised by the OECD hosted by the Government of Canada. Vancouver, Britisch Columbia, 24 – 27 March 1996. OECD Proceedings, Paris
9. Pehnt, M. (2001): Ökologische Nachhaltigkeitspotenziale von Verkehrsmitteln und Kraftstoffen. STB-Berichte Nr. 24. Deutsches Zentrum für Luft- und Raumfahrt, Institut für Technische Thermodynamik, Stuttgart
10. Prognos AG (Hrsg.) (2000): Energiereport III. Die langfristige Entwicklung der Energiemärkte im Zeichen von Wettbewerb und Umwelt. Schäffer-Poeschel, Stuttgart

Systemlösungen aus der Fernerkundung für eine nachhaltige Entwicklung

Robert Backhaus, Gerald Braun und Stefan Weiers

1 Einleitung

Die Satellitenfernerkundung gehört zweifellos zu denjenigen Nutzungstechnologien der Raumfahrt, denen ein gleichermaßen großes wissenschaftliches wie auch gesellschaftliches Interesse entgegengebracht wird. Dies ist bereits von ihren technischen Grundlagen her leicht nachvollziehbar:

– Eine zuvor unbekannte Qualität der Erdbeobachtung wird schon durch das Zusammenwirken der Bahngeometrie des Satelliten mit der Erdrotation ermöglicht. Erdnahe Umlaufbahnen mit hoher Inklination erlauben z.B. eine nahezu vollständige Erfassung der Erdoberfläche in relativ kurzen Zeitabständen und mit hoher räumlicher Auflösung.
– Durch den Einsatz passiv messender multispektraler Sensoren und schmalbandiger Radiometer wurde im Prinzip eine Übertragung der spektralen Analytik vom Labormaßstab auf globale Dimensionen verwirklicht.
– Die Messung der Reflexion und Streuung von Mikrowellen mit Radarinstrumenten macht dreidimensionale Strukturen und dynamische Prozesse auf der Land- und Meeresoberfläche und in der Atmosphäre einer großräumigen Analyse zugänglich.
– Die Empfangs-, Prozessierungs- und Archivierungseinrichtungen im Bodensegment bieten den Nutzern vielfältige Dienstleistungen bis hin zum on-line Empfang standardisierter digitaler Datenprodukte.

Im Vergleich dazu sind konventionelle Methoden der Erdbeobachtung auf die aufwendige Zusammenführung lokaler Daten angewiesen, mit unvermeidlichen Beschränkungen in der räumlichen Repräsentanz oder zeitlichen Aktualität.

Angesichts dieses technologischen Qualitätssprungs darf jedoch nicht übersehen werden:

– Fernerkundung liefert Daten; ihre Nutzer benötigen Information!

Fernerkundungsdaten sind jeweils spezifiziert durch Sensortechnologie und Missionsprofil, ihre Nutzer bemessen ihre Anforderungen jedoch nicht nach technologischen Kriterien, sondern nach wissenschaftlichen Fragestellungen, wirtschaftlichen und gesellschaftlichen Interessen sowie nach politischen Normen. Das Nutzungspotenzial der Satellitenfernerkundung wird in dem Maße ausgeschöpft, wie diese Gegensätze zur Deckung gebracht werden. Die Lösung des Problems beruht ganz wesentlich auf zwei Bausteinen: „Datenintegration" und „Modellierung".

Nicht jede gewünschte Geoinformation ist mit Satellitendaten direkt erfassbar. Deren Informationsgehalt wird aber beträchtlich gesteigert durch Einbeziehung zusätzlicher digitaler Geodaten. Damit wird eine „hybride" Datengrundlage geschaffen, die wiederum die Anwendung von Modellen unterstützt, z.B. zur Simulation von Prozessabläufen und deren Prognose, zur großräumigen Modellierung von strukturellen Verteilungen, die sich direkter Beobachtung entziehen, oder auch zur normativen Bewertung von räumlichen Strukturen und Trends im Kontext gesellschaftlicher Aufgaben.

Die Satellitenfernerkundung wurde damit im Verbund mit der Entwicklung der modernen Informations- und Kommunikationstechnologie zur Schlüsseltechnologie für ein naturwissenschaftlich fundiertes Verständnis des „Systems Erde" auf der Grundlage mittelmaßstäbiger bis globaler Modelle.

Die Herausforderungen an ein Systemverständnis unseres Planeten, zusammengefaßt unter dem Begriff des Globalen Wandels (*global change*), sind bekannt und seit längerem Gegenstand internationaler Programme und öffentlicher Diskussion: Treibhauseffekt und Klimaänderung, Ausdünnung des stratosphärischen Ozons, Naturkatastrophen wie Flächenbrände, Überschwemmungen, Erdbeben und Vulkanausbrüche, Bevölkerungswachstum, unkontrollierte Migration und Urbanisierung, letztlich die Übernutzung und Degradation natürlicher Ressourcen wie z.B. großflächige Rodungen in tropischen und borealen Waldgebieten, schleichender Rückgang der Bodenfruchtbarkeit und Verluste an nutzbarem Ackerboden durch Erosion, Ausbreitung von Wüstengebieten, Verluste an Biotopfläche und -qualität, dramatischer Artenschwund, Gewässerverschmutzung und Überfischung sind alarmierende Umweltprobleme und vorrangige Themen der *global change* Forschung.

Das Raumfahrtprogramm hat auf diese Situation in den vergangenen Jahren in eindrucksvoller Weise reagiert, u.a. mit essentiellen Beiträgen der Satellitenfernerkundung zum Welt–Klima–Forschungsprogramm (WCRP) und zum Internationalen Geosphären–Biosphären Programm (IGBP).

Die bisherigen Ergebnisse der *global change* Forschung werfen einerseits neue wissenschaftliche Fragen auf und stellen damit weiterführende Anforderungen an die Satellitenfernerkundung, z.B. in Richtung auf höhere räumliche, zeitliche und spektrale Auflösung, Steigerung der Messgenauigkeit und -empfindlichkeit, Fortführung langfristiger Messreihen, aber auch Operationalisierung der Datenverarbeitung und -verteilung. Andererseits haben diese Ergebnisse im Zusammenwirken mit dem wachsenden Problemdruck des Globalen Wandels bereits weltweite Resonanz auf der politischen Ebene hervorgerufen. Die politische Antwort auf *global change* ist das Leitbild „Nachhaltige Entwicklung" (*sustainable development*). Für die weitere Ausgestaltung und Umsetzung dieses Leitbilds werden Informationsprodukte aus der Fernerkundung zweifellos ebenfalls große Bedeutung erlangen, sofern es gelingt, aus Satellitendaten, integrierten Geodaten und Modellen aufgabenspezifische Systemlösungen zu entwickeln und zu operationalisieren.

2 Nachhaltige Entwicklung und Agenda 21

Ein Entwicklungspfad wird als nachhaltig bezeichnet, wenn er nach wissenschaftlichem Kenntnisstand langfristig und global zukunftsfähig erscheint. Nachhaltige Entwicklung ist kein ausschließlich ökologisches Problem, sondern hat gleichermaßen wirtschaftliche, soziale und politische Dimensionen zu berücksichtigen (vgl. den Beitrag von Grunwald in diesem Band).

Ein wesentlicher Meilenstein im internationalen *sustainable development* Diskurs war die *United Nations Conference on Environment and Development* (UNCED) 1992 in Rio de Janeiro. Die auf der Rio–Konferenz verabschiedete Agenda 21 ist ein umfassendes Aktionsprogramm für die weltweite Umsetzung des Leitbilds „Nachhaltige Entwicklung" , das von 137 Staaten einschließlich der Bundesrepublik Deutschland unterzeichnet wurde. Es behandelt in insgesamt 40 Kapiteln sowohl ökologische Themen wie Klima, Wald, Wüstenausbreitung, Meere, Artenvielfalt u.a. als auch sozioökonomische Probleme (z.B. demographische Entwicklung, Armut, Gesundheit) und organisatorische Umsetzungsaspekte (z.B. Technologietransfer, Ausbildung, *capacity building*).

In Kapitel 40 (Informationen für die Entscheidungsfindung) werden die

– „Nutzung neuer Techniken zur Sammlung von Daten einschließlich der satellitengestützten Fernerkundung" (40.8)

sowie die

– „Nutzung von Geographischen Informationssystemen, Expertensystemen und Modellen zur Bewertung und Analyse von Daten"

explizit gefordert (BMU 1997).

Für die Fernerkundung ergeben sich aus der Umsetzung der Agenda 21 sowie der damit verbundenen internationalen Konventionen und nationalen Programme anspruchsvolle Aufgaben:

– Einmalige Erhebungen werden vielfach nicht ausreichen, um den Nachhaltigkeitszustand eines Ökosystems zu bewerten. Statt dessen sind Trendanalysen erforderlich, die durch fortlaufende Beobachtungsprogramme wie auch mit besonderem Vorteil durch retrospektive Auswertung von archiviertem Datenmaterial zu realisieren sind.
– Für eine Vielzahl von Maßnahmen im Bereich der Land- und Forstwirtschaft, der Wasserwirtschaft, der Siedlungs- und Verkehrspolitik, des Arten- und Biotopschutzes, der Katastrophenvorsorge etc. müssen großräumige, flächenbezogene Planungs- und Entscheidungsgrundlagen geschaffen bzw. aktualisiert werden.

- Berichtspflichten im Rahmen von internationalen Konventionen und EU–Richtlinien sind teilweise nicht mit konventionellen Erhebungsverfahren zu erfüllen, sondern erfordern ebenfalls großräumige, möglichst zeitnahe Informationsprodukte.
- Die Entwicklung operativer Indikatoren zur Bewertung von Nachhaltigkeit steht erst am Anfang. Bisher vorliegende globale Indikatorensysteme beinhalten sowohl nicht räumlich bezogene Parameter (z.b. Indikatoren aus der Produktions- und Konsumstatistik) als auch, in geringerem Umfang, räumlich bezogene Indikatoren (z.b. zu Art und Umfang der Flächennutzung). Für die Bundesrepublik Deutschland hat das Umweltbundesamt ein Indikatorensystem zur nationalen Umweltberichterstattung vorgeschlagen, das explizit Einsatzmöglichkeiten der Fernerkundung ausweist (UBA 1997). Generell ist die Definition spezifischer Erhebungsmethoden bzw. Messvorschriften für die vorgeschlagenen Nachhaltigkeitsindikatoren allerdings noch nicht weit fortgeschritten.

Im folgenden sollen anhand einiger methodischer Ansätze und Projekte mögliche Beiträge der Fernerkundung beispielhaft vorgestellt werden.

3 Überwachung von internationalen Umweltkonventionen

Wichtige Themen der nachhaltigen Entwicklung sind bereits in einer Reihe von internationalen Umweltkonventionen weiter konkretisiert worden. Als Beispiele seien genannt

- die Klimarahmenkonvention der UN und das Kyoto–Protokoll,
- die UN Konvention über Biologische Vielfalt (*Convention on Biological Diversity, CBD*),
- die UN Konvention über die Bekämpfung der Wüstenausbreitung (*Convention on Combating Desertification, CCD*).

Für die Überwachung internationaler Umweltkonventionen ist vielfach noch kein standardisiertes und von allen Signatarstaaten akzeptiertes Instrumentarium vorhanden. Die Nutzung von Satellitendaten bietet für diese Aufgabe grundsätzliche Vorteile, nämlich

- großräumige Homogenität der Daten, unabhängig von organisatorischen Differenzen zwischen einzelnen Staaten,
- digitale Datenformate, die für weiterführende rechnergestützte Auswertungen unmittelbar geeignet sind,
- Kosteneinsparung im Vergleich zu bodengebundenen Erhebungsverfahren bei gleichem Anspruch an flächendeckende Erfassung,
- Visualisierung und räumliche Zuordnung der überwachten Objekte oder Prozesse.

Demgegenüber ist zu hinterfragen, inwieweit Satellitendaten die jeweils kritischen Sachverhalte einer Konvention mit der geforderten Spezifität und Eindeutigkeit erfassen können und welche rechtliche Akzeptanz und Verbindlichkeit ihnen zugebilligt wird.

Im Erdbeobachtungsprogramm findet in diesem Zusammenhang das Kyoto–Protokoll zur Klimarahmenkonvention besondere Aufmerksamkeit. Die Umsetzungsmechanismen des Protokolls sehen nicht nur die direkte Verminderung der Emission von Klimagasen nach festgelegten nationalen Quoten vor, sondern auch die Anrechnung von sog. Senken. Damit sind in erster Linie zusätzliche Vegetationsflächen gemeint, die atmosphärisches CO_2 aufnehmen und binden (z.B. Aufforstungen). Satellitendaten können hier vorteilhaft zur Modellierung der Austauschprozesse zwischen Landoberfläche und Atmosphäre und zur Kontrolle anzurechnender Erfüllungsbeiträge genutzt werden. Die Identifizierung und Vereinbarung einer verbindlichen Überwachungsmethodik ist gegenwärtig Gegenstand intensiver wissenschaftlicher und politischer Diskussion.

Die Erfassung, Modellierung und Überwachung globaler und regionaler Vegetationsbestände ist ebenfalls eine Voraussetzung für die Erfüllungskontrolle der *Convention on Combating Desertification* und der *Convention on Biological Diversity (CCBD)*.

Biodiversität, d.h. die natürliche biologische Artenvielfalt, ist ein wesentliches Element der „arbeitsteilig" organisierten Selbsterhaltung und Leistungsfähigkeit von Ökosystemen. Ihre Bedrohung durch die rapide Ausrottung zahlreicher Arten und ganzer Lebensgemeinschaften ist neben dem Klimawandel eines der Leitthemen der Umwelt- und Nachhaltigkeitsdebatte (WBGU 1999). Dieser Prozess vollzieht sich paradoxerweise zu einer Zeit, in der der wirtschaftliche Nutzen der Artenvielfalt, der sich z.B. im Angebot pharmazeutisch interessanter Naturstoffe und genetischer Ressourcen darstellt, gerade erst in größerem Umfang technologisch zugänglich wird.

Einschlägige Schutzmaßnahmen und -programme im Sinne der CBD stehen vor dem Problem eines bei weitem unzureichenden Orientierungswissens über Verteilung und Bewertung der globalen Artenvielfalt. Wo liegen regionale Maxima der Biodiversität? Welche Zusammenhänge bestehen zwischen der Artenvielfalt und ihren abiotischen Einflußfaktoren, d.h. der Geodiversität (Barthlott et al. 1999, s.a. Abb. 1)? Wo liegen regionale „Brennpunkte" des Artenschwunds, an denen Schutzmaßnahmen besonders effektiv gestaltet werden können? Welche Quantifizierungsansätze zur „Messung" von Artenvielfalt und zur Bewertung ihrer ökologischen Funktion sind wissenschaftlich sinnvoll und gleichzeitig operationalisierbar? Dies sind nur einige offene Fragen bei der Umsetzung und Überwachung der CBD (Barthlott et al. 2000).

Unbestritten ist, dass im Bereich der Landökosysteme die großräumige Kartierung und Modellierung der Verteilung von Pflanzengesellschaften (der Phytodiversität) einen vorteilhaften Ansatz bietet um Zusammenhänge mit Geofaktoren, faunistischer Artenvielfalt und menschlichen Eingriffen zu ana-

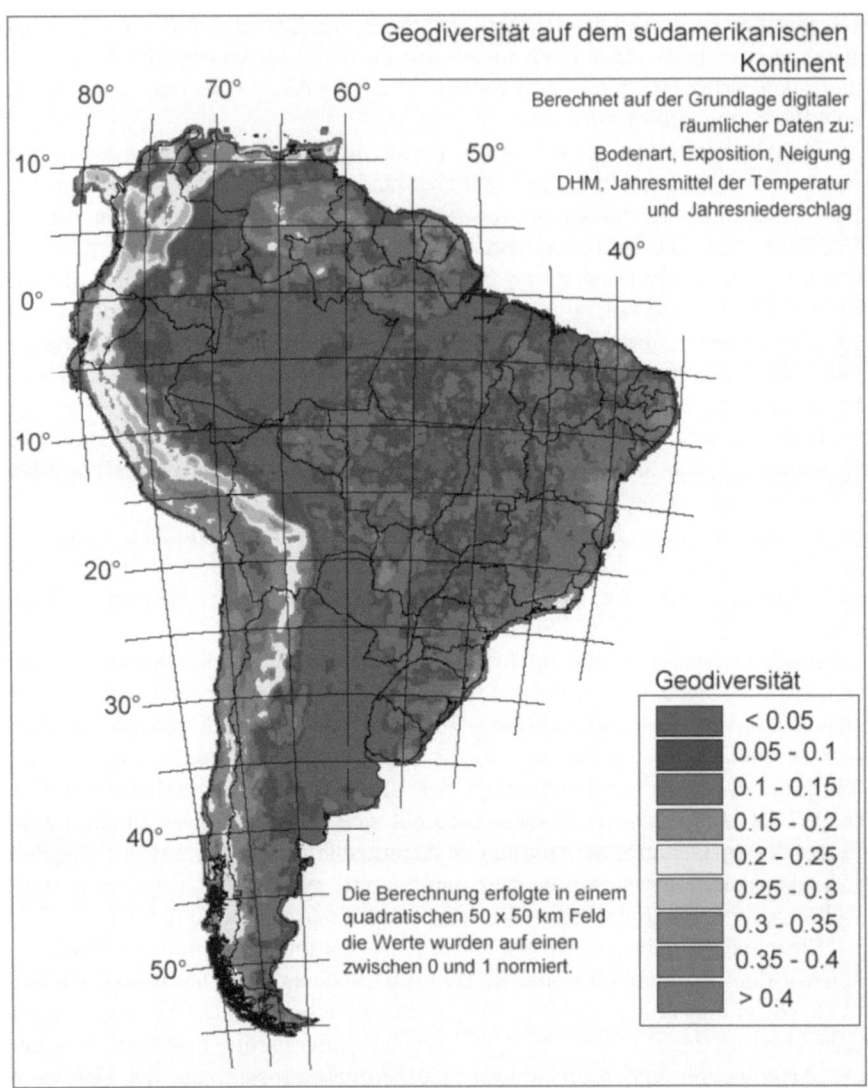

Abb. 1. Geodiversität auf dem südamerikanischen Kontinent, berechnet auf der Grundlage digitaler räumlicher Daten zu Bodenart, Höhe, Exposition, Hangneigung, Temperatur im Jahresmittel und Jahresniederschlag

lysieren und zu interpretieren. Ausgehend von diesem Ansatz wurden in enger Zusammenarbeit mit der Universität Bonn kontinentale Geographische Informationssysteme (GIS) für Südamerika und Afrika mit einer räumlichen Auflösung von 1 km erstellt, die Daten zu Vegetation, Klima, Böden, Relief, Infrastruktur, Siedlungen etc. enthalten und verfügbare kleinräumige

Erhebungen der Phytodiversität einbeziehen (Mutke et al. 2001). Ein wesentlicher Beitrag aus der Satellitenfernerkundung ist durch die Erfassung des Jahresgangs der Vegetationsentwicklung auf der Grundlage des *Normalised Difference Vegetation Index* (NDVI) gegeben, der aus multitemporalen Kompositen von NOAA–AVHRR Daten abgeleitet wurde. Diese Datenbasis erlaubte die Entwicklung einer neuen kontinentalen Vegetationskarte von Südamerika mit insgesamt 180 Vegetationseinheiten sowie, durch Interpolation der detaillierten lokalen Befunde, eine modellgestützte Kartierung der Vielfalt von Gehölzarten (Abb. 2). Weiterführende Anwendungen des BIO–GIS Südamerika sind in räumlich differenzierten Untersuchungen der Zusammenhänge zwischen klimaökologischen Randbedingungen und Vegetationsverbreitung zu sehen, darüber hinaus in der Lokalisierung menschlicher Eingriffe und in der Entwicklung eines großräumigen Überwachungskonzepts (Braun 1999).

Im Rahmen der Arbeiten am BIO–GIS Südamerika wurden aber auch wichtige methodische Erfahrungen für die Beteiligung an dem interdisziplinären Projekt BIOTA-AFRICA (*Biodiversity Monitoring Transect Analysis in Africa*) gewonnen, das im Oktober 2000 begonnen hat. In mehr als 30 Teilprojekten werden Zustand und Veränderungen der Biodiversität auf dem afrikanischen Kontinent im Zusammenhang mit natürlichen und sozioökonomischen Einflüssen analysiert. Übergeordnetes Ziel von BIOTA–AFRICA ist die Untersuchung praktikabler Landbewirtschaftungsmethoden in Übereinstimmung mit wissenschaftlich fundierten Schutzkonzepten. Die Arbeiten konzentrieren sich auf drei repräsentative, an klimatischen Gradienten orientierte Transekte in West-, Ost- und Südafrika. Kennzeichnend für den methodischen Ansatz von BIOTA–AFRICA ist die Kombination von

- standardisierten, lokalen Biodiversitäts–Observatorien entlang des Transekts,
- großräumigen multitemporalen Vegetationskartierungen und -modellierungen mit Hilfe von Satellitendaten und GIS–Technik sowie
- Methodentransfer und *capacity building* in einem offenen wissenschaftlichen Netzwerk unter enger Zusammenarbeit zwischen deutschen und afrikanischen Wissenschaftlern.

Das DFD hat in BIOTA die Aufgabe übernommen, zunächst für das Transekt Südafrika für die gesamte Projektgruppe ein einheitliches, fernerkundungsgestütztes GIS aufzubauen, das eine Analyse räumlicher Biodiversitätsmuster, ihrer zeitlichen Veränderung und ihrer Abhängigkeit von natürlichen Geofaktoren und unterschiedlich ausgeprägten Landnutzungsformen ermöglicht. Für die Transektabdeckung werden aktuelle multispektrale Satellitendaten (Landsat-7-ETM) genutzt. Zusätzlich ist eine Abdeckung der Biodiversitätsobservatorien mit räumlich hoch auflösenden IKONOS-PAN–Daten geplant. Des weiteren sind retrospektive Analysen mithilfe von Archivdaten der Systeme Landsat-TM, Landsat-MSS und CORONA vorgesehen.

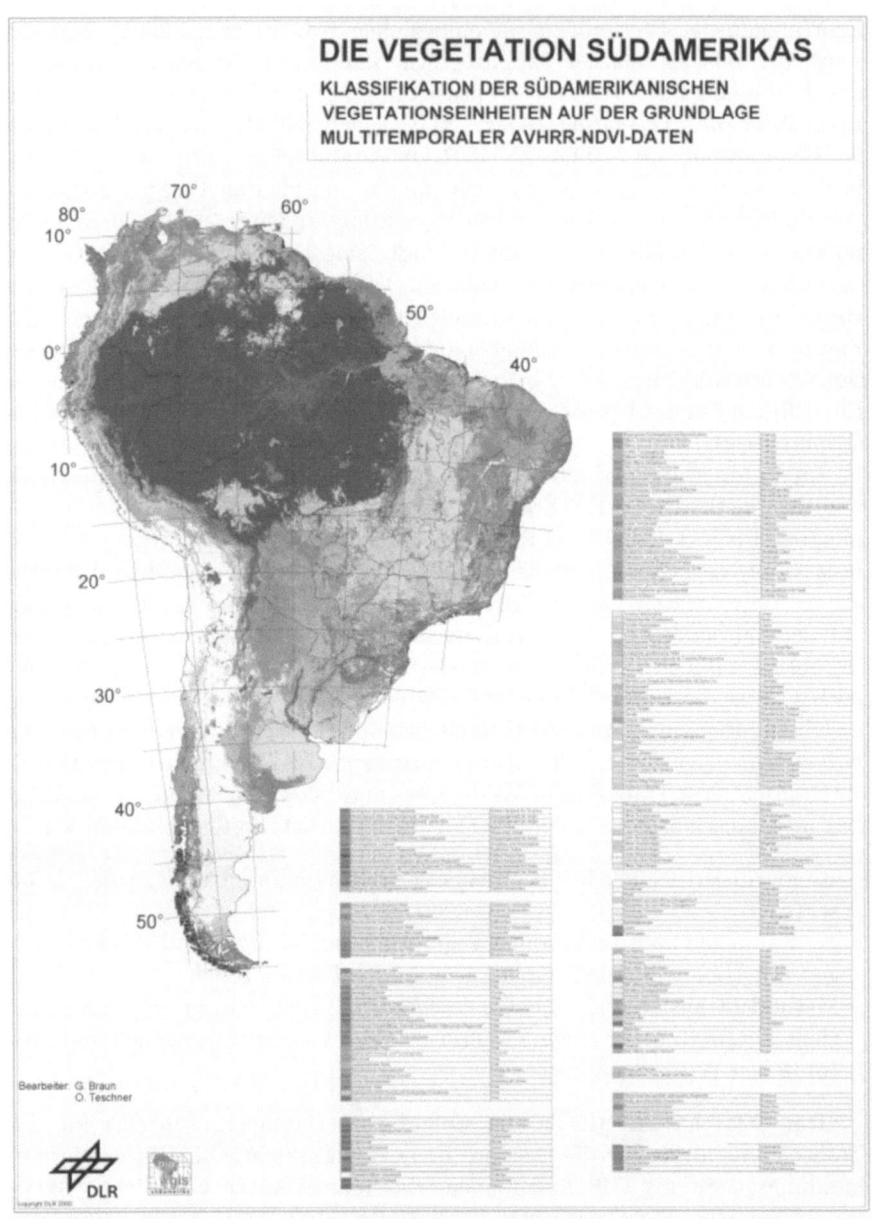

Abb. 2. Klassifikation der südamerikanischen Vegetationseinheiten auf der Grundlage multitemporaler AVHRR–Satellitendaten (NDVI)

Die Erstellung des Digitalen Geländemodells erfolgt mittels interferometrischer Auswertung von ERS-SAR–Daten. Entsprechend den unterschiedlichen Arbeitsmaßstäben der Projektpartner wird das BIOTA–GIS in räumlicher Untersetzung mehrskalig angelegt (1 km–50 m–30 m–1 m). In der Hauptphase des Projekts sollen zur Erfassung der zeitlichen Vegetationsdynamik auch spektral und räumlich hochauflösende MODIS-Daten genutzt werden, deren Empfang durch die mobile Station des DFD in Libreville derzeit vorbereitet wird.

Ein weiterer Aufgabenschwerpunkt des DFD liegt in der projektbegleitenden Ausbildung von Datennutzern.

Das BIOTA–Projekt wird vom BMBF gefördert und von den Universitäten Hamburg und Würzburg koordiniert. Die Projektgruppe BIOTA–Südafrika umfasst derzeit außer dem DFD–Beitrag zehn weitere Teilprojekte der Universitäten Hamburg, Tübingen, Bayreuth, Kaiserslautern, Berlin (HUB), Braunschweig, Potsdam, Gießen sowie des UFZ.

4 Wassermanagement und Katastrophenvorsorge

Einschlägige Studien identifizieren „Wasser" als das zentrale Nachhaltigkeitsproblem des neuen Jahrhunderts. Zum einen wird eine weitere Zunahme von Dürrekatastrophen befürchtet, einhergehend mit der Qualitätsminderung und Verknappung von Süßwasserreserven und regionalen Verteilungskämpfen um verbleibende Wasserressourcen. Zum anderen häufen sich Hangrutschungs- und Hochwasserkatastrophen nach Starkregenereignissen oder lang anhaltenden Niederschlägen. Prognosen zufolge wird in den nächsten 50 Jahren ein Viertel der Weltbevölkerung unter Wassermangel leiden. Bereits jetzt ist weltweit für 22 Staaten von einer Unterversorgung mit Wasser auszugehen (Speth u. Diekkrüger 2000). Gleichzeitig zeigen die Statistiken der Versicherungswirtschaft einen steigenden Trend für Hochwasserschäden, deren Größenordnung sich für einzelne Ereignisse zwischen 10 Mio. und 10 Mrd. US-Dollar bewegt. Was auf den ersten Blick als widersprüchlich erscheint, erweist sich bei genauerer Analyse als Störung der natürlichen Regulationsmechanismen im Wasserkreislauf. Viele Einflussfaktoren des Wasserkreislaufs sind mit Fernerkundungsmethoden direkt oder mithilfe geeigneter Zusatzdaten und Modelle zu erfassen, so die Oberflächentemperatur von Land und Gewässern, die Verdunstung, Wolken und Niederschlag, Geländerelief und Vegetation. Darauf aufbauende Beiträge zu einem nachhaltigen regionalen „Wassermanagement" und zur Katastrophenvorsorge richten sich u.a. auf

– regionale Analysen des Wasserhaushalts, insbesondere für aride Gebiete,
– Informations- und Frühwarnsysteme auf regionaler und lokaler Ebene,
– nachhaltige räumliche Planung und Bewirtschaftung von Wassereinzugsgebieten.

Einen Überblick über integrationsfähige Fernerkundungsdatenprodukte für Informationssysteme in Hochwasservorsorge und -katastrophenschutz gibt Tab. 1.

Tabelle 1. Fernerkundungsdatenprodukte für Informationssysteme in Hochwasserprävention und -katastrophenschutz

Datenprodukte	Anwendung
– Niederschlagsverteilung aus Mikrowellen- und Infrarotradiometrie	⇒ Vorhersage kritischer Niederschlagssituationen
– Großräumige Vegetationsindices aus mittelauflösenden optischen Multispektraldaten	⇒ Datenebene „Wasserinterzeption" für die GIS–gestützte Abflussmodellierung je nach Modellanforderung
– Großräumige Landnutzungs-/Vegetationsklassifizierung aus mittelauflösenden optischen Multispektraldaten	⇒ Datenebenen „Landnutzung/Landbedeckung" für Abflussmodellierung und räumliche Planung
– Gewässerausbreitung aus Radardaten (SAR) und Luftbildern	⇒ Aktuelle Bilder von Hochwassersituationen, Validierung von Überflutungsmodellen
– Interferometrisch erstellte digitale Geländemodelle (DGM) aus Radardaten (SAR)	⇒ Reliefdaten und Einzugsgebietsgrenzen für die großräumige Abflussmodellierung
– Digitale Oberflächenmodelle aus Laserscanner–Befliegung	⇒ Hochauflösende digitale Geländemodelle für die kleinräumige Überflutungssimulation

Die gegenwärtigen operationellen Systeme für die Hochwasserfrühwarnung beruhen noch weitgehend auf statistischen Modellen. Die Vorwarnzeit für den lokalen Katastrophenschutz könnte beträchtlich verlängert werden, wenn es gelingt, unter operationellen Bedingungen den Niederschlagsabfluß bereits im Geländerelief des Flußeinzugsgebiets, d.h. schon vor Aufstauen der Flutwelle im Flußlauf zu simulieren. Dies setzt neben einem hinreichend robusten Niederschlagsabflussmodell eine für hydrologische Modellierungen geeignete GIS–Datenbasis über das Einzugsgebiet voraus, wie sie z.B. im Projekt Rhein–GIS in Zusammenarbeit mit der Universität Bonn entwickelt wurde (vgl. dazu auch den Beitrag von Wendland u. Kunkel in diesem Band).

Das Rhein–GIS umfaßt das gesamte Einzugsgebiet des Rheins mit 28 Teileinzugsgebieten. Es handelt sich um einen rasterbasierten GIS–Datensatz mit einer räumlichen Auflösung von 500 m, der in insgesamt 36 Datenebenen die räumliche Informationsgrundlage für die hydrologische Modellierung und andere geographische Fragestellungen bietet. Enthalten sind ein Digitales Höhenmodell mit 10 m vertikaler Auflösung, Hangneigung und Exposition, das Gewässernetz mit Flüssen bis zur 6. Ordnung, eine hydrogeologische und eine Bodenkarte sowie Niederschlags- und Pegelabflußdaten. Auf der Grundlage von multispektralen Satellitendaten (NOAA-AVHRR und Landsat TM) wurden eine Landnutzungskarte sowie der Jahresgang von Vegetationsindex (*Normalized Difference Vegetation Index*) und Blattflächenindex erstellt (Braun u. Hörsch 1999).

Rhein–GIS wurde mittlerweile mit Förderung durch das CEO–Programm der EU in Zusammenarbeit mit Geosystems GmbH zu einem marktgängigen Produkt weiterentwickelt, das zur jeweiligen Aktualisierung der Satellitendaten eine Schnittstelle zum *Intelligent Satellite Data Information System* (ISIS) des DFD enthält, und wird als CD-ROM kommerziell vertrieben (Ott 2000).

Das verheerende Oderhochwasser im Sommer 1997 forderte etwa 100 Menschenleben und verursachte Schäden von mehr als 5 Milliarden DM. Es war der Anlass für ein Verbundprojekt, das die Entwicklung eines gekoppelten Modellsystems zur operationellen Hochwasservorhersage für das Einzugsgebiet der Oder zum Ziel hat (Projekt ODRAFLOOD). Wettervorhersagen und Beobachtungen von Extremereignissen wie Starkregen oder Schneeschmelze liefern dabei die Antriebsdaten für ein Niederschlagsabfluss–Modell und hydrodynamische Modelle des Flutwellenablaufs, die ihrerseits Vorhersagen von Zeitpunkt und Höhe (Pegelstand) des Hochwassers produzieren (Mengelkamp et al. 2001). Mit den Pegelstandsvorhersagen werden wiederum hochaufgelöste Überflutungssimulationen für die Städte Frankfurt/Oder und Breslau sowie für Niederungsgebiete im Unterlauf der Oder angetrieben.

ODRAFLOOD wird vom BMBF gefördert und unter Koordination durch die GKSS gemeinsam mit dem Institut für Meteorologie und Wassermanagement Breslau und dem *Maritime Research Institute* Szczecin durchgeführt.

Der Beitrag des DFD konzentriert sich auf die fernerkundungsgestützte Simulation der Hochwasserausbreitung für die Städte Frankfurt/Oder und Breslau. Dazu wird das Überflutungsmodell ARCHE adaptiert, das bereits anhand des Rhein–Hochwassers 1995 für Teilgebiete von Bonn und Köln demonstriert wurde (Braun et al. 1997). Das erforderliche hochauflösende Digitale Geländemodell wird aus Datensätzen eines flugzeuggetragenen Laserscanners gewonnen (Abb. 3). Luftbildaufnahmen verschiedener Hochwasserstände dienen der Modellvalidierung (Abb. 4).

Abb. 3. Relatives digitales Oberflächenmodell der Stadt Frankfurt/Oder (aktuelle Laserscannerbefliegung Feb. 2001; Darstellung als schattiertes Relief; Ausschnitt 4x4 km, geometrische Auflösung 1m (Fläche), 15 cm (Höhe))

Abb. 4. Orthofotoausschnitt (Luftbild) der Hochwassersituation in Frankfurt/Oder vom 23.07.1997 mit überlagerter topographischer Karte 1:10.000

5 Biotopüberwachung für den Natur- und Landschaftsschutz

Biotopüberwachung bzw. Biotopmonitoring bedeutet die räumliche Erfassung von Biotop- und Naturschutzflächen einschließlich ihres Zustandes und etwa eingetretener Veränderungen durch menschliche Eingriffe oder natürliche Prozesse.

Dabei handelt es sich um einen definitiven gesetzlichen Auftrag des Bundesnaturschutzgesetzes, der von den Ländern umgesetzt wird. Aktuelle bundespolitische Aspekte sind u.a. durch die Berichtspflichten des Bundes gegenüber der EU gegeben, z.b. im Rahmen der Flora–Fauna–Habitat (FFH)– Richtlinie. Bestehende Umsetzungsdefizite haben in diesem Zusammenhang bereits zu einer Klage der EU–Kommission beim Europäischen Gerichtshof geführt. Der Bundesumweltminister hat außerdem weitere, über den unmittelbaren fachlichen Rahmen hinausgehende Zielsetzungen der Naturschutzpolitik des Bundes vorgestellt, u.a.

- die Einbeziehung der Verursachungsproblematik von Naturkatastrophen (z.B. Hochwasser) in die flächenbezogene Planung,
- die Verpflichtung zu einer flächendeckenden Landschaftsplanung mit dem Ziel einer naturverträglichen Flächennutzung im Rahmen einer Novellierung des Bundesnaturschutzgesetzes,
- eine nachhaltige Entwicklung in der Landwirtschaft,
- eine Überarbeitung des Bundesverkehrswegeplans aus Sicht des Naturschutzes.

Dies alles bringt zusätzliche anspruchsvolle Anforderungen an die Umweltinformationssysteme der Länder mit sich, die ihrerseits vielfach unter der Randbedingung von Einsparungen und Kapazitätsengpässen in den zuständigen Landesämtern stehen. Die operationelle Biotopüberwachung wird von den Landesämtern bisher auf der Grundlage von überwiegend analogen räumlichen Daten (Karten, Luftbilder) durchgeführt, die für die Speicherung, Prozessierung und Auswertung in rechnergestützten Geographischen Informationssystemen (GIS) digitalisiert und homogenisiert werden müssen.

Dabei stellt die Aktualisierung der Datenebenen Vegetation/Landnutzung/Landbedeckung mit Hilfe regelmäßiger Luftbildbefliegungen einen wesentlichen Kostentreiber dar, hauptsächlich bedingt durch den erforderlichen hohen Personaleinsatz für die flächendeckende Auswertung.

Die ungleich kostengünstigere Nutzung von digitalen multispektralen Satellitendaten steht bei flächendeckender Anwendung für die Biotopkartierung wiederum unter der Einschränkung, dass mit der verfügbaren spektralen und zeitlichen Auflösung die vorgegebene Klassifizierungstiefe der amtlichen Erhebungssystematik nicht vollständig realisiert werden kann.

Eine attraktive Lösung liegt in der Kombination von

- Nutzung multitemporaler Satellitendaten zur Detektion und Charakterisierung von naturschutzrelevanten Veränderungen in der Landschaft (*change detection*) und
- Konzentrierung konventioneller Erhebungsmethoden (Luftbildauswertung, Inspektion vor Ort) auf die im Satellitenbild identifizierten Verdachtsflächen (Abb. 5).

Eine Untersuchung von Kostenszenarien ergab, dass bereits mit einem eher konservativen Ansatz nach gegenwärtigem Stand der Technik Kosteneinsparungen in der Größenordnung von 50% möglich sind. Das konservative Szenario beinhaltet eine vollständige Nachführung der Biotoptypenkartierung für alle Gebiete mit Schutzstatus (Naturschutzgebiete, Landschaftsschutzgebiete, Biotopverbundgebiete), für die restlichen Bereiche nur bei positiver Veränderungsindikation. Eine Anwendung des *change detection* Verfahrens auf der gesamten Fläche würde zu einer Einsparung von ca. 70% der Kosten einer konventionellen Nacherhebung führen. In einer innovativen Variante mit vollständigem Verzicht auf die Luftbildinterpretation und Anwendung von fortgeschrittenen Klassifizierungsverfahren und GIS Modellen können die Kosten auf ca. 27% reduziert werden (vergl. auch Weiers et al. 2001). Dabei ist zunächst nicht an einen „Ersatz" der bisher erfolgreich genutzten Luftbildaufnahmen gedacht, sondern an eine Integration multispektraler Satellitendaten in die herkömmliche Methodik in Form eines untersetzten Auswertungsverfahrens. Ein weiteres Rationalisierungspotential ist durch die thematische Vielfachnutzbarkeit der Satellitendaten für andere räumliche Planungsaufgaben gegeben.

Das Deutsche Fernerkundungsdatenzentrum des DLR hat die diesem Ansatz zugrundeliegende Methodik in konkreter Zusammenarbeit mit Naturschutzbehörden der Länder in zwei Projekten entwickelt und validiert. Dabei handelt es sich um

- die Kooperation mit dem Bayerischen Staatsministerium für Landesentwicklung und Umweltfragen im Rahmen des Arten- und Biotopschutzprogramms des Freistaats Bayern,
- das EU–Projekt *Monitoring of Changes in Biotope and Landuse Inventory in Denmark and Schleswig-Holstein by means of Satellite Image Analysis and GIS Technology (MoBio)*, in Zusammenarbeit mit dem Landesamt für Natur und Umwelt des Landes Schleswig-Holstein und dem National Environmental Research Institute of Denmark (NERI), einer Einrichtung des Dänischen Ministeriums für Umwelt und Energie.

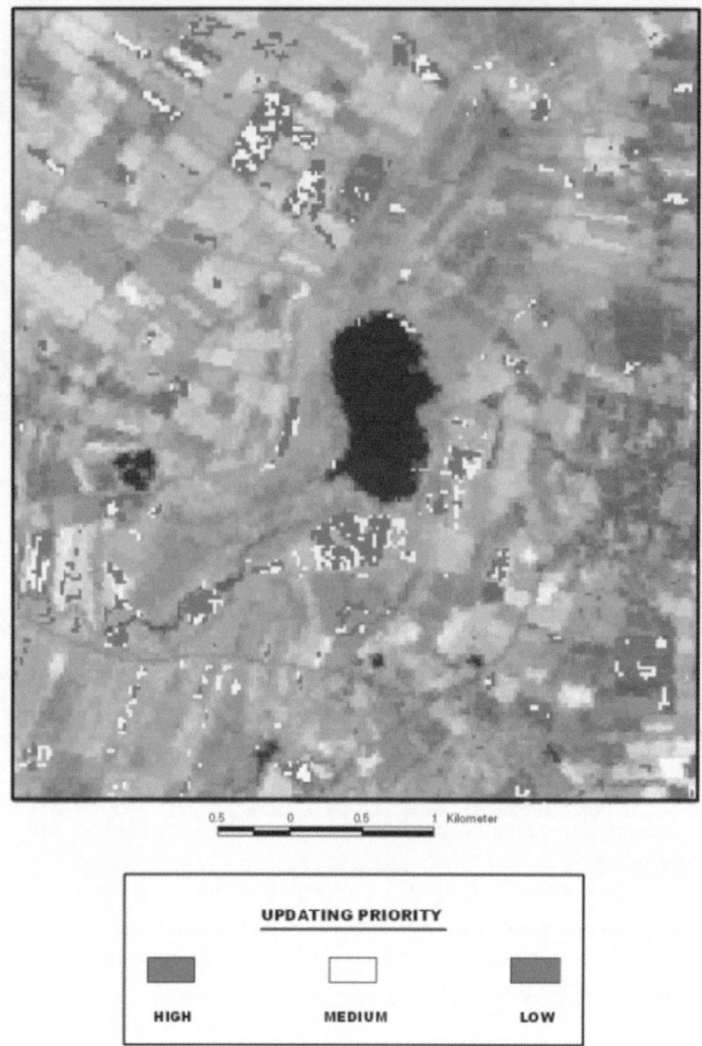

Abb. 5. Indizierte Veränderungen der Landnutzung/-bedeckung im Gebiet Hohner See/Schleswig-Holstein. Hintergrund: panchromatisches Satellitenbild (IRS); farbig: Aktualisierungsbedarf für die Biotoptypenkartierung, abgeleitet aus Veränderungsintensität und Schutzstatus der Flächen

In beiden Projekten wurden Bilddaten des amerikanischen Satelliten Landsat-TM (Abb. 6) und des indischen Satelliten IRS-1C genutzt, die vom DFD operationell empfangen werden.

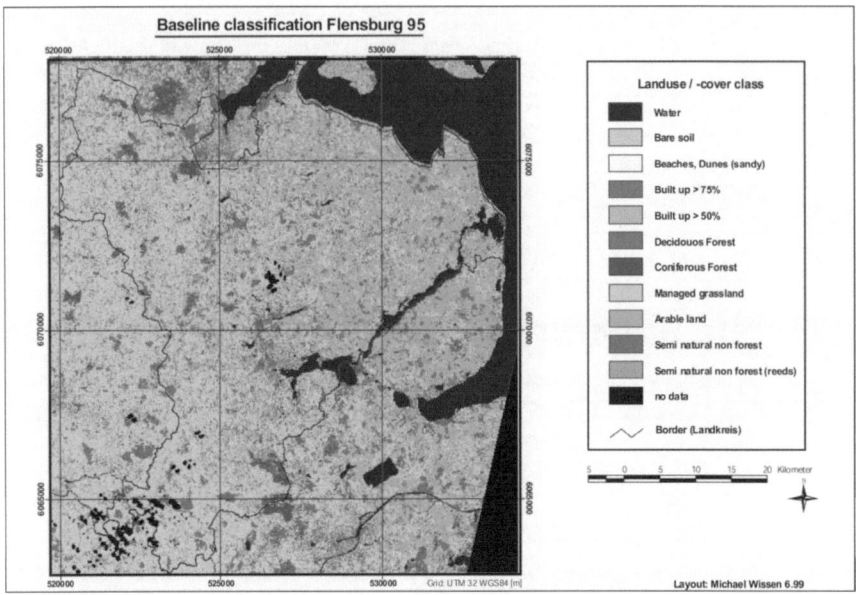

Abb. 6. Landnutzungs- und bedeckungsklassifikation für die Region Flensburg. Datengrundlage: Multitemporale Satellitendaten (Landsat-5–TM)

Diese und andere Pilotprojekte belegen das wachsende Interesse der Landesumweltverwaltungen an der Nutzung von Satellitendaten für die Biotopüberwachung.

So führt das Landesamt für Umweltschutz Sachsen-Anhalt seit 1999 das Projekt „Operationalisierung von Fernerkundungsdaten für die Umweltverwaltung" durch. Das Projekt wird vom DLR im Rahmen seiner Agenturfunktion für das deutsche Raumfahrtprogramm gefördert, und ist gekennzeichnet durch

– den Projektverbund von Landesverwaltung, Wissenschaft und Industrie,
– die ressortübergreifende, dezentrale Nutzung zentraler Datenbestände,
– die Einrichtung aufgabenspezifischer Funktionalitäten für den jeweiligen Nutzer.

Auf europäischer Ebene stellt u.a. die Implementierung des Naturschutz–Netzwerks NATURA 2000 neue Anforderungen an eine kostengünstige und weiträumig konsistente Überwachung und Bewertung von schutzwürdigen Biotop–Flächen. Das DFD koordiniert zur Zeit als Beitrag für diese Aufgabe in Zusammenarbeit mit einem europäischen Konsortium das Projekt SPIN (*Spatial Indicators for European Nature Conservation*). Die Zielsetzungen von SPIN umfassen u.a.

- Entwicklung und Erprobung aufgabenspezifischer Klassifikationsverfahren für Habitate gemäß Annex 1 der FFH Richtlinie unter Nutzung neuer Sensoren, objektorientierter Verfahren und Texturparameter,
- Entwicklung räumlich expliziter Indikatoren zur Ermittlung des Erhaltungszustandes von NATURA 2000 Habitaten und zur Überwachung des in der Richtlinie geforderten Verschlechterungsverbots,
- Ermittlung von Nutzungskonflikten und Erarbeitung von Planungsszenarien für das regionale Umfeld der Schutzgebiete im Sinne einer nachhaltigen ländlichen Entwicklung,
- Untersuchung der Zusammenhänge zwischen strukturellen und funktionalen landschaftsökologischen Indikatoren,
- vergleichende Untersuchungen in einem gesamteuropäischen Ansatz zur Übertragbarkeit der Indikatoren zwischen verschiedenen biogeographischen Regionen,
- Umsetzung des Indikationskonzeptes in GIS–Tools zur Entscheidungsunterstützung (decision support system) für die lokale und europäische Umsetzung der Richtlinien und NATURA 2000.

Das Konsortium umfasst 8 Partner aus 6 verschiedenen europäischen Staaten. Insgesamt werden 6 repräsentative Testregionen vom Mittelmeerraum bis ins Baltikum untersucht. Die wissenschaftliche Arbeit erfolgt in enger Zusammenarbeit mit potentiellen Anwendern auf verschiedenen Verwaltungsebenen von den EU–Institutionen bis hin zu lokalen Naturparkverwaltungen. Technisch wird eine enge Vernetzung der Teilnehmer über einen zentralen Daten- und Internetserver hergestellt. Weitere Anwendungsperspektiven ergeben sich aus der Übertragbarkeit der Methodik auf großräumige kontinentale bis globale Ansätze zur Umweltüberwachung und ein integriertes Landschaftsmonitoring (vgl. Brandt et al. 2001).

6 Indikatoren für nachhaltige Landnutzung

Die Umsetzung des Leitbilds Nachhaltige Entwicklung in praktische Politik kann sich nicht direkt auf umfangreiche und detaillierte Datenbanken stützen, sondern erfordert eine Verdichtung relevanter Information in Form von Indikatoren.

Die Analyse und Weiterentwicklung von Nachhaltigkeitsindikatoren ist eine wesentliche Aufgabe im HGF–Projekt „Global zukunftsfähige Entwicklung – Perspektiven für Deutschland" (s. dazu den Beitrag von Grunwald in diesem Band). Der konzeptionelle Rahmen für dieses Verbundprojekt wurde in der vom BMBF geförderten Vorstudie „Untersuchung zu einem integrativen Konzept nachhaltiger Entwicklung" erarbeitet (Jörissen et al. 1999).

Der Beitrag des DFD zu diesen Projekten befasst sich schwerpunktmäßig mit der Bewertung der Nachhaltigkeit der Landnutzung in Kulturlandschaften auf der Grundlage vom Fernerkundungs- und GIS–Daten. Der Hintergrund für diese Aufgabenstellung ist einerseits die extrem nicht–nachhaltige Entwicklung insbesondere in intensiv genutzten Agrarlandschaften, andererseits die Problematik der Daten- und Informationsgrundlage für geeignete Indikatoren dieser Entwicklung.

Die Bundesrepublik verfügt über ein hochentwickeltes statistisches Erfassungs- und Berichtssystem, das eine Fülle nachhaltigkeitsrelevanter Daten zur Verfügung stellt. Im Verlauf der Vorstudie zum HGF–Projekt wurde deutlich, dass damit eine ausgezeichnete Datengrundlage für die Bewertung solcher Nachhaltigkeitsprobleme gegeben ist, die sich im wesentlichen bilanzmäßig erfassen lassen, d.h. über Input–Output–Relationen ohne Berücksichtigung regionaler räumlicher Verteilungen. Dies gilt z.B. für Verursachungskomplexe wie Energieverbrauch, Emission von klimawirksamen Spurengasen, Abfallaufkommen u.ä..

Statistische Daten mit allenfalls administrativem Flächenbezug (Bundesland, Landkreis) sind jedoch nicht hinreichend zur Erfassung landschaftsökologischer Nachhaltigkeitsprobleme wie Bodenerosion, Verluste an Bodenfruchtbarkeit und Wasserrückhaltevermögen, Grundwassergefährdung, Biotopvernichtung und Artenschwund (Backhaus et al. 1999).

Diese Probleme einer nicht–nachhaltigen Landnutzung sind nicht etwa nur auf großräumig bewirtschaftete Flächenstaaten beschränkt:

– Für die Bundesrepublik Deutschland ergaben Untersuchungen der TU Berlin z.B. eine Steigerung der natürlichen Auswaschung von Pflanzennährstoffen aus den Oberböden um den Faktor 50–100 (Hildmann 1999).
– Der jährliche Bodenverlust durch Erosion wird in Deutschland nach Aussagen der Enquete–Kommission „Schutz der Erdatmosphäre" des Deutschen Bundestages auf 10 t/ha geschätzt, mit lokalen Spitzenwerten bis zu 200 t/ha. Dem steht eine mittlere Bodenneubildungsrate von lediglich 1-2 t pro ha und Jahr gegenüber (Enquete Kommission 1994).
– Düngungsüberschüsse in der Intensivlandwirtschaft führen u.a. zur Nitratanreicherung in Böden, Grund- und Oberflächenwasser.
– Eine Folgewirkung gesteigerter Nährstoffauswaschungen ist die Eutrophierung von Binnengewässern und Randmeeren. Die diesbezügliche Belastungssituation der Nordsee wurde erst kürzlich im Projekt „Nährstoffatlas Nordsee" des Umweltbundesamtes aktuell erfasst und dargestellt (UBA 2000).

Flächenstatistische Indikatoren und Zielvorgaben (z.B. ein Mindestflächenanteil für naturnahe Waldbestände oder Schutzgebiete) sind sicherlich ein wichtiger erster Schritt, um die Auswirkungen ökologisch unverträglicher Landnutzung zumindest teilweise zu kompensieren (vgl. UBA 1997). In dichtbesiedelten entwickelten Staaten wie der Bundesrepublik ist Fläche jedoch ein knappes Gut. Nachhaltige Flächennutzung verlangt hier in besonderem Maße die optimierte räumliche Verteilung der einzelnen Nutzungsarten, um konkurrierende wirtschaftliche und ökologische Ansprüche zu integrieren und langfristig tragfähige Kompromisslösungen zu gestalten. Eine nachhaltige Raumplanung benötigt daher Indikatoren , die den Nachhaltigkeitszustand der Landschaft räumlich differenziert bewerten. Je nach Verteilung in der Landschaft kann sich ein gegebener Flächenanteil für eine spezifische Nutzung höchst unterschiedlich auswirken. Dabei sind das Geländerelief, die Bodenverhältnisse, die hydrologischen und geologischen Gegebenheiten, die Biotopstrukturen und die jeweiligen sozioökonomischen Nutzungsansprüche zu berücksichtigen.

Die Landschaftsökologie stellt inzwischen eine Reihe methodischer Ansätze bereit, die es gestatten, räumlich differenzierte Bewertungsindikatoren abzuleiten und in Kartenform zu veranschaulichen, beispielsweise als regionale Zustands- und Risikokarte, als Kartierung von Nutzungskonflikten oder als landschaftsplanerisches Zielszenario. Dabei ist prinzipiell zwischen strukturellen und funktionalen Bewertungsansätzen zu unterscheiden, die beide durch die Nutzung von Fernerkundungsdaten vorteilhaft unterstützt werden können.

– Die strukturelle Landschaftsbewertung beruht auf der Analyse von Mustern, die durch natürliche Landschaftsformationen und durch die Landnutzung gebildet werden. Sie liefert z.B. quantitative Aussagen über den Grad der Fragmentierung von Biotopflächen, die Größenverteilung von Ackerflächen, die Zersiedelung der Landschaft u.ä. und erlaubt in gewissem Umfang Rückschlüsse auf die damit verbundene Beeinträchtigung ökologischer Landschaftsfunktionen (Hobbs 1997). Je nach Anwendungsziel genügt dazu als aktuelle Datengrundlage bereits eine spezifische Landbedeckungsklassifizierung mit multispektralen Satellitendaten (Landsat-TM, SPOT, IRS-1C), z.B. eine Biotoptypenkartierung im Maßstab 1:25000 zur Habitatbewertung für bestimmte Tierarten.

Von besonderem Interesse ist in diesem Zusammenhang auch die zeitliche Dimension, d.h. die Untersuchung des Strukturwandels in der Kulturlandschaft in Abhängigkeit von politischen oder wirtschaftlichen Einflüssen. Mit archivierten Satellitendaten (Landsat MSS) sind solche retrospektiven Analysen ab Anfang der 70er Jahre im Maßstabsbereich 1:50000 möglich. Beispielsweise konnte in einer Untersuchung in der norddeutschen Küstenregion im Rahmen der Vorarbeiten zum HGF–Projekt „Zukunftsfähigkeit" ein eindeutiger Zusammenhang zwischen Landschaftsstruktur–Indikatoren im Satellitenbild und Randbedingungen der EU–Agrarpolitik nachgewiesen werden. (Rossner 2000).

– Die funktionale Landschaftsbewertung setzt dagegen direkt bei der raumbezogenen Ermittlung kritischer Funktionen der Landschaft an. Beispiele dafür sind die Niederschlagsabflußregulation, die Filter-, Puffer- und Stoffumwandlungsfunktion der Böden, die biotische Trägerfunktion sowie die bioklimatische Regulation. Die räumlich verteilte Bewertung dieser Funktionen ist mit vorhandenen Modellen in halbquantitativer Weise möglich und liefert Aussagen, bis zu welchem Grad die jeweilige Funktion erfüllt bzw. durch die Landnutzung beeinträchtigt oder gefährdet ist (de Groot 1992, Marks et al. 1992). Ein Beispiel zeigt Abb. 7. Im Gegensatz zur strukturellen Bewertung erfordert dieser Ansatz eine umfangreichere Datenbasis. Außer Fernerkundungsdaten (Landsat-TM, IRS-1C, ggf. SAR–Daten und Luftbilder) werden zusätzliche digitalisierte Geodaten benötigt, in erster Linie digitale Geländemodelle, topographische Karten, Boden- und Landbedeckungskarten, Vegetations- und Biotopaufnahmen, hydrologische und pedologische Meßdaten. Während die erforderlichen Fernerkundungsdaten i.d.R. bereitgestellt werden können, kann für eine gegebene Region nicht ohne weiteres von der Verfügbarkeit aller Zusatzdaten in der erforderlichen Qualität und digitalen Verarbeitungsfähigkeit ausgegangen werden. Dies ist ein wesentlicher Grund dafür, dass der Ansatz „Funktionale Landschaftsbewertung" trotz seiner Bedeutung für die Ableitung von Indikatoren für nachhaltige Landnutzung bisher nur vereinzelt und kleinräumig demonstriert worden ist.

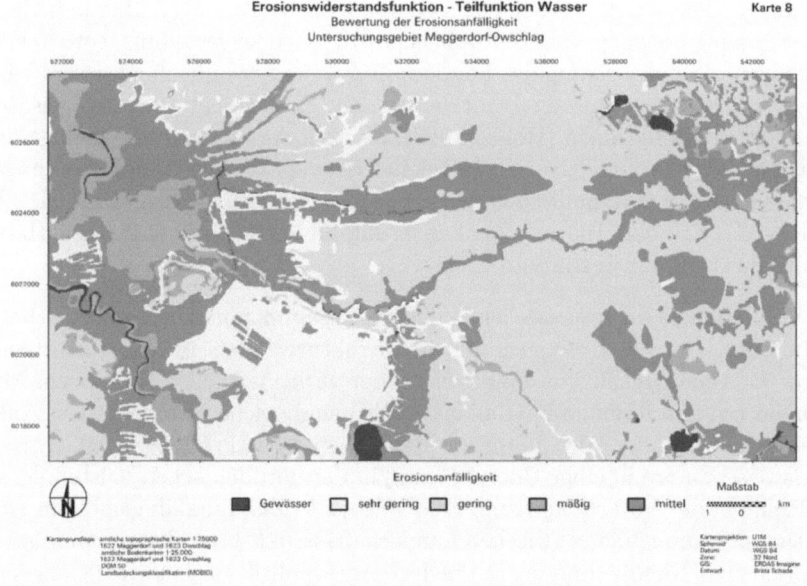

Abb. 7. Bewertung der Erosionsanfälligkeit (Wasser) im Bereich Meggerdorf/Schleswig-Holstein (Schade 1999). Datengrundlage: Bodenkarte 1: 25.000, Digitales Geländemodell (50 m Raster), Landbedeckungskarte (Satellitenbildklassifikation)

Im Rahmen des HGF–Verbundprojekts „Zukunftsfähigkeit" führt das DFD in Kooperation mit dem Umweltforschungszentrum Leipzig-Halle das Projekt „Nachhaltige Landnutzung in der Kulturlandschaft: Vergleichende Landschaftsbewertung mit Fernerkundungs- und GIS–Daten zur Umsetzung in regionale Umwelt–Qualitätsziele" durch. In diesem Projekt wird das oben skizzierte methodische Instrumentarium auf zwei Landschaftsräume angewandt, die sich in ihrer Nutzungsintensität, der vorherrschenden Bewirtschaftung und der Nutzungsgeschichte deutlich unterscheiden. Dabei handelt es sich um die Eilenburger Endmoränen bei Leipzig und die Eider-Treene-Sorge-Niederung in Schleswig-Holstein.

Ziel des Projekts ist es, operationalisierungsfähige Indikatoren für die Nachaltigkeit der Landnutzung zu erproben und ihre Anwendung im Zusammenwirken mit regionalen Akteuren und Entscheidern zu initiieren. Dementsprechend sind eine Reihe von Behörden in das Projekt eingebunden, u.a. das Sächsische Landesamt für Umwelt und Geologie, das Sächsische Umweltfachamt Leipzig, die Sächsische Landesanstalt für Landwirtschaft, das Amt für ländliche Neuordnung Wurzen und das Landesamt für Natur und Umwelt Schleswig-Holstein. Der HGF–Projektverbund wird dabei als Plattform genutzt, um die Ergebnisse über die regionale Ebene hinaus in konzeptionell verdichteter Form in den nationalen und europäischen Agenda–21–Prozeß einzubringen.

7 Teleschulung für Nutzer von Satellitendaten

Fernerkundungsgestützte Methoden liefern, wie hier anhand einiger Beispiele gezeigt, wertvolle Informationsgrundlagen für räumlich bezogene Aufgaben der nachhaltigen Entwicklung. Mit der Bereitstellung der Datenprodukte im Bodensegment, der wissenschaftlichen Validierung von Anwendungen und deren Demonstration in Pilotprojekten ist es jedoch nicht getan. Der nächste logische Schritt ist die Umsetzung in operationelle Informationssysteme für Planung, Entscheidung und Überwachung, eine Entwicklung, die gut ausgebildete Anwender voraussetzt.

Bereits im Rahmen der Rio–Konferenz haben die Industrieländer Zusagen zum Technologie- und Wissenstransfer in Entwicklungs- und Schwellenländer gemacht, die in zunehmendem Maße eingefordert werden. Der Aufbau fachlicher Kapazität für die nachhaltige Bewirtschaftung natürlicher Ressourcen (*capacity building*) ist eines der Themen der Agenda 21. Wie die Erfahrungen der jüngsten Vergangenheit zeigen, ist die Ausbildung fachlich qualifizierter Personals gerade im Bereich der Informationstechnologie ein ernstes Problem, das sich auch nachteilig auf die Nutzung von Fernerkundungsdaten auswirkt.

Hier setzt das von der EU geförderte Verbundprojekt CASTLE an (*Computer Aided System for Tele-interactive Learning in Environmental Monitoring*). Das Ziel von CASTLE ist es, Anwender mithilfe moderner

Informations- und Kommunikationstechnik in der Bearbeitung und Nutzung von digitalen Satellitendaten zu unterrichten. Dabei werden Nutzer mit durchaus unterschiedlichen Vorkenntnissen angesprochen, so dass ein Einsatz sowohl in der fachlichen Ausbildung wie in der berufsbegleitenden Weiterbildung sinnvoll ist. Es handelt sich um ein Internet–basiertes, interaktives Fernausbildungssystem, das die Vorteile des modernen Präsenzunterrichts (Lehrer–Schülerdialog, Gruppenarbeit) mit den Vorteilen einer Netzwerkarchitektur verbindet. Expertenwissen kann ohne Reiseaufwand für Lehrer oder Schüler vermittelt werden. Das Lernmaterial ist modular aufgebaut, beginnend mit den wissenschaftlich–technischen Grundlagen der Fernerkundung.

CASTLE besteht aus zwei Modulen, und zwar

- einem Virtuellen Klassenraum für das zeitunabhängige Selbststudium des Schülers und
- einem Tele–Klassenraum für den zeitgleichen Fernunterricht unter Betreuung durch einen Tutor.

Der Virtuelle Klassenraum ist als Web Site angelegt (Informationen dazu unter http://CASTLE.nlr.nl) und enthält einen Grundkurs, ergänzt durch von Experten verfasste Fallstudien. Seine Bedienung ist einfach gehalten, mit einem Minimum an Optionen für Navigation und Funktionen. Interaktive Animationen dienen der Veranschaulichung komplizierter Sachverhalte. Frage–Antwort–Tests am Ende eines Kapitels dienen der Überprüfung des Lernerfolgs. Ein gesondertes Kapitel „How to Learn in the CASTLE" sowie ein Glossar machen den Virtuellen Klassenraum selbsterklärend. Das Selbststudium im virtuellen Klassenraum wird ergänzt durch den eigentlichen Schulunterricht im CASTLE Tele–Klassenraum. Die Schüler nehmen über das Internet von unterschiedlichen Orten aus – aber gleichzeitig – an interaktiven Tele–Unterrichtsstunden teil, die von Tutoren geleitet werden. Der Tele–Unterricht ermöglicht verschiedene Formen der Gruppenarbeit in Echtzeit.

Die Kommunikation erfolgt mittels Sprache und Internet Chat. Der Lehrer hat die Möglichkeit, über eine Sprechverbindung (Audio Link) den teilnehmenden Schülern Sachverhalte zu erklären. Die Rückmeldung erfolgt schriftlich über ein Chat–Fenster.

Mit dieser Form der spontanen Kommunikation und Gruppenarbeit der Teilnehmer über das Internet betritt CASTLE Neuland auf dem Feld der Tele–Schulung. Das System und die darin enthaltenen Werkzeuge sind nach Anforderungen der modernen Didaktik auf Teamarbeit ausgelegt und unterstützen speziell die Arbeit in verteilten Gruppen, deren Mitglieder sich in der Regel nicht persönlich kennenlernen.

CASTLE wurde von einem europäischen Konsortium (DLR, NLR, die Universitäten Hohenheim, Kiel, Huelva und Dundee) als demonstrationsfähiger Prototyp entwickelt und in europaweiten Testsitzungen erfolgreich evaluiert.

8 Ausblick

Die wenigen hier genannten Projektbeispiele belegen das weitgespannte Nutzungspotenzial der Fernerkundung für das globale Programm „Nachhaltige Entwicklung". Sie zeigen aber auch, dass zu seiner Realisierung die operative Bereitstellung sensorspezifischer Datenprodukte nicht ausreicht. Erforderlich ist darüber hinaus ein verstärktes Engagement

– in der Nutzung von Fernerkundungs- und integrierten Geodaten (*Data Fusion*),
– in der Entwicklung darauf aufbauender räumlicher Simulations- und Bewertungsmodelle,
– in der Implementierung bedarfsbestimmter räumlicher Informationssysteme und
– im Technologie- und Methodentransfer im Rahmen interdisziplinärer Projekte einschließlich der Schulung künftiger Nutzer.

Literaturverzeichnis

1. Backhaus, R., Schade, B., Weiers, S. (1999): Der räumliche Bezug von Nachhaltigkeitsindikatoren. In: Forschungszentrum Karlsruhe GmbH. Inst. f. Technikfolgenabschätzung und Systemanalyse (Hrsg.): Untersuchung zu einem integrativen Konzept nachhaltiger Entwicklung. Bestandsaufnahme, Problemanalyse, Weiterentwicklung. Abschlußbericht Band 4, S. 15–34
2. Barthlott, W., Biedinger, N., Braun, G., Feig, F., Kier, G., Mutke, J. (1999): Terminological and methodological aspects of the mapping and analysis of the global biodiversity. Acta Botanica Fennica 162, S.103–110
3. Barthlott, W., Mutke, J., Braun, G., Kier, G. (2000): Die ungleiche globale Verteilung pflanzlicher Artenvielfalt – Ursachen und Konsequenzen. Ber. d. Reinh. Tüxen-Ges. 12, S. 67–84
4. BMU – Bundesministerium für Umwelt, Naturschutz und Reaktorsicherheit (1997): Umweltpolitik – Agenda 21 – Dokumente. Köllen Druck + Verlag GmbH, Bonn
5. Brandt, I., Holmes, E., Agger, P. (2001): Integrated Monitoring on a Landscape Scale – Lessons from Denmark. In: Groom, G., Reed. T. (Hrsg.): Strategic landscape monitoring for the Nordic countries. TEMA NORD 2001: 523, S. 31–42
6. Braun, G., Ernst, S., Hörsch, B., Weiers, S. (1997): Hochwasserschutz und Hochwasserprävention durch räumliche Modellierung. GIS 5/97, S. 10–15
7. Braun, G. (1999): Fernerkundungsgestützte Vegetationskartierung im Hochgebirge auf unterschiedlichen räumlichen Skalen . In: Tagungsband des 16. Nutzerseminars des Deutschen Fernerkundungsdatenzentrums der DLR. DLR-Mitteilungen 99–03, S. 109–120
8. Braun, G., Hörsch, B. (1999): Hochwasserschutz und Hochwasserprävention – Integration von Fernerkundungs- und GIS-Daten durch räumliche Modelle. Wasserwirtschaft 89/6, S. 298–304

9. De Groot, R. S. (1992): Functions of Nature. Evaluation of nature in environmental planning and decision making. Wolters-Noordhoff, Groningen
10. Enquete–Kommission Schutz der Erdatmosphäre des Deutschen Bundestages (Hrsg.) (1994): Schutz der Grünen Erde: Klimaschutz durch umweltgerechte Landwirtschaft und Erhalt der Wälder. Economica, Bonn
11. Hildmann, C. (1999): Temperaturen in Zönosen als Indikation zur Prozeßanalyse und zur Bestimmung des Wirkungsgrades – Energiedissipation und beschleunigte Alterung der Landschaft. Dissertation. Mensch und Buch Verlag, Berlin
12. Hobbs, R. (1997): Future landscapes and the future of landscape ecology. Landscape and Urban Planning, 37(1–2), S. 1–9
13. Jörissen, J., Kopfmüller, J., Brandl, V., Paetau, M. (1999): Ein integratives Konzept nachhaltiger Entwicklung, Forschungszentrum Karlsruhe GmbH, Scientific Report 6393, Karlsruhe
14. Marks, R., Müller, M. J., Leser, H., Klink, H. (Hrsg.) (1992): Anleitung zur Bewertung des Leistungsvermögens des Landschaftshaushaltes. Forsch. Z. dt. Landeskde., 229
15. Mengelkamp, H.-T., Warrach, K., Ruhe, C., Raschke, E. (2001): Simulation of runoff and streamflow on local and regional scales. Meteor. Atmos. Phys. 76, S. 107–117
16. Mutke, J., Kier, G., Braun, G., Schultz, C., Barthlott, W. (2001): Patterns of African vascular plant diversity – a GIS based analysis. Systematics and Geography of Plants (im Druck)
17. Ott, T. (2000): Der digitale Vater Rhein. Petermanns Geographische Mitteilungen, 144, S. 28–29
18. Rossner, G. (2000): Ableitung von Indikatoren zur Veränderung der Landnutzung im Kreis Schleswig-Flensburg von 1975 bis 1995 mit Hilfe von GIS und Fernerkundungsmethoden. Diplomarbeit, Universität Bonn
19. Speth, P., Diekkrüger, B. (2000): Projektbeschreibung Integratives ManagementProjekt für einen effizienten und tragfähigen Umgang mit Süßwasser in Westafrika – Fallstudien für ausgewählte Flußeinzugsgebiete in unterschiedlichen Klimazonen (IMPETUS) http://www.uni-koeln.de/globaler-wandel/impetus)
20. UBA – Umweltbundesamt (1997): Grundlagen für ein nationales Umweltindikatorensystem – Weiterentwicklung von Indikatorensystemen für die Umweltberichterstattung. Forschungsbericht 101 05 016, UBA-FB 97–022, Berlin
21. UBA, Umweltbundesamt (2000): Erarbeitung eines Nährstoffatlas Nordsee – Darstellung der Nährsalzgradienten in der zentralen Nordsee. UBA FB 000026, Berlin
22. WBGU, Wissenschaftlicher Beirat der Bundesregierung Globale Umweltveränderungen (1999): Welt im Wandel – Erhaltung und nachhaltige Nutzung der Biosphäre. Springer Verlag, Berlin Heidelberg New York
23. Weiers, S., Wissen, M., Bock, M., Schade, B. (2001): Satellitenfernerkundung im Naturschutz- Vom Pilotprojekt zur operationellen Anwendung. Photogrammetrie, Fernerkundung, Geoinformation 3/2001, S. 177–188 (im Druck)

Teil III

Risikobewertung und -kommunikation

Normative Implikationen und intergenerationelle Lernprozesse langfristigen Umwelthandelns

Stephan Lingner und Michael Decker

1 Umweltprobleme – Probleme des Umwelthandelns

Die Beobachtung und Beschreibung von Umweltzuständen, ihrer Variabilität und Ursachen ist Gegenstand der Erforschung von Ökosystemen, die dem Einfluss menschlichen Wirtschaftens unterliegen. Dabei wurden vielfältige Veränderungen unserer Umwelt und ihre möglichen Entwicklungstrends in den letzten Jahrzehnten mit zunehmender Besorgnis konstatiert, da viele dieser Veränderungen weitreichende Rückwirkungen auf den Menschen und benachbarte Umweltsphären erwarten lassen. Diese Besorgnisse sind insbesondere dort evident, wo Lebensräume und Wirtschaftsprozesse hohe Anforderungen an stabile Umweltbedingungen stellen. So lassen sich beispielsweise nach dem dritten Sachstandsbericht des Intergovernmental Panel on Climate Change (IPCC 2001a) viele Entwicklungsländer als besonders verwundbar für Auswirkungen eines globalen Klimawandels herausstellen.

Bestehende und nachvollziehbare Besorgnisse über schädliche Umweltveränderungen lassen einen wirksamen Umweltschutz erwarten, der aber oftmals im Widerspruch zur umweltpolitischen Realität steht und durch Stagnation oder lediglich durch marginale Fortschritte gekennzeichnet zu sein scheint. Fraglich ist, ob naheliegende interessensbasierte Motivationen (Sprinz u. Vaahtoranta 1994) diesen Widerspruch vollständig erklären oder ob zusätzlicher Klärungsbedarf auf normativer bzw. prozeduraler Ebene ausgemacht werden kann.

1.1 Beispiele

Zur Konkretisierung möglicher Handlungskonflikte werden exemplarisch zwei Problemkomplexe näher ausgeführt, die sich einerseits disparaten Umweltmedien zuordnen lassen und in der öffentlichen Debatte unterschiedliche Wahrnehmung genießen, andererseits aber von der Problemlage her einige Gemeinsamkeiten aufweisen bzw. hinsichtlich ihrer Wechselwirkungen teilweise auch gekoppelt sind.

Die Klimaproblematik: Im Zusammenhang mit einer für immer wahrscheinlicher erachteten, signifikanten globalen Erwärmung im 21. Jahrhundert (IPCC 2001b) werden gravierende Folgen für die Sicherheit, Gesundheit, Nahrungs- und Trinkwasserversorgung von großen Teilen der Weltbevölkerung befürchtet. Zudem könnten dadurch ausgelöste Migrationen und

Ressourcenkonflikte politische Problemlösungsroutinen überfordern und Anlass zu internationalen Krisen geben. Bisherige Erkenntnisse und Projektionen der Klima- und Klimafolgenforschung haben daher zur Formulierung internationaler Reduktionsverpflichtungen der Emission treibhauswirksamer Gase geführt. Ein breites Spektrum von Handlungsoptionen ist in der Diskussion. Die Legitimation entsprechender Maßnahmen wird aber – wie die ihrer Nichtergreifung – zu überprüfen sein, auch vor dem Hintergrund, dass Wahrscheinlichkeit und Ausmaß nachteiliger Klimafolgen und die Notwendigkeit ihrer Vermeidung in der wissenschaftlichen und öffentlichen Diskussion umstritten sind. Dies gilt sowohl für das Maß an Unsicherheit bzw. Unvollständigkeit hinsichtlich klimatologischer Abschätzungen, wie auch insbesondere für die Bewertung der projizierten regionalen und sektoralen Wirkungen eines globalen Klimawandels, sowie um Konzeptionen und Praxis adäquater Eingriffsregelungen. Das Dilemma angemessenen Klimahandelns ist also der kontrafaktischen Perspektive und nicht–falsifizierbaren „Beweislage" (Modellszenarien, Simulationen) inhärent. Konkret heißt dies einerseits, dass befürchtete Klimarisiken eine frühzeitige und weitreichende Vorsorge erforderlich machen können, die sich aus dem Besorgnisanlass unerwünschter Klimafolgen und der begrenzten Tragbarkeit von Klimarisiken für unterschiedliche Gesellschaften ergibt. Andererseits kann bei bestehender Prognoseunsicherheit mit dem sog. „Übermaßverbot" argumentiert werden, dass unter diesen Ungewissheitsbedingungen restriktive Regulierungen von Wirtschaftsprozessen kaum gerechtfertigt werden können. Insbesondere ist zu prüfen, ob und in welchem Maß Langzeitverpflichtungen auch zum Wohle zukünftiger Generationen gegeben sind und welche Prinzipien und Mittel zur Sicherung der Lebensgrundlage dieser Generationen als adäquat zu bewerten sind.

Hierzu ist zu ergänzen, dass neben den o.g. konfligierenden Zwecken von Klimaschutz und wirtschaftlicher Entwicklung, die allgemeiner auch in der Nachhaltigkeitsdebatte offensichtlich werden, Zielkonflikte auch innerhalb des Umweltschutzes zu beurteilen sind. So könnten beispielsweise Programme der Erschließung klimagasbindender Senken ökologisch bedenkliche Folgen haben. Darüber hinaus sind unerwünschte Wechselwirkungen und Rückkoppelungen des Klimahandelns auf andere Umweltsphären denkbar, wie z.B. das Problem klimabedingter Degradationen nutzbarer Böden bzw. ihres Senkenpotentials.

Probleme umsichtiger Bodennutzung: Böden werden als Träger zahlreicher lebenswichtiger und potentiell gefährdeter Funktionen für Gesellschaft und Umwelt oftmals unterschätzt. Defizite in der Wahrnehmung und Bewältigung von Bodenproblemen und daraus folgende Funktionalitätseinbußen können langfristig unerwünschte Folgen erheblichen Ausmaßes nach sich ziehen. Die Inanspruchnahme des Bodens variiert nach Wirtschaftssektoren hinsichtlich ihrer Flächenintensität und ihres Degradationspotentials in charakteristischer Weise. In vielen, auch industrialisierten Staaten sind Land- und Forstwirtschaft flächenmäßig besonders bedeutsam. Sie umfassen beispielsweise in Deutschland etwa neun Zehntel der Landesfläche (Statistisches Bundesamt 1999). Betrachtet man nun die jeweiligen Ansprüche der Sektoren an die Bodenqualität, so ergeben sich im Agrarbereich vergleichsweise hohe Ansprüche an den Boden. Damit ist die Landwirtschaft durch ihre Flächenintensität *und* durch ihren Bedarf an hoher Bodenqualität gegenüber anderen Nutzungsformen ausgezeichnet; sie wäre damit sowohl Objekt als auch Subjekt des Bodenschutzes: Die Landwirtschaft bestimmt einerseits aufgrund ihrer großflächigen Inanspruchnahme des Bodens das Landschaftsbild erheblich und kann auch grundwasserrelevante Wirkungen entfalten. Sie ist daher Regulierungsgegenstand des Bodenschutzes. Andererseits ist der Bodenschutz zur nachhaltigen Sicherung agrarischer Nutzungsoptionen auch ein Gebot vorausschauender wirtschaftlicher Vernunft. Trotz seiner vergleichsweise hohen „Naturnähe" sind im Agrarsektor – unter Ansehung der aktuellen Flächenstatistik besonders hohe *absolute* Substanz- und Qualitätsverluste des Bodens zu erwarten und zu regeln. Diese Verhältnisse werden sich „zu Gunsten" der Landwirtschaft erst ändern, wenn die Flächeninanspruchnahme anderer Sektoren signifikant zunehmen sollte.

Ein Handlungsdilemma der Akteure entsteht nun angesichts der relativ geringen, tendenziell sinkenden Wertschöpfung in der Landwirtschaft, die Produktions- und Produktivitätssteigerungen für die kurz- bis mittelfristige Existenzsicherung vieler Betriebe erforderlich macht, langfristig aber eine nachhaltige Bewirtschaftung in Frage stellt. Die damit oftmals verbundene Übernutzung des Bodens bedeutet faktisch ein Abweichen von der agrarischen Maxime der „Guten fachlichen Praxis", die als Mittel der Vorsorge auch im Bundesbodenschutzgesetz (BBodSchG 1998) gefordert wird. Aufgrund der begrenzten Mächtigkeit und Regenerierbarkeit der Bodendecke ist absehbar, dass bisher vielfach praktizierte Kompensationsstrategien auf Dauer nicht tauglich sind. Angesichts prognostizierbar steigender Ansprüche an den Boden als Grundlage für die Nahrungsmittel- und zunehmend auch Rohstoffproduktion (Rapsdiesel, Biomaterialien) muss langfristig eine Verschärfung der Versorgungsfrage einer kontinuierlich wachsenden Weltbevölkerung befürchtet werden, der nur durch angemessene, umsichtige Landnutzungsformen zu begegnen wäre.

2 Gesellschaftliche Relevanz von Umweltproblemen

Umweltprobleme vollziehen sich auf unterschiedlichen Skalen. Ihre jeweiligen Reichweiten und Persistenzen sind wichtige Faktoren für die Beurteilung ihrer gesellschaftlichen Relevanz. Die Feststellung gesellschaftlicher Relevanz spielt wiederum eine entscheidende Rolle für die Gebotenheit und Auswahl normativer Orientierungen und Maßnahmen zur Problembewältigung. Die Spanne der hier zu betrachtenden Umweltprobleme reicht von örtlich begrenzten oder begrenzbaren Problemen mit relativ kurzer Dauer (z.B. Rodungseffekte) bis hin zu hemisphärischen oder globalen Nebenfolgen menschlicher Aktivitäten mit ausgesprochener Langzeitwirkung (z.B. stratosphärischer Ozonabbau, Klimawandel) und unter Beteiligung mehrerer Umweltsphären. Menschliche Beeinträchtigungen der Boden- und Grundwasserqualität rangieren in einem intermediären Bereich auf regionalen Skalen von 10^1 km^2 bis 10^4 km^2 (Dobson et al. 1997). Sie sind erst auf Zeitskalen ab 100 bis ca. 500 Jahren als reversibel einzustufen und betreffen damit sowohl heutige wie zukünftige Generationen. Aus dieser Problemtopographie können folgende Schlüsse gezogen werden:

- Die genannten Kurzzeitprobleme fallen überwiegend verursachernah an. Ihre Bewältigung kann daher zumeist individuell gehandhabt werden. Sie unterliegt dann lediglich dem Gebot ökonomischer Klugheit einzelner Akteure.
- Die Probleme auf regionalen Skalen betreffen immer die Gemeinschaft, da sie sich nicht mehr auf einen Verursacher und seinen Besitz zurückführen bzw. begrenzen lassen. Teilweise tritt das Problem zusätzlicher Fernwirkungen durch Wechselwirkungen mit benachbarten Umweltsphären oder -medien hinzu („Saurer Regen"). Ein gerechter Lastenausgleich wäre dann durch die Akteure bzw. durch die Gesellschaft zu treffen. Die Regulierung festgestellter oder zu vermeidender Probleme könnte sich an den, den bestehenden umweltrechtlichen Bestimmungen zugrundeliegenden Solidar- und Gemeinlastprinzipien orientieren. Das Vorstehende gilt grundsätzlich und verstärkt auch für globale Probleme. Aufgrund ihrer grenzüberschreitenden Natur kann aber auf einzelstaatliche Rechtsetzungen nicht zurückgegriffen werden. Bei ihrer Regelung müssen daher internationale Vertragslösungen angestrebt werden, bei denen ein fairer Ausgleich der Interessen gemäß ethisch legitimierter Prämissen erzielt werden sollte.
- Eine weitere Herausforderung vieler, insbesondere globaler Umweltprobleme, entsteht durch ihre Langzeitwirkung und durch die damit erwartbare Betroffenheit auch zukünftiger Generationen. Sollten deren Belange durch heutiges Umwelthandeln ebenfalls berücksichtigt werden, wie es z.B. das Umweltpflegeprinzip des Grundgesetzes (Art. 20a) oder die Grundsätze der UN–Klimarahmenkonvention (Art. 3) vorsehen, wäre Vorsorge auch zum Vorteil von noch nicht Existierenden zu treffen. Dies kann, aber muss nicht notwendigerweise präventive gegenüber kurativen Handlungsoptionen auszeichnen. Die Reichweite entsprechend einzugehender Verpflichtungen wäre durch die erwartbaren Remissionsintervalle der Umweltprobleme bzw. durch die Zumutbarkeit bestimmter residualer Risiken („Restrisiken") nach weitgehender Regenerierung/Sanierung gegeben. Darüber hinaus scheint auf Umsetzungsseite das Vorsehen gesellschaftlicher Lernprozesse – z.B. mit neuen Instrumenten umweltpolitischer Gestaltung – aufgrund der Vorläufigkeit und Unvollständigkeit des Wissens für die erfolgreiche Bewältigung von Langzeitproblemen von Vorteil zu sein.

2.1 Gesellschaftlicher Relevanz und Normativität

Die obigen Feststellungen verdeutlichen *wo* und *wann* mögliche unerwünschte Umwelteffekte menschlichen Handelns auftreten können. Auf dieser notwendigen diagnostischen Erkenntnisbasis lassen sich allerdings noch nicht gerechtfertigte Strategien zum Schutz vor Umweltproblemen und ihrer Vermeidung entwickeln. Das betrifft insbesondere auch Vermutungen darüber, *wem* für diese Probleme und ihre Lösung Verantwortung zugeschrieben werden kann. Konfligierende Handlungsziele und - begründungen verschiedener Umweltakteure, wie auch Interessen Betroffener (in Gegenwart und Zukunft) können Entscheidungsträger irritieren bzw. überfordern. Selbst demokratisch legitimierte und an der faktischen Akzeptanz von Mehrheiten orientierte Abstimmungsprozesse können auf lange Sicht betrachtet, für eine ausschließliche Orientierung ungeeignet sein, da sich wissenschaftliche Erkenntnislagen über Langzeitprobleme und ihre Beurteilung langfristig ändern werden, wie auch die mutmaßlichen Präferenzen und Lebensstile Zukünftiger. Somit wird sich der Beratungsbedarf für eine der Problemlage angemessenen Umweltpolitik nicht auf Machbarkeitsabschätzungen und kurzlebige faktische Interessenlagen der Öffentlichkeit beschränken können, sondern auch universell gültigen normativen Grundsätzen genügen müssen, wie sie die professionelle Ethik anbietet. Aus rationaler Sicht ist letztendlich nicht gefragt, was getan werden *kann*, oder was die Wünsche einzelner oder der Mehrheit sind, sondern was getan werden *soll*. Jenseits deskriptiver oder intuitiver Bemühungen kann nur die angewandte Ethik Konzeptionen bereitstellen, die auch die legitimatorische Basis für ein Umweltmanagement gibt, indem sie darlegt, *warum* bestimmte Handlungen oder Unterlassungen zu erfolgen haben. Auch anerkannte Prinzipien oder Leitbilder zum Umweltschutz, wie das Nachhaltigkeitsparadigma, sind ethisch fundiert oder können in diesem Sinne rekonstruiert werden. Normative Kraft ergibt sich daher daraus, was über Raum- und Zeitskalen hinweg als akzeptierbar gelten kann und nicht über das, was kurzfristig akzeptiert wird (Grunwald 2000a). Erst unter Einschluss dieser Aspekte wären hinreichende Bedingungen für eine umfassende Politikberatung gegeben.

3 Umweltethische Orientierung

Moralische Aspekte des Umwelthandelns sollten neutral und nach wissenschaftlichen Kriterien evaluiert werden, um Akzeptabilität sicherzustellen. Diesen Anforderungen genügt die philosophische Ethik. Damit können allerdings nicht immer einfache oder eindeutige Lösungen erwartet werden, da die praktische Ethik verschiedene Rechtfertigungskonzepte des Umwelthandelns anbietet, deren Befolgung unterschiedliche Konsequenzen für die Tolerierbarkeit von Umweltveränderungen und ihre Realisierung haben. Daher sollen die wesentlichen Unterschiede ethischer Grundansätze einander kritisch gegenübergestellt und auf ihre Einschlägigkeit für Langzeitprobleme hin untersucht werden.

3.1 Anspruch und Reichweite umweltethischer Konzepte

Kommentierte Übersichten existierender Ansätze für ein angemessenes Umwelthandeln bieten Ott (1994) und Krebs (1995) an. Sie lassen sich je nach Auswahl praktischer Subjekte und ihrer Kriterien, sowie resultierender Verpflichtungssphären vereinfacht physiozentrischen und anthropozentrischen Rechtfertigungskonzepten zuordnen. Im Sinne einer kompakten Darstellung sollen die Sonderformen des Bio- und Pathozentrismus nicht näher beschrieben werden, da sie Arten- und Tierschutz als Teilprobleme des Umweltschutzes regeln und tw. den o.g. Konzepten analoge Argumentationsstrukturen aufweisen.

Ethische Positionen holistischer bzw. naturalistischer Prägung gehen von der ökosystemaren Eingebundenheit und Abhängigkeit menschlicher Wirkungssphären aus. Ihre Vertreter formulieren Eigenrechte der Natur und ihrer Teile (z.b. auch der Böden) aufgrund der Existenz, Dynamik und unterstellten Ästhetik natürlicher Entitäten und der evolutionären Wurzeln des Menschen, die den Menschen zum Erhalt und Schutz seiner Umwelt um ihrer selbst „Willen" verpflichten. Dieser weit reichende Schutzanspruch ist aber ohne Weiteres nicht legitimierbar, da ihm ein *deskriptivistischer Fehlschluss* vom „Sein" zum „Sollen" zugrunde liegt. Er wird auch praktisch kaum einlösbar sein, da er bei konsequenter Auslegung mit modernen und freiheitlichen Gesellschafts- und Wirtschaftssystemen nicht kompatibel ist. Den holistischen Idealen lassen sich anthropozentrische Ansätze gegenüberstellen, die in dieser Hinsicht weniger problematisch sind. Nach dem von Kant (1911) formulierten *Kategorischen Imperativ* ließen sich ausschließlich solche Forderungen nach einem Umgang mit der Umwelt legitimieren, deren Maximen in die Formulierung allgemein akzeptierbarer und verbindlicher Normen einfließen könnten. Damit wäre auch die Berücksichtigung von berechtigten Ansprüchen Dritter möglich. Hinsichtlich der Beurteilung von *langfristigen* Umwelt- bzw. Bodenproblemen hat die klassische Normethik aufgrund ihrer Gegenwartsorientierung allerdings Defizite in ihrer zeitlichen Reichweite, die sich im Wesentlichen auf die Lebenswelt heute existierender Menschen beschränkt. Die Berechtigung zu einem „guten Leben" sollte aber auch künftig lebenden Menschen nicht versagt werden. Die vorsorgende Bewältigung langfristiger Umweltprobleme und -risiken entspräche dann der Forderung nach *Langzeitverpflichtung* heutiger für zukünftige Generationen.

Alternative ethische Ansätze zielen daher bei Bedarf auf eine anthropozentrische Erweiterung menschlicher Berechtigungen und Verpflichtungen jenseits des momentanen Erlebenshorizontes (Gethmann 1993).[1] Die

---

[1] Dies Desiderat wird auch von umweltökonomischer Seite geäußert (Hampicke 1992).

Überwindung eines „Partikularismus Gegenwärtiger" erscheint gerechtfertigt, solange die Problemdauer dies erfordert und Annahmen über die zukünftige Existenz Vorsorgeberechtigter nicht begründet ausgeschlossen werden können. Eine zeitliche Begrenzung der Verpflichtungssphäre diesseits der Enkelgeneration hingegen erschiene willkürlich. Dem Einwand, dass die zu fordernden Langzeitverpflichtungen heutige Generationen überfordern könnten, kann begegnet werden, indem auf die mit wachsender zeitlicher Distanz abnehmende Verbindlichkeit dieser Verpflichtungen verwiesen wird (Gethmann u. Kamp 2000). Die zeitliche Veränderung des Maßes einer Verpflichtung hängt u.a. mit dem wachsenden Nicht–Wissen über die tatsächlichen Folgen eines Langzeitproblems und die zu schützenden Präferenzen oder Interessen Zukünftiger und ihrer technischen Möglichkeiten der Abwehr von Umweltgefahren zusammen. Der o.g. Gradierung von Langzeitverpflichtungen werden mit dem impliziten Vorwurf des Paternalismus Konzepte intergenerationeller Gleichheit (Leist 1996) und von Wahlfreiheit (Weikard 1999) gegenübergestellt, die den heutigen Generationen vergleichsweise höhere Verzichtsleistungen auferlegen würden. Zum letzten Punkt sei aber auf die möglicherweise wahlfreiheitsfördernden Potentiale (zukünftiger) technischer Entwicklungen hingewiesen, die im Sinne eines Chancengewinns Zukünftiger gewertet werden könnten. Von den investierten Zukunftsannahmen hängt letztlich ab, welches Konzept heutigen *und* zukünftigen Generationen „gerecht" wird.

Weitere Konkretisierungen hinsichtlich des Umfangs zukünftig einzuräumender Wahlfreiheiten oder zu übernehmender Verpflichtungen können an dieser Stelle nicht vorgenommen werden. Es erscheint allerdings nachvollziehbar, dass die Werte entsprechender Verpflichtungsgrade weder bei Null, noch im Maximum möglicher Verbindlichkeiten liegen sollten (Abb. 1). Daher scheinen moderate Verzichtsleistungen heutiger zugunsten zukünftiger Generationen angemessen zu sein.

3.2 Intergenerationelle Umweltgüter?

Gefährdete Umweltmedien oder -ressourcen können in der Langzeitperspektive als Gemeinschaftsgüter heutiger und zukünftig lebender Personen beschrieben werden. Dies trifft selbst für Bodenflächen zu, für die Eigentumsvorbehalte momentaner Besitzer ausgesprochen werden können. Moralisch problematisch wird die Nutzung, aber auch der Schutz sich verbrauchender Umweltgüter, was in ein Handlungsparadox führen kann: Einerseits wäre zum Wohle zukünftiger Generationen der umfassende Schutz entsprechender Ressourcen erforderlich. Andererseits müssten sie sich mit der selben Argumentation gleichen Verzichtsforderungen unterwerfen, mit der Konsequenz, dass über die Ressourcen zu keiner Zeit verfügt werden kann. Dies widerspricht sowohl dem Nutzungszweck von Ressourcen, als auch dem Zweck ihres Schutzes, der mit dem Nutzungszweck Zukünftiger korrespondiert. Ein

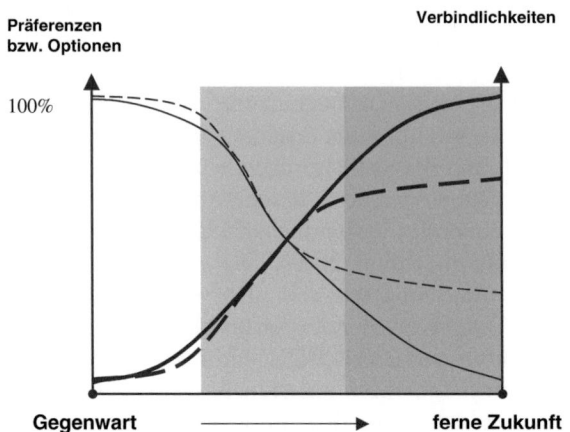

Abb. 1. Schema der Gradierung von Langzeitverpflichtungen: Ungewissheiten über zukünftige Präferenzen (durchgezogene Linie; fett) bzw. Erwartungen an Wahlfreiheiten (gestrichelte Linie: fett) und resultierende Verpflichtungsgrade (entsprechende dünngedruckte Kurven) für das Umwelthandeln in der nahen und fernen Zukunft. Weiße, graue und dunkle Felder markieren die intragenerationelle, die intergenerationalle und die Langzeit–Perspektive. Letztere kennzeichnet den Horizont zahlreicher Umweltprobleme (nach Lingner 2000).

Ausweg aus diesem Dilemma bietet die o.g. Gradierung von Langzeitverpflichtungen bzw. Verzichtserwartungen, die moderate Ressourcenverbräuche und Veränderungen der Umweltqualität legitimieren würden. Analog bietet das Langzeit–Diskontierungsmodell von Bayer (2000) eine ökonomistische Lesart normativer Prämissen des Umwelthandelns jenseits neoliberaler Zeitpräferenzorientierungen. Voraussetzung eines akzeptierbaren Langzeitdiskontierens von Umweltgütern wären technisch erwartbare Substitutionspotentiale und vorzusehende Kompensationen zu ihrer Erschließung. Entsprechend geförderter Ausgleich für zukünftig wählbare Handlungsoptionen oder gar ihre Erweiterung rechtfertigt moderates Diskontieren von Umweltqualität. Da diese gemäß der jeweilig geltenden gesellschaftlichen Anforderungen an die Umweltqualität zeitweise neu bewertet werden muss, wären die Raten ihrer Diskontierung entsprechend anzupassen.

4 Intergenerationelle Lernprozesse

Grundsätzliche Probleme langfristigen, auch beratenden Umwelthandelns bestehen in normativer *und* prozeduraler Hinsicht. Hinsichtlich des ersten Punktes wurde vorstehend ausgeführt, warum Handlungen und Unterlassungen im Umgang mit der Umwelt zu rechtfertigen sind, was einschließt, dass präsentische Personen u.U. Verzichtsleistungen zugunsten Zukünftiger akzeptieren müssen, ohne selbst in den Genuss der intendierten Folgen zu kommen. Unter prozeduralen Aspekten sind – trotz vieler Bemühungen und Erfolge auf Modellierungsseite – die Unsicherheit und Unvollständigkeit des Wissens über die langfristige Entwicklung der Umwelt und die Ungewissheit über Konsequenzen heutigen Umwelthandelns erheblich, da sie die Möglichkeiten in die ferne Zukunft gerichteter Planungen einschränken. Für die Akteure und ihre Berater stellt sich also neben der Legitimationsfrage das Problem, wie ein langfristiger Umweltschutz angesichts des begrenzten Wissens projektiert werden sollte.

Langfristige Umweltprozesse und mögliche Eingriffe in diese Prozesse betreffen voraussichtlich nicht nur eine sondern *mehrere* zukünftige Generationen. Damit werden auch Angehörige zukünftiger Generationen einer Fernverpflichtung unterliegen, unwünschbare Umweltentwicklungen zu vermeiden. Sie werden dann auf der Basis der jeweils aktuellen wissenschaftlichen Datenlage zu entscheiden haben. Da entsprechende Handlungen von Personen zukünftiger Generationen auch unter Unsicherheit stattfinden werden, könnten sie möglicherweise von analogen Begründungs- und Entscheidungsprozessen früherer Generationen profitieren. Die Kenntnis über die Gelingensbedingungen damaliger Entscheidungen versetzt Zukünftige in die Lage, Analysen und Bilanzen langfristigen Umwelthandelns *ex post* durchzuführen, d.h. die vormals durchgeführten Langzeithandlungen auf ihr Gelingen oder Misslingen hin zu untersuchen, um aus den überlieferten Erfahrungen für ihre eigenen Entscheidungssituationen zu lernen. Es besteht also prinzipiell die Möglichkeit des intergenerationellen Lernens. Allerdings werden bestimmte Voraussetzungen erfüllt sein müssen, die Lernprozesse[2] zukünftiger Generationen auch tatsächlich ermöglichen werden. Von zentraler Bedeutung sind die Kriterien der Rationalität, Interdisziplinarität und Transparenz, die in den folgenden Abschnitten näher erörtert werden.

4.1 Rationalität

Das hier zugrunde gelegte Verständnis von Rationalität orientiert sich am pragmatischen Rationalitätsbegriff von Grunwald (2000b)[3], der vierstellig rekonstruiert wird:

> „Eine Handlung wird als rational bezeichnet, relativ zu einem Beurteilungskatalog, zu dem Stand des Kontextwissens und zu den Anforderungen an die Extension des Verallgemeinerungsbereiches."

Für eine rationale Beurteilung des Umwelthandelns wäre demnach zunächst ein Katalog zu erstellen, der *substanzielle Setzungen* (Standards)

---

[2] Zu Lernprozessen in Zusammenhang mit gesellschaftlicher Technikgestaltung vgl. Grunwald (2000b), S. 140ff und S. 241ff.

[3] Für weiterführende Fragestellungen wird auf die o.g. Quelle verwiesen, die eine detailliertere Darstellung sowie ein reichhaltiges Literaturverzeichnis anbietet.

auflistet, soweit sie als kulturell vorgegeben bzw. als lebensweltlich zwingend erachtet werden können. Dies wäre beispielsweise für den zugeschriebenen Schutzstatus bestimmter Umweltgüter erheblich. Was das *Kontextwissen* anbelangt, wird Rationalität immer relativ zum erreichten Wissensstand beurteilt. Im Falle der komplexen Klimaproblematik kommt der Festlegung der Wissensbereiche und ihrer Konkretisierungen eine besondere Bedeutung zu, denn es muss begründet werden, warum bestimmte, teilweise sogar umstrittene wissenschaftliche Erkenntnisse als relevant in das Kontextwissen aufgenommen werden und andere wiederum nicht. Das gilt auch für die vorgängige Auswahl disziplinärer Zugänge zum Problem. Schließlich sei noch der *Extensionsbereich* festzulegen, da Handlungen nicht unbedingt – im universalistischen Sinne – für „jedermann" verständlich sein müssen. Hinreichend wäre es bereits, wenn sie für die Konfliktbeteiligten nachvollziehbar und akzeptabel und somit transsubjektiv rational sind.[4] Im Falle des Klimaproblems könnte allerdings die Extension des Verallgemeinerbarkeitsbereiches die gesamte Menschheit umfassen, da langfristige Klimaprozesse und ihre Folgen weltweite Auswirkungen haben können. Für die umweltpolitische Beratungspraxis auf nationaler Ebene könnten dies auch „nur" die Bürger eines Staates sein.

Die Begründung und *Beurteilung rationaler Handlungsempfehlungen* kann durch anerkannte Verfahren diskursiver Argumentation erfolgen.[5] Im Diskurs werden Argumente und Rechtfertigungen möglichen Umwelthandelns auf ihr Problemlösungspotential hin kritisch geprüft. Dabei sind notwendige Kohärenz- und Konsistenzforderungen zu erfüllen. Die transsubjektive Geltung vorgebrachter Argumentationen wird prozedural erzeugt, wobei auch die integrierende Reflexion im Lichte neuer diskursiver Erkenntnislagen als rationalitätsstiftendes Merkmal der Prozedur zu nennen ist. Beispielsweise könnten auf diese Weise auch die Geltungsbedingungen ausgesprochener Handlungsempfehlungen und damit ihrer Grenzen expliziert werden, ohne deren Kenntnis nur unbefriedigende Umsetzungsresultate erwartet werden dürften.

4.2 Interdisziplinarität

Fragen der Umweltforschung und Problemstellungen des Umweltschutzes tangieren verschiedene wissenschaftliche Disziplinen. Infolgedessen müssen diese in entsprechende erkenntnisbildende Prozesse einbezogen und in geeigneter Weise zueinander in Beziehung gesetzt werden. Die Lösung von Problemen angemessenen Umwelthandelns erfordert daher ein interdisziplinäres Vorgehen. Dabei sind Interdisziplinarität und Multidisziplinarität streng voneinander zu unterscheiden, da letztere unterschiedliche wissenschaftliche Disziplinen lediglich zu einem Thema bündelt, ohne ihre hier gleichfalls notwendige

---

[4] Beispielsweise wäre das in einem innerfamiliären Konflikt die Familie als begrenzter Teil des gesellschaftlichen Ganzen.

[5] Grunwald (2000b), S. 197

inhaltliche Integration sicherzustellen.⁶ Durch die genannte Integrationsleistung wird Interdisziplinarität zu einem zeit- und arbeitsaufwendigen Unternehmen, das über die Qualitätssicherung seiner disziplinären Anteile deutlich hinausgeht.

Dabei ist bereits zu Beginn eines interdisziplinären Umweltvorhabens zu ermitteln, welche Aspekte aus welchen wissenschaftlichen Perspektiven für die Beantwortung der Fragestellung als *relevant* erachtet werden können (Decker u. Grunwald 2001). Durch diese Relevanzentscheidungen wird begründet, welche Disziplinen sich in welchem Maß mit bestimmten Fragestellungen des Problemfeldes auseinander zu setzen haben.⁷ Zwischen den relevanten Disziplinen ist außerdem eine pragmatische Kompatibilität herzustellen, um die Anschlussfähigkeit erzielter disziplinärer Ergebnisse zu gewährleisten. Beispielsweise sollte die juristische, ökonomische und ethische Reflexion langfristiger Umweltprobleme auf die wissenschaftlich–technische Erkenntnislage zielen, während umgekehrt von wissenschaftlich–technischer Seite Aspekte mit gesellschaftlicher Relevanz vertieft werden sollten, zu denen auch von den kulturwissenschaftlichen Disziplinen Beiträge erwartet werden können.

4.3 Prozedural legitimierte Handlungsempfehlungen und Transparenz

Die vorstehend erläuterten Kriterien der „Interdisziplinarität" und „Rationalität" beinhalten bestimmte Anforderungen an eine Prozedur, mit der begründete und legitimierte Handlungsempfehlungen für das umweltpolische Handeln entwickelt werden sollen. Hierfür könnte die nachfolgend beschriebene Prozedur beispielhaft sein, die als sog. *Projektgruppenprinzip* an der Europäischen Akademie etabliert ist und die für sich beansprucht, im Vorfeld entsprechender Beratungsleistungen durch interdisziplinäre Expertendiskurse rationale Technikfolgenbeurteilungen auch im Umweltbereich realisieren zu können.

Bereits in der Explorationsphase des Vorhabens sind Relevanzentscheidungen der Art zu treffen, dass relevante Fragestellungen in ein Arbeitsprogramm aufgenommen werden und darauf aufbauend relevante wissenschaftliche Disziplinen oder Fachbereiche als zu berücksichtigende ausgezeichnet werden. Für eine Auswahl entsprechender Experten ist ihre prä–diskursive Zustimmung zu einem Verfahren erforderlich, in dem sie sich verpflichten, ihre disziplinären Perspektiven so darzulegen und zu begründen, dass die Beteiligten⁸ aus anderen Disziplinendie vorgebrachten Feststellungen nachvollziehen können. Dabei müssen auch implizite disziplinäre Annahmen, die bei

---

⁶Beispiele wären Zusammenstellungen von Expertengutachten oder sequentielle Expertenbefragungen aus einzelnen Disziplinen zu einem Problembereich.

⁷Damit ergeben sich zwangsläufig auch disziplinäre Unterschiede in der Bearbeitungstiefe des Themas.

⁸In fachlichen Kontexten sind diese als „Laien" anzusehen und als solche zu berücksichtigen.

Diskussionen innerhalb des eigenen Faches als „common sense" angenommen werden können, expliziert und begründet werden. Ferner ist die Bereitschaft der Diskursteilnehmer erforderlich, ihre disziplinären Perspektiven der Erkenntnislage der interdisziplinären Projektgruppe entsprechend zu modifizieren. Diese Modifikation hin zur gemeinsamen interdisziplinären Perspektive wird durch *gemeinsame Verantwortung* der Projektresultate prozedural gesichert. Die interdisziplinäre Geltung der Ergebnisse wird zusätzlich durch Evaluierungen des Arbeitsprogramms und der Zwischenergebnisse durch externer Wissenschaftler gefestigt. Die Prozedur ist flexibel organisiert, so dass bedarfsweise ergänzende Studien oder Expertisen zu Spezialgebieten angefordert werden können. Diese interdisziplinäre Prozedur innerhalb und außerhalb der Projektgruppe lässt nicht nur begründbare Resultate erwarten, sondern auch ein hohes Maß an transsubjektiver Nachvollziehbarkeit und Verständlichkeit zugrundeliegender Argumentationen, z.B. für Empfehlungen bestimmter Handlungsweisen im Umweltkontext. Der erzielte Transparenzgewinn kommt letztendlich auch der interessierten Öffentlichkeit zugute, die von diesem verständnisfördernden Verfahren ebenfalls profitieren kann. Die Legitimation der Handlungsempfehlungen basiert nun auf dieser rationalen interdisziplinären Prozedur.

Für zukünftige Generationen bedeutet dieses Vorgehen, dass für eine zukünftige Analyse des Umwelthandelns *ex post* optimale Bedingungen ihrer Rekonstruktion geschaffen werden können, selbst wenn dass Ergebnis einer retrospektiven Analyse die getätigten Handlungsentscheidungen der Vergangenheit und ihre Konsequenzen als negativ qualifiziert. Für die Analyse ist es im Detail wichtig zu wissen, welche Ziele mit den Handlungen angestrebt wurden, welche Mittel dabei eingesetzt wurden, auf welchen Bewertungskatalog Bezug genommen wurde, welches Kontextwissen eingeflossen ist und welche begründeten Relevanzentscheidungen gefällt wurden. Der intergenerationelle Lerneffekt ergibt sich also aus der Analyse der Erfolge früherer Handlungen in Kenntnis ihrer Randbedingungen.

Diesem Aspekt wird in der Klimaproblematik oder anderen langfristigen Umweltproblemen eine besondere Bedeutung beigemessen, da zugehörige Handlungs- oder Unterlassungsfolgen auf Zeitskalen stattfinden, die viele Generationen umfassen. Ein scheinbares pragmatisches Paradox ergibt sich aufgrund der Tatsache, dass diese Langzeitperspektive ein planendes Handeln erfordert, aber keine Prozedur in dieser Perspektive eine Erfolgsgarantie in Aussicht stellen kann. Entsprechende Handlungsempfehlungen sollten sich daher im Rahmen „zielorientierter inkrementeller Planung"[9] bewegen. Zielgerichtete Handlungen sollten durch permanente Reflexion begleitet werden, so dass neue Erkenntnisse der Umweltforschung oder Veränderungen der Rahmenbedingungen eine Neuorientierung im Sinne einer „Kurskorrektur" ermöglichen können, ohne das anvisierte Ziel der Umweltpflege zu verwerfen. Dabei ist den

---

[9] Der Planungsprozess wird gemäß dem Modell des zielorientierten Inkrementalismus (Grunwald 2000b, S. 97–109) beschrieben.

Schritten flexibler Planung genügend Zeit einzuräumen, um Auswirkungen jeweils erkennbar werden zu lassen. Für langfristige Umweltprozesse spielen sich diese Zeiträume in der Größenordnung von Jahrzehnten ab.

Damit ist es im Bereich langfristigen Umwelthandelns für zukünftige Generationen im Sinne einer Fortschreibung flexibler Umweltplanung zwingend notwendig, Hintergründe und Informationen über heutige Handlungen zu erfahren.[10] Aus etwaig beobachtbaren Diskrepanzen zwischen angestrebten Zielen und jeweils erreichtem *status quo* lassen sich Fehl-, Über- und Untersteuerungen früherer Handlungen erkennen. Ferner können u.U. in den transparenten Begründungsketten Ursachen für diese Abweichungen ausgemacht werden. Mit der Möglichkeit intergenerationeller Lernprozesse können auch praktische Erfahrungen im Umgang mit neuen umweltpolitischen Instrumenten erlangt werden, über deren weiteren Einsatz dann begründet entschieden werden kann. Als Beispiele seien flexible Instrumente – wie der Handel mit Emissionszertifikaten – genannt, die von konzeptioneller Seite her vielversprechend erscheinen, aber aufgrund unzureichender Erfahrungen mit ihrer Effektivität und Kompatibilität im faktischen Umwelthandeln derzeit keine oder nur eine untergeordnete Rolle spielen.

5 Resümee

Ausgehend von der Wahrnehmung von Umweltproblemen, ihrer Risiken für die Gesellschaft(-en) auf unterschiedlichen Raum- und Zeitskalen und der Beschreibung möglicher Handlungsoptionen zu ihrer Bewältigung sind Ausführungen oder Unterlassungen von Handlungen im Umgang mit Naturgütern schon bei ihrer Planung *moralisch* zu legitimieren, wo Berechtigungen und Ansprüche Dritter tangiert werden können, um gesellschaftlich akzeptierbare Lösungen herbeiführen zu können. Dabei können umweltethische Gesichtspunkte einer umsichtigen Umweltnutzung bereits Handlungsorientierungen im vorrechtlichen Bereich geben und zur Rechtfertigung vorhandener oder geplanter umweltgesetzlicher Rahmen beitragen. Rationale Rechtfertigungsverpflichtungen des Umwelthandelns ergeben sich auch anlässlich modellierter, *unsicherer* Zukunftsprojektionen und resultierender Besorgnisse, soweit die *Plausibilität* der wissenschaftlichen Grundlagen gegeben ist bzw. transparent gemacht werden kann und die Akzeptanz befürchteter Umweltrisiken gefährdet ist. Dieser Rechtfertigungszwang erfordert universell gültige Maßstäbe, die aus der angewandten philosophischen Ethik heraus entwickelt werden können. Erst auf ihrer Basis lassen sich *operative Leitkonzepte* mit Langzeitperspektive, wie das Nachhaltigkeitsprinzip oder der „Tolerable Window Approach" (WBGU 1995) gründen, da „Nachhaltigkeit" nur kontextspezifisch akzeptiert werden kann und Tolerierbarkeitsmaße nicht ohne Weiteres aus der Naturbeschreibung oder ihrer Simulation konstruiert werden können.

---

[10]Dies geht damit weit über das wissenschaftliche Erkenntnisinteresse hinaus.

Als Mittel zur Umsetzung akzeptierbaren Umwelthandelns mit Langzeitwirkung scheinen Verfahren der inkrementellen Planung hinsichtlich bestehender wissenschaftlicher Unsicherheiten angemessen zu sein. Dabei erlaubt die flexible Planung auch die kritische Reflexion der vorläufigen Ziele eines umsichtigen Umgangs mit der Natur. Denkbar wäre dies möglicherweise infolge zukünftig geänderter gesellschaftlicher Präferenzen und „Inwertsetzungen" von Umweltgütern, mit entsprechenden Konsequenzen für das Maß weiter bestehender Fernverpflichtungen. Intergenerationelle Lernprozesse schließen daher auch Prozesse der Zielfindung und -evaluierung ein.

Abschließend kann festgestellt werden, dass Umweltfragen sowohl die systemanalytisch–beschreibende Umweltforschung und die Konzeption von geeigneten Umwelttechniken, wie auch die rationale Beurteilung von Umweltfolgen wissenschaftlich–technischer Entwicklungen in entscheidender Weise stimulieren. Dabei ist festzustellen, dass Systemanalyse und Technikfolgenbeurteilung als komplementäre Elemente zur Erforschung komplexer Umweltprobleme beitragen, indem sie quasi arbeitsteilig deskriptives und normatives Wissen bereitstellen bzw. reflektieren. Ein Konkurrenzverhältnis lässt sich somit nicht konstatieren. Beide methodischen Ansätze werden daher als unverzichtbare Instrumente im Vorfeld der Bewältigung von Umweltproblemen nach rationalen Maßstäben angesehen.

Literaturverzeichnis

1. Bayer, S. (2000): Intergenerationelle Diskontierung am Beispiel des Klimaschutzes. Metropolis, Marburg
2. BBodSchG (1998): Gesetz zum Schutz des Bodens (Bundesbodenschutzgesetz). Bundesgesetzblatt I. 1998, 16, S. 502–510
3. Decker M., Grunwald A. (2001): Rational Technology Assessment as Interdisciplinary Research. In: Decker M. (Hg.): Interdisciplinarity in TA. Implementation and its Chances and Limits. Springer, Berlin Heidelberg
4. Dobson, A.P., Bradshaw, A.D., Baker, A.J.M. (1997): Hopes for the future: Restoration Ecology and conservation biology. Science 277, S. 515–522
5. Gethmann, C.F. (1993): Langzeitverantwortung als ethisches Problem im Umweltstaat. In: Gethmann, C.F. et al. (Hrsg.): Langzeitverantwortung im Umweltstaat. Economica, Bonn
6. Gethmann, C.F. und Kamp, G. (2000): Gradierung und Diskontierung von Verbindlichkeiten bei der Langzeitverpflichtung. In: Mittelstraß, J. (Hrsg.): Die Zukunft des Wissens. Akademie-Verlag, Berlin
7. Grunwald, A. (2000a): Technology policy between long–term planning requirements and short–ranged acceptance problems. New challenges for technology assessment. In: Grin, J., Grunwald, A. (Hrsg.) Vision assessment: Shaping technology in 21st century society. Springer, Berlin Heidelberg
8. Grunwald, A . (2000b): Technik für die Gesellschaft von Morgen. Möglichkeiten und Grenzen gesellschaftlicher Technikgestaltung. Campus, Frankfurt
9. Hampicke, U. (1992): Neoklassik und Zeitpräferenz – der Diskontierungsnebel. In: Beckenbach, F. (Hrsg.) Die ökologische Herausforderung für die ökonomische Theorie. Metropolis, Marburg

10. IPCC (2001a): IPCC WG2 Third Assessment Report, Summary für Policy Makers (Draft, 19 Feb. 2001)
11. IPCC (2001b): IPCC WG1 Third Assessment Report, Summary für Policy Makers
12. Kant, I. (1911): Grundlegung zur Metaphysik der Sitten. In: Kgl. Preußische Akademie der Wissenschaften: Kant's Werke, Band IV. G. Reimer, Berlin
13. Krebs, A. (1995): Naturethik – Eine kleine Landkarte. In: Nida-Rümelin, J. und von der Pfordten, D. (Hrsg.): Ökologische Ethik und Rechtstheorie. Nomos, Baden-Baden
14. Leist, A. (1996): Ökologische Ethik II: Gerechtigkeit, Ökonomie, Politik. In: Nida- Rümelin, J. (Hg.): Angewandte Ethik. Kröner, Stuttgart
15. Lingner, S. (2000): Soil contamination and long–term obligations for soil protection. In: FZK, TNO, UFZ (Hgg.): Contaminated Soil 2000. T. Telford, London
16. Ott, K. (1994): Ökologie und Ethik. Ein Versuch praktischer Philosophie. Attempo, Tübingen
17. Sprinz, D. und Vaahtoranta, T. (1994): The Interest–based Explanation of International Environmental Policy. Int. Organ. 48 (1), S. 77–105
18. Statistisches Bundesamt (1999): Statistisches Jahrbuch 1999 für die Bundesrepublik Deutschland. Metzler-Poeschel, Stuttgart
19. WBGU (1995): Welt im Wandel: Wege zur Lösung globaler Umweltprobleme. Jahresgutachten 1995. Wissenschaftlichen Beirat der Bundesregierung Globale Umweltveränderungen. Springer, Berlin
20. Weikard, H.-P. (1999): Wahlfreiheit für zukünftige Generationen. Neue Grundlagen der Ressourcenökonomik. Metropolis, Marburg

Zwischen „roter" Hoffnung und „grüner" Ablehnung. Die öffentliche Wahrnehmung der Gentechnik in Deutschland

Jürgen Hampel, Andreas Klinke und Ortwin Renn

1 Einleitung: Gentechnik – ein Feld permanenter Kontroversen

Seit ihrer ersten öffentlichen Präsentation vor nunmehr fast 30 Jahren hat die Gentechnik kontroverse Diskussionen hervorgerufen. Beschränkte sich die Diskussion anfänglich auf die beteiligten Wissenschaftler, die Fragen der Laborsicherheit thematisierten, wurde Gentechnik in den 1980er Jahren auch ein Thema öffentlicher, gesellschaftlicher Diskussionen und ist es, mit wechselnden Themen, seither geblieben, wobei sich nicht nur die Anwendungsfelder der Gentechnik enorm ausgeweitet haben, sondern auch die Inhalte der Diskussionen, die über diese Technologie geführt wurden

Gentechnik ist ein Oberbegriff für verschiedene Disziplinen. Ihre Anwendung kann grob in zwei Hauptfelder sowie in mehrere Teilgebiete unterteilt werden. Eines der Hauptfelder ist die sogenannte ‚rote Gentechnik'. Die dazu gehörigen Anwendungen liegen hauptsächlich im therapeutischen und diagnostischen Bereich, wohingegen Gentechnik in der Pharmazeutik hauptsächlich zur Entwicklung, und in eingeschränkterem Maße zur Produktion von Pharmazeutika verwandt wird.[1] In jüngerer Zeit kamen weitere, direkt am menschlichen Genom ansetzende medizinische Anwendungen in die fachwissenschaftliche Diskussion, von der Präimplantationsdiagnostik (PID) bis hin zum therapeutischen Klonen menschlicher Zellen. Die Diskussionen über diese Anwendungen, die das politische Regulierungssystem vor große Herausforderungen stellen, haben in jüngster Zeit eine breite Öffentlichkeit erreicht.

Anwendungen in der Landwirtschaft, das zweite Hauptgebiet für Anwendungen der Gentechnik, werden auch als „grüne Gentechnik" bezeichnet. In diesem Gebiet geht es um genetische Veränderungen zur Schaffung von Resistenzen gegen Herbizide, um Produktivitätssteigerungen und Qualitätsverbesserungen.

Während sich die Diskussion über die medizinischen Anwendungen der Gentechnik vor allem auf ethische Fragen konzentriert, worauf die Politik beispielsweise mit der Einrichtung eines Nationalen Referenzzentrums für

---

[1] Heutzutage werden bereits genetisch veränderte Alpha Interferone zur Therapie von Leukämie sowie Beta Interferone zur Therapie von multipler Sklerose verwendet. Geimpfte Seren mit genetisch modifizierten Antigenen versprechen einen stärkeren Schutz gegen Hepatitis.

Ethik², dem Nationalen Ethikbeirat und der Enquetekommission Recht und Ethik der modernen Medizin³ reagierte, drehte sich die Diskussion bei der grünen Gentechnik vor allem um die unbeabsichtigte Auskreuzung gentechnisch veränderter Pflanzen, um Langzeitwirkungen sowie um gesundheitliche Auswirkungen des Verzehrs gentechnisch veränderter Nahrungsmittel. Auffällig ist, dass in der Diskussion über die Risiken der landwirtschaftlichen Biotechnologie unterschiedliche Risikoansätze angewendet werden. Während die Unterstützer dieser Technologie einem auf wissenschaftlicher Beweisbarkeit basierenden technischen Risikokonzept folgen, fordern Gegner der Gentechnik eine Einbeziehung auch hypothetischer Risiken und folgen somit Konzepten von neuen Risiken oder evolutionären Risiken (Beck 1996, Bonß 1995, Krohn u. Krücken 1993 etc.). Die ‚neue Qualität' genetischer Eingriffe, verbunden mit Ungewissheitspotentialen (von Schell 1994), kann in vier Risikofelder unterschieden werden: i) das Übergreifen gentechnischer Veränderungen auf andere Pflanzenpopulationen; ii) unkontrollierte Verbreitung transgener Eigenschaften sowie unerwünschte Nebeneffekte; iii) Allergene in Lebensmitteln; sowie iv) die beschleunigte Abnahme der Diversität von Getreidepflanzen und die daraus folgenden Konsequenzen für die globale Nahrungsmittelproduktion.⁴ Über verschiedene Maßnahmen wird versucht, die Risiken zu kontrollieren. So werden transgene Organismen vor Freisetzungen kontrolliert und nur schrittweise freigesetzt (bezüglich der Ausnahmen in Entwicklungsländern sowie ost-europäischen Ländern siehe Sojref u. Thamm 1997, sowie de Kathen 1996). Da die Behauptung von Risiken nicht widerlegt werden kann, lässt sich die von einigen Kritikern der Gentechnik geforderte Risikofreiheit allein schon aus logischen Gründen nicht herstellen. Risikodiskussionen lassen sich daher nicht mit letztgültiger Sicherheit auflösen.

In den Jahren 1996 und 1997 haben zwei Ereignisse die Diskussion über Gentechnik nachhaltig beeinflusst und stimuliert (Grabner et al. 2001). Im November 1996 erreichten die ersten Schiffe mit genetisch modifizierten Sojabohnen europäische Häfen, und im Februar 1997 wurde das Schaf Dolly geboren, der erste Klon von erwachsenen Zellen. Beide Ereignisse riefen ein großes Medienecho sowie gesellschaftliche und politische Kontroversen und regulative Aktivitäten hervor. War die Diskussion über Gentechnik für die breite Öffentlichkeit bis Ende 1996 eher eine hypothetische Diskussion, die um mögliche Entwicklungen geführt wurde, entwickelte sie sich nach diesen Ereignissen zu einer Diskussion über reale Möglichkeiten und Risiken. Das Jahr 1996, das in Europa zu grundlegenden Veränderungen der Diskussion über Gentechnik führte, kann als Scheidepunkt in der europäischen Debatte um Biotechnologie und Gentechnik gesehen werden (vgl. Grabner et al. 2001), die seither die Schlagzeilen in Europa nicht mehr verlassen hat.

---

²http://www.drze.de

³http://www.bundestag.de/gremien/medi/index.html

⁴Für eine detaillierte Beschreibung der vier Felder siehe WBGU 2000.

2 Forschungsaktivitäten der Akademie für Technikfolgenabschätzung im Bereich Gentechnik

Die gesellschaftliche, wirtschaftliche und politische Bedeutung der Gentechnik ist einer der Gründe dafür, dass ihre Wahrnehmung durch die Öffentlichkeit eines der zentralen Themen der Arbeit der Akademie für Technikfolgenabschätzung (TA–Akademie) ist. Die Aktivitäten der TA–Akademie in diesem Feld umfassen Ansätze partizipativer Technikfolgenabschätzung ebenso wie wissenschaftliche Forschungsprojekte. 1995 diskutierten 200 ausgewählte Bürgerinnen und Bürger in Bürgerforen die Möglichkeiten und Risiken der Anwendung der Gentechnik in der Landwirtschaft und formulierten schließlich ein konsensuales Bürgergutachten (Akademie für Technikfolgenabschätzung 1995). Eine weitere zentrale Aktivität der TA–Akademie war ein von der TA–Akademie koordiniertes großangelegtes interdisziplinäres Verbundforschungsprojekt zum Thema „Gentechnik in der Öffentlichkeit" (Hampel u. Renn 1999).

Die Forschungsaktivitäten der TA–Akademie über die Wahrnehmung der Gentechnik in der Öffentlichkeit sind nicht beschränkt auf die Bundesrepublik Deutschland, sondern schließen die europäische Ebene mit ein. So ist die TA–Akademie an der ‚International Research Group on Biotechnology and the Publik' beteiligt, welche die Wahrnehmung von Biotechnologie und Gentechnik auf der EU–Ebene untersucht (siehe Durant et al. 1998, Gaskell u. Bauer 2001). Diese Forschungsgruppe entwickelte und analysierte die Eurobarometer–Studien 46.1 (1996) sowie 52.1 (1999), die die Europäische Kommission zur Untersuchung der Wahrnehmung von Biotechnologie in Auftrag gegeben hat. Auch auf der europäischen Ebene wurden Einstellungen nicht nur mittels des quantitativen Verfahrens der Umfrageforschung erhoben, in einigen Projekten, etwa zur Untersuchung der öffentlichen Meinung zur Nahrungsmittelbiotechnologie (PABE) oder zur Ermittlung der Quellen von Vertrauen und Risikowahrnehmungen, wurden auch qualitative Verfahren der empirischen Sozialforschung (Fokusgruppen) angewendet.

In diesem Beitrag werden die Ergebnisse der vielfältigen Forschungsaktivitäten der Akademie für Technikfolgenabschätzung hinsichtlich der öffentlichen Wahrnehmung von Biotechnologie und Gentechnik zusammengefasst.

3 Allgemeine Wahrnehmung und Bewertung von Gentechnik

Ältere Eurobarometer–Befragungen (EB1991, EB1993 und EB1996) zeigen, dass, im europäischen Kontext gesehen, die Deutschen eher zurückhaltend auf die Gentechnik reagieren (vgl. Hampel u. Pfenning 1998). In diesen Umfragen zeigt sich Deutschland als ein Land, in dem die Unterstützung der

Biotechnologie und der Gentechnik niedriger ist als in den meisten anderen europäischen Ländern (INRA 1993, Kliment et al. 1995, Gaskell et al. 1998, Hampel 2000). Im Gegensatz zu der weitverbreiteten Meinung, dass die deutsche Öffentlichkeit die Risiken der Gentechnik überbetont, zeigen Analysen des Eurobarometers von 1996, dass – verglichen mit anderen Europäern – deutsche Befragte nicht das Risiko der Gentechnik überbewerteten, jedoch zu einem geringeren Grad als andere Europäer vom Nutzen der verschiedenen gentechnischen Anwendungen überzeugt waren. Darüber hinaus wurden in Deutschland stärker als in anderen Ländern die moralischen Probleme dieser Technologie reflektiert (Hampel 2000).

Zwischen 1996 und 1999 hat sich die Situation für die Gentechnik in Europa grundlegend geändert. Die Entwicklungen im Feld der Gentechnik, sei es der Import von genetisch veränderten Sojabohnen oder die Möglichkeit des Klonens von Säugetieren, fand seine Spiegelung in der öffentlichen Wahrnehmung von Biotechnologie und Gentechnik. Betrachtet man generelle Einstellungen zur Gentechnik, sieht man, dass diese Technologie in Europa 1999 wesentlich kritischer als 1996 beurteilt wurde (International Research Group on Biotechnology and the Public 2000). Im Unterschied zu zahlreichen anderen europäischen Ländern, in denen ein deutlicher Akzeptanzrückgang beobachtet werden kann, ist die Wahrnehmung durch die Öffentlichkeit in Deutschland bemerkenswert stabil geblieben.

Ein Vergleich der Ergebnisse der Eurobarometer–Studien von 1996 und 1999 zeigt eine hohe Stabilität der Einstellungen gegenüber Gentechnik im Laufe der Zeit, während in den meisten anderen europäischen Staaten eine substantielle Abnahme von positiven Bewertungen festzustellen ist. 32,1% (31,9% 1996) erwarten in Deutschland, dass sich ihr Leben durch die Gentechnik verbessern wird, 26,8% (27,9% 1996) erwarten Verschlechterungen, 19,2% (18,3%), dass die Gentechnik keine Auswirkungen auf ihr Leben haben wird, während 21,9% (22,3%) sich außerstande sehen, die Auswirkungen der Gentechnik auf ihr eigenes Leben abzuschätzen. Innerhalb der Europäischen Union ist Deutschland damit auf einem Mittelplatz. Skeptischere Einschätzungen als in Deutschland werden in Großbritannien, Dänemark, Finnland, Österreich und vor allem in Griechenland geäußert. Mit Ausnahme von Großbritannien gehörten diese Länder bereits 1996 zu den Ländern mit eher kritischen Einschätzungen der Gentechnik in der Öffentlichkeit. Trotz unveränderter Skepsis hat der drastische Akzeptanzrückgang in anderen europäischen Ländern die Folge, dass Anwendungen der grünen Gentechnik in Deutschland mehr Unterstützung findet als in den meisten anderen europäischen Ländern, von den Niederlanden und Finnland einmal abgesehen. Obwohl Teilnehmer der Debatte um Biotechnologie in Deutschland behaupten, dass die deutsche Öffentlichkeit zu hysterischen Reaktionen neigt, geben die erhobenen Indikatoren ein anderes Bild ab. Gentechnik ist in Deutschland nicht Gegenstand alltäglicher Konversationen, und die Häufigkeit von Diskussionen scheint sogar abgenommen zu haben. Trotz einer starken Zunahme der Medienberichterstattung über dieses Thema (Hampel et al. 2001) verweist die Befragung von 1999 gegenüber der Erhebung von 1996 auf einen Rückgang alltäglicher Kommunikation über Gentechnik. Während im 1996er Eurobarometer nur 24% der Befragten angaben, vor dem Interview noch nicht über Biotechnologie gesprochen zu haben, war es im Eurobarometer 1999 beinahe ein Drittel (31,4%). Nur für 7% ist Gentechnik ein häufig diskutiertes Thema. Die Interpretation, dass Biotechnologie oder Gentechnik als Themen keine große Bedeutung in der Alltagskommunikation erfahren, wird auch durch die Bekanntheit gentechnischer Anwendungen gestützt. Betrachtet man verschiedene Anwendungen, ist die Zahl der Befragten die nie zuvor von diesen Anwendungen gehört haben überraschend hoch; ausgehend von 32,2%, die niemals über den Gebrauch von Biotechnologie in der Nahrungsmittelproduktion gehört hatten, beispielsweise um ihren Proteingehalt zu erhöhen, den Geschmack zu verändern oder sie länger haltbar zu machen, bis hin zu 68%, die nie zuvor von genetisch modifizierten Bakterien zur Beseitigung von Ölteppichen oder gefährlichen Chemikalien gehört hatten. Betrachtet man diese Fakten ist es nicht überraschend, dass der Wissensstand sehr gering ist. Nur einer von neun Befragten (11,7%) bezeichnet sich als ausreichend informiert. Der Löwenanteil jedoch, beinahe 80%, sehen sich als unzureichend informiert. Allerdings ist der Mangel an Informationen nicht nur eine individuelle Eigenschaft. Der Mangel an Wissen, besonders an Wissen über die Langzeiteffekte und Nebeneffekte, wird ebenso der ‚scientific community' selbst zugeschrieben (siehe Schütz et al. 1999). Der Informationsstand wird nicht nur durch ein „wir wissen es nicht", sondern auch durch ein „sie wissen es nicht" beschrieben.

Die öffentliche Meinung selbst wird als skeptischer eingeschätzt als das tatsächliche Meinungsbild, das sich aus der Aggregierung der individuellen Einstellungen ergibt, tatsächlich ist. Befürworter der Biotechnologie sehen sich selbst mehr als eine abweichende Minderheit und unterscheiden sich darin deutlich von Gegnern der Biotechnologie, die davon überzeugt sind, mit der öffentlichen Meinung übereinzustimmen. Allerdings hat die Einschätzung, von der öffentlichen Meinung abzuweichen, keinen Einfluss auf die Kommunikationsbereitschaft zum Thema Biotechnologie, was nicht zuletzt daran liegt, dass sich nicht nur Gegner, sondern auch Befürworter der Gentechnik in Übereinstimmung mit ihren jeweiligen persönlichen Netzwerken sehen (Hampel u. Pfenning 1999).

Im Unterschied zur Gentechnikdiskussion, die vor allem als Risikodiskussion geführt wird, ist Risiko hinsichtlich der allgemeinen Akzeptanz von Gentechnik kein bedeutender Faktor. Analysen des Eurobarometers von 1996 ergaben, dass die Risikoabschätzung – verglichen mit der Nützlichkeit und der moralischen Bewertung – nur von marginaler Bedeutung für die Akzeptanz oder die Ablehnung von biotechnologischen Anwendungen ist. Dieses überraschende Resultat kann erklärt werden, wenn wir uns vor Augen halten, dass die Gegner der Gentechnik betonen, dass die Risiken dieser Technologie den Nutzen weit übersteigen, die Befürworter aber in zwei etwa gleich große Gruppen zerfallen. Die eine Gruppe glaubt, dass der Nutzen dieser Technologie gegenüber den Risiken überwiegt, die andere Gruppe, dass Risiko und Nutzen sich die Waage halten (vgl. auch Hampel et al. 2001).

Während die Risikowahrnehmung selbst für die Unterstützung oder Ablehnung einer Anwendung nur von untergeordneter Bedeutung ist, sind andere Urteilsdimensionen, der wahrgenommene Nutzen und die ethische Bewertung, wesentlich bedeutsamer. In den beiden Eurobarometerbefragungen von 1996 und 1999 finden wir sehr hohe Korrelationen zwischen der Bewertung der Nützlichkeit, moralischer Akzeptabilität und der Unterstützung der jeweiligen Anwendung von Biotechnologie. Beim Eurobarometer 1999 sind bei allen Anwendungen mit Ausnahme der Nahrungsmittelbiotechnologie die Korrelationskoeffizienten zwischen diesen drei Indikatoren größer als 0,7. Das bedeutet, dass diese Beurteilungsdimensionen mehr als 50% gemeinsame Varianz haben und damit weitgehend das gleiche messen, was heißt, das Risiko, Nutzen und Ethik von den Befragten nicht klar voneinander geschieden werden – ein Ergebnis, dass 1996 so noch nicht zu finden war. Die Korrelation zwischen der Risikobewertung und den anderen Kriterien ist substantiell geringer – mit der Ausnahme von Anwendungen in der grünen Gentechnik ist sie kleiner als 0,4. Im Fall der Nahrungsmittelbiotechnologie ist die Korrelation zwischen der Bewertung der Nützlichkeit und der Unterstützung dieser Technologie kleiner als 0,7 (0,68). Bei dieser Anwendung ist die Risikodimension von größerer Bedeutung hinsichtlich der Unterstützung als bei den anderen untersuchten Anwendungen (r=-0,44).

Betrachten wir qualitative Analysen, sehen wir, dass das Risikoverständnis der Öffentlichkeit sich von dem der technischen Experten unterscheidet, ein Unterschied der, betrachtet man die wissenschaftliche Literatur zur Wahrnehmung von Risiko (Jungermann u. Slovic 1993), nicht überraschend ist: Stellen wir Fragen nach den Risiken der Gentechnik, sind wissenschaftliche Risiken nicht dominant und konkrete Risiken scheinen keine große Rolle zu spielen, dominant sind vielmehr unspezifische Risiken. Bedeutsamer als technische Risiken sind soziale Risiken, die Angst vor dem Missbrauch und Verweise auf die deutsche Geschichte während der 12jährigen Naziherrschaft (vgl. Zwick 1999). Für die Risikowahrnehmung ist die Neuartigkeit der Gentechnik von herausragender Bedeutung: die Menschen glauben an einem Experiment beteiligt zu sein, bei dem niemand den Ausgang kennt.

Ein weiteres, generelles Problem der Gentechnik ist ein Mangel an Vertrauen der Technisierung. Das Vertrauen in wissenschaftliche Experten ist sehr gering, nur 3% der Befragten in der deutschen Biotech–Studie glauben, dass sie aufgrund deren Wissen volles Vertrauen in wissenschaftliche Experten haben können (Peters 1999). Weder werden Experten als unabhängig betrachtet, noch glaubt man, dass sie die Fähigkeit zu einer umfassenden Einschätzung der Konsequenzen gentechnischer Anwendungen haben. Hinzu kommt, dass gesellschaftliche und politische Institutionen als überwiegend machtlos hinsichtlich der Entwicklung und der Anwendung von Biotechnologie betrachtet werden. Als dominante Akteure werden Wissenschaft und die Industrie wahrgenommen (Hampel u. Renn 1998).

Darüber hinaus wird die gesetzliche Regulierung der Gentechnik als nicht ausreichend gesehen. Nur eine Minderheit glaubt, dass man Gentechnik überhaupt regulieren kann. Es ist in diesem Zusammenhang wichtig, anzumerken, dass diese Vertrauenslücke nicht nur bei Gegnern der Gentechnik gefunden werden kann, sondern ebenso bei Befürwortern der Gentechnik gefunden werden kann.

4 Wahrnehmung und Bewertung der „roten" Gentechnik

Im Gegensatz zur generellen Sichtweise von Gentechnik, bei der wir eine hohe Urteilsunsicherheit und Ambivalenz feststellen können, erfolgen die Bewertungen einzelner Anwendungen unterschiedlicher und eindeutiger. Obwohl die medizinische Anwendung der Gentechnik der Ausgangspunkt der deutschen Debatte um Gentechnik war (Gill 1991), ist die Unterstützung für die medizinische Gentechnik sehr hoch. Das Eurobarometer 1999 zeigt, dass beinahe 70% (67,2% 1996) der Befragten die Einbringung menschlicher Gene in Bakterien zur Produktion von Medizin oder Impfstoffen, beispielsweise für die Herstellung von Insulin für Diabetiker, unterstützenswert finden, eine leichte Zunahme gegenüber 1996. Genetische Tests, um mögliche Erbkrankheiten aufzudecken werden von 69% der Befragten unterstützt (64,2% 1996), was in Anbetracht der doch kritischen Diskussion um die Präimplantationsdiagnostik überraschend hoch erscheint. Sogar das therapeutische Klonen, das in älteren Studien noch nicht berücksichtigt wurde, findet noch, wenn auch in deutlichem geringerem Umfang, die Unterstützung eines nicht unerheblichen Teils der deutschen Öffentlichkeit (50%).

Die Einstellungen werden kritischer, wenn Werte wie der Tierschutz angegriffen werden. Das Klonen eines Tieres, beispielsweise eines Schafes, das Milch mit therapeutischen Substanzen produziert, wird nur von einem Drittel der Befragten unterstützt.

Das Eurobarometer von 1999 erlaubt es, hinsichtlich der Bewertung des Klonens von Tieren stärker in die Tiefe zu gehen. Die Bewertung dieser Anwendung enthält zwei Komponenten, den mangelnden Nutzen sowie ein hohes Katastrophenpotential. 41% der Befragten gaben an, fest davon überzeugt zu sein, dass diese Anwendung der Gentechnik überflüssig sei. Nicht nur das, darüber hinaus wird das Katastrophenpotential dieser Anwendung sehr hoch eingeschätzt. Ungefähr 40% der Befragten glauben, dass das Klonen von Tieren die natürliche Ordnung stört, eine Aussage die nur von 10% der Befragten zurückgewiesen wird, 38% befürchten bei einem etwaigen Fehler katastrophale Auswirkungen, 37% empfinden starke Angst, wenn sie an diese Anwendung denken.

Worin sind die Gründe für die positive Bewertung der medizinischen Anwendungen zu sehen? Diese Anwendungen werden als nützlich für die Gesellschaft bewertet. Ausgehend von den Ergebnissen einer qualitativen Analyse (Schütz et al. 1999, Jungermann 1999), wird die Gentechnik in diesem Anwendungsbereich mit positiven Zielen verbunden, z.B. Gesundheit und Therapie. Aus diesen Gründen wird der Nutzen von Anwendungen im medizinischen Bereich eher hoch eingeschätzt.

5 Wahrnehmung und Bewertung der „grünen" Gentechnik

Während die meisten „roten" Anwendungen der Gentechnik von der Öffentlichkeit unterstützt werden, läßt sich ein erheblicher Widerstand gegen die sogenannte „grüne" Gentechnik in Deutschland antreffen – und nicht nur in Deutschland, sondern auch in anderen Ländern Europas (International Research Group on Biotechnology and the Public 2000).

Während die Übertragung von Genen aus bestimmten Pflanzenarten in Getreide um sie resistenter gegen Schädlingsbefall zu machen, noch von beinahe 50% der Befragten unterstützt wird, unterstützen nur noch 36,4% die Anwendung moderner Biotechnologie bei der Nahrungsmittelproduktion. Der starke Rückgang der Unterstützung der Anwendungen der Gentechnik in der Lebensmittelproduktion von 1996 auf 1997 (vgl. Hampel u. Pfenning 1999), ist in Deutschland 1999 wieder ausgeglichen, in den meisten anderen europäischen Ländern aber sehr ausgeprägt zu finden (International Research Group on Biotechnology and the Public 2000).

Beträchtlich geringer als die Unterstützung dieser Anwendungen ist allerdings die individuelle Bereitschaft, selbst gentechnisch hergestellte Nahrungsmittel zu konsumieren, die je nach Produkt bei 20 bis 25% der Befragten gefunden werden kann, wobei es keine Rolle spielt, ob die veränderte DNA noch im Endprodukt vorhanden ist oder nicht.

Gegenüber älteren Studien hat sich allerdings eine möglicherweise bedeutsame Veränderung ergeben. Gab es in älteren Studien, abgesehen von der Eindeutigkeit und Sicherheit des Urteils, keine Auswirkungen von Bildung und Wissen auf die Einstellungen zur Gentechnik, finden wir 1999, dass mit zunehmender Bildung sowohl die Unterstützung der Biotechnologie im Nahrungsmittelbereich als auch die Bereitschaft, genetisch veränderte Lebensmittel zu konsumieren, zunimmt.

Wenn wir uns mit den Gründen für die nur geringe Unterstützung von Gentechnik in der Landwirtschaft befassen, fällt zunächst einmal auf, dass, verglichen mit anderen Anwendungen, die Risikodimension von größerer Bedeutung für die Bewertung dieser Anwendung ist. Gentechnik in der Landwirtschaft wird als risikoreicher und weniger nützlich gesehen.

Hinsichtlich der Nahrungsmittelindustrie und der Nahrungsmittelproduzenten haben die Menschen ein relativ hohes Maß an Misstrauen – Misstrauen sowohl in die Produzenten als auch in deren Kontrollmechanismen. Immer neue Nahrungsmittelskandale, von denen die BSE–Krise nur eine ist, aber auch die Einführung mit Gentechnik produzierten Lebensmitteln ohne ausreichende Kennzeichnung haben zu einer grundlegenden Verunsicherung der Verbraucher geführt. Der Lebensmittelindustrie wird unterstellt, dass sie sich ohne ausreichende Berücksichtigung von Konsumenteninteressen einseitig an ökonomischen Verwertungsinteressen orientiert. Aus diesem Grunde glauben viele Konsumenten, dass gentechnisch veränderte Nahrungsmittel hauptsächlich aus dem Gewinninteresse der beteiligten Unternehmen gespeist wird.

Jede Anwendung der Gentechnik an Tieren, die zu Produktivitätssteigerungen führen soll, wurde vollkommen zurückgewiesen. Hier haben ethische Gesichtspunkte eine herausragende Bedeutung. Für Pflanzen sieht es etwas anders aus. Für Sojabohnen oder Mais werden beispielsweise ökologische Gründe wie unkontrollierbare und unbeabsichtigte Folgen für die Natur und Ökosysteme als Argument gegen die Gentechnik angeführt. Eine latente ethische Dimension als Grund für die Ablehnung dieser Anwendungen kann angenommen werden. Ökologische (z.B. unbeabsichtigte negative Auswirkungen und Risiken von Gentechnik), ökonomische (genetische Manipulation ist nicht notwendig, da das traditionelle züchten und produzieren bereits eine hohe Qualität besitzt), sowie kulturelle Argumente (Profit als einziges Argument für die Gentechnik) unterstützen die ablehnenden Einstellungen.

Obwohl positive Effekte für manche Bevölkerungsgruppen oder wichtige Minderheiten in einer Gesellschaft anerkannt werden, überwiegt die Skepsis hinsichtlich des Nutzens für die Gesellschaft als Ganzes. Teilweise wird das Argument angeführt, dass die GMOs dafür sorgen, dass genug Nahrungsmittel für die Menschen in unterentwickelten Ländern durch Gentechnik bereitgestellt werden können. Positive Assoziationen beziehen sich auch darauf, ein besseres Verständnis der Evolution durch Gentechnik zu erlangen. Jedoch überwiegen insgesamt die ökologischen, ökonomischen und kulturellen Kontra–Argumente gegenüber dem wahrgenommenen globalen Nutzen.

Es können Unterschiede zwischen Laien und Interessenvertretern in der Wahrnehmung und Bewertung von Gentechnik festgestellt werden. Des weiteren sind innerhalb der Gruppe der Interessenvertretern Unterschiede hinsichtlich ihrer Einstellung als Befürworter oder Gegner von Gentechnik zu erkennen. Der beträchtlichste Unterschied zwischen Befürwortern und Gegnern der GMOs im landwirtschaftlichen Bereich liegt in der Einschätzung des gesellschaftlichen Nutzens und der Langzeitrisiken. Vertreter der Industrie und der Wissenschaft gehen davon aus, dass der ökonomische Nutzen mit der Zeit eintreten wird, obwohl die ursprünglichen Erwartungen nicht erfüllt werden konnten. Im Unterschied dazu gehen die Gegner davon aus, dass der Nutzen nur den sowieso schon mächtigen Gruppen in der Gesellschaft zu Gute käme (Unternehmen und wissenschaftliche Institutionen), und dass die Konsumenten sowie die Gesellschaft insgesamt nicht den geringsten Vorteil von dieser Entwicklung haben werden. Zudem würden die Verbraucher von Langzeitrisiken bedroht werden, die gegenwärtig von niemandem genau eingeschätzt werden können. Befürworter hingegen sind davon überzeugt, dass die gegenwärtigen Risiken schon jetzt gering sind, und im Laufe der Zeit sich noch weiter verringern werden. Es ist der grundsätzliche Glauben, dass GMOs sich zu einem normalen, unangefochtenen Teil der Landwirtschaft entwickeln, ebenso wie die herkömmliche Züchtung es heute ist.

Trotz aller dieser Differenzen zwischen den Interessenvertretern stimmen diese darüber ein, dass die gesellschaftliche Akzeptanz der Gentechnik ungemein wichtig ist, und dass mit der Bevölkerung über diese Themen diskutiert werden solle. Sie befürworten Regulierungen hinsichtlich ‚realer' Risiken und ethischer Bedenken, lehnen jedoch kontraproduktive Bürokratie und ineffiziente regulatorische Bedingungen ab. Es scheint als ob die Zeit dafür gekommen wäre, auf diesem fragilen Fundament des gegenseitigen Verstehens aufzubauen, und eine neue Initiative des gemeinsamen Dialoges zur Zukunft der Gentechnik in der Landwirtschaft zu starten.

6 Schlüsselfaktoren für die Wahrnehmung, Einstellungen, und Rechtfertigungen

Ungewissheit und Ambivalenz: Alle technologischen Veränderungen von denen angenommen wird, dass sie Langzeiteffekte haben, werden als ungewiss bewertet. Sofern solche Technologien mit einem hohen Risikopotential verbunden sind, fällt die endgültige Bewertung sehr negativ aus. Zwei kognitive Prozesse untermauern dieses Urteil: Zum einen nutzen Individuen ihre vergangenen Erfahrungen als Messgröße für wissenschaftliche Vorhersagen. Sie sind davon überzeugt, dass in der Vergangenheit die meisten der getroffenen Vorhersagen von der Realität als falsch bewiesen worden sind. Somit wird wissenschaftlichen Vorhersagen oder Versprechungen eine hohe Ungewissheit zugeschrieben. Zum anderen geben Individuen ihren subjektiven Erfahrungen ein höheres Gewicht als den verallgemeinerten Erwartungen von Experten.

Ambivalenz ist Teil der individuellen Einstellungen wie der Bewertung des gesellschaftlichen Nutzens. In Abhängigkeit von der jeweiligen Anwendung und ihres gesellschaftlichen Nutzens setzen sich dementsprechende Bewertungen durch. Da Gentechnik in der Nahrungsproduktion als eine noch neue Technologie wahrgenommen wird und somit die Grundlage für eine Einschätzung aufgrund von Erfahrungen genommen ist, wird kognitive Dissonanz erlebt die es notwendig macht mit kognitiven Heuristiken zu arbeiten, wie beispielsweise Analogien, Metaphern und assoziative Verknüpfungen. Einerseits ist das Ergebnis dieses Prozesses die Forderung nach einem Null–Risiko bzw. absoluter Gewissheit. Andererseits wird versucht, diese Dissonanz zu reduzieren durch die Suche nach objektiven Informationen oder unparteiischen Bewertungen, beides jedoch ist für die Individuen nicht vorhanden. Aus diesem Grunde verlangen sie mehr öffentlichen Diskurs mit dem Ziel, bessere und ausgewogenere Informationen über die Vorteile und die Nachteile der Gentechnik zu vermitteln.

Misstrauen in Institutionen: Allgemein betrachtet kann man feststellen, dass Individuen privaten, öffentlichen sowie politischen Institutionen ein hohes Maß an Skepsis entgegenbringen, d.h. sie drücken gegenüber administrativen und politischen Institutionen sowie gegenüber der Wissenschaft ein starkes Misstrauen aus. Ein Resultat davon ist, dass Laien in erster Linie einfache Anhaltspunkte zur Abschätzung von Situationen verwenden. Beispielsweise sind sie davon überzeugt, dass die Ökonomie, bzw. das Geld, den stärksten Einfluss auf die Gesellschaft besitzt und in der Lage ist, Wissenschaft und Politik zu manipulieren. Obwohl die Konsumenten nur ein unzureichendes Wissen und mangelhafte Informationen über die in der Wissenschaft präsenten Kontrollsysteme und gesetzlichen Regelungen haben, ist eine sehr kritische Einstellung bezüglich öffentlichen und politischen Institutionen und Regulierungen entstanden. Auf besonderes Misstrauen stößt die transnationale Überwachung durch die EU, der regionale Überwachung vorgezogen wird.

Zum größten Teil treffen Individuen keine Unterscheidung zwischen ihrer Wahrnehmung von moderner Biotechnologie, Gentechnik oder anderen neuen Wissenschaften. Das Engagement von Wissenschaftlerinnen und Wissenschaftlern wird auf persönliche Neugier oder auf die privaten Interessen ihrer Auftraggeber zurückgeführt. Wissenschaftler für sich selbst werden wahrgenommen als Menschen, die sich oftmals der sozialen Auswirkungen ihrer Forschung nicht bewusst sind (ethische und moralische Dimensionen) sowie ethische Grenzen ihrer Forschung ignorieren. Diese Art von Ignoranz wird jedoch nicht einem bösen Willen oder teuflischen Institutionen zugeschrieben, sondern der Logik des Wissenschaftssystems selbst. Jede wissenschaftliche Lösung eines vorhandenen Problems kreiert ein weiteres Problem, d.h. die Wissenschaft generiert einen Teufelskreis von Lösungen und Problemen. Besonders die Gentechnik begibt sich oftmals in Dimensionen, wo die Zuverlässigkeit der Folgenabschätzung abnimmt und ethische sowie moralische Limits erreicht oder gar überschritten werden. Diese Annäherung an ethische Grenzen ist jedoch nicht ein Problem der Wissenschaftlerinnen und Wissenschaftler, vielmehr scheint es ein der Logik des Wissenschaftssystems inhärentes Phänomen zu sein. Nichtsdestotrotz akzeptieren die Menschen Forschung in der Wissenschaft, gentechnische Forschung eingeschlossen, für ein besseres Verständnis der Evolution. Da die Wissenschaft eine öffentliche Verantwortung trägt, ist es nötig Zuversicht und Vertrauenswürdigkeit durch individuelle Kompetenz und Integrität (wieder) zu gewinnen. Aus diesem Grunde müssen einerseits alle Schritte des wissenschaftlichen Prozesses garantiert und transparent sein, und andererseits müssen die wissenschaftlichen Resultate gegenüber anderen Optionen in einen offenen Konkurrenzkampf treten. Es ist wichtig, dass wissenschaftliche Kognitionen in eine verständliche Sprache übersetzt werden, um damit Laien das Verständnis zu ermöglichen.

Subjektive Positionen von Wissenschaftlerinnen und Wissenschaftlern sowie von Produzenten und Konsumenten machen es schwierig, wenn nicht gar unmöglich, unvoreingenommene Bewertungen der Gentechnik zu generieren. Objektive Informationen sind in komplexen Gesellschaften nicht zu bekommen, nur der Austausch von unterschiedlichen Argumenten und Interessen bietet Konsumenten und Bürgern die Möglichkeit zwischen Ablehnung, Zustimmung und Ambivalenz zu entscheiden.

Kontrolle, Regulierung, und Partizipation: Die Menschen verlangen einen stärkeren öffentlichen Diskurs in dem die Pros und Kontras ausgetauscht werden können, sowie politische Institutionen, in denen Interessengruppen und Konsumenten gemeinsam an Richtlinien für die Gentechnik und deren industrielle Anwendungen arbeiten. Sie lehnen eine reine Mehrheitsentscheidung, wie zum Beispiel ein Referendum, ab aufgrund der Gefahr einer emotionalen und uninformierten Entscheidung, jedoch präferieren sie eine partizipativ–beratende Einbindung. Trotzdem sie kein konsistentes Bild von Partizipation haben, betonen sie die Notwendigkeit von öffentlicher Beteiligung. Fundierter ist ihre Vorstellung einer Kontrollinstitution. Eine Ethik–Kommission sollte ethische Richtlinien aufstellen um gentechnische Forschung und Anwendung zu überwachen, kontrollieren, begleiten und zu bewerten. In dieser Kommission sollten alle relevanten Gruppen der Gesellschaft repräsentiert sein, d.h. die Kommission sollte aus Moralphilosophen, Theologen, Gentechnikern, Industrierepräsentanten, Repräsentanten der Öffentlichkeit (Konsumenten), etc. bestehen. Des weiteren fordern Konsumenten ausgewogenere Informationen über den Nutzen und die Nachteile von genetisch modifizierten Nahrungsmitteln. Einerseits sollten unabhängige und vertrauenswürdige Risiko- und Technikfolgenabschätzungsinstitutionen diese Informationen und dieses Wissen bereitstellen. Solche unabhängigen Vermittler spielen eine bedeutende Rolle zwischen der Wissenschaft und der Öffentlichkeit. Um die Unabhängigkeit sowie ein hohes öffentliches Ansehen sicherzustellen, sollten diese Institutionen als öffentliche Stiftungen etabliert werden. Außerdem verlangen Konsumenten eine verständliche Etikettierung von Nahrungsmitteln. Diese Information erlaubt dem Konsumenten, eine autonome und besser abgewogene Kaufentscheidung zu treffen.

7 Ausblick

Die Situation in Europa ist durch ein explosives Patt gekennzeichnet. Einerseits werden Anwendungen der Gentechnik die keinen sozialen Nutzen versprechen abgelehnt; andererseits wird Biotechnologie als ein bedeutender Antrieb für ökonomische Prosperität angesehen. Aufgrund dieser Situation ist eine Reflektion der normativen Implikationen von sozialwissenschaftlichen Untersuchungen bezüglich öffentlicher Präferenzen und Policy–Bewertungen nötig. Die zentrale Frage lautet: wie akzeptabel ist akzeptabel? Diese Frage wurde von einer Reihe von Wissenschaftlerinnen und Wissenschaftlern aufgeworfen, allerdings ohne eine befriedigende Antwort anzubieten. Die Diskussion über den Gebrauch von GMOs hat jedoch zur Klärung beigetragen. Es wurde offensichtlich, dass es, um Akzeptabilität festzustellen, keine andere Methode gibt als die Zustimmung derjenigen, die Konsequenzen tragen. Insbesondere lieferte die wissenschaftliche Debatte die folgenden Erkenntnisse:

– Risikovergleiche reichen nicht aus, um die Akzeptabilität einer Technologie zu rechtfertigen. Dies ist besonders problematisch im Bereich der Biotechnologie, da mögliche Gesundheitsrisiken nicht der Hauptanstoß für die Ablehnung der Biotechnologie sind. Der einzig logisch zwingende Vergleich ist zwischen einer Situation mit und einer Situation ohne die fragliche Anwendung unter der Voraussetzung, dass es keine dritte Alternative gibt.
– Performanz und Gesundheitsrisiken sind nicht die einzigen Kriterien um über Akzeptabilität zu urteilen, sodass zusätzliche und oftmals umstrittene soziale und ökonomische Kriterien mit berücksichtigt werden müssen.
– Eine Kosten–Nutzen Analyse ist notwendig, allerdings unzureichend für die Bestimmung gesellschaftlicher Präferenzen hinsichtlich neuer Gentechnologien. Die Auswahl von Methoden um Bedenken und immaterielle Auswirkungen in monetäre Werte zu übersetzen sowie die Wichtigkeit von ethischen Betrachtungen betonen subjektive Urteile, die nur schwierig durch objektive Argumentation zu rechtfertigen sind.
– Diskursive Methoden, um verschiedene Optionen zu bewerten, scheinen die besten Möglichkeiten zur Bestimmung von Akzeptabilität zu bieten, denn ein Diskurs ermöglicht es, verschiedene Optionen unter Berücksichtigung aller Kriterien, die Menschen in einer Situation als wichtig erachten, zu bewerten. Jedoch verlangt die Anwendung eines diskursiven Verfahrens subjektiven Input durch eine Auswahl von Bewertungskriterien und der Gewichtung dieser Kriterien durch die Partizipanden.

Formale Methoden mögen politischen Entscheidungsträgern Unterstützung in der Strukturierung und Ordnung von Präferenzen bieten, jedoch liefern sie keine Antwort auf die Frage der Akzeptabilität von Biotechnologien. Subjektive Werte und Wissen sind integraler Bestandteil solcher Entscheidungen. Dieser subjektive Input kann zum Teil von gewählten Vertretern, die die Öffentlichkeit im Ganzen repräsentieren sollen, geliefert werden. Allerdings zeigen die meisten europäischen Gesellschaften Zeichen von gesunkenem Vertrauen der Öffentlichkeit in ihre Entscheidungsträger, sowie ein Widerstreben, Entscheidungen von repräsentativen Gremien der Regierungen zu akzeptieren. Aus diesem Grunde experimentieren viele Länder mit neuen Modellen der Partizipation, bei denen Partizipation angeboten wird, sowie eine Plattform für Mediation und Bürgerbeteiligung geschaffen wird (Pollack 1985). Insbesondere wenn fundamentale Entscheidungen über Anwendungen der Gentechnik auf dem Spiel stehen, ist eine Debatte zwischen allen relevanten Gruppen notwendig, um ausreichende

Unterstützung von pluralistischen Interessengruppen innerhalb jedes Landes und darüber hinaus zu erreichen. Zu den vielversprechendsten Anwendungen dieser öffentlichen Plattformen gehören Mediation und der kooperative Diskurs. In beiden Fällen werden öffentliche Gruppen zu einer Reihe von „Runden Tischen" eingeladen, die von einem professionellem Mediator begleitet werden. Die Rolle des Mediators ist dabei gemeinsame Interessen und Werte zwischen den Partizipanden auszumachen und dabei zu helfen, eine Zusammenstellung von Empfehlungen zu erstellen die akzeptabel für alle Beteiligten ist. Solch ein Diskurs hängt von mehreren strukturellen Bedingungen ab (Renn 1992):

- Das Erreichen eines Konsens hinsichtlich der Prozedur, die die Partizipanden anwenden wollen um zu einer endgültigen Entscheidung zu kommen, wie beispielsweise das Mehrheitsrecht oder die Einbindung eines Mediators;
- die faktischen Forderungen müssen auf dem neuesten Stand von Wissenschaft und Technik basieren sowie auf anderen Formen legitimierten Wissens; im Falle wissenschaftlich entgegengesetzten Meinungen sollen alle relevanten Lager repräsentiert sein;
- die Interpretation von faktischer Evidenz soll den Gesetzen formaler Logik und argumentativen Begründens folgen;
- das Aufdecken aller Werte und Präferenzen der Beteiligten, um somit versteckte Hintergedanken und strategische Spiele nicht zu ermöglichen;
- der Versuch, eine faire Lösung zu finden, wenn konfligierende Werte oder Präferenzen auftreten, mit eingeschlossen die Kompensation oder andere Formen von Nutzen–Ausgleich.

Es gibt keinen Zweifel, dass ein solcher Diskurs nur das Idealziel für das Versöhnen von sozialen und politischen Konflikten sein kann. Jedoch ist es eine der zentralen Herausforderungen von modernen, demokratischen Gesellschaften, einen Prozess zu finden, der die Beteiligung aller betroffenen Parteien ermöglicht und gleichzeitig ein umsichtiges und gut informiertes, auf der Basis von Expertise und Wissen getroffenes Urteil fällen lässt. Angewendet auf die Biotechnologie bedeutet das, dass es klug erscheint sich von allgemeinen Diskussionen über Gentechnik zurückzuhalten (die sehr wahrscheinlich in einer polarisierten und stereotypen Debatte enden) und stattdessen sich auf Kriterien zu konzentrieren, die jede einzelne Anwendung erfüllen muß um als akzeptabel angesehen zu werden. Solche Kriterien könnten teilweise von Bedenken der Öffentlichkeit abgeleitet werden, teilweise könnten sie auf neuen wissenschaftlichen und technologischen Erkenntnissen beruhen, die eine Modifikation der existierenden Vielfalt von biotechnologischen Anwendungen und Produkten ermöglichen. Sind diese Kriterien einmal aufgestellt und von allen Parteien verabschiedet, liegt es bei den Entwicklern, diese Kriterien zu honorieren und der Öffentlichkeit zu zeigen, wie diese Kriterien implementiert wurden. In Übereinstimmung mit den herausragenden Bedenken der Öffentlichkeit, die an einer früheren Stellen in diesem Manuskript betrachtet wurden, würden Kriterien für GMOs wahrscheinlich die folgenden Punkte umfassen:

- Eingrenzung der katastrophalen Konsequenzen in der Gegenwart großer Unwägbarkeiten;
- Klare Darstellung des gesellschaftlichen Nutzens oder Gewinns;
- Reduktion von potentiellen Auswirkungen auf die Umwelt;
- Intensive Suche nach potentiellen Langzeit–Gesundheitseffekten;
- Konstante Beobachtung der Nebeneffekte;
- Die Möglichkeit der Rückgängigmachung bei Eintreten von (unvorhergesehenen) negativen Nebeneffekten;
- Die Miteinbeziehung von ethischen Kriterien, wie z.B. die Würde von Lebewesen; Präferenz für öffentliche Beteiligung bei der Beobachtung und Kontrolle.

Des weiteren ist es sinnvoll die Öffentlichkeit direkter als bisher in den Prozeß der Lizensierung und Zulassung neuer Anwendungen mit einzubeziehen. Obwohl ein populärer Trend unter politischen Entscheidungsträgern ist, öffentliche Beteiligung zu reduzieren um kostspielige Verzögerungen zu verhindern, kann diese Reduzierung von Beteiligung kontraproduktiv sein. Die Menschen haben bereits Vertrauen in Regierungsgremien verloren und mobilisieren öffentlichen Druck. Das mag sich noch verstärken, je weniger öffentliche Beteiligung zugestanden wird. Viele politische Entscheidungen, die ohne öffentlichen Input getroffen wurden, mußten nach der schon getroffenen Entscheidungen noch einmal aufgrund des öffentlichen Drucks begutachtet und überarbeitet werden. Eine solche „After–the–Fact" Korrektur ist um ein vielfaches schädlicher für das öffentliche Vertrauen, als die Umleitung der Bürgerbeteiligung zu nehmen, bevor die Entscheidung getroffen wurde. Sobald die Öffentlichkeit beteiligt ist, wird es schwerer, eine irrationale, vollkommen emotionale Antwort zu geben, da teilen der Macht mit der Öffentlichkeit auch bedeutet, Verantwortung zu teilen. Allerdings gilt dies nur, wenn die Öffentlichkeit den Bedarf an verschiedenen Optionen erkennt. Partizipation unterscheidet sich von Information oder Public Relations. Die Auswahl von Technologien, die Bedingungen ihrer Anwendungen, die Festlegung von Anwendungsverfahren – all dies sind potentiell Entscheidungen, die für den Input der Öffentlichkeit geöffnet werden könnten.

Öffentliche Beteiligung sollte nicht auf den Prozess der Lizenzvergabe beschränkt werden. Wenn die Gentechnik erst einmal auf Feldern oder in anderen Formen der Landwirtschaft angewendet wird, können die Menschen immer noch Angst vor negativen Auswirkungen haben. Möglichkeiten, die Öffentlichkeit an der Aufsicht und Kontrolle der Anwendungen teilnehmen zu lassen, sind unter anderem (Fischhoff 1985):

- Einbeziehung von Vertretern der Öffentlichkeit in Untersuchungs- und Kontrollgremien;

- Resultate des andauernden Beobachtungsprozesses der Umweltfolgen mit der Öffentlichkeit teilen;
- Leistungsdaten (z.B. Umweltauswirkungsabschätzungen) an öffentlichen Plätzen zugänglich machen;
- Repräsentanten der Öffentlichkeit die Möglichkeit geben, existierende Maßnahmen zu überwachen.

Die sozialwissenschaftliche Forschung hat viele Eigenschaften der Reaktionen der Öffentlichkeit insgesamt sowie einzelner Gruppen auf die neue Herausforderung ‚Biotechnologie' aufgedeckt. Diese Forschung liefert Anhaltspunkte auf die Faktoren, die Bewertung von Biotechnologie sowie die Bedenken der Menschen beeinflussen. Jedoch müssen wir noch ein tieferes Verständnis für die dynamischen Prozesse der Einstellungsbildung und Evaluationen erlangen, ebenso wie Erkenntnisse hinsichtlich der Effekte von Werten und ‚Images' auf Einstellungen. Der hauptsächliche Schwachpunkt ist jedoch nicht so sehr ein Mangel an Studien oder Daten, sondern vielmehr der langsame Prozess, die Erkenntnisse dieser Studien dem politischen Entscheidungsprozeß nützlich und zugänglich zu machen.

Wir erwarten, dass ein pragmatische Ansatz, der die Öffentlichkeit durch Diskurs und Debatte einbezieht, die größte öffentliche Unterstützung findet. Ein solcher Diskurs muss die Bedenken der Menschen hinsichtlich Umweltauswirkungen, Langzeitfolgen und dem wahrgenommenen Mangel an sozialem Nutzen einbeziehen. Um das jetzige Patt in der Biotechnologiepolitik zu überwinden, müssen wir mehr Anstrengungen unternehmen, um zwischen den Hauptakteuren der Gesellschaft eine Übereinkunft zu finden. Viele politische Entscheidungsträger fürchten solch einen offenen Prozess, da sie wirtschaftliche Einbußen erwarten. Unsere Erfahrungen zeigen jedoch, dass die Öffentlichkeit sehr viel vernünftiger ist als viele Politiker glauben. Was wir benötigen ist mehr Mut der öffentlichen Entscheidungsträger, nicht mehr Vertrauen einzufordern, sondern Verantwortung zu teilen und den Menschen zu vertrauen. Am Ende sind sie es, die am besten darüber entscheiden können, was gut für sie ist und was nicht.

Literaturverzeichnis

1. Akademie für Technikfolgenabschätzung in Baden-Württemberg (Hrsg.) (1995): Bürgergutachten Biotechnologie/Gentechnik – eine Chance für die Zukunft? Akademie für Technikfolgenabschätzung, Stuttgart
2. de Kathen, A. (1996): Gentechnik in Entwicklungsländern. Ein Überblick: Landwirtschaft. Umweltbundesamt, Berlin
3. Dolata, U. (1995): Nachholende Modernisierung und internationales Innovationsmanagement – Strategien der deutschen Chemie- und Pharmakonzerne. In: von Schell, T., Mohr, H. (Hrsg.): Biotechnologie – Gentechnik. Eine Chance für neue Technologien. Springer, Berlin Heidelberg, S. 456–480

4. Ernst & Young (2001): Ernst & Young's eighth annual European life sciences report – Integration. London
5. Fischhoff, B. (1985): Managing Risk Perceptions, „Issues in Science and Technology" , 2, No.1, S. 83–96
6. Gaskell, G., Bauer, M., Durant, J. (1998): Public Perceptions of Biotechnology in 1996: Eurobarometer 46.1. In: Durant, J., Bauer, M. and Gaskell, G. (Hrsg.): Biotechnology in the Public Sphere. A European Sourcebook. Science Museum, London, S. 189–214
7. Gill, B. (1991): Gentechnik ohne Politik. Wie die Brisanz der Synthetischen Biologie von wissenschaftlichen Institutionen, Ethik- und anderen Kommissionen systematisch verdrängt wird. Campus, Frankfurt New York
8. Grabner, P., Hampel, J., Lindsey, N., Torgersen, H. (2001): The Challenge of Multi–Level–Policy–Making. In: Gaskell, G., Bauer, M. (Hrsg.): Biotechnology 1996–2000: the years of controversy. Science Museum, London, S. 15–34
9. Habermas, J. (1971): Toward a Rational Society. Heinemann, London
10. Hampel, J., Keck, G., Peters, H.P., Pfenning, U., Renn, O., Ruhrmann, G., Schenk, M., Schütz, H., Sonje, D., Stegat, B., Urban, D., Wiedemann, P.M., Zwick, M. (1997): Einstellungen zur Gentechnik. Tabellenband zum Biotech– Survey des Forschungsverbunds „Chancen und Risiken der Gentechnik aus der Sicht der Öffentlichkeit". Arbeitspapier Nr. 87, Akademie für Technikfolgenabschätzung. Stuttgart.
11. Hampel, J., Ruhrmann, G., Kohring, M., Goerke, A. (1998): Germany. In: Durant, J., Bauer, M.W. and Gaskell, G. (Hrsg.): Biotechnology in the Public Sphere. A European Sourcebook. Science Museum, London, S. 63–76
12. Hampel, J., Pfenning, U. (1999): Einstellungen zur Gentechnik. In: Hampel, J., Renn, O. (Hrsg.): Gentechnik in der Öffentlichkeit. Wahrnehmung und Bewertung einer umstrittenen Technologie. Campus, Frankfurt New York, S. 28–55
13. Hampel, J., Renn, O. (Hrsg.) (1998): Chancen und Risiken der Gentechnik aus der Sicht der Öffentlichkeit. Kurzfassung der Ergebnisse. Akademie für Technikfolgenabschätzung, Stuttgart
14. Hampel, J., Renn, O. (Hrsg.) (1999): Gentechnik in der Öffentlichkeit. Wahrnehmung und Bewertung einer umstrittenen Technologie. Campus, Frankfurt New York
15. Hampel, J. (2000): Die europäische Öffentlichkeit und die Gentechnik. Working Paper No. 111. Akademie für Technikfolgenabschätzung, Stuttgart
16. Hampel, J., Pfenning, U., Kohring, M., Goerke, A., Ruhrmann, G. (2001): Between Biotech–Boom and Market Failure – The two sides of the German Medal. In: Gaskell, G., Bauer, M. (Hrsg.): Biotechnology 1996–2000: the years of controversy. Science Museum, London, S. 191–203
17. INRA (1993): Biotechnology and Genetic Engineering. What Europeans think about it in 1993. Survey conducted in the context of Eurobarometer 39.1. Brussels
18. International Research Group on Biotechnology and the Public (2000): Biotechnology and the European Public: the impact of the consumer backlash over Gmfoods. In: „Nature Biotechnology", September
19. Jungermann, H., Slovic, P. (1993): Characteristics of Individual Risk Perception. In: Bayerische Rückversicherung (Hrsg.): Risk is a construct. Knesebeck, München, S. 85–101

20. Kliment, T., Renn, O., Hampel, J. (1995): Die Chancen und Risiken der Gentechnologie aus der Sicht der Bevölkerung. In: von Schell, T., Mohr, H. (Hrsg.): Biotechnologie – Gentechnik. Eine Chance für neue Technologien. Springer, Berlin Heidelberg, S. 558-583
21. Pollak, M. (1985): Public Participation. In: H. Otway and M. Peltu (Hrsg.): Regulating Industrial Risk. Butterworths, London, S. 76–94
22. Renn, O. (1992): Risk Communication: Towards a Rational Dialogue with the Public. Journal of Hazardous Materials, Vol. 29, No. 3, S. 465–519
23. Renn, O. (1998): The Role of Risk Communication and Public Dialogue for Improving Risk Management. Risk Decision and Policy, Vol. 3, No. 1, S. 5–30
24. Renn, O., Zwick, M. (1997): Risiko- und Technikakzeptanz. Springer, Berlin Heidelberg.
25. Schütz, H., Wiedemann, P.M., Gray, P.H. (1999): Die intuitive Beurteilung gentechnischer Produktekognitive und interaktive Aspekte. In: Hampel,J., Renn, O. (Hrsg.): Gentechnik in der Öffentlichkeit. Wahrnehmung und Bewertung einer umstrittenen Technologie. Campus, Frankfurt New York, S. 133–169
26. Sojref, D., Thamm, D. (1997): Gentechnik in Mittel- und Osteuropa. Analyse der gesetzlichen Regelungen, Forschungsschwerpunkte und Stand der Freisetzung in ausgewählten Ländern. Umweltbundesamt, Berlin
27. von Schell, T. (1994): Die Freisetzung gentechnisch veränderter Mikroorganismen. Ein Versuch interdisziplinärer Urteilsbildung. Attempto, Tübingen
28. WBGU, German Advisory Council on Global Change (2000): World in Transition. Strategies for Managing Global Environmental Risks. Annual Report 1998. Springer, Berlin Heidelberg

Digitale Güter in der Buch- und Musikbranche – ein lohnendes Feld für die Technikfolgenabschätzung

Ulrich Riehm

1 Einleitung[1]

Vor bereits sieben Jahren erschien das weithin beachtete Buch „Being digital" von Nicolas Negroponte.[2] Der bekannte Gründer und Direktor des Media Lab am Massachusetts Institute of Technology (MIT) beschreibt darin an Hand vieler Beispiele die Vorteile der Digitalisierung. Dieser Megatrend, so Negroponte, wird die Gesellschaft grundlegend verändern; die digitalen Technologien werden wie eine „Naturgewalt" über die Industriegesellschaften hereinbrechen und das digitale Informationszeitalter wird sich stürmisch entwickeln. Trotz seines großen technologischen Optimismus sieht Negroponte auch die „Schattenseiten" der Digitalzeit: „Das nächste Jahrzehnt wird den Missbrauch geistigen Eigentums und einen Einbruch in unsere Privatsphäre erleben. ... Aber am schlimmsten ist die Tatsache, dass wir zu Zeugen eines Vorgangs werden, bei dem viele Arbeitsplätze zugunsten vollautomatisierter Systeme abgebaut werden" (S. 275 der deutschen Ausgabe).

In diesen Beitrag sollen die besonderen Eigenschaften digitaler Güter diskutiert und anhand von Beispielen aus der Buch- und Musikbranche näher erläutert werden. Insbesondere geht es um die Aspekte Individualisierung, Datenschutz, Schutz der Urheberrechte und Folgen für den Arbeitsmarkt, Probleme also, die von Negroponte besonders hervorgehoben werden. Der Beitrag bezieht sich dabei auf Arbeiten aus zwei Projekten: zum einen auf das Projekt Online–Buchhandel (POB), das ITAS im Auftrag der Akademie für Technikfolgenabschätzung in Baden-Württemberg durchgeführt hat, und zum anderen auf das noch nicht abgeschlossene TAB–Projekt „E–Commerce".[3] Eine umfassende und abschließende Würdigung der hier angesprochenen Thematik ist im Rahmen dieses Beitrages und auf Grundlage der

---

[1] Dieser Beitrag ist die überarbeitete und erweiterte Fassung eines Vortrags des Verfassers auf dem 2. Fachgespräch „Produktion und Distribution im E–Commerce: Motor oder Störfaktor?" im Rahmen der TAB–Veranstaltungsreihe „Innovationsbedingungen des E–Commerce", am 4. April 2001 in Berlin. Für konstruktive Hinweise zu einem ersten Entwurf des Manuskripts danke ich meinem Kollegen Carsten Orwat.

[2] Negroponte (1995)

[3] Das „TAB" ist das Büro für Technikfolgenabschätzung beim Deutschen Bundestag, das von ITAS auf Basis eines Vertrags mit dem Deutschen Bundestag seit 1990 betrieben wird. Informationen zum Projekt Online–Buchhandel (POB) finden sich im Internet unter http://www.itas.fzk.de/deu/projekt/riehm_00.htm, zum

noch laufenden Forschungsarbeiten nicht möglich; in diesem Sinne soll von einem Bericht aus der aktuellen Forschungsarbeit, einem Werkstattbericht, gesprochen werden.

Im Folgenden werden zunächst auf einer allgemeinen Ebene die Eigenschaften digitaler Güter, insbesondere digitaler Informationsprodukte diskutiert. Danach werden Digitalisierungstendenzen in der Buch- und Musikbranche vorgestellt, insbesondere das Books–on–Demand–Verfahren, individualisierbare und elektronischer Bücher im Buchhandelsbereich und für die Musikbranche die digitale Distribution von Musik über das Internet am Beispiel des Phänomens „Napster". Abschließend werden Modelrechnungen vorgestellt, die sich auf einen möglichen Verlust von Arbeitsplätzen durch eine weitgehende Digitalisierung in der „Content- " und Dienstleistungsindustrie beziehen.

2 Digitale Güter

Güter sind Mittel zur Bedürfnisbefriedigung, so die wirtschaftswissenschaftliche Literatur. Digitale Güter sind demnach immaterielle Mittel zur Bedürfnisbefriedigung, die mit Hilfe von Informationssystemen entwickelt, vertrieben und angewendet werden.[4] Der Grad der Digitalisierung kann unterschiedlich ausgeprägt sein und reicht von prinzipiell digitalisierbaren, aber noch nicht digitalisierten Gütern bis zu vollständig digitalen Gütern. Körperliche Güter können zwar digital beschrieben und in digitalen Medien angepriesen werden. Aber nur digitale Güter lassen sich auch über elektronische Netze übermitteln; ihre Nutzung oder Konsumtion setzt ein EDV–System voraus.

Digitale Güter lassen sich in drei Güterklassen einteilen[5]:

1. *Digitale Produkte* sind vorgefertigte, standardisierte Produkte wie Musiktitel, elektronische Bücher, Nachrichten.
2. *Digitale Dienstleistungen* werden dagegen nicht vorgefertigt, sondern auf Grundlage einer individuellen Anforderung erst erstellt. Zu unterscheiden sind hier einerseits solche Dienstleistungen, die im wesentlichen persönlich erbracht werde, z.B. die medizinische oder Rechtsberatung über eine computervermittelte Videokonferenz, und andererseits Dienstleistungen, die überwiegend automatisiert erzeugt werden, z.B. eine (Roh-)Übersetzung durch ein Übersetzungsprogramm.
3. Schließlich zählen wir zu den digitalen Gütern als dritte Gruppe die *digitalen Anrechte*, elektronische „Dokumente" oder „Urkunden", die den

---

TAB–Projekt E–Commerce unter http://www.itas.fzk.de/deu/projekt/riehm_02.htm.

[4]Vgl. Stelzer (2000). Für den gesamten Komplex der digitalen Güter vgl. auch Orwat (2002).

[5]Vgl. Riehm u. Böhle (1999)

Erwerb oder die Nutzung eines Produktes oder einer Dienstleistung erlauben. Beispiele sind etwa über das Internet gehandelte und übermittelte Fahrscheine, Flugtickets, Konzertkarten, Briefmarken oder Aktien.

3 Digitale Produkte, Informationsgüter und ihre Eigenschaften

Im Folgenden werden in erster Linie digitale Produkte behandelt und der Bereich der Dienstleistung und Anrechte weitgehend ausgeklammert. Insbesondere Informationsgüter sind dafür prädestiniert als digitale Produkte angeboten, vertrieben und konsumiert zu werden. Entsprechend definiert Varian Informationsgüter als Güter, die sich prinzipiell digitalisieren lassen, auch wenn sie aktuell (noch) nicht digitalisiert sind (Bücher, Filme, Telefongespräche etc.).[6] Was aber sind die Eigenschaften digitaler Produkte?

– Digitale Produkte sind in der Herstellung eines ersten Unikats teuer („first copy costs"), ihre Reproduktion dann aber preiswert.[7] Man denke an die aufwendige Produktion eines Films. Ist dieser fertig gestellt, betragen die Vervielfältigungskosten für die Erstellung von VHS–Kassetten oder DVDs nur wenige Euro. Würde der Film gar nicht mehr auf einen physischen Träger kopiert, sondern nur noch in elektronischer Form distribuiert und konsumiert, gingen die Vervielfältigungs- und Distributionskosten „fast gegen Null", so eine weit verbreitete Argumentation.

Diese pauschale These ist jedoch weiter zu differenzieren. Bei der Nutzung des Internet entstehen in jedem Fall Kosten für Sender wie Empfänger, auch wenn sie nicht immer direkt sichtbar sind, wie in großen Institutionen, wo diese Kosten pauschal über die Gemeinkosten abgerechnet werden. Außerdem fallen Reproduktions- und Vervielfältigungskosten neuer Art an, die tendenziell vom Verkäufer auf die Konsumenten verlagert werden. So muss der Konsument bei digitaler Lieferung nicht nur für die Telekommunikationsgebühren aufkommen, sondern bei einem digital gelieferten Artikel die Kosten des Ausdrucks auf dem PC–Drucker oder bei einem Musikdownload für das Brennen einer CD selbst aufbringen.

In der Regel wird man aber davon ausgehen können, dass diese Kopier- und Distributionskosten bei digitalen Gütern um Größenordnungen geringer sind als bei körperlichen Produkten. In einigen Fällen wird man aber auch den umgekehrten Fall beobachten können, so wenn ein „billig" und „schnell" heruntergeladenes umfangreiches „Paper" auf dem privaten Tintenspritzdrucker mit Druckkosten von 5 Cent pro Seite ausgedruckt wird, während die gedruckte Taschenbuchausgabe für 7 Euro zu erwerben

---

[6]Varian (1998)
[7]Shapiro u. Varian (1999)

gewesen wäre, oder wenn ein Zeitungsartikel digital aus einer Zeitungsdatenbank für 3 Euro heruntergeladen wird, während die komplette gedruckte Ausgabe dieser Zeitung nur 1,25 Euro gekostet hätte. Der höhere Preis für das digitale Produkt ergibt sich in diesen Fällen nicht durch vermeintlich besonders teure Produktions- und Vertriebkosten, sondern durch einen besonderen Nutzungskomfort, z.b. durch die hohe Selektivität bei der Suche in einer Zeitungsdatenbank oder durch die einfache und sofortige Übermittlung eines Textes.

- Digitale Produkte sind – einmal im Computer gespeichert – digital *weiterverarbeitbar*. Daraus ergeben sich ganz neue Nutzungs- und Verwertungsmöglichkeiten, z.b. ihre Anpassbarkeit und Individualisierbarkeit. Darauf wird im Folgenden noch eingegangen.
- Da die Kosten ihrer Distribution gering und vor allem von der Entfernung weitgehend unabhängig sind, kann mit digitalen Gütern prinzipiell ein *globaler Markt* erschlossen werden. Allerdings ist diese technisch bestimmte Eigenschaft digitaler Produkte dahingehend zu relativieren, dass sie durch ihre kulturelle Prägung oft für einen globalen Markt nicht geeignet sind.
- Digitale Produkte kennen keine eigenständige Existenz- oder Darstellungsweise. Sie bedürfen eines Endgerätes zu ihrer Darstellung oder Nutzung und weiterer technischer Systembestandteile, wie z.b. elektronische Netzwerke. Diese *komplementären Bestandteile* eröffnen einerseits Verwertungschancen, die sich gegebenenfalls nicht aus dem digitalen Produkt selbst, dem Inhalt, ergeben, sondern aus den zu seiner Nutzung notwendigen Systembestandteilen. Andererseits können sich durch diese notwendigen, ergänzenden technischen Komponenten auch Nutzungs- und Akzeptanzhürden ergeben – z.B. auf Grund deren geringen Verbreitung, der zu hohen Kosten oder ihrer schlechten Nutzbarkeit.
- Eine digitale *Kopie* eines digitalen Produktes unterscheidet sich – im Gegensatz zur analogen Welt – nicht vom *Original*. Dies schafft besondere Probleme beim Schutz der Verwertungsrechte digitaler Produkte.
- Durch ihren Konsum werden digitale Produkte nicht aufgebraucht oder abgenutzt, wie dies beim Konsum oder Gebrauch materieller Produkte der Fall ist. Die Wirtschaftswissenschaft bezeichnet dieses Phänomen als *Nichttrivialität des Konsums*. Dadurch ergeben sich für die Anbieter besondere Verwertungsprobleme. Die Anbieter haben Strategien entwickelt, damit umzugehen: so z.b. die Begrenzung der Nutzung eines digitalen Produktes auf einen bestimmten Zeitraum, wie man es teilweise aus Software-Lizenzverträgen kennt; oder der regelmäßige Wechsel der technischen Systemumgebungen (Lesegeräte, Betriebssystem, Anwendungssoftware etc.) für das digitale Produkt, was einen entsprechenden Neuerwerb für die neue Systemgeneration erfordert.
- Digitale Produkte sind *Erfahrungsgüter*, die ihren Wert erst durch ihren Gebrauch erkennen lassen. Einen probierenden Gebrauch für digitale Produkte zu ermöglichen bevor sie gekauft werden, ist deshalb eine wichtige

und nicht immer einfach zu realisierende Forderung. Aus der Erfahrungsguteigenschaft ergibt sich die Bedeutung von Vermittlungsinstanzen und Intermediären. Deren Reputation, die sich z.b. in ihrer Bekanntheit und ihren Markennamen ausdrückt, hilft dem Konsumenten mit dem Problem mangelnder Möglichkeiten des Ausprobierens eines digitalen Produktes umzugehen.

Im Folgenden wird das bisher allgemein Entwickelte bezogen auf aktuelle Trends im Handel mit Büchern und CDs.

4 Buchhandel im Internet

Bücher gehören zu den Informationsprodukten, die sich prinzipiell digitalisieren lassen. Beim Handel mit Büchern im Internet ist dies jedoch überwiegend noch nicht der Fall. Das Internet fungiert beim Online–Buchhandel in erster Linie als zusätzlicher Bestellkanal für gedruckte Bücher und nicht als Distributionskanal für digitale Werke.[8] Mit Books–on–Demand, Individualbüchern und elektronischen Büchern wird die Digitalisierung vorangetrieben. An diesen Konzepten können einige Eigenschaften digitaler Informationsprodukte verdeutlicht werden. Dabei steht Books–on–Demand in erster Linie für eine Verbilligung der Buchproduktion. Individualbücher stehen für die Möglichkeiten der automatisierten Verarbeitung digitaler Produkte. Bei den elektronischen Büchern werden die Maßnahmen zum Schutz vor „unberechtigten" Kopien diskutiert, die zu einem für die Buchbranche ganz neuen Typus der Vermarktung führen.

4.1 Books–on–Demand

„Books–on–Demand" basiert auf einem digitalen Druckverfahren, bei dem die Herstellung des Buches erst auf Basis einer konkreten Nachfrage, einer Bestellung, erfolgt. Bei Books–on–Demand werden keine Auflagen mehr gedruckt, ein Lager mit gedruckten Büchern existiert nicht mehr. Das „Lager" besteht aus der digitalen Vorlage des Buchtitels auf einer Computerfestplatte und unbedrucktem Papier. Im Extremfall werden Einzelexemplare hergestellt. Obwohl die Kosten dieser Einzelfertigung eines Buches deutlich höher sind als bei der Herstellung einer Auflage von einigen Tausend Exemplaren, erhofft man sich durch die Einsparung der Lagerkosten und durch die Ausschaltung des Absatzrisikos einer Druckauflage für bestimmte Buchtypen einen ökonomischen Vorteil. Bücher im Books–on–Demand–Verfahren

---

[8] Für eine umfassende Darstellung des Online–Buchhandels vgl. Riehm et al. (2001). Dieser Forschungsbericht ist sowohl in gedruckter Form (Books–on–Demand) als auch in zwei elektronischen Varianten als „E–Book" über den konventionellen und Online–Buchhandel zu beziehen.

werden in Deutschland von einer Reihe von Verlagen, Druckdienstleistern, Buchzwischenhändlern und Bucheinzelhändlern angeboten.[9]

Für Books–on–Demand sind Buchtitel besonders geeignet, die auf ihre Marktgängigkeit erst getestet werden sollen, bevor über eine Druckauflage entschieden wird; des weiteren können vergriffene Bücher, bei denen auf absehbare Zeit nur mit einem geringen Absatz gerechnet wird, der eine neue Druckauflage nicht rechtfertigt, weiterhin lieferbar gehalten werden; schließlich werden über Books–on–Demand Bücher in den Verkehr gebracht, die keinen Verlag gefunden haben oder nicht über einen Verlag vertrieben werden sollen, und bei denen auf Grund des speziellen Zuschnitts von vornherein nicht mit einer größeren Auflage gerechnet wird („Privatbücher").

Mit Books–on–Demand sinken die Einstiegskosten für die Herstellung eines Buches – unter den oben erläuterten Randbedingungen – im Vergleich zum herkömmlichen Verfahren deutlich. (Nicht tangiert sind die Kosten der Kreation des Buchmanuskripts, die Gestaltungs- und Layoutkosten und die Marketing- und Vertriebskosten.) Eine Folge dieser Reduzierung der Einstiegskosten für die Produktion von Büchern wird eine weitere Aufblähung der Buchproduktion sein. In Deutschland kamen im Jahr 2000 fast 83 000 Neuerscheinungen auf den Markt. Allein die Books–on–Demand–Tochter des Barsortiments Libri brachte seit ihrem ersten Buch im Sommer 1998 bis Ende 2001 mehr als 3 000 Titel in den Verkehr. Die Bücherflut wird mit den digitalen Techniken weiter ansteigen, und die Buchleser werden mit den damit verbundenen Bewertungs- und Selektionsproblemen zu Rande kommen oder sich neuer Intermediärer für Beratung, Selektion und Qualitätskontrolle bedienen müssen.

4.2 Individualisierte Bücher

Books–on–Demand ist in der bisher geschilderten Form eine reine Herstellungstechnik. Der Kunde bemerkt in der Regel nicht, ob das Buch, das er in Händen hält, erst auf Grund seiner Anforderung „on demand" erstellt wurde oder ob er aus dem Lager beliefert wurde. Bei *„Individualbüchern"* werden die Potenziale der Digitaltechnik weiter ausgenutzt und der Kunde in den Produktionsprozess mit einbezogen. Die automatisierbare Verarbeitung digitaler Produkte in Datenbanken bietet die Grundlage für dieses Verfahren. Es wird im Folgenden am Beispiel des Anbieters BookTailor.com illustriert, der allerdings zwischenzeitlich seinen Betrieb eingestellt hat. Auf die Schwierigkeiten dieses Geschäftsmodells wird noch einzugehen sein.

BookTailor.com verfügte über eine Datenbank, in die aus mehreren Verlagen die Inhalte von Reiseführern eingespeist wurden. Diese Datenbank wurde den Kunden über das Internet zur Zusammenstellung eines individuellen

---

[9]Zu Books–on–Demand beim Barsortiment Libri, dem wahrscheinlich bedeutendsten Vertreter dieses Verfahrens in Deutschland, vergleiche die Fallstudie in Riehm et al. (2001), S. 120ff. Zu den technischen und wirtschaftlichen Aspekten dieses Verfahrens insgesamt vgl. Seibel (2000).

Reiseführers angeboten. Der so „konfigurierte" Reiseführer wurde dann als Unikat gedruckt und dem Kunden zugeschickt.

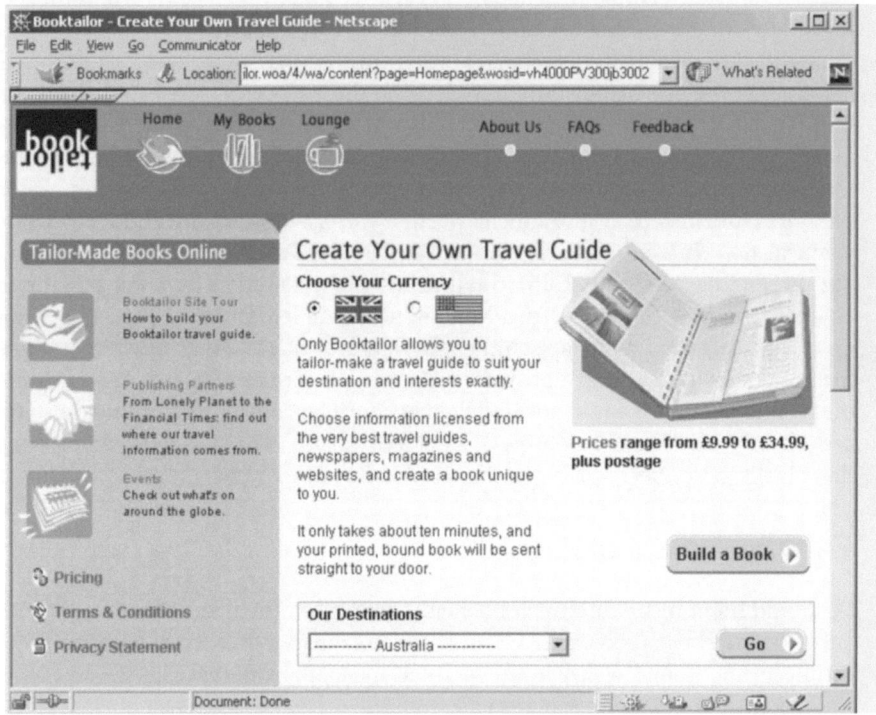

Abb. 1. BookTailor.com: individueller Reiseführer aus dem Internet

Im Einzelnen konnte der Kunde die Farbe des Umschlags, einen individuellen Titel, einen Autor und eine Widmung vorgeben, Reiseziel und Reisezeit auswählen und die aufzunehmenden Themen und ihren Umfang bestimmen.[10]

BookTailor.com ist ein Beispiel für „mass customization", die Ablösung der standardisierten Massenproduktion durch kundenspezifische, aber automatisierte Herstellungsverfahren.[11] Informationsprodukte, die in digitaler Form in Computern der automatisierten Verarbeitung zugänglich gemacht wurden, eignen sich besonders für dieses Produktionsverfahren.

---

[10] Es soll nicht unerwähnt bleiben, dass das hier nur in Umrissen beschriebene Verfahren in einem Praxistest erst nach der Überwindung einiger Hürden und durch hartnäckiges Probieren abgewickelt werden konnte. Ohne ausreichend Zeit, Geduld und Internet–Kompetenz funktionierte die individuelle Buchproduktion bei Booktailor.com nicht.

[11] Vgl. hierzu auch Riehm (2002).

Das Interesse der Verlage an diesem Verfahren besteht in der Mehrfachverwertung ihrer „Substanzen". Das was als gedrucktes Buch schon produziert und verkauft wurde, wird nun auch noch auf Basis digitaler Datenformate und Datenbanktechniken in neuer Form (als individualisierter Reiseführer) und über andere Vertriebskanäle (das Internet) verkauft.

Beim individualisierten Buch werden notwendigerweise ein Teil der Aufgaben, die Verlage bisher inne hatten (z.b. die Selektion und Bündelung von Inhalten), auf die Endkonsumenten verlagert. Dieser Trend zur „Selbstbedienung" verbunden mit der Bewältigung von internetgestützten Programmabläufen ist nicht ohne Risiko, wofür das Scheitern von BookTailor.com, ohne dass dies im Einzelnen untersucht worden wäre, vielleicht ein Indiz ist. Denn wenn in der Nutzenbilanz des Konsumenten der Aufwand (und die Kosten) zur Erzeugung „seines" Individualbuches nicht kompensiert werden durch einen wirklichen Mehrwert des kundenindividuellen Buches, wird der Kunde dieses Angebot nicht annehmen. Bereits bei dieser noch unvollständigen Stufe der Digitalisierung von Informationsprodukten stellt sich die Notwendigkeit des Umgangs mit zusätzlichen technischen Systemkomponenten (Internet, WWW–Oberflächen etc.) nicht nur als ein Mittel der Verbreiterung des Marktes, sondern auch als eine Hürde für den Nutzer da.

4.3 Elektronische Bücher

Während beim Individualbuch noch ein „richtiges" Buch auf Papier gedruckt, gebunden und per Paketdienst zum Kunden transportiert wird, ist diese „Materialisierung" beim elektronischen Buch nicht mehr notwendig.

Wesentliches Merkmal eines elektronischen Buches ist, dass buchähnliche Inhalte so aufbereitet und angeboten werden, dass sie auch auf einem elektronischen Endgerät und nicht erst nach dem Ausdruck auf Papier gelesen und bearbeitet werden können. Dabei ist vorausgesetzt, dass die Buchlesesoftware die wichtigsten Buchnutzungsfunktionen, wie man sie aus dem herkömmlichen Umgang mit Büchern kennt, unterstützt. Dazu gehören z.B. Unterstreichungen, Anmerkungen oder Lesezeichen. Darüber hinaus bieten elektronische Bücher EDV–typische Leistungen, die das gedruckte Buch nicht aufweist. Die Suche im Volltext oder die direkte Verknüpfung (über Hypertext „links") von Teilen verschiedener Bücher sind entsprechende Beispiele.[12]

Man unterscheidet zwei hauptsächliche Varianten elektronischer Bücher:

– elektronische Bücher, die nur auf speziellen *Buchlesegeräten* genutzt werden können

---

[12]Für eine ausführliche Diskussion der aktuellen Varianten elektronischer Bücher sowie der Geschäftsmodelle und Vertriebsformen vgl. Riehm et al. (2001), S. 117ff, S. 128ff. Grundsätzlich zu Buchmodellen und deren Umsetzung in elektronische Bücher vgl. Böhle et al. (1997).

– und solche, die mittels sogenannter *Buchlesesoftware*, wie dem Adobe eBook Reader oder dem Microsoft Reader, auf handelsüblichen PCs, Laptops oder Kleincomputern (Palmtops) lesbar sind.

An dieser Stelle soll keine umfassende Diskussion über die Chancen elektronischer Bücher geführt, nicht die Vor- und Nachteile der verschiedenen Ansätze abgewogen werden. Es geht hier vielmehr um das (aus Anbietersicht) Problem der Kopierbarkeit digitaler Güter. Für elektronische Bücher werden technische Verfahren eingesetzt, die diese Kopierbarkeit erschweren, wenn nicht gar unmöglich machen. Dass dieser Art des Kopierschutzes einige kaum diskutierte problematische Folgen impliziert, soll am Beispiel des „Rocket eBook" gezeigt werden.

Abb. 2. Abbildung des Rocket eBook

Das Rocket eBook gehört zu den Buchlesegeräten. Es wird in Deutschland seit 1999 mit mäßigem Erfolg vertrieben. Die erste Gerätegeneration kostete 675 DM und wird nun für 199 Euro verkauft. Das neue Modell mit Farbdisplay hat den stolzen Preis von 549 Euro. Der Lesestoff für das Rocket eBook, der über einige spezialisierte Online–Buchhändler zu beziehen ist,[13] umfasst in Deutschland Anfang 2002 etwa 1 000 Titel (in den USA sind es etwa 7 000). Im Vergleich zu 800 000 lieferbaren (gedruckten, deutschen) Büchern ist dieses Angebot relativ bescheiden. Die Preise für die elektronischen Buchtitel entsprechen bei Neuerscheinungen oft denen der gebundenen, gedruckten Ausgabe; urheberrechtsfreie „Klassiker" werden auch schon mal für einen Euro verkauft. Nach der Online–Bestellung im „eBook–Laden" im Internet wird der elektronische Titel direkt auf das Rocket eBook (oder auch über den

---

[13]Siehe z.B. http://www.dibi.de oder http://www.epodium.de, Online–Buchhändler, die sich auf den Vertrieb elektronischer Bücher spezialisiert haben.

Umweg eines zwischengeschalteten PCs) übertragen und kann dort dann gelesen und bearbeitet werden.

Wie wird bei diesem System das „Kopierproblem" gelöst? Jedes Rocket eBook hat eine spezielle hardwarespezifische Identifikationsnummer. Der gekaufte eBook–Titel kann nur auf diesem einen Gerät geöffnet, gelesen und bearbeitet werden. Eine Kopie der Buchdatei, die prinzipiell erstellt werden kann, ist auf einem anderen Gerät nicht zu gebrauchen. Des weiteren gibt es eine Reihe von Nutzungsbeschränkungen: Rocket eBook–Titel können nicht ausgedruckt werden (denn über den Ausdruck könnte man ja versuchen, den Text einzuscannen und darüber eine „freie" digitale Kopie zu erzeugen); sie lassen sich auch nicht verleihen, da sie nur für ein bestimmtes Gerät zugelassen sind. Während den Verlagen die Angst vor der „Napsterisierung" (siehe den nächsten Abschnitt) ihrer Buchtitel genommen wird, sind Zweifel angebracht, ob die Nutzer die Restriktionen eines solchen Systems akzeptieren werden

Im Prinzip wird versucht, ein ganz neues Geschäftsmodell für den Handel mit elektronischen Büchern zu etablieren: Im konventionelle Buchhandel ging das Buch vom Buchhändler in des Eigentum des Kunden über. Dieses Modell der Eigentumsübertragung wird ersetzt durch einen Buchlizenzhandel. Der Konsument erhält kein Eigentum mehr am elektronischen Buch, sondern klar definierte Nutzungsrechte.[14] Diese Nutzungsrechte regeln z.B. die Art und Anzahl der Nutzungsgeräte, die Häufigkeit oder Zeitdauer der Nutzung, die Möglichkeiten der Weitergabe sowie die Veränderungs- und Weiterverarbeitungsmöglichkeiten. Es wurde bereits darauf hingewiesen, dass digitale Produkte keine eigene Existenzform besitzen, sondern immer auf zusätzliche Software und andere technische Komponenten angewiesen sind. Durch diese Eigenschaft lassen sich bei elektronischen Bücher, wie bei allen digitalen Produkten, besonders gut die Daten oder Inhalte an bestimmte Nutzungsmöglichkeiten knüpfen.

Auf einen weiteren Aspekt des Kopierschutzsystems beim Rocket eBook ist noch hinzuweisen. Um den Kopierschutz zu gewährleisten, wird auf einem zentralen Server bei der Herstellerfirma des Rocket eBook (Gemstar) registriert, welche Bücher für welches Lesegerät durch welchen Käufer gekauft wurden. Durch diese Registrierung kann der Nutzer, sollten Datenverluste bei ihm aufgetreten sein, „seine" Bücher immer wieder neu herunterladen. Ob jedem diese zentrale Buchführung über seinen Buchkonsum gefällt, mag dahin gestellt bleiben. Der Forderung nach „Datensparsamkeit" im deutschen Datenschutzrecht entspricht dieses Verfahren sicher nicht.

---

[14]Das liegt ganz auf der Linie von Jeremy Rifkin, der in seinem neuen Buch behauptet, dass in der Informationsgesellschaft nicht mehr die Frage nach dem Eigentum maßgeblich sei, sondern die nach dem Zugriff. Vgl. Rifkin (2000)

5 Digitale Distribution von Musik

Während der Handel mit auf Bestellung produzierten, mit individualisierten und mit elektronischen Büchern noch weitgehend ein Nischendasein fristet, ist die digitale Distribution von Musik bereits ein Massenphänomen, was Medien, Industrie, Gerichte und die Internet–Öffentlichkeit bewegt.

Man kann diese außergewöhnliche Entwicklung der Nutzerzahlen ganz gut am Beispiel dreier bekannter Internet–Firmen zeigen. Bei Napster, dem Unternehmen, das zum Synonym für die Distribution digitaler Musik im Internet wurde, hatten sich in einem Zeitraum von zwei Jahren von seiner Gründung 1999 bis 2001 60 Millionen Nutzer registriert. Das Vorzeigeunternehmen des E–Commerce, Amazon.com, wurde 1995 gegründet und konnte bis 2001 mehr als 30 Millionen Kunden gewinnen. AOL, der größte Online–Dienst und Teil des größten Medienunternehmens der Welt, AOL Time Warner, wurde bereits 10 Jahre früher, 1985, gegründet und verfügte im Jahr 2001 „nur" über 28 Millionen Mitglieder.

Napster, ein zunächst typischer Internet–Start–up, dann von Bertelsmann übernommen, konnte in kürzester Zeit doppelt so viele Nutzer gewinnen wie die beiden Großen des Internet–Geschäfts, AOL und Amazon. Bei Napster mussten die Kunden allerdings, im Gegensatz zu AOL und Amazon, nichts bezahlen. Im Februar 2001 auf dem Höhepunkt der öffentlichen Diskussion um Napster im Folge der Rechtsstreitigkeiten in den USA wurden über Napster rund 150 Millionen Musiktitel nachgewiesen und über Napster drei Milliarden Tauschvorgänge abgewickelt. Auf Grund der gerichtlichen Auseinandersetzungen in den USA zwischen der Musikindustrie und Napster wurde der Napster–Dienst im Sommer 2001 vorläufig still gelegt. Die angekündigte Wiedereröffnung als kostenpflichtige und „legalisierte" Plattform für die Distribution von Musik lässt im Jahr 2002 weiter auf sich warten.

Napster steht hier nur als ein prominentes Beispiel für andere, vergleichbare Musik–Tauschbörsen und „Peer–to–Peer"-Netzwerke. Dabei ist es wichtig, das Grundprinzip dieser Internetdienste herauszuarbeiten. Napster ist kein Anbieter digitaler Musiktitel, wie dies z.B. MP3.com ist, der digitale Musiktitel auf dem eigenen Server vorhält und über das Internet verkauft. Napster verfügt über keine einzige Musikdatei auf seinem Server. Napster bietet im wesentlichen ein (zentrales) Verzeichnis von Musiktiteln, die dezentral auf den PCs der 60 Millionen Nutzer gespeichert sind. Über dieses Verzeichnis treten die Mitglieder in Beziehung zueinander („Peer–to–Peer") und greifen auf die auf den jeweiligen privaten PCs vorhandenen Musiktitel zu. Eine geschäftliche Transaktion, Ware gegen Geld, wird nicht vollzogen. Ob es sich dabei um legale oder illegale Kopien handelt, entzieht sich der Beurteilung von Napster, so jedenfalls deren Argumentation. Man beschränke sich auf das Angebot eines Verzeichnis- und Tauschdienstes.

Im Folgenden sollen einige Aspekte der rechtlichen und wirtschaftlichen Diskussion um Napster aufgegriffen werden.

Die Musikindustrie sieht im Fall „Napster" den Vertrieb urheberrechtlich geschützter Musik auf Basis illegal angefertigter Kopien; die Verfechter von Napster und ihre Zig-Millionen Mitglieder sehen in ihrem Tun den nicht kommerziell motivierten Tausch unter Freunden von legal angefertigten Kopien.

Allerdings scheinen die Kategorien aus der realen Welt nicht mehr so richtig auf die Internet-Welt zu passen. Es ist zwar tatsächlich nicht verboten, eine private Kopie einer käuflich erworbenen CD anzufertigen und diese einem Freund zu überlassen. Das Urheberrecht sowohl in den USA als auch in Europa sieht dies ausdrücklich vor. Aber kann man 60 Millionen Napster-Mitglieder noch zum privaten Freundeskreis zählen?

So ist es kein Wunder dass die Auseinandersetzung um die Rechtmäßigkeit des „Tausches" digitaler Musik im Internet noch keineswegs als geklärt angesehen werden kann. Vor dem Hintergrund des deutschen Urheberrechts kamen der Hamburger Rechtsanwalt Till Kreutzer und der Jurist Thorsten Braun vom Bundesverband der Phonographischen Wirtschaft e.V., der Deutschen Landesgruppe der IFPI (International Federation of the Phonographic Industry) in ihrer rechtlichen Bewertung zu gegensätzlichen Ergebnissen.[15] Der Vertreter der Musikindustrie Braun bestreitet die Berechtigung der Teilnehmer von Napster, digitalisierte Musikstücke zu vervielfältigen. Er sieht eine Verantwortlichkeit und Haftung der Betreiber von Napster, hält die Napster-Software selbst für illegal. Kreutzer interpretiert dagegen das Urheberrecht aus dem grundlegenden Konflikt zwischen den berechtigten Interessen der Urheber und den Interessen Dritter, z.B. am ungehinderten Zugang zu Kulturgütern. Auch die berechtigten Ansprüche der Konsumenten auf den Schutz ihrer Privatsphäre müsse bei der Beurteilung eines Verfahrens für den Tausch von digitalen Musikdateien berücksichtigt werden. Aus der Sicht Kreutzers sei mit dem deutschen Urheberrecht vereinbar, dass die Anfertigung privater Kopien auch im Internet nicht zustimmungspflichtig sei. Das bedeute allerdings nicht, dass für diese Kopien keine Entgelte entrichtet werden müssten. Diese Entgelte an die Urheber würden aber über Geräte- und Leermedienabgaben pauschal abgegolten, da eine direkte Verrechnung im privaten Bereich nicht praktikabel wäre und auch einen zu starken Eingriff in die Privatsphäre darstellen würde. (Es wurde vorne am Beispiel des Rocket eBook gezeigt, zu welch weitgehenden Eingriffen in die Privatsphäre der Versuch führt, über technische Mittel das Kopieren elektronischer Bücher für private Zwecke zu unterbinden.)

Jenseits der Frage der rechtlichen Zulässigkeit, kann die Frage diskutiert werden, ob und in welchem Umfang und für wen ein wirtschaftlicher Schaden durch Napster und ähnliche Angebote entsteht. Unabhängige Gutachten mit exakten Zahlen zu dieser Frage sind nicht bekannt.

In Deutschland wurde im Jahr 2000 ein Umsatz mit Tonträgern von 4,8 Mrd. DM erzielt. Die Tonträgerindustrie schätzt ihren Schaden durch entgangene Lizenzgebühren und Umsatzverluste im Jahr 2000 auf beachtli-

---

[15]Kreutzer (2001a, 2001b), Braun (2001)

che rund 1,5 Mrd. DM. Der Schaden wird dabei aufgeteilt in die folgenden Klassen:

- 800 Mio. DM Lizenzausfälle durch legale Privatkopien;
- 300 Mio. DM Umsatzverluste durch „Internetpiraterie" (durch illegale Downloads von Musik aus dem Internet);
- 250 Mio. DM Umsatzverluste durch „Schulhofpiraterie" (dem privaten Verkauf von privat kopierten CDs;
- 98 Mio. DM Umsatzverluste durch traditionelle Piraterie (Raubkopien professioneller, krimineller Gruppen).[16]

Die implizite Annahme ist dabei, dass jede Kopie eines Tonträgers, ob rechtlich zulässig oder nicht, einen nicht ausgeführten Kauf und damit entgangener Umsatz darstellt. Dies ist mit Sicherheit eine unrealistische Annahme. Die kaufkräftige Nachfrage nach CDs ist deutlich geringer als die sagenhaften drei Milliarde Tauschakte im Februar 2001 bei Napster.

Eine andere Frage ist, ob die Nutzer von Napster mehr oder weniger CDs kaufen als soziodemographisch vergleichbare Nicht–Nutzer. Bertelsmann geht davon aus, dass Napster–Nutzer zu den Intensiv–Käufern von CDs gehören. Es kann sich dabei auf eine Studie von PC–Data vom November 2000 beziehen, nach der die Napster–Nutzung mit einem leicht erhöhten CD–Kauf korreliert. Nach dieser Argumentation hat der kostenfreie Zugriff auf Musiktitel im Internet einen Werbeeffekt, befördert also den Kauf von CDs, die in der Regel ja immer noch in der Qualität und der Ausstattung besser als die komprimierten Musikdownloads sind. Informationsgüter- und damit auch digitale Informationsgüter sind wie vorne dargelegt wurde Erfahrungsgüter, die ihren Wert erst durch ihren Gebrauch erkennen lassen. So können Musikliebhaber das kostenlose Musikangebot im Internet nutzen, um sich diejenigen Titel auszusuchen, die sie sich dann kaufen. Wenn man bedenkt, wie stark die Möglichkeiten des Probehörens in CD–Läden in den letzten Jahren eingeschränkt wurden, erscheint diese Nutzungsform des Internet einem berechtigten Kundenbedürfnis zu entsprechen und auf Defizite im herkömmlichen Vertrieb hinzuweisen.

Diese Auffassung wird auch gestützt von einer Umfrage „Kaufen oder Tauschen?" unter Internet–Nutzern im Sommer 2001. So beklagten sich 77 Prozent der Befragten über die mangelnde Möglichkeit, preisgünstig einzelne Musiktitel statt ganzer CDs kaufen zu können. Das Herunterladen von Musikdateien wird als Alternative zum Testhören an der Ladentheke genutzt. Diese verbesserten Möglichkeiten für das Probehören wird von vielen als starker Anreiz für den Erwerb einer CD empfunden. Die Mehrzahl der Nutzer der Musikbörsen im Internet (62 Prozent) kaufen entsprechend weiterhin auch CDs. Nur 32 Prozent sind reine Nutzer von Musik–Downloads.[17]

---

[16]Bundesverband Phono, IFPI Deutschland (2001)
[17]Weber u. Haug (2001)

Neben der Frage nach dem indirekten Schaden durch entgangenen Umsatz stellt sich auch die Frage nach einem direkten Schaden durch den „Tausch" digitaler Musik. Der Schaden durch Ladendiebstahl einer CD ist klar bezifferbar: er beträgt mindestens die Einkaufskosten und die Verwaltungskosten des Händlers für diese CD. Bei der (berechtigten oder unberechtigten) Kopie einer käuflich erworbenen CD ist ein solcher direkter Schaden nicht zu erkennen. Niemand wird etwas direkt genommen, der Akt der Kopie verbraucht nicht das ursprüngliche Original. Die anfänglich ausgeführte Eigenschaft digitaler Produkte des nichtrivalisierenden Konsums ist dafür verantwortlich. Der Gebrauch eines digitalen Produktes, in diesem Fall die Kopie, verhindert nicht die weitere Nutzung durch andere, nutzt das Original nicht ab, reduziert es nicht in seinem Wert.

Betrachtet man die Geschichte der technischen Medien und ihrer technischen Reproduktionsmöglichkeiten, dann wird man immer wieder auf ähnliche Herausforderungen und Umbrüche stoßen, wie man sie heute bei der Verbreitung digitaler Musik über das Internet feststellen kann.

Die Strategie, allein auf technische oder rechtliche „Kopiersperren" zu setzen, um den Einsatz neuer Reproduktionstechnologien zu begrenzen, war in der Vergangenheit meist nicht von Erfolg gekrönt. Vielmehr mussten neue Vermarktungs- und Entgeltformen gefunden werden, um die berechtigten Interessen der Urheber zu berücksichtigen. Eine Lösung sind pauschale Geräte- und Leermedienabgaben, die nicht nur auf Audiokassetten, sondern mittlerweile auch auf CD–Rohlinge und CD–Brenner erhoben werden. Es mag durchaus ein Szenario vorstellbar sein, in dem das Herunterladen von Musik über das Internet insgesamt legalisiert wird und auf die Internet-Verbindungsgebühren ein Aufschlag für die Vergütung der Urheber erhoben wird. Ob das Ladengeschäft mit physischen Tonträgern durch die digitale Distribution jemals völlig ersetzt werden wird, hängt nicht zuletzt von der besonderen Servicequalität dieser stationären Vertriebsstellen (Beratung, große Auswahl, Probehören, zuverlässige, schnelle Lieferung etc.) und einer attraktiven Aufmachung und Verpackung der CDs ab.

6 Die Märkte für digitalisierbare Güter und die Folgen für den Arbeitsmarkt

Der anfänglich zitierte Nicolas Negroponte hat zu den Schattenseiten des digitalen Zeitalters neben dem Missbrauch geistigen Eigentums insbesondere den Verlust vieler Arbeitsplätze gerechnet. Auf diesen Aspekt soll abschließend mit einigen ersten Überlegungen und Modellrechnungen eingegangen werden. Es wird dabei der gesamte Bereich derjenigen Wirtschaftszweige in den Blick genommen, die für Prozesse der Digitalisierung mehr oder weniger in Betracht kommen.[18]

Dieser Markt für digitale Güter besteht aus den beiden Hauptsektoren, der sogenannten „Content–Industrie" und der Dienstleistungsbranche (vgl. die Tab. 1). Die Content–Industrie untergliedert sich in den Produktionsbereich, z.b. mit Journalistenbüros, Verlagen, Film- und Rundfunkproduktionsgesellschaften, den Vervielfältigungsbereich mit Druckereien, Filmkopierwerken etc. und den Distributionsbereich mit Buchhandlungen, Kinos, den Videotheken und anderen im Handel tätigen Unternehmen.

Tabelle 1. Der Markt für digitalisierbare Produkte und Dienstleistungen in Deutschland 1998 (Quelle: Seufert 2001)

Wirtschaftsbereiche	Bruttowertschöpfung in Mrd. DM	Erwerbstätige in 1 000
Content–Industrie gesamt	100,2	973
– davon Content–Produktion	68,2	521
– Vervielfältigung	18,8	250
– Handel mit Verlagserzeugnissen	7,9	175
– Filmwirtschaft (Verleih, Kino, Videotheken)	2,3	11
– Telekommunikationsdienste und Rundfunk	3,0	14
Dienstleistungen gesamt	624,2	4 846
Markt für digitalisierbare Produkte und Dienstleistungen gesamt	724,4	5 819

Im gesamten Content–Bereich arbeiten knapp eine Million Beschäftigte, das sind in etwa drei Prozent aller Beschäftigten in Deutschland. Im Bereich der Dienstleistungen arbeiten nochmals fast fünf Millionen Beschäftige. Zu diesem großen und heterogenen Bereich, der in der Wirtschaftsstatistik auch nur ungenügend abgebildet wird, zählt z.B. der Gesundheitsbereich, das Rechtswesens, der Bildungsbereich und anderes mehr. Der Dienstleistungsbereich hat einen Anteil an allen Beschäftigten in Deutschland von 14 Prozent.

Das Substitutionspotenzial durch Computereinsatz und Digitalisierung ist in den einzelnen Wirtschaftsbereichen unterschiedlich ausgeprägt (vgl. die Tab. 2). Im Bereich der Produktion wird es mit fünf Prozent relativ ge-

---

[18]Die folgenden Ausführungen basieren auf einem Gutachten des DIW für den Deutschen Bundestag im Auftrag des TABs im Rahmen des E–Commerce–Projekts, vgl. Seufert (2001)

ring angesetzt. Die kreative, intellektuelle und organisatorische Leistung zur Erstellung eines Textes für ein Buch, für die Komposition und Aufnahme eines Musiktitels, für die Produktion eines Films ändert sich nur unwesentlich durch digitale Produktionsmittel. Ganz anders sind dagegen die Annahmen für die Phase der Vervielfältigung und für den Vertrieb von Verlagserzeugnissen. Hier könnten, so die Schätzung, 75 Prozent der Arbeitskräfte eingespart werden. Hier kommt zum Tragen, was am Anfang bereits festgestellt wurde: Digitale Güter sind teuer herzustellen, aber preiswert zu reproduzieren.

Im Bereich der Filmwirtschaft wird allerdings nicht damit gerechnet, dass das Kino als besondere Form des Vertriebs, zum Beispiel durch Video–on–Demand, im gleichen Maße negativ beeinflusst würde wie z.B. der Handel mit Verlagserzeugnisse. Auf Grund der besonderen Erlebnisdimension des Kinobesuchs geht Seufert nur von einem Substitutionspotenzial von 30 Prozent aus. Im Telekommunikations- und Rundfunkbereich wird kein zusätzliches Substitutionspotenzial erwartet, da in diesen Feldern die Distribution schon heute weitgehend elektronisch und zunehmend auch digital erfolgt.

Für den Dienstleistungsbereich gibt es kaum Untersuchungen, die man für entsprechende Abschätzungen heranziehen könnte. Insgesamt geht Seufert davon aus, dass das Substitutionspotenzial mit 5 bis 15 Prozent deutlich geringer ausfällt als im Bereich der Content–Industrien. Dies liegt an dem hohen individualisierten Arbeitsanteilen im Dienstleistungsbereich.

Tabelle 2. Modellrechnung: Substitution durch Digitalisierung und E–Commerce (Quelle: Seufert 2001)

Wirtschaftsbereich	maximal erwartete Substitution in Prozent	Substitutionspotenzial	
		Bruttowertschöpfung in Mrd. DM	Erwerbstätige in 1 000
Content–Industrie		24,2	348
– davon Content–Produktion	5	3,4	26
– Vervielfältigung	75	14,1	188
– Handel mit Verlagserzeugnissen	75	5,9	131
– Filmwirtschaft	30	0,7	3
– Telekommunikation und Rundfunk	0	0,0	0
Vorleistungen (Content)		20,0	197
Dienstleistungen gesamt	5–15	48,7	368
Vorleistungen (Dienstleistung)		17,5	172
Markt für digitalisierbare Produkte und Dienstleistungen mit Vorleistungen		110,3	1 085

Bezieht man nun dieses Substitutionspotenzial auf die Beschäftigten in den einzelnen Branchen sowie auf die jeweiligen Vorleistungsstufen (die Hersteller von Druckmaschinen, Papier, Filmmaterial etc.), dann ergibt sich in der Summe ein Verlust von rund eine Million Arbeitskräfte. Dies wäre bezogen auf die in die Betrachtung mit einbezogenen Wirtschaftszweige rund jeder fünfte Arbeitsplatz. In dieser Modellrechnung wird nicht näher spezifiziert, in welchem Zeitraum mit einer solchen Entwicklung zu rechnen ist und unter welchen Randbedingungen diese Arbeitsplatzeffekte eintreten könnten.

Insbesondere müsste aber noch für eine umfassende Bewertung eine Schätzung der neu entstehenden Arbeitsplätze in der „digitalen Ökonomie" vorgenommen werden. Die verloren gegangenen und die neu entstandenen Arbeitsplätze müssten dann bilanziert werden. Genauer zu untersuchen wäre, ob sich das maximale technisch vorstellbare Substitutionspotenzial tatsächlich und unter welchen Randbedingungen umsetzen lässt. Oft lassen sich diese technischen Potenziale auf Grundlage von eingefahrenen Verhaltensmustern oder auch politischer Rahmenbedingungen nicht vollständig ausschöpfen. Es müsste weiter versucht werden, eine Prognose des zeitlichen Verlaufs des Digitalisierungsprozesses in der Content- und Dienstleistungsindustrie mit seinen Konsequenzen für den Arbeitsmarkt aufzustellen. Denn es macht für die Brisanz des Problems einen großen Unterschied, ob eine Million Arbeitsplätze innerhalb von fünf Jahren oder in einen Zeitraum von 20 Jahren wegfallen.

Der Stand der gegenwärtigen Forschung bietet auf diese Fragen noch keine Antworten. Zukünftiger Forschung zur Technikfolgenabschätzung bleibt es vorbehalten dazu genauere Erkenntnisse vorzulegen. An dieser Stelle konnte nur gezeigt werden, dass die enormen Kostenvorteile und Effektivitätsgewinne im Vertrieb digitaler Güter auch ihre gesellschaftliche Kosten, z.B. im Wegfall von Arbeitsplätzen, haben werden.

Literaturverzeichnis

1. Böhle, K., Riehm, U., Wingert, B. (1997): Vom allmählichen Verfertigen elektronischer Bücher. Campus, Frankfurt am Main
2. Braun, T. (2001): Rechtsfragen von Filesharing–Systemen aus Sicht des deutschen Urheberrechts. Entgegnung auf das Thesenpapier von Till Kreutzer. Hamburg 24.1.2001 (http://www.hgb-leipzig.de/~vgrass/semi-napster/braun-thesen.html)
3. Bundesverband Phono, IFPI Deutschland (2001): Jahreswirtschaftsbericht 2000. In: Phonographische Wirtschaft – Jahrbuch 2001. Josef Keller, Starnberg (online unter http://www.ifpi.de/)
4. Kreutzer, T. (2001a): Tauschbörsen wie Napster oder Gnutella verletzen nicht das Urheberrecht. Telepolis 7.2.2001 (http://www.heise.de/tp/)
5. Kreutzer, T. (2001b): Darf ich über die P2P–Netze tauschen? Telepolis 30.3.2001 (http://www.heise.de/tp/)
6. Negroponte, N. (1995): Being digital. New York: Knopf; deutsche Ausgabe: Total digital. Bertelsmann, München

7. Orwat, C. (2002): Innovationsbedingungen des E-Commerce – der elektronische Handel mit digitalen Produkten. TAB, Berlin (im Erscheinen)
8. Riehm, U., Böhle, K. (1999): Geschäftsmodelle für den Handel mit niedrigpreisigen Gütern im Internet. In: Thießen, F. (Hrsg.): Bezahlsysteme im Internet. Knapp, Frankfurt am Main, S. 194–206
9. Riehm, U. (2002): Veränderungen in der Produzenten–Konsumenten–Beziehung beim elektronischen Handel. In: Hubig, Ch., Koslowski, P. (Hrsg.): Wirtschaftsethische Fragen der E–Economy. Physica, Heidelberg (in Vorbereitung)
10. Riehm, U., Orwat, C., Wingert, B. (2001): Online–Buchhandel in Deutschland. Forschungszentrum Karlsruhe, Karlsruhe
11. Rifkin, J. (2000): Access – Das Verschwinden des Eigentums. Campus, Frankfurt am Main
12. Seibel, P. A. (2000): Printing on Demand. Brockhaus/Commission, Kornwestheim
13. Seufert, W. (2001): Handel mit digitalen Gütern. Berlin (unveröffentlichtes Manuskript)
14. Shapiro, C., Varian, H.R. (1999): Online zum Erfolg. Langen Müller, München
15. Stelzer, D. (2000): Digitale Güter und ihre Bedeutung in der Internet–Ökonomie. Köln (http://www.systementwicklung.uni-koeln.de/forschung/veroeffentlichungen/dokumente/diggut.pdf)
16. Varian, H.R. (1998): Markets for information goods. University of California, Berkeley (revised October 16, 1998, http://www.sims.berkeley.edu/~hal/people/hal/papers.html)
17. Weber, K., Haug, S. (2001): Kaufen oder Tauschen? Musikmarkt, Heft 33–37

Teil IV

Technikfolgenabschätzung in unterschiedlichen Technikfeldern

Nanotechnologie aus der Perspektive der Innovations- und Technikanalyse

Norbert Malanowski

1 Einführende Bemerkungen

Schon kurz nach dem Wechsel vom 20. in das 21. Jahrhundert ist abzusehen, dass es sich bei der Nanotechnologie um eine Schlüsseltechnologie des neuen Jahrhunderts handelt. Einer der zentralen Gründe dafür liegt in der Selbstorganisation elementarer Bausteine, sich daraus ergebender Gestaltungsmöglichkeiten auf atomarer und molekularer Ebene und in der Umsetzung von entstehenden Paradigmenwechseln für die Herstellung nanotechnologischer Systeme. Diese vereinen nach bestehenden Vorstellungen sowohl physikalische Gesetzmäßigkeiten als auch chemische Stoffeigenschaften und biologische Bauprinzipien. Auf diese Weise eröffnet sich die Herstellung völlig neuartiger Materialien und Produkte in diversen Technik- und Wirtschaftsbereichen.[1] Insofern wundert es nicht, dass der internationale technologische Wettlauf um erfolgversprechende Märkte (siehe Abb. 1 aus Bachmann 1998) längst begonnen hat.

In diesem technologischen Wettbewerb wiederum kommt es auch in Deutschland immer mehr darauf an, Forschungs- und Entwicklungsanstrengungen in einem frühzeitigen Stadium zu unternehmen. In diesem Kontext ist es ebenso sinnvoll, bereits frühzeitig auch der Fragestellung nachzugehen, welche Technikfolgen die Nanotechnologie auf die verschiedenen Bereiche des Standortes Deutschland mit sich bringen kann.

Das Bundesministerium für Bildung und Forschung (BMBF) hat daher eine Vorstudie zur Innovations- und Technikanalyse[2] im Bereich Nanotechnologie in Auftrag gegeben, die vom VDI–Technologiezentrum, Abteilung Zukünftige Technologien, bearbeitet worden ist (Malanowski 2001). Neben Fragen zur technischen und wirtschaftlichen Dimension der Nanotechnologie

---

[1]In Abgrenzung zur Mikrosystemtechnik ist die Nanotechnologie interdisziplinär. Es wird gemeinhin erwartet, dass von den Erkenntnissen der Nanotechnologie diverse Fächer wie die Physik, die Chemie, die Biologie u.a. gleichzeitig profitieren, da auf atomarer bzw. Nano–Ebene die wissenschaftlichen Disziplinen nicht mehr auflösbar sind.

[2]In dieser Studie wird erstmals mit dem neuen – vom BMBF eingeführten – Begriff Innovations- und Technikanalyse (ITA) anstelle von Technikfolgenabschätzung (TA) gearbeitet. Zum Begriff ITA und zur Ausrichtung von ITA siehe den Beitrag von Baron u. Zweck in diesem Buch.

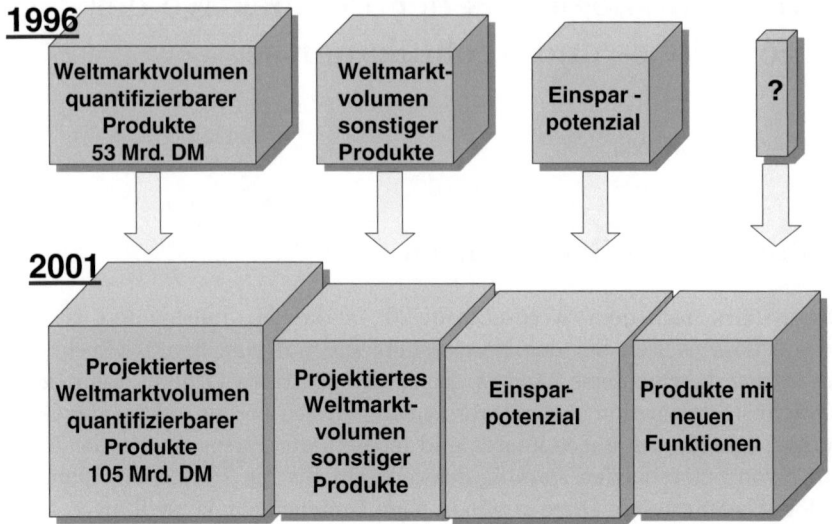

Abb. 1. Wirtschaftliches Potenzial der Nanotechnologie

wurden darin Fragen zu ökologischen, gesundheitlichen, individuellen und sozialen sowie zu politischen Aspekten berücksichtigt.[3]

In diesem Beitrag werden die zentralen Ergebnisse dieser Vorstudie dargestellt. Zum einen wird das vielfältige Innovationspotenzial der Nanotechnologie in Verbindung mit den o.g. Dimensionen diskutiert.[4] Zum anderen zielt der Beitrag darauf, weitere Technikfolgen im Kontext möglicher Risiken und Alternativen zu skizzieren. Ferner geht es darum, offene ITA–relevante Fragestellungen in Bezug auf Chancen und Risiken für zukünftige ITA–Arbeiten darzulegen.

2 Nanotechnologie im Kontext aktueller Diskussion

Die Nanotechnologie wird in Deutschland ebenso wie in anderen Ländern, wie USA, Großbritannien, Schweiz und Japan in der öffentlichen Diskussi-

---

[3] Hier erfolgte eine Orientierung an der VDI–Richtlinie 3780 zur Technikbewertung.

[4] Die ITA–Vorstudie hatte nicht zum Ziel, die technische Dimension der Nanotechnologie besonders eingehend im Sinne einer reinen Technologiestudie zu beleuchten. Vielmehr bildeten die technischen Aspekte einen Block unter insgesamt sechs Themenkomplexen. Für umfangreiche technische Details zur Nanotechnologie siehe Bachmann 1998: Innovationsschub aus dem Nanokosmos und unter http://www.nanonet.de.

on weitgehend positiv aufgenommen.[5] So findet sich beispielsweise selbst im Heft 2/2000 des *Greenpeace* Magazins, das als ein Medium durchaus kritischer Beobachter in Bezug auf mögliche Gefahren für Umwelt und Gesellschaft betrachtet werden kann, ein Beitrag über die Nano–Chemie, „die einmal völlig neue Materialien möglich machen könnte – ohne Umweltverschmutzung". Darüber hinaus wird viel von neuen Nano–Entwicklungen in der Messtechnik erwartet. Mit neuen Geräten soll eine Sofort–Analyse von Schadstoffen – ob im Boden, im Wasser oder in der Luft – in Zukunft erheblich erleichtert werden. Auch auf dem Technologiekongress der bayrischen Grünen im Oktober 2000 ging es darum, eine exemplarische Debatte über die Nanotechnologie zu führen, die irrationalen Ängsten vorbeugen, auf rationale Weise die Chancen dieser neuen Technologie deutlich machen und mögliche Gefahren abwehren helfen soll.

Mit möglichen Risiken der Nanotechnologie hatte sich das Verwaltungsgericht Freiburg im März 2000 zu beschäftigen, bei dem eine Klage eines Anwohners gegen die immissionsschutzrechtliche Genehmigung einer Nanopulverproduktion eingegangen war. Die Klage wurde abgewiesen, doch hat der Kläger, der gesundheitsgefährdende Risiken befürchtet, beim Verwaltungsgerichtshof in Mannheim den Antrag auf Zulassung der Berufung gestellt.

- Eine erste größer angelegte Diskussion über Risiken der Nanotechnologie wurde in Deutschland – allerdings von einem Wissenschaftler aus den USA – im Juni 2000 angestoßen. Mit seinem Artikel „Why the future does not need us" hat der Mitgründer des amerikanischen Unternehmens Sun Microsystems, Bill Joy, eine Debatte über die Risiken gegenwärtiger Schlüsseltechnologien vor allem zwischen Visionären, Fachwissenschaftlern und z.T. Vertretern aus Wirtschaft und Politik angestoßen. Vor der ausführlichen Darstellung der Thesen Joys im Feuilleton der *Frankfurter Allgemeinen Zeitung* im Juni 2000, war schon eine erste Diskussion in den USA angestoßen worden durch einen zweiseitigen Beitrag in der elektronischen US–Zeitschrift *Wired* (April 2000). In beiden Artikeln warnt er u.a. vor den Risiken künstlicher Nanomaschinen, deren Entwicklung er für die nächsten 20 Jahre prognostiziert. Diese Nanomaschinen könnten sich wahrscheinlich selbst replizieren und die Menschheit und die Biosphäre in absehbarer Zukunft in ihrer Existenz bedrohen. Außerdem ließe sich – so Joys These – die Nanotechnologie grundsätzlich leichter für zerstörerische als für konstruktive Zwecke nutzen (z.B. durch das Militär oder Terrorgruppen).
- In einem anschließenden Interview (FAZ vom 13.6.2000) äußert er sich differenzierter und plädiert für einen Stopp der Forschung und einen frei-

---

[5]Siehe z.B. die überwiegende Berichterstattung über Nanotechnologie in überregionalen Zeitungen wie der Frankfurter Allgemeinen Zeitung, der Süddeutschen Zeitung und der Wochenzeitung Die Zeit, im Zeitraum von Februar 2000 bis Januar 2001, auch wenn mit den einsetzenden Debatten über die Thesen von Bill Joy mögliche kritische Aspekte behandelt werden.

willigen Verzicht bei der Entwicklung in besonders gefährlichen Bereichen der Nanotechnologie. Ferner spricht er sich dafür aus, dass ein internationales Gremium die Risiken neuer Technologien abschätzen und daraus Richtlinien ableiten sollte. Ein solches Gremium solle – ähnlich wie das ehemalige amerikanische *Office of Technology Assessment* – mit Fachleuten besetzt sein, die selbst an kritischen Fragen forschten und im Konsens Richtlinien für den Forschungsbereich Nanotechnologie entwickelten. Darüber hinaus müssten sich aber auch Unternehmen mit möglichen Risiken beschäftigen (z.B. durch kontrollierte Bedingungen für Unternehmen und durch Abschluss von Versicherungspolicen, um eventuelle Schäden beheben zu können). Für sinnvoll hält er ferner Sicherheitslaboratorien unter internationaler Kontrolle. Warum sich die Nanotechnologie leichter für zerstörerische als für konstruktive Zwecke nutzen lässt, ist wie in vorherigen Beiträgen nicht weiter begründet.

- Die Aussagen von Joy sind mit Quellen unterlegt, die von Visionären wie Ray Kurzweil und Eric Drexler stammen. Diese gehen in ihren Büchern von dem Postulat aus, dass in naher Zukunft sich selbst replizierende Nanomaschinen entwickelt werden können. Kurzweil fühlt sich jedoch von Joy grundsätzlich missverstanden und verweist auf seine optimistische Vision, in der mögliche Gefahren von Nanomaschinen nicht ausgeklammert sind (Kurzweil 2000). Tabula–rasa–Lösungen im Sinne eines völligen Verzichts hält er für unrealistisch. Statt dessen seien ethische Richtlinien sinnvoll wie die des von Eric Drexler geleiteten Foresight Instituts. Diesen sehr allgemeinen Richtlinien zufolge sollen Wissenschaftler u.a. vollständig auf die Entwicklung solcher spezieller Nanomaschinen (Entitäten) verzichten, die sich in einer natürlichen Umwelt selbst reproduzieren können. Zudem wäre ein Verbot aller physischen Nanomaschinen notwendig, die einen eigenen Code zur Selbstproduktion enthalten.[6]
- Physiker wie Michio Kaku weisen darauf hin, dass die Nanotechnologie von der Entwicklung der hier kurz beschriebenen Nanomaschinen noch weit entfernt ist. Aus seiner Sicht lassen sich diese frühestens in 50 Jahren realisieren. Ein zentrales Realisierungshemmnis sieht er in der Übermittlung der notwendigen enormen Informationsmenge, die notwendig ist, um den Bauplan eines Gegenstandes für jedes Molekül zu beschreiben. Dieses Problem würde von Visionären wie Kurzweil und Drexler nicht klar erkannt, da sie in ihren Überlegungen physikalische Gesetze nicht hinreichend berücksichtigten. Joys Warnungen hält er für richtig, seine Zeitvorstellungen allerdings für überzogen, so dass der Menschheit noch ausreichend Zeit bliebe darüber nachzudenken, wie ein Einsetzen eines solchen Negativ-Szenarios verhindert werden könnte (Der Spiegel 15/2000).
- Weitere gewichtige Stimmen, die sich zwar ebenfalls (sehr) kritisch mit den Thesen von Joy auseinandersetzen, plädieren dennoch dafür, sich mit den

---

[6]Foresight Guidelines on Molecular Nanotechnology, Revised Draft, 4. Juni 2000, abrufbar http://www.foresight.org/guidelines/current.html.

Risiken neuer Schlüsseltechnologien ernsthaft zu beschäftigen (siehe z.b. FAZ vom 11.7.2000, Interview mit Rustum Roy in: Die Zeit 32/2000). Das Erstaunliche an dieser Debatte ist allerdings, dass sie ausschließlich über einen Teilbereich der Nanotechnologie geführt wird, der noch gar nicht existiert, jedoch andere Teilbereiche gänzlich ausklammert, in denen bereits nanotechnologische Entwicklungen und Produkte existieren.

– Bei einer Veranstaltung des Wissenschaftszentrums NRW im November 2000 zum Thema „Mensch oder Roboter – Wem gehört die Zukunft?" brachte Hubert Markl, Präsident der Max-Planck-Gesellschaft, den Ertrag der Debatte über die Thesen von Joy wie folgt auf den Punkt: „... die von Kurzweil, Joy und ... vielen anderen Kundigen aufgeworfenen Fragen sind von Wichtigkeit; sie öffentlich in großer Breite – also nicht nur unter Naturwissenschaftlern und Technikern, sondern unter möglichst vielen Interessierten – zur Diskussion zu stellen, war und ist verdienstvoll; und wenn dies mit etwas medientypischer Begleitmusik geschieht, so sollten wir Wissenschaftler, die doch immer die Aufmerksamkeit der breiten Öffentlichkeit wünschen und suchen, darüber eher erfreut als pikiert sein. Das heißt freilich noch lange nicht, dass man jedem, der dabei als Prophet – wenn nicht gar als Messias – einer neuen Epoche hingestellt wird, auch alles aufs Wort glauben muss. Dazu sind Diskussionen schließlich da, dass Urteilskraft im Widerspruch geschärft wird" (Markl 2000).

– Mit der Debatte über die Thesen von Joy ist zumindest in Ansätzen eine fruchtbare Diskussion über Technikfolgen angestoßen worden, die sich vor allem auf ethische Fragen in Wissenschaft und Forschung bezieht. Selbst in den eher fortschrittsgläubigen USA wird – nachdem viele Aktivitäten im Bereich *Technology Assessment*[7] in jüngerer Vergangenheit eingestellt worden waren (u.a. der Betrieb des *Office of Technology Assessment*) – wieder häufiger die Frage nach den Folgen neuer Technologien gestellt. Hier haben sich sozialwissenschaftliche Akteure frühzeitig an der Joy–Debatte beteiligt. Sie plädieren dafür, mit der Entwicklung der Nanotechnologie, die im Rahmen der *National Nanotechnology Initiative* mit ca. 422 Millionen Dollar öffentlich gefördert wird, ein frühzeitiges *Technology Assessment* zu verbinden und eine systematische Analyse der geplanten und ungeplanten Folgen dieser neuen Technologie einzuleiten (u.a. Coates 2000; Turning Point Project in New York Times vom 24.8.2000). Auch wenn bisher der Schritt zu einem umfassenden *Technology Assessment* noch nicht erreicht worden ist, wird zumindest seit kurzem über Nanotechnologie in Verbindung mit sozialen Fragen diskutiert. Dies zeigt ein nicht–öffentlicher Workshop der amerikanischen *National Science Foundation* im September 2000: „Much of the two–day workshop focused on the promise of nanotechnology to help solve such intractable social problems as poverty and hunger and to bring forth medical advances to fight desease and to improve overall

---

[7] Im angelsächsischen Sprachraum wird meist noch mit dem Begriff *Technology Assessment* und der Abkürzung TA gearbeitet.

human health. But the workshop also dealt with some of the fear surrounding nanotechnology" (Nanotechnology. Chemical & Engeneering News, 16.10.2000).

Eine praxisrelevante Innovations- und Technikanalyse für den Bereich Nanotechnologie beinhaltet allerdings sehr viel mehr. Die vom BMBF in Auftrag gegebene ITA–Vorstudie zur Nanotechnologie geht über solche Diskussionen, die eher auf einer Meta–Ebene geführt werden, hinaus und liefert erstes empirisches Material für detailliertere und zeitnähere ITA–Aktivitäten zur Nanotechnologie. Dabei bezieht sie sich auf technisch–wissenschaftliche, ethische, soziale, rechtliche, ökonomische, ökologische und politische Aspekte. Damit wird eine empirische Basis für eine ITA Nanotechnologie in Deutschland bereitgestellt, mit Hilfe derer eine differenzierte Diskussion sowohl über Chancen als auch über Risiken einzelner Bereiche der Nanotechnologie und über Alternativen sowie weitere ITA–Aktivitäten geführt werden kann.

3 Zentrale Ergebnisse einer ITA–Vorstudie

Bei Erarbeitung der ITA–Vorstudie zur Nanotechnologie, deren zentrale Ergebnisse hier diskutiert werden, konnte nicht, wie meist in größer angelegten ITA Studien, auf eine umfangreiche Sekundärliteratur für die Auswertung zurückgegriffen werden. Insofern dienten die durchgeführten leitfadengestützten Expertengespräche vor allem der Primärerhebung, um ITA–relevante Aspekte im Bereich der Nanotechnologie frühzeitig zu erkennen. Die ausgewählten Experten waren Wissenschaftler der Nanotechnologie aus Universitäten sowie Abteilungsleiter und Laborleiter aus Unternehmen. Es wurde davon ausgegangen, dass die Gesprächspartner ein umfangreiches Know–How zu den Fragen bezüglich der technischen Dimension einbringen. Hinsichtlich der anderen Aspekte (z.B. soziale, ökologische, politische) bot sich vor allem ein Sensibilisieren für Fragen solcher Art an, da die Beschäftigung mit diesen in der Regel nicht zum Hauptarbeitsfeld der ausgewählten Gesprächspartner gehörte. Diese Wirkungsbereiche wurden wiederum unterteilt in die vier zeitlichen Entwicklungsdimensionen kurz-/mittelfristig (bis 5 Jahre), langfristig (bis 10 Jahre), visionär (bis 30 Jahre) und Science Fiction (mehr als 30 Jahre bzw. nicht absehbare Realisierbarkeit).

Die Nanotechnologie wird nach Expertenmeinung zu den Schlüsseltechnologien des 21. Jahrhunderts gehören, da sie ein vielfältiges Innovationspotenzial für Wissenschaft, Wirtschaft und Gesellschaft beinhaltet. Dessen Ausschöpfung steht jedoch gegenwärtig noch am Anfang, da sich diese Technologie beispielsweise im Vergleich zur Biotechnologie in einem frühen Stadium der Entwicklung befindet. Die technische Realisierung intelligenter selbstreplizierender Nanomaschinen wird nach Ansicht der im Rahmen der ITA–Vorstudie befragten Experten aus dem Bereich Nanotechnologie noch lange visionär oder gar Science Fiction bleiben. Dies gilt möglicherweise auch

Nanotechnologie aus der Perspektive der Innovations- und Technikanalyse 207

für die in Abb. 2 aufgeführten Beispiele. Bestehende physikalische Grenzen spielen immer noch eine umsetzungshemmende Rolle in der Entwicklung und z.Z. existieren wenig konkrete Vorstellungen, wie diese Barrieren überwunden werden können.

- O Molekulare Lager
- O Optische Computer (z. T. Nano)
- O Genomanalyse (z. T. Nano)
- O Keine Medikamente (Selbstheilung)
- O Neuronale Kommunikation (z. T. Nano)

Abb. 2. Beispiele nanotechnologischer Entwicklungen (langfristig/visionär)

Schlagworte wie „Sanfte Chemie", „Nano–Umweltdetektive", „Mehr Sicherheit in der Produktion" und „Nano in der Medizin" weisen viel eher auf kurz-/mittelfristige oder langfristige Innovationspotenziale hin (Beispiele für nanotechnologische Entwicklungen in Abb. 3), die wirtschaftliche Vorteile für den Standort Deutschland auch unter Berücksichtigung einer nachhaltigen Entwicklung erwarten lassen.

- Um das Innovationspotenzial am Standort Deutschland, der gegenwärtig im internationalen Wettbewerb eine gute Position in Bezug auf nanotechnologische Entwicklungen besetzt, hinreichend nutzen zu können, sind zum einen Handlungsweisen zur Vermeidung sogenannter *Show Stopper* (im Sinne von Innovationshemmnissen und Gefahren) frühzeitig zu erörtern.
- Zum anderen dürfte ein regelmäßiges und differenziertes Monitoring des ökonomischen Potenzials Trends und Möglichkeiten aufzeigen, die Investitions- und Förderentscheidungen erleichtern.
- Eine wesentliche Voraussetzung für eine erfolgreiche Markteinführung nanotechnologischer Entwicklungen bzw. Produkte stellen Verkaufspreise dar, die nicht erheblich über denen bereits vorhandener Produkte liegen und vom Abnehmer oder Verbraucher relativ schnell akzeptiert werden. Im Vergleich zur Herstellung konventioneller Produkte müssen sich zumindest mittelfristig für Unternehmen Wettbewerbsvorteile ergeben, wie z.B. durch eine höhere Qualität des Produkts, einen geringeren Materialverbrauch, energiesparende Fertigungsanlagen oder verschleißfestere Maschinenteile („billiger", „besser", „neue Funktionalität").
- Von besonderem Gewicht sind zur Zeit die noch hohen Entwicklungskosten für Massenprodukte, die beispielsweise von kleinen und mittleren Unter-

- O Katalysatoren
- O Schnelle elektrochrome Systeme
- O Neue dielektrische Werkstoffe
- O Verschleißschutz* und Schmierschichten
- O Brennstoffzelle
- O Optoelektronische Systeme (LED)*
- O Neue Kleber, neue Lacke
- O Membranen
- O Solarzellen*
- O Optische Vergütung*
- O Röntgenoptiken
- O Funktionale Beschichtungen (Prothetik, Biokompatibilität)
- O Energiespeicher (Brennstoffzelle, Li-Ionen-Batterie)
- O Lithographiewerkzeuge
- O Neue Speicherkonzepte
- O Nano-Sintermaterialien*
- O Pharmascreening
- O Intelligente Medikamente (Drug Carrier)

* Auf bzw. teilweise auf dem Markt

Abb. 3. Beispiele nanotechnologischer Entwicklungen (kurz-/mittelfristig)

nehmen (KMU) allein nur selten oder gar nicht aufgebracht werden können. Die KMU sind eher als Zulieferer für Produktionsanlagen oder Materialien oder im Bereich der Geräteherstellung tätig.

– KMU können eher zu einem stetigen Innovationsmotor für das Vorantreiben der Nanotechnologie werden, wenn die öffentliche Förderung noch gezielter und über einen mittelfristigen Zeitraum erfolgte.

– Die Einschätzungen der befragten Experten zur Beschäftigungsentwicklung in der Nanotechnologie gehen in der Regel auseinander. Manche Experten rechnen langfristig mit einem großen Zuwachs an Arbeitsplätzen vergleichbar mit dem in der Biotechnologie, andere gehen von einem Nullwachstum aus, wiederum andere prognostizieren einen moderaten Zuwachs an Arbeitsplätzen. Bei ihren Prognosen können die befragten Experten aus dem Bereich Nanotechnologie allerdings noch nicht auf diesbezügliche wissenschaftliche Ergebnisse aus der Arbeitsmarktforschung zurückgreifen. Die Bearbeitung einer soliden empirischen Basis steht noch aus. Insofern bietet es sich an, neben dem prognostizierten Wirtschaftspotenzial Wirkungen der Nanotechnologie auf Arbeitsmärkte zu analysieren.

Des Weiteren verspricht die Nanotechnologie in Verbindung mit der Nachhaltigkeit Nutzen zu erbringen. Nachhaltig ist eine Entwicklung im allgemeinen dann, wenn sie die Lebensgrundlagen für kommende Generationen erhält und die Anpassungsfähigkeit der Gesellschaft, der Wirtschaft und der Ökosysteme nicht überfordert. Neue Materialien basierend auf Nanotech-

Nanotechnologie aus der Perspektive der Innovations- und Technikanalyse 209

nologie können eine Verringerung beim Energieverbrauch von Fahrzeugen und Bildschirmen ermöglichen. Neue Analyseverfahren und Sensoren können die Zuverlässigkeit und Qualität von Produktionsverfahren und Produkten erhöhen. Diese und weitere Aspekte sind allerdings weitgehend noch nicht untersucht. So sind z.B. Fragen nach der Recyclebarkeit von Produkten basierend auf Nanotechnologie und Umweltverträglichkeit von Herstellungsverfahren noch offen (siehe Abb. 4).

Anwendungen	Offene Fragen
o verschleißfestere Maschinenteile o selektive Chemie o korrosionsgeschützte Werkstoffe o bessere Schmiermittel o leistungsfähigere Solarzellen o selektive Katalysatoren ▷ (alle kurz-/mittelfristig)	Recyclebarkeit (?) Umweltverträglichkeit (?) mögliche Toxizität (?)
o Nanomaschinen zur Schadstoffbeseitigung ▷ (visionär oder gar Science Fiction)	ungebremste (?) unvorhergesehene (?) selbständige (?) Vermehrung

Abb. 4. Mögliche Anwendungen im Bereich Umwelt und offene Fragen

- Nanotechnologische Verfahren und Produkte könnten neben Energieeinsparung, Materialeinsparung und Ressourcenschonung auch toxische Stoffe ersetzen sowie bessere Messgeräte zur Erkennung von Verschmutzungen in der Umwelt ermöglichen.
- Das vielfältige Potenzial der Nanotechnologie für eine nachhaltige Entwicklung im ökologischen Sinne wird gegenwärtig eher in einzelnen Facetten als im Gesamtkontext erörtert.
- Spezielle Nanomaschinen, die z.B. Schadstoffe in nicht toxische Substanzen zerlegen, sind gegenwärtig visionär, wenn nicht sogar Science Fiction. Dennoch sollte eine aufmerksame Beobachtung der Problematik hinsichtlich unvorhergesehener/ungebremster/selbständiger Vermehrung von Nanomaschinen frühzeitig geleistet werden.

Für die Medizin erwarten Experten durch nanotechnologische Entwicklungen viele neue Diagnose- und Therapieverfahren. Krankheiten könnten z.B. durch Biosensoren frühzeitiger als bisher diagnostiziert und noch vor dem

Ausbruch therapiert werden. Konkrete Anwendungen oder zumindest Modellaufbauten gibt es bereits in den Bereichen Prothetik, biokompatible Oberflächen und Multifunktionsonden. Ferner gehen einige Experten u.a. von einer kurz-/mittelfristigen Entwicklung von Herz-Unterstützungssystemen aus, in denen ein Magnetofluid aus Nanoteilchen als verschleißfreier Antrieb genutzt wird. Ein weiteres Beispiel ist ein neues Verfahren zur Krebstherapie (Hyperthermie), in dem man Vor-Ort-dosierbare Wirkstoffe einsetzt. Über eine selektive Aufnahme von magnetischen Nanopartikeln in Tumorzellen und eine gezielte lokale Erwärmung der Tumorzellen, soll es gelingen, diese absterben zu lassen, ohne dass das gesunde Gewebe zu stark belastet wird (weitere Beispiele siehe Abb. 5).

o Neuartige Wirkstoffe (inkl. Kosmetika und Lichtfiltersubstanzen)

o Vor-Ort-dosierbare Pharmaka und Wirkstoffe (z. B. lokale Hyperthermie)

o Biokompatible Implantatoberflächen und künstliche Haut

o Multifunktionssensoren (z. B. in Medizintechnik, zur DNA-Analyse)

o Medizinische Klebeflächen (z. B. allergiefreies Pflaster, körperinnerer Wundverschluss)

o Dialysemembranen

Abb. 5. Beispiele nanotechnologischer Entwicklungen in der Medizin/Pharmazie (kurz-/mittelfristig)

– Die vielfältige Nutzung des Chancenpotenzials in der Medizin ließe sich durch eine gezielte Analyse des breiten Spektrums neuer medizinischer Anwendungsmöglichkeiten und der Präventivmedizin in anderen Ländern anregen.
– Die Frage nach einem näher spezifizierten Optimierungspotenzial für das Gesundheitswesen durch nanotechnologische Entwicklungen und Produkte ist noch offen.
– Ein mögliches Gefahrenpotenzial könnte in einer möglichen Toxizität vereinzelter Nanopartikel liegen. Dieser möglichen Gefahr kann frühzeitig begegnet werden, indem frühzeitig gebührende Untersuchungsschritte (z.B. Screening) in einem frühen Stadium des Innovationsprozesses unternommen werden.[8]

---

[8]Solche Untersuchungsschritte hat in den USA die NASA eingeleitet und spezielle Studien in Auftrag gegeben (z.B. Toxicological Safety Study of Nanotubes in Mice

– Eher langfristig/visionär ist die Identifikation einer Erkrankung allein durch das Aufspüren charakteristischer Moleküle in der Atemluft. Die Vorstellungen zur Entwicklung eines medizinischen Nanoroboters, wie sie sich in den Visionen von Eric Drexler finden, halten die meisten Experten für etwas naiv. Ihrer Meinung nach ist die langfristige bzw. visionäre Entwicklung eines Nanoroboters, der selbständig im menschlichen Körper beispielsweise verkalkte Herzkranzgefäße reinigt, nicht das, was in der Medizin dringend benötigt wird, zumal mit einem Ballonkatheter dies heute schon möglich ist. Statt dessen wird dafür plädiert, mittels des Einsatzes nanotechnologischer Entwicklungen ein besseres Verständnis über molekulare Zusammenhänge von Krankheiten im menschlichen Körper zu bekommen.

Man kann einerseits von einer hohen Akzeptanz in der Gesellschaft in Bezug auf die Nanotechnologie ausgehen, da es bereits Produkte gibt, die auf Zustimmung und Nachfrage in der Gesellschaft treffen. Anderseits kann man die Nanotechnologie als ein Ensemble von Innovationen betrachten (siehe Abb. 6), das fundamentale Neuerungen und überraschende Anwendungsmöglichkeiten verspricht, und das insbesondere langfristig nicht nur tiefgreifende Veränderungen in Wissenschaft, Technik und Wirtschaft sondern auch in der Gesellschaft hervorbringen wird. Gerade deshalb, ist es von hoher Bedeutung, dass neben der Wirtschaft ebenso die Gesellschaft auf Veränderungen – resultierend aus oder gefördert durch die Nanotechnologie – vorbereitet ist. Insofern bieten sich besondere Anstrengungen an, gesellschaftliche Bedarfe und Vorbehalte auszuloten, indem beispielsweise nanotechnologische Entwicklungen und Produkte im Kontext gesellschaftlicher Visionen und Fragestellungen (u.a. Technikakzeptanz, Ethik, politische Randbedingungen, Gesundheit und Arbeit, aber auch Nachhaltigkeit) erörtert werden.

Gegenwärtig offen ist die Frage, wie bzw. mit welchen wissenschaftlichen Methoden der gesellschaftliche Bedarf in Bezug auf Nanotechnologie ermittelt werden kann.

– Eine Möglichkeit gesellschaftliche Bedarfe und Vorbehalte auszuloten, bietet sich mit der Erörterung nanotechnologischer Entwicklungen und Produkte im Kontext zu entwickelnder gesellschaftlicher Szenarien zur Nanotechnologie an.
– Damit verbunden wären u.a. Überlegungen zu den möglichen Konsequenzen für die Produktwelt.
– Auch wäre zu erörtern, wie Informationen zur Nanotechnologie für Laien aufzubereiten sind und wie sich Experten aus dem Bereich der Nanotechnologie daran beteiligen können. Ferner wäre zu fragen, in welcher Weise be-

und Assessment of Biologic Efects of Nanotube Compounds Using Human Cells). Eine erste Präsentation von Ergebnissen war im Rahmen der NASA–Veranstaltung „NanoSpace 2001 – Exploring Interdisciplinary Frontiers" im März 2001 in Houston anvisiert.

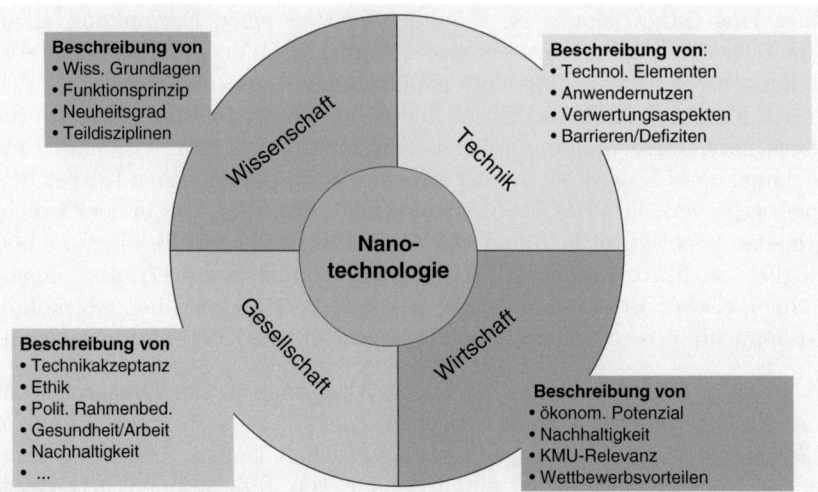

Abb. 6. Nanotechnologie als Teil von Wissenschaft, Technik, Wirtschaft und Gesellschaft

sonders fruchtbare Brückenschläge zwischen Experten und der Bevölkerung gelingen können.

Technologischer Fortschritt sollte nach Meinung der meisten befragten Experten aus dem Bereich der Nanotechnologie von Zeit zu Zeit mit einer Überprüfung staatlicher Randbedingungen (Gesetze, Verordnungen, Normen etc.) verbunden sein, damit gegebenenfalls Überarbeitungen oder gänzliche Neuerungen in Bezug auf wesentliche Entwicklungen in der gängigen Praxis frühzeitig vorgenommen werden können. Aufgrund des multidisziplinären und tiefgreifenden Charakters einer Spitzentechnologie, wie die Nanotechnologie es ist, steht ihre nutzbringende Fortentwicklung – neben den entscheidenden Schritten in Wissenschaft und Technik – in enger Verbindung zu den vielfältigen Gestaltungsmöglichkeiten staatlicher Organisationen (siehe Abb. 7 für Beispiele von Gestaltungsmöglichkeiten der Nanotechnologie durch staatliche Organisationen).

– Viele Fragen nach den Wirkungen der Nanotechnologie auf spezielle Politikbereiche (z.B. Umweltpolitik, Sicherheitspolitik oder Sozialpolitik) oder Fragen der Ethik sind offen.
– Offen sind zur Zeit insbesondere langfristige Auswirkungen im sozialen Bereich, wobei zu berücksichtigen sein wird, dass die Nanotechnologie hier im Konzert mit anderen Technologien (u.a. Informationstechnik und Biotechnologie) eine Rolle spielen wird und nicht isoliert als einzelne Technologie.
– Nanotechnologie könnte auch Anwendung im militärischen Bereich finden. In den USA, der einzig verbliebenen „Supermacht" mit einem im internationalen Vergleich sehr hohen Verteidigungsbudget, wird die Erforschung

Nanotechnologie aus der Perspektive der Innovations- und Technikanalyse 213

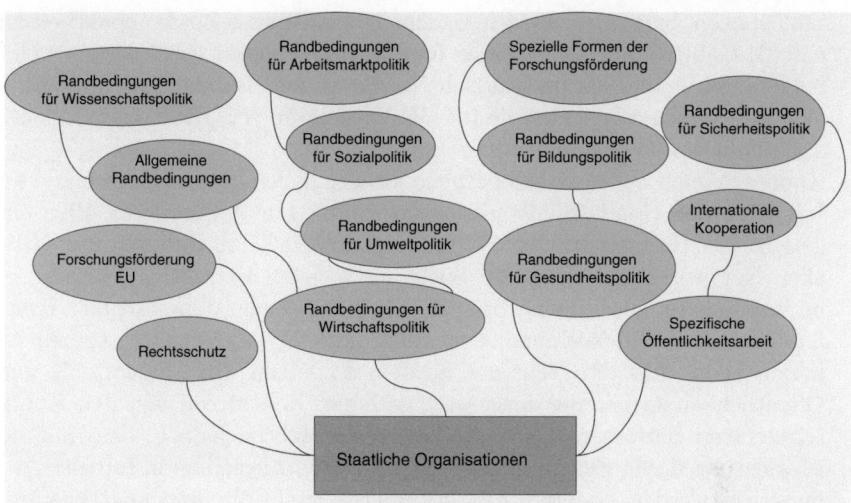

Abb. 7. Beispielhafte Gestaltungsmöglichkeiten staatlicher Organisationen für die Nanotechnologie

und Entwicklung der Nanotechnologie mit erheblichen Finanzmitteln des Verteidigungsministerium gefördert. Das entsprechende Ministerium ist sehr interessiert an den neuen Möglichkeiten, welche die Nanotechnologie bieten könnte. Dazu gehören z.B. neue Materialeigenschaften, die das Gewicht von Kampfflugzeugen erleichtern und zu einer verbesserten Wendigkeit führen sollen.
– Entsprechende Aktivitäten in Deutschland sind den befragten Experten nicht bekannt. Einige Experten halten eine frühzeitige Offenheit bei der Diskussion sicherheitspolitischer Fragen der Nanotechnologie gegenüber der Öffentlichkeit für notwendig. Eine Diskussion über diese Thematik in Kreisen, die sich mit Sicherheitspolitik beschäftigen, scheint sich in Deutschland eher im Anfangsstadium zu befinden.
– Im Februar 2001 führte die Bundesakademie für Sicherheitspolitik, eine Einrichtung, die ein zentrales Diskussionsforum zu Fragen der Sicherheitspolitik in Deutschland bildet, eine öffentliche Veranstaltung durch, bei der u.a. die Bedeutung der Nanotechnologie für die Sicherheitspolitik diskutiert werden sollte. Zielgruppen der Bundesakademie sind gemäß der Selbstdarstellung Führungskräfte in Politik, Regierung, Wirtschaft, Wissenschaft, den Medien und wichtigen gesellschaftlichen Gruppen wie Kirchen und Gewerkschaften. Als ein zentrales Ergebnis der Veranstaltung wurde festgehalten, dass sich die Bundesakademie weiterhin mit sicherheitspolitischen Aspekten der Nanotechnologie und dem Potenzial dieser Technologie beschäftigen soll.
– Das Thema Missbrauch von Nanotechnologie könnte in Form klar definierter Kooperationen, insbesondere zwischen Nordamerika, Westeuropa und

Südostasien, behandelt werden, da eine internationale Zusammenarbeit auf einigen Gebieten im Allgemeinen für sinnvoll gehalten wird. Als ein weiteres Thema bietet sich der Bereich Normung und Standardisierung an, da eine Zusammenarbeit Vorteile für alle Beteiligten verspricht und eindeutig außerhalb von Wettbewerbsüberlegungen liegt.
- Kooperationen auf nationaler Ebene fördern sollen die in Deutschland auf Initiative des Bundesministeriums für Bildung und Forschung 1998 eingerichteten Kompetenzzentren Nanotechnologie.[9] Im Rahmen der virtuellen Netzwerke ist es aus der Sicht der meisten Befragten gelungen, eine verbesserte Zusammenarbeit vor allem zwischen Wissenschaft, Transferstellen und Unternehmen, aber auch zum Teil zwischen Unternehmen herzustellen. Aus der Sicht der meisten Experten wird zudem eine gute Öffentlichkeitsarbeit mit insgesamt geringen Ressourcen von den Kompetenzzentren betrieben. Einige Experten befürchten jedoch, dass mit der Einrichtung dieser Zentren überproportional Fördermittel in Infrastruktur investiert werden könnten, die an anderer Stelle für die inhaltliche Projektförderung möglicherweise fehlen.

4 Ausblick

Internationale Abkommen gegen einen möglichen Technologiemissbrauch und entsprechende Sicherheitsvorkehrungen können ein Teil internationaler Kooperationen im Bereich Technikfolgen der Nanotechnologie sein. Ein absoluter Schutz vor Missbrauch oder falscher Anwendung einer bestimmten Technologie bzw. eines technischen Hilfsmittels wird selbst in modernen Gesellschaften kaum zu erreichen sein. Damit stellt sich immer wieder in Verbindung mit der Entwicklung neuer Technologien die Kernfrage, wie der (gewissenhafte und zivilisierte) Mensch das Chancenpotenzial einer Technologie bei geringstem Risiko für die Gesellschaft nutzbar machen kann. Auch eine Analyse der Technikfolgen wird wahrscheinlich in absehbarer Zeit keine allgemeingültige Antwort auf eine solche Fragen finden, doch kann sie dazu beitragen, dass das Chancen- und Risikopotenzial einer Technologie in einem

---

[9]Die sechs vom BMBF geförderten Kompetenzzentren konzentrieren sich auf unterschiedliche Schwerpunkte der Nanotechnologie: Berlin auf Nanostrukturen in der Optoelektronik, Aachen auf Laterale Nanostrukturen, Braunschweig auf die Ultrapräzise Oberflächenbearbeitung, Dresden auf Ultradünne Schichten, Kaiserslautern und Saarbrücken auf Funktionalität durch Chemie sowie Hamburg, München und Münster auf Nanoanalytik. „Das BMBF hat die Kompetenzzentren eingerichtet, um die Forschungslandschaft auf dem Gebiet der Nanotechnologie bei ihrer Selbstorganisation zu unterstützen und die industrielle Anwendung der Nanotechnologie voranzubringen. Aufgaben der Kompetenzzentren liegen im Bereich der Öffentlichkeitsarbeit, der Aus- und Weiterbildung, der Schaffung eines wirtschaftlich attraktiven Umfeldes und der Beratung vor allem industrieller Interessenten auf dem jeweiligen Gebiet der Nanotechnologie" (http://www.nanonet.de).

möglichst breiten Kontext rechtzeitig thematisiert wird. Es ist zu hoffen, dass auf der Basis der ersten empirisch gestützten Ergebnisse der TA Vorstudie zur Nanotechnologie eine differenzierte – und wo notwendig – kritische gesellschaftliche Diskussion über Chancen, Risiken und mögliche Gestaltungsalternativen geführt wird. Dabei wird zu berücksichtigen sein, dass uns die Nanotechnologie als Bestandteil vieler Produkte – sie findet sich mittlerweile in jeder Festplatte eines Computers wieder – im Alltag regelmäßig begleitet und kaum jemand auf die selbstverständlich gewordene Nutzung dieser Produkte verzichten möchte.

Literaturverzeichnis

1. Bachmann, G. (1998): Innovationsschub aus dem Nanokosmos. VDI-Technologiezentrum, Zukünftige Technologien Nr. 28, Düsseldorf
2. Bachmann, G. (1999): Nanotechnik als industrielle Chance. In: Wissenschaftszentrum Nordrhein-Westfalen (Hrsg.): Das Magazin Nr. 1/99, Düsseldorf
3. Bundesministerium für Bildung und Forschung (1998): Nanotechnologie. Innovationsschub aus dem Nanokosmos, Bonn
4. Coates, J. (2000): There is No Joy in My Life, vervielf. Manuskript
5. Degussa AG (2000): Winzige Zwerge mit großer Zukunft – Werkstoffe aus Nanopulver, Pressemitteilung
6. Drexler, E. et al. (1991): Unbounding the Future. The Nanotechnology Revolution, New York
7. Fuchs, H. (1999): Nanotechnologie – Schlüssel zur Zukunft. In: Wissenschaftszentrum Nordrhein-Westfalen (Hrsg.): Jahrbuch 1998/99, Düsseldorf
8. Güntheroth, H.-J. (1999): Nanotechnologie: Aufbruch in eine neue Welt. In: Wissenschaftszentrum Nordrhein-Westfalen (Hrsg.): Das Magazin Nr. 1/99, Düsseldorf
9. Hoffschulz et al. (1998): Technologieanalyse Nanoröhren. VDI-Technologiezentrum, Zukünftige Technologien Nr. 25, Düsseldorf
10. Jordan, A. (1999a): Nanotechnologie und Medizin: Neue Wege in der Krebstherapie. In: Wissenschaftszentrum Nordrhein-Westfalen (Hrsg.): Das Magazin Nr. 1/99, Düsseldorf
11. Jordan, A. et al. (1999b): Magnetic fluid hyperthermia (MFH): Cancer treatment with AC magnetic field induced excitation of biocompatible superparamagnetic nanoparticles. Journal of Magnetism and Magnetic Materials Nr. 201
12. König, U., Hefner, A. (1995): A La Bastille. Frequenzweltrekord mit SiGe-Transistoren. Elektronik Praxis, Nr. 5
13. Kurzweil, R. (2000a): Homo S@piens. Leben im 21. Jahrhundert – was vom Menschen bleibt, 3. Auflage, Köln
14. Kurzweil, R. (2000b): Promise and Peril: Deeply Intertwined Poles of Twenty First Century Technology, vervielf. Manuskript
15. Malanowski, N. (2001): Vorstudie für eine Innovations- und Technikanalyse zur Nanotechnologie. VDI-Technologiezentrum, Zukünftige Technologien Nr. 35, Düsseldorf
16. Markl, H. (2000): Was ist dran an den Schreckenstechnologien?, vervielf. Manuskript

17. National Science and Technology Council (1999): Nanotechnology. Shaping the World Atom by Atom, Washington D.C.
18. National Science and Technology Council (2000): National Nanotechnology Initiative. The Initiative and Its Implementation Plan, Washington D.C.
19. Neue Zürcher Zeitung (1999): Nano!, NZZ Folio Nr. 2, Zürich
20. Radke, V. (1999): Nachhaltige Entwicklung, Heidelberg
21. Rocco, M. (2001): A Frontier for Engineering, The American Society of Mechanical Engineering, Washington D.C.
22. Swiss National Science Foundation (2000): Nationales Forschungsprogramm Nanowissenschaften. Abschließende Zusammenfassung 1996–2000, Bern
23. Ten Wolde, A. (1998): Nanotechnology. Towards A Molecular Construction Kit, STT, The Hague

Materialwissenschaft ist Goldes wert! Empfehlungen für die Forschungs- und Technologiepolitik

Christian J. Langenbach

1 Einführung

Das letzte Drittel des 20. Jahrhunderts wird als Schlüsselperiode, nicht nur für die Materialwissenschaft, in die Technikgeschichte eingehen. Sowohl das äußere Umfeld – die Globalisierung von Politik und Industrie – als auch die Produkte und Ihre Produktion – Economy of Scale bei gleichzeitiger Individualisierung – haben sich grundsätzlich gewandelt.

Neue Erkenntnisse in Organisationsentwicklung und Management, neue Techniken in Kommunikation und Prozesssteuerung, sowie eine neue Art der Beziehung zur Projektevaluierung haben die gesamte Prozesskette von Erforschung, Entwicklung, Fertigungspraxis bis hin zur Präsentation und Akquisition der Forschungsergebnisse durchgängig verändert.

Dieser Wandel ist fundamental. Die Konsequenzen sind weitreichend und meist auch einschneidend. Sie betreffen nicht nur die Industrie, sondern Wirtschaft und Forschung und somit die Gesellschaft insgesamt. Die Computerisierung und Digitalisierung haben unser traditionelles Verständnis und unseren Umgang mit Materie, Raum und Zeit verändert. Mit den neuen Realitäten haben viele alte Wahrheiten der Forschungslandschaft ausgedient. Die Art und Weise, wie wir über Neue Materialien und deren Einsatz in Systemen nachdenken, wie wir sie erforschen, entwickeln, herstellen und nutzen, ist unwiederbringlich anders geworden.

Welches sind die Bedingungen, um nicht nur als Forschungseinrichtung in der Materialwissenschaft zu überleben, sondern auch in Zukunft Erfolg zu haben. Die Rezepte von Gestern bieten für den Erfolg von Morgen keine Gewähr mehr. Die Leistungen von heute sind schon morgen Makulatur. Selbst ausgewiesenes Wissen veraltet in immer kürzeren Halbwertszeiten. Wo sind die Goldenen Zeiten der Materialforschung und -entwicklung?

Welcher Faktor wird über die Zukunftsfähigkeit eines Werkstoffingenieurs im Neuen Jahrtausend entscheiden? Die Antwort liegt auf der Hand: Lernfähigkeit! Wirklich zukunftsfähig ist nur das Unternehmen und Forschungslabor, das sich auf immer neue Situationen in geeignetem Maße einstellen kann und so sein Verhalten permanent weiterentwickelt – nicht immer durch raschere Anpassung, sondern dadurch, dass mit effektiven Wissensmanagement neues Wissen generiert und angewendet wird. Die Zukunft gehört den lernenden Einheiten.

Neben materialwissenschaftlichen Fachwissen ist von dem modernen Werkstoffingenieur auch ganzheitliches Systemverständnis gefragt, neben Einzelinitiative auch Teamfähigkeit, neben Hierarchieverständnis und Bereichsdenken auch die Fähigkeit und Bereitschaft interdisziplinär und kulturübergreifend zu denken, arbeiten und kommunizieren.

Je größer desto erfolgreicher, scheint die Devise für mehr Wachstum zu sein. Die Unternehmen versuchen durch Mega–Fusionen mehr Marktanteile zu erlangen um im globalen Wettbewerb vorne mitmischen zu können. Damit haben sie das Sagen für die künftigen Trends und die Steuerung aktuellen Entwicklungen in der Hand. Nationalstaatliche Steuerung und Kontrolle via Forschungsprogramme stößt immer häufiger an Grenzen; die finanziellen Möglichkeiten auch der Industrienationen verringern sich, negative Forschungsfolgen des laufenden Wandels zu mindern. Besonders den Materialforschern und Werkstoffingenieuren stellt sich immer häufiger die Sinnfrage: Steuern wir die Entwicklung oder inzwischen sie uns?

Technikfolgenbeurteilung oder besser „die Erforschung von Folgen wissenschaftlich–technischer Entwicklungen" gehören darum zu den wichtigen gesellschaftlichen Aufgaben. Wissenschaft, Wirtschaft und Politik sind die Transmitter und Rezeptoren, innerhalb der die Materialwissenschaftler die *Werkstoffe in diesem Jahrtausend* erforschen und entwickeln.

In Anbetracht des intensiven internationalen Wettbewerbs und ausgehend von der These, dass wissenschaftlich Neues vor allem interdisziplinär entsteht, verständigte sich die von der Europäische Akademie GmbH berufene Projektgruppe „Neue Materialien" darauf, Analysen zu materialwissenschaftlichen Schwerpunkten vorzunehmen. Diese bezogen sich auf aktuelle Problemfelder im Spannungsbereich zwischen Materialwissenschaften und ihrem gesellschaftlichen und politischen Umfeld. So begründet, formulierte die Projektgruppe aus der Innenperspektive der Fachdisziplin heraus Perspektiven und Handlungsempfehlungen zur Gestaltung der weiteren Zukunft dieses innovativen Bereichs.

2 Materialwissenschaften im gesellschaftlichen Kontext

In den vergangenen Jahren sind mehrere Studien zu gesellschaftlichen Bedingungen und Folgen von Materialforschung und -entwicklung und zur Situation der Materialwissenschaften erschienen (Socher et al. 1994, Deutscher Bundestag 1995, Wissenschaftsrat 1993, 1996, Hofmann et al. 1995, Hofmann, Hofmann 1997). Das Gebiet der Materialforschung und -entwicklung scheint als Gegenstand von Technikfolgenbeurteilung etabliert zu sein (Socher 1997). Das politische und gesellschaftliche Interesse an Technikfolgenbeurteilungen in diesem Feld ist wohl vor allem den Sorgen um die Innovationsfähigkeit von gesellschaftlichen Bereichen geschuldet, weniger dem Interesse an einer „Frühwarnung vor technikbedingten Gefahren", wie dies in der älteren TA–Diskussion in der Regel der Fall war. In diesem „Prozess" wissenschaftlicher und gesellschaftlicher Reflexion stellt das erarbeitete Memorandum (Harig, Langenbach 1999) eine Stellungnahme aus den Materialwissenschaften selbst dar.

Bereitstellung, Verarbeitung und zielgerichtete Modifikation von Materialien sind wesentliche Elemente der wissenschaftlich–technischen Entwicklung, die den Erfolg in aktuellen Anwendungsfeldern (Informationstechnik, Umwelttechnik, Energietechnik, Verkehrstechnik u.a.) entscheidend mitbestimmen. Anhand vieler gegenwärtiger und historischer Beispiele lässt sich zeigen, dass die Verfügbarkeit von Materialien mit neuen oder gravierend verbesserten Eigenschaften und entsprechenden Fertigungsverfahren Innovationsschübe mit weitreichenden Folgen für Technik, Wirtschaft und Kultur ermöglicht hat:

- die Bedeutung von Eisenwerkstoffen und neuer Verarbeitungsverfahren in der industriellen Revolution (Guß, Legierungen, Dampfmaschine, Eisenbahn, Verhüttung mit den Folgen für Mobilität, Nationalökonomien und Arbeitswelt im Zuge der dadurch forcierten Großindustrialisierung),
- die Aushärtung von Aluminiumlegierungen als Voraussetzung für den Metall–Flugzeugbau,
- das Aufkommen und die weltweite Verbreitung der Kunststoffe in vielfältigen Anwendungsbereichen in der zweiten Hälfte dieses Jahrhunderts oder
- die auf avancierten Halbleitermaterialien (in der Regel auf Siliziumbasis) beruhende Entwicklung von Chip–Bausteinen seit den siebziger Jahren und die dadurch ermöglichte Revolution in der elektronischen Verarbeitung und Speicherung von Informationen.

In Bezug auf aktuelle Entwicklungen sind besonders die Bedeutung der Materialentwicklung für ökonomische Zusammenhänge, für Umweltschutzbelange und für die Lebenswelt hervorzuheben.

2.1 Ökonomische Bedeutung

Neue Materialien sind entscheidend für die Sicherung und den Ausbau der Wettbewerbsposition entwickelter Industrieländer. Sie stehen zunehmend am Anfang von Systeminnovationen und nehmen eine Schlüssel- und Schrittmacherfunktion für den technologischen und ökonomischen Fortschritt wahr. Ihr Einsatz bestimmt häufig die Leistungsfähigkeit und den Innovationsgrad zukunftsorientierter Technologien im Bereich der Informations-, Energie-, Verkehrs-, Fertigungs- und Medizintechnik. Die Anstrengung, Materialien zu verändern und zu veredeln, stellt neben der Kreation Neuer Materialien den Versuch dar, den Wertschöpfungsgrad positiv zu verändern. Doch trotz dieser Schlüsselfunktion ist die Entwicklung Neuer Materialien nur mit einer relativ geringen Wertschöpfung verbunden. In volkswirtschaftlicher Hinsicht verbirgt sich ihre Bedeutung hinter dem durch ihre Entwicklung ermöglichten Produkt oder System.

Ein Beispiel soll den Sachverhalt verdeutlichen. Der Markt an Hochleistungs–Basismaterialien wird für das Jahr 2000 auf etwa 18 Mrd. DM weltweit geschätzt, der Markt darauf aufbauender Halbzeuge und Bauteile auf etwa 150 Mrd. DM. Es zeigt sich hieraus, dass innovative Materialentwicklung zwar notwendigerweise für die angestrebte Systemlösung erforderlich ist, aber im Prämiensystem der Industrie nicht entsprechend berücksichtigt wird. Als eine Folge davon fehlt für initiative, visionäre Materialideen der Anreiz.

Die isolierte Betrachtung des Wertschöpfungsanteils neuer Materialien an einem bestimmten Produkt oder System greift jedoch zu kurz. Denn da neue Materialien und entsprechende Fertigungsverfahren in unterschiedlichen Technikfeldern und Branchen Anwendung finden können, manifestiert sich die ökonomische Bedeutung von neuen Materialien auch in eher indirekter Weise durch ihren Querschnittscharakter und ihre oft produkt- oder systemermöglichenden Eigenschaften.

Der Innovationsbegriff ist, bedingt durch wirtschafts- und standortpolitische Diskussionen, zu einem positiv besetzten Modewort geworden. Eine innovative Gesellschaft ist jedoch immer auch eine *zerstörende* Gesellschaft (Schumpeter): durch das Neue wird Altes ersetzt, als überflüssig markiert und als veraltet diskriminiert. Innovationen haben Gewinner und Verlierer zur Folge. Auch Materialinnovationen zeigen derartige Ambivalenzen, so etwa anhand der Frage nach der internationalen Verteilung der Gewinner und Verlierer von Materialinnovationen in den industrialisierten Ländern. Neue Materialien führen zur (teilweisen) Substitution klassischer Materialien. Damit hat der Einsatz neuer Materialien weltwirtschaftliche Bedeutung für die internationale Arbeitsteilung im Hinblick auf Rohstofflieferung und Weiterverarbeitung.

2.2 Bedeutung für den Umweltschutz

Die Bedeutung eines Materials für den Umweltschutz zeigt sich auf zwei Arten, in direkter Weise, etwa hinsichtlich der Entsorgung oder Rezyklierung, oder aber in indirekter Weise, indem nämlich die Wahl eines Materials erheblich die Ökobilanz des gesamten Produktes beeinflussen kann, etwa über den Energieeinsatz zur Rohstoffgewinnung oder Wirkungsgrad- oder Emissionsaspekte im Betrieb (so bei Antrieben). Für Umweltaspekte neuer Materialien gilt jedoch ebenfalls, wie oben für die ökonomische Bedeutung diskutiert, die beschränkte Sichtbarkeit und Relevanz im Produkt oder System: die Ökobilanz aggregiert eine Vielzahl von Aspekten, unter denen die eigentlichen Materialfragen nur einen Teil ausmachen.[1]

---

[1] In der eigentlichen Stoffbewertung handelt es sich typischerweise um Fragen der Toxizität, etwa im Umfeld der Materialbearbeitung und der Entsorgung im Kontext des Gesundheits- und Arbeitsschutzes (TAB 1994, S. 103ff.). Hier werden Werkstoffe als „Wirkstoffe" analysiert.

Auf dem Gebiet der Umweltbedeutung der Materialforschung sind noch viele Fragen ungeklärt und es besteht nachweislich ein hoher Forschungsbedarf. Wesentliche Stichworte im Kontext einer umweltbezogenen Materialentwicklung sind Ressourcenschonung im Hinblick auf Energie und Stoffe und die Verbesserung der Emissionsbilanz. Erforschung und Entwicklung neuer Materialien können dazu Beiträge vor allem unter den Aspekten

1. der Substitution ökologisch bedenklicher Materialien und Verfahren,
2. der Förderung der Rezyklierbarkeit von Stoffen und
3. der Materialeinsparung

leisten.

2.3 Bedeutung in der Lebenswelt

Erforschung und Entwicklung neuer Materialien führen oftmals zur Ermöglichung von technischen Innovationen, die sich bis in die Lebenswelt und den Alltag der Bevölkerung hinein auswirken und dort teilweise erhebliche kulturverändernde Folgen haben. Deutlich wird dies beispielsweise im Versuch, sich Produkte aus Kunststoffen aus der modernen Küche oder aus dem Bereich der Kinderspielzeuge wegzudenken. Angesichts der Tatsache, dass der Siegeszug der Kunststoffe erst vor etwa 40 Jahren begann, wird deutlich, in welchem Umfang der Einsatz neuer Materialien für die Kultur einer Gesellschaft von Bedeutung sein kann.

Entwicklungen in der Medizin verdienen besondere Beachtung, so z.B. neue Materialien für künstliche Hüftgelenke oder thermoplastische Elastomere für Herzklappen. Die Bedeutung neuer Materialien und ihr medizinischer und damit gesellschaftlicher Nutzen in diesen Entwicklungen sind evident und unbezweifelbar, wird jedoch von der Öffentlichkeit kaum wahrgenommen: der Verdienst an den Neuerungen wird vor allem der medizinischen Forschung zugeschrieben.

3 Ziele in der Materialforschung und -entwicklung

Die Konsequenz aus den Recherchen und Überlegungen zu den Zielen in der Materialforschung besteht darin, bestimmte Einseitigkeiten der Diskussion über Materialforschung und -entwicklung in den letzten Jahren zu korrigieren. Statt ausschließlich oder vorwiegend die schnelle Umsetzung materialwissenschaftlicher Forschung in industrielle Praxis als das Kriterium für staatliche Förderung anzusehen, ist in einer differenzierten Betrachtungsweise zwischen umsetzungsnaher und umsetzungsferner Forschung zu unterscheiden. Auch die (berechtigte) Forderung nach Kompetenzzentren darf nicht darüber hinwegtäuschen, dass für Forschung in verschiedenen Reifegraden auch verschiedene Förderziele und -instrumente anzusetzen sind.

Begreift man Materialentwicklungen als Mittel zur Erreichung von bestimmten Zielen wie

- die *Ermöglichung* der Entwicklung neuartiger technischer Systeme wie z.b. elektrische Antriebe für PKW,
- die *Substitution* von bislang üblichen Materialien durch in bestimmten Hinsichten bessere (etwa aus Umweltschutz-, Gesundheits- oder Wirtschaftlichkeitsgründen), etwa von synthetischen Materialien durch nachwachsende Rohstoffe,

so ist, wenn die umfassende Beurteilung einer Materialentwicklung gefragt ist, stets auch die Ebene dieser Ziele mit zu berücksichtigen. Denn:

1. Eine ausschließliche Analyse der Eignung der betreffenden Materialentwicklung für ein (nicht weiter hinterfragtes) Ziel verhindert, dass mögliche Alternativen zur Erreichung des gleichen Ziels auch nur in Betracht gezogen werden können. Erst im *Vergleich konkurrierender Optionen* jedoch kann eine sinnvolle Auswahl begründet und transparent getroffen werden (man denke etwa an die Optionen Metallventil oder Keramikventil im Verbrennungsmotor).
2. Die Ziele selbst bedürfen einer kritischen Analyse, da sie die normative Basis für Erfolgsbeurteilungen bilden. So entscheidet über die Rationalität der Forschungsförderung im Bereich Keramik nicht nur das Verhältnis von eingesetzten (Forschungs-)Mitteln zum erreichten Output in die industrielle Praxis hinein, sondern auch die Rationalität der Zielsetzung, keramische Bauteile im Verbrennungsmotor haben zu wollen.

Dabei darf – und dies betrifft alle Aspekte der Erforschung und Entwicklung neuer Materialien bis hin zu Charakterisierungsmethoden und Verfahrenstechniken – die Optimierung und Beurteilung nicht unter *ausschließlich technischen* Zielsetzungen und Kriterien erfolgen, sondern die *im betreffenden Kontext relevante Zielhierarchie* muss einbezogen werden: Materialentwicklung ist kein Selbstzweck.

Materialforschung beinhaltet per definitionem immer einen Anwendungsbezug; sie kann nicht „reine Grundlagenforschung" sein: Materialien sind Materialien „für etwas". Anderenfalls würde man nicht von Materialforschung, sondern von Teilbereichen der Physik oder der Chemie sprechen. Durch die Wahl des Begriffs der Materialforschung ist impliziert, dass ein Anwendungsbezug zumindest „von ferne" sichtbar sein muss. Dieser (möglicherweise „visionäre") Anwendungsbezug dient dann als ein Element der Legitimation für Projektförderung, nicht als das alleinige. Dies liegt daran, dass Fortschritt und Substanzerneuerung in den Materialwissenschaften ihre Quelle in zwei Mechanismen und nicht in der Anwendung allein haben:

1. Ziele werden von außen an die Materialforschung herangetragen (finaler Ansatz). Aus der Perspektive von System–Herausforderungen entsteht

ein externer Bedarf an der Optimierung technischer Leistungsmerkmale oder an Substitutionen traditioneller Werkstoffe.
2. Neue Entwicklungen werden „von innen", d.h. von den Materialwissenschaften selbst, oder auch durch Transfer von Ergebnissen und Verfahren aus Physik und Chemie angestoßen (explorativer Ansatz).

Die Entwicklung der Materialwissenschaften verläuft dabei in einer sich gegenseitig bedingenden und befruchtenden Kombination beider Typen. Zu diesem Wechselprozeß gehört auch der Transfer von Verfahren in neue Kontexte und Anwendungen. Daher kommt der Formulierung der Ziele in der Materialentwicklung und der Kohärenz von entsprechenden Zielsystemen eine erhebliche Bedeutung zu. Entwicklungen können keinen Erfolg haben, wenn bereits auf dieser Ebene Inkonsistenzen, Unsicherheiten oder einfach Fehleinschätzungen vorliegen. Die Herstellung von Zielkohärenz erfordert im Bereich der Forschungsförderung oftmals interministerielle Koordination und Kooperation, genauso wie die wissenschaftliche Beratung in diesem Falle interdisziplinär erfolgen muss. Wenn darüber hinaus keine begleitende Reflexion der kontextuell bedingten Erfolgsbedingungen von Materialentwicklung (z.B. in Form der Aussichten auf eine Markteinführung) erfolgt, besteht die Gefahr „schiefer" oder einseitiger Zielsetzungen und der unreflektierten Fortführung von Entwicklungen trotz eines sich verändernden und den Erfolg in Frage stellenden gesellschaftlichen Umfeldes.

Um die internen Zielsetzungen der Materialwissenschaften hierzu in Beziehung setzen zu können, ist zunächst die Ebene festzulegen, auf der von Zielen geredet werden soll. Diese kann nicht die Objektebene sein (z.B. „Welche Ziele werden für Titan–Aluminumlegierungen verfolgt?"), sondern nur auf der strategischen Ebene „der" Materialwissenschaft gesucht werden. Um dies zu tun, werden Bereiche von Zielen angegeben, die eine gewisse Integrationsleistung gegenüber vielen der dort genannten Teilziele haben. Diese Bereiche sind:

1. Materialforschung für *Systeminnovationen*,
2. Materialforschung für *Substitutionen*,
3. Materialwissenschaft und *Nachhaltigkeit* und – teilweise in einem Mittelverhältnis hierzu –
4. die *Integration* der Materialforschung.

Die ersten beiden Punkte betreffen eine einfache Differenzierung des allgemeinen Ziels materialwissenschaftlicher Forschung, nämlich materialwissenschaftliche Inventionen (neues Know–how) zu produzieren, in zwei strukturell unterschiedene Anwendungsfälle: geht es um neue technische Systeme oder die Ersetzung von Materialien in bestehenden Systemen? Der dritte Punkt führt auf die wesentliche substantielle Zielsetzung in den Materialwissenschaften, die seit einiger Zeit materialübergreifend verfolgt wird. Der letzte Punkt schließlich bezieht sich auf das Ziel einer möglichst effizienten Problemlösung durch materialwissenschaftliche Forschung und Entwicklung, die gegenwärtig vor allem durch integrative und interdisziplinäre Ansätze erwartet wird.

Die Zieldefinition für Materialforschung und -entwicklung erfolgt auf verschiedenen gesellschaftlichen Ebenen in einem komplexen Prozeß mit vielen Beteiligten. Diese lassen sich folgendermaßen einteilen:

- auf der individuellen Ebene von Wissenschaftlern (etwa Lehrstühlen) unter dem Primat der Forschungsfreiheit,
- auf der strategischen von Instituten oder Unternehmen (um bestimmte Kompetenzen zu erwerben und zu festigen, um bestimmte Marktsegmente zu besetzen etc.),
- auf der Ebene staatlicher Steuerung durch Forschungsförderung oder Regulierung.

Der Staat agiert in diesem Feld vor allem

1. durch die Einbringung der „Gemeinwohlinteressen", die sich sowohl in Regulierungen als auch in Leitlinien für die Forschungsförderung ausdrücken (z.B. in MaTech),
2. durch die Verfolgung (das impliziert nicht die Definitionshoheit!) substantieller Ziele auf der Objektebene, etwa in Form der Orientierung von Forschungsförderung an Leitbildern.

Die Frage ist, ob und wie diese Ziele konkret definiert werden. Aufgabe des Staates ist die Koordination und Moderation dieses Zielfindungsprozesses. Dabei wird vor allem in kurz- bis mittelfristig relevant werdenden Bereichen auch die Industrie beteiligt.

Wenn also im allgemeinen Zielfindungsprozess die Rolle wissenschaftsinterner Mechanismen (über Beiräte, Gutachter, etwa in der DFG oder in Fachgesellschaften oder -verbänden) nicht genügend eingesetzt wird, agiert die Materialwissenschaft hier unter ihren Möglichkeiten. Immerhin liegt spezifisches Wissen über material–wissenschaftliche Probleme, offene Fragen, kritische Entwicklungen und technische Lösungsmöglichkeiten oftmals nur bei ihnen vor. Der Begriff der „Forschungsprospektion" ist hierfür ein geeigneter Begriff. Forschungsprospektion sollte – trotz der damit verbundenen konzeptionellen und methodischen Probleme – in stärkerem Maße betrieben werden, um die (Fehl-)Entwicklung der Materialwissenschaften zu einer bloß inkrementellen, an kurzfristigen Überlegungen orientierten und damit „kurzatmigen" Disziplin ohne eigene Gestaltungsoptionen zu vermeiden.

Etwas anders sieht dies aus bei der Hinwendung zu umsetzungsnäheren Fragestellungen. Da hier nicht wissenschaftliche Zielsetzungen, sondern die Marktentwicklung die materialkundlichen Aktivitäten bestimmen, ist es hier nicht nur akzeptabel, sondern sogar wünschenswert, dass die Industrie die (mittelfristigen) Ziele der Forschung und der Forschungsförderung in diesen Feldern mitbestimmt.

Insgesamt ist insbesondere das Problem zu beachten, dass bottom–up (marktorientiert) und top–down (zielorientiert) Ansätze kombiniert werden müssen. Kohärenz in der Zieldefinition ist notwendig, um

– einerseits einem „Atomismus" entgegenzuwirken (jeder „forscht herum" aus individuellem Interesse ohne Bezug zu übergeordneten Zielsetzungen),
– muss aber andererseits dem „bottom–up" soviel Freiräume belassen, damit Forschungsfreiheit gewährleistet bleibt (das Schreckbild wäre eine zentrale Zielplanung).

In der Zieldefinition sind verschiedene Ebenen zu berücksichtigen: von der strategischen bis zur stoff- und stoffbereichsbezogenen, von der System- bis zur Produktebene. Stoff- und stoffbereichsbezogen kann dies nur in detaillierten Studien zu konkreten Stoffen, Legierungen, Stoffgruppen, Anwendungen, Systemen, Verfahren oder Produkten bearbeitet werden.

Strategisch können jedoch wenigstens einige Positionen markiert werden. Die Stärke der deutschen Materialwissenschaften liegt (auch) darin, dass hier ein kombiniertes System aus grundlagennaher und umsetzungsorientierter Forschung besteht. Der Spagat zwischen (a) Forschung auf Nobelpreisträger–Niveau und (b) der Dienstleistungsfunktion für die Verbesserung oder Ermöglichung technischer Systeme sollte – und dies ist ein strategisches Ziel – in seiner konstruktiven Spannung beibehalten und gestärkt werden.

Dies ist wesentlich, weil beide Typen von Zielsetzungen auf sehr unterschiedliche Mittel ihrer Realisierung führen. Ist z.B. in der Grundlagenforschung die internationale Anerkennung der wissenschaftlichen Qualität entscheidendes Erfolgskriterium, kommt es in der anwendungsorientierten Forschung auf die optimale Umsetzung der Ergebnisse an. Ist im ersteren Fall die Industrie zwar zu informieren (auf dem laufenden zu halten) und sollte dort nicht die Themen bestimmen, sieht dies erkennbar im zweiten Fall anders aus. Diese Unterschiede haben Konsequenzen für die Ausgestaltung der Forschungsförderung.

4 Optionen staatlichen Handelns in der Materialforschung und -entwicklung

Die Suche nach einem „roten Faden" für ein optimiertes Forschungsförderszenario ist aufwendig und schwierig, was auch mit der Entgrenzung der früher „sauber" getrennten Wissensgebiete durch übergreifende Forschungen und Entwicklungen zusammenhängt. Ziel der öffentlichen Förderung technischer Forschungen und Entwicklungen ist vor allem, die Qualität des Wirtschaftsstandortes mittel- bis langfristig zu halten und zu verbessern. Für die Materialwissenschaft ist unter dieser Zielsetzung wesentlich, wie gut die Umsetzung innovativer Forschungs- und Entwicklungsergebnisse in marktfähige Produkte gelingt. Staatliche Instanzen versuchen z.B. über Forschungsförderung der Materialwissenschaft dieses Primärziel zu erreichen.

Damit kommt förderstrategischen Optionen, die über verschiedene Eingriffs- und Steuerungsmöglichkeiten charakterisiert sind, besondere Bedeutung zu. Mit ihnen soll das Zusammenwirken von:

– Universitären und außeruniversitären Forschungseinrichtungen,
– Werkstoffherstellender und werkstoffverarbeitender Industrie sowie
– staatlichen und halbstaatlichen Instanzen der Forschungsförderung,

gelingen. Die erwähnten Stellungnahmen und Studien (Wissenschaftsrat 1993, 1996, 1998, Socher et al. 1994b, Deutscher Bundestag 1995, Hofmann et al. 1995) bieten hierzu ein breit angelegtes Spektrum verschiedener Handlungsempfehlungen mit Bedingungen und Grenzen an. Nach deren Strukturierung werden dazu drei voneinander abweichende Szenarien für die Gestaltung der weiteren Zukunft entworfen:

– *Inkrementalistische* Option,
– Option *Leitbildsteuerung* und
– Option *Marktplatz*.

Die Zukunft kann durch die Wahl und Ausgestaltung des Szenarios im gewünschten Sinne gestaltet werden. Im Vordergrund der Darstellung dieser drei Szenarien steht der Gestaltungs-, nicht der Prognoseaspekt. Die tatsächliche zukünftige Entwicklung der Materialforschung wird durch die Wahl einer der drei Optionen oder durch die Kombination dieser Optionen geprägt sein. Die Optionen bilden demnach ein orientierendes Strukturraster.

4.1 Inkrementalistische Option

Die inkrementalistische Option betrifft das Prinzip „Weitermachen wie bisher", bei dessen Befolgung auf grundlegende Änderungen weitgehend verzichtet wird und statt dessen geringe, leicht kontrollierbare Anpassungen an neue Entwicklungen angestrebt werden, eben die „kleinen Schritte". Für das Vorgehen bei Entscheidungen, mit denen der Wandel vollzogen werden soll, dient als dessen Maßstab der bestehende Zustand, wie beim Übergang vom stofforientierten Materialforschungsprogramm (Matfo) hin zu einem technologieorientierten Programm (MaTech) beschrieben. Nach Popper stellt demnach eine derartige Planung eine *Stückwerk–Technologie* („muddling through") dar, mit der durch Ausprobieren Stück für Stück eine Verbesserung der jeweils gegenwärtigen Lage erreicht werden soll (*ungerichteter Inkrementalismus*).

Dieses tastende Ausprobieren der kleinen Schritte kann nur bedingt Planungssicherheit für die Forschungseinrichtungen und Unternehmen liefern. Das staatliche Handeln in der inkrementalistischen Option ist stark durch äußere Einflüsse vorgegeben und geprägt, damit also eher reaktiv als aktiv. Man versucht mit der Methode der kleinen Schritte das Zurückfahren der F&E–Aktivitäten und –Aufwendungen zu kompensieren, indem die Forschungsförderung auf „unrentable" Projekte durchforstet wird. Dabei werden aber stichhaltige Kriterien benötigt, mit denen ein Förderer klassifizieren könnte, was bei abnehmendem Forschungsetat gefördert werden soll und kann. Grundsätzlich besteht die Gefahr, dass – statt auf Langfristvisionen zu setzen, um Prioritäten zu rechtfertigen – nur mit der „Rasenmähermethode" gekürzt wird.

Damit liefert die inkrementalistische Option insgesamt zuviel Flexibilität und zuwenig notwendige Kontinuität für langfristig angelegte Materialforschung und Überführung der Ergebnisse in die industrielle Praxis. Denn der unmittelbare Anwendungsbezug wird dabei oft zu einem Über- oder Finalkriterium erhoben. Dieses Kriterium der bereits vorliegenden technischen Reife eines Projektes und des damit verbundenen geringen „Fehlers" hat zur Folge, dass der Prozentsatz abgelehnter Forschungsanträge mit vorwiegendem Grundlagenbezug weiter steigen wird. Die Themen der Ausschreibungen sind in dieser Ausrichtung überwiegend vom Marktgeschehen geprägt. Primär stehen in den Zielvorgaben quantitative Kriterien wie Firmengründungen, Patentanmeldungen oder Schaffung von Arbeitsplätzen im Vordergrund. Das führt zu einem weiteren Schwachpunkt der Option, nämlich dem erreichbaren Grad an Innovation. Dieser wächst nur im industriellen Sinn, über die schrittweise Verbesserung bereits bestehender Systeme, welche einen recht hohen Reifegrad auf der Entwicklungsleiter aufweisen, da sich Innovationen unter dieser Option nur auf den Bereich der materialwissenschaftlichen Systemanwendungen konzentrieren.

Die Methode der kleinen Schritte ist also der Versuch, durch rasches, an den jeweiligen Kontexten orientiertes Handeln den Forschungsstandort zu stärken und die Effizienz zu steigern. Hier entsteht die Gefahr des bloßen Hinterherlaufens hinter kurzfristigen Entwicklungen: Reaktion statt Aktion. Der mittel- und langfristige Erfolg einer derartig flexiblen und risikoscheuen Förderung mit Blick auf eine Standortsicherung oder Stärkung der Forschung ist auch deshalb zu bezweifeln, da bei den global agierenden Unternehmen die Meinung vorherrscht, dass gute Forschungsergebnisse heute überall auf der Welt produziert und erkauft werden können. Daraus erwächst die Schwierigkeit für die Materialforschung, dass mit dem externen Einkauf von Forschungsergebnissen und der Zentrierung von Forschungskapazitäten insgesamt ein Abbau von Forschungskapazitäten einhergeht. Damit wird die Materialwissenschaft in die Rolle eines Dienstleisters für Systemlösungen manövriert.

Die Methode der kleinen Schritte ist weiterhin nicht dafür geeignet, das europäische Verteilungsproblem zu lösen oder die europäische Integration der Forschungslandschaft herbeizuführen, da bei dieser Option primär die nationalen Bedürfnisse und Erfordernisse befriedigt werden.

4.2 Option „Leitbildsteuerung"

Leitbilder technischer Zukunftsentwicklungen stellen gesellschaftlich weitgehend im Konsens akzeptierte Paradigmen dar, die eine Vielzahl von partikularen Bemühungen unter einem entsprechenden Oberziel integrieren können. Sie beschreiben gesellschaftliche Zielattribute für bestimmte Bereiche der Technik oder Querschnittstechniken, ohne bereits die Realisierung im Detail festzulegen.

In der Option „Leitbildsteuerung" werden Forschung und Entwicklung auf gewisse gesellschaftliche Leitbilder hin „finalisiert", um die Richtung für bestimmte Entwicklungen vorzugeben. Materialspezifische Herausforderungen und Möglichkeiten, zwar wesentliches und notwendiges Thema für die Realisierung, können dabei keinem Selbstzweck folgen, sondern müssen mit anderen Faktoren der Technikentwicklung abgewogen bzw. integriert werden.

Das Erkennen einer Idee mit Leitbildpotential stellt erfahrungsgemäß die größte Schwierigkeit dar. Nicht nur weil solche Ideen im Umfeld der technischen Entwicklung zwar existieren, aber derzeit nicht im gesellschaftlichen Vordergrund stehen. Sondern die Frage ist, welches der vorgebrachten Leitbilder in Hinsicht auf Innovation eine aussichtsreiche visionäre Dimension besitzt, gesellschaftlich akzeptabel und ethisch rechtfertigbar ist, wofür die Frage nach Kriterien zu beantworten wäre, die ex ante, also vor der betreffenden Entwicklung, hierüber Auskunft geben können.

Die sequentiell verlaufenden Stufen ermöglichen eine Kooperation der Institutionen bei verschiedenem technischen Reifegrad. Es können universitäre Forschungseinrichtungen zum frühest möglichen Zeitpunkt eingebunden werden und nach Erreichen ihres Forschungsteilziels wieder ausscheiden. Ihre Ergebnisse können nun von weiteren Partnern übernommen und weitergetrieben werden. Der ungünstigen Konstellation in der Zusammenarbeit zwischen Forschungseinrichtungen und Unternehmen durch die unterschiedlichen Tätigkeiten im Ablaufprozess kann somit Rechnung getragen werden. Doch es ist bei dieser Art von „Arbeitsteilung" die Frage nach der Gesamtverantwortung zu stellen.

Ein definiertes Leitbild hat auch gravierende Einflüsse auf Ausbildung und Weiterbildung. Für die breit angelegte und für einen mittelfristigen Zeitraum kontinuierlich angelegte Forschung und Entwicklung sind entsprechende Forschungseinrichtungen und ausgebildetes Personal notwendig. Anders als über einen Personaltransfer zwischen den an dem Leitbild arbeitenden Forschungseinrichtungen und Unternehmen kann der Technologie- und Wissenstransfer kaum bewerkstelligt werden. Beide Forderungen richten sich an Hochschulen, indem Lehrstühle und Studiengänge kreiert und die Studenten in der neuen Thematik ausgebildet werden.

Doch hier liegt eine nicht zu unterschätzende Gefahr der Fehlausbildung, wenn relativ spät erst erkannt wird, dass der gewünschte Markt nicht etabliert werden kann. Die Leute wurden für einen thematisch stark fokussierten und nun nicht existierenden Bereich ausgebildet. Die Lehrstühle haben neben Legitimationsproblemen zusätzlich mit dem Wegfall der Projekte zu kämpfen. Trotz der Leitbilder müssen den Studiengängen weiterhin die Breite und Tiefe der Fächer zugestanden werden, die für ein umfassendes thematisches Wissen erforderlich sind und die Ausbildenden ermächtigen, sich fast jedem Forschungsthema in seinem erlernten Gebiet auch zukünftig zuzuwenden. Wenn die Fokussierung dagegen bei der Forschung erfolgt, dann vermeidet man „integrierte" alles umfassende Studiengänge bei denen kein vertieftes Wissen mehr gelehrt wird.

Das förderstrategische Handeln im Hinblick auf Leitbilder ist also durch ein Steuerungsdilemma gekennzeichnet. Jedes Leitbild hat durch die erfahrungsgemäße Überschätzung zukünftiger Entwicklungen mehr oder weniger Probleme durch nicht intendierte Schwächen, die übersehen wurden oder zunächst nicht ins Gewicht fielen, und somit ein tendenzielles Steuerungsrisiko. Aber die Art der aufbauenden Forschungsförderung zusammen mit dem verbesserten Informationsaustausch macht die Leitbilder abschätzbar (prognostizierbar) und somit auch für KMU attraktiv.

4.3 Option „Marktplatz für Forschung"

Die Option Marktplatz beschreibt einen wirtschaftlichen Zustand, in dem sich in funktioneller Hinsicht durch das Zusammentreffen von Angebot und Nachfrage Preise bilden. Übertragen auf die Forschungsförderung heißt dies, dass alle Anbieter von materialwissenschaftlichen Leistungen in den Markt eintreten können. Die Marktpartner handeln ihre Aktionsparameter, insbesondere die Forschungsleistung und den Preis, frei aus, da individuelle Lösungen gefragt sind. Der Staat würde sich auf die Gestaltung der Rahmenbedingungen für diesen Markt konzentrieren. Dies wäre eine weitgehende Deregulierung zugunsten des Wettbewerbs (etwa die Vergabe von Risikokapitaldarlehen statt fester Forschungsförderung). Die staatliche Gestaltung der Materialentwicklung würde sich damit im wesentlichen auf folgendes reduzieren: keine Vorgabe positiver Ziele der Materialentwicklung (etwa von Leitbildern), sondern nur Festlegung der Rahmenbedingungen für das dann unter marktähnlichen Bedingungen ablaufende Geschehen (Rahmenbedingungen sind etwa Sicherheits- und Umweltstandards, ordnungs- oder steuerrechtliche Regelungen etc.). Die Zielvorgaben wären dann weitgehend dem Markt überlassen und würden unter Konkurrenzbedingungen erfolgen. Es muss klar herausgestellt werden, dass für die global denkenden Unternehmen dabei eine rasche Umsetzung von Forschungs- und Entwicklungsergebnissen im Vordergrund steht, und damit der Ort, an dem die Forschungstätigkeiten stattfinden, zweitrangig wird.

Anbietende Forschungseinrichtungen sind gefordert, die Kundenbedürfnisse via Marktbeobachtung zu erfassen. Die so gewonnenen Erkenntnisse fließen wiederum in die Produktdefinition und führen zu den Forschungsthemen und -arbeiten, in einem *top–down* Ansatz. Die Technikgetriebenheit der Forschung wird durch Markt- und Bedarfsgetriebenheit ergänzt. An Stelle der reinen Materialforschung und -entwicklung tritt der interdisziplinäre Ansatz, wie Klärung von Processing- oder Recyclingfragen. Dafür müsste der oftmals beschriebene und zitierte „gläserne oder goldene Forschungsturm" verlassen werden. Die Forschungseinrichtungen mutieren zu aktiven betrieblichen Operationseinheiten, denen neben einer marktgerechten Entwicklungsforschung weiterhin die Aufgabe der Grundlagenforschung zukommt. Die Unternehmen verlieren ihre Kooperationshemmnisse durch den Umstand, dass die Forschungseinrichtungen eine projektorientierte Arbeitsweise pflegen und in der vertraglichen Gestaltung der Zusammenarbeit flexibel sind, z.B. in Bezug auf die Verwertung der Forschungsergebnisse. Durch das Zusammenspiel und die Befriedigung der unternehmerischen Bedürfnisse verbessern sich sukzessive die Qualität und das Ausmaß der Kooperationen.

Die Marktoption erfordert weitreichende Maßnahmen, bis hin zur vollständigen Reorganisation der Forschungsinfrastruktur. Anpassungen der Ausbildungsgänge, der Weiterbildungsangebote und der notwendigen Umschulungsaktivitäten sind zu leisten. Weiterhin ist ein Bewusstseinswandel im Wissenschaftssystem dergestalt herbeizuführen, dass die Vernetzung von Forschungsaktivitäten ähnlich der nationalen und europäischen Industriecluster zu einer Effektivitätssteigerung führt und eigene Ressourcen schont. Das führt im Idealfalle zur raschen Lösung von Vereinheitlichungsfragen und Standards im Rahmen einer anzustrebenden europäischen Normung.

Die Aufgabe des Staates heißt bei der marktwirtschaftlichen Option: Sicherung der Planungssicherheit für Investoren und Risikokapitalgeber – und das heißt: verlässliche Regulierung vor allem der Rahmenbedingungen, also die Forschungsinfrastruktur und Strukturförderung. Eine Forschungsförderung in einem starken Sinne (Vorgabe von Leitbildern und Zielen der Entwicklung) ist dagegen in dieser Option nicht Aufgabe des Staates. Die Allokation entsprechender Ressourcen ist staatlich nicht optimal zu machen und Marktmechanismen dürfen nicht bloß unterstützend zugelassen werden.

4.4 Fazit

Im Vordergrund der Darstellung dieser drei Szenarien steht immer der Gestaltungs-, nicht der Prognoseaspekt. Die tatsächliche zukünftige Entwicklung der Materialforschung wird durch die Wahl einer der drei Optionen oder durch die Kombination dieser Optionen geprägt sein. Die Optionen bilden demnach ein orientierendes Strukturraster. Politische und gesellschaftliche Zwecksetzungen werden die Wahl des Szenarios bzw. einer Kombination entscheidend beeinflussen. Dabei sollten an eine Planung im Sinne eines Szenarios von Anfang an folgende Bedingungsmerkmale geknüpft werden:

– Forschungs- und Entwicklungskonzept,
– Ausbildungs- und Lehrkonzept,
– Kostenabschätzung und -controlling,
– Abstimmung und Koordination der Planung,

– Bildung regionaler und europäischer Verbundstrukturen und Netzwerke.

Diese übergeordneten Bedingungen, d.h. die Berücksichtigung außertechnischer kontextueller und gesellschaftlicher Rahmenbedingungen und Einflussfaktoren, sollen dazu beitragen, die künftigen materialwissenschaftlichen Schwerpunkte verbessert zu fördern.

5 Fazit und zusammenfassende Empfehlungen

Die im Memorandum (Harig u. Langenbach 1999) vorgenommenen Analysen zu thematischen Schwerpunkten wurden auf aktuelle Problemfelder im Spannungsbereich zwischen den Materialwissenschaften und ihrem gesellschaftlichen und politischen Umfeld bezogen, um auf diese Weise begründete Perspektiven und Handlungsempfehlungen zur Gestaltung der weiteren Zukunft in diesem Bereich zu formulieren. Die Empfehlungen richten sich an die beteiligten Akteure in Politik, in Verbänden und in der materialwissenschaftlichen Forschung und Lehre. Sie sind, wie gesagt, aus der *Innenperspektive* der Materialwissenschaften heraus entstanden.

Die im folgenden aufgeführten zusammenfassenden Empfehlungen sind relativ zu der normativen Basis und relativ zu den Erkenntnissen aus der Analyse der Materialentwicklung und der Fallbeispiele zu verstehen, ergänzt um die Ergebnisse einer europäischen Umfrage (Nigge 1999). In dieser relationalen Form lassen sich die gruppierten Empfehlungen als Wenn–Dann–Sätze lesen, die in Beziehung zu den diskutierten Zielen der Materialwissenschaften und den verallgemeinernden Konsequenzen stehen:

Zielsetzungen und Forschungsperspektiven

1. Es sollte in der Materialwissenschaft eine verstärkte Auseinandersetzung über mittel- und langfristige Zielsetzungen erfolgen (etwa durch Forschungsprospektion aus der Materialwissenschaft heraus), um die wissenschaftlichen Perspektiven in der Wahl langfristiger Forschungsthemen zur Geltung zu bringen.
2. Integrierte Ansätze sind weiter zu stärken, etwa in Bezug auf die Integration von Material- und Verfahrensentwicklung. Dabei sind nichttechnische Aspekte (z.B. ökonomische oder soziale Aspekte) stärker zu berücksichtigen.
3. Die Umweltverträglichkeitsthematik hat in die innerwissenschaftlichen Zielfindungen der Materialwissenschaften Eingang gefunden. Pauschale Forderungen nach einem Schließen der Stoffkreisläufe oder nach maximalem Recycling werden der Komplexität des Problems nicht gerecht. Statt dessen sind *kontextbezogene* Analysen unter Hinzuziehung *nichttechnischer* Kriterien vorzunehmen.

4. Innovative Problemlösungen sind gegenwärtig oft nicht von neuen Materialien per se, sondern von verbesserten und neuen Prüf- und Produktionsverfahren zu erwarten. Diesen folgt eine angepasste Materialentwicklung. Damit müssen die resultierenden kontextuellen Verknüpfungen in der Forschungsförderung Berücksichtigung finden.
5. Simulationsverfahren für die Materialentwicklung werden weiter an Bedeutung gewinnen. Dazu ist es wichtig, die Software in diesem Bereich intensiv weiterzuentwickeln und entsprechend zu validieren. Daneben muss diesem Umstand die Ausbildung Rechnung tragen, sowohl durch eine Anpassung der Lerninhalte als auch durch die Vermittlung von Methodenkompetenz (Software, Tools, Statistik) und die Verbesserung der EDV–Infrastruktur.
6. Der Steuerung der Materialwissenschaften im Hinblick auf den vermuteten gesellschaftlichen Bedarf (Finalisierung) sind Grenzen gesetzt. Wissenschaftlicher Fortschritt bedarf sowohl der Herausforderung durch Anwendungsprobleme (top–down) als auch der innerwissenschaftlichen Weiterentwicklung (bottom–up).

Forschungsförderung „Material"

7. Die Koordinierungs- und Moderatorenfunktion des Staates hinsichtlich der Forschungsförderung, der Normierung von Schnittstellen und der Qualitätssicherung ist im Sinne einer kohärenten nationalen und europäischen Forschungspolitik zu verstärken.
8. Hauptziel staatlicher *Forschungs*förderung sollte nicht die Erhöhung des Grenznutzens bestimmter Techniken – mit einem hohen industriellen Reifegrad –, sondern die zukunftsorientierte Förderung von neuen Material- und/oder Verfahrensideen sein.
9. Förderung anwendungsnaher Forschung darf nicht zur (in der Regel innovationsbehindernden) Subvention werden. Statt dessen sind Formen der Risikopartnerschaft zwischen Staat und Industrie (Private Public Partnership) zu erproben (etwa in Bezug auf Risikokapital). Der Staat muss hierbei vor allem Garantien für Planungs- und Investitionssicherheit geben.
10. Die seit Jahren erfolgende Umsteuerung von institutioneller Förderung auf Projektförderung führt gegenwärtig in einigen, vorwiegend universitären Bereichen zur Minderung oder gar zum Verlust der Erneuerungsfähigkeit der Materialwissenschaften. Auf längere Sicht kann es damit zur Gefährdung der internationalen Konkurrenzfähigkeit kommen. Oft ist die Einwerbung von Forschungsvorhaben nur zur Aufrechterhaltung der Infrastruktur erforderlich, etwa für komplexe Apparaturen. Hier scheint es geboten, den Übersteuerungsphänomenen zu begegnen.

Europäische Situation

11. Von einer kohärenten europäischen Kooperation und Arbeitsteilung sind die Materialwissenschaften weit entfernt. Die Einrichtung

grenzübergreifender forschungsorientierter Kompetenzzentren in Europa ist anzustreben.
12. Zur Vermeidung „doppelter" Förderanträge und Forschungsleistungen auf nationaler wie europäischer Ebene müssen weiterhin die Datenbasis, -zugänglichkeit und -transparenz verbessert werden. Vorrangige Bedeutung kommt der Einrichtung einer umfassenden europäischen Materialforschungsdatenbank zu.
13. Die Einrichtung von forschungsorientierten Kompetenzzentren sollte auf Aktivitäten mit internationaler Signalwirkung konzentriert werden. Ihre Erfolgskriterien sollten vor allem in der internationalen wissenschaftlichen Anerkennung bestehen. Sie darf nicht durch strukturpolitische Überlegungen konterkariert werden.
14. Der Prozeß der Globalisierung läßt die Forschungsförderung nicht unberührt. Zur Frage, inwieweit und unter welchen Prämissen im europäischen oder globalen Wirtschaftsraum nationale Forschungsförderung in der heutigen Form noch sinnvoll ist, sollten intensivere Überlegungen angestellt werden.

Materialforschung und -entwicklung ist als ein Teil der gesamtwissenschaftlichen Entwicklung anzusehen und die TA–Studien in diesem Bereich als Elemente eines begleitenden wissenschaftlichen und gesellschaftlichen Reflexionsprozesses dieser Entwicklung. Diese nehmen Bezug auf die Position der Materialwissenschaften in der Wirtschaftspolitik, der Umweltpolitik und der Wissenschafts- und Technikpolitik, ferner zeigen sie Möglichkeiten der Verbesserung der verschiedenen Schnittstellen zwischen Wissenschaft und Gesellschaft auf. Damit soll ein permanenter Reflexionsprozess in Gang gebracht werden. Er könnte dadurch gekennzeichnet sein, dass er die derzeitige allgemeinen Niedergeschlagenheit in den Materialwissenschaften überwinden hilft und die Materialwissenschaft wieder *Goldes wert* zurückerlangt!

Literaturverzeichnis

1. Deutscher Bundestag (Hrsg.) (1995): Bericht des Forschungsausschusses zu: Neue Werkstoffe. Drucksache 13/1696. Bonn
2. Harig, H., Langenbach, C.J. (Hrsg.) (1999): Neue Materialen für innovative Produkte Entwicklungstrends gesellschaftliche Relevanz. Springer Verlag, Berlin Heidelberg New York
3. Hofmann, M., Hofmann, H. (1997): Die Zukunft der Materialwissenschaften/-technik im dualen Hochschulsystem der Schweiz (Universitäten, Technische Hochschulen und Fachhochschulen). Schweizer Wissenschaftsrat, Forschungspolitische Früherkennung. FER 176/1997. Bern
4. Hofmann, M., Meier-Dallach, H.-P., von Willisen, F.K. (1995): Werkstoffinnovationen im Schweizerischen Umfeld. Schweizer Wissenschaftsrat. Technology Assessment. TA 8/1995. Bern
5. Nigge, K.-M. (1999): Materials Science in Europe. Results of a Survey. Europäische Akademie Graue Reihe Nr. 14. Bad Neuenahr-Ahrweiler

6. Socher, M. (1997): Neue Werkstoffe – ein interessantes Thema für die Technikfolgenforschung. Rezension. TA–Datenbank–Nachrichten Nr. 3/4, Jahrgang 6
7. Socher, M., Rieken, Th., Baumer, D. (1994a): Neue Werkstoffe. Endbericht. TAB–Arbeitsbericht Nr. 26. Bonn
8. Socher, M., Fleischer, T., Rieken, Th., Berg, M. (1994b): TA–Projekt Neue Werkstoffe. Ergebnisse einer Patentrecherche. Materialien zum TAB–Arbeitsbericht Nr. 22. Bonn
9. Wissenschaftsrat (Hrsg.) (1993): Stellungnahme zur universitären Materialforschung in Deutschland. Köln
10. Wissenschaftsrat (Hrsg.) (1996): Stellungnahme zur außeruniversitären Materialforschung in Deutschland. Köln
11. Wissenschaftsrat (Hrsg.) (1998): Pilotstudie zu einer Prospektion der Forschung anhand ausgewählter Gebiete. Köln

Ausbaustrategien für Regenerative Energien am Beispiel Deutschlands

Joachim Nitsch

1 Nachhaltigkeitsdefizite der derzeitigen Energieversorgung

Aus der Anforderungen an eine nachhaltige Energieversorgung und den damit verbundenen Problemfeldern lassen sich die wesentlichen Defizite der derzeitigen Energieversorgung ableiten (Nitsch 2001). Das Ausmaß dieser Nachhaltigkeitsdefizite und der Dringlichkeitsgrad ihrer Beseitigung oder Verringerung werden in der energiepolitischen Diskussion zwar immer noch sehr unterschiedlich bewertet, jedoch lassen sich auch Konsensbereiche feststellen.

1. Die *globale Klimaerwärmung* wird in der wissenschaftlichen Diskussion ganz überwiegend als Problem mit hoher Eintrittswahrscheinlichkeit betrachtet. Die Teile der wissenschaftlichen Gemeinschaft, welche die bisher vorliegenden Indizien für das Klimaproblem für nicht schwerwiegend genug halten, sind zwar vernehmbar, bleiben jedoch eine deutliche Minderheit. Beide Positionen spiegeln sich aber Im Bereich der internationalen Energiepolitik wieder, worauf im wesentlichen der schleppende Fortgang der Rio–Folgekonferenzen und zuletzt das Scheitern der Den-Haag–Konferenz zurückzuführen ist.
2. Größere Differenzen existieren hinsichtlich der *nuklearen Gefährdung*. Zwar wird von nahezu keiner Seite die Möglichkeit nuklearer Unfälle ausgeschlossen, die Auseinandersetzungen betreffen hier vor allem die Eintrittswahrscheinlichkeit und die Folgen von Katastrophenfällen sowie das Ausmaß der radioaktiven Belastungen jenseits großer Unfälle. Die energiepolitische Situation ist ebenfalls gespalten. Zahlreiche (europäische) Länder haben auf die Nutzung der Kernenergie verzichtet, weitere haben faktisch Moratorien oder bereiten die Stilllegung der vorhandenen Reaktoren vor. Andere (vor allem viele außereuropäische Industrieländer, derzeit auch wieder die USA, und einige Schwellenländer) setzen dagegen auf die weitere Nutzung der Kernenergie.
3. Als dritter Problemkreis rückt wieder *die Verknappung und Verteuerung der Reserven von Erdöl und Erdgas* in den Blickwinkel von Politik und Öffentlichkeit. Die Reichweiten dieser beiden Energieträger werden zunehmend kritischer gesehen, woran auch die weiter stetig steigende Nachfrage nach ihnen ihren Anteil hat. Während allerdings für die absoluten (statischen) Reichweiten noch deutlich unterschiedliche Zeitpunkte genannt werden, wird der sog. „depletion mid–point" beim Erdöl – also der

Zeitpunkt bei dem das weltweite Fördermaximum erreicht sein wird – weitgehend übereinstimmend bereits in 15–20 Jahren erwartet. Über die damit einhergehenden Preissteigerungen besteht dagegen wieder ein uneinheitliches Bild, je nach dem wie weit der Einsatz fossiler Back–stop –Technologien und moderner Kohletechnologien (Ölschiefer, Teersande; CO_2–Rückführung) als Optionen betrachtet werden und ob beim Erdgas noch von bedeutenden nicht explorierten Ressourcen ausgegangen wird

4. Das vierte Nachhaltigkeitsdefizit besteht in dem *sehr starken Gefälle des Energieverbrauchs zwischen Industrie- und Entwicklungsländern*, das sich in den letzten Jahren nicht verringert hat. Derzeit verbrauchen 21% der Weltbevölkerung in den ersteren 70% der konventionellen Energie (Elektrizität 75%). Am untersten Ende der Skala stehen die LDC (gering entwickelte Länder) mit 33% der Weltbevölkerung und 4% des kommerziellen Energieverbrauchs (UN 1988); rund 2 Mrd. Menschen haben keinen Zugang zu Elektrizität. Zwischen den Pro–Kopf–Energieverbrauch der ärmsten Ländern (Äthiopien, Niger, Bangladesh u.a.) und dem eines Amerikaners liegt der Faktor Hundert. Ein auch nur tendenzieller Ausgleich dieser Unterschiede im Energieeinsatz führt – auch bei deutlich verstärkten Anstrengungen zu einer rationelleren Energienutzung – zusammen mit dem weiteren Wachstum der Weltbevölkerung auf 9 bis 10 Mrd. Menschen in 2050 zu einem weiteren Wachstum der globalen Energienachfrage. Diese Tendenz verschärft wiederum die Nachhaltigkeitsdefizite 1–3, wenn nicht gleichzeitig überproportional der Einsatz fossiler und nuklearer Energie reduziert wird. Darüber hinaus ist die Verteilungsfrage auch hinsichtlich finanzieller oder ökologischer Folgelasten von großer Bedeutung. Im Fall der Klimaproblematik besteht eine potentielle Konfliktverschärfung darin, dass die voraussichtlich am stärksten von den Folgen möglicher Klimaänderungen betroffenen Regionen nach heutigen Erkenntnissen vorwiegend solche sein werden, die am wenigsten zu ihrer Verursachung beigetragen haben.

In längerfristig angelegten Entwicklungsszenarien der globalen Energieversorgung werden obige Nachhaltigkeitsdefizite und die Notwendigkeit, sie zu verringern, durchaus berücksichtigt, wobei die Gewichtungen ebenfalls unterschiedlich sind. Aus einer Gegenüberstellung aktueller globaler Energieszenarien (Abb. 1) ist ersichtlich, dass alle Szenarien von einem Mehrbedarf an Energie infolge der Notwendigkeit einer Angleichung des weltweiten Pro–Kopf–Verbrauchs an Energie ausgehen. Alle Szenarien nehmen auch einen beträchtlichen Zuwachs an regenerativen Energien (REG) an; Szenarien mit „business as usual"-Charakter (Shell, WEC A3 und B) verringern allerdings die Nachhaltigkeitsdefizite 1 bis 3 nicht, sondern vergrößern sie sogar, da sowohl der Bedarf an fossilen Ressourcen (und damit die Treibhausgasemissionen) und an Kernenergie bis 2050 weiter steigt. Lediglich Szenarien, die *gleichzeitig* eine weitaus effizientere Energienutzung (und damit einen absoluten Rückgang des Energieverbrauchs in den Industrieländern) unterstellen

(WEC C1, RIGES, Factor 4, SEE), bieten die Chance zur Verringerung aller vier genannten Nachhaltigkeitsdefizite.

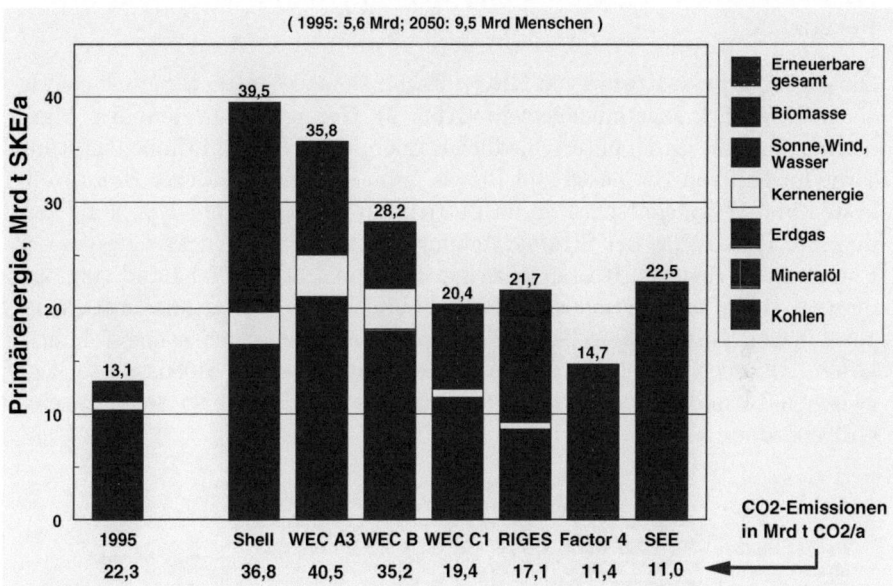

Abb. 1. Aktuelle Szenarien des Weltenenergieverbrauchs für das Jahr 2050 und derzeitiger Verbrauch (Bevölkerung 2050: 9,5 Mrd.; Shell = Szenario „Nachhaltige Entwicklung" (Shell 1995); WEC = Diverse Szenarien der Weltenergiekonferenzen 1995 und 1998 (WEC 1995, 1998); RIGES = „Renewable Intensive Global Energy Scenario" (Johansson 1993); Factor 4 = Szenario aus (Lovins, Hennicke 1999); SEE = Szenario „Solar Energy Economy" (Nitsch 1999); 1 Mrd. t SKE/a = 29,3 EJ/a

Ein weiterer und deutlich verstärkter Ausbau REG stellt also in jedem Fall ein zentrales Element einer Nachhaltigkeitsstrategie dar; REG werden daher zu Recht als eine der Schlüsseltechnologien dieses Jahrhunderts bezeichnet. Die Aussagen der Szenarien unterscheiden sich lediglich in der Dynamik und Intensität des Ausbaus. Für die zukünftige Entwicklung der REG liegen folgerichtig in der EU und speziell in Deutschland für 2010 konkrete Zielsetzungen in Form des „Verdopplungsziels" vor. Ebenfalls diskutierte langfristige Zielsetzungen bis zum Jahr 2050 mit potentiellen Beiträgen von dann rund 50% an der Energiebedarfsdeckung Deutschlands sind zwar sehr anspruchsvoll, können aber zur Erreichen ökologischen Nachhaltigkeit wesentliches beitragen; aus Potenzialsicht sind sie erreichbar. Diese Ausbauziele dienen als Leitlinie für das in Abschnitt 3 diskutierte Langfristszenario.

2 Eckdaten der Technologien zur Nutzung regenerativer Energien

2.1 Stromgestehungskosten und Kostenstruktur der technischen Potenziale

Die gegenwärtigen Kosten von REG – Techniken zur Stromerzeugung sind in einem Überblick zusammengestellt (Abb. 2). Gezeigt ist der jeweilige Minimalwert und die durch unterschiedliches Energieangebot und Einheitsleistung sowie im Fall von Biomasse und Biogas infolge unterschiedlicher Brennstoffkosten und Wärmegutschriften im Betrieb mit Kraft–Wärme–Kopplung verursachte Bandbreite der Stromgestehungskosten Ohne Berücksichtigung der Photovoltaik (heutige Kosten zwischen 114 und 180 Pf/kWh) und von Biomasse – HKW mit kostenlosem Restholz und hoher Wärmegutschrift (keine zusätzlichen Stromkosten) liegen die derzeitigen minimalen Stromgestehungskosten zwischen 4 und 30 Pf/kWh, die Bandbreite der Höchstwerte liegt zwischen 15 und 37 Pf/kWh. Die Strompreise variieren also um etwa eine Größenordnung.

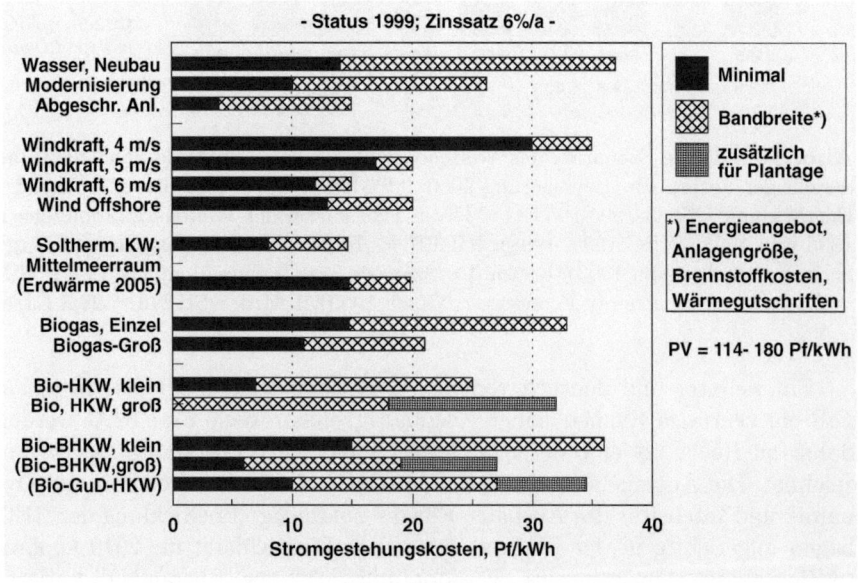

Abb. 2. Derzeitige Stromgestehungskosten regenerativer Energien (ohne Photovoltaik) unter Berücksichtigung der Bandbreite infolge unterschiedlichem Energieangebot, Einheitsleistung, Brennstoffkosten und Wärmegutschriften

Bis zum Jahr 2010 reduzieren sich insbesondere die Kosten der Stromerzeugung aus Photovoltaik und Windenergie. Erstere liegt dann im Bereich 55–82 Pf/kWh. Auch im Bereich der Biogaserzeugung und -nutzung und der Biomassevergasung werden die Kosten noch sinken, sobald größere Anlagenstückzahlen hergestellt werden und sich Betriebs- und Wartungskosten verringern. Für den Status 2010 verringert sich die Kostenbandbreite der minimalen Stromgestehungskosten auf 2 bis 18 Pf/kWh. Ein großer Teil der Technologien liegt mit den günstigen Kosten im Bereich um 10 Pf/kWh. Bis 2020 sinken die Kosten der Photovoltaik (35–58 Pf/kWh) und der Windenergie (7–15 Pf/kWh) weiter, die Bandbreite der minimalen Kosten liegt zwischen 2 und 16 Pf/kWh.

Die beträchtlichen technisch verfügbaren Potenziale der REG zur Stromerzeugung lassen sich nach Kostenklassen zusammenfassen. Ohne Stromimport beläuft sich die technische Potenzialuntergrenze bereits auf rund 450 TWh/a. Je nach der Nutzungsintensität von Offshore–Wind–Potenzialen, der Nutzung weiterer Dachflächen für die Photovoltaik und der Erschließung der Potenziale des Stromimports kann der heutige Stromverbrauch Deutschlands praktisch vollständig mit regenerativen Energien gedeckt werden. Außer der Wasserkraft und der Biomasse besitzen alle Technologien noch teilweise beträchtliche Kostenreduktionsmöglichkeiten, die u.a. auch von ihren Marktvolumina abhängen. Diese Rückkopplung ist von wesentlicher Bedeutung für Art und Ausgestaltung von Förderinstrumenten, die eine längerfristig wirksame Mobilisierung der REG zum Ziele haben. Die Analyse führt zu der in Abb. 3 dargestellten Kostenstruktur der Potenziale

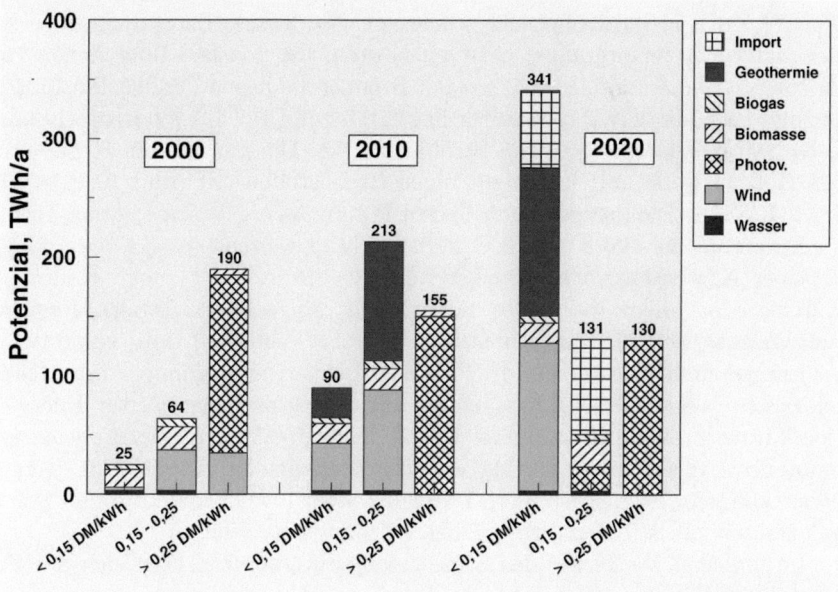

Abb. 3. Kostenstruktur der in den Jahren 2000, 2010 und 2020 verfügbaren Potenziale von REG zur Stromerzeugung; für 2010 und 2020 sind Kostendegressionen bei wachsenden Marktvolumina vorausgesetzt.

Derzeit existiert ein kostengünstiges Potenzial mit Stromkosten bis zu 0,15 DM/kWh in Höhe von rund 25 TWh/a. Zwischen 0,15 und 0,25 DM/kWh liegen rund 65 TWh/a. Weitere 190 TWh/a kosten mehr als 0,25 DM/kWh, davon allein 150 TWh/a die Photovoltaik. Das kostengünstige Potenzial allein reicht derzeit nicht aus, um die angestrebte Verdopplung des Beitrags bis 2010 zu erreichen. Dazu muss auf die nächste Potenzialklasse zurückgegriffen werden. Stromerzeugung aus Geothermie steht derzeit noch nicht zur Verfügung; Stromimport wird erst im Potenzial 2020 berücksichtigt.

Wird die Marktentwicklung aller Technologien ausreichend stimuliert, so wächst das kostengünstige Potenzialsegment mit Kosten zwischen 0,10 und 0,15 DM/kWh infolge Kostendegressionen und Marktzutritt neuer Technologien (Offshore–Wind; Geothermie) bis 2010 auf rund 90 TWh/a. Aus demselben Grund wächst das Gesamtpotenzial auf rund 450 TWh/a. Längerfristig (> 2020) kann durch weitere Mobilisierung aller Technologien das kostengünstige Potenzialsegment (Kosten < 0,15 Pf/kWh) auf rund 350 TWh/a anwachsen, das Gesamtpotenzial 600 TWh/a überschreiten.

2.2 Wärmegestehungskosten und Kostenstruktur der technischen Potenziale

Auch die Wärmekosten der REG überstreichen eine große Bandbreite zwischen 7 und 55 Pf/kWh. Relativ teuer sind heute mit 40–50 Pf/kWh noch kleine Kollektorsysteme zur Warmwasserbereitung. Auch solare Nahwärmeversorgungen besitzen Kosten, die deutlich über denen von Heizungssysteme auf der Basis fossiler Brennstoffe liegen (Vollkosten Einzelheizung 10–13 Pf/kWh). Günstiger liegen mit rund 15 Pf/kWh hydrothermale Erdwärmeversorgungen und Strohheizwerke. Die günstigsten Kosten haben Holzheizwerke mit kostengünstigen Brennstoffen mit rund 10 Pf/kWh. Auch KWK – Biomasseanlagen liefern kostengünstig Wärme, wenn Erlöse für Strom auf der Basis des EEG berücksichtigt werden.

Über Kostensenkungspotenziale verfügen insbesondere noch Kollektorsysteme, vor allem die heute noch wenig eingesetzten großen Systeme zur Warmwasserbereitung (mehrere 100 bis 1 000 m^2) mit zukünftigen Wärmegestehungskosten um 10 Pf/kWh. Längerfristig können die meisten relevanten Wärmeversorgungssysteme auf der Basis regenerativer Energien Heizwärme in einem Kostenbereich von 15–20 Pf/kWh frei Verbraucher bereitstellen. Angesichts zukünftig vermutlich steigender Heizöl- und Erdgaspreise können also insbesondere Biomasse, aber auch Erdwärme und Solaranlagen mittelfristig konkurrenzfähig Wärme bereitstellen.

In ähnlicher Weise wie das Stromerzeugungspotenzial lässt sich das Potenzial zur Wärmebereitstellung strukturieren (Abb. 4). Insgesamt ergibt sich ein Nutzungspotenzial von 960 PJ/a (Endenergie), was rund 65% der derzeitig zur Wärmeerzeugung eingesetzten Brennstoffmenge entspricht. Etwa zwei Drittel stehen jedoch derzeit aus strukturellen und technischen Gründen noch nicht zur Verfügung (Solare Nahwärme mit hohem Solaranteil, Erdwärme aus tiefen Schichten, Biomasse aus Energieplantagen). Das preisgünstige Potenzial unter 15 Pf/kWh$_{th}$ in Höhe von derzeit knapp 100 PJ/a besteht ausschließlich aus Biomassereststoffen. Kostendegressionen erhöhen dieses Potenzial bis zum Zeitpunkt 2010 auf rund 235 PJ/a. Ist im Jahr 2020 das technische Potenzial vollständig erschließbar, so kann knapp die Hälfte davon (395 PJ/a) in diese Kostenkategorie eingestuft werden.

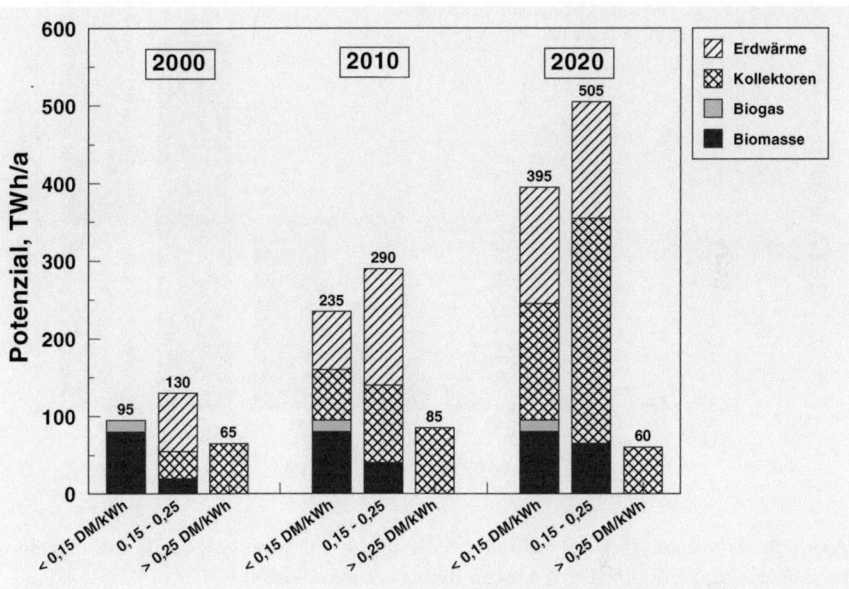

Abb. 4. Kostenstruktur der in den Jahren 2000, 2010 und 2020 verfügbaren REG–Potenziale zur Wärmeerzeugung; für 2010 und 2020 sind Kostendegressionen bei wachsenden Marktvolumina vorausgesetzt.

2.3 Ökologische Eckdaten von REG–Technologien

REG–Anlagen zur Strombereitstellung können einen deutlichen Beitrag zur Entlastung verschiedener Umwelteinwirkungen beitragen. Besonders unkritisch bei den Treibhausgasemissionen (Abb. 5) sind Windenergie und Wasserkraft. Auch bei mittelfristigen Photovoltaik–Produktionsrouten ist der Treibhauseffekt deutlich niedriger als bei fossilen Vergleichssystemen. Bei modernen PV–Systemen werden Erntefaktoren deutlich über 1 und Energierückzahldauern zwischen 3 und 5 Jahren (Mitteleuropa) bzw. 1 und 2 Jahren (Sonnengürtel) erreicht (Nitsch 2001). Die Versauerung liegt ebenfalls unter fossilen Systemen, allerdings nicht so deutlich wie die der anderen Strombereitstellungssysteme. In zukünftigen Systemen sind weitere deutliche

Absenkungen der Einwirkungen vorhersehbar. Bei solarthermischen Kraftwerken ist bei rein solarem Betrieb ein extrem großes, im hybriden Betrieb immer noch beträchtliches Reduktionspotenzial gegeben.

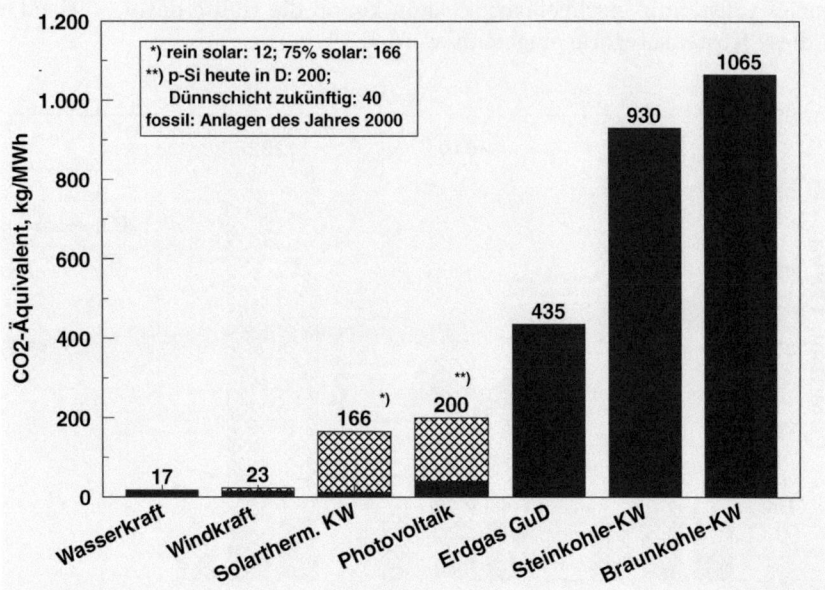

Abb. 5. Treibhauseffekt verschiedener Strombereitstellungssysteme auf regenerativer Basis und Vergleich mit besten fossilen Technologien.

Die REG–Wärmebereitstellung ist vor allem bezüglich der Treibhausgas–Emissionen (Abb. 6) deutlich besser als die fossile Konkurrenz. Bei der Versauerung wirkt sich der erhöhte Materialeinsatz aus. Durch eine gezielte Wahl der Materialien und einen hohen Recycling–Anteil lassen sich diese Einwirkungen deutlich minimieren.

In Tab. 1 sind die zur Erzeugung von 1 GWh Elektrizität erforderlichen Materialmengen gegenübergestellt. Neben Erdgas GuD–Kraftwerken sind auch die Angaben zu anderen modernen konventionellen Kraftwerken zu finden.(ESU 1996, Hartmann 1998, Nitsch 2001, Voß 2001, eigene Berechnungen). Differenziert ist nach nichtenergetischen und energetischen Rohstoffen. REG–Technologien erfordern i.allg. eine größere Menge nichtenergetischer Rohstoffe (im wesentlichen Anlagenbau) als konventionelle Energieanlagen, wobei sich insbesondere Photovoltaiksysteme (solargrade Si; Mitteleuropa) herausheben.

Der Bedarf an nichtenergetischen Rohstoffen muss unter verschiedenen Blickwinkeln bewertet werden:

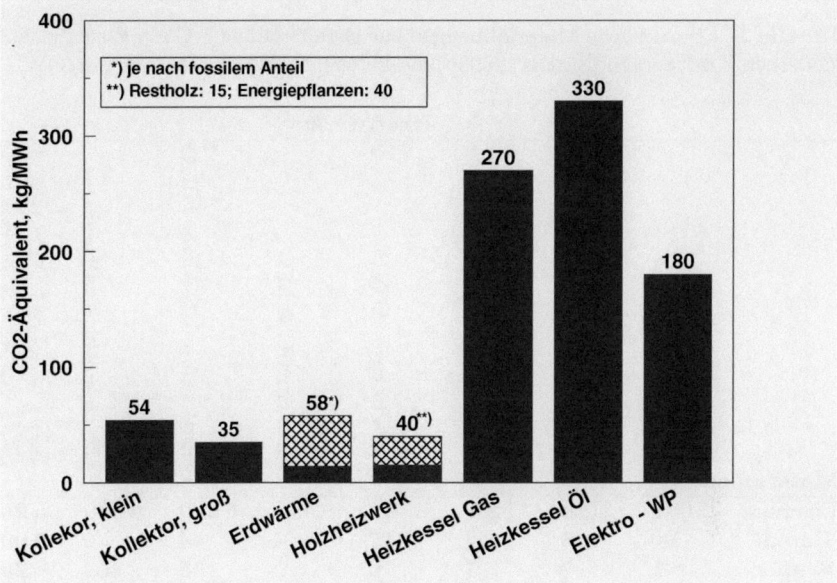

Abb. 6. Treibhauseffekt verschiedener Wärmebereitstellungssysteme auf regenerativer Basis und Vergleich mit verschiedenen fossilen Optionen.

- Zum einen handelt es sich selbst bei sehr hohen Anteilen von REG an der Stromerzeugung um relativ geringe Anteile am gesamten Umsatz dieser Rohstoffe. Würde z.B. der gesamte heutige Strombedarf mittels Windenergie bereitgestellt, wären dazu rund 8% der jährlich in Deutschland umgesetzten Eisenerzmenge erforderlich. Vergleichsweise werden derzeit rund 25% des Erzbedarfs für die Herstellung von Fahrzeugen und 20% zur Errichtung von Gebäuden benötigt.
- Die eingesetzten Rohstoffe werden nicht verbraucht und während des Gebrauchs nicht kondaminiert. Sie sind daher nach Abriss der Anlagen in ähnlichem Ausmaß rezyklierbar wie bei anderen Anlagen, Maschinen und Konsumgütern. Wegen der unter Nachhaltigkeitsgesichtspunkten generell anzustrebenden möglichst hohe Rezyklierrate solcher Materialien dürfte ein verstärkter Ausbau von REG–Anlagen hier keine schwerwiegenden Probleme aufwerfen. Nicht oder nur wenig rezyklierbare Rohstoffe, wie Kalkstein werden bei REG–Anlagen in ähnlichem Umfang wie bei konventionellen Anlagen benötigt.

Die Gegenüberstellung der nichtenergetischen Materialien mit dem Verbrauch an Energierohstoffen macht deutlich, wo tatsächliche Ressourcenprobleme (und damit verknüpft Emissionsprobleme) auftreten. Der Bedarf an fossilen Energierostoffen ist um ein bis zwei Größenordnungen höher als der an nichtenergetischen Rohstoffen. Erstere werden zudem nahezu vollständig in Emissionen umgewandelt.

Tabelle 1. Erforderliche Materialmengen zur Bereitstellung 1 GWh Elektrizität in modernen Kraftwerken (Status „2005") einschließlich Energierohstoffe (kg/GWh$_{el}$)

Materialien	Steinkohle 45,5%	Braunkohle 44%	Erdgas, GuD 58%	Kernenergie, DWR	Wasserkraft, 3 MW	Windkraft, 1,5 MW, Küste	Solarthermie Kraftwerke	Photovoltaik, sg-Si, Dach
Eisenerz	2 000	2 000	1 200	420	2 400	5 200	3 470	5 200
Bauxit	16	18	2	27	4	44	6	2 000
Kupfer	2	7	1	6	5	65	252	230
Kalkstein	7 000	20 000	6 400	800	6 000	2 490	2 100	10 000
Nickel[a]	1,4	1,1	0,4	15,5	0,4	0,4	0,5	14
SK[b]	501 300	3 500	255	880	2 860	3 840	2 700	14 000
BK[c]	5 180	1 017 000	300	500	2 750	5 100	745	32 900
Erdgas	1 160	800	185 705	1 070	730	1 560	440	5 690
Rohöl	3 760	1 200	2 220	610	580	720	1 750	4 300
Uran	0,34	0,2	0,003	26,5	0,007	0,02	0,03	0,92

[a] ab Erz, [b] Steinkohle, [c] Braunkohle

3 Der Ausbau regenerativer Energien in längerfristiger Perspektive – das „Orientierungsszenario"

Um die Wirkungen eines Ausbaus von REG auf das Energiesystem unter ökonomischen, ökologischen und sozialen Gesichtspunkten abschätzen zu können, bedarf es einer Vorstellung darüber, in welchem Ausmaß REG in den nächsten Jahrzehnten zur Energieversorgung Deutschlands beitragen können. Als „Einstieg" für den Zeitraum bis 2010 dient dazu eine Zubauentwicklung, die sich am Verdopplungsziel der Bundesregierung (und der EU) orientiert. Dieser geht von einer „ausgewogenen" Mobilisierung aller Technologien aus, so dass diese spätestens nach 2010 in die Lage versetzt werden eigenständig wachsende Märkte herauszubilden. Die Erreichung dieses Zwischenziels ist eine wesentliche Voraussetzung dafür, dass REG überhaupt in den nächsten Jahrzehnten eine wichtige Rolle am Energiemarkt bestreiten können (BMU 2000). Für den Zeitraum nach 2010 wird davon ausgegangen, dass sich die angestoßene Ausbaudynamik im Rahmen der liberalisierten Märkte mit entsprechend angepassten Instrumenten weiter aufrechterhalten lässt. Auf der Basis dieser günstigen Rahmenbedingung wird ein „Orientierungsszenario" des REG–Ausbaus dargestellt, welches einen Ausbaupfad bis zum Jahr 2050 beschreibt. Er stellt etwa die obere Leitplanke des zukünftig möglichen Beitrags von REG an der Energiebedarfsdeckung dar (Nitsch 2001). Der Zeithorizont 2050 ist erforderlich um dem langfristigen Charakter des Aufbauprozess von REG gerecht werden und den Übergang von energiepolitisch gestützten Märkten (z.b. mittels Erneuerbarem Energie Gesetz EEG und/oder Quotenregelungen mit Zertifikaten u.ä.) zu eigenständigen Märkten darstellen zu können.

Die Beiträge der einzelnen Technologien im Orientierungsszenario zeigen bis zum Jahr 2020 im Strombereich (Abb. 7, oben) die Dominanz der Windenergie. die um 2005 die Wasserkraft überholt. Alle anderen Technologien haben sich ab ca. 2010 ebenfalls in beträchtlichem Umfang am Markt etabliert mit bis zum zehnfachen Marktvolumen im Vergleich zu heute. So erweitert vor allem Biomasse und Biogas ihren Beitrag bis 2020 deutlich und übertreffen dann ebenfalls die Wasserkraft. Der Import von Strom aus REG ist ab ca. 2015 Bestandteil dieses Orientierungsszenarios. Der Anteil von REG erreicht, bezogen auf den gegenwärtigen Nettostromverbrauch von 510 TWh/a, im Jahr 2010 rund 13% und im Jahr 2020 rund 23% (1999: 5,7%).

Im Wärmebereich (Abb. 7, unten) sind sowohl Ausgangssituation und Mobilisierungsbedingungen schwieriger. Ein dem EEG vergleichbares Förderinstrument gibt es hier nicht, der jetzige Beitrag ist mit 2,2% am Brennstoffbedarf noch gering. Große Anteile von REG im Wärmebereich erfordern u.a. den Einsatz größere Anlagen mit Nahwärmenetzen für die heute noch keine adäquaten Förderinstrumente existieren. Die Wahrscheinlichkeit, die Ausbauziele 2010 und 2020 zu erreichen, ist hier also deutlich unsicherer als bei der Stromversorgung. Bis 2020 dominiert die Nutzung der Biomasse, wobei wachsende Anteile von KWK–Anlagen zum Einsatz kommen. Die relativ stärksten Zuwachsraten habe KWK–Anlagen mit Biogas, Kollektoranlagen (insbesondere Nahwärmesysteme) und Erdwärmeanlagen. Im Jahr 2020 decken REG rund 10% des Nutzwärmebedarfs (Bezugswert 1999).

Die eigentliche Dynamik eines REG–Ausbaus wird erst nach 2020 deutlich, da dann infolge einer deutlichen Verringerung der Kostenschere von einer weitgehenden Wirtschaftlichkeit der meisten REG–Technologien ausgegangen werden kann und damit energiepolitische Instrumente und Fördermittel größtenteils nicht mehr benötigt werden. Die Analyse bis 2050 führt – getrennt nach Strom- und Wärmebereitstellung – zu folgenden Ergebnissen:

Im Strombereich sind bereits um 2020 die Potenzialgrenzen bei Wasserkraft mit 25 TWh/a zu 100% ausgeschöpft Auch das Wachstum von KWK–Anlagen auf der Basis von Biomasse verlangsamt sich nach starkem Wachstum zwischen 2010 und 2010 bereits wieder. Wind wächst weiterhin, wobei bereits der Ersatzbedarf für heutige Anlagen an Bedeutung gewinnt. Die übrigen Technologien, also Photovoltaik, Strom aus Erdwärme und Stromimport, beginnen mit ihrem energiewirtschaftlich relevanten Wachstum erst nach 2020. Um 2040 kann unter den genannten Rahmenbedingungen mit dem Überschreiten der 50%-Marke an der Stromerzeugung und bis zur Jahrhundertmitte mit dem Erreichen der 65%-Marke gerechnet werden. Die in REG–Anlagen insgesamt installierte Leistung beträgt zu diesem Zeitpunkt 120 GW (Wasser 4,7; Wind 40; Biomasse 9,8, Photovoltaik 41; Geothermie 4,7 Importleistung 20,6 GW. Damit ist auch die Biomasse völlig erschlossen, während die anderen inländischen Potenziale erst zu etwa 30 bis 35% ausgeschöpft sind. Importpotenziale stehen noch in sehr großem Umfang zur Verfügung (TAB 2000). Potenzialseitig sind also auch nach 2050 noch große Spielräume für eine weitergehende Deckung des Strombedarfs durch REG vorhanden.

Im Wärmemarkt stützt sich der Zuwachs nach 2020 weitgehend auf Nahwärmeanlagen, wobei sowohl bei Kollektor- wie auch Erdwärmeanlagen lang anhaltende mittlere Zuwachsraten um 10%/a bei jährlichen Umsätzen um 20 Mio. m^2/a bzw. 1000 MW$_{th}$/a (Erdwärme) vorausgesetzt werden. Bis 2040 sind, in Verbindung mit der Stromerzeugung in KWK–Anlagen die Potenziale der Biomasse vollständig ausgeschöpft. Solarkollektoren und Erdwärme verfügen zwar noch über weitere Nutzungspotenziale, jedoch sind bedarfsseitig (Höhe des Niedertemperaturbedarfs) um 2050 die Nutzungsmöglichkeiten weitgehend ausgeschöpft.

4 Einordnung des REG–Ausbaus in die gesamte Energieversorgung

Mit der Ausweitung des Beitrags von REG in der Energieversorgung sind erhebliche Umstrukturierungen der heutigen Erzeugungs- und Nutzungsstrukturen für Energie verbunden. Da gleichzeitig neben die (Teil-) Strategie des REG–Ausbaus eine gleichwertige (Teil-) Strategie zur rationelleren Energienutzung treten muss, ist zu prüfen, wie diese Teilstrategien in kompatibler Form zusammenwirken können. Für die Gesamtentwicklung der Energieversorgung maßgebenden Eckwerte sind bis 2020 (Prognos 2000; vgl. auch Politik 1999) entnommen und wurden näherungsweise bis 2050 fortgeschrieben (Langniß et al.1997, FEES 2001). Die derzeit geltenden energiepolitischen Rahmenbedingungen und Zielsetzungen sind aufgegriffen worden. Der obige REG–Ausbau wurde dementsprechend mit einer Strategie der intensivierten Effizienzsteigerung (REN–Strategie) bei der Energiewandlung (Kraft–Wärme–Kopplung–KWK) und Energienutzung (insbesondere Raumheizung; Verkehr) verknüpft.

Diese REN–Strategie ist durch einen Verringerung der Primärenergieintensität bis 2020 um durchschnittlich - 3,2%/a gekennzeichnet (Referenz nach (Prognos 2000): -2%/a) und zwischen 2020 und 2050 um durchschnittlich - 2,2%/a. Im Jahr 2050 beträgt die Primärenergieintensität noch 27% des Wertes von 1999. Der entsprechende Wert für die Endenergie

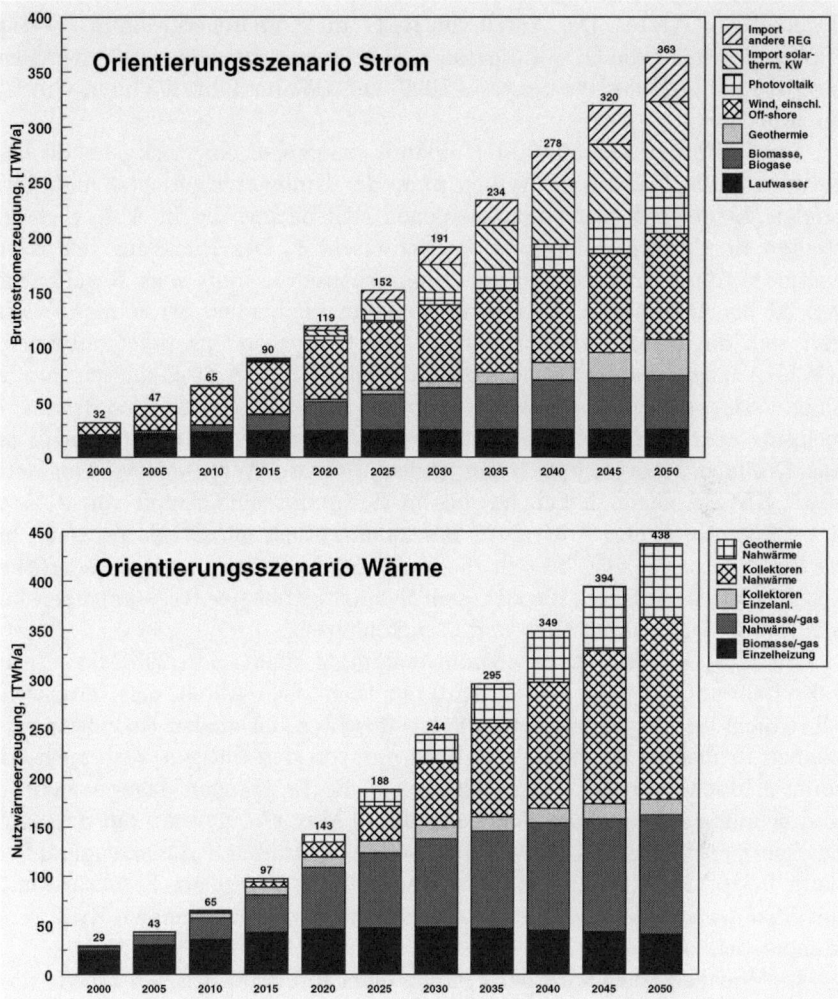

Abb. 7. Orientierungsszenario für den möglichen Ausbau von REG in der Stromerzeugung (oben) und der Wärmeerzeugung (unten) bis 2050 mit einer zweckmäßigen Aufteilung auf die verschiedenen REG–Technologien unter günstigen energiepolitischen Rahmenbedingungen.

liegt bei 32%, der für Elektrizität bei 50%. In Verbindung mit dem angenommenen Wachstum des Bruttoinlandsprodukt um 48% bis 2020 und um 105% bis 2050 resultiert daraus zu diesem Zeitpunkt ein Primärenergieverbrauch von 8 000 PJ/a, ein Endenergieverbrauch von 6 100 PJ/a und ein Stromverbrauch von 1 775 PJ/a. Der gesamte Endenergieverbrauch geht also bis 2050 auf zwei Drittel des heutigen Wertes zurück. REG tragen dann mit 45% zur Endenergiebereitstellung bei. Der Primärenergieeinsatz sinkt auf 56%

des heutigen Wertes. Der Anteil von REG am Primärenergieeinsatz beträgt 2050 knapp 43%; die CO_2–Emissionen aus der energetischen Nutzung sinken bis 2010 auf 75% des Bezugswerts 1990, auf 51% im Jahr 2030 und auf 23% im Jahr 2050.

Der Zeitraum von 50 Jahren erlaubt prinzipiell eine weitgehende Umgestaltung der Energieversorgung, wenn der Umbau zielgerichtet und stetig erfolgt. In der Stromerzeugung ergeben sich daraus die in Abb. 8 dargestellten Strukturveränderungen im Stromsektor. Der Rückgang der Kernenergie verläuft entsprechend des „Energiekonsenses" mit einer Regellaufzeit von 32 Kalenderjahren. Im nahezu konstant bleibenden Strommarkt verlagert sich die Investitionstätigkeit zu Gas–GuD–Kondensationskraftwerken, KWK–Anlagen und REG–Anlagen. Bis 2020 bleibt der Steinkohleeinsatz bei einer Verlagerung hin zum KWK–Bereich, nahezu konstant, der Braunkohleeinsatz verringert sich um rund 15%, dagegen steigt der Gaseinsatz auf das Dreifache, wovon jedoch ein großer Teil in KWK–Anlagen eingesetzt wird. REG–Anlagen haben zu diesem Zeitpunkt eine Anteil von 21% an der Stromerzeugung. Nach 2020 beschleunigt sich der Strukturwandel hin zu REG. Im Jahr 2050 besteht die fossile Stromversorgung im wesentlichen aus Gas–GuD–Anlagen, die sich dem Stromangebot der REG anpassen und aus KWK–Anlagen auf Gas- und Steinkohlebasis.

Die CO_2–Emissionen der Stromversorgung sinken von 293 Mio. t/a im Jahr 1999 auf 276 Mio. t/a bis 2020 nur leicht. Der Abbau der Kernenergie führt nicht zu Mehremissionen, die gewünschten nationalen Reduktionsziele können in diesem Zeitraum allerdings nur von den übrigen Verbrauchssektoren erbracht werden. Nach 2020 sinken die Emissionen dagegen deutlich und belaufen sich im Jahr 2050 noch auf 70 Mio. t/a, also auf nur noch 25% des heutigen Wertes. Die CO_2–Intensität der gesamten Stromerzeugung liegt dann bei 0,125 kg/kWh$_{el}$. Der in der Abbildung gezeigte Strukturwandel der Stromversorgung ist mit der Altersstruktur der bestehenden Kraftwerke kompatibel.

Im Wärmebereich wird der Einfluss einer forcierten REN–Strategie noch deutlicher. Der Endenergieeinsatz für Wärme sinkt bis 2050 auf 60% des heutigen Wertes, wovon die Verringerung des Raumwärmebedarfs um nahezu 50% den größten Anteil hat (Abb. 9). Gleichzeitig verändert sich, ähnlich wie bei der Stromversorgung, auch hier die Versorgungsstruktur in diesem Zeitraum vollständig. Derzeit stammen 88% der gesamten Wärme aus Einzelheizungen und nur 12% aus Fern- und Nahwärmeversorgungen. Im Jahr 2050 ist die direkte Versorgung mit Gas, Heizöl, Biomasse und Strom auf 32% geschrumpft, aus Fern- und Nahwärmeversorgungen (fossil, Biomasse und Erdwärme) kommen 45% und aus Kollektoranlagen 23%. Die Umsetzung dieser Veränderungen erfordert eine beschleunigte Altbausanierung und *gleichzeitig* ein Vordringen von Nahwärmenetzen und -inseln in Altbaubestände. Der weitere Ausbau der KWK verstärkt die Wechselwirkungen zwischen Strom- und Wärmeversorgung. Er kann die für eine breitere Nut-

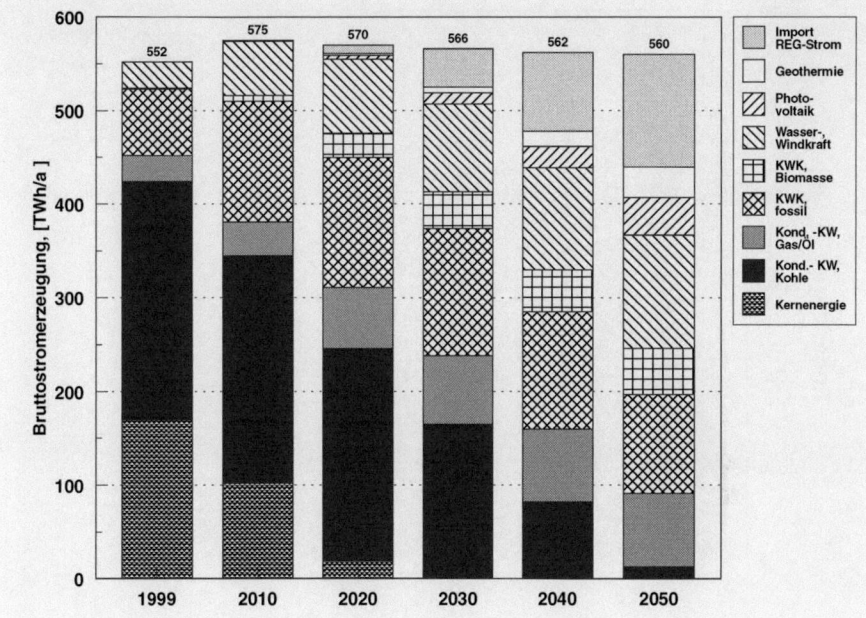

Abb. 8. Bruttostromerzeugung nach Kraftwerksarten im Orientierungsszenario bis 2050, getrennt nach Kondensationskraftwerken, KWK–Anlagen und REG–Anlagen.

zung von REG notwendigen Strukturen vorbereiten, da der KWK–Ausbau bis 2020 im wesentlichen abgeschlossen sein wird. Im Szenario erreicht KWK–Wärme um 2030 mit dem 1,9fachen des heutigen Beitrags ihr Maximum und geht bis 2050 wieder leicht zurück. Im Gegensatz zur Stromerzeugung sinken die CO_2–Emissionen der Wärmebereitstellung bereits bis 2020 deutlich von derzeit rund 350 Mio. t/a auf 215 Mio. t/a, also um 40%, und kompensieren so den geringen Rückgang in der Stromerzeugung. Bis 2050 ist die Wärmeerzeugung mit CO_2–Emissionen von 50 Mio. t/a nur noch in sehr geringem Ausmaß an den Treibhausgasemissionen beteiligt.

5 Einige ökonomische Wirkungen des Orientierungsszenarios

Der zukünftige Ausbau von REG wird insbesondere unter ökonomischen Gesichtspunkten diskutiert, da viele REG–Technologien teurer sind als die derzeitige Energieversorgung. Es bestehen deshalb unterschiedliche Einschätzungen über die zumutbaren Zusatzbelastungen, wenn dieser Ausbau forciert wird. Adäquate Informationen zu dieser Frage müssen den dynamischen Prozess dieser Entwicklung berücksichtigen, der einerseits durch die Kostendegressionspotenziale der REG–Technologien, andererseits durch

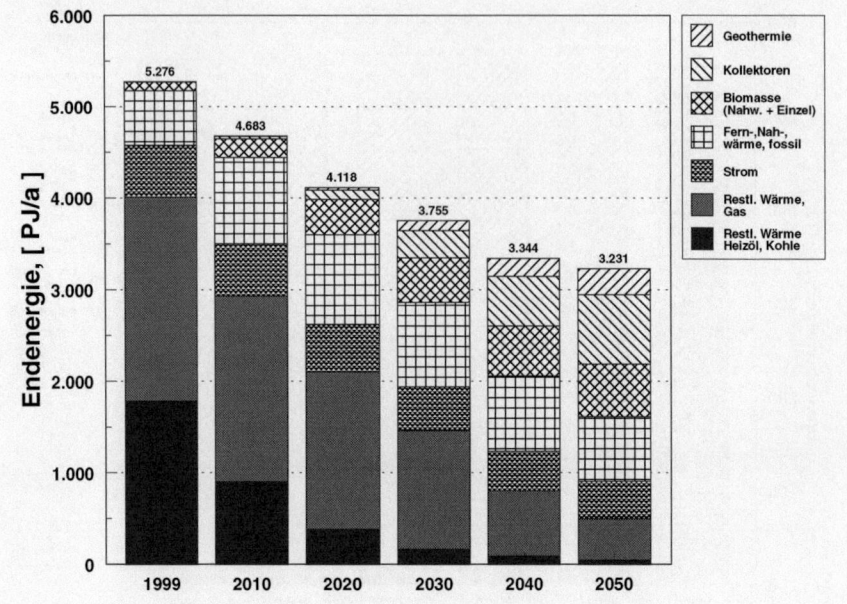

Abb. 9. Strukturveränderungen im Wärmemarkt im Orientierungsszenario bis 2050 nach Einzelsystemen und Fern- und Nahwärmeversorgungen.

die zukünftig zu erwartenden Kostensteigerungen der konventionellen Energieversorgung bedingt ist. Die Frage ist daher nicht, ob REG „zu teuer" sind, sondern in welchem Ausmaß und wie lange monetäre Vorleistungen zu erbringen sind, bevor sich die Investitionen in REG „rentieren". Tatsächlich nehmen die jährlichen Investitionen in REG im Verlauf der Ausbaustrategie beträchtliche Volumina an (Tab. 2). Allein bis 2010 ergeben sich kumulierte Investitionen von 88 Mrd. DM. Insbesondere zeigt sich, dass die derzeit noch niedrigen Investitionen im Wärmemarkt schneller als diejenigen im Strommarkt wachsen und diese bereits um 2020 nahezu erreichen. In allen Zahlenangaben sind auch die erforderlichen Ersatzinvestitionen enthalten, die ab etwa 2020 relevante Werte annehmen.

Die sich vergrößernden Märkte führen zu deutlich Kostendegressionen. Da zeigt sich z.B. in Abb. 10 am Kostenverlauf der zukünftigen REG–Stromversorgung. Zwischen 2000 und 2010 dominiert die zukünftige Kostenentwicklung der Windenergie, da sie über 70% zum Zubau in diesem Zeitraum beiträgt. Bis 2010 sinken die mittleren Kosten von 0,178 DM/kWh (2000) auf 0,148 DM/kWh. Nach 2010 kommt die Degression zum Stillstand, da von einem anhaltenden Wachstum der Photovoltaik ausgegangen wird, die trotz deutlicher Kostendegressionen dann immer noch mittlere Stromgestehungskosten zwischen 0,80 und 0,50 DM/kWh aufweist (Neuanlagen in 2020: 0,35 DM/kWh). Kompensierend wirkt sich die beginnende Stromerzeugung

Tabelle 2. Jährliche Investitionen in REG–Technologien (Mio. DM/a, Geldwert 1999) im Orientierungsszenario bis zum Jahr 2050

	1999	2010	2020	2030	2040	2050
Stromversorgung[a]	4331	5845	11360	14158	18450	23635
Wärmeversorgung[b]	1339	5143	10087	14335	20212	26079
Gesamt	5670	10988	21447	28493	38662	49714
Anteil an PEV (%)	1,7	4,3	9,2	18,7	30,3	42,6

[a] ab 2015 einschl. Investitionen für Solarstromimport
[b] einschließlich Nahwärmenetze

aus Geothermie aus, für die nach Ablauf der Demonstrationsphase Kosten von 0,12 DM/kWh angenommen wurden. Der Stromimport liegt mit Kosten zwischen 0,16 DM/kWh (2015) und 0,14 DM/kWh (2020) in vergleichbarer Höhe. Im Jahr 2020 stellen sich in der Basisentwicklung des Szenarios mittlere Stromgestehungskosten von 0,145 DM/kWh ein.

Verlängert man den Betrachtungszeitraum bis 2050, so bleibt das Kostenniveau stabil zwischen 0,14 und 0,15 DM/kWh. Wind-, Geothermie- und Importstrom kompensieren in diesem Szenario die mit dem weiteren Photovoltaikausbau verbundenen höheren Kosten. Limitiert man den Ausbau der Photovoltaik bei einem Beitrag von 1 TWh/a *(Variante I: PV im Inland limitiert)*, so setzt sich nach 2010 die Kostendegression fort und mündet in einem langfristig stabilen Kostenniveau für REG–Strom um 0,125 Pf/kWh. Schließt man dagegen den Import von Strom aus REG aus, *(Variante II: kein Stromimport)*, verteuert sich längerfristig die Strombereitstellung wieder, da nun verstärkt auf die Photovoltaik zurückgegriffen wird. Nach 2040 stellt sich dann ein Kostenniveau von 0,165 DM/kWh ein. Eine langfristig angelegte REG–Ausbaustrategie sollte also den Import von REG beinhalten, was nicht anderes bedeutet, als REG möglichst an den jeweils günstigsten Standorten zu nutzen, sobald es darum geht, in größerem Umfang fossile und nukleare Energien zu ersetzen. Ein wesentliches Strategieelement des Orientierungsszenarios stellt daher die optimale Abwägung zwischen der (zeitlich früheren) lokalen und regionalen Nutzung von REG und der (zeitlich nachfolgenden) überregionalen Nutzung in einen europäischen bzw. sogar mediterranen Energieverbund dar (TAB 2000).

Die entstehenden Differenzkosten (Kapitalkosten, Betriebs- und Wartungskosten, Brennstoffkosten bei Biomasse abzüglich der Erlöse *ohne Förderung*) des REG–Ausbaus hängen selbstverständlich von den anlegbaren Kosten einer Energieversorgung ohne Ausbau der REG und damit von der zukünftigen Energiepreisentwicklung und der Besteuerung konventioneller Energien ab. In 1999 betrugen die resultierenden Differenzkosten für die bis zum Jahresende installierten REG–Anlagen knapp 2 Mrd. DM/a, wenn von anlegbaren Strompreisen von 6 Pf/kWh und Wärmepreisen von 9,4 Pf/kWh ausgegangen wird (vgl. Tab. 3). Diese Differenzkosten wer-

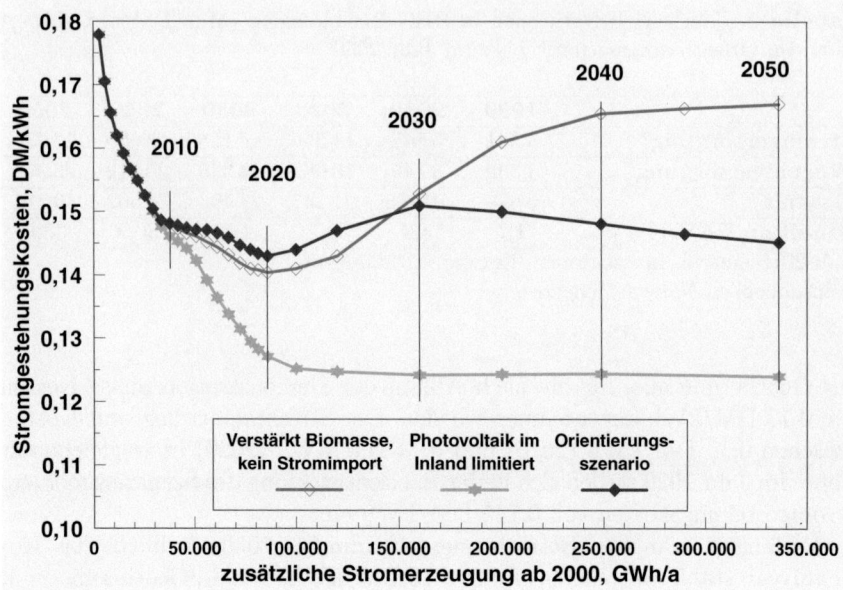

Abb. 10. Stromkosten von REG für den Ausbauzeitraum 2000 bis 2050 für unterschiedliche Ausbaupfade. Dargestellt sind die mittleren Kosten des jeweiligen Bestandes (ohne „Altanlagen" bis 1999); der Nullpunkt der Kostenskala ist unterdrückt.

den durch die vorhandenen Förderinstrumente (EEG, Förderprogramme von Bund, Ländern u.a.(BMU 2000)) aufgebracht. Umgelegt auf die gesamte Strom- bzw. Wärmeerzeugung entspricht dies derzeit spezifischen Mehrkosten von 0,25 Pf/kWh$_{el}$ und 0,05 Pf/kWh$_{th}$, ist also im Vergleich zu anderen Energiepreisveränderungen gering.

Die zukünftige Entwicklung der Differenzkosten gibt Aufschluss über die aufzubringenden Vorleistungen zur Erschließung der REG–Märkte und über die Zeitdauer einer erforderlichen Unterstützung. In Abb. 11 sind sie als Funktion der Preisentwicklung einer Energieversorgung ohne weiteren Ausbau der REG im zeitlichen Verlauf von 2000 bis 2050 dargestellt. Die dazugehörigen angenommene Preisentwicklung zeigt Tab. 3. Die angenommenen Preissteigerungen reichen von sehr geringen Werten (Variante 0: bis 2020 10% reale Steigerung (Strom bis 2010 konstant), bis 2050 bei Strom 70%, bei Wärme 40%) bis zu deutlichen Steigerungen (Variante 3c: bis 2020 bei Strom 45%, bei Wärme 30%, bis 2050 bei Strom eine reichliche Verdreifachung, bei Wärme eine Steigerung auf das 2,5fache). Angesichts der langen Zeiträume sind derartige Preissteigerungen durchaus realistisch, bis 2030 sind ähnliche Annahmen in (Prognos 2000) und (FEES 2001) zu finden.

Ersichtlich ist die Notwendigkeit, den Prozess der Markteinführung von REG über einen angemessen langen Zeitraum zu betrachten, da sich die

Tabelle 3. Angenommene Entwicklung realer anlegbarer Preise für die Strom- und Wärmebereitstellung aus REG (Geldwert 1999)

Varianten	0		1a		1b		2b		3c	
	S	W	S	W	S	W	S	W	S	W
2000	100	100	100	100	100	100	100	100	100	100
2005	100	102	103	102	105	102	105	104	110	106
2010	100	105	105	105	110	105	110	109	120	113
2020	**110**	**110**	**122**	**111**	**135**	**111**	**135**	**118**	**145**	**130**
2030	128	117	150	123	173	123	173	137	190	157
2040	150	127	182	140	223	140	223	163	248	197
2050	**173**	**141**	**223**	**162**	**285**	**162**	**285**	**197**	**325**	**250**

S = Mittlere Stromgestehungskosten ohne REG, Ausgangswert 2000: 6,0 Pf/kWh$_{el}$ (= 100); W = Mittelwert einer betrachteten Bandbreite von Wärmegestehungskosten auf der Basis von Heizöl und Erdgas, (Einzelheizung; Großabnehmer, Nahwärmeversorgungen), Ausgangswert 2000: 9,4 Pf/kWh$_{th}$ (= 100)

volkswirtschaftliche Vorteilhaftigkeit einer REG–Ausbaustrategie im wesentlichen erst im Zeitabschnitt nach 2020 zeigt. Die anfängliche Kostendifferenz und die angenommenen Markteinführungsgradienten der Einzeltechnologien führen zunächst – auch unter Berücksichtigung der möglichen Kostendegressionen – zu stetig steigenden Differenzkosten. Sie unterscheiden sich in den Varianten bis zum Zeitpunkt 2010/2015 wegen des zunächst schwachen Preisanstiegs fossiler Energien kaum und liegen für im Jahr 2010 zwischen 6,6 Mrd. DM/a für Variante 3c und 7,4 Mrd. DM/a für Variante 0 (ca. 0,75 Pf/kWh$_{el}$ und 0,22 Pf/kWh$_{th}$). Die Kostenschere schließt sich danach unterschiedlich rasch. Bei geringfügigen Preisanstiegen (V 0) steigen die Differenzkosten noch bis zum Jahr 2040 auf dann 19,8 Mrd. DM/a: Aber auch in dieser unwahrscheinlichen Entwicklung beträgt die spezifische Belastung maximal 1,5 Pf/kWh$_{el}$ bzw. 1,4 Pf/kWh$_{th}$. und sinkt danach wieder. Bei höheren Preissteigerungen (V 3c) ist bereits 2015 mit 8,4 Mrd. DM/a (0,95 Pf/kWh$_{el}$ und 0,27 DM/kWh$_{th}$) der Maximalwert erreicht, zwischen 2030 und 2035 wird die Energiebereitstellung mittels REG im Mittel kostengünstiger als eine bis dahin allein auf konventionelle Energien sich abstützende Energieversorgung. Während sich die kumulierten Differenzkosten dieser Variante bis 2030 noch auf 195 Mrd. DM (Geldwert 1999; nicht abdiskontiert) belaufen, ergibt sich kumuliert von 2000 bis 2045 eine ausgeglichene Bilanz. Die bis 2030 erbrachten Vorleistungen in eine nachhaltige Energieversorgung würden sich also bei dem in der Variante 3c unterstellten Verlauf der fossilen Energiebereitstellungskosten bereits um das Jahr 2045 voll amortisiert haben. Externe Kosten der Energiebereitstellung sind dabei noch gar nicht berücksichtigt.

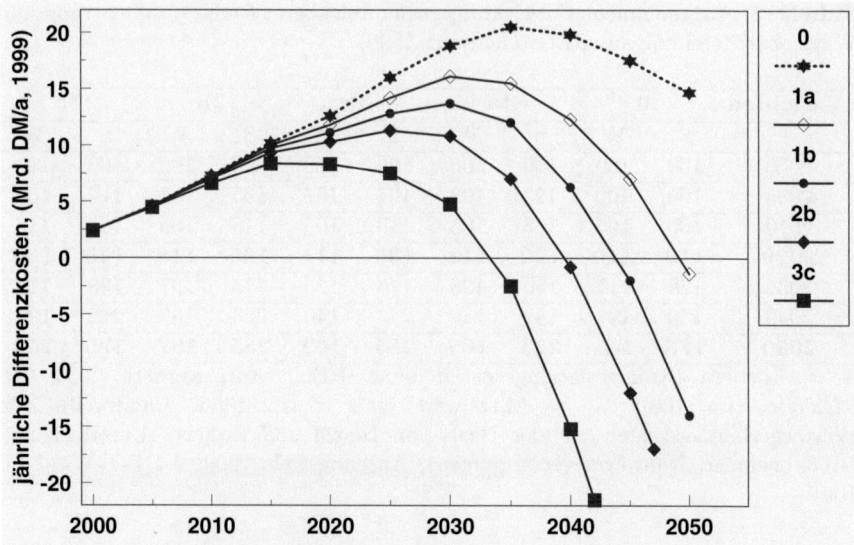

Abb. 11. Verlauf der jährlichen Differenzkosten im Orientierungsszenario gegenüber einer Energieversorgung ohne Einführung von REG in Abhängigkeit unterschiedlicher Steigerungen von Strom- und Wärmepreisen auf fossiler Basis (vgl. Tab. 3).

Andererseits ist auch ersichtlich, dass Kostendegression und technologischer Fortschritt bei REG allein nicht ausreichen werden, gegen eine fossile Energiewirtschaft zu konkurrieren, wenn von reichlich verfügbaren fossilen Energierohstoffen und damit von höchstens gering steigenden Energiepreisen ausgegangen wird (Variante 0) und externe Kostenbetrachtungen außer acht gelassen werden. Der verstärkte Einsatz fossiler Energien würde aber zu unkalkulierbaren externen Kosten (Verstärkung des Treibhauseffekts) führen, die gerade bei einer derartigen Strategie berücksichtigt werden müssten.

Die aufzubringenden Differenzkosten müssen durch entsprechende Instrumente aufgebracht werden. Angesichts der Größenordnung kann dies höchsten noch punktuell durch direkte Förderung geschehen (z.B. Photovoltaik; Solare Nahwärme, HDR–Stromerzeugung), vielmehr bieten sich marktwirtschaftlich orientierten Instrumente, wie das jetzige EEG (mit entsprechender Weiterführung der Kostendegression) oder eine Quotenregelung mit Zertifikatehandel an (Öko/DLR 2001).

6 Zusammenfassung der Wirkungen eines deutlichen Ausbaus von REG

Der Ausbau der REG–Schlüsseltechnologien im Rahmen des hier beschriebenen Orientierungsszenarios hat zusammenfassend folgende *Wirkungen auf Umwelt, Volkswirtschaft und Gesellschaft:*

– Mit rund 2 800 PJ/a tragen REG im Jahr 2050 zu 45% zum (bis dorthin um 35% reduzierten) *Endenergieverbrauch* bei. Im Jahr 2020 erreicht der Beitrag rund 900 PJ/a, was einem Anteil von knapp 12% entspricht (1999: 190 PJ/a). Die technischen Potenziale der Einzeltechnologien erlauben nach 2050 einen weiteren Ausbau bis zu einer prinzipiell 100%-igen Deckung des Energiebedarfs durch REG. Von wachsender Bedeutung wird dabei der Verkehrssektor, der im Orientierungsszenario beim REG–Ausbau noch nicht berücksichtigt wurde (regenerativer Wasserstoff).

– Zur Reduktion der *CO_2–Emissionen* im Orientierungsszenario zwischen *1999 und 2050* um insgesamt 610 Mio. t/a tragen REG mit rund 220 Mio. t/a bei, mit den derzeit bereits vermiedenen Emissionen von knapp 20 Mio. t/a (BMU 2000) sind es insgesamt 240 Mio. t/a. Weitere 90 Mio. t/a stammen aus der Verschiebung des fossilen Brennstoffmixes hin zu Erdgas; insgesamt 300 Mio. t/a tragen die verstärkte rationelle Energienutzung einschließlich des KWK–Ausbaus bei. Daran zeigt sich auch die Gleichwertigkeit der Teilstrategien: „Verstärkte rationellere Energienutzung" und „Ausbau regenerativer Energien". Die im Jahr 2050 verbleibenden CO_2–Emissionen liegen mit 225 Mio. t/a bei 23% des Bezugswertes von 1990; die CO_2–Intensität des gesamten Endenergieverbrauchs beträgt 0,037 t/GJ und hat sich damit gegenüber 1999 mit 0,090 t/PJ deutlich verringert. Im Jahr *2020 betragen die CO_2–Emissionen 650 Mio. t/a* (= 66% von 1990), bis 2010 werden die Kyoto–Reduktionsziele (Reduktion um 21% bis 2008–2012) mit - 25% erreicht.

– Die mit dem Ausbau von REG verknüpften *ökologischen Belastungen* entstehen im wesentlichen *durch die Anlagenherstellung*. Im Jahr 2050 (REG–Anteil 45%) werden für einen Inlandsmarkt von dann 50 Mrd. DM/a für Neubau und Ersatz von REG–Anlagen 4,8% der Stahlproduktion (Umsatz 1999), 5,8% der NE–Metalle und 0,4% der Steine/Erden–Produktion benötigt. Vergleichsweise wird derzeit 25 % der Stahlproduktion im Fahrzeugbau und 20% im Baugewerbe eingesetzt. Die im Mittel höhere Materialintensität von REG–Anlagen, verglichen mit fossil betriebenen Kraftwerken oder Heizungen, ist daher kein gravierendes Hindernis für deren Ausbau; steigende Rückführungsquoten von Basismaterialien und eine zunehmend emissionsärmere Energiebereitstellung (vgl. sinkende CO_2–Intensität) entschärfen diese Problematik generell. Kontaminierte Materialien entstehen bei einem REG–Ausbau praktisch nicht. Die problematischsten Herstellungsprozesse (Wafer für Solarzellen) verlangen in jedem Fall

ein ordnungsgemäßes Recycling, wie es z.B. in der chemischen Industrie üblich und vorgeschrieben ist.
- Der Ausbau der REG–Technologien entwickelt sich bei den angenommenen Ausbauraten zu einem beachtlichen *Wirtschaftsfaktor*. Die jährlichen Investitionsvolumina für den Inlandsmarkt steigen von derzeit knapp 6 Mrd. DM/a auf 11 Mrd. DM/a in 2010, auf 28 Mrd. DM/a in 2030 und auf 50 Mrd. DM/a in 2050 (Tab. 2). Der letzte Wert entspricht etwa dem Wert der Mineralölimporte des Jahres 2000 (46 Mrd. DM/a), stellt also für die Energiewirtschaft einerseits keine neuartige Situation dar. Andererseits werden diese Mittel zum größten Teil im Inland verausgabt, was zu erheblichen Strukturveränderungen in der Vorleistungsstruktur der Energieversorgung führt. Ressourcenkonsum (Energieträgerimport) wird durch investive Maßnahmen ersetzt, was einer nachhaltigeren Wirtschaftsweise deutlich entgegenkommt. Die Investitionen des Jahres 2050 entsprechen schätzungsweise 250 000 Bruttoarbeitsplätzen. Berücksichtigt man Verdrängungseffekte (Hohmeyer 1997, Ziegelmann 2000, STE 2000) so dürften durch den REG–Anteil zu diesem Zeitpunkt rund 100 000 Nettoarbeitsplätze entstanden sein, etwa ein Viertel der derzeit in der Energieversorgung Beschäftigten. Die Arbeitsplätze beruhen einerseits auf vielfältigem technologischem Wissen in den (eher größeren) Fertigungsstätten der unterschiedlichen Anlagen (etwa vgl. dem heutigen Automobilbau), zum andern auf der dezentral erforderlichen Installation, Überwachung und Wartung zahlreicher Anlagen, sowie im Fall der Biomasse auf die Brennstoffbereitstellung in ländlichen Räumen; insgesamt also auf einer relativ krisenfesten Mischung und einer größeren Branchen- und Unternehmensvielfalt.
- Die Substitution fossiler Energien durch REG (sowie durch rationelleren Energieeinsatz) verringert die Importabhängigkeit bei der Energieversorgung. Derzeit beträgt die Importquote rund 60% (ohne Kernbrennstoffe); im Jahr 2050 liegt sie unter Berücksichtigung des Solarstromimports bei 35%. Die *Versorgungssicherheit* wird durch die erweiterte Nutzung der „heimischen" Energiequelle REG deutlich erhöht. Parallel dazu erfolgt eine zunehmende *Abkopplung von zu erwartenden Preisanstiegen* bei fossilen Energierohstoffen. Die verbleibenden bzw. neu entstehenden Importverflechtungen können auf konstruktive Weise zum Abbau von Nord–Süd–Ungleichgewichten eingesetzt werden.
- Die im Orientierungsszenario beschriebene Entwicklung kann nicht isoliert in Deutschland ablaufen. Abgesehen von Vorreitereffekten, die aus Wettbewerbssicht für einen gewissen Zeitraum Vorteile erbringen können, muss eine vergleichbare Entwicklung EU–weit und letztlich global stattfinden. Die dezentralen REG–Technologien fügen sich, wie andere Massengüter, sehr gut in eine globalen Güterhandel ein. Sie erlauben – in unterschiedlichem Ausmaß – arbeitsteilige *Kooperationen zwischen Industrie- und Entwicklungsländern*, sind unproblematisch handelbar, ungefährlich und kaum

missbrauchsfähig. Speziell für Europa bietet eine verstärkte Kooperation im mediterranen Raum erhebliche Chancen für eine beiderseitige „win-win" Situation im Bereich der Energieversorgung. Länder mit großen solaren Ressourcen in Nordafrika können mit Hilfe der EU–Staaten solare Energieversorgungsstrukturen für sich selbst aufbauen, längerfristig Anteile des Energiebedarfs der nördlichen EU–Länder mit solaren Energien (Strom, Wasserstoff) decken und sich somit eine wichtige Einkommensquelle verschaffen. Dies wird im Orientierungsszenario am Beispiel des Imports von Solarstrom berücksichtigt. Eine weitere längerfristige Möglichkeit stellt der Import von regenerativem Wasserstoff für den Verkehrssektor dar.

- Auf der Basis heutiger und in absehbarer Zeit bestehender Energiepreise sind REG–Technologien in größerem Ausmaß *noch nicht wirtschaftlich*. Sie benötigen daher „geschützte" Märkte, um sich hinsichtlich Marktgröße, Kostendegression und Technologiereife in dem im Orientierungsszenario unterstellten Ausmaß entwickeln zu können. Politische Zielsetzungen in dieser Hinsicht sind sowohl auf EU– als auf nationaler Ebene bis zum Zeitraum 2010, teilweise auch darüber hinaus formuliert worden. Auch geeignete Instrumente existieren in Form von garantierten Einspeisevergütungen (EEG), Quotenregelungen, Handel mit Umweltzertifikaten u.ä. in den meisten europäischen Ländern. Die EU–Kommission strebt eine Harmonisierung dieser Instrumente an.

- Die Unterstützung der REG muss ausreichend lang bestehen, aus heutiger Sicht – abgestuft nach Technologien – bis etwa zum Jahr 2020. Dies verlangt eine außerordentlich langatmige und zielstrebige Energiepolitik. Die entsprechenden *Vorleistungen* (derzeit rund 2 Mrd. DM/a) im Orientierungsszenario wachsen für den Inlandsmarkt auf rund 7 Mrd. DM/a im Jahr 2010 und auf rund 10 Mrd. DM/a im Jahr 2020. Die durch die Vorleistungen hervorgerufenen spezifischen Mehrbelastungen sind für die Konsumenten relativ gering. Sie belaufen sich beim Strom auf maximal 1 Pf/kWh$_{el}$, bei Brennstoffen auf maximal 0,7 Pf/kWh$_{th}$. Je nach Anstieg konventioneller Energiepreise kann sich die Vorleistung in den REG–Ausbau bereits bis 2050 voll amortisiert haben, da ab 2035/2040 die im Orientierungsszenario bereitgestellte Energie kostengünstiger als diejenige ohne REG–Ausbau sein dürfte.

Als Fazit kann festgehalten werden, dass ein deutliche Erhöhung des Anteils von REG an der zukünftigen Energieversorgung die derzeitigen *Nachhaltigkeitsdefizite der Energieversorgung deutlich mindern* kann ohne größere neuartige, nicht bewältigbare Probleme aufzuwerfen. Die Entlastungseffekte treten allerdings anfänglich nur langsam in Erscheinung und erfordern ausreichend hohe und lang andauernde Vorleistungen. Die Wirkung kann in Verbindung mit einer ebenfalls anspruchsvollen Strategie der rationelleren Energienutzung erheblich beschleunigt werden.

Literaturverzeichnis

1. Dt. Ges. für die Vereinten Nationen (Hrsg.) (1998): Bericht über die menschliche Entwicklung. UNDP-Bericht, Bonn
2. Dt. Nat. Komitee DNK des Weltenergierates (Hrsg.) (1998): „Energie für Deutschland – Fakten, Perspektiven und Positionen im globalen Kontext." Broschüre. Düsseldorf
3. Forum für Energiemodelle und Energiewirtschaftliche Systemanalyse (2001): Modellexperiment II. Executive summary (Rev.01) und Rahmendaten. Download http://www.ier.uni-stuttgart.de
4. Frischknecht R. (1996): Ökoinventare von Energiesystemen. Grundlagen für den ökologischen Vergleich von Energiesystemen. ESU, Zürich
5. Hartmann, D., Kaltschmitt, M. (1998): Von der Wiege bis zur Bahre. Vergleich der gesamten Emissionen einer Stromerzeugung aus regenerativen Energien. BWK 50, S. 56–61
6. Hennicke, P., Lovins, A. (1999): Voller Energie – Die globale Faktor Vier-Strategie für Klimaschutz und Atomausstieg. Campus Verlag, Frankfurt New York
7. Hohmeyer, O. (1997): Beschäftigungseffekte durch die Umsetzung einer REN- und REG–Strategie. Expertise im Rahmen des Projekts „Zukünftige Energiepolitik", Phase II (Gruppe Energie 2010), Mannheim
8. IIASA (Hrsg.) (1995): „Global Energy Perspectives to 2050 and Beyond." Joint IIASA – World Energy Council Report, Luxemburg, London
9. Johansson, T. B., Kelly, H., Reddy, A., Williams, R.H., Burnham, L. (1993): Renewable Energy Sources for Fuels and Electricity. Island Press, Washington DC
10. Kraft, A., Markewitz, P., Ziegelmann, A. (2000): Auswirkungen eines verstärkten Einsatzes regenerativer Energien und rationeller Energienutzung. Studie für die ARGE Solar NRW, FZ Jülich. In: Energiewirtschaftliche Tagesfragen 50, Heft 10, S. 766–769
11. Langniß, O., Nitsch, J., Luther, J., Wiemken, E. (1997): Strategien für eine nachhaltige Energieversorgung – Ein solares Langfristszenario für Deutschland. Studie von DLR Stuttgart und Fraunhofer Institut ISE Freiburg, Stuttgart Freiburg
12. Nitsch, J. (1999): „Entwicklungsperspektiven erneuerbarer Energien und ihre Bedeutung für die Energieversorgung von Entwicklungsländern." In Tagungsband zur Tagung: „Märkte der Zukunft – Erneuerbare Energien für Entwicklungsländer". Wirtschaftsministerium Baden-Württemberg, Friedrichshafen
13. Nitsch, J., Fischedick, M., Allnoch, N., Langniß, O., Nast, M., Staude, U., Staiß, F. (2000): Klimaschutz durch Nutzung erneuerbarer Energien. Studie im Auftrag des BM für Umwelt, Naturschutz und Reaktorsicherheit und des Umweltbundesamtes. Berichte 2/00 des Umweltbundesamtes (UBA), Erich Schmidt Verlag, Berlin
14. Nitsch, J., Nast, M., Pehnt, M., Trieb, F., Rösch, C., Kopfmüller, J. (2001): Schlüsseltechnologie Regenerative Energien. Teilbericht im Rahmen des HGF-Verbundprojekts: „Global zukunftsfähige Entwicklung – Perspektiven für Deutschland". DLR Stuttgart, FZK Karlsruhe
15. Nitsch, J., Trieb, F. (2000): Potenziale und Perspektiven regenerativer Energieträger. Studie im Auftrag des Büros für Technikfolgenabschätzung am Dt. Bundestag (TAB). DLR, Stuttgart

16. Prognos AG (1998): „Möglichkeiten der Marktanreizförderung für erneuerbare Energien auf Bundesebene unter Berücksichtigung veränderter wirtschaftlicher Rahmenbedingungen". Studie im Auftrag des BMWI, Bonn
17. Prognos AG, EWI (2000): Energiereport III – Die längerfristige Entwicklung der Energiemärkte im Zeichen von Wettbewerb und Umwelt. Studie im Auftrag des Bundesministeriums für Wirtschaft und Technologie, Schäffer-Poeschel Verlag, Stuttgart
18. Prognos AG (2001): Szenarienerstellung – soziodemographische und ökonomische Rahmendaten. Zwischenbericht für die Enquete-Kommission „Nachhaltige Energieversorgung." des Dt. Bundestages, Basel
19. Shell-AG (Hrsg.) (1995): „Energie im 21. Jahrhundert." Studie der Shell-AG Hamburg, aktuelle Wirtschaftsanalysen 5, Heft 25
20. Stein, G., Strobel, B. (Hrsg.) (1999): Politikszenarien für den Klimaschutz II. Szenarien und Maßnahmen zur Minderung von CO_2-Emissionen in Deutschland bis 2020. DIW Berlin, FZ Jülich, FhG-ISI, Öko-Institut. Untersuchung im Auftrag des Umweltbundesamtes, Berlin. In: Schriften des FZ Jülich, Reihe Umwelt/Environment, Band 20, Jülich
21. Timpe, C., Bergmann, H., Nitsch, J., Langniß, O., Klann, U. (2001): „Umsetzungsaspekte eines Quotenmodells für Strom aus erneuerbaren Energien. Untersuchung im Auftrag des Ministeriums für Umwelt und Verkehr in Baden-Württemberg. Entwurf des Endberichts, Freiburg Heidelberg Stuttgart
22. Voß, A. (2001): Regenerative Energien: Nutzen ohne Verbrauch ? Vortragsreihe EnergieLos, Universität Dortmund
23. Ziegelmann, A., Ziolek, A., Unger, H., Markewitz, P., Kraft, A. (2000): Arbeitsmarkteffekte ressourcenschonender Klimagas-Reduktionsstrategien in Deutschland. Ruhr-Universität Bochum, FZ Jülich, Bochum Jülich

Teil V

Mobilität

Mögliche Beiträge von Verkehrstelematik–Techniken und –Diensten zur Erreichung einer „nachhaltigen Entwicklung"

Günter Halbritter und Torsten Fleischer

1 Einleitung

Das seit der UN–Konferenz „Umwelt und Entwicklung" in Rio de Janeiro (UNCED) im Jahre 1992 weltweit bekannt gewordene Konzept des „Sustainable Development" ist zum Leitbild der wissenschaftlichen Politikberatung im Bereich der Umweltpolitik geworden. Dieses Konzept, das in Deutschland als „nachhaltige" oder „dauerhaft–umweltgerechte Entwicklung" bekannt wurde, hat die theoretische Diskussion zur Strategiefindung in der Umwelt- und Entwicklungspolitik nachhaltig geprägt. Der wesentliche Anspruch dieses Leitbildes besteht jedoch darüber hinaus in der praktischen Durchsetzung einer ergebnis- und zielorientierten Umweltpolitik, die den Status eines klassischen Politikbereichs, wie die Wirtschaftspolitik, mit überprüfbaren Zielvorgaben in Form von Umweltqualitäts- und Umwelthandlungszielen erreichen sollte. Auch die Verkehrs- und der Raumordnungspolitik kann wichtige Beiträge zu einer „nachhaltigen Entwicklung" leisten. Für die politische Praxis blieb das Leitbild allerdings weitgehend wirkungslos. So ist insbesondere der Straßenverkehr, trotz erheblicher Fortschritte bei den Minderungstechniken für die Schadstoffemissionen aus Kraftfahrzeugen, immer noch mit erheblichen Umweltauswirkungen verbunden. Ein wesentlicher Grund hierfür ist die dynamische Entwicklung des Fahrzeugbestandes und der Fahrleistungen der Fahrzeuge, die die technischen Fortschritte bei der Emissionsminderung relativieren und teilweise sogar kompensieren. Dies wird besonders an den immer noch steigenden Emissionen des klimawirksamen CO_2 aus dem Verkehrsbereich deutlich. Eine Reihe von Untersuchungen zur praktischen Umsetzung der Nachhaltigkeit, wie die Studie „Zukunftsfähiges Deutschland", erstellt vom Wuppertal–Institut im Auftrag des BUND und Misereor (BUND u. MISEREOR 1996) und die Studie des Umweltbundesamtes „Nachhaltiges Deutschland – Wege zu einer dauerhaft–umweltgerechten Entwicklung" (UBA 1997) widmen daher dem Verkehrsbereich besondere Aufmerksamkeit. Insbesondere die UBA-Studie geht auf die Bedingungen einer „nachhaltigen Mobilität" ein.

Auch die Studie „Entwicklung und Analyse von Optionen zur Entlastung des Verkehrsnetzes und zur Verlagerung von Straßenverkehr auf umweltfreundlichere Verkehrsträger" (Halbritter et al. 1999), die vom Büro für Technikfolgenabschätzung beim Deutschen Bundestag (TAB) erstellt wurde, untersucht die Wirksamkeit und die Folgen von Maßnahmen zur Erreichung einer „nachhaltigen Entwicklung". Ein besonderer Schwerpunkt dieser Untersuchungen liegt dabei beim Einsatz der neuen Informations- und Kommunikationstechniken (IuK–Techniken) im Verkehrsbereich. In der vom BMBF geförderten Nachfolgestudie, deren Schwerpunkt bei den Wirkungen und Folgen des Einsatzes neuer Techniken und Dienste im Ballungsraumverkehr liegt, wurden auch Erfahrungen aus dem internationalen Bereich ausgewertet (Halbritter u. Fleischer 2000). Insbesondere die aus US–amerikanischen Projekten, wie den Model Deployment Initiatives (MMDI) an den vier Standorten New York/New Jersey/Connecticut (NY/NJ/CT), Seattle, Phoenix und San Antonio, gewonnenen Erfahrungen geben Hinweise, um Effizienzgewinne bei der Einführung neuer Techniken und Dienste zu realisieren (Halbritter u. Fleischer 2000). Mit den unter der Bezeichnung Telematik bekannt gewordenen Techniken sind auch in Deutschland große Erwartungen für die Lösung der Probleme des wachsenden Verkehrsaufkommens verbunden. Übertriebene Hoffnungen, die von einem kumuliertem Marktvolumen der Telematikanwendungen bis zum Jahre 2010 in Höhe von 100 Mrd. EUR ausgingen, mussten allerdings relativiert werden. Für das Jahr 1998 wird der Umsatz durch Privatkunden auf etwa 10 Mio. EUR beziffert.

Auf der Grundlage der genannten Studien werden nachfolgend die Möglichkeiten der neuen IuK–Techniken dargestellt durch Verbesserung der Verkehrsinformation zu einem effizienteren Verkehr in Ballungsräumen beizutragen (Kap. 4). Darüber hinaus gestatten diese neuen Techniken auch die Attraktivität der öffentlichen Verkehre zu steigern und ganz neue Mobilitätsdienste eines „kooperativen Individualverkehrs" anzubieten (Kap. 5). Zunächst wird jedoch auf die Voraussetzungen einer „nachhaltigen Entwicklung" im Verkehrsbereich eingegangen (Kap. 2), weiterhin werden die grundsätzlichen Gestaltungsmöglichkeiten von IuK–Techniken im Verkehrsbereich diskutiert (Kap. 3).

2 Voraussetzungen für eine nachhaltige Entwicklung im Verkehr

Technikgestaltung bedeutet immer auch Bezugnahme auf Normen und Werte, im speziellen Fall die *Kriterien einer „nachhaltigen Entwicklung"*. Der zentrale Anspruch des Leitbildes der „nachhaltigen Entwicklung" besteht darin, dass die soziale, die ökologische und die ökonomische Entwicklung als Einheit zu betrachten sind (SRU 1994, Halbritter 1996). Ein Hauptdefizit des Handelns in heutigen Industriegesellschaften ist in der bisher ungenügenden Berücksichtigung von Umweltkriterien zu sehen. Ein „dauerhaft–umweltgerechtes" Handeln muß sich daher dadurch auszeichnen, dass Umweltziele verstärkt Berücksichtigung finden. Diese neuen Zielkriterien müssen jedoch mit den bereits etablierten Zielen der Sozial- und Wirtschaftspolitik vereinbar sein und dürfen nicht auf deren Kosten durchgesetzt werden. Im Bereich der Mobilität bedeutet dies konkret, dass die angestrebten Entlastungen der Umwelt weder mit wesentlichen Einschränkungen der Mobilität noch mit nennenswerten Abstrichen bei den heute üblichen Qualitätsstandards der Reise bzw. des Transports verbunden sein sollen. Daraus ergibt sich die Notwendigkeit, *andere Formen der Mobilität als die „Automobilität" in der heute praktizierten Form* zu entwickeln. Insbesondere der Aufbau und die Nutzung sogenannter integrierter Verkehrssysteme sind hier zu nennen. In dieser zukünftig auf andere Weise zu praktizierenden Mobilität ist somit ein wesentliches Element einer „nachhaltigen Entwicklung" zu sehen. Um sie zu erreichen, kann weiterhin auch die Steigerung der Effizienz der Verkehre beitragen.

Bezüglich des Kriteriums der *Effizienzsteigerung des Verkehrssystems* bleibt das bereits angesprochene Dilemma eines „ungeregelten" technischen Fortschritts, dass technische Effizienzgewinne, wie Verbesserungen des motorischen Wirkungsgrades und Fortschritte bei der Minderung von Schadstoffemissionen zumeist durch die dynamische Entwicklung des Fahrzeugbestandes und der Fahrleistungen der Fahrzeuge relativiert oder sogar kompensiert werden. Leistungs- und Komfortverbesserungen der Fahrzeuge tragen zu weiteren Minderungen der Effizienzgewinne bei. Dies wird besonders deutlich an den auf hohem Niveau stagnierenden bzw. immer noch steigenden Emissionen des klimawirksamen CO_2 aus dem Verkehrsbereich. Nur gezielte ordnungsrechtliche Maßnahmen, wie Begrenzung der spezifischen Verbräuche oder zumindest Flottenverbrauchsregelungen, können diese kontraproduktive Entwicklung beenden.

Auch die Bewertung der *Umweltverträglichkeit* der verschiedenen Verkehrsträger verlangt eine differenzierte Bewertung. Die Einführung der verschärften Abgasgrenzwerte EURO3 und insbesondere EURO4 ist bereits von Diskussionen begleitet, die eine neue Kampagne des „umweltfreundlichen Autos" erwarten lassen in ähnlicher Weise, wie es bei der Einführung des geregelten Dreiwegekatalysators durch die EURO1-Abgasnorm der Fall war. Die neuen Abgasgrenzwerte werden in der Tat zu weiteren erheblichen Emissionsminderungen bei den Schadstoffen Stickstoffoxide (NO_x), Kohlenmonoxid (CO) und Kohlenwasserstoffe (NMVOC) beitragen. Gar nicht geregelt wird jedoch bisher die Emission des klimawirksamen CO_2. Auch der von immer größeren Bevölkerungsgruppen als erhebliche Belästigung empfundene Lärm bedarf einer weitergehenden Reduzierung. Darüber hinaus sind die räumlichen und städtebaulichen Auswirkungen der zunehmenden Motorisierung zu nennen. Die Ziele, den Flächenverbrauch und die Zerschneidung von Landschaften zu verringern, wurden bisher nicht erreicht (SRU 2000). Die Untersuchungen zur „relativen Umweltfreundlichkeit" der beiden bedeutendsten Verkehrsträger Bahn bzw. ÖPNV und des motorisierten Individualverkehrs zeigen, dass Verlagerung von Straßenverkehr auf „umweltfreundlichere Verkehrsträger" vornehmlich eine Verlagerung auf schienengebundenen öffentlichen Verkehr mit elektrischer Traktion bedeutet. Dies gilt sowohl für den Nah- wie für den Fernverkehr. Die vergleichende Analyse der auf die Transportleistung bezogenen Emissionen der verschiedenen Verkehrsträger bestätigen die Ergebnisse bereits vorliegender Untersuchungen, dass im Bereich des Fernverkehrs unter den aus empirischen Erhebungen abgeleiteten Referenzbedingungen der Personentransport durch die Bahn im Hinblick auf die Schadstoffemissionen durchweg, bei einigen Schadstoffen sogar um Größenordnungen günstiger ist als der motorisierte Individualverkehr. Auch die durch EURO–Normen angestoßene Verbesserungen bei der Schadstoffrückhaltung von Verbrennungsmotoren werden den erheblichen Vorteil der Bahn bei den Emissionen nicht wesentlich verringern. Darüber belegen die im Rahmen der genannten Studien durchgeführten Vergleichsrechnungen, dass auch im Bereich des Nahverkehrs bei Vorliegen entsprechender Bedingungen ein erheblicher Emissionsvorteil des ÖPNV gegenüber dem motorisiertem Individualverkehr gegeben ist, trotz der im Mittel geringeren Auslastung des ÖPNV im Vergleich zum Fernverkehr.

Schließlich belegt eine gemeinsam vom TAB und dem Deutschen Verkehrsforum in Auftrag gegebene Untersuchung zu den Kapazitätsreserven der Bahn im Schienenpersonenfernverkehr, dass dort entgegen häufig geäußerter gegenteiliger Einschätzung bereits durch kurzfristig realisierbare technische und organisatorische Maßnahmen erhebliche Kapazitätsreserven bereitgestellt werden können.

3 Grundsätzliche Gestaltungsmöglichkeiten von IuK–Techniken im Verkehrsbereich

Die Einführung von IuK–Techniken im Verkehrsbereich ist nicht ein von ausschließlich technischen Entwicklungsmöglichkeiten determinierter Prozess, vielmehr bestehen hier vielfältige Gestaltungsmöglichkeiten für staatliche und private Partner. IuK–Techniken sind somit auch ein geeignetes Instrument zur Umsetzung der Zielvorgaben der Verkehrs-, Wirtschafts- oder Umweltpolitik. Mit ihm lassen sich Maßnahmen zur *informativen, empfehlenden und direktiven Lenkung des Verkehrs* erheblich flexibler und effektiver durchzusetzen als mit dem klassischen Instrumentarium. Insbesondere die folgenden Maßnahmen sind dabei von Bedeutung:

– Informationsbereitstellung,
– Empfehlungen,
– Gebühren als Lenkungsinstrument,
– Ge- und Verbote als Lenkungsinstrument,
– Erweiterung des Verkehrsangebots durch neue Mobilitätsdienste und
– strukturelle Maßnahmen, die den Ausbau der Verkehrsinfrastruktur mit den Einsatzmöglichkeiten von IuK–Techniken abstimmen.

Der Einsatz von IuK–Techniken umfasst somit nicht nur den Bereich des klassischen Verkehrs- und Mobilitätmangements, sondern er bezieht auch den Bereich des Verkehrsangebots und der Verkehrsnachfrage mit ein (Abb. 1).

Der Einsatz der neuen Techniken ermöglicht ganz neue Dienste, die sogenannten *Telematikdienste*, für die ein erhebliches Marktpotential zu erwarten ist.

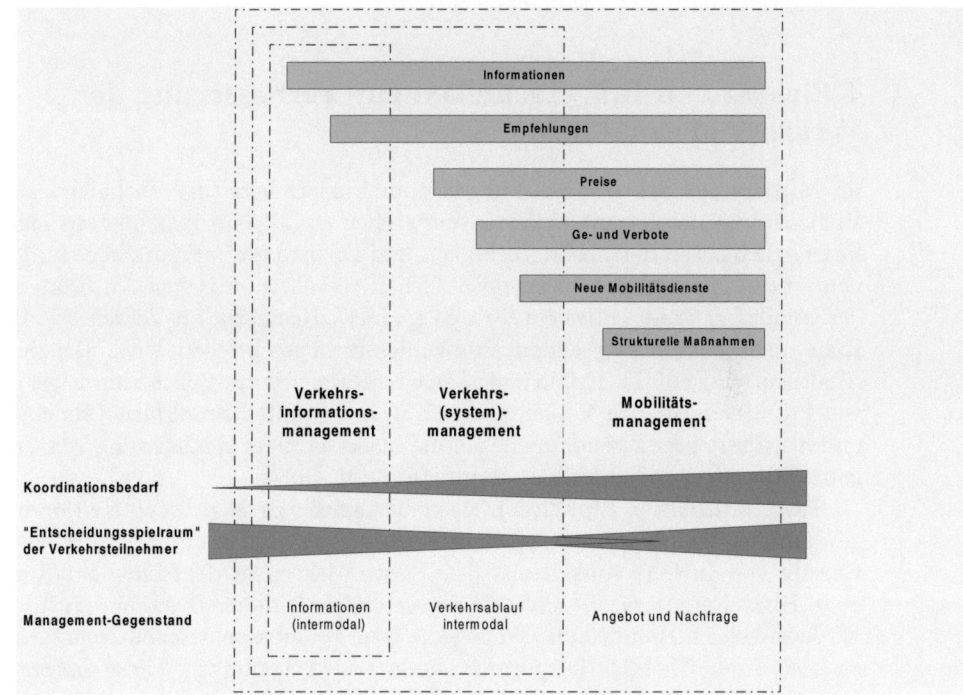

Abb. 1. Vorschlag für eine grundsätzliche Strukturierung der Gestaltungsmöglichkeiten des Verkehrs- und Mobilitätsmanagements mittels IuK–Techniken

Eine Aussage, inwieweit diese Techniken und Dienste zur Steigerung der Effektivität und der Umweltverträglichkeit der Verkehrssysteme beitragen, ist nur für die jeweils speziellen Dienste möglich. Zu unterscheiden sind dabei vornehmlich *individuelle und kollektive Dienste*. Individuelle Dienste, wie individuelle Leitsysteme in den Fahrzeugen, stehen nur den entsprechend ausgestatteten Fahrzeugen bzw. deren Fahrern zur Verfügung, kollektive Dienste, wie Wechselwegweiser, dagegen allen Verkehrsteilnehmern. Kollektive Dienste eignen sich somit besser zur Beeinflussung des Gesamtverkehrsgeschehens als individuelle Dienste. Schließlich lassen sich noch Systeme zur Information vor Fahrtantritt (pre–trip–info) und zur Information während der Fahrt (on–trip–info) unterscheiden.

Die besonderen Möglichkeiten der neuen Techniken und Dienste liegen in der *Organisation intermodaler Verkehre*, die die verschiedenen öffentlichen Verkehre und den Individualverkehr miteinander vernetzen. Mit Hilfe der neuen Techniken lassen sich sowohl auf der Seite der Nutzer von Verkehrsmitteln wie auch auf Seite der Organisation die bisher vorhandenen Nachteile sogenannter gebrochener Verkehre, die mit Umsteigevorgängen verbunden sind, vermindern oder sogar beseitigen.

4 Einsatz von IuK–Techniken zur Verbesserung der Verkehrsinformation

Im Mittelpunkt der Untersuchungen zum Einsatz von IuK–Techniken zur Verbesserung der Verkehrsinformation stehen die bereits konzipierten Einsatzmöglichkeiten der neuen Techniken und Dienste im Verkehrsbereich, denen – nicht zuletzt auch in grundsätzlichen verkehrspolitischen Äußerungen der Bundesregierung, etwa im Strategiepapier „Telematik im Verkehr" – die Rolle eines zukunftsweisenden Problemlösers zugeschrieben wird. Bei den Analysen wird auf die Erfahrungen ausgewählter Pilotprojekte zum Einsatz von IuK–Techniken im Verkehrsbereich in den Städten Frankfurt, München und Stuttgart bezug genommen, um die bisher erfolgte Realisierung von Telematikdiensten zu beurteilen (Halbritter et al. 1999).

Trotz erheblicher Einschränkungen bezüglich der Repräsentativität der gewonnenen Daten gestatten die zusammengestellten Erfahrungen mit dem Einsatz von IuK–Techniken aus den Pilotprojekten in deutschen Städten, erste Hinweise zur *technischen Einsatzbereitschaft* dieser Systeme, zu ihrer Wirksamkeit im Hinblick auf die angestrebten verkehrspolitischen Ziele sowie zu *geeigneten Organisationsformen* dieser neuen Techniken. Diese Auswertungen zeigen, dass der Einsatzes von Telematikdiensten nur vernachlässigbar zur *Verlagerung von Fahrten des motorisierten Individualverkehrs auf den öffentlichen Verkehr* beigetragen hat. So ergaben Abschätzungen im Rahmen von Szenarienuntersuchungen zum Pilotprojekt STORM für Stuttgart Verlagerungswerte von unter 2%. Vergleichbare Analysen, die im Rahmen anderer Forschungsprojekte durchgeführt wurden, kommen zu ähnlichen Werten. Es ist zu vermuten, dass auch bei Berücksichtigung von Synergieeffekten infolge der Umsetzung weiterer Maßnahmen eine ausschließlich auf verbesserte Informationsbereitstellung gegründete Strategie keinen Verlagerungswert erreichen kann, der angesichts der anhaltend hohen Zuwachsraten des motorisierten Individualverkehrs für einen umweltverträglichen Verkehr ausreichend ist. Bedeutender als die Verlagerung von Straßenverkehr auf öffentliche Verkehrsträger ist der Beitrag von Telematikdiensten zur *Verflüssigung des Verkehrs und damit zur Entlastung des Straßennetzes.* ¡ Dies drückt sich z.B. in den im Rahmen der Pilotprojekte empirisch erhobenen oder durch Simulationsrechnungen ermittelten Daten zu Reisezeitgewinnen aus. Die Nutzung von individuellen dynamischen Zielführungssystemen führt somit zu einer Durchsatzsteigerung im Straßennetz.

Mit der Einführung von Telematiksystemen, insbesondere individuellen dynamischen Zielführungssystemen, ist eine Reihe von Problemen verbunden. Die politisch angestrebte möglichst weitgehende Dienstleistungsfreiheit privatwirtschaftlicher Telematikdienste im Bereich individueller Zielführungssysteme kann die verkehrspolitischen Konzeptionen der Gebietskörperschaften erheblich tangieren. Der erwartete Einsatz derartiger Systeme auch in Ballungsräumen ließ Befürchtungen laut werden, dass durch die Leitempfehlungen Verkehr nicht nur auf dem Vorrangstraßennetz geführt, sondern auch durch verkehrsberuhigte Wohngebiete geleitet wird. Dies würde die verkehrspolitischen Ziele vieler Kommunen in erheblichem Umfang berühren bzw. konterkarieren. Auch die kommunalen Spitzenverbände weisen auf den zunehmenden Zielkonflikt zwischen kommunalen Verkehrsplanungskonzepten und den erwarteten Auswirkungen der breiten Nutzung individueller dynamischer Zielführungssysteme hin. Vertragliche Vereinbarungen zum öffentlich–privaten Interessenausgleich werden daher als notwendig angesehen, um nicht nur die Nutzung öffentlicher Infrastruktur, sondern auch generell die Einsatzmodalitäten dynamischer Zielführungssysteme in Ballungsräumen zu regeln.

Die aus den Pilotprojekten gewonnenen Erfahrungen zeigen, wie die beschriebenen Auswertungen ergaben, keine bemerkenswerten Beiträge von IuK–Techniken zur Erreichung einer „nachhaltigen Entwicklung". Daraus läßt sich jedoch nicht der Schluß ziehen, dass diese neuen Techniken und Dienste grundsätzlich keinen Beitrag zur Erreichung dieses Zieles leisten können. Die beschriebenen unterschiedlichen Ausprägungen und Einsatzmöglichkeiten von IuK– Techniken im Verkehrsbereich weisen vielmehr auf eine anspruchsvolle Gestaltungsaufgabe hin, um das Potential dieser Techniken für die angestrebten Ziele zu erschließen. Diese Gestaltungsaufgabe läßt sich nur in enger Zusammenarbeit von staatlichen und privaten Einrichtungen leisten, die sogenannten Public Private Partnerships. Insbesondere die Erfahrungen aus Ländern in denen solche Partnerschaften bereits seit längerem tatsächlich praktiziert werden, wie dies in den USA bei der Einführung neuer Telematikdienste im Verkehrsbereich bereits seit Anfang der Neunziger Jahre geschieht, geben Hinweise für geeignete Einführungsstrategien (USDOT 1998, 1999).

Der Einsatz kollektiver Leitsysteme zum Verkehrsmanagement im Rahmen des US–amerikanischen Projekts Model Deployment Initiatives (MMDI) an den vier Standorten New York/New Jersey/Connecticut (NY/NJ/CT), Seattle, Phoenix und San Antonio, ist ein erfolgreiches Beispiel für die Effizienz solcher Kooperationen von staatlichen und privaten Partnern bei der Einführung neuer Techniken und Dienste (Halbritter u. Fleischer 2000). In den USA wird die Einführung von IuK–Techniken im Verkehrsbereich, dort ITS (ITS Intelligent Transport Systems) genannt, seit Anfang der Neunziger Jahre mit erheblichen Mitteln des Bundes und der US–Bundesstaaten auf der Grundlage gesetzlicher Regelwerke gefördert.

Wichtige Grundlage des staatlichen Engagements sind zwei Gesetze: Der „Intermodal Surface Transportation Efficiency Act" (ISTEA) von 1991 und als Nachfolgegesetz der im Juni 1998 verabschiedete „Transportation Equity Act for the 21st Century" (TEA 21). Letzterer gilt als wichtigster gesetzgeberischer Akt im Bereich des bodengebundenen Verkehrs in den letzten Jahren und baut auf den Regelungen des ISTEA auf. Neben der Regelung der Finanzierung von Infrastruktur-, Verkehrs- und Forschungsprojekten im bodengebundenen Verkehr schafft TEA 21 auch eine verbindliche Rechtsgrundlage für die bundesweite Einrichtung von Telematikdiensten. Dieses Gesetz regelt nicht nur die Finanzierung dieser Dienste, sondern auch das Vorgehen bei wichtigen Standardsetzungen bundesweit einheitlich. Der finanzielle Rahmen, der mit TEA 21 von Seiten des Bundes für ITS–Programme im Zeitraum von 1998 – 2003 zur Verfügung steht, umfasst insgesamt 1,282 Mrd. $.

Die Einführung der neuen Techniken ist von einem Optimismus geprägt, wie er in Europa und speziell in Deutschland unbekannt ist. Technische Innovationen, wie ITS, werden als wesentliche Voraussetzung zur Lösung der anstehenden Probleme und zur Gestaltung zukünftiger verbesserter Lebensbedingungen angesehen. Bemerkenswert ist weiterhin die systematische Planung und Durchführung der Projekte. Das beachtliche staatliche Engagement beschränkt sich dabei nicht nur auf die Projektförderung, sondern begleitet auch die praktische Einführung der neuen Techniken. Dies geschieht mit Hilfe einer systematischen begleitenden Auswertung der Ergebnisse im Rahmen einer aufwendigen Evaluation. Gefördert wird dabei vornehmlich der Einsatz kollektiver Systeme, die allen Verkehrsteilnehmern zur Verfügung stehen, während individuellen Leitsystemen in den einzelnen Fahrzeugen, wie sie in Europa häufig im Mittelpunkt der Diskussion um Telematik–Dienste stehen, bisher nur eine untergeordnete Bedeutung zukommt.

Die in den USA praktizierte Vorgehensweise beruht auf der Einschätzung, dass Innovationen sich heute nur noch in seltenen Fällen auf neue Einzeltechniken beziehen sondern vielmehr als neue Systeme eingeführt werden. Diese neuen Systeme erfordern die Schaffung technischer, organisatorischer und infrastruktureller Voraussetzungen. Besonderes Augenmerk wird in den USA darauf geworfen, dass diese Voraussetzungen das Entstehen neuer Märkte für innovative Produkte und Dienste ermöglichen bzw. begünstigen. Neue Märkte für komplexe technische Systeme, wie gerade die neuen IuK–Techniken, sind entsprechend den amerikanischen Erfahrungen *nicht das Ergebnis des Wettbewerbs konkurrierender Einzelunternehmen unter status-quo–Bedingungen, sondern einer strategischen Gesamtplanung*, die die organisatorischen und infrastrukturellen Voraussetzungen für die Entwicklung dieser neuen Märkte unter Berücksichtigung des Nutzergewinns der potentiellen Marktteilnehmer schafft. Dabei ist eine Entwicklung sicher zu stellen, die einerseits offen ist für technische Weiterentwicklungen und für Angebotsverbesserungen, andererseits aber auch notwendige Standardsetzungen festschreibt, die die Übertragbarkeit der Konzepte innerhalb eines großen Marktes sichert. Staatliche Institutionen haben dabei die Aufgabe, diese Entwicklung zu koordinieren. Dies leisten sie auf der Grundlage einer effektiven begleitenden Evaluation der Projekte. Die Einführung des Internets als marktfähiges Produkt ist ein Beispiel für den Erfolg dieser Vorgehensweise. Die in verschiedenen europäischen Staaten entwickelten Informationssysteme haben trotz der erheblichen Investitionen heute keine Bedeutung auf dem Weltmarkt.

Die Auswertung der MMDI–Projekte zeigt weiter, dass die Potenziale der neuen IuK–Techniken nur dann voll ausgeschöpft werden können, wenn die *infrastrukturellen Voraussetzungen* vorliegen. Verkehrsmanagement erfordert die Möglichkeit steuernd auf den Verkehrsfluß einwirken zu können. Hierzu sind infrastrukturelle und technischen Maßnahmen notwendig, wie Zuflußregelungen des aus Seitenstraßen in Hauptstraßen einmündenden Verkehrs (ramp metering) und HOV–Lanes (HOV High Occupancy Vehicle), das sind Fahrspuren, die nur von Fahrzeugen mit mehreren Insassen benutzt werden dürfen. Insgesamt geben die Erfahrungen aus den USA Hinweise für geeignete Innovationsstrategien neuer Techniken und Dienste in Europa und speziell auch in Deutschland. Dies kann allerdings nicht auf generelle Weise geschehen, sondern erfordert Interpretationen, die die jeweiligen spezifischen Bedingungen berücksichtigen.

Der alleinige Einsatz von Telematikdiensten im System Straßenverkehr führt zu einer *wachsenden Attraktivität des Individualverkehrs bzw. des Straßengüterverkehrs*. Dazu im Wettbewerb stehende Systeme des öffentlichen Verkehrs, die für die meisten Verkehrszwecke schon heute Nachteile aufweisen, werden weiter ins Hintertreffen geraten, wenn für sie nicht im gleichen oder stärkeren Maße Telematikanwendungen zur Attraktivitätssteigerung und Effizienzverbesserung entwickelt und eingeführt werden. Für Europa und speziell für Deutschland mit seinen begrenzten räumlichen Verhältnissen und seinem im Vergleich zu den USA gut ausgebautem öffentlichem Verkehrssystem kann „umweltverträglicherer Verkehr" hauptsächlich durch *verstärkte Integration und intelligente Verknüpfung der verschiedenen Verkehrsträger* erreicht werden. IuK–Techniken können, wie bereits erwähnt, den grundsätzlichen Systemnachteil sogenannter gebrochener Verkehre durch verbesserte Informationsbereitstellung relativieren oder sogar beseitigen. Da Organisationsstrukturen für intermodale Verkehre oder ein integriertes Gesamtverkehrssystem erst in ihren Anfängen existieren, besteht die Gefahr, dass die Entwicklung und Anwendung der neuen Techniken nicht im notwendigen Umfang verkehrsträgerübergreifend gestaltet wird. Daher ist als erster Schritt die Organisation eines verkehrsträgerübergreifenden Datenmanagements zu realisieren. Aus den Arbeiten des Wirtschaftsforums Verkehrstelematik werden die Schwierigkeiten deutlich, die mit der Einrichtung eines solchen verkehrsträgerübergreifenden Datenmanagements verbunden sind. Hier sollte der Bund eine koordinierende Funktion bei der Ausgestaltung von verkehrsträgerübergreifenden Telematikdiensten übernehmen, um den in den Strategiepapieren zur Verkehrstelematik ausgedrückten Zielvorstellungen zur Umsetzung zu verhelfen. Es geht dabei vor allem darum, Rahmenbedingungen so zu setzen, dass die Dynamik der marktwirtschaftlichen Ordnung im

Sinne des gewünschten verkehrsträgerübergreifenden Konzepts nutzbar gemacht wird und damit privatwirtschaftliche Aktivitäten innerhalb des so gesetzten Rahmens ermöglicht werden. Dieser Typ von *Rahmenbedingungen mit Lenkungscharakter* im Hinblick auf die angestrebten Ziele ist deutlich zu unterscheiden von Rahmenbedingungen, die im wesentlichen die rechtlichen und organisatorischen Voraussetzungen für die Entwicklung und den Betrieb von Telematikdiensten regeln (Rahmenbedingungen mit Realisierungscharakter). Rahmenbedingungen mit Lenkungscharakter können beispielsweise verbindliche technische und organisatorische Vorgaben, die steuerliche Förderung oder die direkte Anschubfinanzierung von innovativen Konzepten im Verkehrsbereich sein. Auch die gezielte Forschungsförderung ist hier zu nennen.

In Deutschland wurde mit dem Forschungsrahmen der Bundesregierung „Mobilität – Eckwerte einer zukünftigen Mobilitätsforschungspolitik" (BMBF 1997) eine wichtige Forschungsinitiative gestartet, die langfristig ebenfalls für die Einführung innovativer Verkehrskonzepte Bedeutung gewinnen kann. Diese Initiative wird mit Leitprojekten zu verkehrspolitisch bedeutenden Themen, wie „Mobilität in Ballungsräumen", auch bereits umgesetzt.

Die Koordinierung der Entwicklung und insbesondere der Einführung neuer Techniken durch staatliche Einrichtungen, wie am Beispiel der US-amerikanischen Projekte beschrieben, ist auch deshalb notwendig, da, wie die deutsche Entwicklung im Telematikbereich zeigt, der *Schwerpunkt des Entwicklungsinteresses der Industrie beim Einsatz individueller Zielführungssysteme für den motorisierten Straßenverkehr* liegt. Die Erfahrungen der deutschen Pilotprojekte bestätigen, dass bestimmte technische Konzepte bei den vorliegenden strukturellen Bedingungen gar keine Chance haben, entwickelt zu werden, da die Voraussetzungen für entsprechende Wettbewerbssituationen und damit auch für potentielle Märkte nicht vorliegen. Dies gilt besonders für Projekte der Verkehrsvernetzung. Unter den vorliegenden Bedingungen, bei denen die verschiedenen konkurrierenden Verkehrssysteme prioritär die Vorteile der neuen IuK–Techniken für die Optimierung der Verkehrsabläufe des eigenen Systems nutzen. Die systemübergreifende Regelung der Verkehrsabläufe ist bisher nicht so organisiert, wie es den Möglichkeiten moderner IuK–Techniken entspricht. Da keine „Lobby" für ein integriertes Gesamtverkehrssystem existiert, besteht die Gefahr, dass die neuen Techniken nicht im notwendigen Umfange verkehrsträgerübergreifend eingesetzt werden. Ergebnis einer solchen Fehlentwicklung wäre, dass dem ÖPNV die Rolle eines „Überlaufgefäßes" zugewiesen wird. In dieser Situation ist es Aufgabe der Politik, Rahmenbedingungen so zu setzen, dass die Dynamik der marktwirtschaftlichen Ordnung im Sinne der Ziele des verkehrspolitischen Konzeptes nutzbar gemacht wird.

Eine wichtige organisatorische Voraussetzung, nicht nur für die Verbesserung der Ausgangssituation des ÖPNV, sondern auch für die Realisierung „integrierter Verkehrskonzepte", ist die *Einrichtung leistungsfähiger Informationszentralen*, die verkehrsträgerübergreifende Informationen sammeln, auswerten und für persönliche Routenvorschläge zur Verfügung stellen (Abb. 2). Von diesen vor Fahrtantritt bereitgestellten Informationen (pre–trip–info) erhofft man sich eine Beeinflussung des Verkehrsmittelwahlverhaltens, primär einen Verzicht auf den Pkw und die Nutzung öffentlicher Verkehrsmittel. Schließen diese Einrichtungen auch die Vermittlung freier Kapazitäten des motorisierten Individualverkehrs mit ein, so lassen sie sich zu Mobilitätszentralen zur Koordinierung der Mobilitätsbedürfnisse einer Region ausbauen. Hierzu liegen bereits konzeptionelle Vorschläge vor. Um diese Informations- und Mobilitätszentralen flächendeckend realisieren zu können, sind wiederum Rahmenbedingungen erforderlich, die die Einrichtung dieser Zentralen nach ähnlichen Standards in allen deutschen Ballungsräumen regeln. Die Ergebnisse der bereits genannten Leitprojekte „Mobilität in Ballungsräumen" können zur Gestaltung dieses organisatorischen und rechtlichen Rahmens wesentlich beitragen.

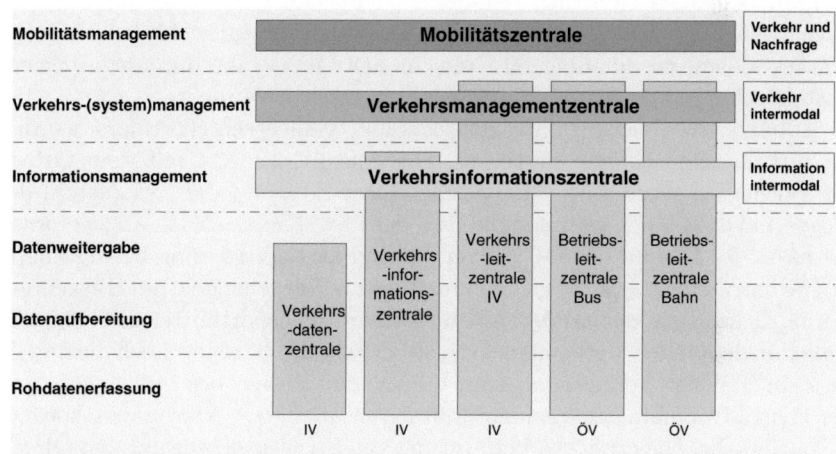

Abb. 2. Vorschlag für eine institutionelle Strukturierung des Verkehrs- und Mobilitätsmanagements

5 Mobilitätsmangement durch verbesserte Angebote im öffentlichen Verkehr und neue Formen eines „kooperativen Individualverkehrs"

Ein gut organisierter und attraktiver ÖPNV kann viel zur Verbesserung der Verkehrssituation in Ballungsräumen beitragen. Einige Erfolgsmodelle, etwa das Verkehrskonzept der Stadt Zürich, sind das Ergebnis einer konsequenten Anwendung ordnungsrechtlicher Maßnahmen. Besondere Attraktivität erhalten die ÖPNV–Modelle, wenn sie mit neuen Organisationskonzepten zur Nutzung individueller Verkehrsmittel, z.B. Carsharing, verknüpft werden.

Dass auch eine überzeugende Angebotspolitik im Bereich des ÖPNV erfolgreich sein kann, zeigt die Fallstudie zum „Karlsruher Modell" (Halbritter et al. 1999). Dessen Erfolg war das Ergebnis einer Vielzahl abgestimmter Maßnahmen, wie der Verbund aller öffentlichen Verkehrsmittel im Einzugsbereich von Karlsruhe, die Abstimmung der Fahrpläne der einzelnen Verkehrsträger im Rahmen eines koordinierten Taktverkehrs, eine einheitliche, übersichtliche und attraktive Tarifstruktur, der Einsatz moderner Fahrzeuge und die umfassende Information der Bevölkerung über den Verkehrsverbund. Auch führt die Beteiligung der Gebietskörperschaften an dem Betriebskostendefizit dazu, dass das öffentliche Verkehrssystem in die örtlichen Planungs- und Finanzierungsüberlegungen einbezogen wird. Unabhängig von der Einführung des „Karlsruher Modells", jedoch in etwa gleichzeitig damit ergriffene Maßnahmen, wie z.B. die Beschränkung und Verteuerung des Parkraums, haben sicherlich flankierend zum erzielten Effekt beigetragen. Auch bezüglich seiner Kostendeckung ist das „Karlsruher Modell" als Erfolg anzusehen, da mit über 80% ein für den ÖPNV überdurchschnittlicher Kostendeckungsgrad für die Betriebskosten erreicht wurde.

Anhand eines beispielhaft ausgewählten Nahverkehrskorridors wurden die verkehrlichen Effekte bestimmt. Die Anzahl der dort mit dem ÖPNV zurückgelegten Wege stieg – bei geringfügiger Zunahme der Gesamtzahl der Wege – um etwa 50 %, während die Zahl der Pkw–Fahrten leicht abgenommen hat (Abb. 3). Die auf den ÖPNV verlagerte Pkw–Fahrleistung betrug knapp 10%. Überraschend war die große Nachfrage an Wochenenden, ein Hinweis auf die mögliche Rolle des ÖPNV als attraktives Transportmittel auch für den immer bedeutender werdenden Freizeitbereich. Es hat sich auch bestätigt, dass ein Teil der Verlagerung zum ÖPNV auf Kosten des Fußgänger- und des Fahrradverkehrs geht. Zudem induzieren attraktive Nahverkehrskonzepte Neuverkehr. Die erreichte Verlagerung von Straßenverkehr auf den ÖPNV hat zu beträchtlichen Emissionsminderungen sowie zur Verbesserung der Immissionssituation im betrachteten Korridor geführt. Ein weiterer bedeutender Umweltvorteil besteht darin, dass die Stadtbahn eine achsenorientierte Siedlungsentwicklung unterstützt, die mit geringerem Landverbrauch und erheblich geringeren Zerschneidungseffekten von Landschaften verbunden ist als die durch den motorisierten Individualverkehr begünstigte disperse Siedlungsentwicklung.

Es bestehen jedoch durchaus Bedenken, ob die politisch–rechtlichen Rahmenbedingungen ausreichen, um attraktive ÖPNV–Modelle langfristig zu sichern. Es werden daher eine Reihe von Maßnahmen vorgeschlagen, um dies sicherzustellen:

– Berücksichtigung einer ÖPNV–gerechten Erschließung in der verbindlichen Bauleitplanung durch entsprechende Novellierung des Baugesetzbuches (BauGB);

– Verpflichtung zur Beachtung der geltenden Nahverkehrspläne in der verbindlichen Bauleitplanung durch entsprechende Novellierung des BauGB;
– stärkere Berücksichtigung des motorisierten Individualverkehrs in den Nahverkehrsplänen bzw. Schaffung eines Gesamtverkehrsplans als institutionalisiertes Instrument;
– Erhöhung der Bindungswirkung des Nahverkehrsplans in Richtung auf die Gesamtplanung;
– einheitliche Regelungen für die Erstellung von Nahverkehrsplänen für Regionen mit Verkehrsverbünden, die über die Grenzen eines Bundeslandes hinausgehen;
– Grundsätzliche Abstimmung der Planungen zum Ausbau der Verkehrswege des öffentlichen Verkehrs und des Individualverkehrs auf den verschiedenen Planungsebenen.

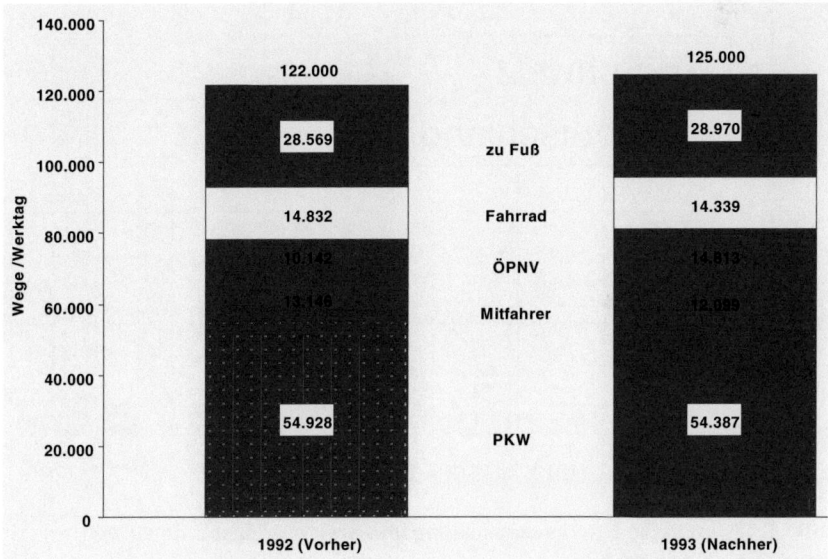

Abb. 3. Entwicklung der Gesamtzahl der Wege im Einzugsbereich des untersuchten Korridors des „Karlsruher Modells" (Quelle: Halbritter et al. 1999)

Dass neue Techniken und Dienste tatsächlich die Verhaltensweisen der Verkehrsteilnehmer beeinflussen können, zeigen auf sehr eindrucksvolle Weise die *integrierten Verkehrskonzepte zur „kombinierten Mobilität"*, wie sie in der Schweiz als Kombination von öffentlichem Verkehr und Carsharing realisiert werden. Das Verkehrskonzept der Stadt Zürich ist bereits seit den siebziger Jahren ein interessantes Beispiel für eine erfolgreiche Gestaltung des innerstädtischen Verkehrs. Die damals getroffenen ordnungsrechtlichen

Maßnahmen, die den motorisierten Individualverkehr innerhalb der City einschränkten und den ÖPNV priorisierten, waren die Voraussetzungen nicht nur für die Verkehrsentlastung der Stadt, sondern auch für den Erfolg des privatwirtschaftlich organisierten Projekts „züri mobil", das für die Einwohner Zürichs auch die Verfügbarkeit von Automobilen im Rahmen eines umfassenden „Carsharing"-Modells sicherstellt. Dieses Modell wurde im Rahmen des Projektes *„Mobility Carsharing Schweiz"* auf die ganze Schweiz ausgedehnt mit derzeit 36.000 Kunden und 1 400 Fahrzeugen (Bezugsjahr 2000), wobei insbesondere die Dynamik der Entwicklung hervorzuheben ist (Muheim u. Reinhardt 2000). Diese Zahlen drücken eine zehnfach höhere Akzeptanz des Carsharing in der Schweiz im Vergleich zu Deutschland aus (Abb. 4).

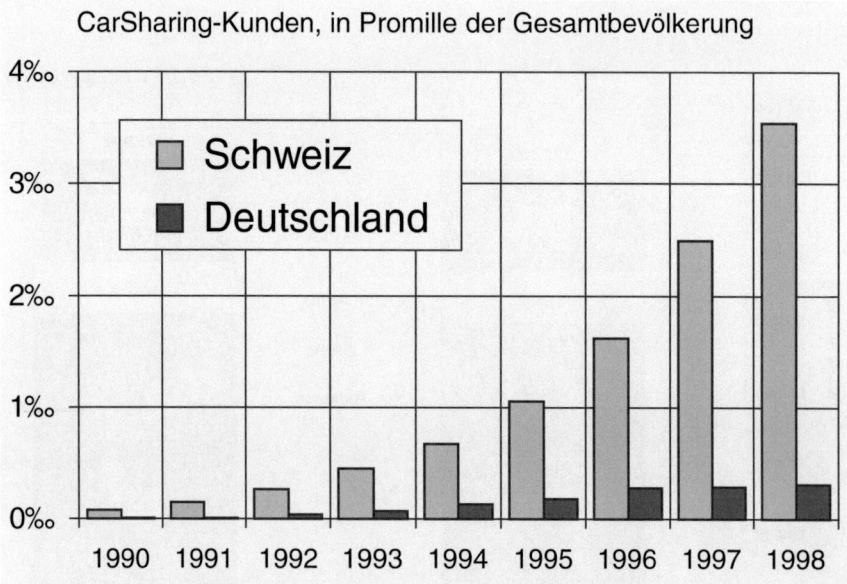

Abb. 4. Dynamische Kundenentwicklung im schweizerischen Carsharing (aus: Muheim u. Reinhardt 2000)

Differenzierte sozialwissenschaftliche Begleituntersuchungen geben einmal Aufschluß zum Marktpotential für *Mobility*–Kunden, sowie weiterhin zum veränderten Mobilitätsverhalten dieses Personenkreises. So zeigen Abschätzungen zum Gesamtpotential von Carsharing in der Schweiz, dass von 24% der Bevölkerung als potenzielle Carsharing–Kunden ausgegangen werden kann. Befragungen haben weiterhin ergeben, dass 37% der potenziellen Kunden konkretes Interesse an Carsharing haben, dies bedeutet ein Interessenpotential von 600 000 Personen oder 9% der Bevölkerung der Schweiz.

Mobility–Kunden zeigen ein stark *verändertes Mobilitätsverhalten* im Vergleich zu Pkw–Besitzern, dies betrifft sowohl die Gesamtfahrleistung wie auch die Verkehrsmittelwahl. Mobility–Kunden erledigen 75% ihrer Verkehrsleistung mit dem öffentlichen Verkehr und 25% mit dem Pkw, Pkw–Besitzer zeigen ein genau umgekehrtes Verhalten (Abb. 5). Wer infolge von Carsharing sein Auto aufgibt, reduziert seine Autoverkehrsleistung deutlich, um 6 700 km oder 72% im Jahr. Dies wird teilweise kompensiert durch verstärkte Nutzung von motorisierten Zweirädern (+ 1 300 Personenkilometer pro Jahr), Fahrrädern (+ 800 Pkm/a) und vor allem von öffentlichen Verkehrsmitteln (+ 2 000Pkm/a). Über alle Verkehrsmittel gerechnet, nimmt die jährliche Fahrleistung der Autoaufgebenden um 2 700 km ab (Abb. 6).

Es stellt sich die Frage, warum solche neuen Dienste bisher nicht auch in Deutschland erfolgreich realisiert werden konnten. Sicherlich gibt es hierfür keine einfache Erklärung. Neben unterschiedlichen rechtlichen und institutionellen Rahmenbedingungen spielen auch ein unterschiedliches kulturelles Selbstverständnis und unterschiedliche Lebensstile der verschiedenen Gesellschaftsgruppen eine Rolle. Es ist davon auszugehen, dass diese Faktoren von erheblicher Bedeutung für die Einschätzungen der allgemeinen Öffentlichkeit und bestimmter Facheliten nicht nur zur Mobilität, sondern auch zur Gestaltung technischer Entwicklungen sind.

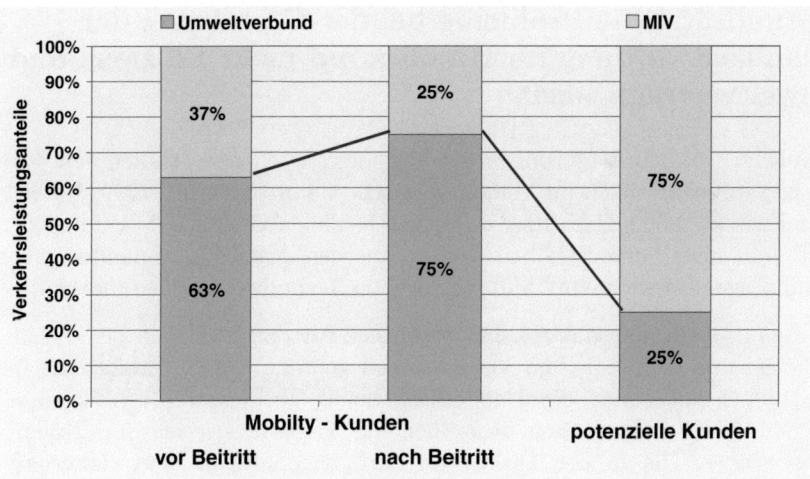

Abb. 5. Reziprokes Mobilitätsverhalten der Carsharer (aus: Muheim u. Reinhardt 2000)

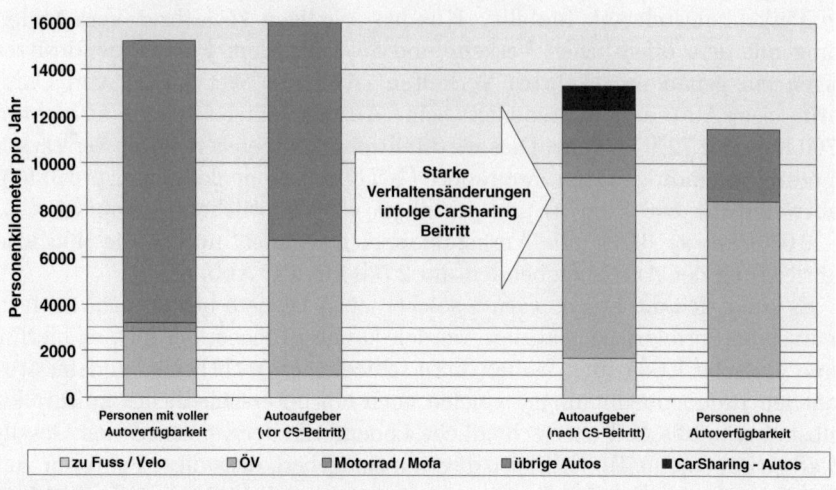

Abb. 6. Verhaltensänderung autoaufgebender Carsharer im Vergleich zu Personen mit voller und ohne Autoverfügbarkeit (nach: Muheim u. Reinhardt 2000)

6 Grundsätzliche Probleme bei der Gestaltung der Technikentwicklung im Hinblick auf mehr Effizienz und Umweltverträglichkeit

Ausgehend von den Erfahrungen der hier angesprochenen Studien zum Einsatz von IuK–Techniken im Verkehrsbereich (Halbritter et al. 1999, Halbritter u. Fleischer 2000, Halbritter et al. 2001) sollen abschließend die folgenden Hauptergebnisse hervorgehoben werden, die den engen Zusammenhang von „nachhaltiger Entwicklung" und innovativen Techniken deutlich machen:

1. *Technische Entwicklungen* sind wesentlich von den jeweiligen gesellschaftlichen und ökonomischen Verhältnissen geprägt. Diese Verhältnisse bestimmen nicht nur die Entstehung neuer Techniken (Technikgenese) sondern sie prägen auch wesentlich die *Verhaltensweisen der Technikanwender*. Die in der Diskussion zur „nachhaltigen bzw. dauerhaft–umweltgerechten Entwicklung" häufig praktizierte methodische Trennung von „Effizienzstrategien", denen das Effizienzpotential technischer Entwicklungen zugeordnet wird, und von „Suffizienzstrategien", die mit Verhaltensänderungen in Verbindung gebracht werden, verkennt daher die Gestaltungsmöglichkeiten neuer Techniken im Hinblick auf eine „nachhaltige Entwicklung". *Die neuen Techniken und Dienste ermöglichen* oft erst *Verhaltensänderungen,* die nicht mit wesentliche Einschränkungen verbunden sind. Dies gilt insbesondere für den Verkehrssektor mit seinen vielfältigen Möglichkeiten für neue Mobilitätsdienstleistungen, die erst durch den Einsatz von IuK–Techniken realisiert werden können. Ei-

ne Technikentwicklung entsprechend den Kriterien einer „nachhaltigen Entwicklung" wird jedoch nicht automatisch eintreten, sondern ist eine anspruchsvolle Gestaltungsaufgabe bei der staatliche Institutionen eine wichtige Koordinierungsfunktion besitzen. Auch ist das frühzeitige Engagement gesellschaftlicher Gruppen, die von den Wirkungen und Folgen betroffen sind, unverzichtbar.

2. *Innovationen* beziehen sich heute nur noch in seltenen Fällen auf neue Einzeltechniken, vielmehr werden sie zumeist als *neue Systeme* eingeführt, die auch entsprechende organisatorische und infrastrukturelle Voraussetzungen benötigen. Erst die Schaffung dieser Voraussetzungen ermöglicht bzw. begünstigt das Entstehen neuer Märkte für innovative Produkte und Dienste. Neue Märkte für komplexe technische Systeme, wie gerade die neuen IuK–Techniken, sind entsprechend der genannten US-amerikanischen Erfahrungen nicht das Ergebnis des *Wettbewerbs konkurrierender Einzelunternehmen unter status-quo–Bedingungen, sondern einer strategischen Gesamtplanung*, die die organisatorischen und infrastrukturellen Voraussetzungen für die Entwicklung der neuen Märkte unter Berücksichtigung des Nutzergewinns der potentiellen Marktteilnehmer schafft. Dabei ist eine Entwicklung sicher zu stellen, die einerseits offen ist für technische Weiterentwicklungen und für Angebotsverbesserungen, andererseits aber auch notwendige Standardsetzungen festschreibt, die die Übertragbarkeit der Konzepte und die Kompatibilität der Systeme innerhalb eines großen Marktes sichert. Staatliche Institutionen haben dabei wiederum die Aufgabe, diese zielgerichtete Entwicklung zu koordinieren. Als Beispiel für die Notwendigkeit dieses Engagements sei darauf verwiesen, dass fast alle Innovationen im Bereich der Emissionsminderung von Kraftfahrzeugen aufgrund von gesetzlichen Vorgaben realisiert wurden, wie die zum bleifreien Benzin und zum geregelten Dreiwegekatalysator. Ein ganz aktuelles Beispiel für die praktische Bedeutung solcher *Rahmenbedingungen mit Lenkungswirkung* ist die kalifornische Umweltgesetzgebung zum „zero emission vehicle", das die Entwicklung der Brennstoffzellentechnik als Antrieb für Kraftfahrzeuge erheblich beförderte.

Literaturverzeichnis

1. BMBF, Bundesministerium für Bildung, Wissenschaft und Forschung (1997): Mobilität – Eckwerte einer zukunftsorientierten Mobilitätsforschungspolitik. Bonn
2. BUND, MISEREOR (Hrsg.) (1996): Zukunftsfähiges Deutschland. Ein Beitrag zu einer global nachhaltigen Entwicklung. Studie des Wuppertal Instituts im Auftrag von BUND und MISEREOR. Birkhäuser Verlag, Basel Boston Berlin
3. Halbritter, G., (1996): Instrumente zur Umsetzung des Leitbildes einer dauerhaft–umweltgerechten Entwicklung in die praktische Umweltpolitik. In: Zukunft für die Erde – Nachhaltige Entwicklung als Überlebensprogramm. Band

1: Sustainable Development – was ist das? Herrenalber Protokolle 109. Schriftenreihe der Evangelischen Akademie Baden
4. Halbritter, G. et al. (1999): Umweltverträgliche Verkehrskonzepte: Entwicklung und Analyse von Optionen zur Entlastung des Verkehrsnetzes und zur Verlagerung von Straßenverkehr auf umweltfreundlichere Verkehrsträger. Beiträge zur Umweltgestaltung A 143. Erich Schmidt Verlag, Berlin
5. Halbritter, G., Fleischer, T. (2000): Erfahrungen zum Einsatz von IuK-Techniken im Ballungsraumverkehr – Auswertungen einer Informationsreise zu ausgewählten Pilotprojekten der USA. Internationales Verkehrswesen 52, Nr. 6
6. Halbritter, G. et al. (2001): Verkehr in Ballungsräumen: Optionen für eine effizientere und umweltverträglichere Gestaltung. Wissenschaftlicher Bericht des Forschungszentrums Karlsruhe, FZKA 6678
7. Muheim, P., Reinhardt, E. (2000): Das Auto kommt zum Zug. Kombinierte Mobilität auch im Personenverkehr. In: TA-Datenbank-Nachrichten Nr. 4, Jahrgang 9
8. Renn, O. et al. (2000): Nachhaltige Entwicklung in Baden-Württemberg – Statusbericht 2000 – Langfassung. Akademie für Technikfolgenabschätzung in Baden-Württemberg. Arbeitsbericht Nr. 173
9. SRU, Der Rat von Sachverständigen für Umweltfragen (2000): Umweltgutachten 2000. Schritte ins nächste Jahrtausend. Verlag Metzler-Poeschel. Stuttgart
10. UBA, Umweltbundesamt (1997): „Nachhaltiges Deutschland: Wege zu einer dauerhaft-umweltgerechten Entwicklung". Erich Schmidt Verlag, Berlin
11. US DOT, US Department of Transportation (1998): Metropolitan Model Deployment Initiative. National Evaluation Strategy. Publication No. FHWA-JPO-99-041
12. US DOT, US Department of Transportation (1999): The National ITS Architectore – A Framework for Integrated Transportation into the 21st Century

Die Bedeutung alternativer Antriebe und Kraftstoffe: Sechs Thesen

Martin Pehnt

1 Einführung

Der Verkehrssektor expandiert. Allein die Anzahl der Kraftfahrzeuge hat sich von 8 Millionen (1960) auf fast 51 Millionen (2000) erhöht. Die Verkehrsleistung im Personenverkehr hat sich im selben Zeitraum fast vervierfacht und erreichte 1999 einen Wert von 956 Mrd. Pkm. 534 Mrd. Fahrzeugkilometer wurden allein mit Pkw und Kombis zurückgelegt (Abb. 1). Im Güterverkehr hat die Verkehrsleistung innerhalb der letzten 40 Jahre von 142 auf 491 Mrd. tkm zugenommen (Abb. 2).

In dieser Expansion finden das ausgeprägte Bedürfnis der Menschen nach Mobilität, ihr wachsender Wohlstand und der anschwellende Warenstrom einer expandierenden, globalisierten Wirtschaft ihren unübersehbaren Ausdruck. Auch zukünftig werden weiterhin wachsende Fahrzeugzahlen und Verkehrsleistungen erwartet (Shell 1999, Prognos 2000).

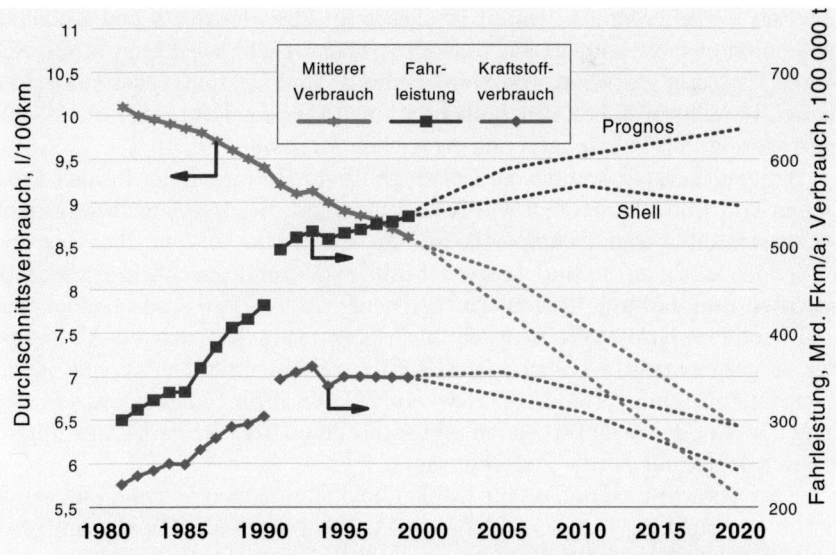

Abb. 1. Verlauf von Fahrleistung, Durchschnittsverbrauch und Kraftstoffverbrauch der deutschen PKW (und Kombi) zwischen 1980 und 1999 und Tendenzen für die nächsten 20 Jahre (Shell 1999, BMVBW 2000, Prognos 2000). Obere Linie jeweils Prognos, untere Linie Shell „Kreative Vielfalt"

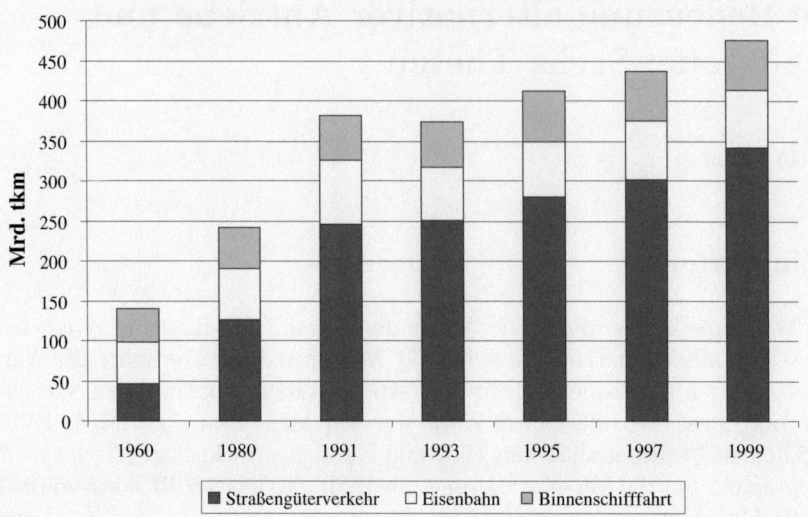

Abb. 2. Güterverkehrsleistung in Deutschland (BMVBW 2000)

Diesen Wachstumstendenzen folgend, stiegen in der Vergangenheit Kraftstoffverbrauch und verkehrsbedingte Emissionen ebenfalls kräftig. Knapp 3 000 PJ/a Primärenergieverbrauch und 190 Mio. t CO_2/a (1999) kennzeichnen den Verkehrsbereich. Damit ist dieser für 22% der deutschen Kohlendioxidemissionen verantwortlich (davon Straßenverkehr wiederum 90%). Sein Anteil ist stetig gestiegen. Diese aus Umwelt- und Ressourcensicht unerfreulichen Tendenzen haben seit längerem einen starken Druck auf die Weiterentwicklung von Fahrzeugen und Antrieben ausgeübt.

Am deutlichsten kommt die Entwicklung im Rückgang der lokalen Emissionen von Luftschadstoffen wie Kohlenmonoxid, Stickoxiden, Benzol, Kohlenwasserstoffen und Dieselpartikeln zum Ausdruck. Stiegen diese bis etwa 1990 noch stetig an, so sind sie seither infolge deutlich verschärfter Abgasvorschriften und dadurch hervorgerufener neuer Motor- und Abgastechnologien und sauberer Kraftstoffe deutlich zurückgegangen. Die weitere Absenkung der Abgasgrenzwerte (Euro 4,5; SULEV) werden diese Emissionen in den nächsten zwei Jahrzehnten auf etwa ein Zehntel ihrer Spitzenwerte von Anfang der 90er Jahre sinken lassen und somit einen Teil der verkehrsbedingten Umweltbelastungen erheblich reduzieren.

Energieverbrauch und damit Kohlendioxidemissionen folgen dieser erfreulichen Entwicklung bisher nicht (Abb. 1). Der spezifische Durchschnittsverbrauch der deutschen PKW–Flotte sank seit etwa 1980 lediglich von über 10 l pro 100 km auf 8,7 l pro 100 km. Höhere Fahrzeuggewichte und größere Motorleistungen kompensierten einen großen Teil der möglichen Energieeinsparungen. Immerhin stagniert der Kraftstoffverbrauch seit etwa 1995 bzw. sinkt erstmalig leicht ab. Man kann also im Personenstraßenverkehr von einer beginnenden Entkopplung von (wachsender) Verkehrsnachfrage und Kraftstoffverbrauch reden, wie es in der gesamten Energieversorgung bereits seit 1973 der Fall ist. Die fahrzeugspezifischen Reduktionsmöglichkeiten sind jedoch nach wie vor beträchtlich. Greift die Selbstverpflichtung der deutschen Automobilindustrie, bis zum Jahr 2008 den durchschnittlichen Normverbrauch aller neuen PKW um 25% gegenüber dem Stand von 1990 zu reduzieren – was dann einem mittleren Flottenverbrauch bei Neufahrzeugen von 6 1/100 km entspricht – so ist trotz deutlich wachsender Fahrleistung mit einem nur noch schwachen Anstieg (Prognos 2000), möglicherweise sogar leichten Rückgang des Kraftstoffverbrauchs (Shell 1999) und damit auch der CO_2–Emissionen in den nächsten Jahren zu rechnen. Dies ist zwar eine erfreuliche Tendenz, reicht jedoch nicht aus, um den vom Sektor Verkehr insgesamt zu erbringenden Beitrag einer deutlichen Reduktion von CO_2–Emissionen zu leisten, zumal im Güterverkehr vorerst ähnliche Tendenzen nicht zu erwarten sind.

These 1. *Der Einsatz regenerativ erzeugter Kraftstoffe ist für den Klima- und Ressourcenschutz langfristig unabdingbar, zumal das Potenzial für regenerative Energien in Deutschland groß und die Ökobilanz dieser Kraftstoffe in der Regel gut sind. Der großflächige Einsatz im Verkehrsbereich sollte jedoch erst in einigen Dekaden erfolgen.*

In einer langfristig orientierten Kraftstoff–Strategie ist der Einsatz von erneuerbaren Primärenergieträgern unvermeidbar. Die prinzipielle Endlichkeit von Rohöl als Primärenergieträger für die meisten Kraftstoffe kann nicht in Frage gestellt werden. In den letzten Jahrzehnten hat die Zahl der Neufunde kontinuierlich abgenommen (Campbell 1999). Lediglich der Zeitpunkt der Erschöpfung ist Gegenstand der aktuellen Diskussion. Die meisten Studien gehen davon aus, dass der Mid Depletion Point, also das Maximum der weltweiten Rohölproduktion, in fünf bis spätestens 15 Jahren erreicht sein wird.

Neben der begrenzten Reichweite erweist sich zudem die Konzentration der Vorkommen als brisant vor allem vor dem Hintergrund ressourcenorientierter Konflikte. 73% der Reserven und 26% der Ressourcen fallen auf die OPEC, 61% der Reserven und 20% der Ressourcen auf den Nahen Osten (Rempel 2000).

In spätestens zwei bis drei Dekaden wird es also eine verstärkte Notwendigkeit der Einführung erneuerbarer Energien in den Verkehrssektor geben. Dazu bieten sich eine Reihe unterschiedlicher Umwandlungsketten sowohl auf Basis erneuerbar erzeugten Stroms, auf Basis von Biomasse und Kombinationen von beiden an (Abb. 3).

Die Bereitstellung der Kraftstoffe ist dabei mit unterschiedlich hohen Energieaufwendungen und Umweltauswirkungen verknüpft, die aus der Gewinnung der Primärenergie, dem Herstellungsprozess, dem Transport der Produkte bis zur Tankstelle und den Verwendungsmöglichkeiten von Nebenprodukten resultieren.

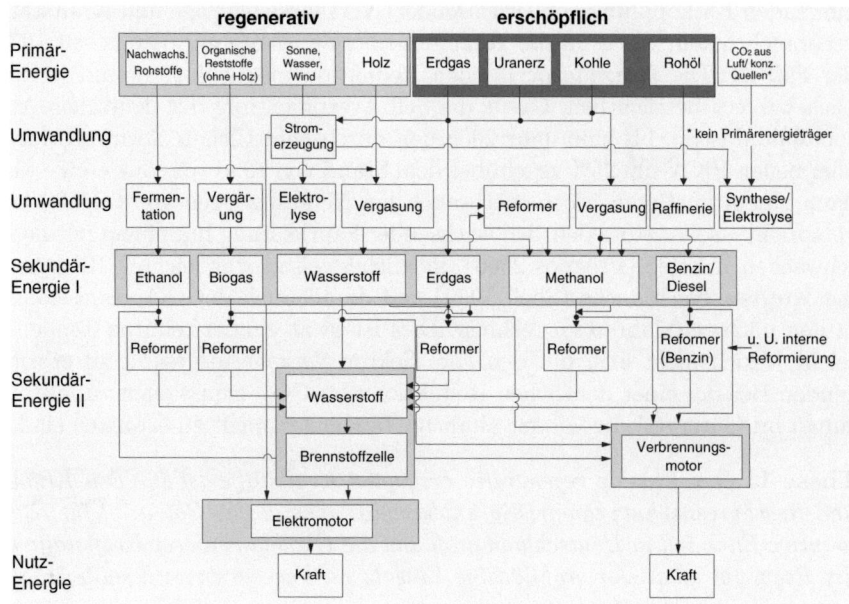

Abb. 3. Mögliche Kraftstoffe zur Versorgung von Verbrennungsmotoren und Brennstoffzellen und vorgelagerte Energieketten

Erneuerbare Kraftstoffe zeichnen sich vor allem durch einen geringen Verbrauch erschöpflicher Ressourcen aus. Auch im Vergleich zu den Benzin- und Dieselherstellungsketten, deren „Bereitstellungswirkungsgrad" mit 85 bis 90% bereits relativ gut liegt, kann eine deutliche Einsparung erzielt werden (Abb. 4). Die Aufwendungen bei Kraftstoffen auf Biomassebasis hängen vor allem davon ab, ob Reststoffe oder Energiepflanzen eingesetzt werden und wie die Nebenprodukte verwendet werden. Zudem sind, auch bei Kraftstoffen auf Basis erneuerbaren Stroms, die Transportketten und andere nachgelagerte Prozessschritte von Belang, beispielsweise Verflüssigung bzw. Kompression des Wasserstoffs.

Entsprechend dem reduzierten Verbrauch fossiler Primärenergieträger liegen die bei der Herstellung und Verbrennung freigesetzten Klimagase bei erneuerbaren Kraftstoffen deutlich niedriger. Lediglich die Herstellung von Biodiesel führt zu etwas höheren CO_2–äquivalenten Emissionen, als man aufgrund des Energieverbrauchs vermuten würde. Dies ist vor allem auf die von der Art des Landbaus (z.B. Düngemitteleinsatz) abhängigen Lachgasemissionen zurückzuführen.

Bei anderen Umweltwirkungen kommen im Vergleich zum Herstellungsprozess stärker die vor- und nachgelagerten Prozessschritte zum Tragen. Beispielsweise ist für die Versauerung, die durch die Produktion von Wasserstoff verursacht wird, das Transportmedium – Tanker mit Wasserstoff oder

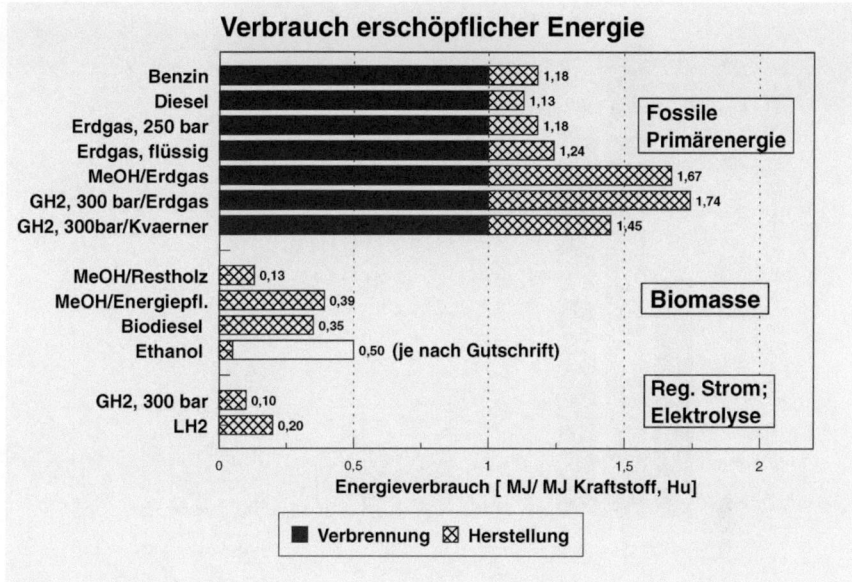

Abb. 4. Verbrauch erschöpflicher Energie durch Herstellung und Verbrennung von Kraftstoffen (Pehnt 2001b)

Schweröl als Treibstoff, Pipeline, dezentrale Vor-Ort–Produktion – entscheidender als der Herstellungsprozess selber.

Trotz der guten ökologischen Ausgangssituation stellt sich die Frage nach Kriterien für die Sinnhaftigkeit eines Einsatzes erneuerbarer Energieträger im Verkehr bzw. für eine unter Berücksichtigung der begrenzten Potenziale und der Kosten optimale Zeitstrategie. Neben den – vor allen Dingen langfristigen – Erfordernissen der Einführung regenerativer Kraftstoffe gibt es auch Argumente gegen ihre zu rasche Einführung, d.h. für eine zeitlich abgestimmte Nutzungsstrategie:

2 Potenziale und Nutzungskonkurrenz

Die genaue Analyse der Potenziale regenerativer Energien offenbart, dass es zwar ein bedeutendes Potenzial für den Einsatz regenerativer Energien gibt. Abb. 5 zeigt das technische Referenzpotenzial der Nutzung von erneuerbaren Energien auf der Basis bereitstellbarer Strom- und Nutzwärmemengen aus den dort aufgeführten Energiequellen (Nitsch u. Trieb 2000).

Das Potenzial an Biomasse, das für den Kraftstoffbereich von besonderem Interesse ist, teilt sich auf in Restholz zur energetischen Nutzung, das mit 120 bis 230 PJ/a beziffert wird, Stroh (120–300 PJ/a), Landschaftspflegeheu (10 PJ/a) und organische Rest- und Abfallstoffe zur Vergärung (Bio-/Grünabfälle 30 PJ/a, Klärschlamm 25 PJ/a, Abfälle aus Lebens-/Futter-

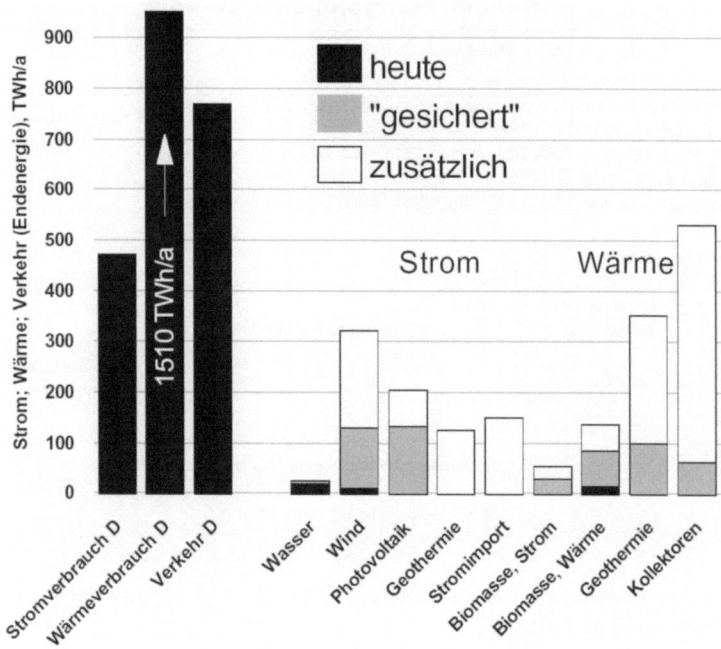

Abb. 5. Technisches Referenzpotenzial für die Nutzung erneuerbarer Energiequellen (Pehnt 2002b)

mittelindustrie 25 PJ/a). Hinzu kommt der mögliche Beitrag von Energiepflanzen, dessen Höhe stark von agrarpolitischen und ökologischen Vorgaben abhängt. Vor allem die Nutzungskonkurrenz zur geforderten Extensivierung der Landwirtschaft ist hier von Bedeutung. Die Höhe des Potenzials schwankt dementsprechend zwischen 90 und 180 PJ/a. Für die regenerative Kraftstoffbereitstellung ebenfalls interessant ist regenerativ erzeugter Strom, der via Elektrolyse in Wasserstoff umgewandelt werden kann.

Langfristig zeichnet sich mit der Möglichkeit des Imports erneuerbar erzeugten Stroms über Hochspannungsleitungen eine weitere Option ab, den Anteil erneuerbarer Primärenergieträger in Deutschland zu erhöhen (Tab. 1). In manchen Ländern sind die erneuerbaren Energiepotenziale überhaupt nur durch Export oder verstärkte Ansiedlung energieintensiver Industrien zu erschließen (z.B. Norwegen und Island), da diese Länder heute schon fast ausschließlich regenerativen Strom nutzen.

In Nordafrika bestehen enorme Solarstrompotenziale, die durch solarthermische Kraftwerke und ggf. auch durch weiterentwickelte Photovoltaik-Anlagen erschlossen werden könnten. Bereits 1% der dort nutzbaren technischen Potenziale könnte rechnerisch den gesamten heutigen Weltstrombedarf decken. Natürlich ist eine solche Konzentration auf eine einzige Ressource wenig sinnvoll, aber das Zahlenbeispiel zeigt die große Bedeutung dieser Region für eine regenerative Stromversorgung Europas im Rahmen eines Nord–Süd–Verbunds. Zudem ist der Export regenerativ erzeugter Elektrizität für die betreffenden Regionen auch mit einer wirtschaftlichen und infrastrukturellen Entwicklung verbunden.

Tabelle 1. Technische Potenziale für einen möglichen Import regenerativ erzeugten Stroms (zum Vergleich der deutsche Stromverbrauch 1998: 550 TWh/a) (Nitsch u. Trieb 2000)

Quellen	Energiepotenzial (TWh/a)	Entfernung (km)
Windkraft aus Europa	440–3 160	bis 1 000
Windkraft aus Marokko	280–580	3 500
Wasserkraft aus Norwegen	60	800–1 000
Solarstrom aus Nordafrika	1 360 000	3 000–4 000
Wasserkraft aus Island	30	2 000
Geothermiestrom aus Island	20	2 000
Wasserkraft aus GUS	1 300	7 000
Wasserkraft aus Zentralafrika	1 000	7 000

Bei den Betrachtungen zu den Potenzialen gilt es aber gleichfalls abzuwägen

– zwischen der regenerativen Kraftstofferzeugung und dem Einsatz regenerativer Energieträger in der stationären Strom- und Wärmeversorgung, also beispielsweise der Substitution von Heizöl durch Biomasse oder von Kohlestrom durch regenerativ erzeugte Elektrizität;
– zwischen der Kraftstofferzeugung auf Energiepflanzenbasis und der Extensivierung/Ökologisierung (Freiflächen, Vermeidung von Monokulturen) der Landwirtschaft.

Hinzukommt, dass nicht nur der motorisierte Individualverkehr Kraftstoff in Form von Benzin und Diesel nachfragt. Auch andere „Kraftstoffe" werden eingesetzt. Der Fahrstrombedarf von Bundesbahn, S- und U-Bahnen beträgt beispielsweise über 50 PJ. Der Einsatz von Elektrizität im Bereich Mobilität beschränkt sich aber nicht auf den Einsatz von Strom zum direkten Antrieb. Vielmehr fließt Strom in Form „grauer Energie" auch in die Herstellung der Fahrzeuge (150 PJ), in die Kraftstoffbereitstellung und in Vertrieb und Wartung von Straßenfahrzeugen (Pehnt 2001b). Dies bedeutet für den Einsatz regenerativer Energieträger im Mobilitätssektor vor allem, dass auch ein bedeutendes Potenzial zur Senkung der mit Mobilität verbundenen Umwelteinwirkungen allein durch eine „Ökologisierung" der Strombereitstellung erfolgen kann. U. a. durch Verlagerung von Verkehrsleistung auf die Schiene kann dieser Anteil weiter gesteigert werden.

Auch der Einsatz von Wasserstoff zur Dämpfung der Fluktuation regenerativer Energiebereitstellung ist ein allenfalls langfristig relevanter Aspekt, da zuvor eine Reihe von Maßnahmen ergriffen werden können, um den Überschuss/Speicherbedarf bzw. den zu deckenden Reststrombedarf zu mindern (Nitsch u. Trieb 2000). Bei regenerativen Stromanteilen von rund 30% in Deutschland sind keine Überschüsse zu erwarten (Langniß et al. 1997, Quaschning 1999). Erst danach wird Überschusselektrizität frei. Diese Überschüsse können zwar eine hohe Leistung aufweisen, stellen jedoch nur Strommengen in der Größenordnung zwischen 5 und 30 TWh/a bereit.

3 „Ökoeffizienz"

Ein wesentlicher Faktor für den Zeitpunkt des Einsatzes regenerativer Kraftstoffe ist der ökoeffiziente Einsatz der regenerativen Primärenergieträger. Dieser hängt von der Substitutionswirkung des gewählten Einsatzsegmentes ab. Mit anderen Worten: wieviel CO_2–Emissionen oder andere Umweltwirkungen können vermieden werden, indem regenerative Energieträger verwendet werden?

Während eine kWh Strom im derzeitigen, relativ ineffizienten und kohlelastigen Erzeugungssystem zu 680 g CO_2 führt, verursacht die Produktion und Verbrennung von 1 kWh Benzin lediglich ca. 300 g. Die Substitution konventionellen Stroms durch regenerative Primärenergieträger ist also unter Klimagesichtspunkten mehr als doppelt so effizient wie der Ersatz von Benzin durch diese. Der optimale Einsatz von regenerativ hergestellten Kraftstoffen im Verkehr ist allerdings eine Funktion der Zeit (Abb. 6). Die zunehmende Durchdringung des Kraftwerksparks durch klimaneutrale Primärenergieträger und die Substitution von Kohle durch Erdgas werden zu sinkenden CO_2–Emissionen führen. Gebremst wird dieser Rückgang allerdings durch den Ausstieg aus der Kernenergie. Andererseits wird die Benzinherstellung durch zunehmende Ressourcenverknappung und damit verbundenen Mehraufwendungen sowie durch die steigenden Anforderungen an die Zusammensetzung des Benzins (reformuliertes Benzin) zu wachsenden Emissionen führen. Auch aus Gründen der Ökoeffizienz erweist sich der Einsatz erneuerbarer Energieträger also vor allen Dingen auf einer langfristigen Zeitskala als dringend geboten.

4 Kosten regenerativer Kraftstoffe

Der Einsatz regenerativer Kraftstoffe muss sich neben den Potenzialen und der ökologischen Substitutionswirkung auch an der Kostensituation orientieren (Abb. 7).

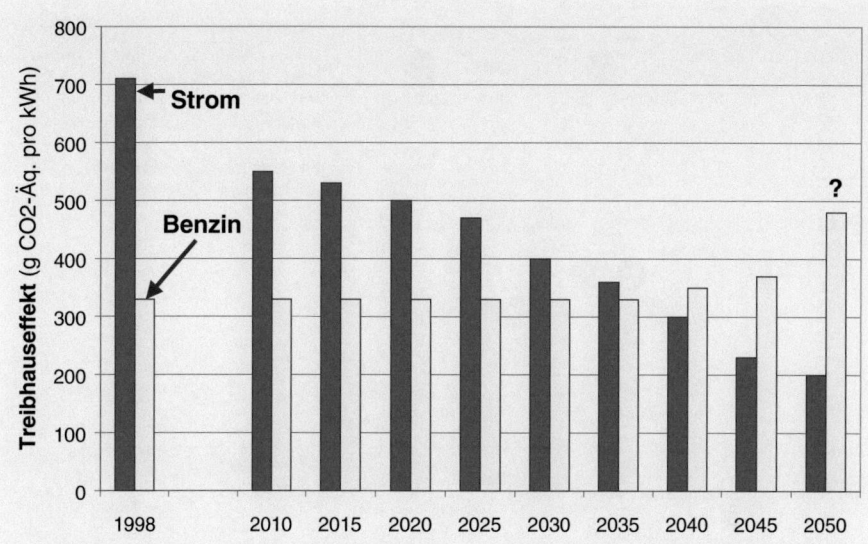

Abb. 6. Mögliche Entwicklung der CO_2-äquivalenten Emissionen im Strombereich (schwarze Balken) im Orientierungsszenario (siehe Nitsch et al. (2001)) sowie CO_2-äquivalente Emissionen durch Benzinherstellung

Es ist ersichtlich, dass die Umwandlung – in der Regel teurerer – regenerativer Primärenergieträger in Kraftstoffe auf absehbare Zeit noch einen zusätzlichen Aufpreis bedeutet. Die Kosten von Kraftstoffen auf Biomasse-Basis (ohne Holz aus Energieplantagen) bewegen sich in einer Bandbreite zwischen 2 und 6 Cent/kWh und sind somit deutlich höher als die Herstellungs-/Verteilungskosten von Benzin. Zukünftiger regenerativer Strom liegt hingegen durchaus im Bereich der Kosten der Endverbraucherebene (Haushalte). Die Kostenschere zwischen regenerativen und fossilen Endenergieträgern ist also bei Kraftstoffen deutlich höher als im Stromsektor.

Von strategischer Bedeutung für die Bewertung des Einsatzes regenerativer Primärenergieträger im Verkehr ist allerdings die zukünftige Preisentwicklung, da sich durch eine relative Verschiebung der Preisentwicklungen im mobilen und stationären Bereich, also beispielsweise durch einen früheren überproportionalen Anstieg der Rohölkosten durch die kürzeren Reichweiten, eine Verschiebung des Zeitpunktes ergeben kann, zu dem der Einsatz im mobilen Sektor attraktiver wird. Prognos geht beispielsweise von einer Verdreifachung der Rohölpreise bis 2050 aus, während der Strompreis bis 2010 leicht fällt und dann moderat ansteigt (Schlesinger 2001). Damit wird die Substitution von Rohöl–basierten Kraftstoffen attraktiver.

These 2. *Bei der Bewertung neuer Antriebe muss der gesamte Lebenszyklus berücksichtigt werden. Insbesondere die Produktion der Fahrzeuge wird an Bedeutung gewinnen.*

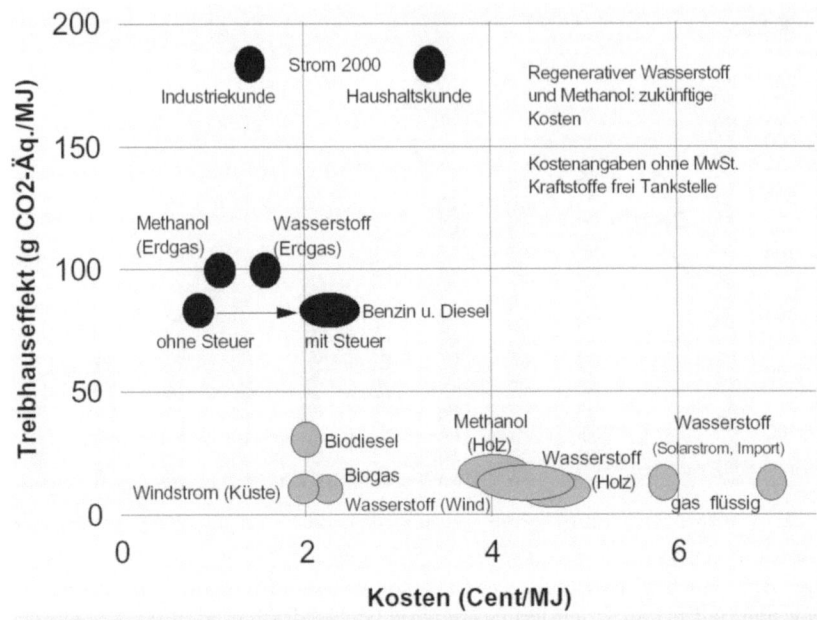

Abb. 7. Kosten und Treibhausgas–Emissionen verschiedener fossiler und regenerativer Kraftstoffe

Für einen vollständigen Vergleich neuer Antriebssysteme muss neben der Bereitstellung der Kraftstoffe und der Nutzung des Fahrzeugs auch die Produktion des Antriebssystems und des Fahrzeugs berücksichtigt werden. Bei konventionellen PKW führt dies in der Regel zu Emissionen, die zwischen zehn und 25% der gesamten, über den Lebenszyklus ermittelten Emissionen betragen (siehe z.B. (Schweimer 1999)). Für Brennstoffzellenfahrzeuge existiert noch kein definiertes Fahrzeugkonzept. Eine detaillierte Ökobilanz neuer Brennstoffzellenstacks (Pehnt 2002a) sowie eine Abschätzung der Peripherie, also der sonstigen notwendigen Systemkomponenten, zeigen jedoch, dass die Aufwendungen, vor allem aufgrund der hohen Umweltrelevanz der Katalysatormaterialien für den Stack und (beim Kraftstoff Methanol) für den katalytischen Reformerbrenner und die Gastrennmembran, höher sind als die Aufwendungen für die Herstellung eines konventionellen PKWs. Die Treibhausgasemissionen für die Herstellung eines typischen Brennstoffzellenfahrzeuges sind beispielsweise knapp doppelt so hoch wie für einen Ottomotor–PKW. Die Bilanz des Gesamtsystems „Brennstoffzellenfahrzeug" (Beispiel: Methanol als Kraftstoff) (Abb. 8) zeigt auf, dass die Umweltwirkungen der Herstellung des Brennstoffzellenstacks und der Karosserie mit Rädern, Instrumententafeln, Stoßfängern ungefähr gleich hoch sind, die Peripherie hingegen von etwas geringerer Relevanz ist (Pehnt 2001a). Allerdings ist die Datenlage für die Peripherie schlechter.

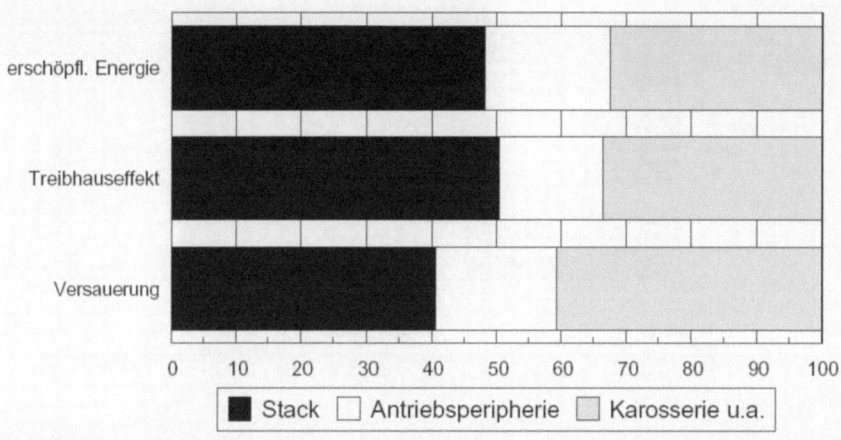

Abb. 8. Anteil verschiedener Systemkomponenten an ausgewählten Umweltwirkungen der Herstellung eines Brennstoffzellenfahrzeug (Annahme: 75% PGM–Recycling)

Analysiert man den Anteil der Komponenten des Brennstoffzellenstacks weiter (Abb. 9), so zeigt sich, dass neben den Bipolarplatten die Katalysatormengen von Bedeutung sind, obwohl hier schon von 75% Recyclinganteil ausgegangen wird. Vor allem die SO_2-Emissionen durch die Gewinnung aus schwefelhaltigen Erzen rufen die Versauerung hervor. Wesentlich für die Höhe der Versauerung ist auch die Herkunft des Platins, da die Entschwefelungseinrichtungen in den verschiedenen Ländern unterschiedlichen technischen Stand aufweisen. Hier wurde von südafrikanischem Platin ausgegangen.

Neben dem Einsatz ökologisch verträglicheren Stroms bei der Herstellung kommt also dem Recycling vor allem der Katalysatormaterialien wesentliche Bedeutung zu. Dieses hängt nicht nur von der technischen Wiedergewinnbarkeit ab, sondern auch von der Recycling–Infrastruktur, der Exportquote von Altautos in Länder ohne Recycling–Möglichkeiten, etc. Eine Steigerung der Recyclingquote ist anzustreben, ggf. durch ein angemessenes Maßnahmenpaket (z.B. Pfand oder Stackleasing).

These 3. *Das Rennen zwischen den Antriebssystemen bleibt spannend. Brennstoffzellen reduzieren den Kraftstoffbedarf und andere Umweltwirkungen gegenüber heute deutlich. Aber auch Verbrennungsmotoren haben ein beträchtliches Optimierungspotenzial.*

Die energie- und umweltrelevanten Zielgrößen, welche bei der Bewertung neuer Fahrzeugkonzepte und -antriebe eine wesentliche Rolle spielen, sind der spezifische Kraftstoff- und Primärenergiebedarf, die klimarelevanten Emissionen und die lokal bzw. regional relevanten Schadstoffemissionen, beispielsweise Stickoxide, Kohlenmonoxid, Kohlenwasserstoffverbindungen und Partikel.

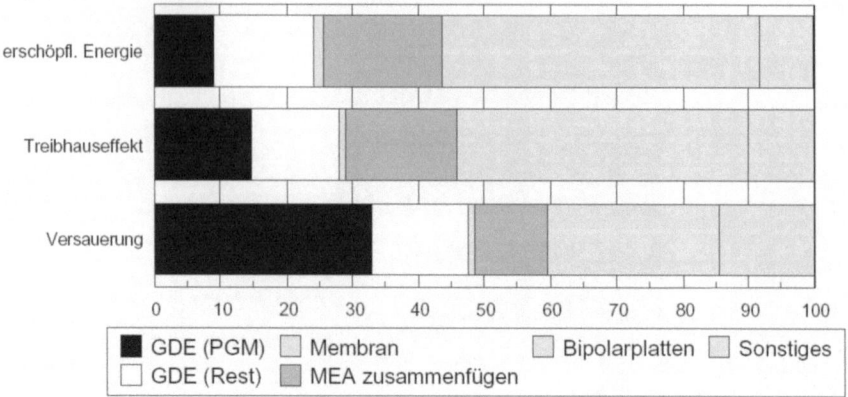

Abb. 9. Anteil verschiedener Komponenten an ausgewählten Umweltwirkungen der Stackherstellung (Annahme: 75% PGM–Recycling)

Will man für eine gegebene Fahrzeugklasse und definierte Kraftstoffe diese Zielgrößen minimieren, so ist dies für die ersten beiden Aspekte in erster Linie mit der Forderung nach niedrigerem spezifischem Kraftstoffverbrauch identisch. Im Fall der lokal oder regional wirksamen Schadstoffe ist für den Verbrennungsmotor die Weiterentwicklung der Katalysatortechnik und ihr umfassender Einsatz (Emissionsgrenzwerte) von großer Bedeutung.

Die lokalen Schadstoffemissionen können dann gegen Null gehen, wenn der Elektroantrieb anstelle des herkömmlichen Verbrennungsmotors eingeführt wird. Seine Nutzung setzt jedoch den Einsatz neuer Energieumwandlungsketten voraus, wie Elektrizität beim reinen Elektroantrieb oder Wasserstoff, welcher günstig in Brennstoffzellen eingesetzt werden kann. Die Brennstoffzelle verringert das Speicherungsproblem, da die Elektrizität an Bord produziert wird. Da aber die Wasserstoffspeicherung an Bord und die Bereitstellung einer entsprechenden Infrastruktur ebenfalls Probleme aufwirft, wird auch die Nutzung von Kohlenwasserstoffen, vorwiegend Methanol, in Betracht gezogen, wobei deren Umwandlung zu Wasserstoff an Bord in Kauf genommen werden muss. Auch am Einsatz von Direkt-Methanol–(und Benzin–)Brennstoffzellen wird gearbeitet. Dem Verzicht auf den Reformer stehen jedoch beträchtliche elektrochemische und materialtechnische Probleme gegenüber, sodass sich derartige Konzepte noch in einem frühen Entwicklungsstadium befinden.

Auf Grund dieser komplexen Wechselwirkungen können neue Antriebskonzepte nicht nur nach der Effektivität des Fahrzeugantriebes („vom Tank zum Rad") beurteilt werden, sondern es muss die komplette Herstellungskette „neuer" Kraftstoffe und die Problematik der erforderlichen Änderungen der Infrastruktur in die Betrachtung einbezogen werden.

Der *Kraftstoffbedarf* hängt von verschiedenen Parametern ab (Tab. 2), insbesondere vom betrachteten Fahrzyklus. Ausschlaggebend für die Beurteilung sind Höhe und Verlauf der jeweiligen Nettowirkungsgrade der Antriebssysteme über der Leistung nach Abzug des Bedarfs für die eigene Versorgung und unter Einbeziehung aller Nebenaggregate (Elektromotor, Getriebe, Verdichter u.ä.). Diese liegen deutlich unter den Wirkungsgraden der eigentlichen Wandler, also des Motors oder des Brennstoffzellenaggregats.

Für Antriebssysteme mit Verbrennungsmotor liegt der optimale Betrieb bei Volllast, weshalb eine geringe Belastung der heute üblicherweise starken Motoren, etwa im Stadtverkehr, auch sehr niedrige Teillastwirkungsgrade zur Folge hat. Der Verlauf des Wirkungsgrades des Brennstoffzellenantriebs zeigt hingegen ein Maximum bei Teillast (vgl. Abb. 10), dessen Position durch die Auslegung, d. h. durch die gewählte Nennleistung bestimmt ist. Diese ist wiederum eine Funktion der „zulässigen" Masse bzw. der „zulässigen" Kosten des Brennstoffzellenantriebs. Bei Brennstoffzellenantrieben ist also bei sehr niedrigerer Last, aber auch bei Volllast (z.B. beschleunigte Autobahnfahrt) mit Wirkungsgraden unterhalb des Optimums zu rechnen.

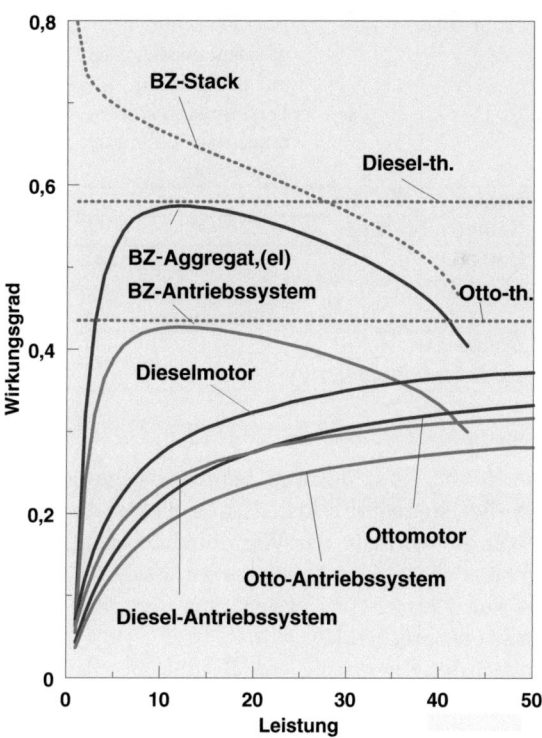

Abb. 10. Schematischer Verlauf des Wirkungsgrads von Verbrennungsmotor und Brennstoffzelle über der Leistung, unterschieden nach Motor bzw. Stack, Aggregat (Brennstoffzelle ohne Elektromotor) und komplettem Antriebssystem (th: theoretisch)

Tabelle 2. Parameter für die Bestimmung des Kraftstoffbedarfs

Parameter	Unterparameter	Kommentar	Illustration
Mechanischer Energiebedarf	Masse	– Leichtbaumaterialien – Gewicht des Antriebssystems, Zusatzgewicht von BZ	
	Rollwiderstand		
	Luftwiderstand		
	Fahrverhalten, Fahrzyklus	– dynamischeres Fahrverhalten verringert Kraftstoffvorteil der BZ – verkehrsbedingter Stillstand erhöht Verluste	
Wirkungsgrade der Systemkomponenten	Polarisationskurve	Betriebspunkt ist wichtig: Auslegung auf maximalen Wirkungsgrad bzw. maximale Leistung gegenläufig	
	Reformer (MeOH)		
	Nebenverbraucher		
Leistungsmanagement	Batterie	– vermeidet Vollast und Leerlauf – Kaltstart	
	Bremsenergierückgewinnung		

Es ist zu beachten, dass Motoren bereits mechanische Energie bereitstellen, während die Brennstoffzellenleistung elektrische Leistung darstellt; es treten also noch die Verluste der Wandlung in mechanische Energie hinzu. Diese Tatsache sowie die im Vergleich zu Motorantrieben höhere spezifische Masse des kompletten Antriebssystems (einschließlich Tank) erhöhen die Fahrzeugmasse entsprechend.

Ein Problem bei der Bewertung von Brennstoffzellen–Fahrzeugen ist die Bandbreite der errechneten Kraftstoffeinsparpotenziale, die neben den Faktoren in Tab. 2 vor allem auch von den Annahmen bezüglich der Vergleichssysteme abhängen. Während die meisten nordamerikanischen Studien beispielsweise von schweren Fahrzeugen mit den durchschnittlichen Flottenfahrzeugen ausgehen, legen die meisten europäischen Studien bereits optimierte Verbrennungsmotoren zugrunde. Das Verhältnis des Kraftstoffbedarfs eines Verbrennungsmotors zu dem von Brennstoffzellen („Kraftstoffbedarfsverhältnis") streut daher zwischen 1,25 und 3 beim Wasserstoff–Brennstoffzellen–Fahrzeug und zwischen 1,1 und 2,3 beim Methanol–Antrieb (Abb. 11).

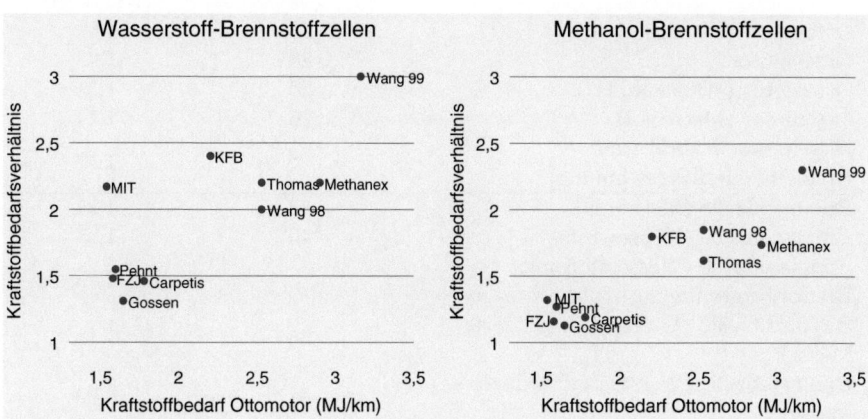

Abb. 11. Kraftstoffbedarfsverhältnis (Kraftstoffverbrauch Ottomotor/Kraftstoffverbrauch Brennstoffzelle) in verschiedenen Studien

Wir gehen in unseren weiteren Betrachtungen von Berechnungen in (Carpetis 2000) aus. Die Ergebnisse einer Simulationsrechnung illustriert Tab. 3 (Carpetis 2000), wobei der Basiswert des Benzin–Ottomotors mit 1,6 MJ/km Kraftstoffverbrauch einem Benzinverbrauch von 5 l/100 km entspricht. Die über den gesamten Fahrzyklus bilanzierten Wirkungsgrade der Brennstoffzellenantriebe mit Wasserstoff und Methanol liegen deutlich auch über denjenigen fortschrittlicher Motorantriebe (Status 2010).

Besonders effiziente Antriebssysteme sind autonome (parallele) *Hybridantriebe*, also Kombinationen von Verbrennungsmotor mit Elektromotor und Pufferbatterie. Das Hauptaggregat solcher Fahrzeuge kann kleiner ausgelegt werden, es arbeitet vorwiegend im optimalen Bereich und Leerlaufverluste werden vermieden. Auf der anderen Seite ist der Lade–Entlade–Zyklus mit Verlusten behaftet. Die mögliche Rückgewinnung von Bremsenergie in Höhe von rund 15% des Antriebsbedarfs ergibt einen Kraftstoffverbrauch von 1,12 MJ/km bzw. 3,1 l/100 km. Für Hybridantriebe mit Brennstoffzellen ist die erreichbare Einsparung weniger ausgeprägt, da das elektrische Wandlungssystem ohnehin schon sehr effizient ist und der Pufferbetrieb der Batterie ebenfalls verlustbehaftet ist.

Eine noch unsichere Größe stellt die Masse kompletter Brennstoffzellenantriebe dar (einschließlich Tank und etwaiger Reformer). Eine Reduktion des Antriebsgewichtes um ein Drittel reduziert den Kraftstoffbedarf deutlich. In der Grenzfallbetrachtung gleicher spezifischer Gewichte aller Antriebe

Tabelle 3. Typische Nettowirkungsgrade des Antriebs im Referenzfahrzyklus und resultierender Kraftstoff- und Primärenergieverbrauch für ein Referenzfahrzeug (Carpetis 2000, Pehnt 2002a)

Antrieb und Kraftstoff	Wirkungsgrad (%)	Kraftstoffbedarf (MJ/km)
Ottomotor (Benzin)	23	1,60
Dieselmotor	26	1,43
Ottomotor (Wasserstoff)	25	1,51
Ottomotor (Methanol)	26	1,44
Dieselmotor Hybrid (mit Bremsenergierückgewinnung)		1,12
Brennstoffzelle (Methanol)	33	1,26
Brennstoffzelle (Wasserstoff)	40	1,03
Brennstoffzelle (Wasserstoff mit Bremsrückgewinnung)		0,93
Brennstoffzelle (Methanol; reduzierte Masse)	35	1,13
Brennstoffzelle (Wasserstoff; reduzierte Masse)	41	0,93
Brennstoffzelle (Wasserstoff mit Bremsrückgewinnung; reduzierte Masse)		0,85

Fahrzeug: 750 kg Leergewicht ohne Antrieb; Fahrzyklus: NEFZ plus Autobahnfahrt gemäß (Carpetis 2000). Fahrzeuggewichte inkl. Antrieb und Fahrer: Benzin 1030 kg, Diesel 1090 kg, H_2–Otto 1070 kg, MeOH–Diesel 1110 kg, H_2–BZ 1350 kg, MeOH–BZ 1440 kg. Reduzierte Masse: Antriebsgewicht um ein Drittel reduziert.

steigt das Kraftstoffbedarfsverhältnis auf den Quotienten der Wirkungsgrade Brennstoffzelle/Verbrennungsmotor.

Die *Gesamtergebnisse* eines ökobilanziellen Vergleichs verschiedener Antriebs- und Kraftstoffoptionen zeigt Abb. 12 für zwei ausgewählte Umweltwirkungen, nämlich die Treibhausgasemissionen und die Emissionen kanzerogener Schadstoffe (vor allem Dieselpartikel) unter Annahme zukünftiger Fahrzeuge. Sie verknüpft die Bilanzen der Herstellung und Kraftstoffbereitstellung mit den Umwelteinwirkungen durch den Betrieb.

Die Klimabilanz macht deutlich, dass der Energieträger einen deutlicheren Effekt erzielt als das Antriebskonzept. Durch Einsatz von Biomasse, Windkraft oder anderer regenerativer und nahezu treibhausneutraler Energieträger, auch unter Berücksichtigung der Transportaufwendungen (beispielsweise LH_2–Transport durch Tanker mit fossilem Kraftstoff), lassen sich diese Umweltwirkungen deutlich senken. Ein höherer Wirkungsgrad neuer Antriebskonzepte ist bei diesen Primärenergieträgern ökologisch weniger wichtig. Günstig ist der bessere Wirkungsgrad jedoch wegen der höheren Brennstoffkosten und begrenzten Potenziale vieler erneuerbarer Energieträger.

Einsparungen von knapp 15% (unter Berücksichtigung der Fahrzeug-Herstellung; ohne: 30%) lassen sich bei Einsatz von fossilem Wasserstoff gegenüber Benzin–Ottomotoren erzielen. Hinzu kommt, dass keine CO_2–Emissionen in mobilen Quellen anfallen. Eine eventuelle CO_2–Entsorgung ist dadurch begünstigt. Ähnlich niedrige Emissionswerte erreichen allerdings auch Motor–Hybrid–Fahrzeug (mit Bremsenergierückgewinnung) auf Dieselbasis. Deutlich darunter kommt nur die Brennstoffzellen–Hybrid–Version. Dagegen erreichen mit Methanol aus Erdgas betankte Brennstoffzellen-Fahrzeuge keine Vorteile bei Klimagasemissionen gegenüber Fahrzeugen mit Verbrennungsmotoren.

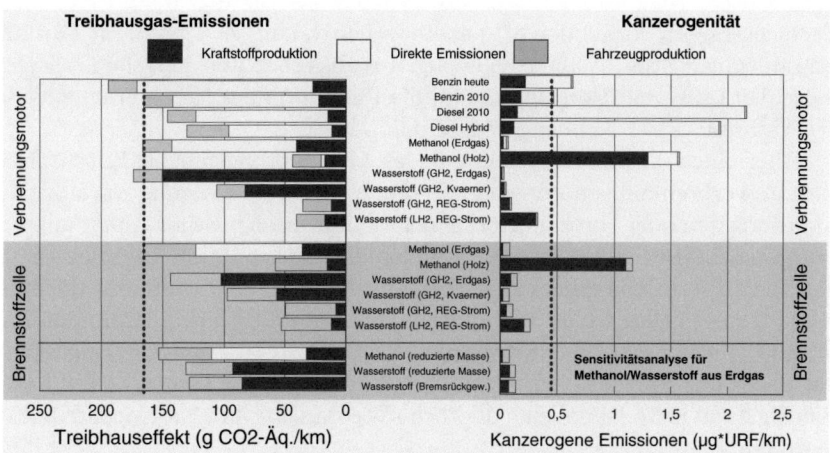

Abb. 12. Klimarelevante und kanzerogene Emissionen neuer Fahrzeugantriebe Fahrzeuge gemäss Tab. 3. Emissionsstandard Verbrennungsmotoren: Euro 4. Regenerativer H_2: Elektrolyse aus Wasserkraft. GH_2: Stromtransport mit HGÜ nach Deutschland. LH_2: Wasserstofftransport mit Schweröltanker. Quellen: Bilanz der Kraftstoff- und Fahrzeugproduktion gemäss (Pehnt 2002a), außer: Hybrid (abgeschätzt nach (Fleißner 1999, Carpetis 2000) und Diesel–Hybrid (Patyk u. Höpfner 1999)). URF: Unit Risk–Faktoren

Allen Brennstoffzellenantrieben ist jedoch gemeinsam, dass sie lokal praktisch emissionsfrei sind. So entstehen beispielsweise NO_x–Emissionen lediglich bei der Herstellung der Kraftstoffe und Fahrzeuge. Bei Fahrzeugen mit Verbrennungsmotor treten die am Fahrzeug entstehenden „lokalen" NO_x–Emissionen hinzu. Neue Fahrzeuge mit Verbrennungsmotor unterschreiten allerdings die zukünftigen strengen Emissionsstandards.

Die Kanzerogenität (Abb. 12 rechts) ist vor allem bei den Dieselfahrzeugen ausgeprägt, insbesondere durch die Partikelemissionen. Partikelfilter für Dieselfahrzeuge sind daher eine vordringliche Maßnahme zur Verbesserung der Umweltbilanz des Dieselfahrzeuges. Brennstoffzellenfahrzeuge zeichnen sich durchgängig durch extrem niedrige kanzerogene Emissionen auch in den Vorketten aus. Die kanzerogenen Emissionen aus der biogenen Methanolkette stammen aus der Holzbereitstellung. Zu berücksichtigen ist, dass das absolute Emissionsniveau bereits sehr gering ist, da die Dieselfahrzeuge den Stand Euro 4 widerspiegeln. Das heißt, dass die Skala dieser Grafik sehr kleine Werte aufweist. Die Formaldehyd–Emissionen des Methanol–Brennstoffzellen–Fahrzeuges sind bei dem angenommenen Charakterisierungsfaktor nicht von Belang.

Eine vollständige Bewertung neuer Antriebssysteme muss auch sehr sorgfältig auf die *zukünftigen Entwicklungspotenziale* der einzelnen Technologien eingehen. Diese sind für die etablierte Technologie des Verbrennungsmotors sehr viel präziser abschätzbar als für das neuartige, nur in Versuchsträgern vorhandene Brennstoffzellensystem. Z. T. sind die Optimierungsmöglichkeiten in allen Fahrzeugen realisierbar und betreffen beispielsweise den Luft- und Rollwiderstand, die Reduktion der Karosseriemasse und des Verbrauchs der Nebenaggregate u.ä.

Aber auch antriebsbezogen gibt es Optimierungsmöglichkeiten. Beim Benzin–Verbrennungsmotor sind z.B. durch Direkteinspritzung, variable Ventilsteuerzeiten oder Hubraumverkleinerung mit mechanischer Auflading Einsparpotenziale zwischen 8 und 15% erzielbar (Fischer 1998). Vor allen Dingen das Teillastverhalten gilt es zu verbessern. Auch beim Dieselmotor dürfte innerhalb einer Dekade eine Verbrauchsreduktion möglich sein (Common Rail, Pumpe/Düse), wobei der Schwerpunkt bei der Reduktion der Emissionen, vor allem der Partikel, liegen wird. Hybrid–Konzepte können sowohl beim Benziner wie beim Diesel eine deutliche Verbrauchs- und Emissionsreduktion bewirken.

Bei der Brennstoffzelle ist neben einer Steigerung der Wirkungsgrade von Stack und Peripherie auch durch die Möglichkeit der Bremsenergierückgewinnung (Batterieeinsatz erforderlich), durch ein verstärktes Lastmanagement (Abschalten von Teilen der Peripherie im Stillstand etc.), und vor allem durch Gewichtsreduktion eine Verbrauchsminderung möglich. Insgesamt sollte verstärkt ein optimiertes System Brennstoffzelle/Batterie untersucht werden, um die Vorteile der Brennstoffzelle mit denen des klassischen Elektroautos zu verschmelzen. Zudem eignet sich die Brennstoffzelle besonders für Niedrigstverbrauchs–Fahrzeuge, bei denen die bisherigen Hemmnisse – Wasserstofftank, Gewicht und Volumen des Antriebssystems, Kosten von Kraftstoff und Antriebssystem – von weitaus geringerer Bedeutung sind.

Die Ergebnisse des Gesamtvergleichs zeigen zum einen den engen Zusammenhang zwischen den günstigen Ausgangsbedingungen des alternativen Antriebssystems „Elektromotor mit Brennstoffzelle", nämlich gute Wirkungsgrade und lokale Emissionsfreiheit, und den Nachteilen, welche bei der Bereitstellung der entsprechenden Kraftstoffe in Kauf genommen werden müssen, solange diese aus fossilen Primärenergien stammen. Zum anderen wird die sehr hoch anzusetzende „Meßlatte" der konventionellen Antriebe sichtbar.

These 4. *Brennstoffzellen werden verzögert, dann aber dynamisch in den Markt eintreten. Ausschlaggebend hierfür werden insbesondere auch nicht ökologische Aspekte sein.*

Eine Markterschließung mit Brennstoffzellenfahrzeugen kann je nach den gewählten Parametern sehr unterschiedliche Ausmaße annehmen. Sie hängt wesentlich vom Zeitpunkt der Markteinführung, dem insgesamt erreichbaren Marktpotenzial und der Wachstumsrate, mit der dieses Marktpotenzial erschlossen wird, ab. Es verwundert daher nicht, dass die vorliegenden Szenarien zur Markteinführung von Brennstoffzellen einen weiten Bereich überdecken (Abb. 13). Die eher optimistischen Szenarien gehen für 2010 von Jahresumsätzen von 180 000 bis 250 000 Fahrzeugen und für 2020 von einem Bestand von 3,5 bis 4,5 Mio. Brennstoffzellen–Fahrzeugen aus (also rund 8% des zu diesem Zeitpunkt erwarteten Gesamtbestands), während vorsichtige Schätzungen maximale Werte um 1 Mio. Fahrzeuge (= 2%) zu diesem Zeitpunkt annehmen. Automobilkonzerne halten eine Stückzahl von 100 000 Fahrzeugen/Jahr für das Jahr 2010 für realistisch. Vor diesem Hintergrund sind die in (Shell 1999) angenommenen Maximalwerte von 10 Mio. Fahrzeugen in 2020 extrem unwahrscheinlich und wurden jüngst deutlich nach unten korrigiert.

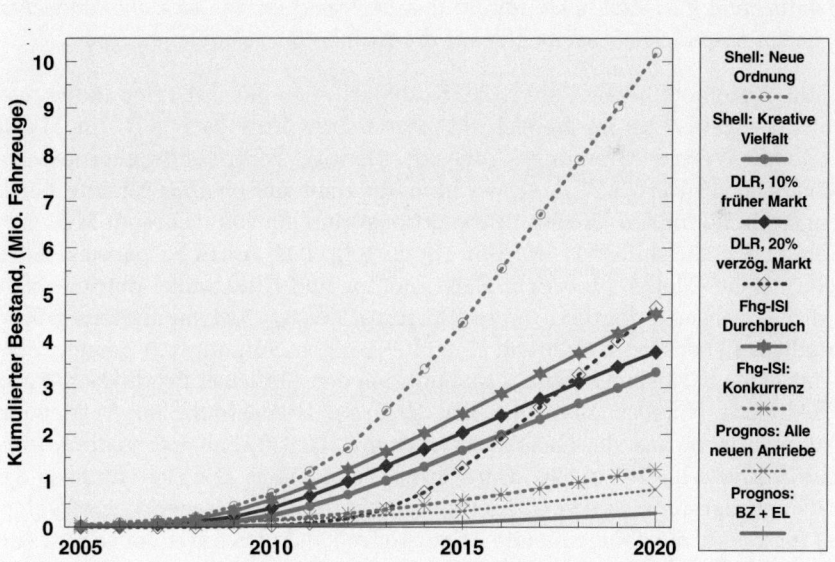

Abb. 13. Szenarien der Bestandsentwicklung von Brennstoffzellen–Fahrzeugen bis zum Jahr 2020 nach verschiedenen Untersuchungen. Quellen: (ISI 1999, Shell 1999, Pehnt 2000, Prognos 2000). (Gesamtbestand 1999 = 42,4 Mio. Pkw)

Als frühester Zeitpunkt einer Markteinführung wird von der Automobilindustrie das Jahr 2004 angestrebt. Angesichts der noch offenen Frage der

Kraftstoffinfrastruktur und der Existenz lediglich einzelner Demonstrationsfahrzeuge zum jetzigen Zeitpunkt ist dies eine sehr ehrgeizige Zeitmarke. Auch spätere Zeitpunkte sind also in Betracht zu ziehen („DLR verzögerter Markt") und werden zunehmend von der Automobilbranche propagiert. Auch die Höhe des erreichbaren Marktsegments ist sehr unsicher. Eine rasche und sehr weitgehende Verdrängung des Verbrennungsmotors ist eher unwahrscheinlich und nach den obigen Ausführungen erst zu erwarten (und auch sinnvoll), wenn Kraftstoffe auf der Basis erneuerbarer Primärenergien in ausreichendem und preisgünstigem Maße zur Verfügung stehen. Neben den Umweltvorteilen sind mit Brennstoffzellenfahrzeugen aber auch *andere*, für Elektrofahrzeuge charakteristische *Vorteile* erschließbar, beispielsweise geringere Geräuschemissionen (s.u.), die einfache Integration elektrischer Peripherie und Kompatibilität mit Drive by wire und Autopilot–Technologien, das bessere Fahrverhalten und die höhere Sicherheit aufgrund möglicher Neugestaltungen der Fahrgastzelle und einer dezentralen Massenverteilung. Auch, vielleicht eher gerade diese entscheiden maßgeblich über den Eintrittszeitpunkt von Brennstoffzellen in den Automobilmarkt.

These 5. *Die Kostenreduktion unter Beibehaltung der technischen Überlegenheit von Brennstoffzellenfahrzeugen stellt eine besondere Herausforderung dar. Dabei ist sowohl aus ökologischen wie aus ökonomischen Gründen besonderes Augenmerk auf die Katalysatorbeladung zu legen.*

Im Automobilbereich sind die Kostenkriterien für Energiewandler wesentlich schärfer als im Bereich des stationären Einsatzes (z.B. im Markt für Kraft–Wärme–Kopplungs–Anlagen). Heutige Verbrennungsmotoren kosten 20 bis 40 Euro/kW$_{mech}$, was in erster Linie auf eine ausgereizte Fertigungstechnik und auf jährliche Produktionsvolumina von mehreren Millionen Einheiten zurückzuführen ist. Für Brennstoffzellen–Antriebe (einschließlich Reformer bei Methanolbetrieb, Elektromotor und Elektronik) werden erforderliche Zielwerte deutlich unter 100 Euro/kW$_{mech}$ bei mindestens 5 000–stündiger Lebensdauer während einer 10–jährigen Nutzungszeit genannt. Eine mögliche Kostenentwicklung als Funktion der jährlichen Produktionsraten (Friedrich u. Noreikat 1996, Noreikat 1996) für Brennstoffzellen–Antriebe in Pkw geht davon aus, dass bei Stückzahlen um 100 000 Einheiten/a die Kosten eines Antriebs bei 100 bis 200 Euro/kW liegen können. Die Zielsetzungen des PNGV–Programms in den USA (Partnership for a New Generation of Vehicles) für konkurrenzfähige mobile Brennstoffzellen-Antriebssysteme liegen einschließlich Elektroantrieb und Pufferbatterie zwischen 50 und 150 Euro/kW. Praktisch alle Kostenangaben zu Brennstoffzellenantrieben leiten sich derzeit aus den Zielvorgaben ab, die erforderlich sind, um mit herkömmlichen Antrieben ökonomisch konkurrenzfähig sein zu können. Dies erfordert einerseits noch beträchtliche Kostensenkungen gegenüber den heutigen prototypischen Brennstoffzellenantrieben und zum andern hohe Stückzahlen in der Produktion. Dabei wird meist von Lernfaktoren um 0,75 ausgegangen (was einer

Kostensenkung um 25% bei Verdopplung der kumulierten Produktion entspricht). Dieser Lernfaktor kann im Vergleich zu anderen für die Massenfabrikation geeigneten Technologien als relativ optimistisch bezeichnet werden (Abb. 14). Gasturbinen erreichten anfangs Lernfaktoren von 0,81; Solarzellen liegen bei 0,78, Windkraftanlagen bei 0,87. Die als Blockheizkraftwerk vermarktete phosphorsaure Brennstoffzelle erreichte anfangs günstige Lernfaktoren um 0,75, in letzter Zeit sind die Kosten jedoch wieder gestiegen.

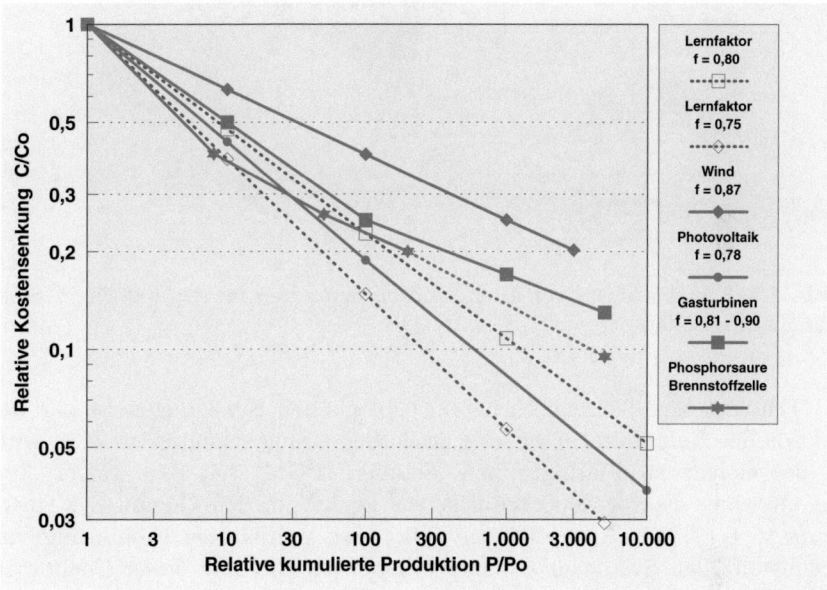

Abb. 14. Lernkurven der Serienfertigung ausgewählter Technologien und möglicher Reduktionsbereich für Brennstoffzellenantriebe (f = 0,75 bis 0,85) (Nitsch 1998)

Systemkosten können auch über eine Kalkulation der Material-, Investions-, Betriebs-, Fertigungs- etc. Kosten der einzelnen Komponenten berechnet werden. Gegenüber den Zielkosten zeigen Kostenabschätzungen auf der Basis dieser Bottom–up–Modellen Kosten, die einen Faktor 5 bis 10 zu hoch sind, wenn von Großserienfertigung mit heutigen technischen Parametern ausgegangen wird. Abb. 15 zeigt eine Kostenverteilung aus (Little 2000, Teagan et al. 2000). In diesem Modell wurde von einer Auslegung auf hohen Wirkungsgrad ausgegangen, das heißt der Betriebspunkt liegt bei niedrigeren Stromdichten.

Der Haupt–Kostenfaktor ist in diesem Einsatzfeld die Brennstoffzelle selber, die für 60% der Gesamtkosten verantwortlich ist. Dabei werden 81% der gesamten Systemkosten durch Materialien verursacht, vor allem durch die Katalysatormaterialien. Platin verursacht unter den angenommenen Beladungen 20% der Kosten.

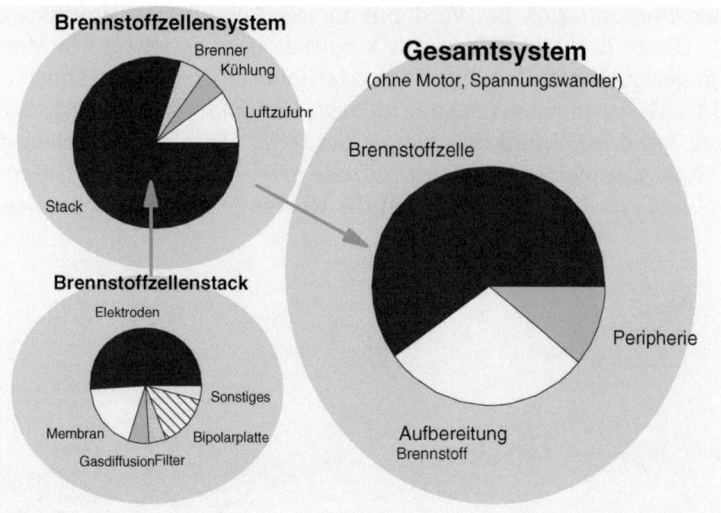

Abb. 15. Kostenstruktur von Brennstoffzellensystemen für den mobilen Einsatz (Teagan et al. 2000)

Nicht nur aus ökonomischen und ökologischen Erwägungen ist der Reduktion der *Katalysator–Beladung* große Bedeutung zuzumessen. Zwar wurde der Gehalt an Platingruppen–Metallen (PGM) seit den 1960er Jahren um einen Faktor 2000 reduziert (2 kg/kW in den Gemini–Systemen, heute < 1 g/kW). Aber dennoch führt eine weitflächige Einführung von Brennstoffzellen–Systemen zu einer erheblichen Bindung dieser Edelmetalle. Die Ressourcensituation von PGM weist dabei einige Besonderheiten auf:

– Die Ressourcen (also das natürlich vorkommende Material in fester, flüssiger oder gasförmiger Form in oder auf der Erdkruste, das so vorkommt, dass es grundsätzlich ökonomisch abbaubar ist) sind mit 53 Gg nur ca. zweimal so hoch wie die Reserven (der Teil der Ressourcen, der derzeit wirtschaftlich gewinnbar ist). Dies führt dazu, dass durch höhere Marktpreise die Reservensituation nicht deutlich verbessert werden kann.
– Die Platinvorkommen sind geografisch extrem konzentriert. 94% der Reserven liegen in Südafrika.

In Råde (2001) wird basierend auf relativ optimistischen Annahmen, allerdings vergleichsweise hohen Fahrzeugzahlen berechnet, dass im Basisszenario bereits in 50 Jahren die Reserven und in 60 Jahren die Ressourcen verbraucht sind (Abb. 16). Bei einer dynamischen Durchdringung des Pkw–Marktes mit Brennstoffzellenfahrzeugen (Annahme: 50% der Produktion im Jahr 2050) und eher vorsichtigen Annahmen für den PGM–Verbrauch in Industrie und Schmuckindustrie (z.B. keine Steigerung der Nachfrage in China) liegt der Platinverbrauch im Jahr 2100 bei 11 000 Mg, davon 2 700 Mg

Primärplatin. Dabei wurden bereits eine Recycling–Rate von 90% zugrunde gelegt, die angesichts der hohen Exportrate von Altautos in Länder ohne Recycling–Infrastruktur ambitioniert erscheint.

Eine solche hohe Nachfrage könnte nur unter enormen Anstrengungen der Minenbetreiber bereitgestellt werden. Erforderlich wären Wachstumsraten von jährlich 3% über das kommende Jahrhundert gemittelt (z. Vgl. 1970–2000: < 1%, 1940–2000: 4,5%), bzw. von 32 Mg Zuwachs pro Jahr. Ein solcher absoluter Zuwachs wäre historisch einmalig (Durchschnitt 1940–2000: 2,6 Mg/a).

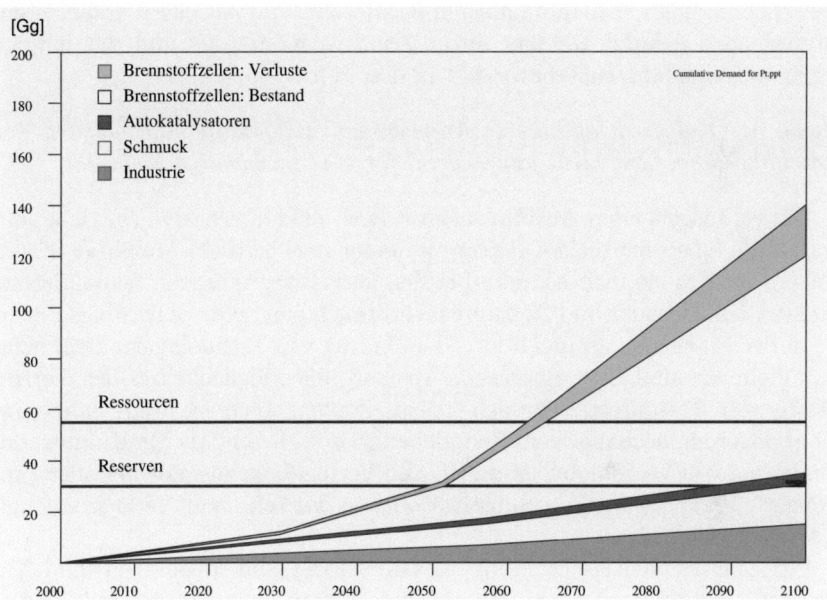

Abb. 16. Zukünftiger Verbrauch an Primärplatin in einem Basisszenario nach (Råde 2001)
Annahmen für das Basisszenario: Steigerung der Fahrzeugzahlen von 531 Millionen (2000) auf 5 405 Millionen (2100), Wachstum des Brennstoffzellenanteil gemäß S–Kurve mit 50% Anteil an jährlicher Produktion 2050. Recyclingrate 90%, 0,39 g Pt/kW Brennstoffzellenfahrzeug, 50 kW Stackleistung, 10 Jahre Stack–Lebensdauer, andere Rahmendaten aus dem IIASA/WEC–Szenario C.

Bei den erforderlichen großen Stückzahlen für Brennstoffzellen–Fahrzeuge werden gleichzeitig großflächige Umstellungen der heutigen *Kraftstoffinfrastruktur* und Investitionen in neue Produktionsstätten für Wasserstoff oder Methanol erforderlich. Die dazu vorliegenden Kostenabschätzungen sind durch eine sehr große Bandbreite gekennzeichnet. In (Teagan 1998) werden die Infrastrukturinvestitionen für Methanol, umgelegt auf einen Markt von

25 Mio. 40–kW–Fahrzeugen, auf ca. 2 350 Euro je Fahrzeug geschätzt, für Wasserstoff liegen sie bei 3 400 Euro. Nach Ogden (1999) ergeben sich langfristig lediglich Kosten zwischen 300 und 800 Euro je Fahrzeug. Diese Kosten können nur sehr begrenzt auf die Verbraucher umgelegt werden, da die Treibstoffkosten sich nicht wesentlich von denjenigen herkömmlicher Treibstoffe unterscheiden dürfen. Je nach anfallenden Zusatzkosten müsste also die Bereitschaft bestehen, durch entsprechend reduzierte Steuern – zumindest für eine Einführungsphase – einen Ausgleich zu schaffen. Dies lässt sich zwar aus ökologischer Sicht rechtfertigen, würde aber die öffentlichen Haushalte um beträchtliche Einnahmen bringen. Dagegen könnte der Weg einer Mehrbesteuerung der herkömmlichen Kraftstoffe zum Ausgleich von Kostenunterschieden genutzt werden, um alternative Kraftstoffe und damit auch Brennstoffzellenfahrzeuge bevorzugt in den Markt einzuführen.

These 6. *Ökologisch optimierte Antriebe und Kraftstoffe sind möglich und auch notwendig, aber nicht hinreichend für eine nachhaltige Mobilität.*

Die vorausgehenden Ausführungen zeigen, dass alternative Antriebe und Kraftstoffe einen deutlichen Beitrag zu einer nachhaltigen Mobilität leisten können, in dem sie insbesondere bei den verkehrsspezifischen neuralgischen Punkten Klimaschutz und Ressourcenverbrauch eingreifen. Allerdings reicht, wie in der Einleitung argumentiert, der Beitrag von Technologien allein nicht aus. Vielmehr sind in verstärktem Ausmaß alle Möglichkeiten der Verringerung von Ressourcenverbrauch auszuschöpfen: auch leichtere Fahrzeuge mit geringerem mechanischem Energiebedarf oder besonders Maßnahmen der Minderung von Verkehrsbelastungen, also Vermeidung zusätzlicher oder „unsinniger" Verkehrsleistung, Substitution von Verkehr und Verlagerung auf andere Verkehrsträger.

Für eine nachhaltige Mobilität ist ein Beitrag zum Ressourcen- und Klimaschutz jedoch noch nicht hinreichend. Neben Ressourcen- und Klimaschutz gibt es eine Reihe weiterer Aspekte, die für eine nachhaltige Mobilität ebenfalls entscheidend sind (Abb. 17, OECD 1996, Pehnt 2001b), z.B. die Gewährleistung dauerhaft vergleichbarer Chancen für alle Menschen, Regionen oder Generationen hinsichtlich des Zugangs zu einer Grundversorgung mit Verkehrsdienstleistungen, die Vermeidung von Überlastungen der Regenerations- und Anpassungsfähigkeiten der Ökosysteme und von Gesundheitsgefahren, die Minimierung von Risiken im Zusammenhang mit Mobilität, die Beteiligung aller gesellschaftlicher Gruppen an Entscheidungsprozessen über die Gestaltung der Transportsysteme, oder die Wirtschaftlichkeit von Verkehrs- und Transportsysteme in einem umfassenden Sinn.

Nicht alle dieser Aspekte werden durch technische Optionen in gleicher Weise in Angriff genommen. Beispielsweise ist mehr als die Hälfte der Bevölkerung stark oder mittelstark durch den *Lärm* des Straßenverkehrs belästigt. Alternative, vor allem Elektroantriebe leisten bei geringeren Geschwindigkeiten, vor allem im Stadtverkehr, einen lärmreduzierenden Beitrag, nicht jedoch bei hohen Geschwindigkeiten, bei denen die Rollgeräusche dominieren. Damit die Lärmreduktion voll zum Tragen kommt, sollte der Einsatz dieser Fahrzeuge durch weitere Maßnahmen (z.B. Tempo 30) flankiert werden (Kolke 1999).

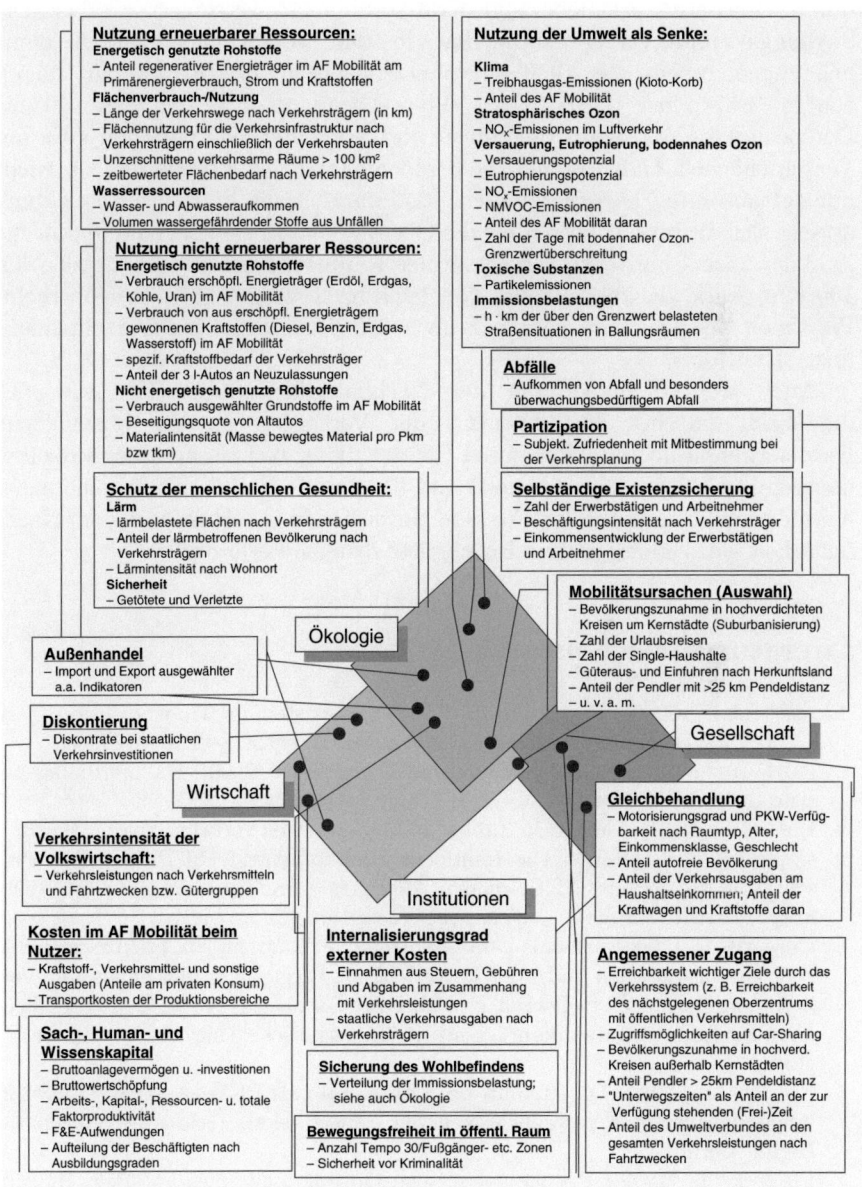

Abb. 17. Aspekte einer nachhaltigen Mobilität (Pehnt 2001b)

Immer noch ist die Nutzung von Verkehrsmitteln, insbesondere im motorisierten Individualverkehr, mit bedeutenden *Sicherheitsproblemen* behaftet. Die Zahl der Getöteten liegt noch bei 7 800 Personen im vereinigten Deutschland (1999).

Auch die Beanspruchung von *Flächen* durch den Straßenverkehr kann durch alternative Antriebe und Kraftstoffe nicht verringert werden. Die Siedlungs- und Verkehrsfläche hat in den vergangenen Jahren deutlich zugenommen, seit 1950 einwohnerspezifisch von ca. 350 auf knapp 500 m^2/Einwohner (BBR 2001), entsprechend ca. 12% der Gesamtfläche Deutschlands. Von dieser Siedlungs- und Verkehrsfläche entfallen 40% auf Verkehrsflächen. Dabei nimmt die Straßennetzlänge kontinuierlich zu. Nicht nur der absolute Flächenverbrauch, sondern auch die Flächenzerschneidung erweist sich als problematisch für die Ökosysteme. In Deutschland nimmt die Zahl der unzerschnittenen verkehrsarmen Räume mit einer Mindestgröße von 100 km^2 stark ab, im Zeitraum von 1977 bis 1998 um 18%. In Nordrhein-Westfalen beispielsweise sind nur noch 3% der Fläche von Verkehrsadern unzerschnitten.

Auch weitere Indikatoren der Nachhaltigkeit (Abb. 17), wie z.B. die sozial gerechte Zugänglichkeit der Verkehrsträger für verschiedene Bevölkerungsschichten, bleiben bei Einsatz dieser technischen Möglichkeiten unverändert. Alternative Antriebe und Kraftstoffe sind damit für eine nachhaltige Mobilität notwendig. Für eine hinreichende Gewährleistung der Nachhaltigkeit sind jedoch weitere Einschnitte dringend erforderlich.

Literaturverzeichnis

1. Little, A.D. (2000): Cost Analysis of Fuel Cell System for Transportation. Task 1 and 2 for Department of Energy, SFAA No. DE–SCO$_2$-98EE505262000
2. BBR, Bundesamt für Bauordnung und Raumwesen (2000): Raumordnungsbericht 2000. BBR, Bonn
3. BMVBW (2000): Verkehr in Zahlen 2000. Deutscher Verkehrs-Verlag, Berlin
4. Campbell, C.J. (1999): The Imminent Peak of World Oil Production. Presentation to a House of Commons All–Party Committee on July 7th 1999. http://www.oilcrisis.com/campbell/commons.htm
5. Carpetis, C. (2000): Globale Umweltvorteile bei Nutzung von Elektroantrieben (mit Brennstoffzellen und/oder Batterien) im Vergleich zu Antrieben mit Verbrennungsmotor. STB–Bericht Nr. 22, DLR-IB-200044417400. Deutsches Zentrum für Luft- und Raumfahrt, Institut für Technische Thermodynamik, Stuttgart
6. Fischer, M. (1998): Die Zukunft des Ottomotors als PKW–Antrieb – Entwicklungschancen unter Verbrauchsaspekten. Dissertation, Technische Universität Berlin, Berlin
7. Fleißner, T. (1999): Primärenergetische Optimierung eines autarken Hybridfahrzeuges. IfE Schriftenreihe Heft 40. Dissertation, TU München, München

8. Friedrich, J., Noreikat, K.E. (1996): State of the Art and Development Trends for Fuel Cell Vehicles. Proceedings of the 11th World Hydrogen Energy Conference, Stuttgart, S. 1757–1766
9. ISI (1999): Innovationsprozess vom Verbrennungsmotor zur Brennstoffzelle. Symposium zum Forschungsvorhaben im Auftrag des Ministeriums für Wissenschaft, Forschung und Kunst Baden-Württemberg. Stuttgart, 27.09.1999
10. Kolke, K. (1999): Technische Optionen zur Verminderung der Verkehrsbelastungen. Brennstoffzellenfahrzeuge. Abschlußbericht. Umweltbundesamt, Berlin
11. Langniß, O., Nitsch, J., Luther J., Wiemken, E. (1997): Strategien für eine nachhaltige Energieversorgung – Ein solares Langfristszenario für Deutschland. Forschungsverbund Sonnenenergie, Workshop 12.12.1997
12. Nitsch, J. (1998): Probleme der Langfristkostenschätzung. Beispiel Regenerative Energien. Workshop „Energiesparen – Klimaschutz, der sich rechnet", Rotenburg (Fulda)
13. Nitsch, J., Trieb, F. (2000): Potenziale und Perspektiven regenerativer Energieträger. Gutachten im Auftrag des Büros für Technikfolgen-Abschätzung beim Deutschen Bundestag. DLR Institut für Technische Thermodynamik, Stuttgart 2000
14. Nitsch, J., Nast, M., Pehnt, M., Trieb, F., Rösch, C. (2001): HGF-Projekt: Zukunftsfähige Entwicklung – Schlüsseltechnologie Regenerative Energien. DLR-Institut für Technische Thermodynamik, Forschungszentrum Karlsruhe, Institut für Technikfolgenabschätzung und Systemanalyse, Stuttgart, Karlsruhe
15. Noreikat, K. E. (1996): NeCar II: State of the Art and Development Trends for Fuel Cell Vehicles. Commercializing Fuel Cell Vehicles, Chicago
16. OECD (1996): Pollution Prevention and Control. Environmental Criteria for Sustainable Transport. Report on Phase 1 of the Project on Environmentally Sustainable Transport. OECD/GD(96)136. Paris
17. Ogden, J. M. : Prospects for Building a Hydrogen Energy Infrastructure. Annual Review of Energy and the Environment (eingereicht)
18. Patyk, A., Höpfner, U. (1999): Ökologischer Vergleich von Kraftfahrzeugen mit verschiedenen Antriebsenergien unter besonderer Berücksichtigung der Brennstoffzelle. Studie im Auftrag des Büros für Technikfolgabschätzung beim Deutschen Bundestag. Institut für Energie- und Umweltforschung, Heidelberg
19. Pehnt, M. (2000): Ökobilanzen und Markteintritt von Brennstoffzellen im mobilen Einsatz. In: VDI-Bericht 1565 Innovative Fahrzeugantriebe. VDI, Düsseldorf
20. Pehnt, M. (2001a): Life Cycle Assessment of Fuel Cell Stack Production. Int. J. Hydrogen Energy 26 (2001), S. 91-101
21. Pehnt, M. (2001b): Ökologische Nachhaltigkeitspotenziale von Verkehrsmitteln und Kraftstoffen. Deutsches Zentrum für Luft- und Raumfahrt, Institut für Technische Thermodynamik, Stuttgart
22. Pehnt, M. (2002a): Ganzheitliche Bilanzierung von Brennstoffzellen. Dissertation. Fortschrittsberichte, Reihe 6, Nr. 476, VDI-Verlag, Düsseldorf
23. Pehnt, M. (2002b): Sauberer Strom und grüne Autos: Energierevolution Brennstoffzelle? VCH Wiley-Verlag, Weinheim
24. Prognos (2000): Energiereport III. Die längerfristige Entwicklung der Energiemärkte im Zeichen von Wettbewerb und Umwelt. Schäffer-Pöschel-Verlag, Stuttgart

25. Quaschning, V. (1999): Systemtechnik einer klimaverträglichen Elektrizitätsversorgung in Deutschland für das 21. Jahrhundert. Habilitationsschrift, Technische Universität Berlin, Berlin
26. Rade, I. (2001): Requirement and Availability of Scarce Metals for Fuel-Cell and Battery Electric Vehicles. Dissertation, Chalmers University of Technology and Göteborg University, Göteborg
27. Rempel, H. (2000): Geht die Kohlenwasserstoff-Ära zu Ende? Vortrag auf der DGMK/BGR-Veranstaltung „Geowissenschaften für die Exploration und Produktion: Informationsbörse für Forschung und Industrie", Hannover 23.5.2000. Download von http://www.bgr.de/b123/kw_aera/kw_aera.htm
28. Schlesinger, M. (2001): Szenarienerstellung – soziodemografische und ökonomische Rahmendaten. Zwischenbericht für die Enquete-Kommission „Nachhaltige Energieversorgung" des Deutschen Bundestages. Prognos AG, Basel
29. Schweimer, G. W. (1999): Sachbilanz des 3 Liter Lupo. Volkswagen AG, Wolfsburg
30. Shell (1999): Mehr Autos – weniger Emissionen. Szenario des PKW-Bestands und der Neuzulassungen in Deutschland bis 2020. Shell AG, Abt. Energie- und Wirtschaftspolitik, Hamburg
31. Teagan, W.P. (1998): Cost Reductions of Fuel Cells for Transport Applications: Fuel Cell Options. Journal of Power Sources 71 (1998), S. 80-85
32. Teagan, W. P., Thijssen, J. H. J. S., Carlson, E. J. Read, C. J. (2000): Current and Future Cost Structures of Fuel Cell Technology Alternatives. Fuel Cell 2000, Luzern, S. 399-410

Verkehrspolitische Lärmminderungskonzepte im Forschungsvorhaben „Leiser Flugverkehr"

Volker Warlitzer

1 Fluglärm – ein drängendes Umweltproblem

Der Fluglärm, vor allem nächtlicher Fluglärm, ist ein bedeutendes und seit langem drängendes Problem im Umfeld ziviler Verkehrsflughäfen. In den letzten Jahren hat die von den meisten Flughäfen ausgehende Fluglärmbelastung trotz steigenden Verkehrsaufkommens zwar abgenommen, was im wesentlichen jedoch auf die Ausmusterung älterer und lauterer Flugzeuge zurückzuführen war. Die Umsetzung der Forschungsergebnisse auf dem Gebiet der Triebwerkstechnik hat seit cirka 30 Jahren zu einer Absenkung der spezifischen Lärmemission von Flugzeugen um 25 dB geführt. Bis zum Jahre 2002 wird dieser Ausmusterungsprozess weitgehend abgeschlossen sein. Danach wird bei der prognostizierten Zunahme des Flugverkehrs der Fluglärm wieder zunehmen mit der Gefahr, dass aufgrund unzumutbarer Lärmbelastungen ein weiteres Wachstum des Luftverkehrs behindert wird. Dies würde sich negativ auf die wirtschaftliche Entwicklung des Standortes Deutschland auswirken. Es besteht also ein dringender Handlungsbedarf, um sowohl dem berechtigten Anliegen des Schutzes der betroffenen Bevölkerung vor Fluglärm, als auch der wirtschaftlichen Bedeutung des Luftverkehrs für Deutschland gerecht zu werden.

Anders als Probleme der Schadstoffemissionen, deren großenteils globale Bedeutung längst erkannt wurde, und deren Lösungen deshalb auch sehr wesentlich unter diesen Maßgaben gesucht werden, sind Lärmprobleme immer lokaler Natur. D.h. dass negative Wirkungen nur dort auftreten, wo Menschen Lärmimmissionen ausgesetzt sind. Im Fall des Fluglärms ist dies das besiedelte Umfeld der Verkehrsflughäfen, sofern man, wie in diesem Forschungsvorhaben, den Flugbetrieb der Militärflughäfen und die militärischen Tiefflüge nicht einbezieht. Das Umfeld eines Verkehrsflughafens ist dabei der Bereich, in dem die Start- und Landephasen der Flugzeuge abgewickelt werden. Die außerhalb dieses Umfeldes durchgeführten Reiseflugphasen finden üblicherweise in größeren Höhen und in Betriebszuständen der Flugzeuge statt, die am Boden keine Lärmbelästigungen mehr erzeugen.

Diese Besonderheit der Fluglärmproblematik macht evident, dass Lösungen wahrscheinlich in hohem Maße unterschiedliche lokale Gegebenheiten von Flughäfen berücksichtigen müssen und somit auch spezifisch sein werden, bis technische Lösungen zur Geräuschminderung des eingesetzten Fluggeräts auch im direkten Umfeld der Flughäfen nicht mehr zu Lärmbelästigungen führen.

Ähnlich wie bei Schadstoffemissionen sind auch für den Fluglärm Bewertungsfragen zu klären und ggf. Grenzwerte oder im Ergebnis tolerable Gesamtbelastungen zu definieren. Hierzu ist festzustellen, dass trotz langjähriger intensiver Forschungs- und Entwicklungsarbeit derzeit weder bezüglich der Fluglärmmessverfahren noch der Lärmwirkungen allgemein akzeptierte Ergebnisse vorliegen, die gleichermaßen als zuverlässige, gültige und hinreichend praktikable Kriterien für die quantitative und ggf. auch qualitative Definition von Lärmminderungszielen zu verwenden sind.

Eine Verschärfung des Problems ergibt sich aus der eindeutig seit Jahren festzustellenden zunehmenden Sensibilisierung der betroffenen Bevölkerung gegenüber Fluglärm, die sich mit z.T. nahezu exponentiell steigenden Beschwerdezahlen der Bevölkerung auch im Umfeld von Flughäfen belegen lässt, an denen im gleichen Zeitraum erhebliche Lärmminderungen registriert wurden. Objektiv nicht nachvollziehbar sind auch z.B. Ergebnisse repräsentativer Befragungen zum Thema Lärm, wonach sich in Deutschland rund 70% generell durch Lärm, rund 40% durch Fluglärm und rund 20% durch Schienenlärm belastet fühlen. Die sich daraus insgesamt ergebenden Zahlen von Personen, die sich speziell durch Fluglärm belastet fühlen, liegen damit weit über den kumulierten Zahlen der Umfeldbevölkerung aller Flughäfen, die potentiell Fluglärmbelästigungen verursachen. Wenn auch anzunehmen ist, dass ein Teil der damit nicht zu erklärenden Betroffenheit aus Militärflugbetrieb resultiert, so verbleibt ein objektiv nicht nachvollziehbarer Rest perzipierter Lärmbelästigung. Dieser könnte auf eine Politisierung des Lärm- und insbesondere des Fluglärmproblems zurückzuführen sein. Namhafte Lärmwirkungsforscher betonen möglicherweise deswegen bereits, dass über Fluglärmkriterien politisch entschieden werden sollte.

2 Ziel des Forschungsvorhabens „Leiser Flugverkehr"

Mit dem HGF–Strategiefondsprojekt „Leiser Flugverkehr" erarbeitet das DLR einen Maßnahmenkatalog zur Fluglärmminderung, der es ermöglichen soll, die derzeitige Lärmbelastung im Umfeld von Verkehrsflughäfen mittel- bis langfristig zu halbieren. Dies würde selbst bei einer Zunahme des Luftverkehrs um z.B. 50% noch zu einer deutlichen Lärmentlastung des Flughafenumfeldes führen. Lösungen oder Maßnahmen werden in folgenden vom Ansatz her unterschiedlichen Themengebieten erforscht und entwickelt:

– Lärmreduktion an der Quelle (z.B. Minderung von Triebwerks- und Umströmungslärm)
– Operationelle Maßnahmen (z.B. Einsatz lärmarmer An- und Abflugverfahren)
– Verkehrspolitische Steuerungsmaßnahmen (z.B. lärmabhängige Landegebühren)

Als Grundlage aller Maßnahmen werden die humanspezifischen Wirkungen des Nachtfluglärms in der bisher größten Schlaflabor- und Felduntersuchung mit dem Ziel der Definition eines Nachtfluglärm–Kriteriums erforscht. Ein solches Kriterium könnte als Legitimation aller Lärmminderungsmaßnahmen dienen. Dies gilt vor allem für das Arbeitsgebiet „Verkehrspolitische Lärmminderungskonzepte", das hier ausführlicher dargestellt werden soll.

Eine weitere Grundlage ist insbesondere für die Arbeitsgebiete „Operationelle Maßnahmen" und wiederum „Verkehrspolitische Lärmminderungskonzepte" eine vorausgehende oder entwicklungsbegleitende Überprüfbarkeit der Lärmminderungswirksamkeit solcher Maßnahmen im Flughafenumfeld. Hierzu werden im Forschungsvorhaben „Leiser Flugverkehr" neue oder verbesserte Fluglärm–Prognoseverfahren entwickelt.

Wegen des komplexen Forschungsfeldes und der erheblichen Forschungsdefizite – nicht nur auf dem gewissermaßen dieses Forschungsvorhaben begründenden Gebiet der Lärmwirkungsforschung – wird dazu eine interdisziplinäre Vorgehensweise gewählt: Wissenschaftler der Bereiche Medizin, Aeroakustik, Flugmechanik, Flugführung, Lärmphysik, Atmosphärenphysik und Verkehrsforschung aus insgesamt acht Einrichtungen des DLR arbeiten in koordinierter Weise an den nachfolgend mit ihren Zielsetzungen skizzierten Hauptarbeitspaketen zusammen unter der Projektleitung von Dr. Ullrich Isermann vom DLR–Institut für Strömungsmechanik.

3 Hauptarbeitspakete und ihre Forschungsziele

Die inhaltliche Bearbeitung der Themenbereiche und ihre Organisation in der Zuständigkeit der acht beteiligten Einrichtungen des DLR erfolgt in fünf Hauptarbeitspaketen (HAP) mit den folgend aufgeführten Aufgaben und Forschungszielen:

3.1 HAP 1 „Humanspezifische Wirkungen des Nachtfluglärms"

DLR–Institut für Luft- und Raumfahrtmedizin, Köln, Arbeitspaketleiter Dr. Alexander Samel
Ziel dieses Hauptarbeitspaketes ist

– die wissenschaftlich fundierte Ermittlung eines umfassenden Kriteriums zur Bewertung der humanspezifischen Wirkungen nächtlichen Fluglärms.

Das Kriterium wird durch vier repräsentative, unter kontrollierten aber realitätsnahen Bedingungen durchgeführte Schlaf–Laborstudien erarbeitet und anschließend durch zwei umfangreiche Feldstudien validiert. Die Ergebnisse sollen auch als Grundlage für die zweckorientierte Entwicklung und den effizienten Einsatz technischer, operationeller und verkehrspolitischer Lärmminderungsmaßnahmen dienen.

3.2 HAP 2 „Lärmminderung an der Quelle"

AP 2–A „Minderung des Triebwerklärms"

DLR–Institut für Antriebstechnik, Berlin und Köln, Arbeitspaketleiter Dr. Ulf Michel
Mit diesem Arbeitspaket sollen folgende Ziele erreicht werden:

- Erarbeitung von Konstruktionsvorschlägen zur Senkung des Fanlärms durch Verringerung der Umfangsgeschwindigkeit und lärmoptimalen Schaufelentwurf um 6 dB,
- Erarbeitung von Konstruktionsvorschlägen zur Verminderung des Turbomaschinenlärms durch aktive Lärmminderung (z.B. Gegenschall) um 5 dB.
- Verbesserung lärmoptimaler Entwurfsverfahren.
- Verbesserung der Methoden zur Schallfeldanalyse an Triebwerken.

AP 2–B „Minderung des Umströmungslärms"

DLR–Institut für Entwurfsaerodynamik, Braunschweig, Arbeitspaketleiter Dr. Werner Dobrzynski
Im Einzelnen sollen die folgenden Ziele erreicht werden:

- Erarbeitung von Konstruktionsvorschlägen zur Minderung des Fahrwerkslärms um 3 dB.
- Aufklärung der Entstehungsmechanismen von tonalem und breitbandigem Lärm am Vorflügel und an der Landeklappenseitenkante.
- Entwicklung von Technologien zur Lärmminderung an Hochauftriebssystemen um 3 dB und Klärung der Wirkungsmechanismen.
- Aufklärung der Einflüsse der Klappenstellungsparameter auf den Lärm an Hochauftriebssystemen.
- Quantifizierung des Wechselwirkungslärms Fahrwerk/Klappe und die Entwicklung von Lärmminderungstechnologien.
- Validierung der Windkanalmessergebnisse durch Überfluglärmmessungen unter kontrollierten Bedingungen für Prognosezwecke.

Im Ergebnis soll bei dominierendem Strömungsgeräusch im Landeanflug eine Halbierung der am Boden auftreffenden Schallenergie erreicht werden.

3.3 HAP 3 „Lärmarme Flugverfahren"

DLR–Institut für Flugmechanik, Braunschweig, Arbeitspaketleiter Dr. Bernd Krag DLR–Institut für Flugführung, Braunschweig
Im Rahmen dieses Hauptarbeitspaketes sollen die folgenden Ziele erreicht werden:

- Definition verbesserter Flugverfahren unter Berücksichtigung der Einflüsse auf Sicherheit, Arbeitsbelastung der Piloten, Passagierkomfort und Treibstoffverbrauch.

– Bewertung der verbesserten Verfahren hinsichtlich ihres Lärmminderungspotenzials gegenüber den Referenzverfahren (Einsatz von Rechnersimulationen und Flugversuchen zur Klärung flugbetrieblicher Probleme). Optimierung für den Nachtflugbetrieb.
– Erstellung von Konzepten zur Integration verbesserter Verfahren in moderne Air Traffic Management– Systeme.

Insbesondere beim Anflug soll im erweiterten Flughafenbereich durch verbesserte Verfahren eine Minderung der Lärmbelastung um 3 dB erreicht werden. Beim Abflug werden Möglichkeiten zu einer lokalen Optimierung der Lärmbelastung durch geeignete Streckenführung und Navigation untersucht.

3.4 HAP 4 „Verkehrspolitische Lärmminderungskonzepte"

DLR–Institut für Verkehrsforschung, Abteilung Luftverkehr, Köln, Arbeitspaketleiter Volker Warlitzer
Mit diesem Hauptarbeitspaket sollen folgende Ziele erreicht werden:

– Erstellung einer Dokumentation und Synopse der in Deutschland und im internationalen Umfeld von Verkehrsflughäfen bereits praktizierten oder geplanten Maßnahmen zur Fluglärmminderung.
– Bewertung dieser Maßnahmen unter Berücksichtigung flughafenspezifischer Rahmenbedingungen hinsichtlich ihres Lärmminderungspotentials, ihrer Verkehrswirkungen und ihrer wirtschaftlichen Folgewirkungen. Kriterium der Gesamtbewertung ist das erzielbare Lärmminderungspotenzial in Relation zu damit verbundenen möglichen Restriktionen der Verkehrs- und Wirtschaftsentwicklung.
– Konzeption neuer erfolgversprechender Lösungen auf der Basis der Analyse- und Bewertungsergebnisse und Bewertung wie bei den bereits angewandten Verfahren.
– Erstellung eines verkehrswissenschaftlich überprüften Maßnahmenkatalogs, der Flughafenbetreibern und Gesetzgebern eine flughafentypspezifische Auswahl verkehrspolitischer Lärmminderungskonzepte zur Verfügung stellt.
– Definition einer beispielhaften Lärmminderungsstrategie für einen fiktiven Referenzflughafen. Die damit erzielbaren Ergebnisse werden mit den rechnerischen Lärmprognoseverfahren (AP 5–A) quantifiziert.

3.5 HAP 5 „Fluglärmprognose"

AP 5–A „Neue Fluglärmprognoseverfahren"
DLR–Institut für Strömungsmechanik, Göttingen, Arbeitspaketleiter Dr. Ullrich Isermann
Folgende Ziele sollen erreicht werden:

- Erarbeitung eines EDV–gestützten Verfahrens zur Ermittlung der Fluglärmbelastung in der Umgebung von zivilen Verkehrsflughäfen. Basis ist die rechnerische Simulation von Einzelflügen und die Modellierung der Schallabstrahlung des Flugzeugs durch Teilschallquellen. Das Prognosemodell wird so ausgelegt, dass die im HAP 2 gewonnenen Erkenntnisse über die Schallentstehungsmechanismen eingearbeitet werden können.
- In das Prognosemodell wird ein neuartiges – im AP 5–B entwickeltes – Schallausbreitungsmodell integriert.
- Das entwickelte Modell soll einer Validierung unterzogen werden, die auf den im AP 2–B durchzuführenden Messungen basiert. Insbesondere werden die dabei gewonnenen Daten als Grundlage für das Rechenmodell genutzt.

Das Ergebnis soll ein in der Praxis der Fluglärmprognose anwendbares Rechenprogramm sein, für das keine Beschränkungen hinsichtlich der Berechenbarkeit verschiedener Fluglärmdeskriptoren bestehen. Neben den Anforderungen der klassischen Fluglärmprognoseverfahren (Ermittlung der Lärmbelastung durch den fliegenden Verkehr) soll es Möglichkeiten zur Berechnung des Lärms von bodengebundenen Operationen unter Berücksichtigung spezifischer Ausbreitungsbedingungen bieten.

- Aus dem umfassenden Simulationsmodell soll zusätzlich eine Beschreibung für ein vereinfachtes Berechnungsverfahren abgeleitet werden, das den Anforderungen an ein für die Gesetzgebung praktikables Modell genügt. Dieser Arbeitsschritt soll eine notwendige Voraussetzung für die geplante Novellierung des Fluglärmgesetzes erfüllen.

AP 5–B „Verbesserte Schallausbreitungsmodelle"
DLR–Institut für Physik der Atmosphäre, Oberpfaffenhofen, Arbeitspaketleiter Dr. Dietrich Heimann
Ziel dieses Arbeitspaketes ist die

- Entwicklung und Erstellung eines Modellsystems zur konsistenten Simulation der meteorologischen und topographischen Einflüsse auf die Schallausbreitung.

Das Modellsystem, das aus der Kopplung eines existenten meteorologischen Modells und eines hier zu entwickelnden akustischen Modells besteht, soll in das Fluglärmprognoseverfahren einfließen. Dieses kann für Planungszwecke, Sonderfalluntersuchungen (z.B. „worst case" Betrachtungen), zur Ermittlung lärmarmer Flugrouten und Überprüfung der Lärmminderungswirkung verkehrspolitischer Steuerungskonzepte verwendet werden. Das zu entwickelnde akustische Modell soll zwei Ansprüchen genügen:

- Es muss die Physik der Schallausbreitung möglichst richtig beschreiben und
- es muss so ökonomisch sein, dass es praxistauglich ist.

Zur Erreichung des Ziels wird die Modellentwicklung in abgestufter Komplexität durchgeführt. Dabei werden mit einem physikalisch umfangreichen Modell akustische Einzelprozesse (Reflexion, Refraktion, Diffraktion, Streuung und Absorption) simuliert und Parametrisierungsansätze getestet, die in ein vereinfachtes Modell einfließen, das in ein praxistaugliches Prognosemodell (geeignet für Langzeitprognosen auf der Basis von komplexen Flugbetriebsszenarien) eingearbeitet werden kann.

4 Erwarteter Lösungsbeitrag „Verkehrspolitischer Lärmminderungskonzepte"

Das technische Reduktionspotenzial für Triebwerks- und Umströmungslärm wird von Fachleuten auf mehr als 10 dB eingeschätzt. Es ist allerdings nur langfristig vollständig ausschöpfbar, da technische Fort- und Neuentwicklungen im Flugzeugbau bis zur Serienfertigung bereits lange Zeiträume benötigen. Wegen der langen Betriebszeiten und Abschreibungszeiträume von Verkehrsflugzeugen erfordert die Marktdurchdringung neuer oder leiserer Flugzeugtypen weitere lange Zeiträume. Flugzeuge, die heute gebaut werden, fliegen durchaus noch in 30 Jahren.

Die Motivation für die Entwicklung und den Einsatz verkehrspolitischer Lärmminderungs- oder Steuerungskonzepte ergibt sich, anders als bei den technischen Lösungen, aus deren grundsätzlich kurz- und mittelfristiger Einsatzfähigkeit. Wegen der Dringlichkeit der Minderung des Fluglärms sind daher auch diese Möglichkeiten umgehend aufzugreifen, zu untersuchen und zur Einsatzreife zu entwickeln, um auch schon kurzfristig Interessenkonflikte zwischen Lärmbetroffenen, der Wirtschaft, der Luftfahrtindustrie im weitesten Sinne und den Flugreisenden lösen zu können. Verkehrspolitische Maßnahmen zur Lärmminderung im Flughafenumfeld sollen daher besonders als spezifisch konzipierte Lösungen für die Lärmprobleme bestimmter Flughäfen so lange eingesetzt werden, wie die Lärmerzeugung der am Flugbetrieb beteiligten Flugzeuge durch technische Entwicklungen insgesamt nicht so reduziert wird, dass keine unzumutbare Lärmbelästigung der Bevölkerung mehr entsteht. Anderenfalls könnte die weitere Entwicklung der Luftfahrt bis zu einer in der Praxis erfolgreichen allgemeinen Einführung hinreichend leiser Flugzeuge erheblich behindert oder gar unmöglich werden. Was wiederum zu erheblichen Störungen der Wirtschaft und zu Verschlechterungen der Wettbewerbsfähigkeit des Standortes Deutschland führen könnte.

Das Ziel ist die Schaffung eines verkehrswissenschaftlich fundierten Katalogs verkehrspolitischer Maßnahmen zur Lärmminderung im Flughafenumfeld. Der Maßnahmenkatalog soll Flughafenbetreibern und Gesetzgebern deshalb eine flughafentypspezifische Auswahl von Lärmminderungskonzepten zur Anwendung anbieten. Für einen fiktiven Flughafen, der aber von durchaus realen Flugbetriebsstrukturen ausgehen wird, soll außerdem eine auf den gewonnenen Ergebnissen basierende Lärmminderungsstrategie definiert werden. Die mit dieser Strategie erzielbaren Lärmreduktionen werden mittels rechnerischer Lärmprognoseverfahren vom Institut für Strömungsmechanik – in enger Kooperation – quantifiziert.

Eine enge Kooperation ist auch bei der Abstimmung und Überprüfung der Wirksamkeit der Maßnahmen mit dem Institut für Luft- und Raumfahrtmedizin insbesondere bezüglich medizinisch indizierter Lärmminderungsziele notwendig, die möglichst in Form eines „Nachtfluglärm–Kriteriums" definiert werden sollten. Die Ergebnisse der Lärmwirkungsforschung sollten im Konfliktfall die eigentliche Basis und politikrelevante Legitimation für den Einsatz und die Ausgestaltung verkehrspolitischer Lärmminderungsmaßnahmen sein.

5 Arbeitsbeschreibung der Entwicklung verkehrspolitischer Lärmminderungskonzepte

Wie oben skizziert, werden zunächst alle verkehrspolitischen Steuerungsmaßnahmen, die mit der Zielsetzung einer Minderung des Fluglärms an Verkehrsflughäfen in Deutschland und international eingesetzt werden und darüber hinaus geplante Maßnahmen ermittelt, dokumentiert und in einer Synopse dargestellt. Da die dazu veröffentlichten Daten und Beschreibungen der Ausgestaltung solcher Maßnahmen und ggf. auch Maßnahmenbündel für eine systematische Einordnung in eine klassifizierende Synopse nicht ausreichen, werden hierzu zusätzliche schriftliche und ggf. mündliche Erhebungen bei den betroffenen Flughäfen durchgeführt. Mit diesen Erhebungen sollen auch die Lärmminderungswirkungen, die verkehrlichen und, falls möglich, sonstigen wirtschaftlichen Wirkungen auch außerhalb der Flughäfen erfasst werden. Ebenso werden auch ggf. verwendete Verfahren zur Analyse von Wirkungen erhoben und dokumentiert. Die Klärung der wahrscheinlich meist komplexen Maßnahmewirkungen ist eine zentrale Aufgabe dieses Hauptarbeitspaketes. Von den Ergebnissen wird letztlich abhängen, welche Maßnahmen nach Abwägung aller Konsequenzen und ihrer Gesamtbewertung überhaupt für einen Maßnahmenkatalog vorgeschlagen werden können.

Diese Fragen wurden daher zusätzlich in einem Workshop behandelt. Der Workshop wurde mit einem eng begrenzten Kreis auf die Beantwortung und Diskussion spezifischer Fragen vorbereiteter Teilnehmer durchgeführt. Erste Auswertungsergebnisse der Erhebungen bei den Flughäfen wurden den Workshop–Teilnehmern zur Vorbereitung der Veranstaltung zur Kenntnis gebracht werden. Teilnehmer waren: Vertreter von vier Flughäfen mit Nachtflugbetrieb, von drei Fluggesellschaften/Luftfrachtunternehmen, einer Industrie- und Handelskammer als Sprecher der regionalen Selbstverwaltung der Wirtschaft, Ergebnis war die Vereinbarung künftiger intensiver Mitarbeit aller beteiligten Firmen bei der Entwicklung und Implementation von Verfahren zur Wirkungsanalyse verkehrspolitischer Lärmminderungsmaßnahmen.

Die Bewertung und Auswahl von Maßnahmen kann nicht allein auf der Basis der empirischen Ergebnisse der Ist–Situation erfolgen. Dies schon deshalb nicht, weil bisher nur wenige spezifisch lärmmindernde Maßnahmen an wenigen Flughäfen angewendet werden, über die zudem viel zu geringe Erfahrungen vorliegen. Auch rein theoretische verkehrs-/ wirtschaftswissenschaftliche Betrachtungen und Wirkungsanalysen angewandter und möglicher Maßnahmen reichen für Bewertungen hinsichtlich ihrer Eignung für einen praxistauglichen Maßnahmenkatalog, der auch flughafenspezifische Rahmenbedingungen berücksichtigen kann, allein noch nicht aus. Dies gilt auch unter der Maßgabe, dass ohnehin, soweit der Projektrahmen dies zulässt, in erster Näherung auch juristische Fragen nach der Zulässigkeit von Maßnahmen sowie Fragen nach ihrer gesellschaftlichen Akzeptanz und damit ihrer politischen Durchsetzbarkeit zu beantworten sind.

Die direkten isolierten Maßnahmenwirkungen – z.B. Änderungen der Zahl und der tageszeitlichen Verteilung der Flugbewegungen, der Flugzeuggrößen, des Transportvolumens (Passagiere und Fracht) und des Flugzeugtypenmixes sowie der daraus resultierenden Veränderungen des Fluglärms – können nur sehr unvollkommen theoretisch abgeleitet werden. Es soll daher versucht werden, über Zeitreihenanalysen komplexer Flugbetriebsdaten deutscher Verkehrsflughäfen, zunächst die Veränderungen des Flugverkehrs durch Lärmminderungsmaßnahmen, die ab einem bestimmten Zeitpunkt praktiziert wurden, näherungsweise empirisch zu ermitteln. Die Lärmwirksamkeit der Maßnahmen kann dann durch Fluglärmprognosen für das jeweilige Flugverkehrsprofil (vor und nach den Maßnahmen) festgestellt werden.

Es wird erwartet, dass auf der Grundlage solcher Ergebnisse, einerseits differenzierte Gestaltungsempfehlungen für bereits bekannte Maßnahmen gegeben werden können und andererseits neue Maßnahmen – oder Maßnahmenbündel, z.B. auch als Kombination mit bekannten Maßnahmen – für einen Maßnahmenkatalog vorgeschlagen werden können. Dieser Katalog hätte dann den Vorteil, dass zu allen Maßnahmen Ergebnisse einer theoretischen Überprüfung aller Wirkungsketten und -mechanismen vorlägen, aus denen auch explizit Empfehlungen für die flughafentypspezifische Anwendung abgeleitet werden könnten. Bezogen auf die primären Verkehrswirkungen sollten damit bereits quantitative Prognosen von Maßnahmenwirkungen auf der Basis der o.a. Zeitreihenanalysen komplexer Flugbetriebsdaten möglich sein. Mit den Ergebnissen könnten dann als Simulation mit den Verfahren der oben skizzierten quantitativen Lärmprognosen (AP–5A) erstellt werden. Der so erstellte Katalog sollte somit für Flughafenbetreiber und Gesetzgeber eine praktische Entscheidungshilfe bei der Gestaltung oder Einführung verkehrspolitischer Lärmminderungsmaßnahmen sein.

Mit der zusätzlich geplanten Definition einer beispielhaften Lärmminderungsstrategie für einen fiktiven Referenzflughafen soll der Nachweis der Praktikabilität des Maßnahmenkatalogs erbracht werden. Hierbei wird es darauf ankommen, demonstrieren zu können, dass es

Maßnahmen gibt, mit denen hinreichende Lärmminderungsziele zu erreichen sind, ohne dass die Gegenüberstellung mit negativen verkehrlichen und wirtschaftlichen – seien es einzel-, gesamtwirtschaftliche, wettbewerbliche und arbeitsmarktliche – Wirkungen für einzelne Bereiche und insgesamt negativ ausfällt. Die Folgewirkungen der Lärmminderungsmaßnahmen lassen sich grundsätzlich überwiegend monetarisieren. Da dies einstweilen für Lärmminderungswirkungen nicht zutrifft, können erzielbare Lärmminderungen und ihre Folgewirkungen zunächst nur gegenübergestellt und nicht bilanziert werden. Es ist jedoch zu erwarten, dass eine Legitimation für die Durchsetzung von Lärmminderungszielen durch den Gesetzgeber erfolgt. Sei es, dass neue Grenzwerte auf der Basis der Ergebnisse der Lärmwirkungsforschung oder aufgrund gesellschaftlichen und politischen Konsenses gesetzlich festgelegt werden. Da solche verbindlichen Werte bis zum Ende des Forschungsvorhabens nicht vorliegen werden, kann für die beispielhafte Lärmminderungsstrategie nur von anzunehmenden zulässigen Grenzwerten ausgegangen werden, die als das Minimum einer Zielvorgabe für ein Lärmminderungskonzept gelten müssen.

Das bedeutet, dass die beispielhafte Strategie eine Lösung sein muss, mit der einerseits ohne eine weitere Bewertungsdiskussion dieses Ziel erreicht werden kann und die andererseits das günstigste Ergebnis negativer Folgewirkungen erbringt.

Die beispielhafte Lärmminderungsstrategie für einen fiktiven Flughafen soll möglichst auch zeigen, dass die Anwendung auch mehrerer Maßnahmen oder eines Maßnahmenbündels flughafenspezifisch praktikabel und zielführend im Sinne eindeutiger Ergebnisse der quantitativen Lärmprognose ist.

Neben der Analyse und Bewertung verkehrspolitischer Maßnahmen oder Maßnahmenbündel zur Lärmminderung wird das Mediationsverfahren, das im Zusammenhang mit Flughäfen erstmals bei der Ausbauplanung des Frankfurter Flughafens durchgeführt wurde, als Instrument analysiert. Die Fragestellung bezieht sich darauf, ob sich ein solches Verfahren dazu eignet, einen ausreichenden Konsens in der Gesellschaft bzw. bei Betroffenen über die Einführung und Ausgestaltung bestimmter Maßnahmen zu erreichen. Diese Überprüfung ist auch unter dem Aspekt von Interesse, dass seit vielen Jahren die Bewertung des Fluglärms durch Betroffene von den erwähnten zunehmenden Sensibilisierungstendenzen, um nicht zu sagen auch von subjektiven Kriterien, gekennzeichnet ist. Die Fragestellung ist deshalb auch die, ob sich Mediationsverfahren dazu eignen, solche Entwicklungen transparent zu machen, um damit vielleicht auch Chancen zur Vermittlung von Lösungen zu erhalten, die nach diesen Maßstäben keine Total- oder Maximallösungen darstellen, die aber gemessen an eher objektiven Kriterien, hinreichend und akzeptanzfähig sind.

6 Lärmreduzierende verkehrspolitische Maßnahmen und ihre Wirkungsfelder

Wie eingangs bereits angedeutet, dürfen wirksame Lösungen des Fluglärmproblems weder unzumutbar negative Einflüsse auf die Entwicklung des Luftverkehrs noch auf die des Wirtschaftsstandortes Deutschland zur Folge haben. Dieses Problem stellt sich insbesondere bei den zu untersuchenden verkehrspolitischen Maßnahmen, weil sie, bezogen auf die jeweils praktizierten Betriebsabläufe des Flugverkehrs, in der Regel als Eingriffe einzustufen sind, die grundsätzlich restriktiv auf Art oder Umfang des Betriebs wirken.

Mögliche Maßnahmen können hauptsächlich nach *direkt lärmwirksamen oder lärmbezogenen* und *indirekt wirksamen oder flugbewegungsbezogenen* Maßnahmen unterschieden werden. Die direkt lärmwirksamen oder lärmbezogenen Maßnahmen sollen – vereinfacht ausgedrückt – bewirken, dass leisere Flugzeuge eingesetzt werden. Die indirekt lärmwirksamen oder flugbewegungsbezogenen Maßnahmen sollen die Zahl der Flugbewegungen und damit auch den Fluglärm verringern.

Unter den direkt lärmwirksamen Maßnahmen ist als erste die *Lärmkontingentierung* zu nennen. Die Maßnahme bedeutet, dass hier eine definierbare und definierte „Lärmmenge" pro Zeiteinheit, z.B. ein Jahr, verbindlich festgeschrieben und nach bestimmten Kriterien verteilt wird. Die „Lärmmenge" kann dabei auf unterschiedliche Art als Summe der Produkte aus jeweiligen lärmbewerteten Flugzeugtypen und ihren Start- und Landehäufigkeiten nebst Rahmenbedingungsfaktoren definiert und statistisch erfasst oder durch Messungen ermittelt werden.

Eine andere direkt lärmwirksame Maßnahme ist die *Gebührendifferenzierung*. Sie geht von einer Start- und Landegebührenstaffelung nach der Lärmintensität des Fluggeräts, z.B. gemäß ICAO–Lärmzertifizierung, aus. Dadurch soll der Einsatz leiserer Flugzeuge gefördert oder eine Verdrängung lauter Flugzeuge bewirkt werden. Die Ausdifferenzierung der Gebühr kann neben dem Lärm auch das Kriterium der Tageszeit berücksichtigen.

Direkt lärmwirksam wäre auch eine *flugzeugbezogene Lärmpegelbegrenzung*, die im Grundsatz von einer Verschärfung der ICAO–Lärmzertifizierungen ausgeht. Eine solche Maßnahme kann erst nach damit verbundenen Änderungen der Zulassungsbedingungen für jeweilige Flugzeuge wirksam werden. Der Einsatz einer Lärmpegelbegrenzung setzt daher umfangreiche Änderungen technischer Regelwerke voraus. Eine andere Variante wäre eine Lärmbegrenzung auf einen maximalen dB(A)–Wert je Flugzeug.

Den indirekt lärmwirksamen oder flugbewegungsmindernden Maßnahmen ist die *Frequenzbegrenzung* zuzuordnen. Sie bedeutet, dass z.B. auf einer bestimmten Relation die Zahl der Flüge pro Zeiteinheit administrativ oder auch nach Mediation durch Absprache oder Verpflichtung begrenzt wird.

Eine *Flugzeuggrößenbeeinflussung* kann sowohl den generellen Ausschluss bestimmter Flugzeugtypen oder Flugzeugklassen als auch einen administrativen Eingriff bezüglich der auf bestimmten Relationen einzusetzenden Flugzeuge (nach Mindest–Sitzplatzkapazität) im Sinne einer Bewegungsreduzierung bedeuten.

Unter *Flughafenkooperationen* sind hier Vereinbarungen zu verstehen, die z.B. die Operationsgebiete von Flughäfen so aufteilen, dass ohne wesentliche Angebotsverschlechterung die Zahl der Flugbewegungen zumindest an einem der kooperierenden Flughäfen reduziert wird. Die Flughafenkooperation mit dem Ziel der Verkehrsverlagerung bzw. Lärmminderung setzt in der Regel eine geringe Distanz zwischen den beteiligten Flughäfen voraus, da die Existenz ausreichender Schnittmengen der jeweiligen regionalen Verkehrsnachfrage als eine ihrer unbedingten Voraussetzungen anzusehen ist.

Eine *administrative Verkehrsverlagerung* könnte sowohl Maßnahmen wie bei einer Flughafenkooperation, z.B. Bedienungsaufteilung von Relationen unter benachbarten Flughäfen, in diesem Fall durch staatlich–administrative Regelungen, beinhalten, als auch eine administrative Verkehrsverlagerung auf einen anderen Verkehrsträger – z.B. die Bahn (durch Verbot von Kurzstreckenflügen) – bedeuten.

Bei einer *Modal Split–Beeinflussung* handelt es sich – wie teilweise bei administrativen Verkehrsverlagerungen – um Maßnahmen zur Verkehrsverlagerung auf andere Verkehrsträger, die jedoch wettbewerblicher Art sind.

Unter *Mediation* ist ein Verfahren zur Durchsetzung von Lärmminderungsmaßnahmen unterschiedlicher Art mittels moderierter und von Experten unterstützter Verhandlungen mit im Konsens beschlossenen Ergebnissen zu verstehen.

Incentives für Leistungsanbieter sind einseitig, z.B. Fluggesellschaften oder Reiseveranstaltern, gewährte Vergünstigungen oder Anreize zur Erzielung von Lärmminderungsmaßnahmen.

Bei einer *individuellen Verfolgung von Lärmverstößen* handelt es sich um von der Flugsicherung zu veranlassende Ermahnungen, Abmahnungen und Verhängungen von Bußgeldern an Piloten oder Fluggesellschaften wegen lärmverstärkender fliegerischer Regelverstöße bei Start- und Landung, z.B. durch Abweichen von der Minimum–Noise–Route oder den Einsatz nicht zugelassenen Fluggeräts.

Incentives für Lärmbetroffene sind Aktivitäten und Maßnahmen der Flughäfen wie z.B. ständige aktive und prospektive Information der Bevölkerung über Planungen, Entwicklungen und Betriebsabläufe zur Akzeptanzverbesserung oder passive Schallschutzmaßnahmen im Flughafenumfeld sowie Umsiedlungshilfen.

Bei der *Immobilienpolitik* handelt es sich hier um Grundstückskäufe von Flughäfen zur Erhaltung oder Schaffung von Bebauungs-/Siedlungsfreiräumen im Flughafenumfeld oder z.B. Organisation und Finanzierung von Immobilientausch (z.B. Umsiedlung lärmsensibler Anlieger in weniger belastete Räume ggf. im Austausch mit weniger lärmsensiblen gewerblichen Nutzern).

Da alle Maßnahmen nach Art und Ausprägung in der Regel vorab erkennbar mehr oder weniger starke Wirkungen auf die Bereiche Ökologie, Verkehr und Ökonomie haben, ist das Vorgehen in diesem Teilprojekt sehr stark davon geprägt, die Wirkungen bereits angewandter Maßnahmen so spezifisch wie möglich festzustellen und bezüglich ihrer generellen Validität zu bewerten. Für noch nicht angewandte mögliche Maßnahmen und Maßnahmenbündel sind entsprechende Wirkungsanalysen bzw. -prognosen durchzuführen, bevor über ihre Eignung für die Aufnahme in einen Katalog geeigneter Maßnahmen entschieden werden kann.

7 Teilergebnisse bisheriger Arbeiten des HAP 4 „Verkehrspolitische Lärmminderungskonzepte"

7.1 Geringer Einsatz verkehrspolitischer Lärmminderungsmaßnahmen

Die Dokumentation der in Deutschland und international an Verkehrsflughäfen praktizierten und geplanten Maßnahmen zur Fluglärmminderung hat bisher ergeben, dass spezifischen verkehrspolitischen Maßnahmen im Sinne der in diesem Vorhaben zu untersuchenden Maßnahmen noch keine große Bedeutung zukommt. Häufig kommen dagegen Nachtbetriebsbeschränkungen bis hin zu totalen Nachtflugverboten zum Einsatz. Dies gilt auch für die deutschen Verkehrsflughäfen nur bedingt. So ist an dem mit Abstand verkehrsreichsten Flughafen Frankfurt nach wie vor grundsätzlich Nachtflugverkehr möglich. Der Flughafen begründet dies nicht zuletzt mit seinen Funktionen als internationaler Zentralflughafen und als Luftdrehkreuz für Deutschland schlechthin, die sowohl ein striktes Nachtflugverbot aus Kapazitätsgründen und solchen der Verkehrsabwicklung ausschließen, als auch für den Wirtschaftsstandort Deutschland von immenser Bedeutung sind. Für den Flughafen Köln/Bonn gilt sogar fast unbeschränkter Nachtflugbetrieb, den der Flughafen als unabdingbar betrachtet, um seine Position als nach Frankfurt zweitgrößter Frachtflughafen zu sichern, die wiederum bedeutende Arbeitsplatzzahlen am Flughafen und in seinem Umfeld sichert. Für Frachtflüge wird grundsätzlich davon ausgegangen, dass sie wegen der Eilbedürftigkeit und der tageszeitlichen Produktions- und Lieferabläufe an den jeweiligen Start- und Zielorten in aller Regel nur nachts abgewickelt werden können.

7.2 Anwendung lärmabhängiger Start- und Landegebühren

Die internationalen deutschen Verkehrsflughäfen wenden durchgängig lärmabhängige Start- und Landegebühren an. Dazu wird eine flugzeuggewichtsabhängige Gebühr pro 1.000 kg MTOW (Maximum Take Off

Weight) des jeweiligen Flugzeugs erhoben. Diese wird nach der internationalen ICAO–Lärmzertifizierung des Flugzeugtyps gewichtet, wobei die Gebührendifferenzierung mit abnehmenden Werten von besonders lauten hin zu leisen Flugzeugtypen in vier Kategorien (nicht zertifiziert, Zulassung Kapitel 2, Zulassung Kapitel 3 und Zulassung Kapitel 3 – Bonusliste) erfolgt Zusätzlich werden die Gebührensätze üblicherweise mit Aufschlagfaktoren für die Nachtzeiten (meist ab 22:00 bis 6:00 Uhr) versehen, wovon die Flugzeugtypen der Bonusliste allerdings bisher meist ausgenommen blieben. Einige Flughäfen differenzieren noch weitergehend, wie z.B. der Flughafen Hamburg, der eine weitere Staffelung nach Tagesstunden anwendet, wobei eine gestaffelte stärkere Gebührenbelastung in den frühen Morgenstunden und späteren Abendstunden gegenüber der Tageskernzeit von 8:00 bis 20:00 Uhr erfolgt. Frankfurt und München erheben zusätzliche Lärmzuschläge nach Flugzeugtypen, die auf der Basis von Messungen gebildeter Durchschnittswerte (unabhängig von den ICAO–Zertifizierungen) in insgesamt sieben Kategorien eingestuft werden.

Im Ansatz können die skizzierten flugzeuggewichts- und fluglärmabhängigen Start- und Landegebühren in zweifacher Hinsicht als ökologieorientiert angesehen werden. Die Gewichtsabhängigkeit bedeutet nämlich auch, dass aufgrund der Korrelationen zwischen Flugzeuggröße, Flugzeuggewicht, Treibstoffverbrauch und Schadstoffemissionen indirekt eine schadstofabhängige Gebührenbelastung erfolgt. Andererseits ist darauf hinzuweisen, dass die ICAO–Lärmzertifizierung nicht als ein absoluter Vergleichsmaßstab konzipiert ist, der bedeutet, dass Flugzeuge gleicher Zertifizierung ähnliche Lärmpegel verursachen. Es ist vielmehr so, dass die Lärmzertifizierung innerhalb von Flugzeuggrößenklassen vorgenommen wurde, wobei Großflugzeuge bei gleicher Einstufung deutlich lauter sein dürfen. So werden z.B. bislang der kleine und darüber hinaus als Neukonstruktion relativ sehr leise Flugzeugtyp A 319 und der große seit langem im Markt befindliche, schon wegen seiner Größe, sehr laute Flugzeugtyp B 747–400 in der mit dem geringsten gewichtsabhängigen Gebührensatz belasteten Kapitel 3 – Bonusliste geführt. Hierin liegt eine schon im Ansatz erkennbare Schwachstelle der gültigen ICAO–Lärmzertifizierungen, die auch z.B. nicht durch die jetzt für die Flughäfen Frankfurt und München geltenden zusätzlichen Lärmzuschläge beseitigt wird.

Eine weitergehende tendenzielle Lärmminderungswirkung ist von den derzeitigen Start- und Landegebühren künftig kaum noch zu erwarten, da in den letzten Jahrzehnten eine umfassende Modernisierung des Flugzeugbestandes stattfand, die dazu geführt hat, dass der Betrieb auf deutschen Verkehrsflughäfen mittlerweile in einem Umfang von deutlich über 90% mit Flugzeugen des Kapitels 3 und der Bonusliste abgewickelt wird. Die Analyse der Entwicklung der Start- und Landegebühren an deutschen Verkehrsflughäfen im Zeitraum von 1990/91 bis 1998/99 führte zu sehr überraschenden Ergebnissen, die im wesentlichen auch daraus resultieren, dass zu den gewichts- und lärmabhängigen Gebühren noch die Landeentgelte hinzukommen, die pro Passagier differenziert nach Inlands- und grenzüberschreitenden Flügen erhoben werden. Die gewichtsabhängigen Gebührensätze für Flugzeuge der Bonusliste hatten sich im Durchschnitt in diesem Zeitraum nur um nominal 3,5% erhöht. Sie sind somit real im Durchschnitt gesunken. Die Maximalwerte, die für nicht zertifizierte Flugzeuge im Nachtflugbetrieb gelten, hatten sich im gleichen Zeitraum um ca. 235% erhöht. Diese prima vista sehr starke Spreizung hat jedoch in der Praxis wegen des überwiegenden Einsatzes von Flugzeugen des Kapitels 3 und der Bonusliste und der darüber hinaus für die meisten Flughäfen geltenden Nachtflugbeschränkungen nur eine sehr geringe Bedeutung. Die ungewichteten durchschnittlichen Landeentgelte pro Passagier hatten sich dagegen im gleichen Zeitraum im Inlandsverkehr um ca. 130% und im grenzüberschreitenden Verkehr um knapp 30% erhöht. Diese Strukturentwicklung der Landegebühren führte in der Praxis zu Ergebnissen, die hinsichtlich ihrer möglichen Lärmminderungswirkungen als kontraproduktiv zu bezeichnen sind.

Die Gründe für diese Entwicklung ergeben sich einmal aus der Situation, dass derzeit keine weitergehenden Lärmzertifizierungskategorien zur Verfügung stehen, die dem zwischenzeitlichen technischen Entwicklungsfortschritt entsprechen. Eine auf weitere signifikante Lärmsenkung abzielende Gebührenpolitik wird daher vermutlich erst wieder greifen, wenn verschärfte ICAO-Zertifizierungen vorliegen. Hiervon ist künftig auszugehen. Voraussichtlich werden künftig teilweise auch direkte Landeentgeltkomponenten für Schadstoffemissionen eingeführt werden. Ein Hemmnis für eine forcierte Entwicklung ökologischer Gebührenkomponenten ist auch das für Gebühren geltende Regulativ, dass sich die Höhe einer Gebühr grundsätzlich an den Kosten des Erhebungstatbestandes (in der Regel eine kalkulierbare Leistung) orientieren muss. Diesbezüglich entsteht bei ökologisch relevanten Tatbeständen regelmäßig das Problem der Kostenermittlung und -zuweisung oder der Internalisierung externer Kosten. Zum anderen haben die Fluggesellschaften ein offensichtliches Interesse, hinsichtlich des Kostenfaktors Start- und Landegebühren die Flughäfen an den Risiken eines wirtschaftlichen Flugbetriebs dahingehend zu beteiligen, dass die Bereitschaft zur Gebührenzahlung an die Auslastung der Flüge gebunden wird. Die Durchsetzung dieses Interesses kommt in der aufgezeigten Entwicklung der variablen Landeentgelte pro Passagier zum Ausdruck.

7.3 Eignungsanalyse von Mediationsverfahren zur Maßnahmenplanung an Flughäfen

Neben der Analyse von Lärmminderungsmaßnahmen wurde auch am Beispiel des zur Abstimmung der Ausbauplanung des Frankfurter Flughafens durchgeführten Mediationsverfahrens die generelle Eignung eines solchen Instruments zu Maßnahmenplanungen an Flughäfen untersucht. Als vorläufiges Ergebnis kann festgestellt werden, dass sich Mediationsverfahren für Flughafenplanungen nur mit Einschränkungen eignen. Das gilt auch für einen

Einsatz als strategisches Konzept zur Abstimmung und Durchsetzung verkehrspolitischer Lärmminderungsmaßnahmen. Das Verfahren ist kosten- und zeitaufwendig und eignet sich daher nicht zur Verkürzung von Planungs- oder Abstimmungsprozessen. Die Ergebnisse von Mediationsverfahren sind auch keine abschließend verbindlichen Vorgaben für Planungsverfahren oder Maßnahmengestaltungen. Ihr Erfolg ist bereits verfahrensmäßig unsicher, da z.b. nicht gewährleistet werden kann, dass alle relevanten Träger öffentlicher Belange, Interessenvertreter etc. am Verfahren beteiligt werden oder diese sich tatsächlich beteiligen. Es ist fehleranfällig. Dies belegen auch Fehler, die bei der Frankfurter Mediation auftraten. Es trägt durch den umfangreichen und geregelten Austausch von Sachinformationen unter den Beteiligten und durch die Publikation dieser Informationen aber tendenziell zur Versachlichung auch der politischen Diskussion bei und kann so eine konsensfähige Planung fördern. Die Akzeptanz des Verfahrens ist bei den Beteiligten umstritten. Die Kontrahenten unterstellen sich gegenseitig, das Verfahren in erster Linie zur Instrumentalisierung und Durchsetzung eigener – nicht zur Disposition stehender – Zielsetzungen zu missbrauchen, so dass letztlich je nach Perspektive kaum sachgerechte Lösungen erzielt werden.

Für die Abstimmung und Durchsetzung verkehrspolitischer Lärmminderungsmaßnahmen im Konsens werden dennoch erfolgversprechende Einsatzmöglichkeiten von Mediationsverfahren gesehen, insbesondere, wenn darunter auch einfachere Vorgehensweisen verstanden werden, die formal nicht strikt dem in Frankfurt angewandten Verfahren entsprechen müssen (z.B. „Runder Tisch" mit wenigen Teilnehmern). Vor ihrer Anwendung sollte absehbar sein, dass die bestehenden Gegensätze weniger auf objektiven Tatbeständen, sondern eher auf Vorurteilen oder im Vorfeld entstandenen Sensibilisierungen beruhen. Vorwiegend in diesen Fällen könnte der offene Austausch von Sachinformationen bereits wesentlich zum Konsens beitragen.

7.4 Tendenzen der Flächennutzungs- und Bevölkerungsentwicklung im Umfeld von Flughäfen

Eine erste Auswertung der Flächennutzungs-, Siedlungs- und Bevölkerungsentwicklung am Beispiel des Kölner Flughafens hat eine teilweise sehr starke Bebauungs- und Bevölkerungszunahme im direkten Flughafennahbereich ergeben, die nach dem Abschluss des Planfeststellungsverfahrens und Vorliegen der Betriebsgenehmigungen für diesen Flughafen stattfand. Derartige Entwicklungen, die als typisch gelten können, stehen in deutlichem Gegensatz zu weitergehenden Lärmschutzzielen und weisen auf ein diesbezügliches Versagen der Regional- und Stadtplanung hin. Es steht damit zu befürchten, dass ein künftig lärmärmerer Flughafenbetrieb mit daraus bei gegebenen Lärmgrenzwerten resultierenden verkleinerten Footprint- oder Lärmschutzzonen nicht unbedingt dazu führt, dass sich die Zahl der lärmbelästigten Bevölkerung verringert. Vielmehr ist bei einer Fortsetzung dieses Trends zu erwarten, dass die Besiedlung wiederum näher an den Flughafen heranrückt. Dies zu verhindern, sollte Aufgabe der Regional- und Stadtplanung aber auch der Flughäfen sein, die hierzu z.B. sowohl durch die Zuerkennung eines stärkeren Gewichts in Planungsprozessen in die Lage versetzt werden müssten, als auch z.B. durch die Möglichkeit, eine aktivere Immobilienpolitik betreiben zu können.

7.5 Die Bedeutung von Flughäfen für regionale Wirtschaftsentwicklungen

Über bekannte Arbeitsplatzzahlen von Flughäfen und Unternehmen an Flughäfen hinausgehend werden in theoretischen Studien durchgängig größere Beschäftigungswirkungen für Flughafenregionen auf der Grundlage von Multiplikatoreffekten konstatiert. Die Multiplikatoreffekte werden jedoch sehr unterschiedlich eingeschätzt und variieren je nach Untersuchung und Flughafen zwischen ca. 1,5 und 3. Ein starker Einfluss ist in den regionalen Branchenstrukturen der Dienstleistungs- und der Produktionsbereiche zu vermuten. Eine besondere Bedeutung hat dabei auch die Betriebsstruktur der Flughäfen hinsichtlich ihrer Passage- und Frachtanteile. Während der Durchschnittswert von 1.007 Mitarbeitern pro 1 Mio. Passagiere im Passagebereich der internationalen deutschen Verkehrsflughäfen durch einen Range von 800 bis 1.270 gekennzeichnet ist, weist der Frachtbereich mit nahezu konstant 8,0 Mitarbeitern pro 1.000 t Luftfracht eine sehr homogene Beschäftigungskennzahl aus. Jeweilige empirische Nachweise der Multiplikatoreffekte oder der Beschäftigungswirkungen sind nach wie vor schwierig und aufwendig. Die in dieser Untersuchung anstehenden Bewertungen möglicher wirtschaftlicher Folgewirkungen von Lärmminderungsmaßnahmen müssen daher mit Schätzwerten aus Literaturanalysen vorgenommen werden, die ggf. teilempirisch zu modifizieren sind.

8 Das Forschungsvorhaben „Leiser Flugverkehr", seine Partner und seine Position im Forschungsverbund „Leiser Verkehr"

Die mit der dargestellten Struktur des Gesamtprojekts schon erkennbare Bedeutung medizinischer, technischer, planerischer und wirtschaftlicher Aspekte bei der Behandlung des Fluglärmproblems und die angesprochenen möglichen restriktiven Wirkungen, insbesondere verkehrspolitischer Maßnahmen, zeigen deutlich, dass Lösungen vordringlich interdisziplinär anzugehen sind. Damit sollen existierende Abhängigkeiten unterschiedlicher Lärmminderungsansätze untereinander adäquat berücksichtigt und Synergieeffekte ausgenutzt werden.

Das DLR verfolgt im Projekt „Leiser Flugverkehr" – unter Einbindung in nationale und internationale Netzwerke – erstmalig einen solchen ganzheitlichen Ansatz. Die notwendig enge Kooperation mit Industrie und Hochschulen ist gesichert. Beteiligt sind u.a. MTU, DaimlerChrysler Forschung und Technik, Rolls–Royce und SNECMA bezüglich Triebwerkslärm, DaimlerChrysler Aerospace Airbus bezüglich Umströmungslärm, die Universitäten Aachen, Dresden und Stuttgart ebenfalls bezüglich Umströmungslärm, die Universitäten Dortmund und Düsseldorf bei der Lärmwirkungsforschung. Die Durchführung von Meßkampagnen wird von der Deutschen Lufthansa und dem Flughafen Düsseldorf unterstützt.

Das Projekt wird von einem industriellen Beraterkreis kritisch begleitet. Dieser Kreis akzentuiert die Belange der Hersteller, Betreiber und Flughäfen und soll die notwendige externe Unterstützung leisten. Ein DLR–interner Lenkungsausschuss der beteiligten Institutsdirektoren überwacht die Abwicklung und Fortschreibung des Projekts und soll die fachlichen Beiträge der Einrichtungen ziel- und zeitgenau sicherstellen, um die Ergebnisse den von Fall zu Fall endgültigen Adressaten, wie z.B. Behörden, Flughäfen, Flugzeugindustrie, Airlines, Flugsicherung und Gesetzgebern verfügbar zu machen. Das Projekt wird letztlich auch Bestandteil des nationalen Forschungsverbundes „Leiser Verkehr" und entsprechender europäischer Programme sein.

Luftverkehrskataster der zweiten Generation – Ermittlung der räumlichen und zeitlichen Verteilung der Schadstoffemissionen

Brigitte Brunner

1 Einführung

Obwohl die Schadstoffemissionen des Luftverkehrs nur einen kleinen Teil an der Gesamtheit der Schadstoffemissionen – z.B. Bodenverkehr, Industrie, Haushalte – ausmachen, ist ihre Bedeutung für die Umwelt weiterhin von großem Interesse.

Die alten, auf Großkreisbasis[1] beruhenden Berechnungsmethodiken, sind auf Grund gestiegener und z.T. geänderter Anforderungen oft nicht mehr angemessen. Immer öfter erfordern Fragestellungen, dass der tatsächliche Flugweg so gut wie möglich in Raum und Zeit abgebildet wird.

Insbesondere für wissenschaftliche Untersuchungen ist neben der Berücksichtigung weiterer Emissionsstoffe sowohl eine bessere örtliche als auch eine zusätzliche zeitliche Identifikation der Emissionsdaten erforderlich. Diese vierdimensionale Codierung erlaubt es zum Beispiel, das Auftreten der Emissionen im Tagesverlauf darzustellen und mögliche Einflüsse der Sonnenstrahlung hinsichtlich der chemischen Reaktionen zu untersuchen. Ein erstes Berechnungsmodell, das diese Anforderungen erfüllt, wurde im DLR am Institut für Verkehrsforschung entwickelt. *FATE* (*F*our–dimensional calculation of *A*ircraft *T*rajectories and *E*missions) gestattet die wegpunktgenaue Berechnung des Flugweges und ermöglicht eine zeitliche Codierung der betrachteten Größen. Ein Bedarf an derartigen Anwendungen zeigt sich insbesondere darin, dass es schon in der Entwicklungsphase mehrfach eingesetzt wurde.

2 Das DLR–Berechnungsmodell *FATE* (*F*our–dimensional calculation of *A*ircraft *T*rajectories and *E*missions)

2.1 Vierdimensionale Positionsbestimmung

FATE ist ein Berechnungsmodell, welches in erster Linie den Flugweg (Trajektorie) eines Flugzeuges nicht nur im 3–dimensionalen Raum, sondern *4–dimensional* nach *Ort und Zeit* für eine jeweils vorgegebene Luftzellen- und Zeitrasterung bestimmt. Es wurde in den letzten Jahren im DLR–Institut

---
[1] Ein Großkreis ist die kürzeste Verbindung zwischen zwei Punkten auf einer Kugeloberfläche.

für Verkehrsforschung entwickelt und wird den Erfordernissen entsprechend ständig erweitert und gepflegt.

Kernstück des Modells ist – bei vorgegebenen Start-, Ziel- und Wegpunkt-Koordinaten und den dazugehörigen Zeiten – die Positionsbestimmung eines Flugzeuges in einem 3–dimensionalen Luftzellengitter, in welches der Luftraum bis 20 km oberhalb der Erdoberfläche aufgeteilt ist. Mit Hilfe der sphärischen Trigonometrie wird die kürzeste Verbindung zwischen zwei benachbarten Wegpunkten bestimmt. Je mehr Wegpunkte bekannt sind, um so geringer ist die Abweichung des berechneten Flugweges vom tatsächlichen Flugweg.

Die Auflösung des Luftzellengitters kann den unterschiedlichen Aufgabenstellungen angepasst werden. Realisiert ist eine Rasterung von $1° \times 1° \times 1\,km$ sowie das in der Atmosphärenforschung häufige T42–Gitter ($2,8° \times 2,8° \times 1\,km$). Weitere Zellgitter werden zur Zeit implementiert.

Die 4te Dimension ergibt sich aus der Mittelung der Ein- und Austrittszeit des Flugzeuges in die bzw. aus der Luftzelle. Für wissenschaftliche Zwecke ist die Zeitangabe häufig in „Weltzeit", d.h. UTC – „Universal Time Coordinated" (=GMT) erwünscht. Auch hier kann, je nach Aufgabenstellung, der Tag in unterschiedlich große Zeitabschnitte (1, 2, 3, 4, 6, 12 oder 24 Stunden) unterteilt und eine dieser Zeitrasterungen für die Berechnung ausgewählt werden.

Im Vorfeld der Berechnung ist unbedingt darauf zu achten, dass alle Zeitangaben des Berechnungszeitraumes sich auf eine einzige Zeitzone beziehen, da es sonst zu Auswertungs- und Interpretationsfehlern kommt. Zum Beispiel sind die Abflugzeiten in den Flugplänen immer in der, für den Flughafen geltenden lokalen Zeit (MESZ – „Mitteleuropäische Sommerzeit", MEZ – „Mitteleuropäische Zeit", GMT – „Greenwich Mean Time", etc) angegeben und müssen entsprechend umgerechnet werden.

2.2 Verwendete Luftverkehrsdaten und ihre Aufbereitung

Ausgangspunkt für jede Katasterberechnung sind Luftverkehrsdaten, die für den zu betrachtenden Zeitraum vorliegen. Diese können von unterschiedlichen Quellen stammen und haben in der Regel auch unterschiedlichen Informationsgehalt. Folgende Datenquellen sind bisher genutzt worden:

„Air Traffic Control"Daten von DFS[2], EUROCONTROL[3], FAA[4]: Nationale wie internationale Institutionen, die mit der Luftraumüberwachung beauftragt sind, verfügen über einen Datenbestand, der die Flugbewegungen mit Koordinaten- und Zeitangaben wieder gibt. An hand eines Datensatzes der FAA sind in Abb. 1 einige Flüge der Nordatlantikverbindung Frankfurt – New York dargestellt.

---

[2]DFS: Deutsche Flugsicherung
[3]EUROCONTROL: Europäische Flugsicherung
[4]FAA: Federal Aviation Administration

Hier ist sofort der Vorteil der Flugwegberechnung auf Wegpunktbasis gegenüber der reinen Großkreisrechnung zu sehen. Die Abweichungen der Trajektorien von der Großkreislinie sind bei den Nordatlantikflügen durch den Jetstream begründet, dem man nach Westen fliegend ausweichen will. Von Westen nach Osten nutzt man ihm als Rückenwind.

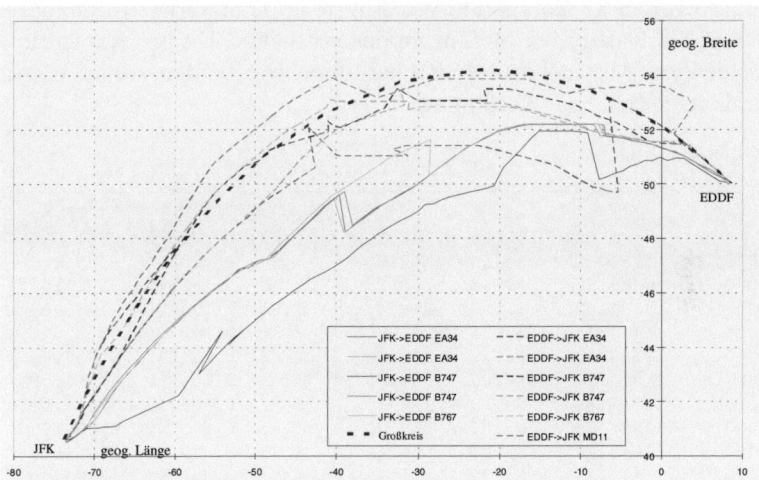

Abb. 1. Nordatlantikflüge und ihre Abweichung vom Großkreis am 08.01.1997 auf der Verbindung EDDF–JFK. Datenquelle: FAA, DLR

Weiterhin erkennt man an den Sprüngen in den Kurven, dass hier eine relativ schlechte Datenqualität vorgelegen hat. Dies ist damit zu erklären, dass die Daten zum Teil mit interpolierten Werten ergänzt worden ist. Derartige Daten müssen vor der Berechnung unbedingt bereinigt werden, da sich sonst ein Flugzeug zwischen zwei Wegpunkten mit unrealistisch großen Geschwindigkeiten bewegen würde und auch die zurückgelegte Flugstrecke nicht der Realität entspräche. Zudem würden die ermittelten Emissionswerte eine falsche Orts- und Zeitzuordnung erhalten.

Flugplandaten von „OAG – World Airways Guide": In den Flugplandaten von OAG finden sich die geplanten Flüge des weltweiten gewerblichen Luftverkehrs. Sie enthalten u.a. Angaben zum Start- und Zielflughafen sowie die voraussichtliche Abflugs- und Ankunftszeit aber keine zusätzlichen Wegpunktangaben. Mit diesen Daten kann nur die Großkreisverbindung zwischen Start und Ziel berechnet werden, sie sind nicht dafür geeignet, den tatsächlichen Flugweg abzubilden.

2.3 Einbinden der DLR–Emissionsprofile

Für die Erstellung eines Emissionskatasters werden mit Hilfe des Programms *FATE* sogenannte Emissionsprofile an die berechneten Flugwege angepasst. passt Diese Emissionsprofile werden im DLR–Institut für Antriebstechnik erzeugt und für die Katasterberechnungen zur Verfügung gestellt. In enger Zusammenarbeit der DLR–Institute für Antriebstechnik und Verkehrsforschung wurden 37 Kategorien von Flugzeug/Triebwerks– Kombinationen für Jets und 2 Kategorien für Turbopops erarbeitet. Da pro Kategorie auch unterschiedliche Missionsreichweiten berücksichtigt werden, stehen insgesamt 219 Emissionsprofile zur Verfügung.

H[m]	dS [m]	dT [sec]	dF [kg]	dNOx [kg]	dSO2[kg]	dSOOT [kg]
0.0	1.00	600.00	246.00	0.92	0.102828	0.010824
0.0	1751.62	35.65	166.50	4.56	0.069600	0.006200
1000.0	6365.73	62.78	288.22	8.10	0.120500	0.010100
2000.0	8181.03	63.20	278.03	7.86	0.116200	0.008900
3000.0	9872.39	62.05	260.90	7.36	0.109100	0.007800
4000.0	12358.60	66.32	266.74	7.46	0.111500	0.007500
5000.0	13951.92	66.53	255.63	7.05	0.106900	0.006600
6000.0	15796.98	69.39	254.30	6.88	0.106300	0.006100
7000.0	12976.79	55.06	189.20	4.87	0.079100	0.004200
8000.0	13914.12	59.06	189.18	4.75	0.079100	0.003800
9000.0	15117.25	64.22	191.52	4.57	0.080100	0.003400
10000.0	16687.27	70.98	196.90	4.60	0.082300	0.003300
10670.0	11643.97	49.62	132.97	3.11	0.055600	0.002100
10670.0	7651382.50	32642.42	38387.56	356.62	15.768500	0.772200
10000.0	12571.50	54.61	16.55	0.05	0.006900	0.000700
9000.0	18501.34	84.64	25.57	0.08	0.010700	0.001000
8000.0	18473.60	90.12	27.66	0.09	0.011600	0.001100
7000.0	18653.70	96.93	30.31	0.10	0.012700	0.001200
6000.0	18691.93	104.16	33.07	0.11	0.013800	0.001300
5000.0	19023.97	114.64	36.91	0.13	0.015400	0.001500
4000.0	19459.94	127.98	41.77	0.15	0.017500	0.001800
3000.0	20137.90	146.19	48.39	0.18	0.020200	0.002000
2000.0	20841.78	169.38	56.62	0.22	0.023700	0.002500
1000.0	21365.75	198.01	66.82	0.26	0.027900	0.002900
0.0	21489.95	220.64	75.93	0.30	0.031700	0.003500
0.0	1.00	300.00	123.00	0.46	0.051414	0.005412

Abb. 2. Emissionsprofil für A310 mit CF6-80C2B1F mit 8000 km Reichweite

In ihnen sind die verbrauchte Treibstoffmenge und die Emissionswerte von NO_X (Stickoxide), SO_2 (Schwefeldioxid), SOOT (Ruß, oft auch mit PM „Particulate Matter" bezeichnet), CO (Kohlenstoffmonoxid), UHC (unverbrannte Kohlenwasserstoffe) in einer Höhenstaffelung von 1000 m angegeben. Die Kohlenwasserstoffe werden oft auch als flüchtigen organische Verbindungen (VOC, Volatile Organic Compounds) bezeichnet und setzt sich aus CH_4 (Methan) und NMVOC (Non–Methane Volatile Organic Compounds) zusammen. In Abb. 2 ist beispielhaft das Emissionsprofil für den A310 mit dem CF6-80C2B1F–Triebwerk und einer Missionsreichweite von 8 000 km zu sehen.

Weitere interessierende Luftverkehrsemissionen sind H_2O als Wasserdampf und CO_2 (Kohlenstoffdioxid). Sie sind direkt proportional zur ausgestoßenen Treibstoffmenge und können durch einfache Multiplikation ermittelt werden.

Im Programm werden die Werte der Emissionsprofile auf ein Flugstreckenelement normiert, und dann entsprechenden der in den Luftzellen zurückgelegten Strecke gewichtet.

Eine wichtige Aufgabe bei der Aufbereitung der Luftverkehrsdaten zur Erstellung eines Emissionskatasters ist die richtige Zuordnung der Flugdaten zu den Emissionsprofilen. Das heißt, das für jeden Flug Flugzeugtyp *und* Triebwerk bekannt sein muss. Leider enthalten sowohl die Flugplandaten als auch die ATM–Daten nur Angaben über den Flugzeugtyp und keine Informationen über die benutzten Triebwerke.

Diese Information bekommt man mit Hilfe einer Datenbank, in der die Flugzeuge der Airlines mit ihren Triebwerken angegeben sind. Da die Fluggesellschaft, die den Flug durchführt, bekannt ist, ist es in der Regel möglich, dem Flugzeugtyp ein Triebwerk und damit auch ein Emissionsprofil zuzuordnen.

2.4 Programmstruktur

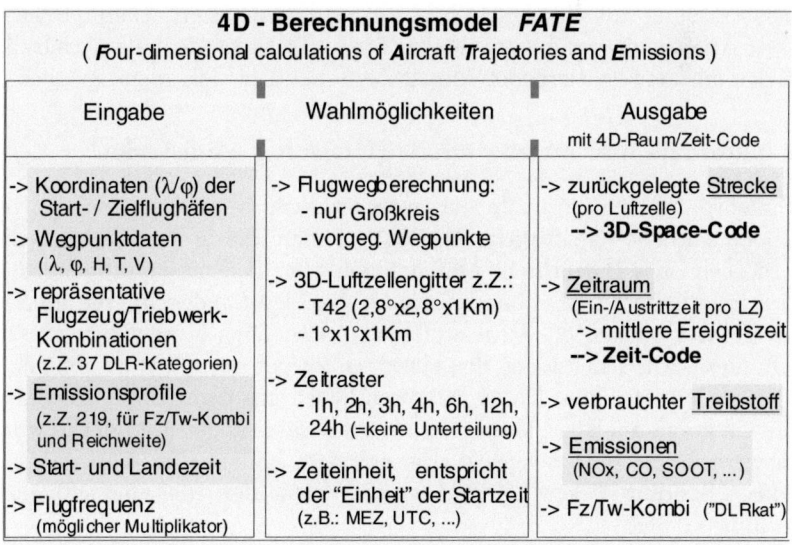

Abb. 3. Struktur des Programms *FATE*

Die Ausgabe der Daten erfolgt grundsätzlich mit einer Codierung in geographischer Länge, geographischer Breite, Höhe und Zeit.

Nur einige Beispiele der vielfältigen Auswertungsmöglichkeiten sind in Kap. 4 dargestellt.

3 Nutzer der Luftverkehrs–Emissionskataster

Die Nutzer der Emissionskataster finden sich zum einen in der Wissenschaft bei der Klimaforschung und zum anderen bei den nationalen und internationalen (Umwelt-) Ministerien.

3.1 Klimatologie

Luftverkehrs–Emissionskataster dienen in der Klimaforschung als eine Eingabequelle für die Klimamodelle. Wissenschaftler, die sich mit den klimatischen Auswirkungen der Luftverschmutzung beschäftigen, sind daran interessiert, die Emissionsdaten in einer, ihren Anforderungen entsprechenden örtlichen und zeitlichen Auflösung vorliegen zu haben.

Die Möglichkeit der Flugwegberechnung an Hand vorgegebener Wegpunkte erlaubt eine wesentlich genauere örtliche Zuordnung der Emissionen als es bei den nur auf Großkreisbasis beruhenden Katasterberechnungen möglich ist.

Ein großer Zugewinn für die Wissenschaft ist die zeitliche Codierung der Emissionswerte. Sie ermöglicht die Berücksichtigung des Einflusses der Sonneneinstrahlung auf die chemischen Prozesse in der Luft. Dadurch ist eine bessere Aussage über die Verweildauer der Luftschadstoffe in der Atmosphäre und den daraus resultierenden klimatologischen Entwicklungen möglich.

3.2 Nationale und internationale (Umwelt-) Ministerien

Emissionsdaten für nationale und internationale Ministerien müssen nicht die hohe zeitliche und örtliche Auflösung haben, die in der Klimaforschung erforderlich ist. Für politische Maßnahmen wie z.B. emissionsabhängige Abgaben innerhalb der EU oder emissionsabhängige Landegebühren innerhalb eines Staates reichen oft Jahreswerte aus. Allerdings besteht hier durchaus ein Interesse, die Emissionen den einzelnen Flügen zuordnen zu können.

Bisher wurden diese Daten in Wesentlichen aus dem Anteil des Luftverkehrs am gesamten Energieverbrauch eines Staates abgeleitet oder es wurden Triebwerksdaten zugrundegelegt, die nur dem bodennahen Verkehr (LTO–Zyklus, „Landing–Take–Off"-Zyklus) aber nicht den Reiseflugbedingungen Rechnung tragen.

Gegenüber diesen Verfahren haben die Daten aus den Emissionskatastern den Vorteil, dass sie auf Grund der benutzten Emissionsprofile das Schadstoffaufkommen insbesondere in der Höhe besser quantifizieren.

4 Ausgewählte Ergebnisse

Das erste Projekt, bei dem die neuen Möglichkeiten von *FATE* eingesetzt wurden, behandelte die Berechnung der Umwegfaktoren von Kurzstreckenflüge in Deutschland. Hier wurde die Wegpunktberechnung ohne die Einbeziehung der Emissionsprofile genutzt.

Das erste globale Emissionskataster, das mit einer zeitlichen Auflösung von zwei Stunden erstellt wurde, basierte auf den Flugplandaten von OAG und betrachtete den Zeitraum vom 1. bis 31. März 1992. Wie unter Punkt 2.2 schon erwähnt, erlauben diese Daten nur eine Großkreisberechnung vom Start- zum Zielflughafen. In Anbetracht der ersten zeitlich codierten Daten, war das für die Wissenschaftler, die diese Daten als Input für ihre Klimamodelle nutzten, zunächst vernachlässigbar. Das vierdimensionale Raster hatte die Auflösung von $2,8° \times 2,8° \times 1\,km \times 2\,h$.

Die nachfolgenden Bilder zeigen nur einige der Auswertungsmöglichkeiten von vierdimensionalen Emissionskatastern.

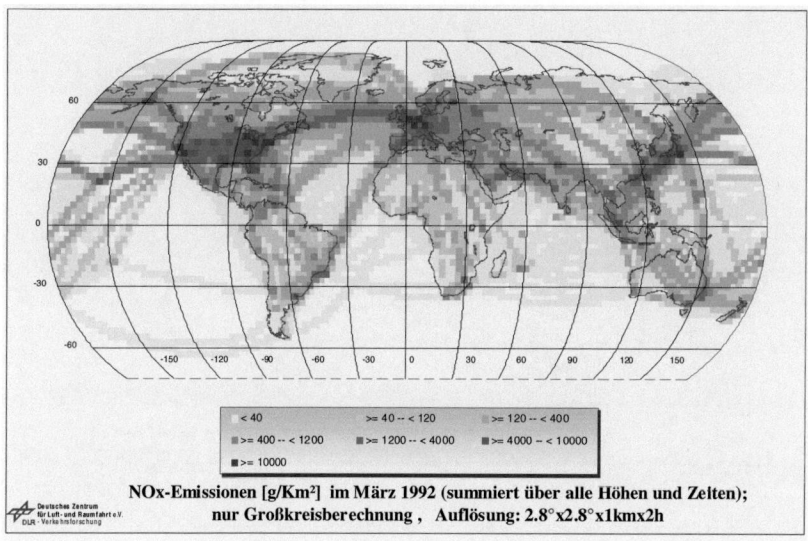

Abb. 4. NO_X in g/km2, März 92

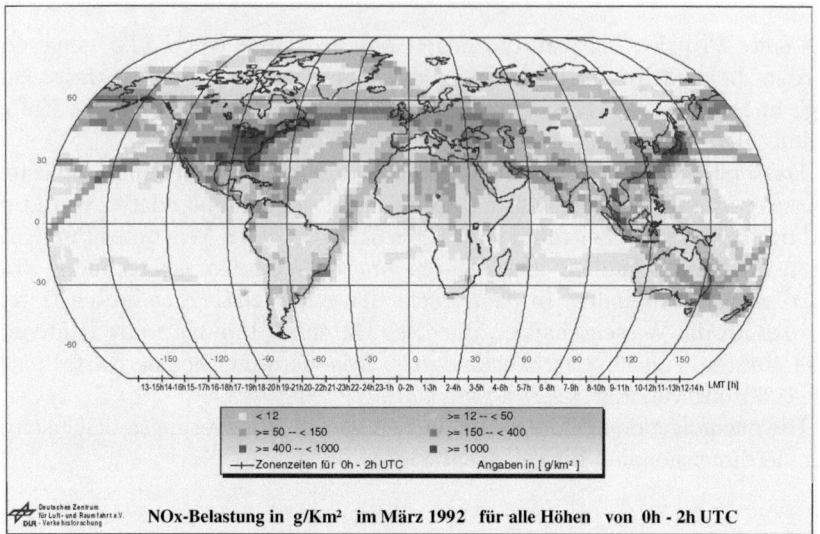

Abb. 5. März 92 von 0h–2h UTC

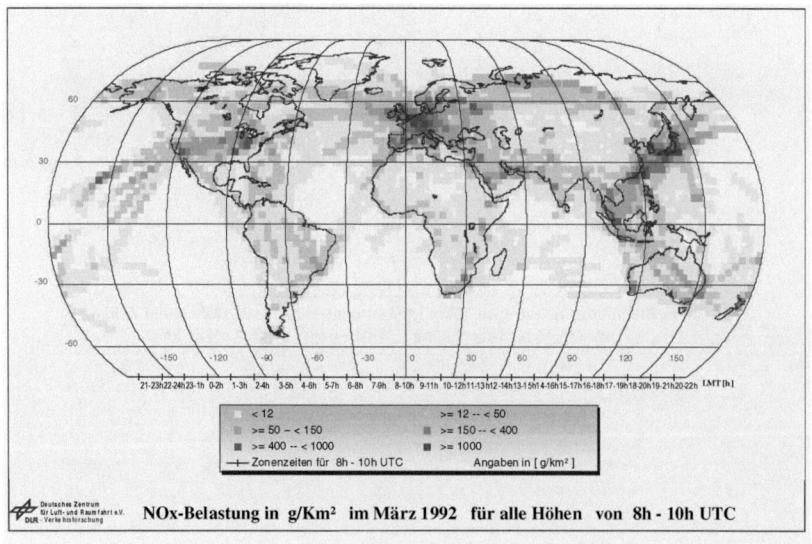

Luftverkehrskataster der zweiten Generation 335

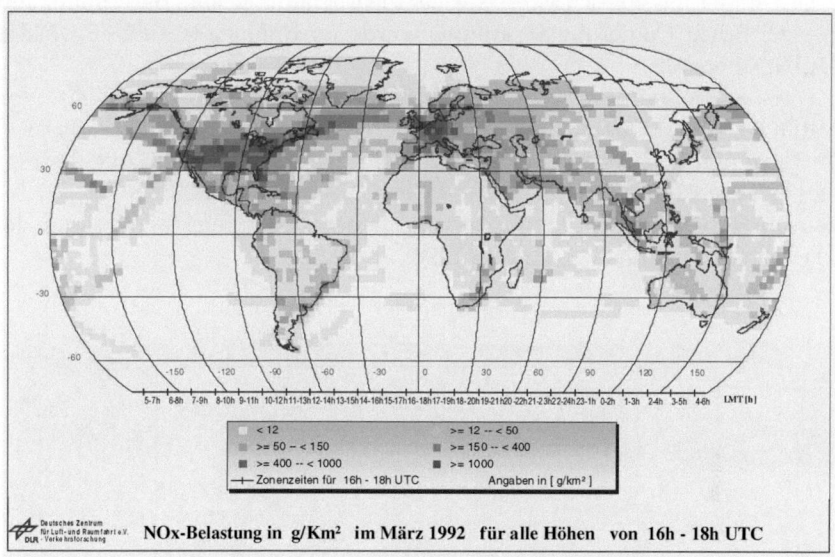

Abb. 7. März 92 von 16h–18h UTC

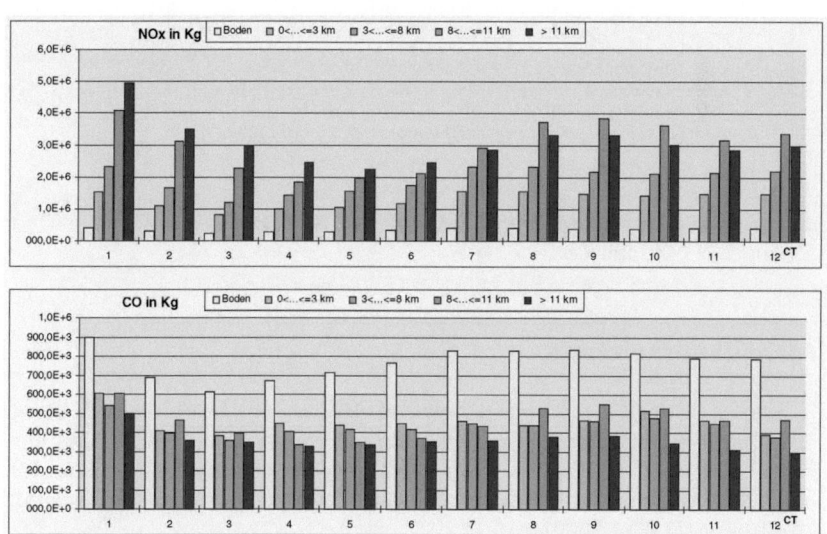

Abb. 8. Werte eines durchschnittlichen Tages im März 1992, zeitliches Aufkommen für verschiedene Höhenbereiche

Das erste Emissionskataster, welches die wegpunktgenaue Berechnung mit einer zeitlichen Codierung verknüpft, wurde im Rahmen des EU–Projektes EULINOX erstellt.

Dieses *europäisches Emissionskataster* wurde auf der Basis von EUROCONTROL–Daten für den geographischen Bereich 30° Nord – 80° Nord und 50° West – 25° Ost berechnet. Seine Auflösung beträgt 1° x 1° x 1 km x 1 h und berücksichtigt den Zeitraum vom 22.6.98 bis 26.7.98. Die Abb. 9 zeigt die über alle Höhen und Zeiten aufsummierte Verteilung der NO_X–Emissionen für den 21. Juli 1998.

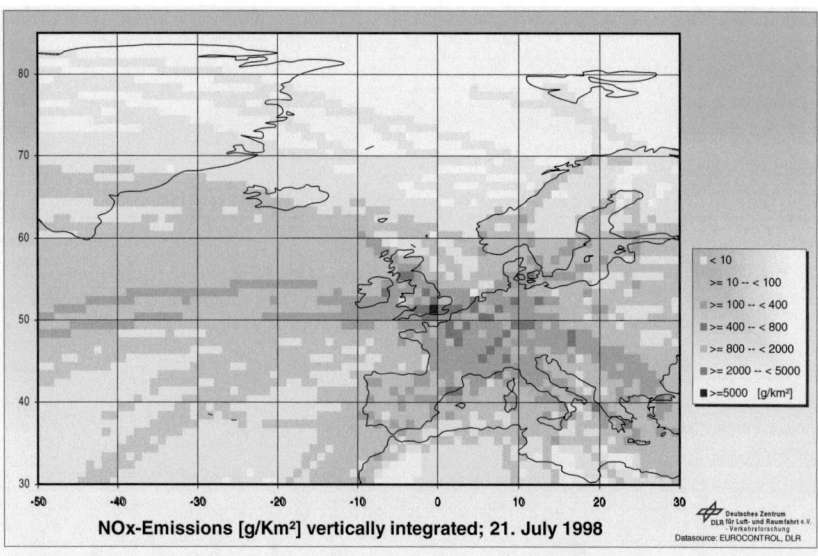

Abb. 9. NO_X–Emissionen am 21. Juli 1998, Berechnung auf Wegpunktbasis, Auflösung 1° x 1° x 1 km x 1 h

Literaturverzeichnis

1. Brunner, B. (2001): Luftverkehrskataster der zweiten Generation - Erweiterte und detailiertere Erfassung und Auswertung von Verkehrs- und Umweltdaten in der Luftfahrt. In: DGON-Tagungsband der Jahreshauptversammlung MMobilität und Sicherheit - Herausforderung für Verkehrssysteme der Zukunft", Wolfsburg, 23.-25.10.2001
2. Brunner, B., Fehr, T. (2000): Four–dimentional Air Traffic Inventory and Comparison with Ground and Lightning NO_X–Emission In: Höller, H. et al (Hrsg.): EULINO$_X$ (European Lightning Nitogen Oxides Project) Final Report 1998–1999, Research Programme ‚Environment and Climate' , Contract No. ENV4-CT97-0409

3. Brunner, B., Lenic, J., Schmitt, A., Deidewig, F., Döpelheuer, A., Lecht, M. (1998): Die zeitliche Entwicklung der Verteilung der Luftverkehrsemissionen. Abschlußbericht zum BMBF–Forschungsvorhaben 01 LL 9502/0, Köln
4. Döpelheuer, A. (2000): Aircraft Emission Parameter Modelling. In: Air & SpaceEurope, Vol.2, No.3, Mai–Juni, Dossier: „Aviation and the Environment"
5. Flughafen Zürich (Hrsg.) (2000): Aircraft Engine Emission Charges
6. IPCC, Intergovernmental Panel on Climate Change (1999): Report 1999. Aviation and the global atmosphere
7. Schmitt, A., Brunner, B. (1997): Emissions from aviation and their development over time. In: Schumann, U. et al. (Hrsg.): Final Report on the BMBF Verbundprogramm „Schadstoffe in der Luftfahrt" DLR Mitteilung 97–04, Köln
8. Schmitt, A., Brunner, B., Deidewig, F., Lecht, M. Köhler, I., Sausen, R. (1997): Verteilung und Auswirkungen der Emissionen des zivilen Kurzstreckenverkehrs mit strahlgetriebenen Flugzeugen. Erweiterter Projektabschlußbericht zum BMV–Forschungsvorhaben L-7/92-50116/92, Köln
9. Schumann, U. (2000): Effects of Aircraft Emissions on Ozone, Cirrus Clouds, and Global Climate. In: Air & SpaceEurope, Vol.2, No.3, Mai–Juni, Dossier: „Aviation and the Environment"

Teil VI

Stoffströme

Auswirkung von Bodenbedeckungsszenarien auf den Wasserhaushalt im Elbeeinzugsgebiet

Ralf Kunkel und Frank Wendland

1 Einleitung

Gegenwärtig werden jährlich etwa 105 000 Tonnen Stickstoff über die Wassersysteme des Elbeeinzugsgebietes in die Nordsee verfrachtet (Behrendt et al. 2000). Mit dieser Stickstofflast trägt die Elbe noch immer erheblich zur Gesamtstickstoffbelastung der Nordsee bei. Als Hauptstickstoffquelle wurden landwirtschaftliche Emissionen aus überdüngten Böden identifiziert. Im Rahmen der internationalen Konferenz zum Schutz der Elbe hat sich die deutsche Regierung verpflichtet, die Nährstoffeinträge in die Nordsee um 50% zu reduzieren. Die Umsetzung dieser Verpflichtung macht es nötig, Reduzierungsmaßnahmen zu entwickeln, die sowohl die verschiedenen landwirtschaftlichen Nutzungen als auch die verschiedenen Standortbedingungen im Elbeeinzugsgebiet berücksichtigen.

Langfristig kann die Stickstoffbelastung des Grundwassers und der Vorfluter im Elbeeinzugsgebiet nur reduziert werden, wenn landwirtschaftliche und umweltpolitische Maßnahmen unter Berücksichtigung der hydrologischen, pedologischen und hydrogeologischen Standortbedingungen in den einzelnen Naturregionen in die Wege geleitet werden. Eine Möglichkeit zur Verringerung des Stickstoffeintrags in Oberflächengewässer ist die Reduzierung des Anteils an Ackerland in den für Stickstoffauswaschung sensiblen Bereichen. Die Verringerung von Ackerland wirkt sich jedoch auf den langjährigen Wasserhaushalt im Einzugsgebiet aus, der sich aus der Differenz von Niederschlag bzw. tatsächlicher Verdunstung ergibt. In diesem Beitrag werden die Auswirkungen von Bodenbedeckungsänderungen auf den Wasserhaushalt im deutschen Teil des Elbeeinzugsgebietes (ca. 100 000 km^2) analysiert.

2 Methodik

Der Austrag von Pflanzennährstoffen (Stickstoff und Phosphor) aus dem Boden in das Grundwasser und die Oberflächengewässer ist an die Abflusskomponenten gebunden. Eine gebietsumfassende Übersicht über die mittleren langjährigen Abflusshöhen und die Abflusscharakteristik in einem Einzugsgebiet ist daher eine unabdingbare Voraussetzung für weitergehende Untersuchungen zum diffusen Nährstoffeintrag in Oberflächengewässer. Von den Autoren ist im Rahmen des BMBF–Förderschwerpunkts „Elbe–Ökologie" eine flächendifferenzierte Studie zum mittleren langjährigen Wasserhaushalt des gesamten deutschen Teils des Elbeeinzugsgebietes erstellt worden, das eine Fläche von etwa 100 000 km² hat.

Bei der Durchführung der Arbeiten müssen maßstababhängige Anforderungen an Methoden und Eingabedaten erfüllt werden. Einerseits ist es notwendig, die Bestimmung von Abflusskomponenten für das gesamte Elbeeinzugsgebiet mit dem angewandten Modell sicherzustellen. Andererseits müssen die für den Lauf des Modells erforderlichen Eingabedaten flächendeckend und homogen für den gesamten Einzugsbereich verfügbar sein (siehe Abschnitt 3).

Wegen dieser Anforderungen wurden empirische Modelle unter Verwendung zeitlich gemittelter klimatischer Eingabedaten benutzt. Diese Modelle erlauben eine recht gute Bestimmung des langjährigen Wasserhaushalts in Abhängigkeit vom Zusammenspiel zwischen tatsächlicher Bodenbedeckung und klimatischen, pedologischen, topographischen und hydrogeologischen Standortbedingungen. Deshalb werden sie häufig in der praktischen Wasserwirtschaft in großen Regionen oder Flusseinzugsgebieten benutzt (z.B. Dörhöfer u. Josopait 1980, Gabriel et al. 1993, Glugla et al. 1986).

Für diese Fallstudie wurde das Modell GROWA98 (Wendland u. Kunkel 1999, Kunkel u. Wendland 2001) genutzt. Dieses Modell besteht aus mehreren Modulen zur Ermittlung von realer Verdunstungshöhe, Gesamtabflusshöhe, Direktabflusshöhe und Basisabflusshöhe. Der mittlere langjährige Wasseraustrag eines Flusseinzugsgebietes wird durch den Gesamtabfluss dargestellt. Im langjährigen Mittel ist die Gesamtabflusshöhe gleich der Differenz zwischen Niederschlag und realer Verdunstung. Im Modell GROWA98 wird die reale Verdunstung gemäß folgendem Ausdruck berechnet:

$$ET_{real} = f_h \left[a_l P_{su} + b_l P_{wi} + c_l log(w_{p1}) + d_l ET_{post} + e_l S + g_l \right]$$

mit ET_{real} = mittlere jährliche Höhe der tatsächlichen Verdunstung (mm/a)
P_{su} = Niederschlagshöhe im hydrologischen Sommerhalbjahr (mm/a)
P_{wi} = Niederschlagshöhe im hydrologischen Winterhalbjahr (mm/a)
w_{pl} = pflanzenverfügbare Bodenwassermenge (mm)
ET_{pot} = mittlere jährliche potentielle Verdunstung (mm/a)
S = Versiegelungsgrad
$a_l, ..., g_l$ = landnutzungsspezifische Koeffizienten

Die Basis dieser Beziehung ist die Methode von Renger und Wessolek (1996), die aus umfangreichen Feldversuchen zur Ermittlung der Höhe der tatsächlichen Verdunstung für verschiedene Formen von Landnutzung und Bodenbedeckung (Ackerland, Grünland, Laubwald, Nadelwald) für ebene, ländliche Standorte fern vom Grundwasserspiegel abgeleitet wurde. Für eine allgemeine, d.h. flächendeckende Anwendung wurden mehrere Erweiterungen zur Berechnung realer Verdunstung in hügeligen oder urbanen Gebieten sowie für Gebiete nahe dem Grundwasserspiegel entwickelt und angewandt (siehe Wendland u. Kunkel 1999).

3 Digitale Datengrundlagen

Die zur Modellanalyse benötigten Eingabedaten wurden flächendifferenziert für das gesamte Elbeeinzugsgebiet mit einem Arbeitsmaßstab von 1:500 000 erhoben. Die Datengrundlage wurde aus digital verfügbaren aktuellen klimatischen, pedologischen, geologischen, topographischen und hydrologischen Daten (Karten) aufgebaut (siehe Tab. 1) Die Datengrundlagen wurden im Rahmen von Unteraufträgen für die Projektarbeit von verschiedenen Bundes- und Landeseinrichtungen geliefert. Punktbezogene Abflussdaten zur teileinzugsgebietsbezogenen Überprüfung der Modellergebnisse wurden von der Bundesanstalt für Gewässerkunde (BfG) sowie von Landeseinrichtungen elbeanrainender Bundesländer zur Verfügung gestellt. Die Modellierung, Analyse und kartographische Darstellung erfolgte mit Hilfe des geographischen Informationssystems GRASS.

Tabelle 1. Für das Wasserhaushaltsmodell GROWA98 für das Elbeeinzugsgebiet benötigte Eingabedatensätze

Themengebiet	Datengrundlage
Grunddaten	– Einzugsgebietsgrenzen
	– Verwaltungsgrenzen
	– Fließgewässer, Seen
Klimadaten (1961–1990)	– mittlerer jährlicher Niederschlag im hydrologischen Winterhalbjahr
	– mittlerer jährlicher Niederschlag im hydrologischen Sommerhalbjahr
	– mittlere jährliche potentielle Verdunstung nach Wendling
bodenphysikalische Daten	– effektive Durchwurzelungstiefe
	– effektive Feldkapazität
	– kapillare Aufstiegshöhe
	– Grundwasser- bzw. Staunässebeeinflussung
Landnutzungsdaten	– Bodenbedeckung
hydrogeologische Daten	– grundwasserführende Gesteinseinheiten
topographische Daten	– mittlere Hangneigung
	– mittlere Hangexposition
Pegeldaten	– MQ
	– MNQ

4 Mittlerer langjähriger Wasserhaushalt des Elbeeinzugsgebietes

Die Modellierung erfolgte nach der skizzierten Vorgehensweise unter Verwendung langjähriger klimatischer und hydrologischer Mittelwerte des Referenzzeitraums 1961–1990. Als Parameter wurden die tatsächliche Verdunstung und der Gesamtabfluss quantifiziert (siehe Kunkel u. Wendland 1998). Abb. 1 zeigt die Modellergebnisse für die durchschnittlichen jährlichen Gesamtabflusshöhen.

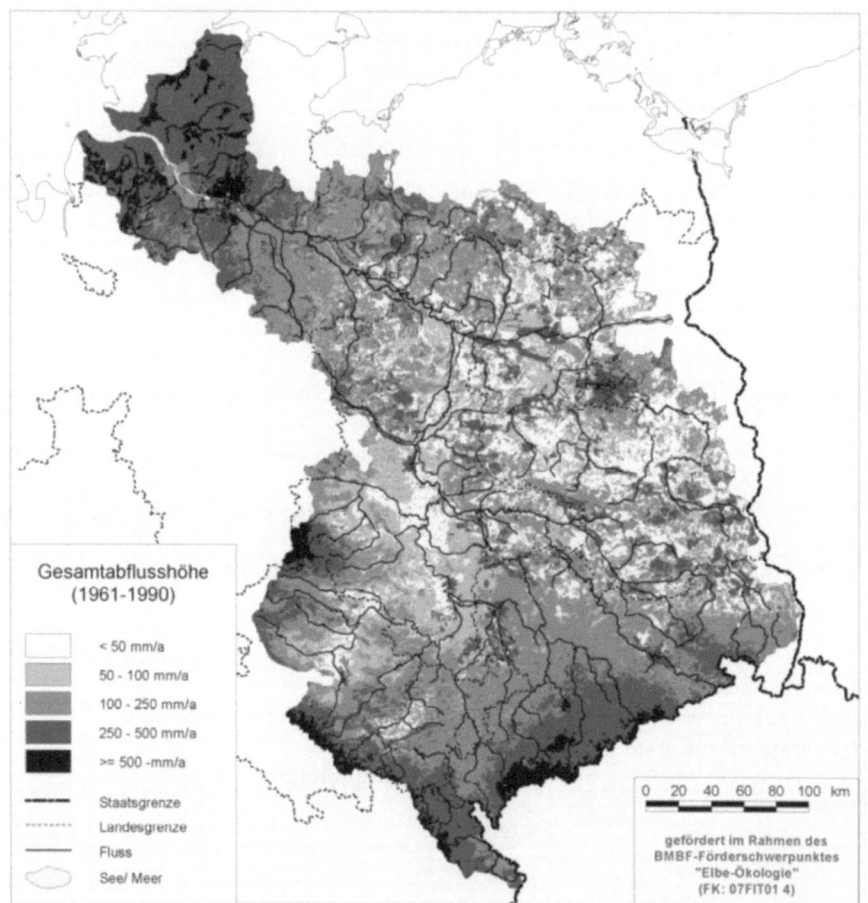

Abb. 1. Mittlerer langjähriger jährlicher Gesamtabfluss im Elbeeinzugsgebiet (deutscher Teil)

Wie aus der Abbildung ersichtlich, dominieren in den meisten Regionen Gesamtabflusshöhen zwischen 100 und 300 mm/a. Werte oberhalb

300 mm/a treten in weiten Teilen des nordwestlichen Elbeeinzugsgebietes auf und sind vor allem auf die hohen Gebietsniederschläge in diesen Regionen zurückzuführen. Ursache hierfür sind dort neben hohen Gebietsniederschlägen die geringeren Verdunstungsraten aufgrund der mit der Höhe abnehmenden Temperaturen. Gesamtabflüsse unterhalb 100 mm/a wurden besonders für die zentralen und östlichen Regionen des Elbeeinzugsgebietes berechnet. Das geringe Niederschlagsdargebot von häufig weniger als 500 mm/a und die hohen Verdunstungsverluste wirken limitierend auf den Abfluss in diesen Regionen.

Die Überprüfung der Zuverlässigkeit und Repräsentanz der berechneten flächendifferenzierten Abflusshöhen wurde anhand langjähriger monatlicher Abflussdaten von 120 repräsentativen Messstellen durchgeführt. Bei der Auswahl der Messstellen wurde vor allem darauf geachtet, dass eine größtmögliche Variabilität bezüglich Einzugsgebietsgröße sowie Landnutzung und Klima erreicht wurde. Aus Kontinuitätsgründen wurden nur solche Messstellen ausgewählt, für die Zeitreihen für den gesamten Zeitraum 1961–1990 vorliegen. Die zugehörigen pegelbezogenen Teileinzugsgebiete wurden anhand des Hydrographischen Kartenwerks der DDR (1969) und wasserwirtschaftlicher Rahmenpläne (Niedersächsisches Umweltministerium 1996a, 1996b), gegebenenfalls ergänzt durch eine topographische Analyse (Garbrecht u. Campbell 1997), klassifiziert. Die berechneten Abflusswerte wurden für jedes pegelbezogene Einzugsgebiet integriert und mit den gemessenen Abflusswerten an den Messstellen verglichen. Zur Ermittlung der Zuverlässigkeit der berechneten Gesamtabflusshöhen wurden diese Werte mit gemessenen mittleren täglichen Abflusswerten (MQ) an 120 Messstellen von Teileinzugsgebieten verglichen. Abb. 2 zeigt den Vergleich der gebietsbezogenen gemessenen und berechneten Gesamtabflusshöhen.

In den meisten Fällen wurde festgestellt, dass die Gesamtabflusshöhen recht gut modelliert waren. Die Abweichungen der Modellergebnisse liegen für 80 der 120 ausgewählten Teileinzugsgebiete bei weniger als 15%. Weder die Einzugsgebietsgröße noch das Klima und die Art der Bodenbedeckung spielen hierbei eine Rolle. Kleine Einzugsgebiete (z.B. Pegel Ramshausen/Ramme, Einzugsgebietsgröße ca. 70 km^2) zeigen eine genauso gute Übereinstimmung des Modells mit den gemessenen Werten wie große Einzugsgebiete (z.B. Pegel Calbe-Grizehne/Saale, Einzugsgebietsgröße ca. 23 000 km^2). Der benutzte Ansatz kann also als geeignet angesehen werden, die o.a. Wasserhaushaltskomponenten zu bestimmen.

Für 15 der betrachteten Teileinzugsgebiete liegen die Abweichungen zwischen den gemessenen und berechneten Abflusshöhen bei 15% bis 25%. Um zu überprüfen, ob diese Abweichungen auf methodische Ursachen zurückzuführen sind oder ob es sich hierbei um regionale Besonderheiten handelt, wurden die Modellergebnisse ausgewählter Teileinzugsgebiete Fachleuten von Landesbehörden der betreffenden Bundesländer zur Stellungnahme vorgelegt. Es ergab sich, dass die Abweichungen für alle Teileinzugsgebiete

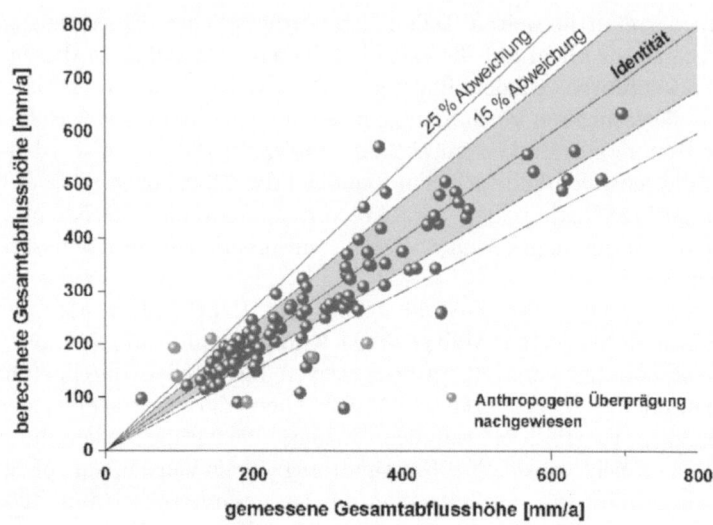

Abb. 2. Vergleich modellierter und gemessener Gesamtabflusshöhen

durch anthropogene Einwirkungen in den Wasserhaushalt, wie z.B. Umflutungen und Grundwasserentnahmen, erklärbar sind.

5 Nitratauswaschungsrisiko

Die Ergebnisse der Wasserhaushaltsmodellierung bilden die Grundlage zur Bestimmung der Austauschhäufigkeit des pflanzenverfügbaren Bodenwassers, die beschreibt, wie viele Male innerhalb eines Jahres das Sickerwasser im Wurzelbereich ausgetauscht wird. Somit ist die Austauschhäufigkeit des pflanzenverfügbaren Bodenwassers ein relatives Maß für das Auswaschungsrisiko von wasserlöslichen Gehalten in der Bodenmatrix wie z.B. Nitrat. Der Vorteil dieses Parameters besteht darin, dass das Nitratauswaschungsrisiko nur mit Bezug auf die natürlichen Standortbedingungen (Boden, Klima etc.) ermittelt wird, d.h. ohne Bezug auf die tatsächliche Düngeraufbringung am Standort, die sich von Jahr zu Jahr erheblich ändern kann.

Die Austauschhäufigkeit von pflanzenverfügbarem Bodenwasser wird bestimmt durch das Verhältnis zwischen dem mittleren langjährigen Gesamtabfluss (Q_{tot}) und der effektiven Feldkapazität des Wurzelbereichs ($Fc_{eff}d_r$). Bei der Betrachtung mittlerer langjähriger Abflussbedingungen geht man davon aus, dass Oberflächenabfluss vernachlässigt werden kann, so dass der Gesamtabfluss vollständig in den Boden sickert, bevor die Trennung in verschiedene Abflusskomponenten (Zwischenabfluss, Basisabfluss) erfolgt. Die berechnete langjährige Austauschhäufigkeit des Bodenwassers ist in Abb. 3 dargestellt. Bei der Interpretation der Karte ist zu berücksichtigen, dass innerjährliche Variabilitäten auftreten können, die nicht berücksichtigt sind. In

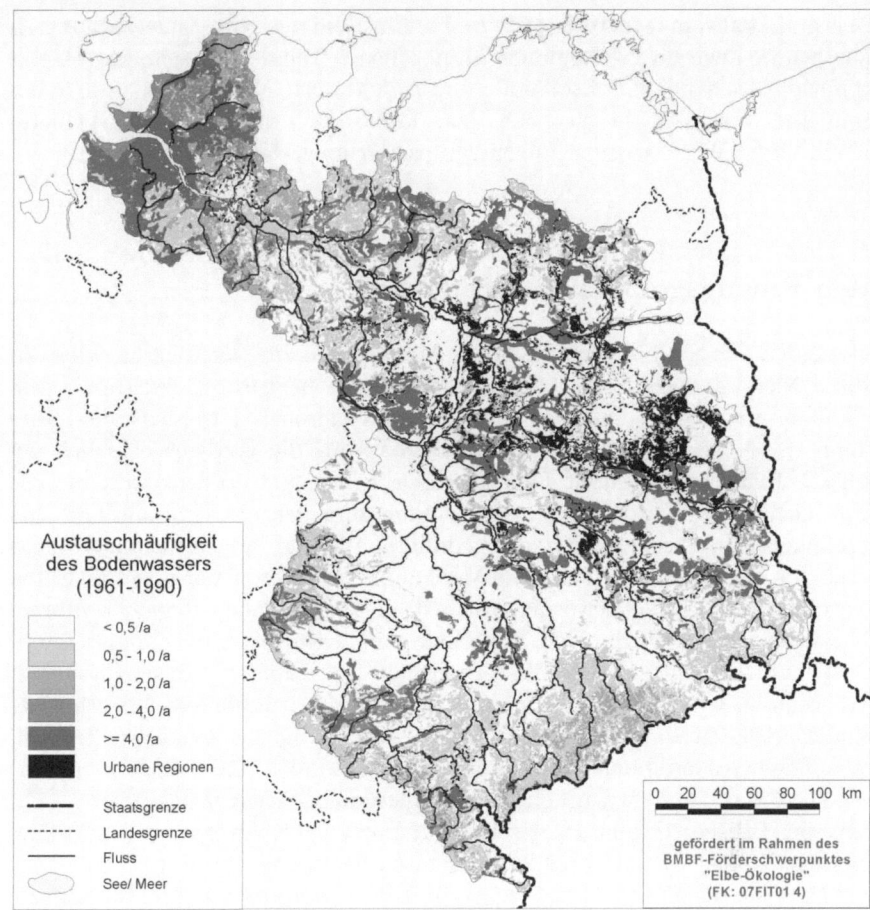

Abb. 3. Austauschhäufigkeit von pflanzenverfügbarem Wasser (Nitratauswaschungsrisiko) im deutschen Teil des Elbeeinzugsgebietes

Bereichen, in denen die Austauschhäufigkeit weniger als 1/a beträgt, kann erwartet werden, dass das Bodenwasser innerhalb eines Jahres nicht vollständig ausgetauscht wird. Diese Situation ist z.B. typisch für das Thüringer Becken im südwestlichen Teil des Elbeeinzugsgebietes, wo Gesamtabflusswerte von weniger als 100 mm/a und lehmige Luvisole vorherrschen. In Gebieten mit Austauschhäufigkeiten oberhalb 1/a könnte das Sickerwasser mindestens einmal im Jahr ausgetauscht werden. Diese Gebiete werden als sensibel für Nitratauswaschung klassifiziert, da zu erwarten ist, dass nicht alle Nitratdünger im Bodenwasser innerhalb der Vegetationsperiode von den Pflanzen aufgenommen werden können. Folglich ist das Nitratauswaschungsrisiko in diesen Gebieten erhöht. Das höchste Auswaschungsrisiko wurde für das Hochland im südlichen Teil des Elbeeinzugsgebietes berechnet, für das Abflusswerte oberhalb 350 mm/a berechnet wurden. Ein erhöhtes Nitratauswaschungsrisiko wurde auch für die Regionen im nördlichen Teil des Elbeeinzugsgebietes ermittelt, wo sandige Podsolböden und Abflusswerte oberhalb 250 mm/a dominieren. Insgesamt können 53% (ca. 50 000 km^2) des Elbeeinzugsgebietes als in dieser Weise sensibel für Nitratauswaschung klassifiziert werden.

6 Die Auswirkung von Bodenbedeckungsszenarien auf den Einzugsgebietswasserhaushalt

Bezüglich der Einführung wirksamer Maßnahmen zur Verringerung des diffusen Nitrateintrags in die Oberflächengewässer liegt es auf der Hand, dass die Landnutzung in den sensiblen Bereichen modifiziert werden muss. Dies kann durch verringerte Düngeraufbringung auf die landwirtschaftlich genutzte Fläche oder durch Landnutzungsänderungen erreicht werden. Die weitreichendste Veränderung von Landnutzung ist die Umwandlung von (gedüngtem) Ackerland in (nicht gedüngte) Wälder. Wegen der in Wäldern erhöhten Verdunstung kann diese Maßnahme jedoch zu einer unerwünschten Verringerung der Wasserverfügbarkeit in den betreffenden Regionen führen. Um einen Überblick über die maximale mögliche Auswirkung dieser Landnutzungsänderung auf den Wasserhaushalt im gesamten Elbeeinzugsgebiet zu erhalten, wurde Ackerland in allen Gebieten mit erhöhtem Nitratauswaschungsrisiko in Wald umgewandelt. Die Auswirkungen eines solchen Szenarios auf den Gesamtabfluss wurden mit Hilfe des Modells GROWA98 simuliert.

Die Szearioanalyse wurden für drei mesoskalige Teileinzugsgebiete – das Ilmenau-Becken (Gebiet 1), das Unstrut-Becken (Gebiet 2) und das Mulde-Becken (Gebiet 3) – und für den gesamten deutschen Teil des Elbeeinzugsgebietes durchgeführt. Abb. 5 zeigt die Differenzen der Gesamtabflusswerte für die verschiedenen Einzugsgebiete in mm/a. In Abb. 4 ist die relative Änderung in der Gesamtabflusshöhe gegenüber dem tatsächlichen Gesamtabfluss (Abb. 1) dargestellt.

Aus Abb. 5 ist ersichtlich, dass der mittlere langjährige Gesamtabfluss im Mulde-Becken um weniger als 5%, im Unstrut-Becken um ca. 10% und im Ilmenau-Becken um ca. 20% verringert würde. Gemittelt über das gesamte Elbeeinzugsgebiet (deutscher Teil) würde sich der Gesamtabfluss nur von ca. 190 mm/a auf ca. 170 mm/a verringern, was weniger als 12% ist. Analysiert man die Abflussänderungen auf der Skala der drei mesoskalaren Teileinzugsgebiete, wäre die Auswirkung weniger signifikant.

In Abb. 4 sind die Ergebnisse des Landnutzungsszenarios flächendifferenziert dargestellt. Es wird deutlich, dass die Landnutzungsänderungen unterschiedliche Auswirkungen auf die Abflusshöhen in den verschiedenen Gebieten haben werden. Man sieht, dass die Verringerung des Gesamtabflusses durch Bodenbedeckungsänderungen in als sensibel für Nitratauswaschung klassifizierten Gebieten zwischen weniger als 5% und maximal 50% variiert.

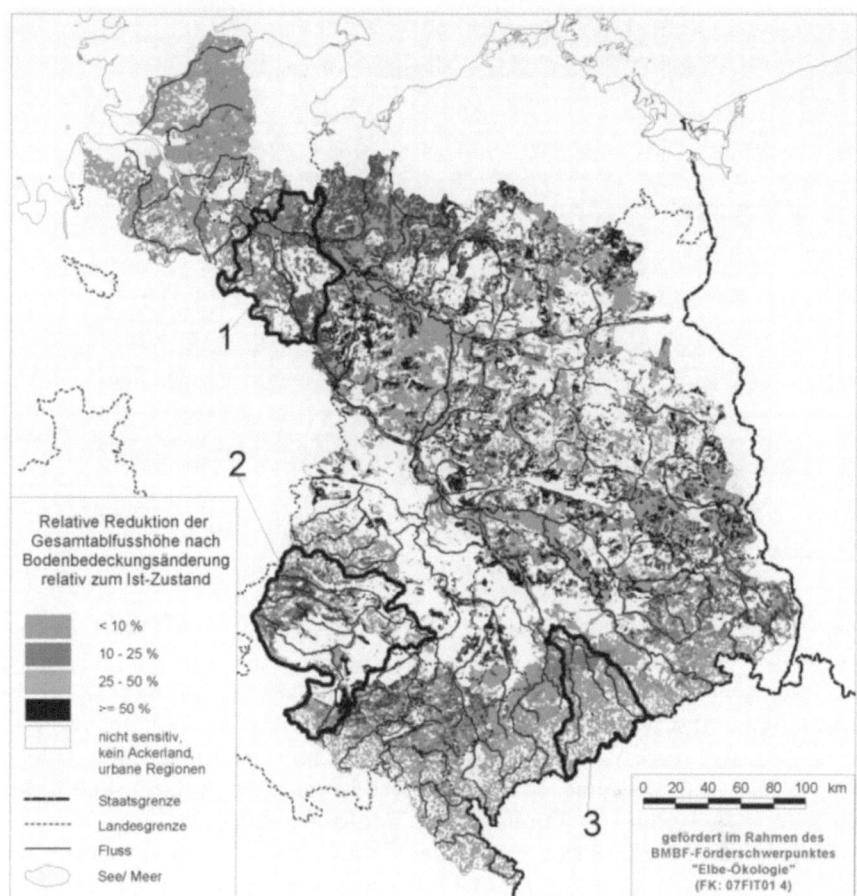

Abb. 4. Verringerung der Gesamtabflusshöhe für das Bodenbedeckungsänderungs–Szenario mit Bezug auf den tatsächlichen Gesamtabfluss (Abb. 1) im deutschen Teil des Elbeeinzugsgebietes

Je nach den regionalen Standortbedingungen kann das gewählte Bodenbedeckungsszenario somit zu einer signifikanten Änderung der Gesamtabflusshöhen führen. Auf diese Weise würden ca. 5 000 km² des gesamten Elbeeinzugsgebietes von einer Abflussreduzierung von mehr als 25% betroffen.

7 Diskussion und Schlussfolgerungen

Die vorliegende Studie basiert auf der Quantifizierung und den Analysen der mittleren langjährigen Abflusskomponenten im Elbeeinzugsgebiet für den hydrologischen Zeitraum 1961–1990. Die validierten Ergebnisse zeigen für 120

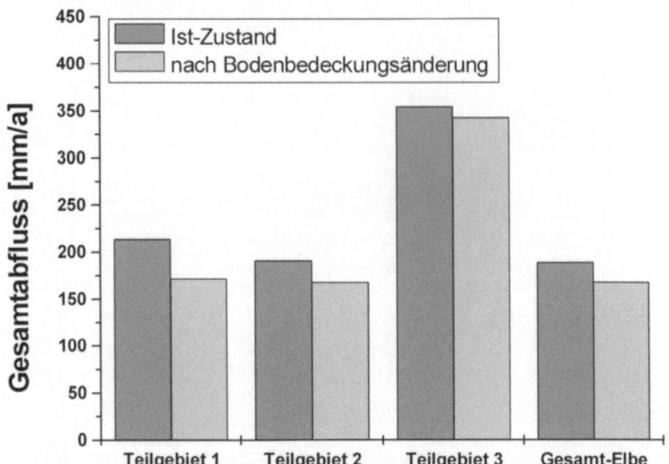

Abb. 5. Differenzen der Gesamtabflusswerte für die verschiedenen Einzugsgebiete in mm/a

pegelbezogene Teileinzugsgebiete, dass GROWA98 für diesen Zweck gut geeignet ist. Der Gesamtabfluss wurde dazu benutzt, die Austauschhäufigkeit von pflanzenverfügbarem Bodenwasser zu quantifizieren, was als Maß für die Bestimmung des Nitratauswaschungsrisikos eines Standorts angesehen werden kann. Auf diese Weise wurden etwa 50 000 km^2 des Elbeeinzugsgebietes als für Nitratauswaschung sensible Gebiete klassifiziert. In etwa 45% dieser Gebiete ist Ackerland die dominierende Bodenbedeckung.

Bezüglich der Einführung wirksamer Maßnahmen zur Reduzierung des diffusen Nitrataustrags in die Oberflächengewässer wurde ein Szenario gewählt, in dem die Landnutzung in für Nitratauswaschung sensiblen Gebieten von Ackerland in Wälder modifiziert wurde. Auf diese Weise wurde die weitreichendste potentielle Änderung von Landnutzung auf den regionalen Wasserhaushalt d.h. Umwandlung von (gedüngtem) Ackerland in (nicht gedüngte) Wälder realisiert. Das Ergebnis eines solchen Szenarios und der resultierende Gesamtabfluss wurden mit Hilfe des Modells GROWA98 simuliert. Der Modelllauf hat gezeigt, dass die Änderung des langjährigen Gesamtabflusses in einigen kleinen Teilen des Elbeeinzugsgebietes zu einer Abflussreduzierung bis 50% führen würde. Bezüglich des Wasserhaushalts des Elbeeinzugsgebietes würde der mittlere langjährige Gesamtabfluss nur von ca. 190 mm/a auf ca. 170 mm/a reduziert, was weniger als 12% ist. Aus diesem Ergebnis schließen wir, dass das gewählte Bodenbedeckungssszenario möglicherweise keine große Auswirkung auf den langjährigen Wasserhaushalt des Elbeeinzugsgebietes hat.

Bei der Interpretation dieses Ergebnisses wird dringend gebeten, keine Aussagen über die Stickstoffauswaschung in Oberflächengewässer abzuleiten. Die für Nitratauswaschung sensiblen Gebiete wurden nur bezüglich hydrologischer Standortbedingungen (Boden, Klima etc.) identifiziert, d.h. ohne Bezug auf die tatsächliche Düngeraufbringung. Hydrogeologische und geohydrochemische Standortbedingungen wurden in diesem Zusammenhang ebenfalls nicht berücksichtigt.

Die Analyse der tatsächlichen Nitratbelastung von Grundwasser und Oberflächengewässern müsste jedoch anders durchgeführt werden. Eine Basis hierfür wäre die Trennung des Gesamtabflusses in Direktabfluss und Basisabfluss (siehe Kunkel u. Wendland 1998). Da sich Nitrat nicht an Bodenpartikeln anlagert, ist die Verlagerung von Nitrat vollständig an fließendes Wasser gebunden. Folglich werden Gebiete, in denen Direktabfluss vorherrscht, ein kurzzeitiges Nitratgefährdungspotential für Oberflächengewässer haben, solange der Stickstoffüberschuss aus der landwirtschaftlichen Bodennutzung hoch und der Stickstoffhaushalt der Böden noch kein Gleichgewicht nach Verringerung der aufgewendeten Stickstoffdüngung erreicht hat. Wenn Grundwasserabfluss dominiert, besteht eine hohe Belastung für alle Gebiete ohne Nitratabbauvermögen in den Grundwasserleitern.

Durch Kombination des Modells GROWA98 mit flächendifferenzierten Nährstoffbilanzmodellen und Verweilzeit/Rückhaltemodellen ist es möglich, Nährstoffeinträge in Oberflächengewässer entsprechend den Abflusskomponenten zu quantifizieren. Eine solche Kopplung wurde für das Flusseinzugsgebiet der Uecker im Rahmen des EU – Projektes RANR und für das Flusseinzugsgebiet der Elbe im Rahmen des UBA–Forschungsprojekts „Internationale Harmonisierung der Quantifizierung von Nährstoffeinträgen in die Oberflächengewässer in Deutschland" durchgeführt. Für alle Regionen mit einem gegebenen Nitratabbauvermögen des Grundwassers (Kunkel et al. 1999) war die tatsächliche Nitratbelastung von geringerer Bedeutung, solange Grundwasserverweilzeiten (siehe Kunkel u. Wendland 1999) groß genug sind, um den vollständigen Nitratabbau von überschüssigen Nitratdüngereinträgen zu ermöglichen. Es bleibt jedoch ein gewisses Risiko in der Umgebung von Flüssen und anderen Gebieten, in denen die Grundwasserverweilzeiten niedrig sind (Wendland et al. , 2001).

Bezüglich der Ergebnisse von Wendland et al. (2001) wird deutlich, dass weder die Quantifizierung diffuser Stickstoffeinträge in Oberflächengewässer noch die Ableitung politischer Maßnahmen zur Reduzierung der Stickstoffauswaschung ausschließlich auf die in Abb. 3 gezeigte Nitratauswaschungsrisikoabschätzung gegründet werden kann. Somit ist noch einmal darauf hinzuweisen, dass der Zweck dieses Beitrags darin bestand, die Auswirkung (drastischer) Bodenbedeckungsänderungen auf den mittleren langjährigen Einzugsgebietswasserhaushalt in Gebieten zu analysieren, die als sensibel für Nitratauswaschung klassifiziert werden können.

Literaturverzeichnis

1. Behrendt, H., Huber, P., Kornmilch, M., Opitz, D., Schmoll, O., Scholz, G., Uebe, R. (2000): Nutrient balances of German river basins. UBA–Texte, 23/2000
2. Dörhöfer, G., Josopait, V. (1980): Eine Methode zur flächendifferenzierten Ermittlung der Grundwasserneubildungsrate. Geol. Jb., C27, S. 45–65
3. Garbrecht, J., Campbell, J. (1997): TOPAZ – An autometed digital landscape analysis tool. Version 1.20 users manual, USDA-ARS, El Reno, Ok
4. Gabriel, B., Jacobs, H., Ziegler, G. (1993): Zur Grundwasserneubildungsberechnung für Festgesteinsgrundwasserleiter auf der Grundlage des Modells GEOFEMLAW und seiner Weiterentwicklung (GEOFEM), In: HGN Hydrogeologie GmbH: Vorträge
5. Glugla, G., Eyrich, A., König, B. (1986): Wasserhaushaltsuntersuchungen – Bedeutung für die wasserwirtschaftliche Praxis. Wasserwirtschaft–Wassertechnik, 36, 8, S. 177–180
6. Golf, W. (1981): Ermittlung der Wasserressourcen im Mittelgebirge. Wasserwirtschaft–Wassertechnik, 31, S. 93–95
7. Hydrographisches Kartenwerk der Deutschen Demokratischen Republik (1969). Akademie–Verlag, Berlin, S. 294
8. Kunkel, R., Wendland, F., Albert, H. (1999): Zum Nitratabbau in den grundwasserführenden Gesteinsschichten des Elbeeinzugsgebietes. Wasser & Boden, 51, 9, S. 16–19
9. Kunkel, R., Wendland, F. (1999): Das Weg-/Zeitverhalten der unterirdischen Abflußkomponente im Flußeinzugsgebiet der Elbe. Schriften des Forschungszentrums Jülich, Reihe Umwelt, Bd. 13
10. Kunkel R., Wendland, F. (2001): The GROWA98 model for water balance analysis in large river basins. Journal of Hydrology (im Druck)
11. Kunkel, R., Wendland, F. (1998): Der Landschaftswasserhaushalt im Flußeinzugsgebiet der Elbe. Schriften des Forschungszentrums Jülich, Reihe Umwelt, Bd. 12
12. Niedersächsisches Umweltministerium (1996a): Wasserwirtschaftlicher Rahmenplan – Obere Elbe, Hannover.
13. Niedersächsisches Umweltministerium (1996b): Wasserwirtschaftlicher Rahmenplan – Untere Elbe, Hannover
14. Renger, M., Wessolek, G. (1996): Berechnung der Verdunstungsjahressummen einzelner Jahre. DVWK–Merkblätter zur Wasserwirtschaft, Heft 238, S. 47
15. Wendland, F., Kunkel, R., Grimvall, A., Kronvang, B., Müller-Wohlfeil, D. (2001): Model system für the management of nitrogen leaching at the scale of river basins and regions. Water Science and Technology, Vol. 43, 7, S. 215–222
16. Wendland, F., Kunkel, R. (1999): Der Landschaftswasserhaushalt im Elbeeinzugsgebiet, Hydrologie und Wasserbewirtschaftung. HW 43, H. 5, S. 1–6

Analyse des Aluminiumstoffstroms – Potenziale zur Reduktion des Ressourcenbedarfs und der Umweltinanspruchnahme

Wilhelm Kuckshinrichs, Petra Zapp und Witold-Roger Poganietz

1 Einleitung

Die Analyse von Metallstoffströmen, insbesondere des Aluminiumstoffstroms, nimmt in der Diskussion zum Stoffstrommanagement breiten Raum ein. Ursache hierfür sind nicht wie bei einigen anderen Metallen durch Aluminium ausgelöste human- und ökotoxikologische Effekte, sondern die durch Herstellung und Nutzung des Werkstoffs ausgelösten direkten und induzierten Stoffströme. Darunter fallen z.B. Bauxit, Energie und Wasser.

In einer Reihe von Studien wurden für das Management von Aluminiumstoffströmen methodische Grundlagen entwickelt und Analysen erstellt.[1] Die Studien konzentrieren sich i.d.R. auf ausgewählte Aspekte des Stoffstroms und unterscheiden sich hinsichtlich der räumlichen Systemgrenzen. Insbesondere bleiben Aspekte des technischen Recyclings von Aluminium und des globalen Marktes für Aluminium nur ungenügend berücksichtigt.

Der vorliegende Beitrag konzentriert sich auf die Quantifizierung von Potenzialen zur Reduktion des Ressourcenbedarfs und der Umweltinanspruchnahme.[2] Die Potenziale werden hinsichtlich ihrer technischen und ökonomischen Ausprägung differenziert. Ressourcen umfassen natürliche nicht erneuerbare Ressourcen wie z.B. Bauxit, Kohle, Erdöl und Erdgas, aber auch erneuerbare wie z.B. Wasserkraft. Die Umweltinanspruchnahme konzentriert sich auf die Emission der Klimagase CO_2 und perfluorierte Kohlenwasserstoffe (CF_4, C_2F_6) sowie auf die Ausbringung von Rotschlamm. Nach einer Einordnung des Aluminiumstoffstroms werden je ein methodischer Ansatz zur Modellierung technischer Prozessketten bzw. des globalen Marktes für Primäraluminium erläutert. Anschließend werden auf der Basis der Modelle zwei Szenarien vorgestellt, die für das Zieljahr 2010 Potenziale zur Reduktion des Ressourcenbedarfs und der Umweltinanspruchnahme vor

---

[1] vgl. z.B. Adelhardt u. Mori (1997), European Aluminium Association (1996), Ayres (1996), Jänicke (1992), United Nations Industrial Development Organisation (1995) und Phylipsen et al. (1998)

[2] Der vorliegende Beitrag fasst Arbeiten im Rahmen des SFB 525 „Ressourcenorientierte Gesamtbetrachtung von Stoffströmen metallischer Rohstoffe" zusammen. Der DFG sei für die finanzielle Unterstützung gedankt.

dem Hintergrund des technischen Recyclings bzw. des globalen Marktes für Primäraluminium quantifizieren.

1.1 Der globale Aluminiumstoffstrom

Die Produktion von Aluminium ist durch die Wertschöpfungsstufen der Bauxitförderung, der Tonerdeherstellung und der Herstellung von primärem und rezykliertem Aluminium gekennzeichnet. Die Förderung von Bauxit ist an Regionen mit natürlichen Lagerstätten gebunden. Die Standortwahl für die Produktionsstufen der gesamten Kette ist das Ergebnis der vergleichenden Abwägung von Wettbewerbsvor- und -nachteilen konkurrierender Standorte. Zu berücksichtigende Wettbewerbselemente umfassen z.B. Bauxitverfügbarkeit, Energiequellen für die Elektrizitätserzeugung, niedrige und variable Energiepreise, Subventionen, Zölle, Steuern, Löhne, Umweltpolitik (speziell Ausmaß der Internalisierung von externen Effekten), aber auch Infrastruktur und Ausbildungsstand der Arbeitskräfte.[3]

Daten zu Produktion und Nachfragen sind statistisch relativ gut erfasst. Abb. 1 gibt dazu einen Überblick und zeigt die geographischen Anteile an Bauxitreserven, an Produktion auf den einzelnen Stufen der Wertschöpfungskette und an Nachfrage nach Aluminium. Darüber hinaus weist Abb. 1 auf die globale Verflechtung und das hohe Maß an internationaler Arbeitsteilung bei der Produktion von Aluminium hin. Indiz dafür sind die unterschiedlichen Anteile einzelner Regionen an der Produktion auf den Wertschöpfungsstufen und am Konsum.

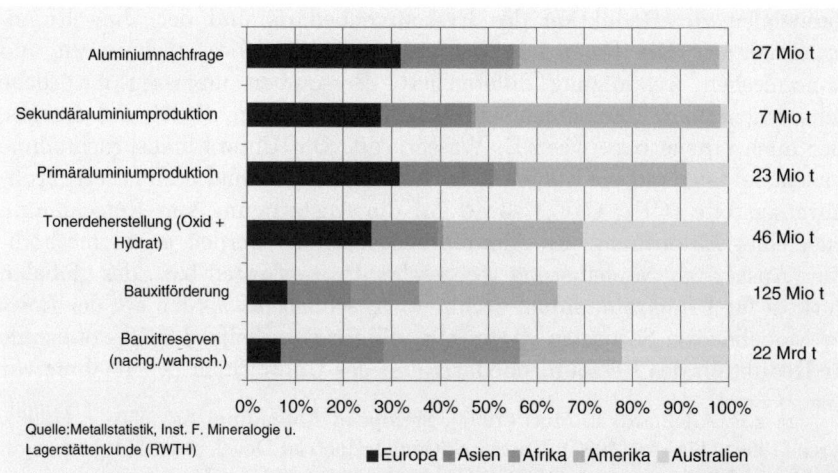

Abb. 1. Mengen und regionale Verteilung von Bauxitreserven, Produktion von und Nachfrage nach Aluminium, 1998

[3] Kuckshinrichs u. Poganietz (2002)

Produktion von Aluminium und Nutzung von aluminiumbasierten Gütern setzen direkte und induzierte Stoff- und Energieströme in Gang. Hinsichtlich der Umweltwirkungen ist zwischen lokalen, regionalen und globalen Wirkungen zu unterscheiden. Lokale Wirkung zeigt z.b. der Flächenbedarf für die Bauxitförderung oder die Emission von Rotschlamm und die Ausbringung von Abwässern. Regionale Wirkung kann die Inanspruchnahme von Primärenergieträgern zeigen. Treibhausgase (perfluorierte Kohlenwasserstoffe und Kohlendioxid) dagegen wirken global.

1.2 Systemanalyse im Sonderforschungsbereich 525

Der Sonderforschungsbereich (SFB) 525[4] *„Ressourcenorientierte Gesamtbetrachtung von Stoffströmen metallischer Rohstoffe"* hat sich das Ziel gesetzt, Handlungsoptionen für eine ressourcenschonende Bereitstellung und Verarbeitung metallischer Rohstoffe im Spannungsfeld technischer Entwicklungen sowie ökonomischer, ökologischer und gesellschaftlicher Zielsetzungen aufzuzeigen. Ein wichtiger Aspekt ist hierbei die Abbildung der fachübergreifenden Wirkungszusammenhänge im Rahmen einer Systemanalyse zur Durchführung einer ressourcenorientierten Gesamtbetrachtung.

Der Betrachtungsraum des SFB 525 reicht von der Lagerstättenbildung über Gewinnung, Aufbereitung und Verhüttung primärer Rohstoffe bis zur Verarbeitung und Nutzung. Die zur Bereitstellung sekundärer Rohstoffe durchgeführten Prozesse des Recyclings, die sich an die Nutzungsphase anschließen, werden gleichermaßen betrachtet und als integrierter Bestandteil der Rohstoffversorgung mit bilanziert. In die Untersuchungen einbezogen werden die Transportvorgänge, die Prozesse der Energiebereitstellung sowie die Prozesse zur Verwertung oder Entsorgung der im Zusammenhang mit der Prozesskette stehenden wichtigsten Abfallströme. Diese Vorgehensweise ermöglicht es, den Einfluss des Aluminiumstoffstroms auf die Umwelt sowie wirtschaftliche und soziale Aspekte zu analysieren.

2 Modellierung des Aluminiumstoffstroms

Für die Analyse von Material-, Energie- und Produktflüssen sind eine Reihe methodischer Ansätze entwickelt worden. Zu den Methoden, die sich an physischen Flüssen und technischen Systemen ausrichten, zählen die Prozesskettenanalyse und die Lebenszyklusanalyse. Diesen Ansätzen mangelt es jedoch meist an einer Integration von ökonomischen Mechanismen. Zu den Methoden, die sich an ökonomischen Systemen ausrichten, zählen die Input–Output–Analyse, Gleichgewichts- sowie makroökonomische Modelle. Nachteilig ist, dass ihnen oftmals eine hinreichend detaillierte Abbildung von

---

[4]http://sfb525.rwth-aachen.de/sfb525

Transformationsprozessen und Material-, Energie- und Produktflüssen fehlt.[5] Für die Modellierung des Aluminiumstoffstroms werden vorhandene Ansätze weiterentwickelt und deren jeweilige Vorzüge genutzt.

Im Rahmen der Systemanalyse sind dazu ein Prozesskettenmodell (ProkAl) und ein Modell der globalen Aluminiumwirtschaft (GlobAl) entwickelt worden.[6] Beide Ansätze sind prozessbasiert und tragen mit unterschiedlicher Ausrichtung und Aussagefähigkeit zur ressourcenorientierten Gesamtbetrachtung bei (Tab. 1).

Während beim Prozesskettenmodell die Vernetzung detaillierter technischer Prozesse im Vordergrund steht, ist GlobAl als partielles Gleichgewichtsmodell durch eine ökonomische Ausrichtung geprägt. Beide Ansätze zeigen den Stoff- und Energiefluss entlang der Bereitstellungskette und verwenden das Konzept der Prozessbeschreibung durch In- und Outputs.

GlobAl beschreibt die Aluminiumkette von der Bauxitförderung bis zur Herstellung von Primäraluminium in ihrer globalen Dimension. ProkAl führt die Hauptkette weiter bis zum Halbzeug bzw. Formguss und zur Aufbereitung sekundärer Rohstoffe. ProkAl ist als standortunabhängiges Modell mit hoher Prozessdetaillierung konzipiert. Es konzentriert sich auf die Bilanzierung technischer und ökologischer Aspekte, während GlobAl die Bilanzierung um den sozialen Aspekt der (direkten) Beschäftigungseffekte erweitert. Tabelle 1 vergleicht die wesentlichen Modellcharakteristika.

Mit Hilfe der beiden Modelle werden die Umweltbelastungen in Form einer Sachbilanz quantifiziert.

3 Potenziale zur Reduktion des Ressourcenbedarfs und der Umweltinanspruchnahme

Das Prozesskettenmodell und das Modell der globalen Aluminiumwirtschaft bilden das Grundgerüst der systemanalytischen Arbeiten. Neben der Bilanzierung der Ausgangslage werden die Modelle eingesetzt, um künftige Entwicklungen einzugrenzen und um den Rahmen für Handlungsoptionen zu erarbeiten. Für die Ableitung plausibler Entwicklungen werden dazu explorative Szenarien entwickelt.

Gegenwärtig existieren zwei Szenarien, die in unterschiedlichen Systemgrenzen Analysen zum Ressourcenbedarf und zur Umweltinanspruchnahme zulassen:

- Aluminium im deutschen Verpackungssektor ⇒ Prozesskettenmodell
- Regionalisierte Weltnachfrage nach Primäraluminium ⇒ Modell der globalen Aluminiumwirtschaft

---

[5]Bouman et al. (2000)
[6]Rombach et al. (2001), Zapp et al. (2001), Schwarz (2000), Poganietz (2001)

Tabelle 1. Charakterisierung der Modellansätze

	GlobAl	ProkAl
Konzeption	– Partielles Gleichgewichtsmodell (Simulation eines Aluminiummarktes bei vollständiger Konkurrenz) – Optimierungskalkül (Kriterium: Kostenminimierung) – Vollständiges Mengengerüst	– Prozesskettenmodell zur Simulation einer technischen Vernetzung – Vollständiges Mengengerüst
Transformation und Flüsse	Aggregiert	Detailliert
Ökonomische Mechanismen	– Kostenminimierung – Allokation von Produktionsfaktoren und Standorten[a] – Wettbewerb von Standorten und Prozessen	
Betrachtungsraum 1. räumlich 2. Wertschöpfungsstufen	Global Bauxitförderung, Tonerdeproduktion, Primäraluminiumherstellung	Regional/länderspezifisch Bauxitförderung bis Halbzeugfertigung bzw. Formguss inkl. Aufbereitung und Verhüttung sekundärer Rohstoffe
Modellparameter	– Nachfrage – Prozessparameter – Kostenparameter – Zölle	– Prozessparameter – Allokationsparameter (hier Inputverhältnis von Primär- zu Sekundärmaterial)[a]
Modellvariablen	Regional/Wertschöpfungsstufen: – Einsatz Produktionsfaktoren – Investition – Produktion	Auf Wertschöpfungsstufen: – Produktion

a: Der Begriff Allokation wird in der ökonomischen Theorie und in der Lebenszyklusanalyse unterschiedlich verwendet. Während er in der Ökonomie das Ergebnis von (modellierten) Marktprozessen kennzeichnet, bezeichnet er in der Lebenszyklusanalyse eine Modellannahme.

Fortsetzung Tabelle 1

	GlobAl	ProkAl
Bilanzierung		
1. technisch	– Bedarf Haupteingangsmaterial – Andere Inputs: Energie, Kalk, Natronlauge, Anoden	– Bedarf Haupteingangsmaterial – Andere Inputs: Energie, Kalk, Natronlauge, Petrolkoks, Pech, Kathodenmaterial, Aluminiumfluorid (AlF_3),...
2. ökologisch	Umweltbelastungen – Emissionen: CO_2, perfluorierte Kohlenwasserstoffe (CF_4, C_2F_6)	Umweltbelastungen – Emissionen: CO_2, perfluorierte Kohlenwasserstoffe (CF_4, C_2F_6), HF, ..., Rotschlamm, Abwasser – Flächennutzung
3. sozial	Direkter Beschäftigungseffekt	

3.1 Aluminium im deutschen Verpackungssektor

Ziel der Ausarbeitung mit dem Prozesskettenmodell ist die Analyse der Auswirkungen technischen Fortschritts auf Stoff- und Energieflüsse für den Einsatz von Aluminium im deutschen Verpackungssektor.[7] Dazu gilt es, die Prozesskette eines Basisjahres durch den Austausch von einzelnen Modulen[8] zu ändern. Mit dieser Vorgehensweise können z.B. alte oder gegenwärtig verfügbare Techniken durch neueste verfügbare Techniken[9] ersetzt und die Auswirkungen des Technikeinsatzes hinsichtlich Ressourcen- und Umweltinanspruchnahme analysiert werden.

Systemgrenzen: Als Basis- und Zieljahr wurden 1997 bzw. 2010 gewählt. Das geografische System umfasst Deutschland und seine direkten und indirekten Vorlieferanten für Bauxit, Tonerde und Aluminium. Das technische System umfasst die Prozesskette vom Bauxit über das Primäraluminium bis zur Herstellung von Bändern, Folien und Dosendeckeln und das Recycling von Leichtverpackungsmaterial über den DSD (Abb. 2).

Die Analyse ist auf folgenden Fallrechnungen aufgebaut:

– Der Referenzfall (1997) umfasst das inländische Angebot für Deutschland für das Basisjahr 1997, bestehend aus der inländischen Produktion plus den Nettoimporten von primärem und rezykliertem Aluminium und deren Vorprodukten;

---

[7] Die Ausführungen zu diesem Szenario basieren auf Rombach et al. (2001) und Zapp et al. (2001).
[8] Ein Modul ist ein Element einer technischen Prozesskette.
[9] Zu besten verfügbaren Techniken vgl. IPPC (2000).

- Für das Jahr 2010 wird das technische Potenzial auf der Annahme ermittelt, dass für jeden Prozess ausschließlich neueste verfügbare Technologie (NT) eingesetzt wird. Im Vergleich zum Referenzfall werden daher die installierten Kapazitäten vollständig ausgetauscht;
- Im dritten Fall (2010) wird nur ein unter ökonomischen Gesichtspunkten bis 2010 plausibler Ersatz von Kapazitäten durch neueste Technik angenommen. Damit ist hier das im Vergleich zum technischen geringere ökonomische Potenzial eingeführt.

Die Differenzanalyse resultiert in der Quantifizierung des technischen Potenzials und des ökonomischen Potenzials des technischen Fortschritts in der Prozesskette Aluminium für Verpackungen in Deutschland und den Wirkungen hinsichtlich Ressourcenbedarf und Umweltinanspruchnahme.

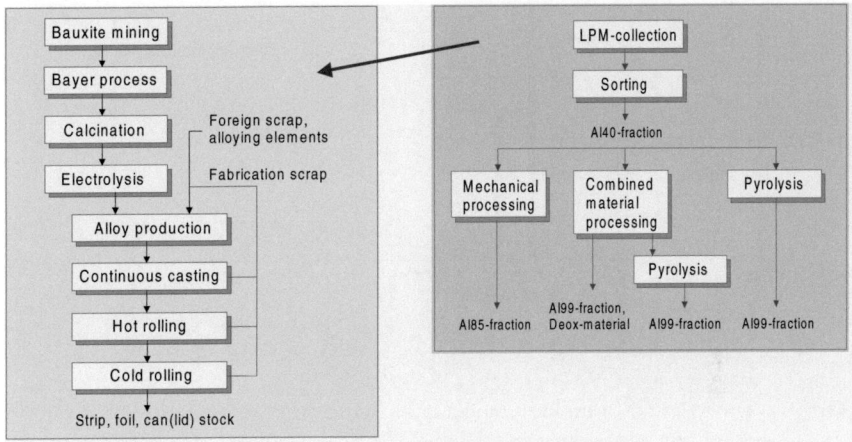

Abb. 2. Herstellung und Recycling von Verpackungsmaterial

Annahmen: Für das Szenario wurden eine Reihe von Annahmen zu fallunabhängigen strukturellen Aspekten und fallabhängigen technischen Aspekten des betrachteten Systems getroffen. Folgende Annahmen zu strukturellen Aspekten sind von Bedeutung:

- Für Produktion und Recycling wurden konstante Mengen angenommen, so dass kein Effekt über Kapazitätszuwachs eintritt;
- Die Struktur der Quellen von Bauxit, Tonerde und Primäraluminium bleibt unverändert (Abb. 3);
- Der Anteil von Sekundärrohstoffen für die Herstellung von Legierungen bleibt konstant;
- Das Angebot an Energie für die verschiedenen Prozesse basiert auf dem regionalen Energiemix. Nur für die Elektrizitätsversorgung der Elektrolysen

wurde der Vertragsmix (Mix Grundlaststrom) der Stromanbieter angenommen.

Fallabhängige Annahmen zu technischen Aspekten konkretisieren für jeden Prozess technischen Fortschritt (Tab. 2).[10] Die Annahmen können je einer der drei folgenden Gruppen zugeordnet werden. Die erste Gruppe reflektiert Annahmen zu den dargestellten Prozessen selbst. Darüber hinaus sind Annahmen aufgestellt, die zu einer Verbesserung der Material- und Ressourceneffizienz führen, oder die Veränderungen im vorgelagerten Elektrizitätssektor charakterisieren.

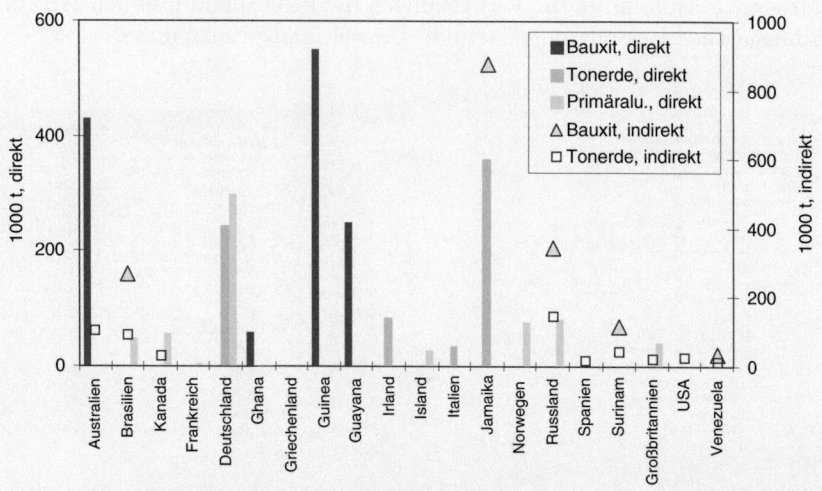

Abb. 3. Direkte und indirekte Quellen von Primäraluminium und den Vorstoffen für die Herstellung von Verpackungsmaterial in Deutschland

Ergebnisse: Für die wichtigsten Inputs und Outputs sind in Abbildung 4 die Analyseergebnisse der Fallbetrachtungen wiedergegeben. Wie erwartet ist das technische jeweils größer als das ökonomische Potenzial. Im Einzelnen sind die Ergebnisse sehr verschieden, zeigen aber eine Reduktion des Ressourcenbedarfs und der Umweltinanspruchnahme:

– Das technische (ökonomische) Potenzial zur Bauxiteinsparung beträgt 13,1% (5,1%) und ist zurückzuführen auf einen erhöhten Aufschluss und eine Reduktion des Inputs an Primäraluminium. Die Ressourceneffizienz mit Blick auf Bauxit gemessen als kg Verpackungsmaterial pro kg Bauxitinput steigt somit bei einmaligem Durchlauf des kombinierten Primär- und Sekundärkreislaufs entsprechend;

---
[10] Zapp et al. (2001)

Tabelle 2. Wichtige fallspezifische Annahmen

	1997	NT	2010
Bergbau	Liefermix 1997	Bauxitqualität unverändert	Schließung einiger Minen
Tonerdeproduktion		Nur Rohrreaktor und Wirbelschichtkalzination	10% Energieeinsparung, 1% höheres Ausbringen
Elektrolyse	Prozessmix 1997 der Lieferländer	Nur neueste PFPB-Technologie	Modernisierung, Ausweitung nur durch NT
Legierungsherstellung		Nur moderne Öfen mit Sauerstoffbrennern oder Wärmerückgewinnung	Erhöhter Anteil neuester Technologie
Strangguss		Max. Barrengewicht = Min. Fabrikationsschrott	
Warm/Kaltwalzen	Prozessmix 1997	Niedrigerer Energie- und Materialaufwand	
LPM-Recycling		Nur voll automatisierte Sortierung und Pyrolyse	10% voll automatisierte Sortierung, mechanische Aufbereitung entfällt
Energieversorgung	Energieträgermix 1997	1997 Energieträgermix, neueste Umwandlungstechnologie	Technischer Fortschritt und veränderter Energieträgermix 2010

- Die Rotschlammproduktion sinkt um 21% (8,6%). Wesentlicher Einfluss entspringt der Verbesserung der Ressourceneffizienz beim Bauxit und dem Einsatz fortschrittlicher Prozesse zur Tonerdeherstellung;
- Der Metallgehalt, der aus den genutzten Leichtverpackungen durch Recycling wieder zurückgewonnen und somit dem Aluminiumsystem wieder zugeführt werden kann, steigt um 26,6% (4,7%). Dieses rezyklierte Material ersetzt an anderer Stelle Primäraluminium und reduziert den Gesamtressourcenbedarf;
- Der Bedarf an Primärenergie sinkt um 25,9% (15,7%). Wichtigste Ursache des Rückgangs ist hier verbesserte Prozesstechnologie. Daneben spielen auch Verbesserung der Materialeffizienz, Einsatz effizienterer Energietechniken und strukturelle Änderungen der Energieversorgung eine Rolle;
- Die energiebedingten CO_2–Emissionen und die prozessbedingten CO_2–, CF_4– und C_2F_6–Emissionen sinken. Auf der Basis der Global Warming Potentials sinken diese Treibhausgasemissionen um ca. 45% (21%). Der größte Anteil des Rückgangs ist dem CO_2 zuzurechnen. CF_4 und C_2F_6 tragen aber trotz geringer eigener Mengen beinah zur Hälfte zur Reduktion

bei. Die perfluorierten Kohlenwasserstoffe haben ein hohes Global Warming Potential[11] und zeigen hohe Reduktionspotenziale. Insgesamt erweist sich hier der dominante Einfluss des Elektrolyseprozesses, der mit etwa 74% den größten Beitrag des technischen Potenzials zur Einsparung von Treibhausgasen ausmacht. Die Emissionen perfluorierter Kohlenwasserstoffe sind ausschließlich der Elektrolyse zuzurechnen. Darüber hinaus trägt die Elektrolyse durch eine Reduktion des Elektrizitätsbedarfs von 10% (4,5%), gekoppelt mit einer Verbesserung der Elektrizitätsbereitstellung zum Einsparpotenzial bei.

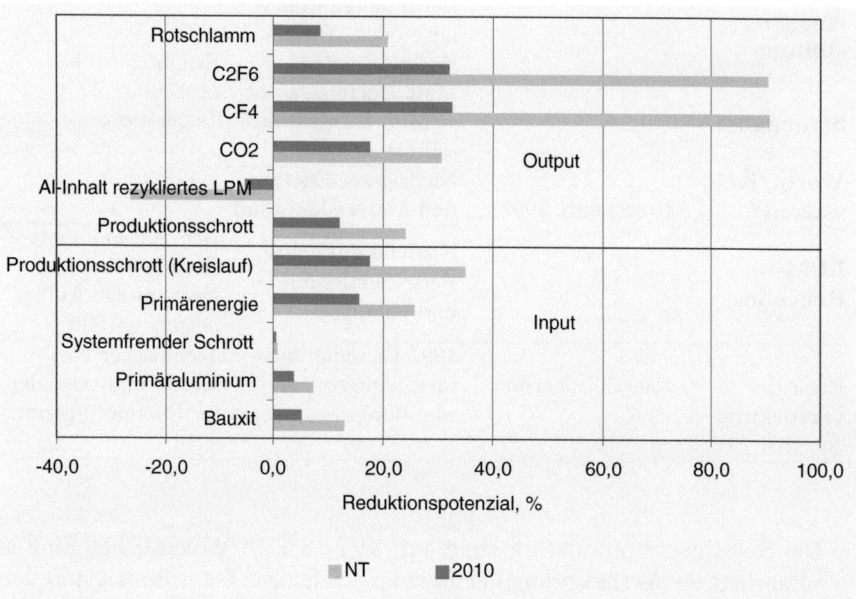

Abb. 4. Reduktionspotenziale bei spezifischen Inputs und Outputs pro Tonne Verpackungsmaterial

3.2 Regionalisierte Weltnachfrage nach Primäraluminium

Ziel der Untersuchung mit dem Modell der globalen Aluminiumwirtschaft ist es, Nachfrageänderungen nach Primäraluminium hinsichtlich der globalen Auswirkungen auf Produktion und Handel der nachgefragten Güter sowie auf den Energiebedarf und die stoffstrombedingten Treibhausgasemissionen zu analysieren.[12] Dazu gilt es zunächst, die Nachfrage nach Primäraluminium

---

[11]CO_2-Äquivalente: 6 300 kg CO_2/kg CF_4; 12 500 kg CO_2/kg C_2F_6.

[12]Die Ausführungen zu dem Szenario basieren auf Schwarz (2000) und Poganietz (2001).

regional differenziert zu bestimmen. Weiterhin ist die Prozesskette eines Basisjahres hinsichtlich des Einsatzes fortschrittlicher Techniken für das Zieljahr zu öffnen.

Systemgrenzen: Als Basis- und Zieljahr wurden die Jahre 1995 und 2010 gewählt. Das räumliche System umfasst die ganze Welt, aufgeteilt in 15 Regionen (Abb. 5).

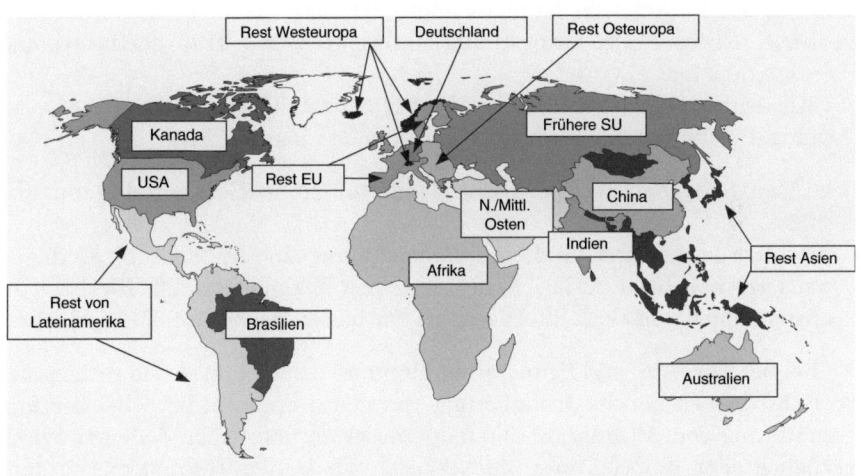

Abb. 5. Räumliche Systemgrenze und Regionen

Als wichtige Parameter für die Entwicklung der Nachfrage nach Primäraluminium gelten neben der Höhe des Bruttoinlandsprodukts die Aluminiumintensität des Bruttoinlandsprodukts und die Primäraluminiumintensität der gesamten Aluminiumnachfrage. Auf der Basis vorsichtiger, regional differenzierter Schätzungen dieser Parameter wurde eine Nachfrageprojektion für das Jahr 2010 erstellt. Die Analyse ist auf folgende Fallbetrachtungen aufgebaut:

– Der Referenzfall (Fall 1) entspricht einer moderaten Zunahme der globalen Nachfrage nach Primäraluminium in Höhe von 2,2%/Jahr bis 2010, wobei die Wachstumsraten zwischen den Regionen erheblich divergieren: Für China und Indien wurde eine jährliche Zunahme um 5,5%/Jahr berechnet; für Australien eine Wachstumsrate von 0,6%/Jahr;
– Fall 2 geht von der Annahme höheren wirtschaftlichen Wachstums und in der Folge höherer Nachfrage nach Primäraluminium (2,9%/Jahr) aus. Die regionalen Wachstumsraten reichen von 1,0%/Jahr (Rest von EU und Deutschland) bis 7,4%/Jahr (China);
– Fall 3 basiert auf Fall 2, nimmt aber bzgl. Innovation und struktureller Änderungen in Richtung des Einsatzes von rezykliertem Material ei-

ne stärkere Dynamik an. In der Folge ergibt sich die insgesamt niedrigste Nachfrage nach Primäraluminium (1,4%/Jahr). In diesem Fall wird die Nachfrage in einigen Regionen kontinuierlich fallen, wobei mit einer Rate von 0,5%/Jahr die Staaten der EU den höchsten Rückgang erfahren werden. Die höchste Wachstumsrate wurde mit 5,9%/Jahr wiederum für China ermittelt.

Annahmen: Bis auf die Nachfrage nach Primäraluminium sind die Annahmen zu den Parametern fallunabhängig definiert und betreffen technische Prozesse, relative Preise für bestimmte Inputgüter sowie Transportkosten und Politikparameter.

Mit dem Ansatz ist technischer Fortschritt modelliert. Auf der Basis von learning–by–doing–Effekten wird angenommen, dass bis 2010

– im Bauxitbergbau der spezifische Bedarf an Produktionsfaktoren um 20% sinkt;
– für Tonerde- und Primäraluminiumherstellung eine Annäherung an die jeweils weltweit beste Anlage in den einzelnen Regionen erfolgt. Hierbei wird angenommen, dass sich die Divergenz zur besten Anlage um 50% reduziert.

Bei der Tonerde- und Primäraluminiumherstellung ergibt sich technischer Fortschritt auch bei der Installierung von neuen Anlagen bzw. bei der Modernisierung von Altanlagen. Die modernisierten und neuen Anlagen weisen bezüglich aller Inputfaktoren im Vergleich zur besten Technologie im Jahr 1995 einen geringeren Einsatzbedarf aus. Es wird weiterhin angenommen, dass sich bezüglich der technischen Parameter weltweit ein einheitlicher Standard durchsetzen wird.

Das Modell ist realwirtschaftlich ausgerichtet, so dass keine Preisniveauänderungen erfasst werden können. Es wird aber angenommen, dass die regionalen Preise der Inputgüter, mit Ausnahme von Bauxit und Tonerde, deren Preise durch das Modell bestimmt werden, gegen den jeweiligen Weltmarktpreis konvergieren. Die Konvergenzraten variieren zwischen 0,95 und 0,5. Ein Wert von 0,95 sagt aus, dass die Divergenz eines Inputfaktorpreises einer Region vom Weltdurchschnitt sich um 5% verringert.[13]

Die Transportkosten sinken in dem betrachteten Zeitraum um linear 10%, die Zollsätze für Bauxit, Tonerde und Primäraluminium um 20%.

Ergebnisse: Die wichtigsten Analyseergebnisse der Fallbetrachtungen sind in Abbildung 6 wiedergegeben.

Wie erwartet sind die Inputs und Outputs im Fall hoher Nachfrage (Fall 2) immer höher als in den beiden anderen Fällen. Im einzelnen sind die Ergebnisse jedoch sehr verschieden. Insbesondere ist hier die Divergenz zwischen absoluten und spezifischen Veränderungen hervorzuheben:

---

[13]vgl. detailliert Poganietz (2001), S. 23–24

Analyse des Aluminiumstoffstroms 365

- Die Nachfrage und damit auch die Produktion von Primäraluminium und damit der vorgelagerten Produkte Tonerde und Bauxit wächst von 1995 bis 2010 zwischen 23% (Fall 3) und 54% (Fall 2);
- Der internationale Handel von Primäraluminium intensiviert sich und nimmt zwischen 36% (Fall 3) und 66% (Fall 2) zu. Der für Produktionswachstum notwendige Kapazitätsausbau findet zunächst in typischen Exportregionen (z.B. Kanada, Rest von Westeuropa (Norwegen, Island)) statt. Zusätzlich werden dann Kapazitäten in typischen Importregionen (z.B. USA) aufgebaut. Eine abgeschwächte Entwicklung kann man für den Tonerde- und Bauxithandel erwarten. Im Fall einer niedrigen Nachfrage nach Primäraluminium (Fall 3) wird das Handelsvolumen für Bauxit sogar um 12% sinken;
- Der spezifische Bedarf an den Endenergieträgern Elektrizität, Gas, Öl, Kohle und Diesel sinkt. Aufgrund des Produktionszuwachses werden aber die spezifischen Einsparungen im allgemeinen überkompensiert. Lediglich bei niedriger Nachfrage (Fall 3) sinkt auch der Bedarf an Öl und Kohle;
- Der Bedarf an Primärenergie steigt im Vergleich zur Produktion unterproportional und sinkt für den Fall niedriger Nachfrage (Fall 3). Der spezifische Bedarf an Primärenergieträgern sinkt um ca. 23%. Diese Entwicklung ist im wesentlichen auf die Verbesserung der Endenergieeffizienz der Elektrolysen und der fossil befeuerten Kraftwerke für die Elektrizitätserzeugung zurückzuführen. Die zwei Effekte erklären ca. 90% der Reduktion des spezifischen Primärenergiebedarfs. Die restlichen 10% resultieren im wesentlichen aus der Veränderung der Produktionsgeografie;
- Gemessen in CO_2-Äquivalenten, basierend auf dem 100 jährigen Global Warming Potential, fallen im Basisjahr CO_2 und perfluorierte Kohlenwasserstoffe (PFCs: CF_4, C_2F_6) grob im Verhältnis 2:1 an. Mit Ausnahme von Fall 2 werden die Emissionen von Treibhausgasen absolut um 9% (Fall 1) und 20% (Fall 3) sinken. Im Fall 2 kommt es zu einem leichten Anstieg (2%). Die Reduktion der spezifischen Treibhausgase beträgt im Durchschnitt aller Fälle sogar 34%. Diese Entwicklung wird wesentlich durch den Rückgang an spezifischen PFC–Emissionen bestimmt, die, je nach Fall, zwischen 69% und 73% fallen werden. Dahingegen sinken die spezifischen CO_2–Emissionen für sich nur um ca. 27%.

Energie- und prozessinduzierte Treibhausgasemissionen fallen grob im Verhältnis 2:1 an. Die Verbesserung der energieinduzierten spezifischen Emissionen (CO_2) ist mehrheitlich auf die Verbesserung der Wirkungsgrade der Elektrizitätserzeugung zurückzuführen. Der Einfluss des technischen Fortschritts bei den Elektrolysen spielt eine geringere Rolle.

Der Rückgang prozessinduzierter spezifischer Emissionen (CO_2, CF_4, C_2F_6), die nur bei der Elektrolyse anfallen, ist im wesentlichen auf den Rückgang der PFC–Emissionen CF_4 und C_2F_6 zurückzuführen. Dieses ist wesentlich Folge des verstärkten Einsatzes von neuester Technologie im Jahr 2010. Aufgrund der erhöhten Gesamtnachfrage nach

Primäraluminium und den veränderten regionalen relativen Inputpreisen kommt es im Betrachtungszeitraum zu einer umfangreichen kapazitätserweiternden Modernisierung von Altanlagen sowie Installation von Neuanlagen. Für diese Anlagen werden annahmegemäß jeweils die neuesten Technologien eingesetzt.

Auch wenn der Rückgang an spezifischen Emissionen von CO_2 relativ zu den PFC–Gasen gering ist, so wird die potenziell maximal mögliche Verminderung an prozessinduzierten Kohlendioxidgasen nahezu ausgeschöpft. Hierbei wird die maximal mögliche Reduktion von Treibhausgasen dann erreicht, wenn weltweit alle Schmelzhütten die neueste Technologie, die sog. PFPB–Technologie, einsetzen. Bei den PFC–Gasen besteht noch ein erhebliches Verminderungspotenzial. Im Jahr 2010 wird nur etwa ein Drittel des Potenzials ausgenutzt.[14]

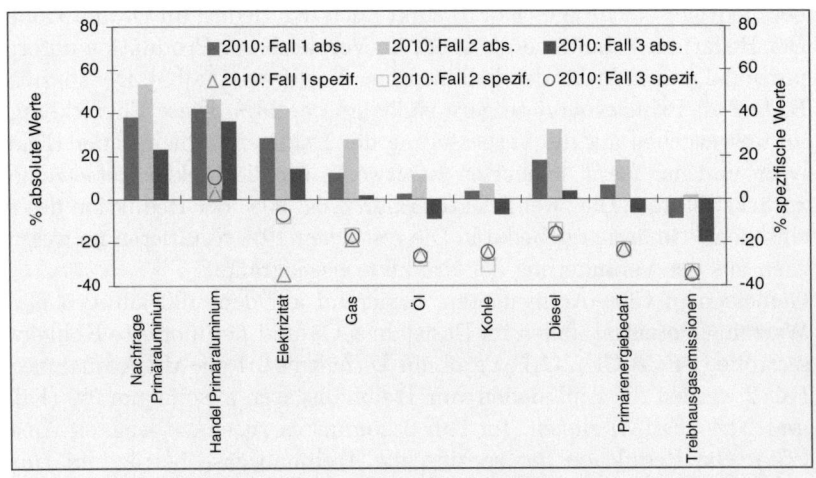

Abb. 6. Absolute und spezifische In- und Outputs in den drei Fällen

4 Resümee

Der vorliegende Beitrag fasst ausgewählte Arbeiten des SFB 525 „Ressourcenorientierte Gesamtbetrachtung von Stoffströmen metallischer Rohstoffe" zusammen und konzentriert sich auf die Quantifizierung von Potenzialen zur Reduktion des Ressourcenbedarfs und der Umweltinanspruchnahme innerhalb des Aluminiumstoffstroms. Die Potenziale werden nach ihrer technischen und ökonomischen Ausprägung differenziert. Im Rahmen der ausgewählten

---

[14]vgl. Poganietz (2001), S. 56

Untersuchungen umfassen Ressourcen natürliche nicht erneuerbare Ressourcen wie z.B. Bauxit, Kohle, Erdöl und Erdgas, aber auch erneuerbare wie z.B. Wasserkraft. Die Umweltinanspruchnahme konzentriert sich beispielhaft auf die Emission der Klimagase Kohlendioxid und perfluorierte Kohlenwasserstoffe (CF_4, C_2F_6) sowie auf die Ausbringung von Rotschlamm.

Im Rahmen der Systemanalyse werden mit dem Prozesskettenmodell ProkAl und dem Modell der globalen Aluminiumwirtschaft GlobAl je ein mittelfristiges Szenario (Zieljahr 2010) analysiert.

Ziel der Ausarbeitung mit dem Prozesskettenmodell ist die Analyse der Auswirkungen technischen Fortschritts auf spezifische Stoff- und Energieflüsse für den Einsatz von Aluminium im deutschen Verpackungssektor. Die Ergebnisse zeigen, dass das technische Potenzial zur Reduktion des spezifischen Ressourcenbedarfs und der spezifischen Umweltinanspruchnahme bis 2010 erheblich ist. Insbesondere sind hiervon der Bauxitbedarf, die Rotschlammproduktion, der Metallgehalt aus Recycling von Leichtverpackungen, der Bedarf an Primärenergie und die energie- und prozessbedingten Emissionen der Klimagase CO_2 und perfluorierte Kohlenwasserstoffe (CF_4, C_2F_6) betroffen. Gleichzeitig weisen die Ergebnisse darauf hin, dass das wirtschaftliche Potenzial in allen Fällen erheblich kleiner ist.

Ziel der Untersuchung mit dem Modell der globalen Aluminiumwirtschaft ist es, Nachfrageänderungen nach Primäraluminium hinsichtlich der globalen Auswirkungen auf Produktion und Handel der nachgefragten Güter sowie auf den Energiebedarf und die stoffstrombedingten Treibhausgasemissionen zu analysieren. Die Ergebnisse zeigen, dass wie erwartet der Ressourcenbedarf und die Umweltinanspruchnahme im Fall hoher Nachfrage nach Primäraluminium höher sind als bei niedriger Nachfrage. Der Anteil international gehandelten Primäraluminiums steigt. Der spezifische Bedarf an Elektrizität, Gas, Öl, Kohle, Diesel und der Einsatz von Primärenergieträgern sowie die Treibhausgasemissionen sinken. Allerdings werden diese Rückgänge aufgrund des Produktionszuwachses im allgemeinen überkompensiert.

Literaturverzeichnis

1. Adelhardt, G., Mori, G. (1997): Stoffmengenflüsse und Energiebedarf bei der Gewinnung ausgewählter mineralischer Rohstoffe – Teil Aluminium. Bundesanstalt für Geowissenschaften und Rohstoffe (BGR), Hannover
2. Ayres, R.U., Ayres, L.W. (1996): Industrial Ecology: Towards Closing the Cycle. Edward Elgar, Cheltenham (UK)
3. Bauer, C. (2000): An Environmental Information System to Characterise Metallic Raw Material Flows. Proceedings of the Third SETAC World Congress – Global Environmental Issues in the 21st Century: Problems, Causes and Solutions. Brighton, U.K., 21–25 Mai 2000, SETAC, Brüssel, S. 293
4. Bouman, M. et al. (2000): Material Flows and Economic Models: An Analytical Comparison of SFA, LCA and Partial Equilibrium Models. Ecological Economics, 32, S. 195–216

5. European Aluminium Association (1996): Ecological Profile Report for the European Aluminium Industry. Brüssel
6. IPPC (International Pollution Prevention and Control) (2000): Reference Document on Best Available Techniques in the Non Ferrous Metals Industries. European IPPC Bureau, IPTS, Sevilla
7. Jänicke, M. et al. (1992): Umweltentlastung durch industriellen Strukturwandel? Edition Sigma, Berlin
8. Kuckshinrichs, W., Poganietz, W.R. (2002): Aluminium – Supply and International Trade –. In: v. Gleich, A., Ayres, R.U. (Hrsg.): Sustainable Metals Economy. Im Druck
9. Phylipsen, G. et al. (1998): Handbook on International Comparisons of Energy Efficiency in the Manufacturing Industry. Dept. of Science, Technology and Society, Utrecht University
10. Poganietz, W.R. (2001): Process Chain of Primary Aluminium: Long Run Trends in Production, Trade, Energy Use and GHG Emissions. Interner Bericht FZJ–STE–IB 2/01, Jülich
11. Rombach, G., Zapp, P., Kuckshinrichs, W. (2001): Technical Progress in the Aluminium Industry – A Scenario Approach. In: Anjier, J.L. (Hrsg.): Proceedings Light Metals 2001, TMS. Warrandale, USA, S. 1131–1137
12. Schwarz, H.-G. (2000): Grundlegende Entwicklungstendenzen im weltweiten Stoffstrom des Primäraluminiums. Schriften des Forschungszentrums Jülich, Reihe Umwelt, Bd. 24
13. Sliwka, P. (2000): Environmental impact assessment of land use for quantifying emission factors. Proceedings of the Third SETAC World Congress – Global Environmental Issues in the 21st Century: Problems, Causes and Solutions. Brighton, U.K. 21–25 Mai 2000, SETAC, Brüssel, S. 78
14. United Nations Industrial Development Organization (1995): Environmental Management in the Aluminium Industry of Brazil, Guayana, Jamaica, Suriname and Venezuela
15. Zapp, P., Rombach, G., Kuckshinrichs, W. (2001): Technological Development in Aluminium Production – Contributions to Environmental Changes. In: GDMB (Hrsg.): Proceedings EMC 2001, Vol. 3, Clausthal-Zellerfeld, S. 83–98

Der nukleare Stoffstrom und seine internationale Kontrolle

Wolfgang Fischer, Bernd Richter, Gotthard Stein und Irmgard Niemeyer

1 Einleitung

Geht man vom Weltenergieverbrauch aus, trägt Kernenergie heute nur bescheidene 7 Prozent zu seiner Deckung bei. Bezogen auf die globale Stromerzeugung beträgt der Beitrag aber immerhin 17 Prozent. Zwar sind der Bau der Kernkraftwerke und der Betrieb des nuklearen Brennstoffkreislaufes mit Emissionen von Luftschadstoffen, von Kohlendioxid und anderen Umweltbelastungen verbunden, und radioaktive Abfälle müssen sicher verwahrt werden. Jedoch führt die Stromerzeugung selbst nicht zu einer Belastung der Atmosphäre. Insofern schneidet die Kernenergie im Vergleich zu anderen Energiesystemen in einer Umweltbilanz recht gut ab.[1] Große Mengen an Kohlendioxid wurden der Atmosphäre erspart. Aber die Kerntechnik ist nicht ohne Gefahren, wie die Reaktorkatastrophe in Tschernobyl gezeigt hat. Und ihr militärischer Einsatz könnte zur weltweiten Vernichtung der Zivilisation führen. Systemanalyse und Technikfolgenforschung können Beiträge leisten, diese Gefahr einzudämmen, indem die Möglichkeit von Entwicklung, Erwerb und Einsatz von Massenvernichtungswaffen drastisch reduziert wird. Teil einer Strategie zur globalen Risikominderung ist es, einen militärischen Missbrauch solcher Techniken zu verhindern und ihre Nutzung auf zivile Zwecke zu beschränken. Dazu sind Bemühungen auf nationaler und internationaler politischer Ebene notwendig, die miteinander verzahnt werden. Ein Instrument solcher Politik sind internationale (völkerrechtliche) Verträge, in denen für einen Teil oder für alle Staaten die ausschließlich friedliche Nutzung solcher Techniken vereinbart wird. Ob die Staaten, die eine entsprechende Vereinbarung eingegangen sind, sich auch wirklich an die dort niedergelegten Verpflichtungen halten, wird durch institutionelle und technische Mittel überprüft, die wiederum selbst Gegenstand von Zusatzverträgen und -vereinbarungen sind. Den Prozess der Überprüfung nennt man Verifikation. Systemanalyse spielt bei der Entwicklung und Umsetzung der Verifikation eine wichtige Rolle. Da Verifikation immer an einer Schnittstelle von Technik, Politik und Gesellschaft stattfindet, muss diese Systemanalyse fachübergreifend organisiert sein.

Die Nutzung der Kernenergie wurde schon sehr früh von der Bemühung begleitet, die weitere Verbreitung (Proliferation) von Kernwaffen zu verhüten

---
[1]Borsch u. Wagner (1992)

und die Staaten, die nicht über diese Waffen verfügen, dazu zu bewegen, sich vertraglich zur Kernwaffenlosigkeit zu verpflichten. Mit dem Kernwaffensperrvertrag (Non Proliferation Treaty, NPT)[2] gelang es Ende der 60er Jahre der Staatengemeinschaft, ein solches Vertragswerk zu vereinbaren und der Internationalen Atomenergie–Organisation (IAEO) die Aufgabe zuzuweisen, die Einhaltung der Vertragsbestimmungen zu verifizieren.[3] Dem NPT gehören heute, abgesehen von dem völkerrechtlichen Sonderfall Taiwan, bis auf Kuba sowie die de facto–Kernwaffenmächte Indien, Pakistan und Israel alle wichtigen Staaten an. Indien, Pakistan und Israel betreiben auch zivile Nuklearprogramme, die jedoch nur teilweiser IAEO–Kontrolle unterliegen. In den Mitgliedsstaaten des NPT, die über keine Kernwaffen verfügen,[4] überwacht die IAEO den gesamten nuklearen Stoffstrom mittels „Safeguards" (Kernmaterialkontrollen). Für Kernwaffenstaaten besteht hingegen auch dann keine Verpflichtung, sich Safeguards zu unterziehen, wenn sie Mitglieder des NPT sind (USA, Russland, Großbritannien, Frankreich, China). Nach anhaltender Kritik erklärten sich vier der fünf KWS bereit, ihre zivilen Anlagen unter sog. Voluntary Offer Agreements für die IAEO–Kontrollen zu öffnen. Praktisch überwacht werden nur einige wenige zivile Anlagen in diesen Staaten.[5] Lediglich China verweigert sich dem. Nach dem NPT wurden weitere internationale Verträge abgeschlossen, deren Einhaltung überprüft werden muss. Im Mittelpunkt stehen die Konventionen, die Chemiewaffen und biologische Waffen verbieten, sowie das noch nicht in Kraft gesetzte aber bereits teilweise praktizierte Abkommen über den vollständigen Teststopp für Kernwaffen (Comprehensive Test Ban Treaty, CTBT).[6] Hier sind die Verifikationskonzepte, -verfahren und -techniken der nuklearen Safeguards sowie die Organisation der IAEO z.T. Vorbilder. Sie könnten auch beispielhaft sein für das angestrebte Abkommen über einen Produktionsstopp für Kernwaffenmaterial, aber auch für andere Politikfelder wie etwa für die Verträge zum Klimaschutz, besonders das Kyoto–Protokoll, oder für eine Regulierung der Anwendung von Biotechnik, über die nachgedacht wird.

Nachfolgend werden die internationalen Kernmaterialkontrollen dargestellt. Zunächst werden die globalen nuklearen Stoffströme kategorisiert und quantifiziert sowie die einzelnen Stationen des nuklearen Brennstoffkreislaufes darauf überprüft, wie wichtig sie unter dem Blickwinkel der Nutzung sowohl für zivile als auch für militärische Zwecke sind. Dann wird die Evolution der Safeguards vor dem Hintergrund der Entwicklung beschrieben, die das Netzwerk der politischen Nichtverbreitungssysteme genommen hat.

---

[2] Text unter http://www.weltpolitik.net.
[3] Zur Einführung: Häckel (2000); ferner http://www.weltpolitik.net.
[4] Sie werden Nichtkernwaffenstaaten, NKWS, genannt. Für Kernwaffenstaaten hat sich die Abkürzung KWS eingebürgert.
[5] Informationen unter http://www.iaea.org.
[6] Über die Abkommen informiert das Center for Nonproliferation Studies: http://cns.miis.edu/.

2 Kategorisierung und Quantifizierung der nuklearen Stoffströme

Das Kernmaterial, das sich in einem nuklear–technischen Prozess befindet, lässt sich aus der Perspektive der Verifikation drei Kategorien zuordnen:
- Ziviles Kernmaterial unter IAEO–Safeguards.
- Kernmaterial, das keinen Safeguards durch die IAEO unterliegt. Dabei handelt es sich meist um militärisches, aber auch um ziviles Material.
- Nukleare Abfälle.

Die Tab. 1 gibt einen Überblick über die Kernmaterialien, die sich unter IAEO–Safeguards befinden. Es handelt sich dabei um ziviles Material, das in den Staaten beispielsweise zur Stromerzeugung und für Forschungszwecke eingesetzt wird. Zu unterscheiden sind die Materialtypen Plutonium, hochangereichertes Uran, Uran-233, abgereichertes, natürliches und niedrig angereichertes Uran, Thorium sowie Ursprungsmaterial. Beim Plutonium wird also nicht nach seiner Isotopen–Zusammensetzung unterschieden. Hochangereichertes Uran (HEU, highly enriched uranium) hat einen Uran-235 Isotopen–Anteil von 20 Prozent und höher, abgereichertes Uran (DU, depleted uranium) einen von weniger als 0,7 Prozent. Bei natürlichem Uran (NU, natural uranium) liegt der Uran-235 Anteil bei 0,7 Prozent, für niedrig angereichertes Uran (LEU, low–enriched uranium) bei mehr als 0,7 Prozent und weniger als 20 Prozent. Der Begriff „Ursprungsmaterial" bezeichnet natürliches und abgereichertes Uran sowie Thorium in metallischer Form, als Legierung, als chemische Verbindung und als Konzentrat.

Ziviles Kernmaterial kann aus zwei Gründen ohne Safeguards sein: Erstens, es wird in den Staaten verwendet, die nicht dem NPT angehören. Zwar ist ein Teil ihres nuklearen Brennstoffkreislaufes unter Safeguards gemäß INFCIRC/66 (dieses Kontrollsystem wird später erläutert). Sie betreiben aber auch nukleare Aktivitäten ganz ohne IAEO–Überwachung. Ob es sich dabei um zivile oder militärische Aktivitäten handelt, lässt sich nicht mit Gewissheit entscheiden. Zweitens, in den vier KWS mit „voluntary–offer–agreements" bleibt der überwiegende Teil des zivilen Sektors und in China der gesamte ohne IAEO–Safeguards. Für beide Staatengruppen fehlen zuverlässige Angaben darüber, welche Mengen an Kernmaterial ohne Safeguards sind.

Der militärische Sektor unterliegt keinen Überwachungsmaßnahmen der IAEO. Tab. 2 enthält Schätzwerte für das weltweite Waffenmaterial und den Status, den die Produktion von Waffenmaterial hat.[7] Außerdem gibt es erhebliche Mengen an angereichertem Uran, das für den Antrieb militärischer Schiffe verwendet wird.

---

[7]Ob Nordkorea, das dem NPT angehört, über Kernwaffenmaterial verfügt, ist unklar, da die Regierung die zur Klärung dieser Frage notwendigen Inspektionen der IAEO nicht zulässt.

Tabelle 1. Mengen an Kernmaterial unter Kontrolle der IAEO (Stand Ende 2000)

Materialtyp	INFCIRC/153–Staaten*	INFCIRC/66–Staaten	KWS**
Pu in bestrahlten BE	534.4	27.9	80.5
Separiertes Plutonium außerhalb von Reaktorkernen	12.5	0.1	59.7
Rezykliertes Plutonium in Brennelementen in Reaktorkernen	10.3	0.4	0
Hochangereichertes Uran (HEU)	11.0	0.1	10.7
Niedrig angereichertes Uran (LEU)	42 147	2 786	4 041
Ursprungsmaterial	78 942	1 646	11 089

*oder gleichwertige Abkommen; ** einschließlich abgerüsteten militärischen Materials, das unter Kontrolle der IAEO gestellt wurde.
Angaben in Tonnen, Quelle: IAEA (2001), S. 102.

Im Rahmen ihrer „Trilateral Initiative" verhandeln die USA, Russland und die IAEO intensiv darüber, welche Rolle die IAEO–Safeguards bei der Verifikation atomarer Abrüstung in den beiden großen Waffenmächten spielen soll. Dabei geht es um die Überwachung abgerüsteten Kernwaffenmaterials, das nicht mehr in den militärischen Sektor zurückkehren darf. Das Regierungsabkommen vom 1.9.2000 sieht derzeit vor, dass die USA und Russland je 34 Tonnen unbestrahltes Plutonium aus den Kernsprengköpfen ihrer Waffen isolieren und der IAEO übergeben.[8]

In den NKWS des NPT besteht die Möglichkeit, die Safeguards für nukleare Abfälle unter bestimmten Voraussetzungen zu beenden. In Kernwaffenstaaten und Staaten außerhalb des NPT stehen nukleare Abfälle überhaupt nicht unter Safeguards.

Alle diese nuklearen Materialien befinden sich in dem nuklearen Brennstoffkreislauf, dessen Modell Abb. 1 zeigt. Die Überwachung beginnt bei den Uranminen. Eine mengenmäßige Erfassung und Bilanzierung des Kernmaterials für Zwecke der Safeguards beginnt allerdings erst, wenn „Yellow Cake", ein Grundstoff für nukleare Brennelemente, hergestellt wird. Erst hier liegt das Kernmaterial in einer Konfiguration vor, die eine angemessene mengenmäßige Erfassung gestattet.

---
[8] Holgate (2000)

Tabelle 2. Das militärische Kernmaterial Ende 1999

State	Plutonium	HEU*	Status
USA	100	635	Production halted
Russia	130	970	Production halted
United Kingdom	7.6	15	Production halted, but could purchase HEU from USA
France	5	24	Production halted
China	4	20	Production believed halted
Israel	0.51	?	Production continues
India	0.31	Small quantity	Production continues
Pakistan	0.005	0.69	Production likely accelerated in 1998
North Korea	0.03–0.04	–	Production frozen
South Africa**	–	0.4	Nuclear weapons dismantled, stocks converted to civilian use

* weapon–grade Uranium equivalent;
*Hinweis: Die Atomwaffen wurden vernichtet, das Land trat dem NPT bei, und das gesamte Kernmaterial wurde unter Safeguards der IAEO gestellt.
Angaben in Tonnen, geschätzt mit Unsicherheiten. Quelle: Institute for Science and International Security (ISIS), http://www.isis-online.org/.

Hinsichtlich einer Beendigung von Safeguards bei Abfällen lässt sich Folgendes feststellen: Verglaste Abfälle aus der Wiederaufarbeitung könnten aus der Überwachung entlassen werden, abgebrannte Brennelemente aus Kernkraftwerken hingegen nicht. Es besteht international der Konsens, sie solange den IAEO–Safeguards zu unterstellen, wie die Kerntechnik in Zukunft überhaupt überwacht wird. Daher interessiert sich die IAEO bereits heute für Überwachungsmaßnahmen für stillgelegte geologische Endlager, die mit abgebrannten Brennelementen gefüllt sein werden. Das Kernmaterial in nuklearen Anlagen, die der Anreicherung und Wiederaufarbeitung von Kernmaterial dienen, unterliegt besonders aufwendigen Safeguards. Denn dort kann sich hochangereichertes Uran oder Plutonium befinden, das für Kernwaffen prinzipiell geeignet ist. Es handelt sich um Stationen im nuklearen Brennstoffkreislauf, deren Technologien auch für die Produktion oder Separierung von waffenfähigem Kernmaterial Verwendung finden.

Zusammenfassend lässt sich Folgendes feststellen: Gegenwärtig befinden sich sowohl etwa 800 Tonnen ziviles HEU, Uran-233 und Plutonium unter IAEO–Safeguards als auch große Mengen an LEU und Ursprungsmaterial, die aus Sicht der Safeguards von geringerer Bedeutung sind, da sie für Zwecke der Proliferation wenig geeignet sind. In den nächsten Jahren werden die Mengen unter Safeguards weiter steigen, nicht zuletzt durch Waffenmaterial, das aus atomarer Abrüstung stammt. Daraus lassen sich zwei Schlussfolgerungen ziehen:

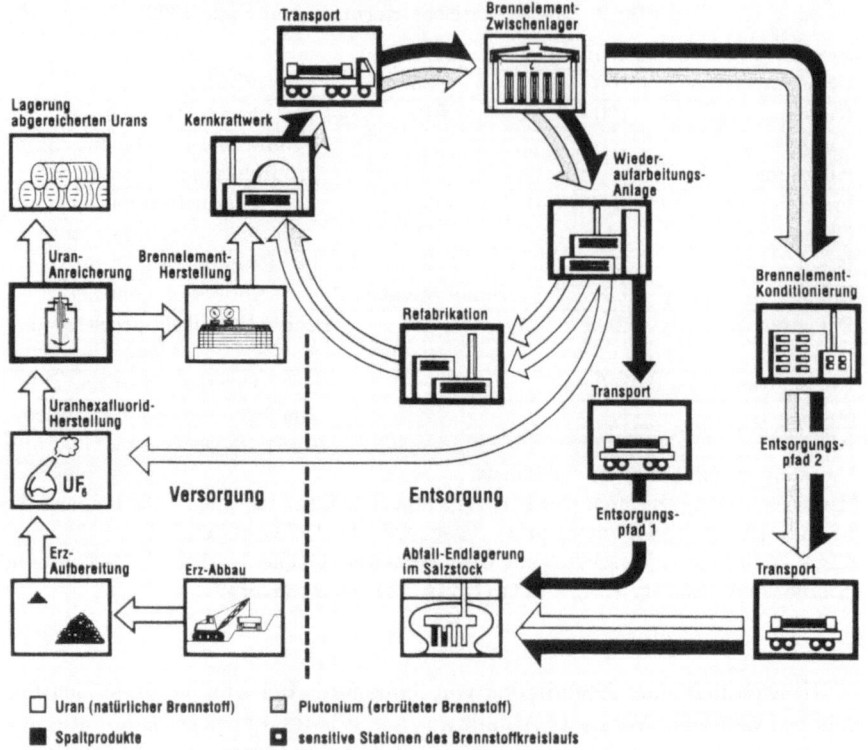

Abb. 1. Der nukleare Brennstoffkreislauf

- Auch wenn global die friedliche Nutzung zur Energieerzeugung zurückgehen sollte, ist es notwendig, eine internationale Kontrolle aufrechtzuerhalten, um die abgebrannten Brennelemente zu überwachen. Denn deren Radioaktivität nimmt stetig ab. Damit steigt die Möglichkeit, aus ihnen Material für Waffenzwecke zu separieren.
- Der Prozess der Abrüstung von Kernwaffen, der zwischen den USA und Russland begonnen hat, wird sich voraussichtlich beschleunigen und könnte auch auf andere (deklarierte und faktische) Kernwaffenstaaten ausgeweitet werden. Die Kontrolle der Kernmaterialien, die aus abgerüsteten Kernwaffen stammen, ist technisch komplex und für die IAEO organisatorisch und finanziell aufwendig.

Die internationale Verifikation bleibt also eine langfristige Aufgabe der Staatengemeinschaft. Um sie neuen Herausforderungen anzupassen und noch wirksamer und kostengünstig zu gestalten, sind auch künftig internationale und nationale Forschungsprogramme notwendig.

3 Politik zur Nichtverbreitung von Kernwaffen

Die Politik zur Nichtverbreitung von Kernwaffen kann auf eine fast fünfzigjährige Entwicklung zurückblicken. Die Zahl der Kernwaffenmächte ist mit heute 8 nicht so hoch, wie das in den 60er Jahren befürchtet wurde. Damals prognostizierte man 20 und mehr Staaten. Wahrscheinlich ist kein NKWS des NPT in den Besitz von Kernwaffen gekommen, auch wenn der Irak und wohl auch Nordkorea das versucht haben. Vielgestaltige nationale und internationale Politiken haben bewirkt, dass sich ein Geflecht von Rechten und Pflichten der Staaten und internationaler Organisationen herausbilden konnte, für das sich der Begriff „Nichtverbreitungsregime"[9] eingebürgert hat. Dessen Elemente wurden, zum Teil hervorgebracht durch Krisen der Nichtverbreitungspolitik, immer wieder angepasst und ergänzt (Abb. 2).[10]

Zu diesem Nichtverbreitungsregime gehören neben nationalen Politiken die weltweit agierende IAEO, regional agierende Organisationen, Vertragswerke über kernwaffenfreie Zonen (KWFZ), internationale Absprachen, etwa über Exportpolitiken, zeitlich begrenzte Gesprächs- und Verhandlungsgremien (INFCE), sowie Vereinbarungen, etwa über ein umfassendes Verbot von Kernwaffentests (CTBT) oder Verhandlungen über eine Einstellung der Produktion von Kernwaffenmaterial (FMCT, Fissile Material Production Cut–off Treaty). Kern des Regimes aber ist der NPT, der auf der Vertragsstaatenkonferenz 1995 in New York unverändert und unbefristet verlängert wurde. Auf ihn bauen die Verifikationsaktivitäten der IAEO auf, er bildet eine Grundlage für Vereinbarungen über die nukleare Zusammenarbeit zwischen den Staaten und zwischen der IAEO und interessierten Ländern.

Basierend auf dem NPT wurden Anfang der 70er Jahre die umfassenden Safeguards (Full Scope Safeguards, FSS) entwickelt, denen sich die NKWS unterwerfen: Ihr gesamtes Kernmaterial wird von der IAEO überwacht. In den Staaten der Europäischen Union wird dieses Überwachungssystem durch Abkommen über die Europäische Atomgemeinschaft (EURATOM) aus dem Jahre 1957 ergänzt.[11] Der Vertrag, der unter anderem die Versorgung mit Kernmaterial und dessen Kontrolle in den Staaten der EU durch ein eigenständiges Überwachungssystem regelt, stellt ein zentrales Element zur Harmonisierung der Rahmenbedingungen für die friedliche Nutzung der Kernenergie zwischen diesen eng verflochtenen Staaten dar. In anderen Regionen der Welt wurden KWFZ errichtet, deren Vertragsbestimmungen aber nur selten für Überwachungsmaßnahmen von Bedeutung sind. Die wichtigste KWFZ umfasst Lateinamerika und die Karibik (Tlateloloco Treaty, 1968), wo es auch ein funktionierendes regionales Verifikationssystem

---

[9]Regime bezeichnet ein Geflecht von Normen, Rechtssätzen bzw. Verträgen und Institutionen, durch die ein internationales politisches Problem reguliert wird.

[10]vgl. Inventory of International Nonproliferation Organizations and Regimes, 2000 Edition, updated by Tariq Rauf u.a.. Monterey, CA, http://cns.miss.edu.

[11]Der Euratomvertrag findet sich unter: http://www.europa.eu.int/abc/obj/treaties/de/detoc38.htm.

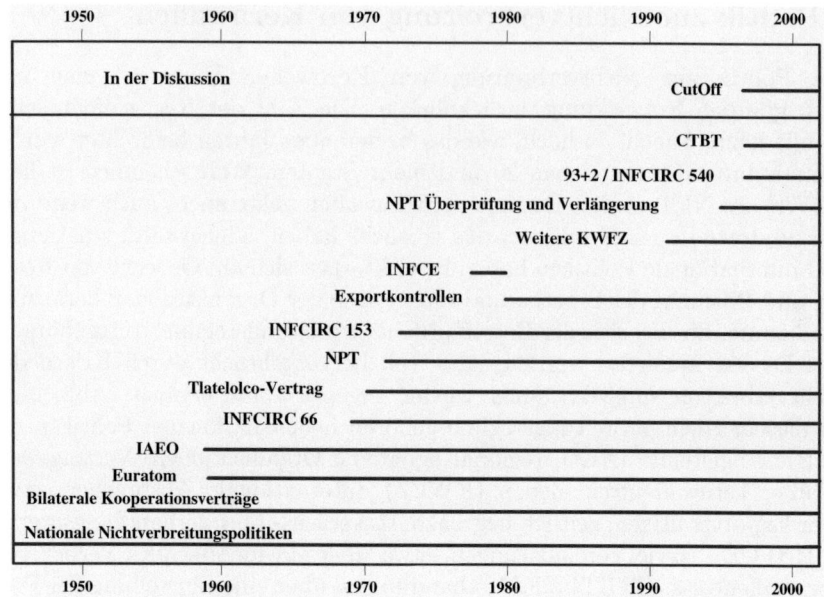

Abb. 2. Kernelemente des nuklearen Nichtverbreitungsregimes

gibt, das Ähnlichkeiten mit dem der Euratom hat.[12] Weitere KWFZ sind der Südpazifik (Rarotonga, 1986), Afrika (Pelindaba, Vertrag noch nicht in Kraft), Südostasien (Bangkok, 1997). Vertraglich kernwaffenfrei sind auch die Antarktis (1961), der Weltraum und seine Himmelskörper (1967) sowie der Meeresboden (1972). Zudem gibt es eine Initiative für eine zentralasiatische KWFZ, die wesentlich von der Mongolei getragen wird.[13]

Gerade Krisen der Nichtverbreitungspolitik haben seit den siebziger Jahren immer wieder dafür gesorgt, dass das Nichtverbreitungsregime weiterentwickelt und verschärft wurde. Zwei Ereignisse sind besonders hervorzuheben: Die Zündung eines nuklearen Sprengkörpers für vorgeblich friedliche Zwecke durch Indien 1974 und die Entdeckung des geheimen irakischen Kernwaffenprogramms im Jahr 1991. Während die Testexplosion von 1974 vor allem dazu führte, dass die nationalen Exportgesetzgebungen und die internationalen Ausfuhrrichtlinien verschärft wurden, um künftig Exporte von bestimmten Kernmaterialien und Technologien zu verhindern, die für unkontrollierte Nuklearprogramme verwendet werden können, führte der Irakfall zu einer grundlegenden Reform des Safeguardssystems der IAEO mit dem Ziel, künftig geheime Kernwaffenprogramme frühzeitig entdecken zu können.

---

[12] Ausführliche Informationen zur „Organismo para la Proscripción de las Armas Nucleares en la América Latina y el Caribe" (OPANAL) finden sich unter http://www.opanal.org/.

[13] vgl. ausführlich http://www.opanal.org/NWFZ/NWFZ's.htm.

Dieser Reformprozess, der vor dem Hintergrund des Wandels der Strukturen der Weltpolitik stattfindet, ist noch nicht abgeschlossen.[14]

4 Aufgaben und Funktionsweise der Safeguards

Weltweit existieren heute zwei Safeguardssysteme der IAEO: Eines für die kernwaffenlosen Mitgliedsstaaten des Nichtverbreitungsvertrages und eines für die wenigen Staaten, die heute nicht Mitglied dieses Vertrages sind, aber nukleare Anlagen oder Kernmaterialien besitzen, für die (meist auf der Grundlage von Verpflichtungen der Länder, die ihnen Kerntechnik oder -material lieferten) Safeguards angewandt werden müssen. Sind hingegen nukleare Aktivitäten in diesen Ländern einheimischen Ursprungs, unterliegen sie keinen Kontrollen. Die Leitlinien der Safeguards sind in den IAEO–Dokumenten Information Circular/66 (INFCIRC/66) für die wenigen Staaten der letzten Gruppe und Information Circular/153 (INFCIRC/153) für die große Zahl der NKWS des NPT niedergelegt. Auf dieser Basis werden die Details der Durchführung der Safeguards zwischen den Staaten und der IAEO vereinbart. 1997 wurde vom Gouverneursrat der IAEO, dem Entscheidungsgremium der Staaten in der IAEO, ein zusätzliches Safeguardsabkommen verabschiedet (INFCIRC/540), das neue Pflichten für alle Mitgliedsstaaten des NPT, ob NKWS oder KWS, festlegt. Gegenwärtig wird darüber diskutiert und verhandelt, wie das alte, aber weiterhin gültige Abkommen INFCIRC/153 und das neue INFCIRC/540 miteinander verflochten und umgesetzt werden. Von diesen „neuen Safeguards" bleiben die Staaten, die unter INFCIRC/66–Safeguards stehen, aber unberührt.[15]

Im Rahmen von INFCIRC/66, das die IAEO 1965 als erstes Safeguardssystem entwickelte, kann sie gemäß ihrem Statut in den safeguardspflichtigen nuklearen Bereichen das Kernmaterial, die Anlagen, Ausrüstungen und Dienstleistungen überwachen. Da diese Länder in der Regel noch über Anlagen verfügen, die nicht überwacht werden, überrascht es nicht, dass solche Länder mit ihren unkontrollierten Kernmaterialien und -anlagen Kernwaffen entwickelt haben: Am 25. Mai 1998 führte Indien die ersten expliziten Atomwaffentests durch. Nur zwei Wochen später folgte der Test des Rivalen Pakistan. Ein israelischer Atomwaffentest ist nicht endgültig nachgewiesen. Israel verfügt aber nach Schätzungen über bis zu 200 Atomsprengköpfe.

Im Jahre 1971 trat nach intensiven Verhandlungen INFCIRC/153 in Kraft, das umfassende Safeguards (Full Scope Safeguards, FSS) für die NKWS des NPT vorsieht. Wesentliches Ziel der FSS ist die rechtzeitige Entdeckung einer Abzweigung signifikanter Mengen von Kernmaterial. Dadurch sollen die Staaten von einer heimlichen Entwendung von Kernmaterial abgeschreckt werden. Safeguards sollen die Abzweigung also nicht verhindern –

---

[14]Krause (1998)
[15]Die Texte der 3 INFCIRCs stehen unter http://www.iaea.org/worldatom/ Documents/Infcircs/index.shtml

das können sie auch nicht, denn eine internationale Organisation wie die IAEO übt in den Staaten keine Polizeigewalt aus. Ihr Ziel ist die Entdeckung eines möglichen Missbrauchs des Kernmaterials für die Herstellung atomarer Sprengkörper. Entdeckt die IAEO einen solchen Missbrauch, wird der Sicherheitsrat der Vereinten Nationen (UNO) informiert, der auf Grundlage der UNO–Charta[16] über Maßnahmen gegen den Staat entscheiden kann – falls kein ständiges Mitglied sich dagegen ausspricht. Grundlegend für INFCIRC/153 ist, dass sich die Safeguards auf Kernmaterial beziehen, nicht aber auf die nuklearen Anlagen und Technologien. Das Überwachungsprinzip besteht in der Deklaration und der Verifikation: Das gesamte Kernmaterial unter nationaler Jurisdiktion wird von jedem überwachten Staat gegenüber der IAEO deklariert[17], und die Überwachungsmaßnahmen der IAEO beziehen sich auf dieses Material. Dabei wird das Vorhandensein dieses Materials von der IAEO mittels technischer, statistischer und anderer Verfahren nachgewiesen. Diese Bilanzierung des deklarierten Kernmaterials ist das wesentliche Element der Safeguards. Inspektoren der IAEO (in den EU–Staaten begleitet durch Inspektoren der EURATOM–Behörde), die aus einem anderen als dem inspizierten Land stammen müssen, haben eine wichtige Aufgabe bei der Durchführung der Safeguards: Beispielsweise führen sie Messungen durch, entnehmen Proben und prüfen die betriebliche Buchführung. Um etwa Industriespionage zu verhindern, haben die Inspektoren nur Zugang zu vereinbarten „strategischen Punkten" in der nuklearen Anlage, das heißt zu solchen Stellen, an denen das Kernmaterial nachweisbar ist. Wird das Material dort messtechnisch nachgewiesen, so ist der strategische Punkt gleichzeitig ein Schlüsselmesspunkt.

Die EURATOM–Behörde hat in den Staaten der EU hingegen Kontrollrechte, die erheblich weiter gehen als die der IAEO. So besitzen die Betreiber kerntechnischer Anlagen in der EU nur die Nutzungsrechte an dem Kernmaterial, das Eigentumsrecht hat dagegen die EU–Kommission. Den Inspektoren der EURATOM steht im Gegensatz zu denen der IAEO der Zugang zu den Nuklearanlagen uneingeschränkt offen. Um eine unnötige, kostspielige doppelte Überwachung durch EURATOM und IAEO zu vermeiden, haben die EU–Staaten die EURATOM zu einer Übereinkunft mit der IAEO ermächtigt, die 1979 als „Verifikationsabkommen" abgeschlossen wurde. Es sieht vor, dass die IAEO den Inspektionsaufwand von EURATOM bei ihren Safeguards berücksichtigt. Inspektionen werden entweder gemeinsam (Joint Team) oder von EURATOM unter Beobachtung der IAEO durchgeführt (Observation Principle). Um den Inspektionsaufwand weiter zu reduzieren, wurde Mitte der neunziger Jahre zwischen IAEO und EURATOM der New Partnership Approach vereinbart, durch den diese Verfahren teilweise modifiziert wurden.

---

[16]http://www.un.org/aboutun/charter/index.html.

[17]Der Staat ist verpflichtet, ein State System of Accounting for and Control of Nuclear Material (SSAC) zu unterhalten. Für Deutschland repräsentiert die Euratom–Behörde dieses System.

Heute ist – bei einem deutlich reduzierten Inspektionsaufwand der IAEO – in den EU–Staaten ein äußerst wirkungsvolles Safeguardssystem etabliert. Die folgenden Ausführungen beziehen sich jedoch nur auf das multilaterale IAEO–System ohne Berücksichtigung der EU–Spezifika.

Die Zielsetzung der rechtzeitigen Entdeckung einer Abzweigung signifikanter Mengen an Kernmaterial hat eine unmittelbare Bedeutung für die Planung, Durchführung und Ergebnisbewertung der Safeguards. Grundlage für die Festlegung der Mengenangaben ist die kritische Masse, die nötig ist, um einen atomaren Sprengkörper der „ersten Generation" zu bauen. Hinsichtlich der Rechtzeitigkeit spielen die folgenden Überlegungen eine Rolle. Ausgehend vom Spaltmaterial in unterschiedlicher physikalischer und chemischer Zusammensetzung sind entsprechende Zeitwerte festgesetzt worden, die für eine Umwandlung (Konversion) des Spaltmaterials in eine waffentaugliche Form erforderlich sind. Dabei wird angenommen, dass ein Sprengsatz mit Zündvorrichtung, Neutronenquelle und anderem schon vorhanden ist, so dass das Kernmaterial nur noch eingefügt werden muss. Für diese „Konversionszeit" werden folgende Zeiträume angenommen: einige Monate für Plutonium, das sich noch in Brennelementen befindet und daher noch von anderen Spaltstoffen abgetrennt werden muss; hingegen lediglich einige Wochen für bereits abgetrenntes Plutonium. Vergleichbares gilt für hochangereichertes Uran, das relativ rasch in eine für Waffen geeignete Form überführt werden kann.

Das Prinzip der Kernmaterialbilanzierung ist das wesentliche Element der Safeguards. Eine kerntechnische Anlage wird in eine oder mehrere Bilanzzonen eingeteilt, um die Bestände und Bestandsänderungen des Kernmaterials möglichst leicht erfassen und nachvollziehen zu können. An den Schlüsselmesspunkten wird das ein- und ausgehende Material gemessen. Auch für die Bestimmung des Inventars einer Materialbilanzzone wird ein Schlüsselmesspunkt eingerichtet. Der Betreiber einer Anlage ist verpflichtet, den Bestand des Kernmaterials sowie Bestandsänderungen für die Materialbilanzzonen und Schlüsselmesspunkte über seine nationale Überwachungsbehörde an die IAEO zu melden. Deren Inspektor prüft im Rahmen seiner Inspektionsreisen die Angaben nach. Dabei bedient er sich auch eigener unabhängiger Messungen. Die Inspektionshäufigkeit variiert mit dem Anlagentyp. Kernkraftwerke werden je nach Brennelementtyp einige Male im Jahr inspiziert, während in kommerziellen Wiederaufarbeitungsanlagen Inspektoren Tag und Nacht anwesend sind. Die mit großem Aufwand verbundenen Inventuren des Kernmaterials finden einmal im Jahr statt.

Um beurteilen zu können, ob Kernmaterial abgezweigt wurde, vergleicht die IAEO den „Buchbestand" an Kernmaterial mit dem „realen" Bestand, der messtechnisch bestimmt wird. Wie bei allen Messungen kommt es dabei zu Messungenauigkeiten (statistische und systematische Messfehler). Um sie zu reduzieren, werden ständig Forschungs- und Entwicklungsarbeiten durchgeführt. Nur dadurch kann auch gewährleistet werden, dass die IAEO ausschließlich Messtechniken verwendet, die dem neuesten Stand von Wissenschaft und Technik entsprechen. Die Differenz von Buch- und Messwerten nennt man das „nicht nachgewiesene Material" (MUF, material unaccounted for). Die in ihrer Bedeutung für die Wirksamkeit der Safeguards oft überschätzte Problematik der MUF–Werte tritt am häufigsten in Anreicherungs- und Wiederaufarbeitungsanlagen auf. Denn in großen Teilen dieser Anlagen liegen keine festen, vollständigen Einheiten von Kernmaterial vor, und sowohl die Zusammensetzung als auch die Qualität des Kernmaterials ändert sich. So werden in Wiederaufarbeitungsanlagen die Brennelemente chemisch zerlegt und in eine flüssige Form gebracht. Eine Materialbilanz lässt sich nur erstellen, wenn das Kernmaterial durch Messungen (zum Beispiel Probenahmen) bestimmt wird. Betreiber und Inspektor nehmen unabhängig voneinander möglichst repräsentative Proben und bestimmen das Inventar und den Fluss an Kernmaterial mit Hilfe von Messsystemen auf chemisch–analytischer und/oder auf massenspektrometrischer Grundlage. Auf dieser Basis wird eine vom Inspektor verifizierte Kernmaterialbilanz errechnet. Die so gewonnenen Angaben beruhen auf Messwerten, die zwangsläufig mit Messfehlern behaftet sind, so dass „Buchwert" und „Messwert" sich im Rahmen der Messungenauigkeiten unterscheiden können. Jedoch gibt es Verfahren, die Methode der Bilanzierung zu verbessern und auch zu gewährleisten, dass die Entdeckung einer Abzweigung rechtzeitig erfolgt (Quasi–Echtzeitbilanzierung). Zudem machen es zusätzliche Maßnahmen des räumlichen Einschlusses (containment) und der Beobachtung (surveillance) sowie die permanente Anwesenheit von Inspektoren wahrscheinlicher, die Entwendung auch kleinerer Mengen von Kernmaterial zu entdecken. Ein von Null verschiedener MUF–Wert ist daher per se kein Beweis für eine Abzweigung von Kernmaterial.

Aussagen über eine Abzweigung lassen sich daher nur über die Bestimmung statistischer Wahrscheinlichkeiten für vorgegebene Mengen an Kernmaterial ableiten. Diese Wahrscheinlichkeiten sollten im Idealfall für möglichst geringe Mengen von Kernmaterial möglichst hoch sein, damit auch die Abzweigung kleiner Mengen entdeckt werden kann. Dieses Bemühen hat aber ein Dilemma zur Folge, das jedem Überwachungssystem innewohnt: Die Wahrscheinlichkeit wächst, dass ein „Fehlalarm" ausgelöst wird. Dann wird eine angebliche Abzweigung angezeigt, die nicht wirklich stattgefunden hat. Das sät Misstrauen und Zweifel an der Brauchbarkeit der Safeguards und wäre zudem kostspielig, denn ein Alarm muss von der IAEO in der Regel durch Nachmessungen aufgeklärt werden. Soll die Wahrscheinlichkeit eines Fehlalarms aber gegen Null gehen, so nimmt auch die Wahrscheinlichkeit der Entdeckung einer Abzweigung ab. Daher ist es notwendig, einen vernünftigen und für alle beteiligten Staaten akzeptablen Kompromiss zwischen den Risiken des Fehlalarms und der Entdeckung einer Abzweigung festzulegen, indem eine „Signifikanzschwelle" von der Genauigkeit der Messsysteme her bestimmt wird. Erst wenn ein MUF–Wert diese Schwelle mit einer als nicht mehr akzeptabel definierten Wahrscheinlichkeit überschreitet, ist eine Anomalie gegeben, wird Alarm ausgelöst und analysiert, ob und wohin Kernmaterial verschwunden sein könnte.

Die Bilanzierung von Kernmaterial kann durch den Einsatz von Maßnahmen des „containment" und der „surveillance" erleichtert werden. Betonstrukturen, die aus Gründen des Strahlenschutzes ohnehin vorhanden sind, oder Rohrsysteme können sicherstellen, dass ein direkter, unentdeckter Zugriff auf Kernmaterial und sein heimliches Entfernen aus einer Anlage physisch stark erschwert wird und damit unwahrscheinlicher ist. Dazu kommen Beobachtungs- und Überwachungssysteme verschiedener Art, etwa Strahlungsmonitore, Siegel oder Kamerasysteme. Sie sind bei der Einschätzung, welche Bedeutung ein MUF–Wert hat, von erheblichem Gewicht. In einigen Anlagen sieht man es als notwendig und hinreichend an, zum Beispiel an Ein- und Ausgängen Kamerasysteme oder Siegel einzusetzen, um mit sehr hoher Wahrscheinlichkeit jeden Hinweis auf eine Entwendung von Kernmaterial zu entdecken.

Mehr als etwa zwanzig Jahre galten diese INFCIRC/153–Safeguards, trotz einiger Kritik im Detail, als erfolgreich, und sie waren es auch, legt man ihre Zielkriterien zugrunde. Nirgendwo fanden sich Hinweise auf Abzweigungen signifikanter Mengen an Spaltmaterial aus dem deklarierten Nuklearsektor. Diese Wirksamkeit der Safeguards im deklarierten Nuklearbereich hat aber Folgen. Staaten, die heimlich Kernwaffen bauen wollen, müssen ein verborgenes nukleares Parallelprogramm aufbauen. Genau das tat der Irak, der Safeguards nach INFCIRC/153 unterworfen war. Da das Waffenprogramm des Irak[18] keine für die IAEO–Routineinspektionen erkennbaren Berührungspunkte mit dem überwachten Nuklearprogramm aufwies, blieb es unentdeckt – eine gefährliche Schwäche des Safeguardssystems. Es wäre jedoch unangemessen, für diese Beschränkung der Safeguards auf deklariertes Material allein oder auch nur vor allem die IAEO verantwortlich zu machen. Denn die IAEO wurde als internationale Organisation von den Staaten beauftragt, die Safeguards in einer Art und Weise durchzuführen, auf die sich die Staaten in den Grundzügen vertraglich geeinigt hatten. Und diese Einigung war Ausfluss der politischen Interessen- und Kräftekonstellationen Ende der 60er bis Anfang der 70er Jahre, als INFCIRC/153 ausgehandelt wurde.[19] Viele NKWS, darunter Deutschland, waren (erfolgreich) bemüht, die Safeguards so auszugestalten, dass eine von den Waffenmächten angestrebte Beschneidung ihrer vielversprechenden, aber im Vergleich zu den KWS noch rückständigen kerntechnischen Entwicklung und der politischen Souveränität möglichst weitgehend vermieden wurde. Von den KWS gewünschte Safeguards, die der IAEO u.a. das Recht zugestanden hätten, jederzeit und an jedem Ort in den NKWS nach undeklarierten nuklearen Aktivitäten zu suchen, hätten beiden Zielen entgegengestanden und den im NPT

---

[18]Zum Waffenprogramm vgl. http://www.iaea.org/worldatom/Programmes/ActionTeam/index.html.

[19]Ungerer (1991)

ohnehin verankerten Statusunterschied zwischen KWS und NKWS weiter verschärft. Außerdem wären solche intrusiven Safeguards aus Sicht der politisch glaubwürdigen und vertrauenerweckenden NKWS, von denen Deutschland den Verzicht auf Kernwaffen schon früher rechtlich und politisch bindend bekräftigt hatte, ein offener Misstrauensantrag. Man erwartete auch, dass die Staaten ihr gesamtes Kernmaterial getreulich deklarieren und damit den gesamten Nuklearsektor unter Safeguards stellen würden. Zwar wurde die Möglichkeit nicht grundsätzlich ausgeschlossen, dass NPT–Mitglieder durch den Aufbau eines Parallelprogrammes nach Kernwaffen strebten. Aber man maß dieser Möglichkeit geringe Bedeutung bei und war überzeugt, dass die Führungsmächte der beiden großen Lager, USA und UdSSR, solche Programme in ihrem Einflussbereich verhindern würden. Außerdem sah INFCIRC/153 die Möglichkeit von „Sonderinspektionen" vor, mit denen man einem Verdacht auf undeklarierte Aktivitäten hätte nachgehen können. Aber dieses „Hintertürchen" wurde praktisch nie genutzt, und man hätte zu Zeiten des Ost–West–Konfliktes wohl nicht den notwendigen Konsens gefunden, solche politisch sensitiven Inspektionen auszulösen. Zudem hätten Sonderinspektionen den Eindruck erweckt, es herrsche Misstrauen gegenüber der Wirksamkeit von IAEO–„Routine"-Safeguards.

5 Das „Gestärkte Safeguardssystem"

Schon in der Vergangenheit hatte es Gerüchte und Hinweise gegeben, dass einige wenige NKWS an Kernwaffen interessiert wären bzw. an einem Parallelprogramm arbeiteten.[20] Deshalb war es eigentlich überfällig, der IAEO Instrumente bereitzustellen, um solche Programme zu identifizieren. Aber erst das Ende des Ost–West–Konfliktes schuf dafür Grundlagen, und die Ereignisse im Irak gaben den nötigen politischen Schub, um die Safeguards zu reformieren.

1992, kurz nach den Entdeckung des irakischen Waffenprogramms, verabschiedete der Gouverneursrat erste Maßnahmen zur Stärkung der Safeguards, die aber im Rahmen von INFCIRC/153 blieben: Die frühzeitige Unterrichtung der IAEO über Planung bzw. Bau nuklearer Anlagen; die universelle Berichterstattung über Im- und Exporte von Nuklearmaterial und bestimmten Gegenständen. Im gleichen Jahr begann die IAEO mit Unterstützung einzelner Staaten technische Studien, um Möglichkeiten für eine Erhöhung der Effizienz und Effektivität der Safeguards zu finden. Mitte 1993 etablierte der Gouverneursrat das sogenannte „93+2"-Programm, das 1995 abgeschlossen sein sollte. Wenig kontroverse Teile, die auf Grundlage bestehender Abkommen zwischen der IAEO und den NKWS umgesetzt werden konnten, nahm der Gouverneursrat schon im Juni 1995 an. Im Zentrum dieser

---

[20]vgl. Spector (1984, 1995)

„93+2" Teil I genannten Maßnahmen stehen die Entnahme von Umweltproben in deklarierten Anlagen, um durch deren Analyse nichtdeklarierte Aktivitäten in der Anlage entdecken zu können (environmental sampling). Anders stand es um die Maßnahmen des Teils II von „93+2", auf die sich die Staaten nicht so rasch einigen konnten, und für deren Umsetzung die Rechtsgrundlagen fehlten. Sie sollten mit einem neuen völkerrechtlichen Vertrag geschaffen werden. Die ersten Vorschläge aus der IAEO zeigten, dass das Grundprinzip der bisherigen Safeguards, nämlich ihre Abhängigkeit vom Vorhandensein deklarierten Nuklearmaterials, aufgegeben werden sollte. In einigen Ländern, darunter Deutschland, keimte der Verdacht auf, dass die IAEO–Bürokratie, KWS und einige andere Länder (meist solche ohne eigene Kernenergieindustrie) ein Safeguardssystem ansteuerten, das konzeptionell aus den 60er Jahren stammte. Ein intensiver, kontroverser Verhandlungsprozess begann, der in einem „Komitee 24" institutionalisiert wurde. Dem Komitee hatte der Gouverneursrat das Mandat erteilt, die Streitpunkte zu lösen und zu einem konsensfähigen Protokoll, d.h. einem Vertragsentwurf, zu kommen. Nach schwierigen Verhandlungen wurde im Mai 1997 das Protokoll über ein „gestärktes Safeguardssystem" (SSS) im Konsens vom Gouverneursrat verabschiedet.[21] Seine Inhalte finden sich im INFCIRC/540[22] und bilden die Grundlage, auf der die IAEO mit den Staaten detaillierte Zusatz–Abkommen aushandelt, die Pflichten und Rechte bei der Anwendung der SSS konkretisieren. Gegenwärtig sind 19 solche Abkommen in Kraft, weitere werden vorbereitet bzw. durchlaufen den Prozess der Ratifizierung in den Staaten. Jedoch ist es nicht gelungen, alle Staaten oder zumindest alle NPT–Mitglieder an die Bestimmungen des INFCIRC/540 zu binden. Faktisch unterliegen nur die NKWS den neuen Pflichten, während sich die anderen Staaten freiwillig zur Übernahme von neuen Safeguards bequemen müssten. Bis auf die USA und, mit Einschränkungen, Frankreich sowie Großbritannien haben die anderen Atomwaffenstaaten inner- und außerhalb des NPT nicht erkennen lassen, dass sie demnächst auch nur Teile des INFCIRC/540 übernehmen.

Was sehen die gestärkten Safeguards vor? Zunächst geht es um eine erweiterte Deklaration des Staates an die IAEO, um deren Informationsbasis zu stärken. Darin sind unter anderem enthalten:

– die Beschreibung aller einschlägigen Anlagen, Orte, des Status und der Aktivitäten des gesamten Brennstoffkreislaufs, einschließlich der für den Kreislauf relevanten Forschungs- und Entwicklungsaktivitäten sowie solcher Aktivitäten, die in einem Zusammenhang mit kerntechnischen Anlagen stehen; dazu zählen etwa die Entwicklung und Fertigung von Komponenten für diese Anlagen;

– weitergehende Informationen über den Betrieb kerntechnischer Anlagen und über Gebäude auf dem Gelände kerntechnischer Anlagen;

---

[21] vgl. zu den Verhandlungen über das neue Safeguardssystem: Häckel u. Stein (2000).

[22] IAEA (1997)

- ferner Informationen über Ex- und Importe von Kernmaterial, von nichtnuklearem Material und Ausrüstungen;
- weitere Informationen über nukleares Ausgangsmaterial, auf das bisher keine Safeguards angewandt wurden;
- auf Anforderung der IAEO auch Informationen über Anlagen, Aktivitäten und anderes in der Nachbarschaft kerntechnischer Anlagen.

Zweitens werden Zeitpunkt und Rhythmus dieser erweiterten Deklaration geregelt. Durch diese und andere Informationen, etwa von Geheimdiensten oder aus offenen Quellen (Zeitungen, wissenschaftliche Berichte etc.), erhofft sich die IAEO einen guten Überblick über alle relevanten Nuklearaktivitäten, aus dem sich Anhaltspunkte für nichtdeklarierte Aktivitäten ableiten lassen. Zu diesem Zweck modelliert sie einen Brennstoffkreislauf. Das Modell bildet eine Abfolge von immer spezifischer werdenden Schritten (Ebenen) ab, die bei der Produktion von Waffenmaterial und dem Bau eines Atomsprengkörpers zurückgelegt werden müssen. Die oberste Ebene enthält die zentralen Schritte, zum Beispiel die Wiederaufarbeitung, Anreicherung sowie begleitend den Waffenbau (weaponization). Jeder dieser zentralen Schritte ist dann auf einer zweiten Ebene in spezifische Routen beziehungsweise Prozesse zerlegt. So wird Anreicherung in neun mögliche technische Prozesse (Verfahren) der Anreicherung aufgespalten. Jeder dieser Prozesse wiederum ist auf einer dritten Ebene mit Indikatoren versehen, die mit dem Prozess und seiner Entwicklung verbunden sind, also spezifische Materialien, Ausrüstungen, Ausbildung. Die IAEO füllt alle diese „Kästchen" mit ihren Informationen aus, um dann durch einen Abgleich der Meldungen mit dem Modell einmal die Konsistenz der Deklaration, aber auch Lücken und Verdächtiges zu identifizieren.

Auf diesen Grundlagen sollen, drittens, der IAEO auf ihr begründetes Ersuchen hin erweiterte Zugangsrechte zur Durchführung ihrer Safeguards gewährt werden: zu jedem Ort, der in der erweiterten Deklaration aufgeführt ist und zu jedem Ort auf dem Gelände einer Anlage, auf der gewöhnlich Kernmaterial ist oder war, einschließlich stillgelegter Anlagen.

Die IAEO kann hier ihre Safeguardsinstrumente nach Bedarf einsetzen: visuelle Inspektionen, Einsichtnahme in Betriebsunterlagen, Wischtests vornehmen (Entnahme von Umweltproben) sowie, sobald für Safeguards zugelassen, andere technische Verfahren nutzen. Qualitativ neu sind diese Safeguards insofern, als die Überwachungsrechte der IAEO auch auf solche Unternehmen, Anlagen, Orte, Forschungseinrichtungen ausgedehnt werden, die kein Kernmaterial besitzen, aber in irgendeiner Weise mit dem Brennstoffkreislauf und seinen Technologien in Beziehung stehen.

Mit INFCIRC/540 steht das Safeguardssystem der IAEO vor der Aufgabe, die „neuen" mit den „alten", weiterhin gültigen Safeguards nach INFCIRC/153 Safeguards zu verbinden. Dies ist nicht einfach, da INFCIRC/540 deutlich die Merkmale eines qualitativen Safeguardssystems trägt und INFCIRC/153 explizit quantitativ ausgerichtet ist. Daher zielen laufende Forschungs- und Entwicklungsarbeiten und internationale Diskussionen darauf ab, Lösungen zu finden, die nicht einfach der Addition von „alten" und „neuen" Safeguards entsprechen. INFCIRC/540 eröffnet neue Wege hinsichtlich Umfang von Safeguards sowie Universalität der Safeguardsanwendung. Hinsichtlich der Universalität wurde während der Diskussionen im „Komitee 24" deutlich, dass mögliche heimliche Nuklearaktivitäten alle Staaten betreffen können, und dass Globalisierung nicht vor dem Nuklearmarkt haltmacht. Folglich entstanden unterschiedliche Zusatzprotokolle für NKWS des NPT und INFCIRC/66–Staaten. Ein weiterer wichtiger Diskussionspunkt ist, in welchem Umfang die IAEO Verifikationsaktivitäten an nationale (SSAC) bzw. regionale (RSAC) Überwachungsbehörden, wie EURATOM, delegieren sollte. Daher laufen Untersuchungen zur Klärung, inwieweit die IAEO in der Lage ist, die Qualität der SSAC– bzw. RSAC–Safeguards zu kontrollieren. INFCIRC/540 hat eine neue Dimension der Entwicklung und Implementierung neuer Safeguardstechnologien eröffnet, indem die IAEO auch in KWS kontrollieren wird. Während quantitative Elemente weiterhin wichtig sein werden und ihr Standard auf einem hohen Niveau gehalten werden muss, gewinnen Safeguards mit qualitativem Charakter zunehmend an Bedeutung und werden entwickelt. Kombinierte digitale Systeme mit Strahlungsmonitoren und Kameras, Datenfernübertragung, Umweltprobennahmen (environmental sampling, wide area monitoring) sowie satellitengestützte Fernerkundung sind Technologien mit hohem Anwendungspotential, die für die IAEO und in Zusammenarbeit mit ihr in verschiedenen Ländern in der Entwicklung und Erprobung sind.

Von einer gelungenen Integration der Safeguards erwartet man neben einer Verbesserung der Effektivität, insbesondere im Hinblick auf die Entdeckung undeklarierter Materialien und Aktivitäten, auch eine Reduzierung des Inspektionsaufwandes. Diese Erwartung wird begründet durch die Tatsache, dass bei der Festlegung der Rechtzeitigkeitskriterien im alten System, wie bereits erwähnt, z.B. undeklarierte Wiederaufarbeitungs- oder Anreicherungsanlagen postuliert wurden. Diese Anlagen sind notwendig, um waffenfähiges Material herzustellen oder zu separieren. Dieses Postulat entfällt im neuen System, so dass die Rechtzeitigkeitskriterien für die überwachten Anlagen entspannt und somit Inspektionsfrequenzen erheblich reduziert werden können.

6 Zusammenfassung

Die Zukunft der Kernenergie hängt auch davon ab, ob in den NKWS die friedliche Nutzung der Kernenergie gesichert und die Verbreitung von Kernwaffen verhütet werden kann. Dies ist eine notwendige Voraussetzung, damit die Kernenergie überhaupt eine politische und gesellschaftliche Akzeptanz erreichen kann. Die internationale Kontrolle nuklearer Materialien und Anlagen spielt für diese Prozesse eine zentrale Rolle. Sie kann auf eine erfolgreiche Anwendung in den letzten Dekaden zurückblicken, und die Safeguards haben sich weiterentwickelt, sind gestärkt worden und nehmen eine Vorbildfunktion für andere Verifikationsfelder ein. Allerdings ist es notwendig, weiterhin durch Forschung und Entwicklung sowie durch Einsatz neuer Technologien die internationalen Kernmaterialkontrollen weiterzuentwickeln und neuen politischen und technischen Anforderungen anzupassen. Deutschland als Nichtkernwaffenstaat und „High Tech"-Standort hat auch unter den Randbedingungen eines Kernenergieausstieges weiterhin eine besondere Verantwortung in der Abrüstung und der weltweiten Verhinderung des Missbrauches sensitiver Technologien und sollte weiterhin wie auch in der Vergangenheit eine angemessene Rolle in diesem wichtigen Umfeld spielen.

Literaturverzeichnis

1. Borsch, P., Wagner, H.J. (1992): Energie und Umweltbelastung. Springer, Berlin Heidelberg
2. Häckel, E. (2000): Proliferation von Massenvernichtungswaffen. In: Kaiser, K., Schwarz, H.-P. (Hrsg.): Weltpolitik in neuen Jahrhundert. Nomos, Baden-Baden, S. 212–221
3. Häckel, E., Stein, G. (Hrsg.) (2000): Tightening the reins. Towards a strenghtened international nuclear safeguards system. Springer, Berlin Heidelberg
4. Holgate, L.S.H. (2000): US/Russian Cooperation for Plutonium Disposition – Update. 41st INMM Annual Meeting, New Orleans
5. IAEA, International Atomic Energy Agency (1997): INFCIRC/540, Model Protocol Additional to the Agreement(s) between State(s) and the International Atomic Energy Agency for the Application of Safeguards, Wien
6. IAEA, International Atomic Energy Agency (2001): Annual Report 2000, Wien
7. Krause, J. (1989): Strukturwandel der Nichtverbreitungspolitik. Die Verbreitung von Massenvernichtungswaffen und die weltpolitische Transformation. Oldenbourg, München
8. Spector, L.S. (1984): Nuclear proliferation today. Ballinger, Cambridge
9. Spector, L.S. (1995): The new nuclear nations. Vintage Books, New York
10. Ungerer, W. (1991): Die Grundkontroversen bei der Aushandlung des Vertrages über die Nichtverbreitung von Kernwaffen. In: Fischer, D. et al.: Nichtverbreitung von Kernwaffen. Europa Union Verlag Bonn, S. 1–10

Analyse des Einsatzes von Abfällen als Sekundärbrennstoffe in Zementwerken – Derzeitige Situation, Potentiale und Stoffströme

Matthias Achternbosch, Klaus-Rainer Bräutigam und Ulf Richers

1 Einleitung

Zement ist ein mineralischer Stoff und gehört zu den hydraulischen Bindemitteln. Er erhärtet unter Wasseraufnahme an der Luft oder unter Wasser steinartig und kann auf diese Weise einzelne Gesteinsteile verbinden. Der Hauptabnehmer von Zement, dem wichtigsten Ausgangsmaterial für die Herstellung von Beton, ist die Bauindustrie. Im Jahre 1998 wurden in Deutschland ca. 34 Mio. t Zement produziert. Hiervon gingen 53% in die Transportbetonindustrie, 26% an die Hersteller von Betonbauteilen und 10% in den Bereich sonstiger Silozement. Sackzement hatte einen Anteil von 12%.

Die Zementherstellung ist ein energieintensiver Produktionsprozess, der Materialtemperaturen von bis zu 1 450°C erfordert. Durch den hohen Anteil der Energiekosten an der Wertschöpfung des fertigen Zements und dem zunehmenden Wettbewerb ist die Zementindustrie daran interessiert, die Energiekosten zu senken. Daher gewinnt der Einsatz von kostengünstigen Sekundärbrennstoffen, die aus Abfällen gewonnen werden, für die Zementindustrie immer mehr an Bedeutung. Innerhalb der nächsten Jahre soll der Einsatz von Sekundärbrennstoffen am thermischen Energieverbrauch von ca. 23% im Jahre 1999 deutlich erhöht werden. Mit zunehmendem Sekundärbrennstoffeinsatz treten die Zementwerke jedoch in direkte Konkurrenz zu Abfallbehandlungsanlagen.

Es ist zudem noch nicht vollständig geklärt, welche Auswirkungen ein erhöhter Einsatz von Sekundärbrennstoffen auf den produzierten Zement hat. Dies gilt insbesondere für den Verbleib von Spurenelementen, die in den Sekundärbrennstoffen enthalten sind. Aus diesem Grund wird der Einsatz von Sekundärbrennstoffen in der Zementindustrie von Fachkreisen, Politik und Teilen der Gesellschaft kontrovers diskutiert.

Ziel der im Rahmen des F+E–Programms von ITAS in den Jahren 1999 und 2000 durchgeführten und inzwischen abgeschlossenen Studie war eine Zusammenstellung der derzeitigen Kenntnisse zur Mitverbrennung von Abfällen bei der Zementherstellung (Achternbosch u. Bräutigam 2000). Dies beinhaltete Verfahrensbeschreibungen und eine Zusammenstellung der in Deutschland betriebenen Anlagen mit den zugehörigen Produktionskapazitäten. Die Sekundärbrennstoffe, die in deutschen Zementwerken entsprechend vorliegenden Genehmigungen eingesetzt werden können, wurden nach Art und Menge erfasst und mit tatsächlich eingesetzten Mengen verglichen.

Des weiteren wurde an ausgewählten Beispielen mit Hilfe von Modellrechnungen untersucht, welchen Einfluss die in den Sekundärbrennstoffen enthaltenen Schwermetalle auf die Schwermetallkonzentration im Klinker und im Reingas haben. Aufgrund der vielfältigen Einflussparameter, die das Verhalten der Schwermetalle in der Anlage bestimmen, können die dargestellten Ergebnisse allerdings nur eine angenäherte Beschreibung geben; in Einzelfällen können die tatsächlichen Werte von den errechneten Werten deutlich abweichen.

Durch den Einsatz von Abfällen beim Zementherstellungsprozess gelangen die in den Abfällen enthaltenen Schwermetalle überwiegend in den Klinker. Nach dem Kreislaufwirtschafts- und Abfallgesetz besteht die Grundpflicht, dass die Verwertung von Abfällen, insbesondere durch ihre Einbindung in Erzeugnisse, ordnungsgemäß und schadlos zu erfolgen hat. In einem neuen, vom Umweltbundesamt mitfinanzierten Vorhaben, soll in den kommenden zwei Jahren schwerpunktmäßig diese Fragestellung untersucht werden.

2 Zementherstellung

Für ein Verständnis der verschiedenen Details der Zementproduktion ist ein kurzer Überblick über die grundlegenden Teilschritte sinnvoll. Die Produktion von Zement umfasst verschiedene Schritte, die in der Abb. 1 vereinfacht dargestellt sind.

Die Zementherstellung beginnt mit dem Abbau der Rohstoffe Kalkstein, Kreide, Ton bzw. Mergel im Steinbruch. Nach einer Vorzerkleinerung mit einem Brecher werden diese Rohstoffe im festgelegten Verhältnis zum sogenannten Rohmehl vermischt. Mit Mühlen wird das Rohmehl weiter zerkleinert, getrocknet und danach über einen Vorwärmer, in Abb. 1 ein Zyklonvorwärmer, dem Drehrohrofen staubförmig zugeführt. Hier wird bei Temperaturen im Bereich von 1 250°C bis 1 450°C aus dem Rohmehl der sogenannte Zementklinker in Form von nussgroßen, graugrünen Körpern gebrannt. Die erforderliche Energie wird durch Verbrennung von Kohlestaub oder anderen Brennstoffen in einem am Drehrohrende installierten Brenner erzeugt. Die heißen Abgase strömen im Gegenstrom zum Feststoff durch das Drehrohr und den Vorwärmer. Der am Ende aus dem Drehrohrofen austretende Klinker muss anschließend gekühlt werden.

Viele Zementwerke verfügen neben der Primärfeuerung am Ende des Drehrohrofens über eine zweite Brennstoffaufgabe am Einlauf des Drehrohrofens oder im Vorwärmer. Diese Sekundärfeuerung liefert die Energie für eine weitgehende Calcinierung im Vorwärmer bzw. am Ofeneinlauf. Je nach Anlagentechnik werden 20–60% des gesamten Wärmebedarfs für das Klinkerbrennen durch die Sekundärfeuerung bereitgestellt. Im Bereich der

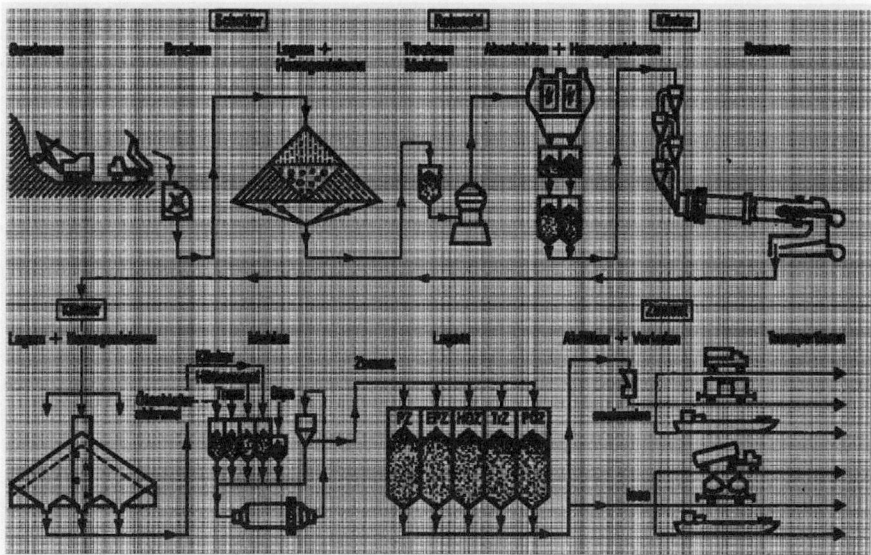

Abb. 1. Schematische Darstellung der Zementherstellung (Härig 1996)

Primärfeuerung des Drehrohrofens muss in diesem Fall nur noch die Sinterung durchgeführt werden.

Durch Mahlen unter Zumischung von Zumahlstoffen entsteht dann der eigentliche Zement. Für verschiedene Anwendungszwecke werden unterschiedliche Zementsorten unter Zumahlung von Calciumsulfat, Hüttensand, Flugaschen, Kalksteinmehl, gebrannter Ölschiefer, Traß, etc. hergestellt, von denen der Portlandzement (PZ) die wichtigste Sorte ist.

Der technische Prozess der Klinkerherstellung ist in der Realität aus verschiedenen Gründen komplexer als in der Abb. 1 dargestellt. So existieren für die Rohmehlaufgabe neben dem in der Abbildung gezeigten Trockenverfahren andere, zum Teil technisch veraltete Verfahren.

Zusätzlich gibt es verschiedene Betriebsweisen der Anlagen. Die Prozesse Trocknen, Mahlen und Brennen sind miteinander verknüpft. Das Abgas aus dem Drehrohrofen kann zur Trocknung (Verbundbetrieb) oder vom Vorwärmer direkt zum Filter (Direktbetrieb) geführt werden. Aufgrund von Abscheidevorgängen sind die Spurenelementemissionen nach der Entstaubungsanlage im Verbundbetrieb niedriger als im Direktbetrieb. Zur Abtrennung von unerwünschten Nebenbestandteilen, die sich negativ auf den Anlagenbetrieb auswirken können, existieren verschiedene Bypassmöglichkeiten, die in Abb. 1 nicht dargestellt sind.

Die Filterstäube werden in der Regel dem Rohmehl wieder zugemischt oder als Zumahlstoff der Zementmühle zugeführt. Nur in seltenen Fällen erfolgt eine Deponierung des Filterstaubs.

2.1 Energiebedarf

Brennstoffenergie wird bei der Zementherstellung im wesentlichen für das Klinkerbrennen benötigt. Der theoretische Energiebedarf errechnet sich aus thermodynamischen Daten für das Brennen des Zementklinkers und ist abhängig von der Rohmehlzusammensetzung. Die Reaktionsenthalpien liegen im Bereich 1 630-1 840 MJ/t Klinker. Durch den zusätzlichen thermischen Energiebedarf für die Trocknung der Rohstoffe steigt der theoretische Energiebedarf auf ca. 2 500 MJ/t Klinker.

Der tatsächlich notwendige Energieeinsatz hängt von den Rohstoffen und von der Verfahrenstechnik ab. In Europa liegt die Wärmezufuhr im Bereich von 3 200 bis 5 500 MJ/t (CEMBUREAU 1999), wobei sich der Wert von 5 500 MJ/t auf das Nassverfahren beziehen dürfte, das in Deutschland nicht eingesetzt wird. Der spezifische Einsatz an Brennstoffenergie betrug 1998 in Deutschland im Mittel ca. 3 600 MJ/t Klinker.

2.2 Rohstoffe zur Herstellung von Zementklinker

Zementklinker entsteht durch eine Sinterungsreaktion einer kalkreichen Mischung, die neben Kieselsäure noch Tonerde und Eisenoxid enthält. Diese Sinterungsreaktion führt zur Bildung von künstlichen Mineralien mit hydraulischen Bindeeigenschaften. In gewissem Umfang kommen auch Sekundärrohstoffe wie Kiesabbrand, Aschen, Bleicherden etc. mit wachsender Bedeutung zum Einsatz.

Da die Zusammensetzung der verfügbaren Rohstoffe von den örtlichen Lagerstätten abhängt, kann in bestimmten Fällen nur unter Mitverwendung von Korrekturstoffen die gewünschte Rohmehlzusammensetzung erreicht werden. Als Korrekturstoffe werden z.B. Sand, Bauxit und Eisenerz verwendet. Insgesamt werden für 1 Tonne Klinker ca. 1,5–1,6 t an mineralischen Rohstoffen benötigt. Davon entweichen beim Brennen ca. 35% in Form von CO_2 und Wasserdampf. Abb. 2 zeigt schematisch die Materialflüsse für die Herstellung von 1 t Zementklinker bzw. 1,25 t Komposit–Zement.

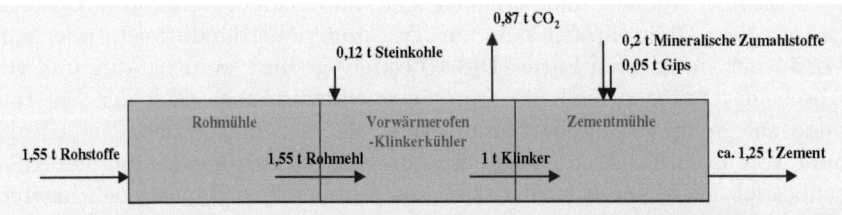

Abb. 2. Schematische Darstellung der Materialströme für die Herstellung von 1 t Zementklinker und 1,25 t Komposit–Zement (Wasser vernachlässigt)

Nach Abb. 2 sind über 90% der Massenströme auf den Einsatz von Rohmaterialien zurückzuführen. Dies hat zur Folge, dass die eingetragene Schwermetallmenge bei gleichen Konzentrationen in den Rohmaterialien wie in den Brennstoffen durch die Rohmaterialien bestimmt wird. Erst für den Fall, dass die Brennstoffe deutlich höhere Konzentrationen als die Rohstoffe enthalten, gewinnt dieser Pfad an Bedeutung.

3 Rechtliche Grundlagen

Die Errichtung und der Betrieb von technischen Anlagen unterliegt in der Bundesrepublik Deutschland verschiedenen Gesetzen mit den sogenannten untergesetzlichen Regelwerken wie z.B. Verordnungen, Technischen Anleitungen und Technischen Regeln. An dieser Stelle können nur die wichtigsten Zusammenhänge kurz dargestellt werden.

Für eine Anlage zur Herstellung von Zement ist in der Bundesrepublik Deutschland auf der Grundlage des Bundes–Immissionsschutzgesetzes[1] eine Genehmigung erforderlich, die u.a. Vorgaben für die Emissionen enthält. Die Emissionsgrenzwerte werden von der Genehmigungsbehörde auf der Basis der Technischen Anleitung zur Reinhaltung der Luft (TA Luft)[2] festgelegt, die Mindestanforderungen für die Emissionen enthält. Ein späterer Ersatz der zum Betrieb erforderlichen Regelbrennstoffe durch Abfälle oder andere Änderungen stellen in der Regel einen wesentlichen Eingriff in den Betrieb dar und bedürfen einer Änderung der bestehenden Genehmigung.

Diese Mitverbrennung von Abfällen in Zementöfen oder anderen Industrieanlagen wird wie die Abfallverbrennung in Anlagen, die ausschließlich zu diesem Zweck errichtet wurden, nach der derzeitigen Rechtslage durch die 17. BImSchV reglementiert. Im Fall der Mitverbrennung schreibt diese Verordnung für die Festlegung der Emissionsgrenzwerte eine sogenannte Mischungsrechnung mit einer hypothetischen Aufteilung des Gesamtabluftstroms in Teilströme vor. Für den Abluftteilstrom, der aus der Verbrennung der Regelbrennstoffe resultiert, gelten die allgemeinen Anforderungen für Zementwerke aus der TA Luft. Der aus der Mitverbrennung der Abfälle resultierende Abgasteilstrom unterliegt den strengeren Anforderungen der 17. BImSchV.

Diese Vorgehensweise, die auf eine von der Feuerungsanlage unabhängige Gleichbehandlung der Abfälle abzielt, erscheint auf den ersten Blick sinnvoll. Allerdings wurden in der Praxis Probleme offenkundig. U.a. werden in der 17. BImSchV Emissionsgrenzwerte für andere Schwermetalle aufgelistet als

---

[1] Gesetz zum Schutz vor schädlichen Umwelteinwirkungen, durch Luftverunreinigungen, Geräusche, Erschütterungen und ähnliche Vorgänge (Bundes–Immissionsschutzgesetz – BImSchG). Fassung vom 14. Mai 1990

[2] Erste Allgemeine Verwaltungsvorschrift zum Bundes–Immissionsschutzgesetz (Technische Anleitung zur Reinhaltung der Luft – TA Luft), 27. Februar 1986.

in der TA Luft. Aus diesem Grund müssen an der Anlage sogenannte Nullmessungen ohne Mitverbrennung von Abfällen durchgeführt werden, die auf das Ergebnis der Mischungsrechnung und damit auf die Emissionsgrenzwerte einen wesentlichen Einfluss haben.

Dieser Weg zur Festlegung von Emissionsgrenzwerten wird sich aufgrund einer neuen Richtlinie der EU ändern. Die neue Richtlinie der EU über die Verbrennung von Abfällen[3] schreibt für die Mitverbrennung von Abfällen in Zementöfen verbindliche Grenzwerte vor, die in der Tab. 1 aufgeführt sind. Ergänzend können die zuständigen Behörden Emissionsgrenzwerte für CO festlegen. Eine Mischungsrechnung ist nicht mehr vorgesehen.

Tabelle 1. Emissionsgrenzwerte für Zementwerke

Schadstoff	Tagesmittelwerte
Gesamtstaub	30 (mg/Nm^3)
HCl	10 (mg/Nm^3)
HF	1 (mg/Nm^3)
NO$_x$	800^a / 500^b (mg/Nm^3)
Cd+Tl	0,05 (mg/Nm^3)
Hg	0,05 (mg/Nm^3)
Sb+As+Pb+Cr+Co+Cu+Mn+Ni+V	0,5 (mg/Nm^3)
SO$_2$	50 (mg/Nm^3)
TOC	10 (mg/Nm^3)
Dioxine und Furane	0,1 (ng/Nm^3)

^{a} Altanlage
^{b} Neuanlagen

Diese Anforderungen der EU Richtlinie müssen bis Dezember 2002 in entsprechende Rechtsvorschriften umgesetzt werden. Zur Zeit liegen über die zu erwartenden Änderungen im Bereich des BImSchG noch keine Informationen vor. Außerdem wird eine Aktualisierung der TA Luft vorbereitet.[4] Die Entwicklung der Emissionsgrenzwerte für die Zementherstellung muss abgewartet werden.

[3] Richtlinie 2000/76/EU des europäischen Parlaments und der Rates vom 4. Dezember 2000 über die Verbrennung von Abfällen.

[4] Erste Allgemeine Verwaltungsvorschrift zum Bundes–Immissionsschutzgesetz (Technische Anleitung zur Reinhaltung der Luft – TA Luft), Entwurf vom 18.12.2000.

4 Überblick über Klinkerproduktionskapazitäten in Deutschland

Zunächst wurden als Datenbasis alle Zementklinker produzierenden Anlagen in Deutschland nach Anlagenkapazität, Gesamtfeuerungswärmeleistung und Sekundärbrennstoffeinsatz durch Befragungen bei Genehmigungsbehörden und Anlagenbetreibern erfasst. Die Erhebung erfolgte in den Jahren 1999 und 2000.

Während einzelne Anlagenbetreiber und Genehmigungsbehörden die von den Autoren benötigten Daten problemlos zur Verfügung stellten, war in vielen Fällen umfangreicher Schriftverkehr, teilweise auch Anfragen um Auskunft nach dem Umweltinformationsgesetz bei den Genehmigungsbehörden, erforderlich. Viele Anlagenbetreiber verwiesen an den Verein Deutscher Zementwerke e.V., Forschungsinstitut der Zementindustrie (VDZ). Da der VDZ an einer ähnlichen Zusammenstellung arbeitet, war er nicht bereit, uns vorab entsprechende Informationen zu einzelnen Werken zur Verfügung zu stellen. Inzwischen sind die Arbeiten des VDZ zum Einsatz von Sekundärbrennstoffen jedoch abgeschlossen und in einem Bericht veröffentlicht (VDZ 2000). Dieser Bericht enthält jedoch nur Daten zum Gesamteinsatz von Sekundärbrennstoffen nach Art und Menge in Anlagen zur Klinkerproduktion in Deutschland. Detaillierte, anlagenbezogene Daten, dürften dem VDZ zwar zur Verfügung stehen, wurden den Autoren aber aus Geheimhaltungsgründen nicht zur Verfügung gestellt.

Die folgende Tab. 2 gibt einen Überblick über die von uns erfaßten Öfen (in einer Anlage an einem Standort können mehrere Öfen unterschiedlichen Typs und unterschiedlicher Kapazität betrieben werden) und stellt sie zum Vergleich den vom VDZ veröffentlichten Daten gegenüber. Die dargestellten Ergebnisse zur Klinkerproduktion geben den Stand von Ende 1998 wieder. Die Erhebung des Ofentyps wurde im wesentlichen für das Jahr 2000 durchgeführt. Insgesamt gesehen erwies sich die Datenbeschaffung als sehr schwierig und zeitaufwendig.

Die Anzahl der Öfen insgesamt sowie die Anzahl der Öfen mit Zyklonvorwärmern stimmen bei den Angaben von ITAS und dem VDZ nahezu überein. Unterschiede in der gesamten Klinkerkapazität dürften u.a. darauf beruhen, dass vom VDZ alle Anlagen erfasst wurden, für die Ende 1998 eine Genehmigung bestand, unabhängig davon, ob der Ofen in Betrieb war oder nicht. Im Gegensatz dazu wurden von den Autoren nur die Anlagen aufgenommen, die tatsächlich in Betrieb sind. Insgesamt ergibt sich nach den Recherchen der Autoren eine gesamte Klinkerkapazität von ca. 126 000 t/d im Vergleich zu ca. 134 000 t/d nach Angaben des VDZ (VDZ 1999).

Die höchsten Kapazitäten liegen in Nordrhein-Westfalen (26%), gefolgt von Bayern mit 17% und Baden-Württemberg mit 15%. Insgesamt liegen in diesen 3 Bundesländern damit ca. 57% der gesamten Klinkerkapazität Deutschlands. Abb. 3 zeigt die Standorte der klinkerproduzierenden Anlagen in Deutschland.

Tabelle 2. Anzahl und Kapazitäten von Anlagen zur Klinkerherstellung in Deutschland – Stand 1998 (die ITAS Angaben beruhen auf eigenen Erhebungen und Abschätzungen)

Ofentyp	Anzahl		Kapazität (t/d)	
	VDZ	ITAS[a]	VDZ	ITAS[a]
Lepol	19	18	17 700	18 610
Zyklon mit Calcinator	11	13	113 700	34 800
Zyklon ohne Calcinator	35	32		71 300
Schacht	8	10	1 200	1 200
Schwefelsäure–Zement	2	2[b]	280	312
Trocken	1	–	1 050	–
Insgesamt	76	75	133 930	126 222

[a] Befragung 1999/2000
[b] derzeit stillgelegt

4.1 Einsatz von Sekundärbrennstoffen in Anlagen zur Klinkerherstellung

Der Einsatz von Sekundärbrennstoffen in Deutschland ist für das Jahr 1998 in Tab. 3 nach Art und Menge aufgeführt (VDZ 2000).

Tabelle 3. Einsatz von Sekundärbrennstoffen in Anlagen zur Klinkerherstellung in Deutschland für das Jahr 1998 (VDZ 2000)

Sekundär-brennstoff	Einsatzmenge (1 000 t/a)	Heizwert (MJ/kg)	Einsatz (Mio GJ/a)
Reifen/Gummi	229	26	5,95
Altöl	168	34	5,71
Fraktionen aus Industrie-/Gewerbeabfällen	176	22	3,87
Altholz	76	14	1,06
Lösungsmittel	18	22	0,40
Teppichabfälle	18	19	0,34
Bleicherde	13	14	0,18
Sonstiges	84	12	1,01
Sekundärbrennstoffe			18,53
Fossile Brennstoffe			81,90
Insgesamt			100,43

Abb. 3. Standorte der klinkerproduzierenden Anlagen in Deutschland 1998

Danach hatten – bezogen auf die Energie – Altreifen/Gummi mit 32% den höchsten Anteil, gefolgt von Altöl (31%) und von Fraktionen aus Industrie- und Gewerbeabfällen, häufig auch als Brennstoffe aus produktionsspezifischen Gewerbeabfällen (BPG) bezeichnet, mit 21%. Inzwischen liegen auch für 1999 Daten vor. Danach stieg der Anteil an Sekundärbrennstoffen am gesamten Brennstoffeinsatz (bezogen auf die Energie) von 18,6% im Jahre 1998 auf 23% im Jahre 1999 (VDZ 2001).

4.2 Anlagen, in denen der Einsatz von Sekundärbrennstoffen genehmigt ist

Insgesamt ist in 40 Öfen der Einsatz von Sekundärbrennstoffen genehmigt, d.h. in 25 Öfen zuzüglich 10 Schachtöfen werden keine Sekundärbrennstoffe eingesetzt. Die Klinkerkapazität der Anlagen mit Sekundärbrennstoffeinsatz beträgt ca. 94 000 t/d, dies entspricht ca. 75% der von uns erfassten Klinkerkapazität.

Geht man nun, entsprechend den Angaben des VDZ (VDZ Tätigkeitsbericht 2000) davon aus, dass die Verfügbarkeit der Anlagen im Mittel bei 320 Tagen im Jahr liegt und deren Auslastung im Jahr 1998 im Mittel 64% betrug, so kommt man auf eine mittlere Betriebsdauer der Anlagen von 205 Tagen im Jahr. Da uns für einzelne Anlagen keine spezifischen Angaben vorlagen, wurde unter Zuhilfenahme der oben angeführten mittleren Betriebsdauer von 205 Tagen im Jahr die mittlere Klinkerproduktion der einzelnen Anlagen berechnet. Multipliziert mit 3 600 MJ/t Klinker Brennstoffenergiebedarf erhält man dann den mittleren Brennstoffenergiebedarf der einzelnen Anlagen. Unter diesen Annahmen ergibt sich für 1998 eine gesamte Klinkerproduktion von ca. 26 Mio t im Vergleich zu 27,5 Mio t nach Angaben des VDZ.

Aus den genehmigten Einsatzmengen von Sekundärbrennstoffen lässt sich dann wiederum für jede Anlage der maximal mögliche Einsatz von Sekundärbrennstoffen abschätzen. Diese Abschätzung wurde durchgeführt für Altreifen, Altöl, BPG, Altholz sowie für alle genehmigten Sekundärbrennstoffe zusammen. Einen Überblick über den genehmigten Einsatz von Sekundärbrennstoffen, aufgeschlüsselt nach einzelnen Bundesländern, gibt Tab. 4.

Dabei wurde nicht nach der Art des genehmigten Sekundärbrennstoffs differenziert; vielmehr wurde von der maximal genehmigten Menge an Sekundärbrennstoffen ausgegangen (Ausnahme: Altreifen maximal 20%). In Anlagen, in denen der Einsatz von Sekundärbrennstoffen genehmigt ist, kann maximal ca. 43% des Energiebedarfs durch diese Sekundärbrennstoffe gedeckt werden. Betrachtet man alle Anlagen zusammen, also berücksichtigt auch die Anlagen, die bisher keine Genehmigung für den Einsatz von Sekundärbrennstoffen haben, so kann durch die genehmigten Mengen ca. 32% des gesamten Energiebedarfs durch den Einsatz von Sekundärbrennstoffen gedeckt werden. Nach Angaben des VDZ werden 18,5 Mio GJ an Sekundärbrennstoffen eingesetzt. Dies entspricht nach unseren Abschätzungen einer ca. 27%-igen Deckung des Energiebedarfs durch Sekundärbrennstoffe, d.h. die Genehmigungen werden zu ca. 60% ausgeschöpft. Der Energiebedarf aller Anlagen wird zu ca. 18% durch Sekundärbrennstoffe gedeckt.

Tab. 5 zeigt eine zusammenfassende Darstellung des genehmigten und des tatsächlichen Einsatzes von Sekundärbrennstoffen, dargestellt als prozentualer Anteil am gesamten Brennstoffeinsatz.

Tabelle 4. Einsatz von Sekundärbrennstoffen in Deutschland (genehmigt und bezogen auf mittlere Auslastung von 205 Tagen im Jahr)

	Klinkerkapazität		Möglicher Einsatz von Sekundärbrennstoffen	Anteil am gesamten Energiebedarf	
	$(t/d)^a$	$(t/d)^b$	(Mio. GJ/a)	$(\%)^b$	$(\%)^a$
Schleswig-Holstein, Niedersachsen	11 800	7 800	2,1	36	24
Nordrhein-Westfalen	32 350	18 900	6,4	46	27
Hessen	8 750	3 250	0,5	19	7
Rheinland-Pfalz	8 300	5 800	2,0	47	33
Baden-Württemberg	18 610	17 310	4,4	34	32
Bayern	20 950	18 750	6,8	49	44
Neue Bundesländer	25 462	22 462	7,6	46	40
Insgesamt	126 222	94 272	29,7	43	32
Tatsächlich eingesetzt			$18,5^c$	27	18

^{a} alle Anlagen
^{b} nur Anlagen, die Sekundärbrennstoffe einsetzen dürfen
^{c} Quelle: VDZ (2000)

Dabei ist zu berücksichtigen, dass die Werte für die einzeln aufgeführten Sekundärbrennstoffe (Altreifen/Gummi, BPG, Altöl und Altholz) nicht aufaddiert werden dürfen, da in den meisten Fällen für den gesamten Sekundärbrennstoffeinsatz eine Obergrenze festgelegt ist (z.B. maximal 50% der Feuerungswärmeleistung), der Energiebedarf aber beispielsweise zu maximal 50% durch Altöl oder aber auch alternativ zu 50% durch BPG gedeckt werden kann. Wie die Tab. 5 zeigt, könnten bei optimaler Ausnutzung der Genehmigungen deutlich höhere Mengen an Sekundärbrennstoffen eingesetzt werden. Bei Altöl und Altreifen werden beispielsweise 60% bzw. 65% der genehmigten Werte ausgeschöpft, bei BPG sind dies lediglich ca. 30% und bei Altholz ca. 20% (Bezugsjahr 1998). Im Jahre 1999 ist der Anteil der Sekundärbrennstoffe am Gesamtbrennstoffeinsatz deutlich gestiegen. Damit hat auch die Ausschöpfung der Genehmigungswerte deutlich zugenommen.

Tabelle 5. Zusammenfassende Darstellung des maximal genehmigten und des tatsächlichen Einsatzes von Sekundärbrennstoffen, dargestellt als prozentualer Anteil am gesamten Brennstoffeinsatz

	möglicher Einsatz von Sekundärbrennstoffen		tatsächlicher Einsatz von Sekundärbrennstoffen[a]		Anteil an Genehmigung
	(%)[b]	(%)[c]	(%)[b]	(%)[c]	(%)
alle Sekundärbrennstoffe	43	32	27	18	60
Altreifen	17	10	11	6	65
BPG	36	15	11	4	31
Altöl	49	10	29	6	60
Altholz	30	6	6	1	21

[a] unter Berücksichtigung der vom VDZ angegebenen Einsatzmengen von Sekundärbrennstoffen (VDZ 2000)
[b] nur Anlagen, die Genehmigung besitzen
[c] alle Anlagen

5 Analyse von Stoffströmen mit Modellrechnungen

Im folgenden werden Ergebnisse von Modellrechnungen zu Schwermetallbilanzen in Anlagen zur Klinkerherstellung vorgestellt (Bräutigam u. Achternbosch 2001). Die Modellrechnungen verwenden Transferkoeffizienten, wie sie im allgemeinen für Emissionsprognosen für verschiedene Szenarios für den Einsatz von Sekundärbrenn- und Rohstoffen benutzt werden (Graf 1997, BUWAL 1997). Transferkoeffizienten beschreiben das Verhalten von Spurenelementen innerhalb des Produktionsprozesses von Zementklinker. Für jede Verzweigung der Massenströme innerhalb des Prozesses müssen entsprechende Transferkoeffizienten aufgestellt werden.

Hierbei werden folgende 3 Verzweigungspunkte berücksichtigt:

– Rohmühle,
– Vorwärmer–Drehrohrofen–System,
– elektrostatische Staubabscheidung (EF).

Im Verbundbetrieb, bei dem das Abgas aus dem Zyklonvorwärmer (Rohgas) der Rohmühle und dem Elektrofilter zugeführt wird, teilt sich der Massenstrom auf in Rohmehl und Rohgas, während im Vorwärmer–Drehrohrofen–System die Aufteilung in Klinker und Rohgas erfolgt. Im Direktbetrieb wird das Rohgas, wie bereits erläutert, direkt dem Elektrofilter zugeführt, so dass die Massenflüsse sich in Filterstaub und Reingas aufteilen. An jedem Verzweigungspunkt ist die Summe der Koeffizienten gleich 1. Tab. 6 führt die verwendeten Transferkoeffizienten auf.

Tabelle 6. Transferkoeffizienten nach Graf AG (1997)

Element	Vorwärmer–Drehrohrofen–System		Mahlung/Elektr. Filter Verbundbetrieb		Elektr. Filter Direktbetrieb	
	Klinker	Rohgas	Rohmehl	Reingas	Filterstaub	Reingas
Cd	0,619	0,381	0,99954	0,00046	0,99812	0,00188
Pb	0,9187	0,0813	0,99943	0,00057	0,9981	0,0019
Zn	0,99443	0,00557	0,99921	0,00079	0,99609	0,00391

Die Verteilung der Stoffströme der einzelnen Elemente hängt von den Betriebsbedingungen der Anlage ab. Zudem verstreichen häufig längere Zeiträume, bis sich halbwegs stationäre Zustände eingestellt haben. Darüber hinaus sind die Schwermetallgehalte der Eingangsstoffe, insbesondere die der Rohstoffe, Schwankungen unterworfen. Aus diesen Gründen dürfte die Aussagekraft der Transferkoeffizienten stark eingeschränkt sein. Dies wird auch durch erste Auswertungen verschiedener Bilanz–Messprogramme bestätigt: die bisher ausgewerteten Bilanzen weisen Fehlbeträge auf und die Transferfaktoren streuen von Bilanz zu Bilanz sehr stark. Inwieweit Transferfaktoren zur Bestimmung der Schwermetallgehalte im Klinker und im Reingas verwendet werden können, wird daher von den Autoren in weiteren Arbeiten geprüft. Die in Tab. 6 aufgeführten Transferfaktoren wurden einer Arbeit von der Graf AG (Graf 1997) entnommen und basieren auf Bilanzen, deren Stoffströme plausibel erscheinen.

Für die Modellrechnungen werden die folgenden 2 Fälle betrachtet.

– Es wird nur Regelbrennstoff, in dem betrachteten Fall Steinkohlenstaub, eingesetzt.
– Ein Anteil von 20% am gesamten Brennstoffenergiebedarf wird durch BPG gedeckt.

Betrachtet werden in den Modellrechnungen die Elemente Cadmium, Blei und Zink. Des weiteren wird davon ausgegangen, dass zur Herstellung von 1 t Klinker 1,55 t Rohmehl benötigt werden. Der Energiebedarf beträgt 3,6 GJ/t Klinker, und es wird von einem Abgasvolumen von 2500 Nm^3 pro t Klinker bei einem Sauerstoffgehalt von 10% O_2 ausgegangen. Zusätzlich wird angenommen, dass die Anlage im Verbundbetrieb gefahren wird.

Die Ausgangsannahmen für die Schwermetallgehalte in Rohmehl, Steinkohle und BPG sind in Tab. 7 zusammengestellt. Die Tabelle enthält zusätzlich Angaben über den unteren Heizwert H_u der einzelnen Brennstoffe. Die in der Tabelle enthaltenen Daten wurden Fachartikel, Konferenzberichten und Dissertationen entnommen.

Tabelle 7. Schwermetallgehalte der für die Rechnungen verwendeten Roh- und Brennstoffe

	Einheit	Rohmehl	Steinkohle	BPG
Heizwert	(MJ/kg)	–	29	22
Cadmium	(mg/kg)	0,2	0,3	4
Blei	(mg/kg)	15	120	70
Zink	(mg/kg)	47	85	500

5.1 Interpretation der Ergebnisse

Wie bereits beschrieben, beträgt der Anteil der Kohle am gesamten Materialinput lediglich ca. 7% des gesamten Materialinputs. Bei etwa gleichen Schwermetallgehalten von Kohle und Rohstoff ist dementsprechend der Schwermetallgehalt im Klinker bzw. im Reingas, der aus der Kohle resultiert, ebenfalls von untergeordneter Bedeutung. Erst wenn der Schwermetallgehalt der Kohle deutlich höher ist als der des Rohmehls (wie im Fall von Blei bei den hier dargestellten Modellrechnungen) gewinnt der Beitrag des Brennstoffs zum Schwermetallgehalt im Klinker an Bedeutung.

Der Einsatz von Sekundärbrennstoffen kann sowohl zu einer Erhöhung als auch zu einer Verringerung der Schwermetallgehalte im Klinker bzw. Reingas führen, je nachdem, ob der Gehalt im Sekundärbrennstoff höher oder niedriger ist als in der Kohle. Die Änderung im Reingas ist allerdings nur rechnerischer Natur, da an großtechnischen Anlagen eine entsprechende Änderung sich messtechnisch nicht nachweisen lässt.

Cadmium: Der Cadmiumgehalt im Rohmehl und in der Steinkohle ist geringer als in BPG (siehe Abb. 4). Dementsprechend ist auch eine Zunahme im Klinker beim Einsatz von BPG zu erkennen. Die Konzentration im Klinker steigt von 0,35 g/t bei ausschließlichem Einsatz von Steinkohle auf 0,47 g pro Tonne Klinker beim Einsatz von BPG. Aus Messungen werden für den Mittelwert des Cadmiumgehalts in Zement Werte von 0,4 g/t Zement angegeben (VDZ 2000).

Die Konzentrationen im Reingas betragen 0,00024 bzw. 0,00028 g/t. Bei einem Abgasvolumenstrom von 2 500 m^3/t Klinker resultiert daraus eine Konzentration von 0,096 bzw. 0,11 μg/m^3. Die Zunahme ist extrem klein und dürfte daher messtechnisch nicht nachweisbar sein. Messungen des VDZ im Reingas ergeben Werte unterhalb der Nachweisgrenze von 2 bis 5 μg/m^3 (VDZ 2000).

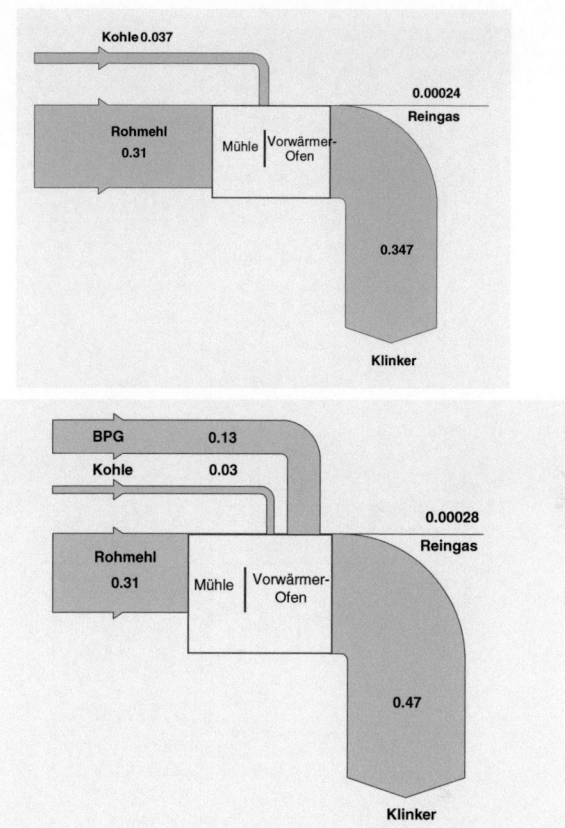

Abb. 4. Bilanz für Cadmium ohne Sekundärbrennstoffeinsatz (oben) und mit Einsatz von BPG mit einem Anteil von 20% der Feuerungswärmeleistung (unten), alle Angaben in g/t Klinker

Blei: Der Bleigehalt in der Steinkohle ist 8 mal so hoch wie im Rohmehl (siehe Abb. 5). Dementsprechend resultiert bei ausschließlichem Einsatz von Steinkohle als Brennstoff ein relativ hoher Anteil des Bleis im Klinker aus der Kohle. Der Bleigehalt von BPG beträgt etwa die Hälfte des Gehalts in der Kohle, so dass im Falle der Mitverbrennung von BPG der Bleigehalt im Klinker von 38,1 g/t auf 37,4 g/t sinkt. Messungen für den mittleren Bleigehalt in Zement ergeben Werte von 27 g/t (VDZ 2000).

Die Konzentrationen im Reingas bleiben nahezu unverändert und betragen etwa 0,015 g/t (6,1 $\mu g/m^3$). Bei Messwerten des VDZ zu Emissionen liegen 31 von 42 Messungen unterhalb der Nachweisgrenze von 10 bis 20 $\mu g/m^3$, die übrigen Messwerte liegen im Bereich von 20 $\mu g/m^3$.

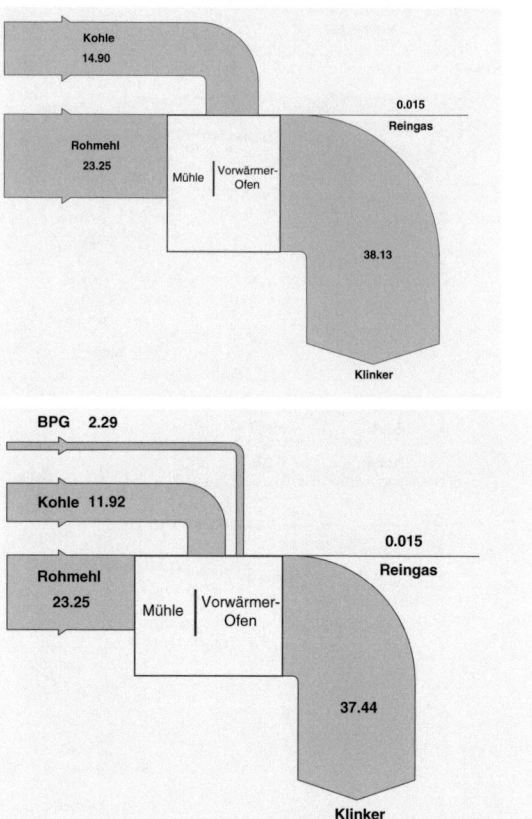

Abb. 5. Bilanz für Blei ohne Sekundärbrennstoffeinsatz (oben) und mit Einsatz von BPG mit einem Anteil von 20% der Feuerungswärmeleistung (unten), alle Angaben in g/t Klinker

Zink: Der Zinkgehalt in der Steinkohle ist etwa doppelt so hoch wie im Rohmehl, entsprechend kommt ein hoher Beitrag im Klinker aus dem Rohmehl (siehe Abb. 6). Bei BPG ist der Wert 6 mal so hoch wie in der Steinkohle. Bei ausschließlichem Einsatz von Steinkohle beträgt der Gehalt im Klinker 83,3 g/t, beim Einsatz von BPG steigt er auf 97,6 g/t an. Messungen ergeben für den mittleren Zinkgehalt Werte von 140 g/t (VDZ 2000).

Die Konzentrationen im Reingas bleiben auch hier nahezu unverändert und betragen etwa 0,058 g/t (23 $\mu g/m^3$).

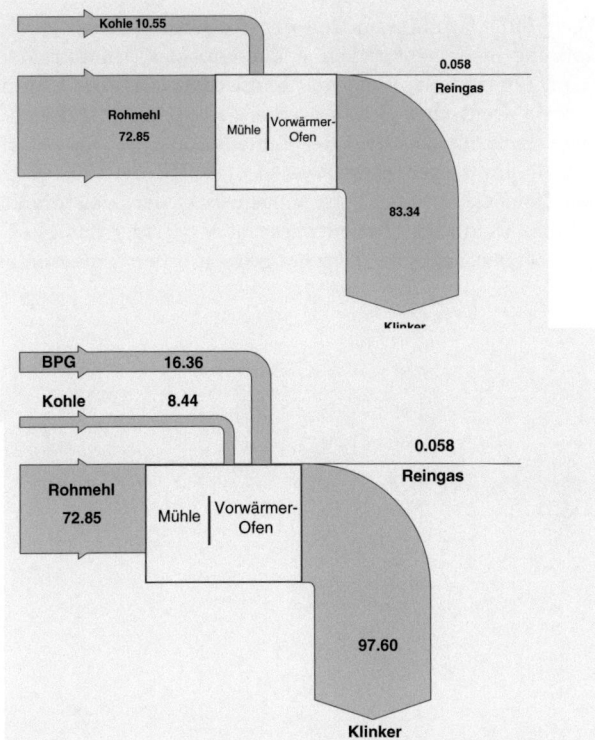

Abb. 6. Bilanz für Zink ohne Sekundärbrennstoffeinsatz (oben) und mit Einsatz von BPG mit einem Anteil von 20% der Feuerungswärmeleistung (unten), alle Angaben in g/t Klinker

Literaturverzeichnis

1. Achternbosch, M., Bräutigam, K.-R. (2000): Herstellung von Zementklinker – Verfahrensbeschreibung und Analysen zum Einsatz von Sekundärbrennstoffen. In: FZKA 6508, Wissenschaftliche Berichte des Forschungszentrums Karlsruhe, Dezember 2000
2. Bräutigam, K.-R., Achternbosch, M. (2001): Co-Incineration of Wastes in Cement Kilns-Mass Balances of selected Heavy Metals. IT3–Conference, Philadelphia, May 14–18, 2001
3. BUWAL (1997): Abfallentsorgung in Zementwerken – Thesenpapier. Umwelt–Materialien Nr. 70, Bundesamt für Umwelt, Wald und Landschaft (BUWAL), Bern
4. CEMBUREAU, The European Cement Assocation (1999): Best Available Techniques For The Cement Industry. Verbandsschrift D/1999/5457/December, Brüssel
5. Härig, S., Günther, K., Klausen, D. (1996): Technologie der Baustoffe. 13. Auflage. C.F. Müller Verlag, Heidelberg

6. Graf AG (1997): Stoffflussmodell der Fa. Graf AG. In: BUWAL (1997): Abfallentsorgung in Zementwerken – Thesenpapier. Umwelt–Materialien Nr. 70, Bundesamt für Umwelt, Wald und Landschaft (BUWAL), Bern
7. VDZ, Verein Deutscher Zementwerke e. V (Hrsg.) (1999): Tätigkeitsbericht 1996–1999. Forschungsinstitut der Zementindustrie, Düsseldorf
8. VDZ, Verein Deutscher Zementwerke e. V (Hrsg.) (2000): Umweltdaten der deutschen Zementindustrie. Forschungsinstitut der Zementindustrie, Düsseldorf
9. VDZ, Verein Deutscher Zementwerke e. V (Hrsg.) (2001): Umweltdaten der deutschen Zementindustrie. Forschungsinstitut der Zementindustrie, Düsseldorf

Autorenverzeichnis

Dr. Matthias Achternbosch
Forschungszentrum Karlsruhe GmbH
Institut für Technikfolgenabschätzung
und Systemanalyse (ITAS)
Hermann-von-Helmholtz-Platz 1, 76344
Eggenstein-Leopoldshafen
achternbosch@itas.fzk.de

Dr. Robert Backhaus
Deutsches Zentrum für Luft- und
Raumfahrt e.V. (DLR)
Deutsches Fernerkundungsdatenzentrum (DFD)
Linder Höhe, 51147 Köln
robert.backhaus@dlr.de

Dr. Waldemar Baron
Zukünftige Technologien Consulting
des VDI
Graf-Recke-Strasse 84, 40239 Düsseldorf
baron@vdi.de

Klaus-Rainer Bräutigam
Forschungszentrum Karlsruhe GmbH
Institut für Technikfolgenabschätzung
und Systemanalyse (ITAS)
Hermann-von-Helmholtz-Platz 1, 76344
Eggenstein-Leopoldshafen
braeutigam@itas.fzk.de

Dr. Gerald Braun
Deutsches Zentrum für Luft- und
Raumfahrt e.V. (DLR)
Raumfahrtmanagement
Königswinterer Strasse 522–524, 53227
Bonn
gerald.braun@dlr.de

Dr. Brigitte Brunner
Deutsches Zentrum für Luft- und
Raumfahrt e.V. (DLR)
Institut für Verkehrsforschung
Linder Höhe, 51147 Köln
brigitte.brunner@dlr.de

Dr. Michael Decker
Europäische Akademie zur Erforschung
von Folgen wissenschaftlich-
technischer Entwicklungen Bad
Neuenahr-Ahrweiler GmbH
Wilhelmstraße 56, 53474 Bad
Neuenahr-Ahrweiler
michael.decker@dlr.de

Regina Eich
Forschungszentrum Jülich GmbH
Programmgruppe Systemforschung und
Technologische Entwicklung
52425 Jülich
r.eich@fz-juelich.de

Wolfgang Fischer
Forschungszentrum Jülich GmbH
Programmgruppe Systemforschung und
Technologische Entwicklung
52425 Jülich
wo.fischer@fz-juelich.de

Torsten Fleischer
Forschungszentrum Karlsruhe GmbH
Institut für Technikfolgenabschätzung
und Systemanalyse (ITAS)
Hermann-von-Helmholtz-Platz 1, 76344
Eggenstein-Leopoldshafen
fleischer@itas.fzk.de

Autorenverzeichnis

Prof. Dr. Armin Grunwald
Forschungszentrum Karlsruhe GmbH
Institut für Technikfolgenabschätzung
und Systemanalyse (ITAS)
Hermann-von-Helmholtz-Platz 1, 76344
Eggenstein-Leopoldshafen
grunwald@itas.fzk.de

Jürgen-Friedrich Hake
Forschungszentrum Jülich GmbH
Programmgruppe Systemforschung und
Technologische Entwicklung
52425 Jülich
jfh@fz-juelich.de

Prof. Dr. Günter Halbritter
Forschungszentrum Karlsruhe GmbH
Institut für Technikfolgenabschätzung
und Systemanalyse (ITAS)
Hermann-von-Helmholtz-Platz 1, 76344
Eggenstein-Leopoldshafen
halbritter@itas.fzk.de

Dr. Jürgen Hampel
Akademie für Technikfolgenabschätzung in Baden-Württemberg
Industriestrasse 5, 70565 Stuttgart
juergen.hampel@ta-akademie.de

Dr. Hans Kastenholz
Akademie für Technikfolgenabschätzung in Baden-Württemberg
Industriestrasse 5, 70565 Stuttgart
hans.kastenholz@ta-akademie.de

Hermann Keimel
Deutsches Zentrum für Luft- und
Raumfahrt e.V. (DLR)
Institut für Verkehrsforschung
Linder Höhe, 51147 Köln
hermann.keimel@dlr.de

Dr. Uwe Klann
Deutsches Zentrum für Luft- und
Raumfahrt e.V. (DLR)
Institut für Technische Thermodynamik
Pfaffenwaldring 38-40, 70569 Stuttgart
uwe.klann@dlr.de

Andreas Klinke
Akademie für Technikfolgenabschätzung in Baden-Württemberg
Industriestrasse 5, 70565 Stuttgart
andreas.klinke@ta-akademie.de

Dr. Wilhelm Kuckshinrichs
Forschungszentrum Jülich GmbH
Programmgruppe Systemforschung und
Technologische Entwicklung
52425 Jülich
w.kuckhinrichs@fz-juelich.de

Dr. Ralf Kunkel
Forschungszentrum Jülich GmbH
Programmgruppe Systemforschung und
Technologische Entwicklung
52425 Jülich
r.kunkel@fz-juelich.de

Dr. Christian J. Langenbach
Europäische Akademie zur Erforschung
von Folgen wissenschaftlich-
technischer Entwicklungen Bad
Neuenahr-Ahrweiler GmbH
Wilhelmstraße 56, 53474 Bad
Neuenahr-Ahrweiler
christian.langenbach@dlr.de

Dr. Stephan Lingner
Europäische Akademie zur Erforschung
von Folgen wissenschaftlich-
technischer Entwicklungen Bad
Neuenahr-Ahrweiler GmbH
Wilhelmstraße 56, 53474 Bad
Neuenahr-Ahrweiler
stephan.lingner@dlr.de

Norbert Malanowski
Verein Deutscher Ingenieure (VDI)
Technologiezentrum, Zukünftige
Technologien
Graf-Recke-Strasse 84, 40239 Düsseldorf
malanowski@vdi.de

Dr. Irmgard Niemeyer
Forschungszentrum Jülich GmbH
Programmgruppe Systemforschung und
Technologische Entwicklung
52425 Jülich
i.niemeyer@fz-juelich.de

Dr. Joachim Nitsch
Deutsches Zentrum für Luft- und
Raumfahrt e.V. (DLR)
Institut für Technische Thermodynamik
Pfaffenwaldring 38-40, 70569 Stuttgart
joachim.nitsch@dlr.de

Claudia Ortmann
Deutsches Zentrum für Luft- und
Raumfahrt e.V. (DLR)
Institut für Verkehrsforschung
Linder Höhe, 51147 Köln
claudia.ortmann@dlr.de

Dr. Martin Pehnt
Institut für Energie- und Umweltforschung Heidelberg
Wilckensstraße 3, 69120 Heidelberg
martin.pehnt@ifeu.de

Dr. Witold-Roger Poganietz
Forschungszentrum Jülich GmbH
Programmgruppe Systemforschung und
Technologische Entwicklung
52425 Jülich
w.r.poganietz@fz-juelich.de

Prof. Dr. Ortwin Renn
Akademie für Technikfolgenabschätzung in Baden-Württemberg
Industriestrasse 5, 70565 Stuttgart
ortwin.renn@ta-akademie.de

Dr. Ulf Richers
Forschungszentrum Karlsruhe GmbH
Institut für Technische Chemie (ITC)
Hermann-von-Helmholtz-Platz 1, 76344
Eggenstein-Leopoldshafen
richers@itc-zts.fzk.de

Dr. Bernd Richter
Forschungszentrum Jülich GmbH
Programmgruppe Systemforschung und
Technologische Entwicklung
52425 Jülich
b.richter@fz-juelich.de

Ulrich Riehm
Forschungszentrum Karlsruhe GmbH
Institut für Technikfolgenabschätzung
und Systemanalyse (ITAS)
Hermann-von-Helmholtz-Platz 1, 76344
Eggenstein-Leopoldshafen
riehm@itas.fzk.de

Volkhard Schulz
Forschungszentrum Karlsruhe GmbH
Institut für Technikfolgenabschätzung
und Systemanalyse (ITAS)
Hermann-von-Helmholtz-Platz 1
76344 Eggenstein-Leopoldshafen
schultz@itas.fzk.de

Dr. Gotthard Stein
Forschungszentrum Jülich GmbH
Programmgruppe Systemforschung und
Technologische Entwicklung
52425 Jülich
g.stein@fz-juelich.de

Volker Warlitzer
Deutsches Zentrum für Luft- und
Raumfahrt e.V. (DLR)
Institut für Verkehrsforschung
Linder Höhe, 51147 Köln
volker.warlitzer@dlr.de

Dr. Stefan Weiers
Deutsches Zentrum für Luft- und
Raumfahrt e.V. (DLR)
Deutsches Fernerkundungsdatenzentrum (DFD)
Linder Höhe, 51147 Köln
stefan.weiers@dlr.de

Dr. Frank Wendland
Forschungszentrum Jülich GmbH
Programmgruppe Systemforschung und
Technologische Entwicklung

52425 Jülich
f.wendland@fz-juelich.de

Dr. Petra Zapp
Forschungszentrum Jülich GmbH
Programmgruppe Systemforschung und
Technologische Entwicklung
52425 Jülich
p.zapp@fz-juelich.de

Dr. Dr. Axel Zweck
Zukünftige Technologien Consulting
des VDI
Graf-Recke-Strasse 84, 40239 Düsseldorf
zweck@vdi.de

If you have any concerns about our products,
you can contact us on
ProductSafety@springernature.com

In case Publisher is established outside the EU,
the EU authorized representative is:
**Springer Nature Customer Service Center GmbH
Europaplatz 3, 69115 Heidelberg, Germany**

Printed by Libri Plureos GmbH
in Hamburg, Germany